Using and Administering Linux

Volume 2: Zero to SysAdmin: Advanced Topics Second Edition

Linux权威指南

从小白到系统管理员 下册

（原书第2版）

[美] 戴维·博特（David Both） 著

党超辉 杨秀璋 徐香香 刘强 译

机械工业出版社

CHINA MACHINE PRESS

First published in English under the title

Using and Administering Linux: Volume 2: Zero to SysAdmin: Advanced Topics, Second Edition

by David Both

Copyright © 2023 by David Both

This edition has been translated and published under licence from

Apress Media, LLC, part of Springer Nature.

Chinese simplified language edition published by China Machine Press, Copyright © 2025.

本书原版由 Apress 出版社出版。

北京市版权局著作权合同登记　图字：01-2021-0916 号。

图书在版编目（CIP）数据

Linux 权威指南：从小白到系统管理员 . 下册：原书第 2 版 /（美）戴维·博特（David Both）著；党超辉等译 . -- 北京：机械工业出版社，2025. 1. -- （Linux/Unix 技术丛书）. -- ISBN 978-7-111-77439-6

I. TP316.85

中国国家版本馆 CIP 数据核字第 20252D3U67 号

机械工业出版社（北京市百万庄大街 22 号　邮政编码 100037）

策划编辑：刘　锋　　　　　　　　责任编辑：刘　锋　王华庆

责任校对：王小童　杨　霞　景　飞　　责任印制：任维东

河北鹏盛贤印刷有限公司印刷

2025 年 4 月第 1 版第 1 次印刷

186mm × 240mm · 35.5 印张 · 811 千字

标准书号：ISBN 978-7-111-77439-6

定价：159.00 元

电话服务　　　　　　　　　　　网络服务

客服电话：010-88361066　　　机 工 官 网：www.cmpbook.com

　　　　　010-88379833　　　机 工 官 博：weibo.com/cmp1952

　　　　　010-68326294　　　金 书 网：www.golden-book.com

封底无防伪标均为盗版　　机工教育服务网：www.cmpedu.com

随着信息技术的飞速发展，Linux 系统在各行各业已得到了广泛应用。作为一款开源的操作系统，Linux 具有高效、稳定、灵活和可定制的特性，能为信息科学研究、自动化运维、Web 服务和工程实践提供强大的支持。与此同时，随着海量异构数据的爆发式增长，各种 Linux 系统管理和处理任务层出不穷，如果没有高效处理这些数据和任务，或者不了解 Linux 系统管理哲学，将无法提升我们的工作效率，造成不必要的资源浪费。此外，Linux 系统的管理和维护仍然是一个具有挑战性的任务，广大用户往往忽视了 Linux 系统管理和自动化运维，并且市面上缺少以实例为驱动，全面、详细地介绍 Linux 系统管理员各类操作的书籍。因此，研究 Linux 系统管理和自动化处理已成为学术界和工业界的重要课题。

《Linux 权威指南：从小白到系统管理员》是一套以 Linux 系统管理实例为主，采用通俗易懂的案例和各类 Linux 命令实现自动化任务处理的实战宝典。本书作者 David Both 是开源软件和 GNU/Linux 的倡导者和培训师，他在 Linux 和开源软件领域已深耕逾 25 年，在计算机方面拥有 50 多年的实战经验，他所提出的 Linux 系统管理员哲学和真实案例能帮助初学者更好地管理和运行 Linux 系统，并有效提升工作效率。

本书涵盖 Linux 逻辑卷管理、文件管理、进程管理、网络管理、日志管理、用户管理、防火墙管理等基础知识，并详细讲述 Linux 操作系统中的特殊文件系统、打印、硬件检测、BtrFS、systemd、D-Bus 和 udev 等特有知识，结合真实案例描述系统管理员如何在 Linux 中更合理、简洁地操作正则表达式、命令行编程、Bash 脚本自动化、Ansible 自动化、时间和自动化。本书从基本原理、基础命令到具体用法，再到真实案例逐层递进地讲解，囊括了 Linux 系统管理的方方面面，并采用问答的方式深入探讨了 Linux 系统管理的机制和哲学，能够使读者掌握 Linux 系统管理的具体操作方法和技巧，培养解决实际问题的思维。

总而言之，本书对 Linux 系统管理的各方面都进行了较为全面的介绍，对于想要学习 Linux 系统管理和自动化运维的读者来说是一本很好的入门书籍，可以帮助读者快速建立

Linux 系统管理的知识体系并解决实际问题。我们相信，无论你是企业技术人员、高校师生、Linux 运维工程师，还是在生活、工作、学习中需要运用到 Linux 的读者，本书都会让你受益匪浅。

本书的四位译者长期从事 Linux 系统管理与运维、Linux 网站开发、计算机科学与技术、网络安全等领域的研究工作，具备丰富的理论知识和实践经验，并且在真实世界中利用 Linux 自动化且高效地管理和处理日常工作。最后，翻译工作细致而且烦琐，本书的成功翻译离不开译者的辛勤付出，在此对参与本书翻译工作的其他三位译者——杨秀璋、徐香香、刘强表示感谢，对机械工业出版社给予我们的信任表示感谢。

由于中文和英文在表述方面有非常大的不同，因此针对一些有争议的术语和内容，我们查阅了大量的资料，以期准确表达作者的本意，在此过程中也对原书存在的一些错误进行了纠正。限于译者水平，译文中难免存在疏漏之处，欢迎大家批评指正！联系邮箱为496949238@qq.com。最后，真诚地希望本书对你有所帮助，能够帮助你系统性地了解 Linux 系统管理知识，解决实际问题并提升工作效率。欢迎读者就本书中涉及的具体问题及上述领域内容与我们交流。

党超辉

　　本系列图书在结构上与其他书籍大不一样。整个系列共分为三本，分别为《Linux 权威指南：从小白到系统管理员　上册（原书第 2 版）》《Linux 权威指南：从小白到系统管理员　下册（原书第 2 版）》《Linux 权威指南：网络服务详解（原书第 2 版）》，每本书的内容都紧密相扣，相互衔接，共同构成一个连贯且递进的整体。

　　本系列图书与其他 Linux 教学书籍的区别在于，它提供了一套完整的自学教程，建议你从第一本的开头逐步阅读，仔细阅读每一章节，认真完成书中的所有实验，并完成每章的练习，直至第三本结束。即使你是 Linux 的零基础读者，遵循这个学习路径也能让你掌握成为 Linux 系统管理员所需的核心技能和知识。

　　本系列图书所有的实验都是在一个或多个虚拟机（Virtual Machine，VM）组成的虚拟网络中进行的。借助免费的 VirtualBox 虚拟化软件，你可以在任何规模合理的主机上创建这样的虚拟环境，无论是 Linux 操作系统还是 Windows 操作系统。在这个虚拟环境中，你可以自由地进行实验，甚至可以执行那些在安装 Linux 的过程中可能会损坏 Linux 硬件主机的错误操作，同时，你也可以通过多个快照中的任何一个，将 Linux 虚拟机完全恢复至某个之前的快照状态。这种既能承担风险又容易恢复的灵活性使我们能学到更多。

　　本系列图书也可以作为参考资料使用。多年来，我一直将自己以前的那些课程材料作为参考，它们一直发挥着重要作用。我将此视为本系列图书的目标之一。

　　此外，对于书中给出的所有练习，并非所有问题都能通过简单地复习章节内容解决，有些问题需要你亲手设计实验来找出答案，并且多数情况下可能不止有一种方法，只要能产生正确的结果，就是"正确"的方法。

书籍设计

书籍的设计过程与书籍本身的结构同等重要——甚至可以说更为重要。书籍设计者的首要任务是制订一份需求清单，明确书籍的架构与内容。只有在此基础上，书籍的编写才能顺利进行。实际上，我发现先撰写总结和练习，再创作其他内容会很有帮助。我在本书的许多章节中都采用了这种方式。

本系列图书专为像你这样志向明确的学生而设计，提供了一套完整的、端到端的 Linux 培训教程，目标是培养你成为一名 Linux 系统管理员（SysAdmin）。本书将带你从零开始学习 Linux，助你实现成为系统管理员的职业理想。

许多 Linux 培训课程都默认学员应该从初级用户课程开始学习。这些课程可能会涉及 root 用户在系统管理中的作用，但往往忽略了对未来系统管理员至关重要的实战经验。还有一些课程则完全避开了系统管理方面的内容。大部分课程的第一门课会展开一些 Linux 介绍，然后第二门课可能会介绍系统管理的基础知识，而第三门课可能会涉及更高级的管理主题。

坦白地说，这种循序渐进的教学方法并不适合我们之中许多已经成为 Linux 系统管理员的人。我们之所以能走到这一步，至少部分归功于强烈的求知欲和对快速学习的渴望。此外，我认为这也与旺盛的好奇心密不可分。一旦掌握了一个基本命令，我们就会开始提问，通过实验来探索它的极限、可能导致故障的情形，以及使用不当时会产生的后果。我们钻研手册页（man page）和其他文档，了解命令在各种极端场景下的用法。如果问题无法自行出现，我们会主动去"制造"问题，研究其运作机理，并掌握解决方法。我们乐于面对失败，因为从解决问题中获得的知识远胜于一帆风顺的经历。

本系列图书从一开始就深入探讨 Linux 系统管理。你将学习使用和管理 Linux 工作站和服务器所需的大量 Linux 工具，而且在每项任务中往往可以灵活运用多种工具。书中还包含许多实验，为你提供系统管理员看重的实践经验。这些实验将一步步引导你领略 Linux 的优雅与精妙。你会发现，Linux 操作系统的精髓在于简洁，正是这种简洁性让 Linux 优雅并易于理解。

基于我多年来使用 UNIX 和 Linux 的经验，这三本书旨在向你介绍在 Linux 用户和 Linux 系统管理员的日常工作中会涉及的实际操作。

但是，每个系统管理员的知识体系不可能完全一致，每个人的起点、技能、目标都不同，管理的系统配置、软硬件故障、网络环境都可能存在差异。我们解决问题的思路和工具会受所接触的导师的影响，思考方式不同，对硬件的理解程度也有差别。正是一路走来的经历塑造了我们，成就了现在的系统管理员。

因此，我会在这套书中重点讲解我认为对大家重要的知识。这些知识能够提升你的技术，帮助你充分发挥创造力，独立解决你可能从未想过也未曾遇到过的问题。

经验告诉我，错误往往比成功更具教益。所以，遇到问题时，不要急于恢复到之前的快照，而应先试着分析错误产生的原因以及最佳的恢复方法。当然，如果在合理的时间内仍然无法解决，此时再恢复快照就是明智之举了。

需要明确的是，这套书不是认证考试的应试指南，其目标不是帮助你通过任何类型的认证考试，而是传授实用的系统管理技能，帮助你成为一名合格甚至优秀的 Linux 系统管理员。

目前，红帽（Red Hat）和思科（Cisco）的认证考试质量相对较高，它们注重考查应试者解决实际问题的能力。由于我没有参加过其他认证考试，因此对此了解有限。但需要指出的是，市面上的大多数认证培训课程和参考书都以通过考试为导向，而并非侧重于教授管理 Linux 主机或网络的实用技能。这并不是说它们不够好，只是目标定位与本书有所不同。

本系列图书内容概览

《Linux 权威指南：从小白到系统管理员　上册（原书第 2 版）》

《Linux 权威指南：从小白到系统管理员　上册（原书第 2 版）》（简称"上册"）的前 3 章从整体上介绍操作系统（重点讲解 Linux），简要探讨了系统管理员的 Linux 哲学，以便为其余部分的内容做准备。

第 4 章引导你使用 VirtualBox 创建虚拟机和虚拟网络，搭建贯穿全书的实验环境。第 5 章带你完成 Xfce 版 Fedora 的安装，这是一款深受欢迎的强力 Linux 发行版。第 6 章聚焦 Xfce 桌面操作，让你在加深对命令行界面（Command Line Interface，CLI）理解的同时，也能无缝衔接图形化界面。

第 7、8 章开启你的 Linux 命令行之旅，介绍常用命令和基本功能。第 9 章涉及数据流的概念以及相关的 Linux 操作工具。第 10 章简要介绍常用的文本编辑器，它们是资深 Linux 用户和系统管理员不可或缺的利器。你还将学习使用 Vim 编辑器来创建和修改 Linux 中大量用于配置和管理的 ASCII 纯文本文件。

第 11 ～ 13 章以系统管理员的角色进行实际操作，包括以 root 身份操作、安装软件更新或新软件包等具体任务。第 14、15 章侧重于各类终端模拟器和高级终端（shell）技巧的讲解。第 16 章剖析计算机启动和 Linux 开机时的一系列流程。第 17 章指导你进行终端的个性化配置，大幅提升命令行操作的效率。

最后，第 18、19 章带你深入探索文件和文件系统的方方面面。

《Linux 权威指南：从小白到系统管理员　下册（原书第 2 版）》

《Linux 权威指南：从小白到系统管理员：下册（原书第 2 版）》（简称"下册"）则聚焦于资深系统管理员必备的一系列进阶知识。

第 1、2 章围绕逻辑卷管理（Logical Volume Management，LVM）展开深入探讨，并讲解其原理。你还将学习如何通过文件管理器来进行文件和目录操作。第 3 章重点介绍"一切皆文件"的 Linux 核心概念，并通过生动有趣的示例展现其灵活的应用。

第 4 章聚焦于管理和监控处于运行状态的进程的工具。第 5 章侧重于 /proc 等特殊文件系统，它们无须重启就能对内核进行监控和调优。

第 6 章正式引出正则表达式这一强大工具，及其在命令行模式匹配方面的功能。第 7 章讲解如何通过命令行进行打印机和打印任务的管理。在第 8 章中，你将探索一系列工具来揭秘 Linux 系统硬件的底层信息。

第 9、10 章涉及命令行编程和管理任务自动化，由浅入深，循序渐进。第 11 章着重介绍 Ansible，这个强大的工具能够大幅简化远程主机上的大规模自动化管理。第 12 章讲解如何配置定时任务，让系统在指定时间自动执行特定操作。

网络相关的内容从第 13 章开始，第 14 章专门讲解 NetworkManager 工具的强大功能。

第 15 章介绍 B 树文件系统（B-Tree Filesystem，BtrFS）及其特性，同时指出 BtrFS 在多数应用场景下不是最优选择的原因。

第 16 ～ 18 章围绕 systemd 展开。作为新一代启动工具，systemd 同时还肩负着系统服务和工具管理的职责。

第 19 章深入讨论 D-Bus 和 udev，并阐释 Linux 如何通过它们实现设备的即插即用（Plug and Play，PnP）管理。

第 20 章探讨传统 Linux 日志文件的使用，并学习配置 logwatch 工具以快速从海量日志中获取关键信息。

第 21 章介绍用户管理相关的任务，第 22 章介绍基本的防火墙管理操作。你将使用 firewalld 命令行工具为内部、外部等不同网络环境创建防火墙区域，并管理网络接口的分配。

《Linux 权威指南：网络服务详解（原书第 2 版）》

在《Linux 权威指南：网络服务详解（原书第 2 版）》（简称《网络服务详解》）中，你将在现有虚拟网络中再创建一个虚拟机作为服务器来完成后续的学习任务。它还将取代虚拟网络中虚拟路由器的一些功能。

第 1 章通过向新虚拟机添加第二块网络接口卡（Network Interface Card，NIC）来完成工作站到服务器的角色转换，实现防火墙和路由器的功能。同时，你还将把它的网络配置从动态主机配置协议（Dynamic Host Configuration Protocol，DHCP）切换为静态 IP。这个过程需要你对两块 NIC 进行设置，一块连接到现有的虚拟路由器，从而连接外部网络，另一块连接包含原有虚拟机的内网。

第 2 章从客户端和服务器两方面深入讲解域名服务（Domain Name Service，DNS）的原理和配置。你将学习使用 /etc/hosts 文件进行简单的域名解析，接着搭建简易的缓存域名服务器，并最终把它升级为内网的主域名服务器。

在第 3 章中，你将通过修改内核参数和防火墙配置，把这台新服务器变为功能完备的路由器。

第 4 章围绕 SSHD 展开，实现 Linux 主机间的安全远程访问，同时还会提供一些远程命令执行的实用技巧，并教你创建一个简单的命令行程序来完成远程备份任务。

虽然安全性一直贯穿于过往的内容中，但第 5 章会覆盖额外的安全主题，包括物理硬件层面的安全以及深化主机防御，构建更安全的系统来抵御网络攻击。

在第 6 章中，你将学习使用易上手的开源工具进行备份的策略和方法，它们能轻松实现完整文件系统或单个文件的备份与恢复。

第 7 ～ 9 章带你安装和配置一款企业级的电子邮件服务器，让它具备识别与拦截垃圾邮件和恶意软件的能力。第 10 章聚焦 Web 服务器的搭建。第 11 章完成 WordPress 的部署，它是一款灵活而强大的内容管理系统。

第 12 章重温电子邮件的主题，带你使用 Mailman 来创建邮件列表。

第 13 章介绍远程桌面的访问方法，因为有的时候这是完成特定任务的唯一方式。

第 14 章从不同角度探讨软件包管理，指导你创建 RPM（Red Hat Package Manager，红帽包管理器）格式的包来分发自定义的脚本和配置文件。第 15 章讲解如何向 Linux 和 Windows 主机共享文件。

最后，考虑到你一定会有"学完之后往哪走？"这样的疑问，第 16 章会为你指明方向，帮助你规划进一步的学习。

本系列图书的学习方式

本系列图书虽然主要为自学而设计，但也完全适用于课堂环境。同时，它还可以作为一套高效、实用的参考书。过去，我在独立开展 Linux 培训和咨询时所编写的大量课程资料对我自己日常的运维工作大有裨益。其中的实验环节成为完成许多任务的范本，更在后来衍生为自动化的基础。我在设计本套书时沿用了很多原始的实验，因为它们时至今日仍具有借鉴意义，能够为我当前的工作提供很好的参考。

　　你会发现，本套书中会涉及一些看似过时的软件，例如 Sendmail、Procmail、BIND、Apache Web 服务器等。它们历久弥新，更准确地说，它们正是因为自身的成熟度与可靠性，才成为我维护自己的系统与服务器的首选，并最终被应用于本套书中。我相信在实验中使用的软件都具备独特的优势，能让你洞悉 Linux 系统及相关服务背后的原理。一旦掌握了精髓，迁移到其他同类软件就会变得轻而易举。况且，这些"前辈"级软件的上手难度远没有一些人想象的那么大。

本系列图书的读者对象

　　如果你的目标是成为精通 Linux 的高级用户甚至系统管理员，那么这套书就是为你而写的。多数系统管理员都有着旺盛的好奇心以及深入钻研 Linux 系统管理的内在驱动力。我们热衷于通过拆解和重组来探究事物的原理，乐于解决各种计算机问题。

　　当计算机硬件发生故障时，我们会刨根问底地探究系统反应，甚至可能保留主板、内存、硬盘等有缺陷的部件来用于测试。写这段话时，我的工作站旁就连接着一块故障硬盘，我将用它来复现一些即将在书中介绍的故障场景。

　　最重要的是，我们这么做完全出于乐趣，即使没有明确的职业需求，我们也会乐此不疲地钻研。对计算机硬件和 Linux 的浓厚兴趣促使我们收集各类软硬件，就像集邮爱好者或古董收藏家那样。计算机是我们的职业，更是不变的嗜好。正如人们钟情于船只、运动、旅行、钱币、邮票、火车以及其他千奇百怪的事物一样，我们——真正的系统管理员——将计算机视为自己的珍宝。但这绝不意味着我们的生活只有计算机。我喜欢旅行、阅读、参观博物馆、听音乐会，以及乘坐古老的火车，我的集邮册仍然在，静待我再次决定拾起它。

　　事实上，优秀的系统管理员（至少那些我认识的）都有着多面的兴趣爱好。我们涉猎广泛，而这一切皆源于对万事万物无穷无尽的好奇心。所以，如果你对 Linux 有着如饥似渴的求知欲，迫不及待想要探索，那么无论你的过往经验如何，这套书都非常适合你。

　　如果你缺乏了解 Linux 系统管理的强烈愿望，那么这套书就不适合你。如果你只想在别人已经配置好的 Linux 计算机上使用几款常用软件，那么这套书也与你无缘。如果你对华丽的图形界面背后所蕴藏的强大功能毫无兴趣，同样你也不必选择这套书。

为什么写作这套书

　　有人曾问我编写这套书的初衷。我的回答很简单：为了回馈 Linux 社区。在我的职业生涯中，我曾受惠于多位良师益友，他们传授给我宝贵的知识，而我希望能将这些知识连同自己的经验分享给大家。

这套书脱胎于我曾经设计和讲授的三门 Linux 课程的幻灯片和实验项目。基于一些原因，那些课已经停授了。但我仍然希望将自己的 Linux 管理经验与技巧尽可能地传承下去。我期待这套书能让我回馈社区，延续那份我曾有幸从导师那里获得的教诲与启迪。

关于 Fedora 版本

这套书的第 1 版是基于 Fedora 29 编写的，而目前 Fedora 已经发展到了第 38 版。在编写本套书的第 2 版时，我不仅扩充了内容，更吸纳了尽可能多的勘误。

如果有必要，我会更新书中需要与时俱进的图像，例如屏幕截图。尽管背景和其他视觉元素可能已随版本更新而变化，但在很多情况下早期版本 Fedora 的截图仍然适用，这类截图我会保留。

只有在关系到内容准确性和逻辑清晰度时，我才会用新版本的截图替换旧版。书中有些内容示例来自 Fedora 29。如果你使用的是 Fedora 37、Fedora 38 或之后更高的版本，那么背景等外观元素可能会有所差异。

致 谢 *Acknowledgements*

撰写一部"三卷"图书的第 2 版，尤其是内容繁杂的 Linux 培训教程，并非个人之力所能完成。相较于大多数其他书籍，这项工作的复杂性和烦琐性使得其更需要团队的协作与共同努力。在此过程中，对我影响最大的人是我的妻子 Alice，她始终是我坚实的支持者和亲密的朋友。没有她的关爱与支持，我无法完成这一艰巨任务。在此向 Alice 表达我的感激之情！

我还要向 Apress 出版社的编辑 James Robinson-Prior、Jim Markham 和 Gryffin Winkler 表示诚挚的谢意。他们不仅敏锐地洞察到推出第 2 版的必要性，还在我进行重大结构调整和引入大量新内容的过程中提供了有力支持。尤其值得提及的是，当我提出邀请一名学生担任第二技术编辑时，他们立即给予了积极回应，对此我深表感激。

另外，我要向技术审稿人 Seth Kenlon 表示由衷的感谢。我们曾在早前的书籍以及 Opensource.com 网站（该网站已停止运营，我曾在该网站上撰写文章）上有过紧密合作。我特别感激他对本系列图书的内容在技术精确性方面所做出的重要贡献。在这套书中，Seth 还提出了诸多关键建议，极大地提升了内容的流畅性和精确度。我曾评价 Seth 在编辑工作中几乎达到了"极端坦诚"的程度，这意味着他的坦诚几近刻薄。然而，我仍对他所做的工作表示感谢。

同时，我要特别感谢 Branton Brodie，他作为第二技术编辑参与了这三本书英文版的编辑工作。我们的相遇源于他对 Linux 的学习兴趣，当时我正着手撰写本书的第 2 版，我希望邀请一位学习相关内容的学生担任技术编辑，从学生视角阐述他们对这套书的看法。Branton 的贡献对我的工作至关重要，使我得以调整和阐释那些对于 Linux 或 Linux 系统管理尚不熟悉的读者来说可能不够清晰的描述和解释。

然而，鉴于写作时间和技术水平有限，书中难免存在疏漏和不足之处。在此，我恳请读者批评指正，以便进一步提升这套书的质量。

David Both 是一位热衷于开源软件及 GNU/Linux 的倡导者、培训师、作家和演讲者。他在 Linux 和开源软件领域耕耘逾 25 年，更是拥有长达 50 年的计算机行业经验。他是"Linux 系统管理员哲学"的忠实拥护者和布道者。他在 IBM 工作了 21 年，1981 年在佛罗里达州博卡拉顿担任 IBM 课程开发代表时，他为第一款 IBM PC 编写了培训课程。他曾为红帽公司讲授 RHCE 课程，并曾教授从"午餐学习"到五日完整课程的 Linux 课程。

David 的著作和文章体现了他传授知识、助力 Linux 学习者的诚挚愿望。他热衷于购买零部件并亲自动手组装计算机，确保每台新计算机均满足他严格的性能要求。自行组装计算机的优势之一是无须支付微软的相关费用。他最新的组装成果为一台搭载 ASUS TUF X299 主板和 Intel i9 CPU 的计算机，它具备 16 核（32 个 CPU）以及 64GB 内存，它们置于一台 Cooler Master MasterFrame 700 机箱之中。

David 著有 *The Linux Philosophy for SysAdmins*[⊖]（Apress，2018），并与他人合著了 *Linux for Small Business Owners*（Apress，2022）。如需联系作者，可发邮件至邮箱 LinuxGeek46@both.org。

⊖ 中文版《Linux 哲学》于 2019 年由机械工业出版社出版，书号为 978-7-111-63546-8。——编辑注

目 录 *Contents*

第 1 章 *Chapter 1*

逻辑卷管理

目标

在本章中，你将学习如下内容：

❑ 逻辑卷管理（Logical Volume Management，LVM）的优势。

❑ LVM 的结构。

❑ 管理 LVM 系统的方法。

❑ 使用 EXT4 创建新的卷组（Volume Group，VG）和逻辑卷（Logical Volume，LV）。

❑ 如何为现有卷组和逻辑卷增加存储空间？

1.1 逻辑卷管理的必要性

对于系统管理员来说，磁盘空间管理始终是一项比较重要的任务。以往在磁盘空间不足时，系统管理员通常需要执行一系列漫长且复杂的任务来扩容磁盘分区的可用空间，这还需要将系统下线，通常包括安装一块新的硬盘，将操作系统启动到"恢复模式"或"单用户模式"，在新硬盘上创建分区和文件系统，使用临时挂载点将数据从原本空间不足的文件系统迁移到新的容量更大的文件系统，修改 /etc/fstab 文件的内容以反映新分区的正确设备名称，以及重启系统以在正确的挂载点上重新挂载新的文件系统。

坦率地说，当 Fedora 操作系统初次引入逻辑卷管理时，笔者曾对此抱有强烈的抵触情绪。最初，笔者认为自己和存储设备之间不需要加入这种额外的抽象层。然而，事实证明笔者最初的想法是错误的，因为逻辑卷管理非常有用。

逻辑卷管理提供了向文件系统增加或移除磁盘空间的功能，还可以将多个物理存储设备和分区集成为一个单个卷组，该卷组可以进一步分割成若干逻辑卷。除此之外，逻辑卷管理还支持创建全新的卷组和逻辑卷。更为重要的是，在本地只要有足够的磁盘空间或支持热插拔的物理设备，逻辑卷管理就可以在不重启或不卸载现有文件系统的情况下完成所有这些操作。

1.1.1　VirtualBox 中磁盘空间不足

笔者个人倾向于在 VirtualBox 虚拟机上运行最新的 Linux 发行版数天或数周，以确保在将其安装到实际生产机器上时，不会遇到任何重大问题。

在 Linux 新版本发布的第二天早上，笔者开始在自己主工作站上的一个新虚拟机中安装 Fedora，当时笔者认为已经为安装了 Fedora 的主机的文件系统预留了充足的磁盘空间，但事实并非如此。在安装过程进行到约三分之一时，笔者发现主机的文件系统空间已被完全占用，但幸运的是，VirtualBox 这款优秀的软件检测到了空间不足的问题，它暂停了虚拟机，并弹出了一个错误提示，准确地指明了问题所在。

1.1.2　恢复安装

由于 Fedora 和大多数现代发行版都使用逻辑卷管理，笔者的硬盘上还剩余一些可用空间，因此笔者能够及时为相应的文件系统分配额外的磁盘空间。这意味着笔者无须对整个硬盘进行格式化或重新安装操作系统，甚至不必重启系统。笔者只是将一部分可用空间分配给了适当的逻辑卷，并调整了文件系统的大小——整个过程都是在文件系统处于挂载和活动状态时进行的，与此同时，正在运行的 VirtualBox 程序也在使用这个文件系统并处于等待状态。随后，笔者重新运行虚拟机，安装过程继续进行，就像什么都没发生一样。

几乎所有的系统管理员都遭遇过在关键程序运行期间磁盘空间不足的情况，虽然许多程序在编码质量和弹性方面不及 VirtualBox 那样优秀，但 Linux 逻辑卷管理能够使我们在不丢失任何数据，且无须重新启动耗时的虚拟机安装过程的情况下恢复。

1.2　逻辑卷管理器的结构

逻辑卷管理器磁盘环境的典型结构如图 1-1 所示。逻辑卷管理允许将多个独立的物理存储设备和磁盘分区合并成单个卷组。这个卷组可以进一步划分为若干逻辑卷，或者被用作一个较大的单个卷组。在这些逻辑卷上，可以创建像 EXT3 或 EXT4 这样的常规文件系统。

图 1-1　逻辑卷管理器允许将分区和整个存储设备组合到卷组中

逻辑卷管理器允许将分区和整个存储设备组合到卷组中。在图 1-1 中，两个完整的物理存储设备和另一个硬盘上的一个分区被组合成单个卷组，在这个卷组内部分别创建了两个逻辑卷（逻辑卷 1 和逻辑卷 2），并且在这两个逻辑卷上分别创建了一个文件系统，如 EXT4。

要向逻辑卷增加空间，我们可以将逻辑卷扩展到卷组中的现有空间（如果有可用空间的话）；如果无可用空间，我们可能需要安装一块新的硬盘，并扩展现有卷组，使其至少包含新硬盘的一部分，然后我们便可以在卷组中扩展逻辑卷。

逻辑卷的大小不能大于其所在的卷组，一个卷组可以包含多个分区和物理卷（Physical Volume，PV），这些分区和物理卷可能包含一个或多个存储设备的部分或全部，这使得整体上能更有效地利用可用的物理磁盘空间。此外，也可以扩展卷组，为其包含的逻辑卷提供额外的磁盘空间。

1.3 扩展逻辑卷

自 UNIX 系统诞生以来，对于现有文件系统的大小进行调整，尤其是扩展方面的需求就已经存在了，这可能还要追溯到最初的文件系统，这一需求并没有随着 Linux 的出现而消失。然而，得益于逻辑卷管理和扩展活动状态下已挂载的文件系统的能力，这个过程已经变得更简单了。具体执行这一操作的步骤相对简单，但会根据具体情况而有所差异。

让我们先从一个简单的逻辑卷扩展开始（卷组中已经有可用的空间）。本节将介绍如何在逻辑卷管理器环境下，通过命令行界面（Command Line Interface，CLI）扩展现有的逻辑卷，这可能是我们遇到的最基本的应用场景，同时也是最容易实现的场景之一。

值得注意的是，通过命令行来扩展现有逻辑卷的方式，只适用于目前处于已挂载且正在运行的文件系统，且该系统需要安装 Linux 2.6（或更高版本）的内核以及 EXT3、EXT4 或 BtrFS 文件系统。这些要求非常容易满足，因为目前最新的内核版本为 5.x.x，而大部分 Linux 发行版默认采用 EXT3、EXT4 或 BtrFS 文件系统。

笔者不建议读者在任何关键系统中调整已挂载且正在运行的卷的大小，尽管这是可以的，而且笔者进行过很多次这样的操作，甚至是在根（/）文件系统上。但是在做出调整决定之前，你应当权衡调整过程中可能出现的故障风险，以及为了进行容量调整而将系统暂时下线对生产环境和业务的影响。

注意：并非所有文件系统类型都支持调整大小。像 EXT3、EXT4、BtrFS 和 XFS 文件系统可以在已挂载且处于运行状态的情况下进行扩容，同时这些文件系统在未挂载状态下也可以进行缩容，其他类型的文件系统可能不支持调整大小。在决定调整某个文件系统的大小之前，请务必查阅相关文件系统的文档，以确认这一操作的可行性。

请注意，在系统启动和运行期间，可以扩展卷组和逻辑卷，且在此过程中可以挂载和激活正在扩展的文件系统。让我们向 /home 文件系统增加 2GB 的空间。

本章中的所有实验都必须以 root 用户身份执行。

实验 1-1：扩展逻辑卷

在实际应用环境中，我们需要初步查看 /home 逻辑卷所在卷组是否有足够的空间，可以使用 `vgs` 命令列出所有卷组，使用 `lvs` 命令列出所有逻辑卷：

```
[root@studentvm1 ~]# lsblk -i
NAME                       MAJ:MIN RM  SIZE RO TYPE MOUNTPOINTS
sda                           8:0   0   60G  0 disk
|-sda1                        8:1   0    1M  0 part
|-sda2                        8:2   0    1G  0 part /boot
|-sda3                        8:3   0    1G  0 part /boot/efi
`-sda4                        8:4   0   58G  0 part
  |-fedora_studentvm1-root 253:0   0    2G  0 lvm  /
  |-fedora_studentvm1-usr  253:1   0   15G  0 lvm  /usr
  |-fedora_studentvm1-tmp  253:2   0    5G  0 lvm  /tmp
  |-fedora_studentvm1-var  253:3   0   10G  0 lvm  /var
  |-fedora_studentvm1-home 253:4   0    2G  0 lvm  /home
  `-fedora_studentvm1-test 253:5   0  500M  0 lvm  /test
sdb                           8:16  0   20G  0 disk
|-sdb1                        8:17  0    2G  0 part
`-sdb2                        8:18  0    2G  0 part
sr0                          11:0   1 1024M  0 rom
zram0                       252:0   0    8G  0 disk [SWAP]
[root@studentvm1 ~]# vgs
  VG                #PV #LV #SN Attr   VSize   VFree
  fedora_studentvm1   1   6   0 wz--n- <58.00g <23.51g
[root@studentvm1 ~]# lvs
  LV   VG                Attr       LSize  Pool Origin Data% ...
  home fedora_studentvm1 -wi-ao----   2.00g
  root fedora_studentvm1 -wi-ao----   2.00g
  test fedora_studentvm1 -wi-ao---- 500.00m
  tmp  fedora_studentvm1 -wi-ao----   5.00g
  usr  fedora_studentvm1 -wi-ao----  15.00g
  var  fedora_studentvm1 -wi-ao----  10.00g
[root@studentvm1 ~]#
```

上述命令的执行结果显示 /home 文件系统位于 fedora_studentvm1 卷组中，且该卷组中有 23.51GB 的可用空间，这使得扩展逻辑卷的操作变得很简单。

首先，利用卷组内现有的可用空间扩展逻辑卷。我们执行如下命令，将 fedora_studentvm1 卷组中 home 逻辑卷的存储空间扩展 2GB：

```
[root@studentvm1 ~]# lvextend -L +2G /dev/fedora_studentvm1/home
  Size of logical volume fedora_studentvm1/home changed from 2.00 GiB (512
  extents) to 4.00 GiB (1024 extents).
  Logical volume fedora_studentvm1/home successfully resized.
[root@studentvm1 ~]# lvs
  LV   VG                Attr       LSize  Pool Origin Data% ...
  home fedora_studentvm1 -wi-ao----   4.00g
  root fedora_studentvm1 -wi-ao----   2.00g
  test fedora_studentvm1 -wi-ao---- 500.00m
  tmp  fedora_studentvm1 -wi-ao----   5.00g
```

```
    usr  fedora_studentvm1 -wi-ao----  15.00g
    var  fedora_studentvm1 -wi-ao----  10.00g
[root@studentvm1 ~]# df -h
Filesystem                             Size  Used Avail Use% Mounted on
devtmpfs                               4.0M     0  4.0M   0% /dev
tmpfs                                  7.9G   12K  7.9G   1% /dev/shm
tmpfs                                  3.2G  1.2M  3.2G   1% /run
/dev/mapper/fedora_studentvm1-root     2.0G  631M  1.2G  35% /
/dev/mapper/fedora_studentvm1-usr       15G  5.8G  8.2G  42% /usr
/dev/sda2                              974M  280M  628M  31% /boot
/dev/mapper/fedora_studentvm1-var      9.8G  659M  8.6G   7% /var
/dev/sda3                             1022M   18M 1005M   2% /boot/efi
/dev/mapper/fedora_studentvm1-test     459M  1.1M  429M   1% /test
/dev/mapper/fedora_studentvm1-home     2.0G  1.4G  457M  75% /home
/dev/mapper/fedora_studentvm1-tmp      4.9G  160K  4.6G   1% /tmp
tmpfs                                  1.6G   72K  1.6G   1% /run/user/984
tmpfs                                  1.6G   64K  1.6G   1% /run/user/0
[root@studentvm1 ~]#
```

通过执行上述命令，我们扩展了逻辑卷的容量，但 EXT4 文件系统的容量并未改变。注意，逻辑卷的容量已增加到 4GB，但文件系统的容量仍为 2GB。执行以下命令扩展文件系统的容量，使其填充整个卷：

```
[root@studentvm1 ~]# resize2fs /dev/fedora_studentvm1/home ; df -h
resize2fs 1.46.5 (30-Dec-2021)
Filesystem at /dev/fedora_studentvm1/home is mounted on /home; on-line
resizing required
old_desc_blocks = 1, new_desc_blocks = 1
The filesystem on /dev/fedora_studentvm1/home is now 1048576 (4k)
blocks long.

Filesystem                             Size  Used Avail Use% Mounted on
devtmpfs                               4.0M     0  4.0M   0% /dev
tmpfs                                  7.9G   12K  7.9G   1% /dev/shm
tmpfs                                  3.2G  1.2M  3.2G   1% /run
/dev/mapper/fedora_studentvm1-root     2.0G  631M  1.2G  35% /
/dev/mapper/fedora_studentvm1-usr       15G  5.8G  8.2G  42% /usr
/dev/sda2                              974M  280M  628M  31% /boot
/dev/mapper/fedora_studentvm1-var      9.8G  659M  8.6G   7% /var
/dev/sda3                             1022M   18M 1005M   2% /boot/efi
/dev/mapper/fedora_studentvm1-test     459M  1.1M  429M   1% /test
/dev/mapper/fedora_studentvm1-home     3.9G  1.4G  2.4G  37% /home
/dev/mapper/fedora_studentvm1-tmp      4.9G  160K  4.6G   1% /tmp
tmpfs                                  1.6G   72K  1.6G   1% /run/user/984
tmpfs                                  1.6G   64K  1.6G   1% /run/user/0
[root@studentvm1 ~]#
```

> 通过执行上述命令，我们已经在不进行重启或卸载的情况下为正在使用的 /home 文件系统增加了 2GB 的空间。

这种在无须重启甚至不使文件系统离线的情况下扩展逻辑卷及其文件系统的功能，意味着用户的工作可以在不中断的情况下继续进行。多年来，笔者已经扩展了许多文件系统的容量，包括一些处于运行状态的各种类型的服务器，如 Web 和电子邮件服务器。

1.4　创建和扩展卷组

在管理磁盘空间方面，卷组的使用提供了极大的灵活性，特别是当我们需要为一个或多个逻辑卷增加更多空间时。

本节将探索利用卷组扩展磁盘空间的多个选项。我们将扩展现有的卷组，并创建新的卷组为逻辑卷提供额外的空间。接下来，我们将创建一个新的卷或扩展一个现有的卷。

1.4.1　创建新的卷组

有时候，我们需要创建一个新的卷组来包含一个或多个新的逻辑卷。有时硬盘上已经有可用的空间，如在 /dev/sdb 上。我们有一个未使用的 2GB 分区和大约 16GB 的未分区空间。

在实验 1-2 中，我们将使用一个现有但未使用的分区来创建卷组。

实验 1-2：创建新的卷组

在实验开始之前，先确认 /dev/sdb 上剩余的空间容量。虽然我们在实验 1-1 中已经进行过这样的操作，但系统状态总是会发生变化，因此我们不能对系统的当前状态做出任何假设，所以在进行任何操作之前，最好先执行 **lsblk** 命令对当前磁盘空间进行检查。

```
[root@studentvm1 ~]# lsblk
NAME                        MAJ:MIN RM  SIZE RO TYPE MOUNTPOINT
sda                             8:0   0   60G  0 disk
|-sda1                          8:1   0    1G  0 part /boot
`-sda2                          8:2   0   59G  0 part
  |-fedora_studentvm1-root    253:0   0    2G  0 lvm  /
  |-fedora_studentvm1-swap    253:1   0    4G  0 lvm  [SWAP]
  |-fedora_studentvm1-usr     253:2   0   15G  0 lvm  /usr
  |-fedora_studentvm1-home    253:3   0    4G  0 lvm  /home
  |-fedora_studentvm1-var     253:4   0   10G  0 lvm  /var
  `-fedora_studentvm1-tmp     253:5   0    5G  0 lvm  /tmp
sdb                            8:16   0   20G  0 disk
|-sdb1                         8:17   0    2G  0 part /TestFS
`-sdb2                         8:18   0    2G  0 part
```

lsblk 命令告诉我们，/dev/sdb 驱动器总共有 20GB 的空间，而我们在上册第 19 章中所创建的 /TestFS 分区 /dev/sdb1 使用了 2GB，/dev/sdb2 分区也使用了 2GB。剩余未分配空间的大小约为 16GB。请注意，如果你卸载了 /TestFS 文件系统，那么挂载点将不会显示出来，但它会是 /dev/sdb1。

我们希望将 /dev/sdb 驱动器上的剩余空间分配给这个新的卷组，通常的做法是直接将 /dev/sdb2 的分区删除，然后创建一个由硬盘上剩余的空间组成的新分区。但这种做法有点过于简单，缺乏了趣味性和教育意义，所以，我们将在当前驱动器上创建第三个分区，并将这两个分区合并成一个卷组，接着在其中创建一个逻辑卷。

首先，在 /dev/sdb 上创建一个新的主分区，它将使用驱动器上的其余空间。这个新的 /dev/sdb3 分区的大小将为 16GB。你现在应该可以在没有明确说明的情况下做到这一点。然后验证该分区是否已创建。

其次，在每个分区（/dev/sdb2 和 /dev/sdb3）上创建一个物理卷，我们可以直接执行如下 pvcreate 命令来完成这个操作。在执行过程中会提示，检测到在上册第 19 章中所创建的 btrfs 分区，请确保你要删除它：

```
[root@studentvm1 ~]# pvcreate /dev/sdb2 /dev/sdb3
WARNING: btrfs signature detected on /dev/sdb2 at offset 65600. Wipe it?
[y/n]: y
  Wiping btrfs signature on /dev/sdb2.
  Physical volume "/dev/sdb2" successfully created.
  Physical volume "/dev/sdb3" successfully created.
```

随后，我们执行如下命令来创建一个名为 NewVG-01，且包含 /dev/sdb2 和 /dev/sdb3 两个分区的卷组，一个卷组可以包含跨多个存储设备的物理卷，例如两个或多个硬盘或固态硬盘（Solid State Drive，SSD）：

```
[root@studentvm1 ~]# vgcreate NewVG-01 /dev/sdb2 /dev/sdb3
  Volume group "NewVG-01" successfully created
```

使用 vgs 命令来验证新的卷组：

```
[root@studentvm1 ~]# vgs
  VG                #PV #LV #SN Attr   VSize   VFree
  NewVG-01            2   0   0 wz--n- 17.99g  17.99g
  fedora_studentvm1   1   6   0 wz--n- <58.00g <21.51g
```

请注意，卷组 NewVG-01 的组合大小几乎是 18GB，其所有的存储空间都是可用的，现在我们执行如下命令，在此卷组中创建一个新的逻辑卷，其中 -L 2G 选项定义了新卷的大小；NewVG-01 是要在其中创建逻辑卷的卷组名称；--name TestVol1 选项指定了新的逻辑卷的名称。

```
[root@studentvm1 ~]# lvcreate -L 2G NewVG-01 --name TestVol1
  Logical volume "TestVol1" created.
[root@studentvm1 ~]# lvs
  LV       VG                Attr       LSize Pool Origin Data% ...
  TestVol1 NewVG-01          -wi-a----- 2.00g
  home     fedora_studentvm1 -wi-ao---- 4.00g
```

```
root     fedora_studentvm1 -wi-ao---- 2.00g
test     fedora_studentvm1 -wi-ao---- 500.00m
tmp      fedora_studentvm1 -wi-ao---- 5.00g
usr      fedora_studentvm1 -wi-ao---- 15.00g
var      fedora_studentvm1 -wi-ao---- 10.00g
```

这个操作十分简单，但是 lvcreate 的手册页又长又复杂，甚至从手册页示例中也看不出这个简单的命令可以创建一个新的逻辑卷。

现在，让我们在新的逻辑卷上创建一个 EXT4 文件系统，临时将其挂载到 /mnt 目录下，并在其中创建一些带有测试数据的文件对它进行测试，无须为这个文件系统创建永久挂载点或在 /etc/fstab 中添加条目，因为这个文件系统仅用于简单测试。注意，这正是 Linux 文件系统层次标准（Filesystem Hierarchy Standard，FHS）所预期的 /mnt 挂载点的用例类型，正如我们在上册第 19 章中看到的那样：

```
[root@studentvm1 ~]# mkfs -t ext4 /dev/mapper/NewVG--01-TestVol1
mke2fs 1.46.5 (30-Dec-2021)
Creating filesystem with 524288 4k blocks and 131072 inodes
Filesystem UUID: 67e5badd-933b-4bb8-9851-3eed9cb16553
Superblock backups stored on blocks:
        32768, 98304, 163840, 229376, 294912
Allocating group tables: done
Writing inode tables: done
Creating journal (16384 blocks): done
Writing superblocks and filesystem accounting information: done

[root@studentvm1 ~]# mount /dev/mapper/NewVG--01-TestVol1 /mnt
[root@studentvm1 ~]# ll /mnt
total 16
drwx------ 2 root root 16384 Feb 16 16:04 lost+found
[root@studentvm1 ~]# lsblk -f
NAME                        MAJ:MIN RM  SIZE RO TYPE MOUNTPOINT
sda                             8:0   0   60G  0 disk
|-sda1                          8:1   0    1M  0 part
|-sda2                          8:2   0    1G  0 part /boot
|-sda3                          8:3   0    1G  0 part /boot/efi
`-sda4                          8:4   0   58G  0 part
  |-fedora_studentvm1-root    253:0   0    2G  0 lvm  /
  |-fedora_studentvm1-usr     253:1   0   15G  0 lvm  /usr
  |-fedora_studentvm1-tmp     253:2   0    5G  0 lvm  /tmp
  |-fedora_studentvm1-var     253:3   0   10G  0 lvm  /var
  |-fedora_studentvm1-home    253:4   0    4G  0 lvm  /home
  `-fedora_studentvm1-test    253:5   0  500M  0 lvm  /test
sdb                            8:16   0   20G  0 disk
|-sdb1                         8:17   0    2G  0 part
|-sdb2                         8:18   0    2G  0 part
```

```
  `-sdb3                    8:19    0   16G   0 part
    `-NewVG--01-TestVol1   253:6    0    2G   0 lvm   /mnt
sr0                         11:0    1 1024M   0 rom
zram0                      252:0    0    8G   0 disk [SWAP]
[root@studentvm1 ~]#
```

当你执行完相关命令后，无须花费太多时间，只需对这个新的逻辑卷进行一些测试即可，创建一些带有数据的文件，并验证一切是否正常。当你完成测试后，请卸载该逻辑卷。

虽然我们在实验 1-2 中用于创建新卷组的两个分区都位于同一个硬盘上，但这确实说明了多个分区甚至整个存储设备可以合并成单个卷组。

1.4.2　扩展现有卷组

在没有找到现有空间的情况下，我们需要添加新的硬盘来创建该空间。实验 1-3 指导我们如何添加新硬盘，然后在新的磁盘空间中创建卷组和逻辑卷。

实验 1-3：扩展现有卷组

在上册实验 19-8 中，我们为虚拟机创建了一个新的虚拟硬盘，现在我们将向同一个 SATA 控制器添加另一个虚拟硬盘，并为该设备分配 2GB 的空间。如果你需要查看操作步骤的话，可以参考实验 19-8 的操作说明。

在扩展现有卷组之前，请使用 lsblk 命令来确定驱动器的标识符，在笔者的 StudentVM1 主机上，驱动器标识符是 /dev/sdc，因此，你的虚拟机驱动器标识符也应该是 /dev/sdc，请务必使用与你的计算机相对应的正确设备。

现在，让我们执行如下命令，在新硬盘上创建一个新的物理卷：

```
[root@studentvm1 ~]# pvcreate /dev/sdc
  Physical volume "/dev/sdc" successfully created.
```

扩展 NewVG-01 卷组，使其卷组中包括新的物理卷：

```
[root@studentvm1 ~]# vgextend NewVG-01 /dev/sdc
  Volume group "NewVG-01" successfully extended
[root@studentvm1 ~]#
```

通过执行如下命令来扩展逻辑卷。该命令通过将新的 /dev/sdc 物理卷上的所有空间添加到逻辑卷中来进行扩展：

```
[root@studentvm1 ~]# lvextend /dev/NewVG-01/TestVol1 /dev/sdc
  Size of logical volume NewVG-01/TestVol1 changed from 2.00 GiB (512
  extents) to <4.00 GiB (1023 extents).
  Logical volume NewVG-01/TestVol1 successfully resized.
[root@studentvm1 ~]#
```

最后，执行 resize2fs 命令来调整文件系统的空间大小：

```
[root@studentvm1 ~]# resize2fs /dev/NewVG-01/TestVol1
resize2fs 1.44.3 (10-July-2018)
Filesystem at /dev/NewVG-01/TestVol1 is mounted on /mnt; on-line resizing
required
old_desc_blocks = 1, new_desc_blocks = 1
The filesystem on /dev/NewVG-01/TestVol1 is now 1047552 (4k) blocks long.
```

如果 resize2fs 命令失败，请运行 e2fsck -f/dev/NewVG-01/TestVol1 命令，然后重新调整大小：

```
[root@studentvm1 ~]# lsblk -i
NAME                        MAJ:MIN RM   SIZE RO TYPE MOUNTPOINT
sda                           8:0    0    60G  0 disk
|-sda1                        8:1    0    1M  0 part
|-sda2                        8:2    0    1G  0 part /boot
|-sda3                        8:3    0    1G  0 part /boot/efi
`-sda4                        8:4    0    58G  0 part
  |-fedora_studentvm1-root  253:0    0    2G  0 lvm  /
  |-fedora_studentvm1-usr   253:1    0   15G  0 lvm  /usr
  |-fedora_studentvm1-tmp   253:2    0    5G  0 lvm  /tmp
  |-fedora_studentvm1-var   253:3    0   10G  0 lvm  /var
  |-fedora_studentvm1-home  253:4    0    4G  0 lvm  /home
  `-fedora_studentvm1-test  253:5    0  500M  0 lvm  /test
sdb                           8:16   0    20G  0 disk
|-sdb1                        8:17   0    2G  0 part
|-sdb2                        8:18   0    2G  0 part
`-sdb3                        8:19   0   16G  0 part
  `-NewVG--01-TestVol1      253:6    0    4G  0 lvm  /mnt
sdc                           8:32   0    2G  0 disk
`-NewVG--01-TestVol1        253:6    0    4G  0 lvm  /mnt
sr0                          11:0    1 1024M  0 rom
zram0                       252:0    0    8G  0 disk [SWAP]
[root@studentvm1 ~]#
```

我们通过向当前卷组添加新硬盘的方式，成功扩展了逻辑卷的容量。

请注意，本章中的所有实验都不需要重新启动计算机。所有实验都在系统功能完整的情况下进行。

1.5　使用技巧提示

虽然使用逻辑卷管理已经非常简单了，但笔者还是找到了几个小窍门，可以让它的操作更加便捷。

笔者倾向于使用扩展文件系统，除非有特别的理由选择其他文件系统。值得一提的是，像 XFS、BTRFS、EXT3 和 EXT4 等部分文件系统支持调整大小，并不是所有文件系统都支持这项功能。这些扩展文件系统在速度和效率方面的表现也尤为出色。并且，当这些扩展文件系统默认的设置不完全符合生产环境需求时，一个经验丰富的系统管理员可以对这些文件系统进行调优，以满足大多数生产环境的需求。

为了便于在操作过程中轻松识别不同的卷和卷组，笔者总会使用一些富有含义的名称。同理，笔者也会给 EXT 文件系统设置标签。这些文件系统标签能够大大简化挂载文件系统的过程，减少了手动挂载或在 /etc/fstab 文件中添加规范所需的输入工作量。

需要注意的是，当构成卷组的任一物理设备出现故障时，跨越多个物理卷的卷组将完全无法正常使用。逻辑卷管理本身并非天然具备容错特性，但我们可以通过在一个精心设计的独立冗余磁盘阵列 / 经济型磁盘阵列（Redundant Array of Independent/Inexpensive Disk，RAID）系统中结合逻辑卷管理使用，以此来实现容错的功能。我们要一如既往地对所有数据进行备份，关于备份方面的更多内容可参考《网络服务详解》第 6 章中的内容，本节不再赘述。

1.6　高级功能

逻辑卷管理还有一些非常强大而有趣的高级功能，这些功能超出了本书的范围。但在这里，我们将对这些功能做一个简要的描述。

我们可以创建由旋转存储设备和固态硬盘组成的混合卷，其中固态硬盘充当较慢的硬盘驱动器（Hard Disk Drive，HDD）的数据缓存，这可以加快对常用数据的访问速度。

逻辑卷管理可以用来创建各种配置的 RAID 卷，RAID 是一种能够将两个或更多相同物理设备整合成一个逻辑组的工具。这些组可用于加快对存储设备中数据的访问，并增加冗余级来防止单个设备出现故障时的数据丢失。RAID 在提供固态硬盘的冗余保护和增强硬盘驱动器的速度及冗余方面都非常有用。

镜像卷就是两个存储设备，逻辑卷管理会尽可能实时地保持它们数据的一致性。这种冗余提供了对单个设备的故障保护。

快照卷是存储设备在某个时间点的快照，这样可以在原始设备损坏时，将其恢复到快照时的状态。

RAID 和逻辑卷管理在功能上有很多重叠。RAID 既可以在硬件层面实现，也可以通过逻辑卷管理实现。大部分存储控制硬件都内置了 RAID 功能。此外，RAID 还提供双设备镜像。

总结

逻辑卷管理为当今 Linux 主机的磁盘空间管理提供了一种高级的工具。它通过将硬件抽象为卷组和逻辑卷，使系统管理员能创建不受单个存储设备物理空间限制的卷。逻辑卷管理能够根据实际需求（需要的时间和地点）扩展空间来管理逻辑卷，而不会干扰正在进行的操作。

逻辑卷管理工具的功能不仅限于本章所介绍的内容，它还具备创建和还原卷组备份、删除、重命名、调整大小，以及得到组成整个逻辑卷管理系统的更多组、卷。

笔者建议阅读 Fedora 系统命令的手册页，这将有助于你清楚地了解在逻辑卷管理系统中可以执行哪些操作。你可以使用 Tab 补全功能来寻找其他与逻辑卷管理相关的命令，例如输入 lv 后按两次 <Tab> 键：lv<tab><tab>。

练习

为了掌握本章所学知识，请完成以下练习：

1. 使用逻辑卷管理的原因是什么？

2. vgdisplay 命令和 vgs 命令显示的信息有哪些区别？

3. 笔者有时使用硬盘扩展坞来测试那些可能存在错误的存储设备，或尝试从中恢复数据。如果一个硬盘被配置为某个卷组的唯一成员，那么笔者应该如何访问该硬盘上的数据？

4. 利用 /dev/sdc 上剩余的未使用空间，将 /tmp 文件系统扩展 5GB。

第 2 章　*Chapter 2*

文件管理器

目标

在本章中，你将学习如下内容：

❏ 文件管理器的各项功能。

❏ 文本模式下文件管理器 Midnight Commander（MC）的基本用法。

❏ 基于 Midnight Commander 的图形文件管理器 Krusader 的基本用法。

❏ Xfce 桌面图形化默认文件管理器 Thunar 的基本用法。

❏ 其他文件管理器的简要介绍。

2.1　概述

无论对于最终用户还是系统管理员，文件管理都是日常管理任务中最常见的一项。文件管理非常耗时，查找文件、识别占用磁盘空间较多的文件和文件夹（目录）、删除文件、移动文件，以及简单地打开应用程序中使用的文件，这些都是我们作为计算机用户需进行的最基本但最频繁的任务。文件管理工具旨在简化必不可少的文件管理工作。

在本章中，我们主要学习如何运用 Midnight Commander 这款基于文本模式的文件管理器。我们选择 Midnight Commander 文件管理器的原因在于：作为系统管理员，我们大部分时间都在使用命令行界面，即使可能需要安装 Midnight Commander 文件管理器，它也能在命令行环境下使用。我们还会介绍 Thunar 图形文件管理器，它是 Xfce 桌面的默认图形化文件管理器，并简要介绍其他可用的文件管理器。

如同 Linux 的各个方面一样，文件管理器有许多可用的选项。下文列举出了笔者常用的 Fedora 发行版提供的一系列工具，涵盖了文本界面和图形界面这两种类型。

2.1.1　文本界面

❑ Midnight Commander（一款命令行界面的文件管理器）
❑ Vifm（一款基于终端的文件管理器）
❑ nnn（一款轻量级的命令行文件管理器）

2.1.2　图形界面

❑ Thunar（一款图形界面的文件管理器）
❑ Krusader（一款基于图形界面的高级文件管理器）
❑ Dolphin（一款基于 KDE 桌面环境的图形文件管理器）
❑ XFE（一款轻量级的图形文件管理器）

在各个时期，笔者因不同的原因使用过这些文件管理器，它们都拥有各自独特的优势。这些文件管理器的功能范围各不相同，从最基础的到极为丰富的，总有一款文件管理器能够满足你的要求。本章将对列出的每类文件管理器做一个简要的介绍。

2.2　默认的文件管理器

与众多 Linux 发行版类似，Fedora 默认搭载了图形界面的文件管理器，当前用于 Xfce 桌面的是 Thunar⊖。在 Linux 桌面上，通常会看到一个类似于小房子的图标，它代表用户的主目录。单击 Home 图标，会打开系统默认的文件管理器，并显示用户的主目录为当前工作目录（Present Working Directory，PWD）。Home 图标通常位于桌面上，与垃圾箱图标以及一些驱动器图标并列展示，如图 2-1 所示。

每种桌面环境（例如 Xfce、KDE Plasma、Cinnamon、LXDE 等）都有一个默认的图形文件管理器。在 Xfce 和大部分其他桌面环境中，你可以通过 Applications（应用程序）→ Settings（设置）→ Preferred Applications（首选应用程序）→ Utilities（实用工具）→ File Manager（文件管理器）来更换默认的文件管理器。我们在本章后续部分将会详细探讨 Thunar 文件管理器，以及如何安装和使用其他几种图形文件管理器。

2.3　文本模式的文件管理器

作为系统管理员，我们通常需要使用命令行界面，因此本章将重点介绍文本模式的文件管理器。在 GUI（Graphical User Interface，图形用户界面）不可用的情况下，文本模式的文件管理器显得尤为实用，但即使在使用 GUI 时，文本模式的文件管理器也可以用作桌面终端模拟器会话中的主要文件管理器。

有几款不错的文本模式文件管理器可供选择。笔者特别青睐 Midnight Commander，同样还有其他一些功能强大、易用并且广受好评的文件管理器。

⊖　Xfce.org, Thunar 文件管理器，https://docs.xfce.org/xfce/thunar/start。

图 2-1　打开 Home 图标和 Thunar 文件管理器的 Xfce 桌面

Midnight Commander

Midnight Commander[一]是一个基于文本的程序，笔者经常使用它通过命令行界面与本地和远程的 Linux 系统进行交互。Midnight Commander 几乎支持所有常见的 shell（终端）命令，并且还支持通过 SSH 执行远程操作。

Midnight Commander 提供了一个交互式的、基于视觉的文本模式用户界面，用于导航文件系统和管理文件。它可用于复制、编辑、移动或删除文件，以及完成目录树，它还可以用于扩展各种类型的归档文件并探索其内容。

你可以在命令行界面中输入 mc 命令来启动 Midnight Commander。在 Konsole 终端模拟器中运行的 Midnight Commander 如图 2-2 所示。Midnight Commander 的用户界面由两个文本模式面板组成，分别位于左右两侧，每个面板显示一个目录的内容。在 Midnight Commander 界面的最顶部是一个菜单栏，包含了配置 MC 及其当前面板的菜单项，以及一个用于高亮显示当前面板中被选中的目录行的选择条。

在每个面板的顶部均会显示该面板当前的目录名称。同时，当前面板中的所选目录条目会被高亮显示。

使用方向键和 <Tab> 键可以实现导航，按 <Enter> 键可以进入被高亮显示的目录，界

㊀　Midnight Commander, https://midnight-commander.org/。

面底部显示关于在每个面板中高亮显示的文件或目录的信息、提示栏和一行功能键标签。读者可以直接按下键盘上你希望执行的功能相对应的功能键。提示栏和功能键标签之间存在一个用于输入命令的行。在此处，你可以输入任何标准 Bash 或其他 shell 提示符下的 CLI 命令。该界面本质上就是一个 Bash 提示符。

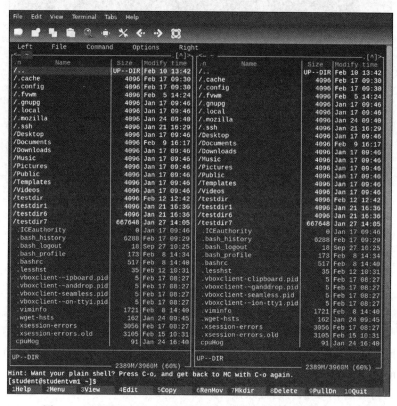

图 2-2　Midnight Commander 可以用来移动、复制和删除文件

实验 2-1：Midnight Commander 介绍

请以 root 用户身份来安装 Midnight Commander：

```
[root@studentvm1 ~]# dnf -y install mc
```

接着，以 student 用户身份登录，确保你的当前工作目录是你的个人主目录（/home）。然后用 mc 命令来启动 Midnight Commander。

当 Midnight Commander 启动时，会显示两个面板。我们可以按 <Tab> 键在各个面板之间来回切换。使用上下方向键移动高亮条来浏览当前面板中的文件和目录列表。在右侧面板中选中 Documents（文档）目录，然后按 <Enter> 键将 PWD 更改为该目录。

若要返回到上一级目录，只需在面板的顶部列表中选中 ".."（代表上级目录的符号）条目，然后按 <Enter> 键即可，如图 2-3 所示，此条目显示在左侧面板的顶部，而 Size

列显示了"UP--DIR"。但当前，我们无须进行此操作。

```
   Left    File    Command   Options      Right
+<- ~ -------------------------.[^]>++<- ~/Documents -----------------------.[^]>+
|.n       Name      | Size |Modify time || .n        Name       | Size  |Modify time |
|/..                |UP--DIR|Dec 22 11:06|| test10               |      0|Dec 30 16:32|
|/.cache            |  4096|Jan 24 21:21|| test11               |      0|Dec 30 16:32|
|/.config           |  4096|Jan 25 09:55|| test12               |      0|Dec 30 16:32|
|/.gnupg            |  4096|Dec 22 13:15|| test13               |      0|Dec 30 16:32|
|/.local            |  4096|Dec 22 13:15|| test14               |      0|Dec 30 16:32|
|/.mozilla          |  4096|Oct 29 14:28|| test15               |      0|Dec 30 16:32|
|/.ssh              |  4096|Dec 22 21:30|| test16               |      0|Dec 30 16:32|
|/Desktop           |  4096|Dec 24 08:19|| test17               |      0|Dec 30 16:32|
|/Documents         |  4096|Jan 25 22:05|| test18               |      0|Dec 30 16:32|
|/Downloads         |  4096|Dec 22 13:15|| test19               |      0|Dec 30 16:32|
|/Music             |  4096|Dec 22 13:15|| test20               |      0|Dec 30 16:32|
|/Pictures          |  4096|Dec 22 13:15|| testfile01           |  41876|Dec 30 16:32|
|/Public            |  4096|Dec 22 13:15|| testfile02           |  41876|Dec 30 16:32|
|/Templates         |  4096|Dec 22 13:15|| testfile03           |  41876|Dec 30 16:32|
|/Videos            |  4096|Dec 22 13:15|| testfile04           |  41876|Dec 30 16:32|
|/testdir           |  4096|Dec 30 16:48|| testfile05           |  41876|Dec 30 16:32|
|/testdir1          |  4096|Dec 30 16:36|| testfile06           |  41876|Dec 30 16:32|
|/testdir6          |  4096|Dec 30 16:36|| testfile07           |  41876|Dec 30 16:32|
|/testdir7          |  4096|Dec 30 16:36|| testfile08           |  41876|Dec 30 16:32|
| .ICEauthority     |  1864|Jan 24 21:21|| testfile09           |  41876|Dec 30 16:32|
|------------------------------------||------------------------------------|
|UP--DIR                             || testfile03                         |
+--------------- 3758M/3968M (94%) -++--------------- 3758M/3968M (94%) -+
    Hint: Want your plain shell? Press C-o, and get back to MC with C-o again.
[student@studentvm1 Documents]$                                          [^]
1Help   2Menu   3View   4Edit   5Copy    6RenMov 7Mkdir  8Delete 9PullDn 10Quit
```

图 2-3　Midnight Commander 的双面板界面，可以按 <Tab> 键在两个面板间切换

注意： 笔者在启动 Midnight Commander 时使用了 -a 选项，此参数会使用 ASCII 码的纯文本字符来绘制线条，而非图 2-2 所示的高级线条绘制字符。这是因为，当从终端会话复制到文档时，那些高级线条字符的对齐效果无法达到最佳。

若要在 Midnight Commander 的命令提示符处执行命令，直接键入命令即可。下面，让我们查询一下 $SHELL 变量的当前值：

```
|------------------------------------||------------------------------------|
|UP--DIR                             ||UP--DIR                             |
+--------------- 3690M/3968M (92%) -++--------------- 3690M/3968M (92%) -+
Hint: Want your plain shell? Press C-o, and get back to MC with C-o again.
[student@studentvm1 ~]$ echo $SHELL                                      [^]
1Help   2Menu   3View   4Edit   5Copy    6RenMov

7Mkdir  8Delete 9PullDn 10Quit
```

显示的结果将出现在一个子终端里。你可以通过按下 <Enter> 键退出这个子终端，从而返回到 Midnight Commander。

在右侧面板，请向下滚动并选择一个包含内容的文件。文件的大小会在 Size 列中显示。按 <F3> 键查看文件的内容，如图 2-4 所示。请注意，此功能仅提供文件预览，并不

支持在窗口内进行文件编辑。按 <F4> 键，该文件将在编辑器中打开。

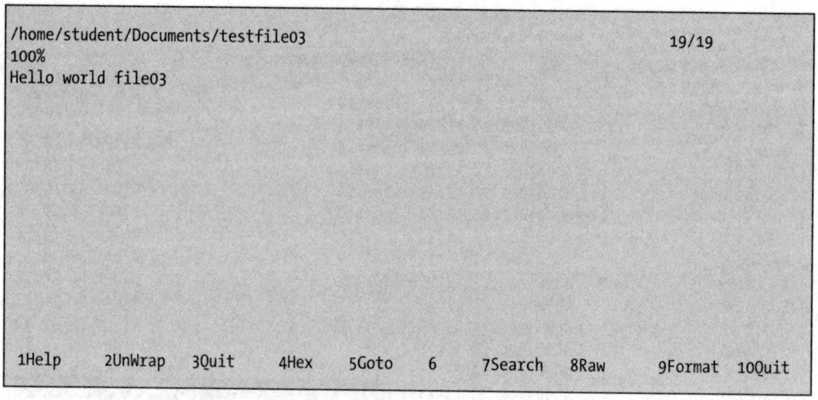

```
/home/student/Documents/testfile03                                    19/19
100%
Hello world file03




                                                                      





1Help      2UnWrap   3Quit     4Hex     5Goto     6       7Search   8Raw     9Format  10Quit
```

图 2-4　按 <F3> 键查看文件内容

查看器的顶部会显示当前打开文件的路径和文件名，已查看的文件进度与文件的总数据量的比较以及已经查看的文件进度的百分比。

其中有一些导航、搜索和查看选项可以通过使用底部行上显示的功能键来访问。按 <F3> 键会重新打开文件查看器，而按 <F10> 键会退出查看器并返回到 Midnight Commander 的主界面。

注意 Midnight Commander 窗口底部的功能键分配，按 <F1> 键显示帮助信息，还有复制、移动、搜索、删除和退出等功能键。你可以通过按对应的功能键来执行这些操作。

为确保终端模拟器不会占用 <F1> 和 <F10> 键，我们需要在 Xfce4 终端中手动配置。具体步骤如下：

1）在 Xfce4 终端模拟器中打开菜单栏。

2）选择 Edit（编辑）→ Preferences（首选项）。

3）选择 Advanced（高级）选项卡。

4）勾选 Disable menu shortcut key（禁用菜单快捷键，默认为 <F10> 键）和 Disable help window shortcut key（禁用帮助窗口快捷键，默认为 <F1> 键）选项。

完成上述配置后，Midnight Commander 便可以正常使用这些功能键了。

在当前的虚拟控制台中，上述所配置的操作通常不会引起任何问题，如果你正在使用图形化界面的终端模拟器，还可以通过鼠标单击 F1 或 F10。

随即，我们选中右侧面板中的某个文件，并按 <F5> 键启动文件复制过程。这会弹出 Copy（复制）对话框，如图 2-5 所示。

在进行移动、复制或删除操作时，你可以选中多个文件。对于每个待处理的文件，首先需要将其高亮显示，然后按下 <Insert> 键进行选中。在此例中，我们仅需复制单个文件。我们可以按 < ↓ > 键在各个选项间按顺序切换，直到 OK 选项被选中，之后按 <Enter> 键以完成复制操作。

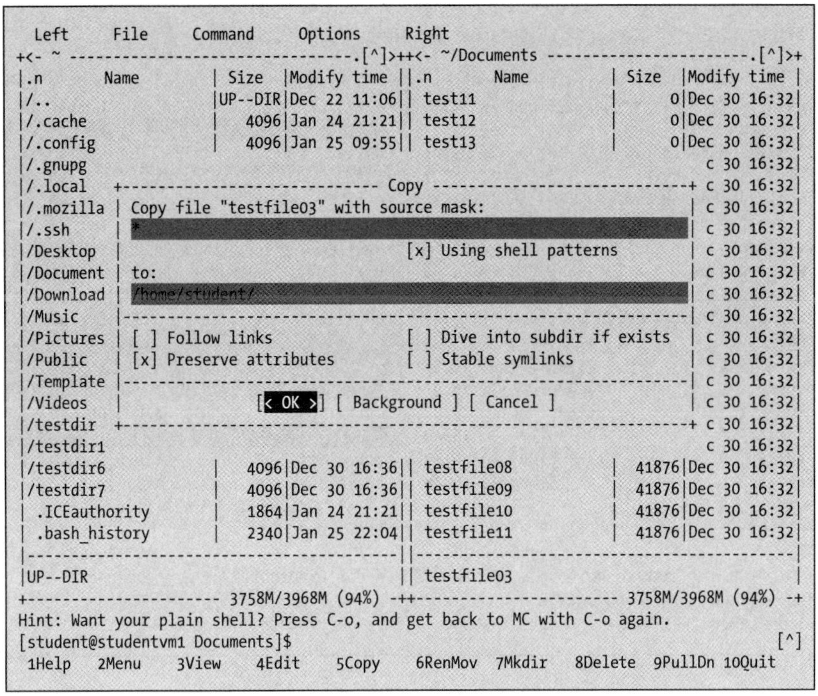

```
     Left    File    Command    Options    Right
+<- ~ ----------------------.[^]>++<- ~/Documents ----------------------.[^]>+
|.n      Name      | Size |Modify time ||.n      Name      | Size |Modify time |
|/..              |UP--DIR|Dec 22 11:06|| test11           |      0|Dec 30 16:32|
|/.cache          |   4096|Jan 24 21:21|| test12           |      0|Dec 30 16:32|
|/.config         |   4096|Jan 25 09:55|| test13           |      0|Dec 30 16:32|
|/.gnupg                                                                c 30 16:32|
|/.local    +------------------------- Copy -------------------------+  c 30 16:32|
|/.mozilla  | Copy file "testfile03" with source mask:               |  c 30 16:32|
|/.ssh      | ████████████████████████████████████████████████████  |  c 30 16:32|
|/Desktop   |                           [x] Using shell patterns     |  c 30 16:32|
|/Document  | to:                                                    |  c 30 16:32|
|/Download  | /home/student/                                         |  c 30 16:32|
|/Music     |--------------------------------------------------------|  c 30 16:32|
|/Pictures  | [ ] Follow links            [ ] Dive into subdir if exists| c 30 16:32|
|/Public    | [x] Preserve attributes     [ ] Stable symlinks        |  c 30 16:32|
|/Template  |--------------------------------------------------------|  c 30 16:32|
|/Videos    |         [< OK >] [ Background ] [ Cancel ]              |  c 30 16:32|
|/testdir   +--------------------------------------------------------+  c 30 16:32|
|/testdir1                                                              c 30 16:32|
|/testdir6        |   4096|Dec 30 16:36|| testfile08       | 41876|Dec 30 16:32|
|/testdir7        |   4096|Dec 30 16:36|| testfile09       | 41876|Dec 30 16:32|
| .ICEauthority   |   1864|Jan 24 21:21|| testfile10       | 41876|Dec 30 16:32|
| .bash_history   |   2340|Jan 25 22:04|| testfile11       | 41876|Dec 30 16:32|
|-----------------------------------||----------------------------------|
|UP--DIR                            || testfile03        |                 |
+----------------- 3758M/3968M (94%) -++------------ 3758M/3968M (94%) -+
Hint: Want your plain shell? Press C-o, and get back to MC with C-o again.
[student@studentvm1 Documents]$                                          [^]
 1Help 2Menu  3View  4Edit  5Copy  6RenMov 7Mkdir 8Delete 9PullDn 10Quit
```

图 2-5 复制对话框提供了一些用于复制命令的选项

切换到左侧面板，并向下滚动查找你刚刚复制成功的文件。确认该文件已成功复制到目标目录后，请在左侧面板中选择该复制文件，然后按 <F8> 键进行删除。此时，将弹出一个对话框以确认你是否确实要删除选中的文件。请选择 Yes 并按 <Enter> 键以确认删除操作。

切换回右侧面板，使用 <Insert> 键选择几个彼此不相邻的文件。将每个所需的文件进行高亮显示，并按下 <Insert> 键来进行"标记"，就像 MC 文档术语选择文件或目录一样。操作返回结果如图 2-6 所示。

在右侧文件面板中对一些文件进行标记后，按 <F8> 键并确认删除操作，所有被标记的文件将会一并被删除。如果你选择一个高亮显示却未被标记的文件，那么这个文件是不会被删除的，这些被我们标记的文件除了可以执行删除操作，还可以对其进行复制或移动。此外，上述这些操作也可以通过 Midnight Commander 的命令行直接执行。

我们可以通过多种方式来创建新目录，其中一种方式是在 Midnight Commander 的命令行界面中直接输入 mkdir Directory01 命令，如图 2-7 所示。只需开始输入即可，选择栏只在目录面板中使用，不会影响命令行输入。完成命令输入后，按 <Enter> 键执行。

另一种创建新目录的方法是按 <F7> 键，弹出如图 2-8 所示的对话框，该对话框显示当前选择条所在位置的目录或文件名。你需要将其删除，输入想创建的目录名，然后选择 OK，并按 <Enter> 键来完成新目录的创建。

```
    Left      File    Command    Options    Right
+<- ~ --------------------------.[^]++<- ~/Documents ----------------------.[^]>+
|.n       Name      | Size |Modify time ||.n       Name      | Size |Modify time |
| .bashrc           |   350|Dec 25 14:26|| test16             |      0|Dec 30 16:32|
| .esd_auth         |    16|Dec 22 13:15|| test17             |      0|Dec 30 16:32|
| .vboxclien~board.pid|   6|Jan 24 21:21|| test18             |      0|Dec 30 16:32|
| .vboxclien~splay.pid|   6|Jan 24 21:21|| test19             |      0|Dec 30 16:32|
| .vboxclien~ddrop.pid|   6|Jan 24 21:21|| test20             |      0|Dec 30 16:32|
| .vboxclien~mless.pid|   6|Jan 24 21:21|| testfile01         |  41876|Dec 30 16:32|
| .viminfo          |  3383|Jan 16 13:43|| testfile02         |  41876|Dec 30 16:32|
| .xscreensaver     |  8816|Dec 23 17:13|| testfile03         |  41876|Dec 30 16:32|
| .xsession-errors  |  2939|Jan 24 21:24|| testfile04         |  41876|Dec 30 16:32|
| .xsession-errors.old|2405|Jan 21 21:27|| testfile05         |  41876|Dec 30 16:32|
| dmesg.txt         | 41876|Dec 30 16:37|| testfile06         |  41876|Dec 30 16:32|
| dmesg1.txt        | 41936|Jan 16 14:08|| testfile07         |  41876|Dec 30 16:32|
| dmesg2.txt        | 41876|Dec 30 16:37|| testfile08         |  41876|Dec 30 16:32|
| dmesg3.txt        | 41876|Dec 30 16:37|| testfile09         |  41876|Dec 30 16:32|
| link3             |     0|Dec 30 16:40|| testfile10         |  41876|Dec 30 16:32|
| newfile.txt       |     0|Dec 30 16:37|| testfile11         |  41876|Dec 30 16:32|
| !softlink1        |     5|Dec 30 16:48|| testfile12         |  41876|Jan 27 08:52|
|                   |                   ||------- 209,380 B in 7 files -----------|
|-> link1           |                   || testfile09                             |
+--------------------- 3758M/3968M (94%) -++---------------------- 3758M/3968M (94%) -+
          Hint: Want to do complex searches? Use the External Panelize command.
[student@studentvm1 Documents]$                                              [^]
1Help  2Menu  3View  4Edit  5Copy  6RenMov 7Mkdir  8Delete 9PullDn 10Quit
```

图 2-6　在右侧面板中选择或标记多个文件

```
+---------------------- 3758M/3968M (94%) -++---------------------- 3758M/3968M (94%) -+
       Hint: Do you want Lynx-style navigation? Set it in the Configuration dialog.
[student@studentvm1 Documents]$ mkdir Directory01                           [^]
1Help  2Menu  3View  4Edit    5Copy  6RenMov 7Mkdir   8Delete 9PullDn 10Quit
```

图 2-7　在 Midnight Commander 的命令行界面中输入指定的命令

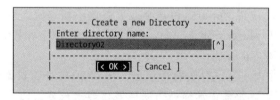

```
+-------- Create a new Directory --------+
| Enter directory name:                  |
| Directory02                        [^] |
|----------------------------------------|
|        [< OK >] [ Cancel ]             |
+----------------------------------------+
```

图 2-8　在此对话框中输入新的目录名称

你可以花一些时间来浏览下 Midnight Commander 界面顶部的菜单项。Left 和 Right 菜单可支持你自定义左右两个面板中数据的展示方式。File 菜单提供了各种文件操作，例如创建链接、修改文件模式和所有权、筛选显示特定文件、新建目录、删除和复制文件等。其中一些功能你还可以通过功能键直接访问。

笔者对 Midnight Commander 的界面进行了一些个性化设置。比如，当选择条位于某个文件上时，我喜欢查看文件的权限（模式）和大小信息，这些信息会在迷你状态栏中显示。要实现这种设置，需要分别对每个面板进行配置，如图 2-9 所示。笔者已经对左侧面板进行了此类调整，你可以在左侧面板的底部看到文件 dmesg1.txt 的权限和大小。虽然目前的选择条位于右侧面板，但是迷你状态栏也会显示左侧面板中最后选中的文件信息。

　　按 <F9> 键可访问顶部菜单栏。使用左右箭头键在主菜单项之间移动，选择 Right 菜单。然后，按 < ↓ > 键来展开 Right 菜单的下拉菜单，如图 2-9 所示。继续按 < ↓ > 键直到选中 Listing format（列表格式）菜单项，然后按 <Enter> 键进行选择。

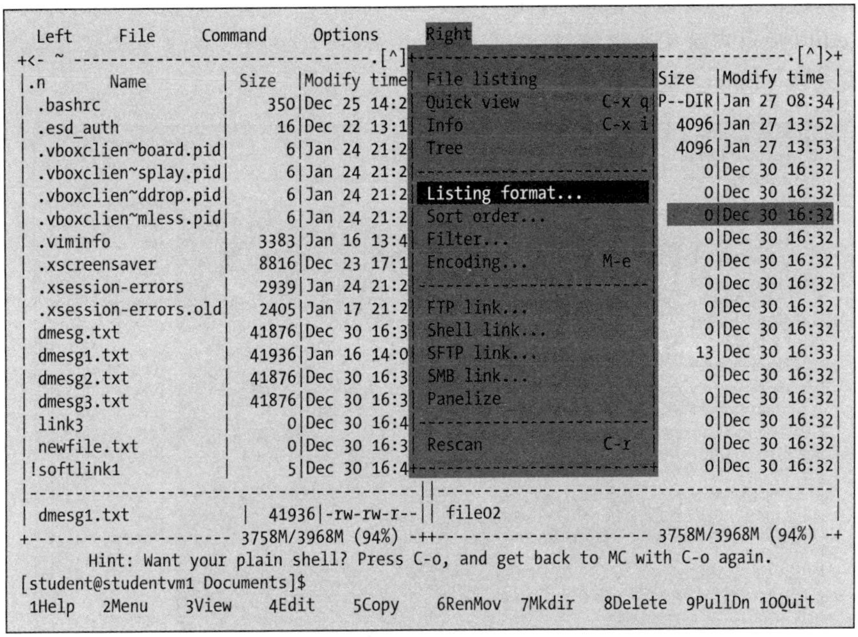

```
   Left    File    Command    Options    Right
+<- ~ -----------------------------.[^]+-------------------------.[^]>+
|.n     Name       |  Size |Modify time│ File listing       │ Size │Modify time │
| .bashrc          |   350|Dec 25 14:2│ Quick view    C-x q│P--DIR│Jan 27 08:34│
| .esd_auth        |    16|Dec 22 13:1│ Info          C-x i│ 4096│Jan 27 13:52│
| .vboxclien~board.pid|  6|Jan 24 21:2│ Tree               │ 4096│Jan 27 13:53│
| .vboxclien~splay.pid|  6|Jan 24 21:2│                    │    0│Dec 30 16:32│
| .vboxclien~ddrop.pid|  6|Jan 24 21:2│ Listing format...  │    0│Dec 30 16:32│
| .vboxclien~mless.pid|  6|Jan 24 21:4│ Sort order...      │    0│Dec 30 16:32│
| .viminfo         |  3383|Jan 16 13:4│ Filter...          │    0│Dec 30 16:32│
| .xscreensaver    |  8816|Dec 23 17:1│ Encoding...    M-e │    0│Dec 30 16:32│
| .xsession-errors |  2939|Jan 24 21:2│                    │    0│Dec 30 16:32│
| .xsession-errors.old| 2405|Jan 17 21:2│ FTP link...       │    0│Dec 30 16:32│
| dmesg.txt        | 41876|Dec 30 16:3│ Shell link...      │    0│Dec 30 16:32│
| dmesg1.txt       | 41936|Jan 16 14:0│ SFTP link...       │   13│Dec 30 16:33│
| dmesg2.txt       | 41876|Dec 30 16:3│ SMB link...        │    0│Dec 30 16:32│
| dmesg3.txt       | 41876|Dec 30 16:3│ Panelize           │    0│Dec 30 16:32│
| link3            |     0|Dec 30 16:4│                    │    0│Dec 30 16:32│
| newfile.txt      |     0|Dec 30 16:3│ Rescan        C-r  │    0│Dec 30 16:32│
| !softlink1       |     5|Dec 30 16:4│                    │    0│Dec 30 16:32│
|----------------------||----------------------------------------------|
| dmesg1.txt       | 41936|-rw-rw-r--|| file02                              |
+--------------- 3758M/3968M (94%) -++-------------- 3758M/3968M (94%) -+
       Hint: Want your plain shell? Press C-o, and get back to MC with C-o again.
[student@studentvm1 Documents]$
1Help  2Menu   3View   4Edit   5Copy   6RenMov 7Mkdir  8Delete 9PullDn 10Quit
```

图 2-9　查看文件权限和大小，按 <F9> 键进入顶部菜单栏，然后为左侧和右侧面板设置选择列表格式

　　Listing format 对话框如图 2-10 所示，使用方向键选中 User mini status（用户迷你状态）选项，在对应的复选框中勾选（标记 ×），随后选择 OK 并按 <Enter> 键进行确认。对左侧面板也需要进行同样的设置。

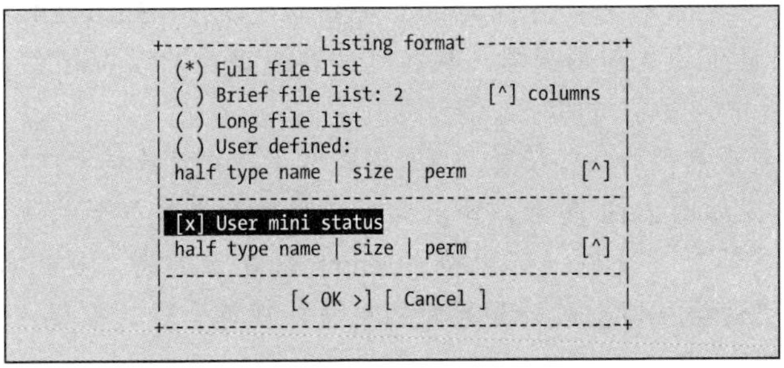

```
+-------------- Listing format --------------+
| (*) Full file list                          |
| ( ) Brief file list: 2          [^] columns |
| ( ) Long file list                          |
| ( ) User defined:                           |
| half type name | size | perm         [^]   |
|---------------------------------------------|
| [x] User mini status                        |
| half type name | size | perm         [^]   |
|---------------------------------------------|
|          [< OK >] [ Cancel ]                |
+---------------------------------------------+
```

图 2-10　在 User mini status 复选框中标记 ×，从而能够查看文件的大小和权限

　　除此之外，笔者个人更倾向于使用 Vim 编辑器，而非 Midnight Commander 的默认

内部编辑器，虽然说 Midnight Commander 内部编辑器完全足够使用，但由于笔者有 25 年使用 Vi 和 Vim 编辑器的经验，因此更倾向于使用 Vim 编辑器的键位组合。Midnight Commander 也允许用户更改默认编辑器设置，接下来请跟随笔者一起来更改 Midnight Commander 的默认编辑器设置。

　　首先，我们在顶部菜单栏中选择 Options（选项）→ Configuration（配置），你将会打开如图 2-11 所示的 Configure options（配置选项）对话框。其次使用方向键选中 Use internal edit（使用内部编辑器），然后按 <Space> 键从复选框中移除 ×（取消勾选），最后选择 OK 并按 <Enter> 键完成此项更改。

```
 Left    File    Command    Options    Right
+<- ~ -----------------------.[^]>++<- ~/Documents ----------------------.[^]>+
|.n    Name                                                    |Modify time |
| .bashrc                                                      |Dec 30 16:32|
| .esd_auth          +----------------- Configure options ---------------+ |Dec 30 16:32|
| .vboxclien~b       | + File operations ------- + Other options --------+ |Dec 30 16:32|
| .vboxclien~s       | [x] Verbose operation     [ ] Use internal edit   | |Dec 30 16:32|
| .vboxclien~d       | [x] Compute totals        [x] Use internal view   | |Dec 30 16:32|
| .vboxclien~m       | [x] Classic progressbar   [ ] Ask new file name   | |Dec 30 16:32|
| .viminfo           | [x] Mkdir autoname        [ ] Auto menus          | |Dec 30 16:32|
| .xscreensave       | [ ] Preallocate space     [ ] Drop down menus     | |Dec 30 16:32|
| .xsession-er       +--------------------------+ [x] Shell patterns     | |Dec 30 16:32|
| .xsession-er       + Esc key mode ----------- + [ ] Complete: show all | |Dec 30 16:32|
| dmesg.txt          | [x] Single press          [x] Rotating dash       | |Dec 30 16:32|
| dmesg1.txt         | Timeout: 1000000          [x] Cd follows links    | |Dec 30 16:32|
| dmesg2.txt         +--------------------------+ [ ] Safe delete        | |Dec 30 16:32|
| dmesg3.txt         + Pause after run -------- + [ ] Safe overwrite     | |Dec 30 16:32|
| link3              | ( ) Never                 [x] Auto save setup     | |Dec 30 16:32|
| newfile.txt        | (*) On dumb terminals                             | |Dec 30 16:32|
| !softlink1         | ( ) Always                                        | |Dec 30 16:32|
|--------------      +---------------------------------------------------+ |------------|
|-> link1            |             [< OK >] [ Cancel ]                   | |            |
+--------------      +---------------------------------------------------+ 3968M (94%) -+
     Hint: Want to
[student@studentvm1 Documents]$                                                        [^]
 1Help  2Menu  3View   4Edit    5Copy   6RenMov 7Mkdir  8Delete 9PullDn 10Quit
```

图 2-11　取消勾选"使用内部编辑器"选项，从而启用外部编辑器

　　<F4> 键用于编辑已选择的现有文件，如果你的键盘上有 <F14> 键，你可以直接用它来打开一个新的、空白的文件进行编辑。或者你可以按 <Shift+F4> 来模拟 <F14> 键。我们已经将编辑器设置为外部编辑器，现在这些快捷键会启动 Vim 编辑器。你也可以在 $EDITOR 环境变量中设置不同的外部编辑器。

　　笔者有时还会更改其他的一些设置，例如颜色方案。在菜单栏中选择 Options（选项）→ Appearance（外观），如图 2-12 所示。弹出的对话框中会高亮显示当前所使用的皮肤（即颜色组合），若要更换新的皮肤，可以按 <Enter> 键查看列表，找到你想要的皮肤并按 <Enter> 键选择。更改会立即生效，如果新的皮肤外观符合你的期望，可以选择 OK 并按 <Enter> 键确认配置。

　　对视图模式或选项配置所做的更改调整都需要保存，因为这些更改只是暂时的，否则在下次启动 Midnight Commander 时将不再生效。为了确保我们所做的配置更改长期有

效，可以通过访问顶部的菜单栏，然后选择 Options（选项）→ Save setup（保存设置）来
保存你做的所有更改。

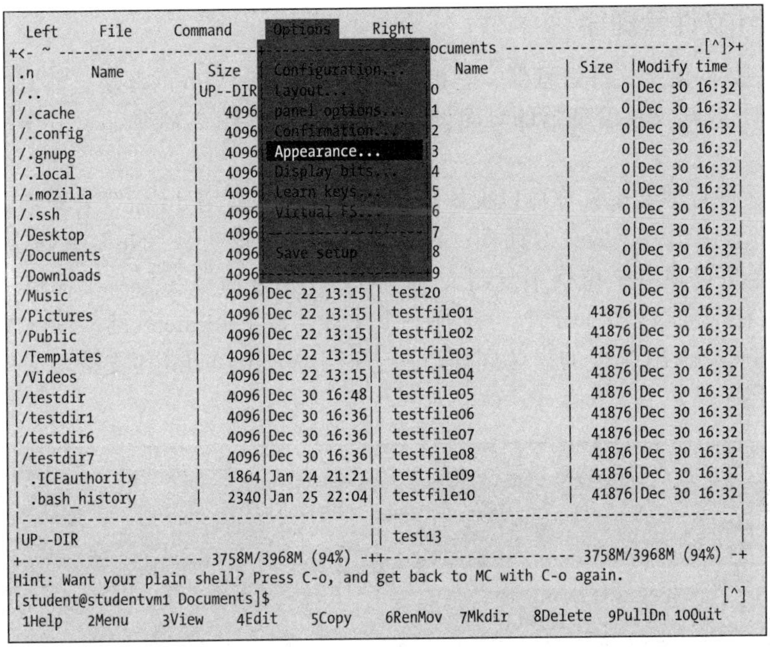

```
Left     File   Command   Options      Right
+<- ~ ----------------------------------------------Documents -------------------.[^]>+
|.n      Name      | Size |Configuration...|    Name      | Size |Modify time |
|/..               |UP--DIR| Layout...      |0            |    0|Dec 30 16:32|
|/.cache           |  4096 |panel options...|1            |    0|Dec 30 16:32|
|/.config          |  4096 |Confirmation... |2            |    0|Dec 30 16:32|
|/.gnupg           |  4096 |Appearance...   |3            |    0|Dec 30 16:32|
|/.local           |  4096 |Display bits... |4            |    0|Dec 30 16:32|
|/.mozilla         |  4096 |Learn keys...   |5            |    0|Dec 30 16:32|
|/.ssh             |  4096 |Virtual FS...   |6            |    0|Dec 30 16:32|
|/Desktop          |  4096 |                |7            |    0|Dec 30 16:32|
|/Documents        |  4096 | Save setup     |8            |    0|Dec 30 16:32|
|/Downloads        |  4096 |_____|9            |    0|Dec 30 16:32|
|/Music            |  4096 |Dec 22 13:15|| test20       |         |          |
|/Pictures         |  4096 |Dec 22 13:15|| testfile01   | 41876|Dec 30 16:32|
|/Public           |  4096 |Dec 22 13:15|| testfile02   | 41876|Dec 30 16:32|
|/Templates        |  4096 |Dec 22 13:15|| testfile03   | 41876|Dec 30 16:32|
|/Videos           |  4096 |Dec 22 13:15|| testfile04   | 41876|Dec 30 16:32|
|/testdir          |  4096 |Dec 30 16:48|| testfile05   | 41876|Dec 30 16:32|
|/testdir1         |  4096 |Dec 30 16:36|| testfile06   | 41876|Dec 30 16:32|
|/testdir6         |  4096 |Dec 30 16:36|| testfile07   | 41876|Dec 30 16:32|
|/testdir7         |  4096 |Dec 30 16:36|| testfile08   | 41876|Dec 30 16:32|
| .ICEauthority    |  1864 |Jan 24 21:21|| testfile09   | 41876|Dec 30 16:32|
| .bash_history    |  2340 |Jan 25 22:04|| testfile10   | 41876|Dec 30 16:32|
|------------------|-------|------------||--------------|------|------------|
|UP--DIR           |       |            || test13       |      |            |
+------------------ 3758M/3968M (94%) -++--------------- 3758M/3968M (94%) -+
Hint: Want your plain shell? Press C-o, and get back to MC with C-o again.
[student@studentvm1 Documents]$                                        [^]
1Help 2Menu 3View 4Edit 5Copy 6RenMov 7Mkdir 8Delete 9PullDn 10Quit
```

图 2-12　在 Options → Appearance 对话框中选择不同颜色的皮肤

MC 是一个功能丰富的文件管理器，它是笔者工具箱中最实用的工具之一。Midnight Commander 有一个超过 2600 行的手册页（可在命令行中输入 man mc 进行查看），强烈建议读者阅读这个手册，去发现它所有可用的功能和选项。

与 Linux 的其他部分一样，MC 的内容远比我们在本实验中所涉及的要广泛得多。你自己应该花更多时间去实践 MC，以了解更多关于它的知识。

按 <F10> 键退出 Midnight Commander，之后可能需要按 <Enter> 键回答"Yes"来确认退出操作。

Midnight Commander 有一个虚拟文件系统，能够通过 FTP（File Transfer Protocol，文件传输协议）、SMB（Samba）和 SSH（Secure Shell）协议连接本地实例和远程主机。这使得你可以在不同主机间复制文件。你可以使用这些协议在本地使用 Midnight Commander 来管理远程主机上的文件。笔者个人总是使用 SSH 协议。

2.4　其他文本模式的文件管理器

虽然目前市面上有很多款基于文本模式的文件管理器，但笔者除了在研究本章时，还从未使用过它们，因为 MC 已经满足了笔者对文本模式文件管理器的所有需求。接下来我

们将重点介绍几款提供 Fedora 软件包的文件管理器，这使得它们很容易安装，而且至少在我看来，使用起来也相当简单。

2.4.1 Vifm 文件管理器

Vifm 是一款双窗格文件管理器，它提供了一个类似于 Vim 的环境，非常适合喜欢 Vim 及其命令的用户。该文件管理器的界面设计简洁明了，如图 2-13 所示，其窗格可以水平或垂直分割。

在 Vifm 文件管理器中，你可以突出显示某个文件并使用 dd 命令来删除它。当执行此操作时，Vifm 会弹出一个验证对话框，你需要选择"Yes"或"No"来确认或取消删除。此外，yy 命令可以在一个窗格中复制文件，然后使用 p 命令在另一个窗格中粘贴它。按 <Tab> 键可以在活动窗格之间切换。选择一个文件并按下 <Enter> 键，就可以用 Vim 打开该文件进行编辑。退出 Vim 的方法同样适用于退出 Vifm。Vifm 还支持多文件操作，如删除、移动和复制。

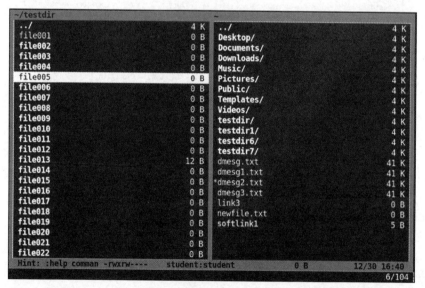

图 2-13　Vifm 是一款采用类似 Vim 键位组合的双窗格文件管理器

如果你想在 Fedora 系统中安装 Vifm 文件管理器，其软件包的名称为"vifm"。

2.4.2 nnn 文件管理器

nnn 文件管理器是一款非常简单的单窗格工具，不提供任何附加功能。它一次只显示一个目录及其内容。你可以使用方向键选择一个目录，如图 2-14 所示，按 <Enter> 键可直接访问并进入该目录，若要编辑文件，只需将其选中并按 <e> 键，即可在 Vim 中编辑该文件。

在 nnn 文件管理器中，按 <n> 键会打开一个创建新文件或新目录的对话框。安装这个文件管理器的软件包名称为 nnn。

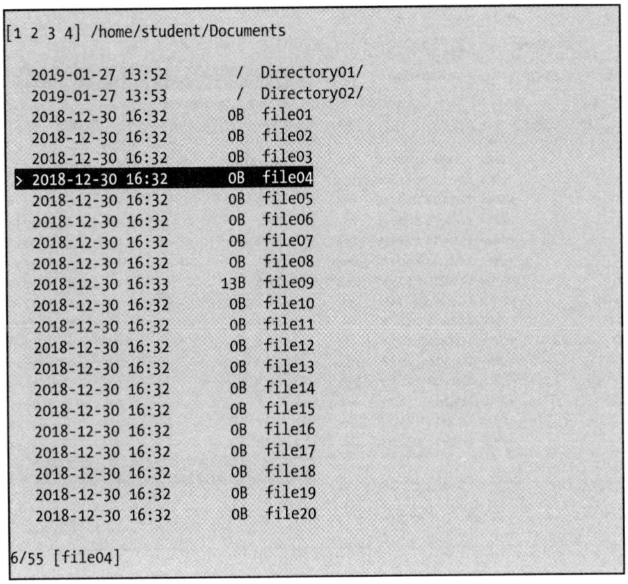

```
[1 2 3 4] /home/student/Documents

  2019-01-27 13:52        /  Directory01/
  2019-01-27 13:53        /  Directory02/
  2018-12-30 16:32       0B  file01
  2018-12-30 16:32       0B  file02
  2018-12-30 16:32       0B  file03
> 2018-12-30 16:32       0B  file04
  2018-12-30 16:32       0B  file05
  2018-12-30 16:32       0B  file06
  2018-12-30 16:32       0B  file07
  2018-12-30 16:32       0B  file08
  2018-12-30 16:33      13B  file09
  2018-12-30 16:32       0B  file10
  2018-12-30 16:32       0B  file11
  2018-12-30 16:32       0B  file12
  2018-12-30 16:32       0B  file13
  2018-12-30 16:32       0B  file14
  2018-12-30 16:32       0B  file15
  2018-12-30 16:32       0B  file16
  2018-12-30 16:32       0B  file17
  2018-12-30 16:32       0B  file18
  2018-12-30 16:32       0B  file19
  2018-12-30 16:32       0B  file20

6/55 [file04]
```

图 2-14 nnn 是一个界面非常简单的单窗格文件管理器

2.5 图形文件管理器

与所有 Linux 系统工具一样，图形文件管理器工具的选择也极为丰富。本节我们将探讨几种常见的图形文件管理器，但这些只是你可能考虑的众多选择中的一小部分。

2.5.1 Krusader 文件管理器

Krusader 是一款设计出色的文件管理器，其设计灵感源自 Midnight Commander 文件管理器。它沿用了双面板布局，但与 Midnight Commander 文件管理器的文本界面不同，Krusader 提供了图形界面，如图 2-15 所示。用户可以像使用 Midnight Commander 文件管理器一样，使用键盘进行导航和命令输入。同时，Krusader 支持使用鼠标或轨迹球来浏览文件和执行标准的文件拖放操作。

Krusader 的用户界面与 Midnight Commander 非常相似，由左边和右边两个 GUI 模式的面板组成，每个面板分别显示一个目录的内容。每个面板的顶部显示该面板当前目录的名称。此外，每个面板都能开启多个标签页，每个标签页都可打开不同的目录。导航是通过方向键、<Tab> 键或鼠标完成的。所选中的文件及目录，可通过按 <Enter> 键直接进入，也可以双击目录进入，每个标签页和面板都可配置为以两种不同的模式显示文件。在图 2-15 中，文件以详细视图形式显示，包含文件名、图标或预览、文件大小、最后修改日期、所有者和权限信息。

Krusader 的图形用户界面最顶端有菜单栏和工具栏，这些菜单栏和工具栏提供了各种配置 Krusader 和文件管理的菜单项。界面底部则显示了一行功能键标签，用户可以通过直接按下相应的功能键来执行操作。

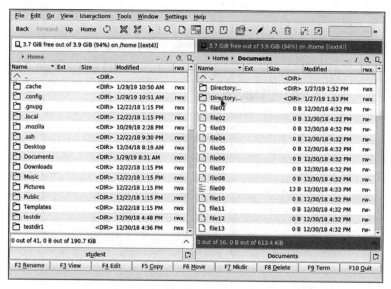

图 2-15 Krusader 与 Midnight Commander 有许多相似之处，但它采用了图形用户界面，并且在灵活性方面有了显著的增强

默认情况下，Krusader 会在退出时保存当前标签页、目录位置和其他配置项，以便在下次启动应用时始终返回到最后的配置和目录。这种配置是可调整的，你可以将其设置为在启动时总是打开主目录（/home）或其他目录

实验 2-2：Krusader 介绍

请以 root 用户身份安装 Krusader：

```
[root@studentvm1 ~]# dnf install -y krusader
```

在笔者的 StudentVM1 虚拟机上使用命令安装 Krusader 时，共安装了超过 75 个软件包，这些数量在不同操作上可能会有所差异，Krusader 是为了与 KDE 桌面环境集成而设计的，因此许多安装的软件包都是为了支持 Krusader 的 KDE 基础功能。

在 Xfce 桌面环境中，选择 Applications（应用程序）→ Accessories（附件）→ Krusader 来启动 Krusader。

当你首次打开 Krusader 时，它会显示一个欢迎对话框，并通过一个配置向导引导你进行启动配置。目前你不需要调整任何配置，只需要单击 OK 按钮，然后单击 Close 按钮直接进入 Krusader 的主界面。

Krusader 就像 Midnight Commander 一样，其启动时会打开两个面板。你可以按 <Tab> 键或单击在这两个面板之间切换。这种双窗格设计方便了文件的管理和操作，使得在不同目录或文件之间的导航变得更加简便和直观。

在 Krusader 的右侧面板中，选择突出显示 Documents 目录，然后按 <Enter> 键或直接双击它，可以打开它。

如果想要在 Krusader 中更改目录，双击你希望进入的目录即可；如果想要返回到上一级目录，可通过双击表示上级目录的双点（..）条目实现。另外，你还可以通过单击工具栏中的箭头图标，从突出显示的面板目录直接返回到其父目录。

注意 Krusader 窗口底部的功能键分配，这些功能键提供的功能与 Midnight Commander 十分相似。按 <F1> 键可显示帮助信息，还有移动、复制、删除和退出等功能键。你只需按下键盘上相应的功能键或单击按钮即可执行该功能。另外，右击文件会弹出一个上下文菜单，你可以从弹出的菜单中选择要执行的操作。

图 2-16 显示了如何配置 Krusader 以同时显示内置的命令行和 Konsole 终端会话。现在继续进行这两项配置。

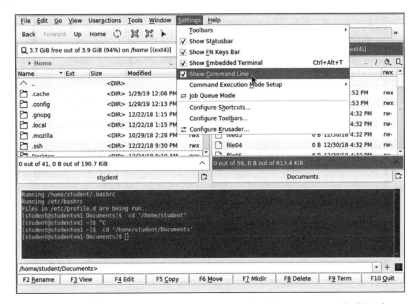

图 2-16　配置 Krusader 以同时显示内置的命令行和 Konsole 终端会话

在完成终端会话和简单命令行的配置后，你可以直接输入 CLI 命令以执行。CLI 输入框位于窗口底部，就在功能键标签行的上方。当你处于导航模式时，那里的光标始终处于活跃状态。若要将当前面板的 PWD 更改为 /tmp 目录，只需输入 cd/tmp 并按下 <Enter> 键即可，就像在 shell 提示符下输入命令一样。

通过 Krusader 的图形用户界面进入你的 ~/Documents 目录。选中 dmesg1.txt 文件，然后按 <F3> 键查看其内容。你可以按 <Page Up> 和 <Page Down> 键或者上下滑动滚动条来浏览文件中的内容。若要关闭文件视图并返回到 Krusader 主界面，只需单击 View 标签的关闭按钮（×）即可；若要编辑文件，可能需要安装 Kate GUI 文本编辑器。

在 Krusader 中找到 dmesg2.txt 或类似的文件，然后按 <F8> 键来删除它，并单击 Delete（删除）按钮以完成删除操作。

本章建议读者多花一些时间来探索 Krusader 的功能。最后，按 <F10> 键可直接退出 Krusader。

Krusader 是笔者常用的 GUI 文件管理器之一，它的功能强大且易于使用，尤其适合那些熟悉 Midnight Commander 的用户。然而，Krusader 最大的缺点是它需要依赖大量的 KDE 程序支持才能完整运行。

2.5.2　Thunar 文件管理器

Thunar 是 Xfce 桌面环境的默认轻量级文件管理器，它设计出了直观高效的单目录窗格和一个用于导航的侧边栏。Thunar 文件管理器界面简洁，功能全面，非常适合初学者使用，同时也能让用户能够执行一些更复杂的文件管理操作。Thunar 文件管理器如图 2-17 所示。

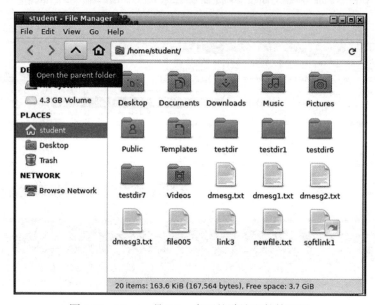

图 2-17　Thunar 是 Xfce 桌面的默认文件管理器

Thunar 的主用户界面非常简洁直观，由一个导航侧边栏和单目录窗口组成。虽然它支持多标签页功能，但不能将面板分割成两个部分。用户可以使用方向键、<Tab> 键或鼠标来导航，确定了要查看的文件及目录后，可按 <Enter> 键进入选中的目录。

写完本书第 1 版后，笔者已经使用 Xfce 桌面和 Thunar 文件管理器几年了，Thunar 文件管理器已成为当前笔者首选的图形文件管理器之一。这在很大程度上得益于 Thunar 文件管理器简洁且清晰的界面。

2.5.3　Dolphin 文件管理器

Dolphin 文件管理器如图 2-18 所示，与 Krusader 有所相似。用户可将 Dolphin 配置为双目录导航面板，Dolphin 增设了便捷的侧边栏，可以进行简单的文件系统导航。Dolphin 还支持标签页，但是每次重启后都会恢复到其"默认显示布局"，该默认显示布局包含两个面板，并且这两个面板都显示用户的主目录。

Dolphin 文件管理器的主用户界面可以配置成类似 Krusader 文件管理器的界面风格。

可以使用方向键、<Tab> 键或鼠标进行文件导航，如果想进入某个已选中的目录，只需按 <Enter> 键即可。Dolphin 还支持在侧边栏导航面板和目录面板中扩展目录树，使文件浏览更加直观和方便。

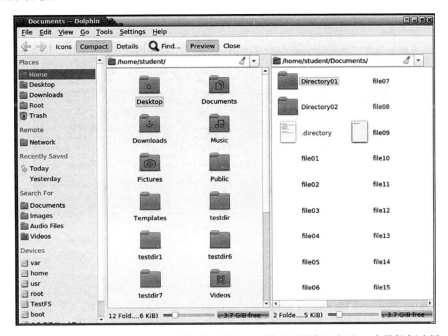

图 2-18 经过配置后的 Dolphin 文件管理器拥有两个目录导航面板和一个导航侧边栏

XfceLive 镜像中默认不会自动安装 Dolphin 文件管理器，需要用户手动进行安装。安装 Dolphin 需要大约 35 个额外的依赖项。如果你想安装和测试 Dolphin，其在 Linux 系统中的软件包名称为"dolphin"。笔者确实发现 Dolphin 在某些图标的显示上存在问题，从图 2-18 中可以看到这一点，但笔者并未尝试修复这个问题。

2.5.4 XFE 文件管理器

XFE 文件管理器因其独一无二的用户界面，以及相较其他文件管理器拥有更高的灵活性而颇受欢迎，如图 2-19 所示，呈现了 XFE 独有的界面。

XFE 文件管理器可以配置为显示单个或双重目录面板和导航栏，这是可选的。虽然它支持所有基本的拖放功能，但若要将特定文件类型与期望的应用程序（如 LibreOffice）关联，需要进行手动配置，尽管 XFE 提供了多样的配置选项，但仍与 Krusader 有差距。

XFE 文件管理器在坚持自己的"主题"方面也有很大的限制，它不支持用户采用桌面配色方案、图标、装饰或小部件。这也导致了它无法调整它所使用的字体大小，使得在高 DPI 显示环境中，例如在 3840×2160 分辨率的 32in（1in=0.0254m）显示器上，文本显示得非常小，给阅读带来较大困难。

若要尝试使用 XFE 文件管理器，请手动安装"xfe"软件包。

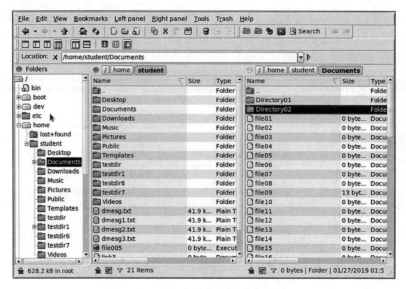

图 2-19　XFE 文件管理器独有的界面

2.6　其他文件管理器

在 Tecmint 网站近期发布的专题文章《Linux 系统中 32 款最佳的文件管理器（图形用户界面与命令行界面)》⊖中，详尽地列举了一系列文件管理器，并为每一款管理器提供了简要的功能介绍。读者可以找到一款或多款比先前介绍过更适合自己需求的文件管理器：

1）Konqueror 文件管理器

2）Nautilus 文件管理器

3）Dolphin 文件管理器

4）GNU Midnight Commander 文件管理器

5）Krusader 文件管理器

6）PCManFM 文件管理器

7）X 文件浏览器（XFE）

8）Nemo 文件管理器

9）Thunar 文件管理器

10）SpaceFM 文件管理器

11）Caja 文件管理器

12）Ranger 控制台文件管理器

13）Linux 命令行文件管理器

14）Deepin 文件管理器

15）Polo 文件管理器

⊖ Aaron Kili, "32 Best File Managers and Explorers [GUI + CLI] for Linux in 2024" www.tecmint.com/linux-file-managers/, Tecmint, 2024。

16）files 终端文件管理器

17）Double Commander

18）Emacs 文件管理器

19）Pantheon 文件

20）Vifm 文件管理器

21）Worker 文件管理器

22）nnn 终端文件管理器

23）WCM Commander

24）4Pane 文件管理器

25）lf 终端文件管理器

26）jFileProcessor

27）qtfm 文件管理器

28）PCManFM-qt

29）fman

30）Liri 文件

31）Ytree

32）Clifm 快速文件管理器

总结

在当前市面上，存在众多文件管理器，或许其中有本章未曾提及的，或许也有你所钟爱的。读者应挑选一款最适合自身操作习惯和需求的文件管理器。GNU/Linux 操作系统提供了众多可选的文件管理器，总有一款能够满足你的大部分需求。若你所钟爱的文件管理器无法满足特定的任务需求，可以随时切换至更合适的那一款。

本章介绍的所有文件管理器均为免费开源软件，它们分别遵循不同的开源许可证规定进行发布，这些文件管理器均可在 Fedora 和 CentOS 系统的标准、权威软件库中轻松获取。

练习

为了掌握本章所学知识，请完成以下练习：

1. 对于类似 Thunar 这种单面板的图形用户界面文件管理器，能否开启另一个实例来进行诸如复制或移动的拖放操作？

2. 配置 Midnight Commander 的右侧面板，使其显示左侧面板中被突出选中文件的详细信息，这个信息面板显示了关于文件系统的哪些信息？

3. 在实验 2-2 中所做的配置在重启 Midnight Commander 后是否仍然有效？

4. 使用 Midnight Commander 文件管理器并调整其面板位置，使得信息面板出现在右侧。

5. 将 Midnight Commander 的信息面板设置显示目录树，当首次进入目录树视图时，是否可以看到所有子目录？

Chapter 3 | 第 3 章

一切皆文件

目标

在本章中，你将学习如下内容：

❏ Linux 系统下的文件定义。

❏ Linux 系统下"一切皆文件"的意义及其重要性。

❏ "一切皆文件"这一概念的深层含义。

❏ 如何运用 Linux 系统内的通用文件管理工具，以管理文件的方式管理硬件设备。

"一切皆文件"是 Linux 灵活且强大的核心概念之一。也就是说，任何在 Linux 下的事物都可以成为数据流的源头或目标，甚至同时兼备两者。在本章中，你将深入理解"一切皆文件"的真谛，并学习如何运用这个理念来提升自身的 Linux 系统管理能力。

"一切皆文件"的核心理念在于：在 Linux 系统中，你可以使用通用工具来对各种不同的事物进行操作。

——Linus Torvalds

3.1 什么是文件

这里有一些看似容易回答的问题，以下哪些是文件？

❏ 目录

❏ shell 脚本

❏ 正在运行的终端模拟器

❏ LibreOffice 文档

❏ 串行端口

❏ 内核数据结构

- ❑ 内核调优参数
- ❑ 硬盘驱动器（例如 /dev/sda）
- ❑ /dev/null
- ❑ 分区（例如 /dev/sda1）
- ❑ 逻辑卷（例如 /dev/mapper/volume1-tmp）
- ❑ 打印机
- ❑ 套接字

对 UNIX 和 Linux 操作系统来说，它们都是文件，这是计算历史中最令人惊叹的理念之一，它使一些非常简单且功能强大的方法能够执行许多管理任务，否则这些任务可能非常困难或不可能实现。

在 Linux 系统中，几乎万物都是被当作文件来处理的。这一理念带来了许多有趣、强大且令人惊奇的含义。正是因为这个理念，我们能够复制整个硬盘，包括引导记录，这是由于整个硬盘被视为一个文件，与各个独立的分区一样。[○]

"一切皆文件"之所以能够在 Linux 系统中实现，关键在于 Linux 采用了"设备文件"这一概念。它会将所有设备都通过"设备文件"来实现。这里需要注意的是，"设备文件"并不是指设备驱动程序，而是指一种通向设备的网关。[○]

3.2　设备文件

那么，什么是设备文件呢？在 Linux 系统下设备文件又在哪个位置呢？

从技术的角度来看，设备文件又被称为特殊设备文件，这些文件为操作系统和用户提供了与相关设备的交互界面。在 Linux 系统中，所有的设备文件均位于根文件系统（/）下的子目录 /dev 中，因为在早期启动阶段，也就是在其他文件系统挂载之前，它们就需要供操作系统访问和使用了。

设备文件的创建

多年来，/dev 目录被大量几乎用不到的设备文件所占据，变得混乱不堪。为了解决这个问题，udev 守护进程应运而生。理解 udev 的工作原理对于处理和管理设备（尤其是即插即用设备）至关重要。

在所有 UNIX 和 Linux 操作系统中，/dev 目录一直是存放设备文件的固定路径。过去，设备文件是在安装操作系统时创建的。这就意味着，所有可能在系统上使用的设备都需要提前创建好对应的设备文件。实际上，操作系统为了确保能够应对各种可能出现的情形，需要创建数以万计的设备文件。很难确定哪个设备文件真正对应着特定的物理设备，或设备文件是否存在缺失的问题。

○ 例如像我们操作 Windows 的 C 盘、D 盘一样，这里 C 盘中的"盘"指的是分区，而不是我们物理的硬盘。这也就意味着我们可以像操作普通文件一样来对硬盘进行整体操作。——译者注

○ Chris Hoffman, "What Does 'Everything Is a File' Mean in Linux?", www.howtogeek.com/117939/htg-explains-what-everything-is-a-file-means-on-linux/, 2016.

3.3　udev 设备管理守护进程

udev 设计原理是，仅在 /dev 中为那些在启动时实际存在的设备或在主机上实际存在的可能性很大的设备创建条目，从而简化上面提到的 /dev 目录下混乱的问题。这极大地减少了所需的设备文件总数。

此外，当设备插入系统时，udev 会为它们分配名称，例如通用串行总线（Universal Serial Bus，USB）存储设备、打印机以及其他非 USB 类型的设备等。实际上，udev 将所有设备都当作即插即用设备处理，即使在启动时也不例外。这使得无论是在系统启动时还是在稍后的热插拔过程中，对设备的处理始终保持一致。作为系统管理员，我们无须为要创建的设备文件做任何额外的操作，因为 Linux 内核会处理这一切。

只有当设备文件（例如 /dev/sdb1）在 udev 守护进程下被成功创建后，我们才能挂载相应的分区来访问其中的数据。

Linux 内核的开发人员、维护者以及 udev 的创建者之一 Greg Kroah-Hartman，曾撰写过一篇关于 udev 的论文[○]，提供了 udev 的细节以及它应该如何工作的见解。然而，自论文发表以来，udev 经历了重大的发展和改进，像一些 udev 规则的位置和结构等已发生了改变，尽管如此，这篇论文提供了一些关于 udev 和当前设备命名策略的深刻而重要的见解，笔者将在本章中对其进行总结。

3.3.1　udev 命名规则

在现代版本的 Fedora 和 CentOS 系统中，udev 将默认命名规则存储在 /usr/lib/udev/rules.d 目录下的文件里，并将本地规则和配置文件存储在 /etc/udev/rules.d 目录下。上述目录里的每个文件都包含一组针对特定设备类型的规则集。CentOS 6 及更早版本则将全局规则存储在 /lib/udev/rules.d/ 目录下。需要注意的是，udev 规则文件的存储位置可能会因不同的 Linux 发行版而有所差异。

早期版本的 udev 创建了许多本地规则集，其中包括一组用于网络接口卡（Network Interface Card，NIC）命名的规则集。每当 Linux 内核首次识别到一个新的网络接口卡，并由 udev 对其进行重命名时，会根据预设的规则为这块 NIC 分配一个名称，并将这次分配操作所依据的规则记录在特定于网络设备类型的规则集中。在 NIC 名称从传统的"ethX"形式（其中 X 代表数字编号）过渡到更具有一致性的命名方案之前，udev 通过这种方式确保了命名的一致性。[○]

3.3.2　udev 规则变更的困扰

udev 提供了即插即用设备的持久命名功能，这使得非技术人员也能轻松管理设备，这

○ Greg Kroah-Hartman, "Kernel Korner: udev – Persistent Naming in User Space", www.linuxjournal.com/article/7316, Linux Journal。

○ 也就是说，在新的命名规则被广泛采用之前，即使系统的硬件配置发生变化或重启，udev 也能按照已有的规则重新正确地为每块 NIC 提供相同的、易于管理的名称。

一功能从长远来看无疑是有益的。然而，在过渡期间，udev 的命名规则发生了很多次变化，导致了许多系统管理员的不满。

随着时间的推移，规则不断发生变化，NIC 至少有三种不同的命名规范。这些命名规范之间的差异引发了诸多混乱，并且在变更期间，必须多次重写许多配置文件和脚本。

例如，一块 NIC 最初被命名为 "eth0"，在 udev 某次更新后，被重新命名为 "em1"。或 "p1p2"，最后更名为 "eno1"。笔者在网站上撰写了一篇文章⊖，详细阐述了这些命名方案及其背后的缘由。

目前，udev 已设定了统一且默认的规则来确定设备名称，尤其针对 NIC，无须在本地配置文件中存储每个设备的特定规则来保持一致性。

3.4　设备数据流

我们来看一个典型命令的数据流，以直观地理解特殊设备文件的工作方式。图 3-1 展示了一个简单命令简化版的数据流。从 Konsole 或 xterm 等 GUI 终端模拟器中输入 cat/etc/resolv.conf 命令后，可以从磁盘读取 resolv.conf 文件。磁盘驱动程序处理设备特定功能，如在硬盘上定位文件并读取文件，然后将数据通过设备文件传递到命令和设备文件，最后在终端会话中显示在伪终端上。

当然，cat 命令的输出可以以 cat /etc/resolv.conf > /etc/resolv.bak 的方式重定向到文件中，以便创建文件的备份。在这种情况下，图 3-1 左侧的数据流保持不变，而右侧的数据流则会经过 /dev/sda2 设备文件、硬盘设备驱动程序，然后回到硬盘的 /etc 目录，作为新文件 resolv.bak 存储。

这些特殊设备文件使得通过标准输入输出（Standard Input/Output，STDIO）流和重定向访问 Linux 或 UNIX 计算机上的任何设备变得非常容易。设备文件为所有设备提供了一个一致且易于访问的界面。系统只需将数据流导向一个设备文件，数据就会被发送到相应设备。

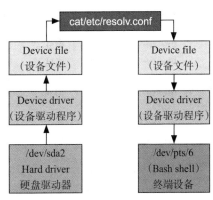

图 3-1　使用设备文件简化的数据流

这些特殊设备文件的关键点在于，它们并非设备驱动程序。更准确地说，这些文件充当了设备驱动程序的门户或网关。数据首先从应用程序或操作系统传递到设备文件，然后通过设备文件传递给设备驱动程序，最后由设备驱动程序将数据发送到实际的物理设备上。

通过使用与设备驱动程序分离的设备文件，我们能够为用户和程序提供一个统一的接口来与计算机上的所有设备进行交互。这正如 Linus 所说，在 Linux 系统中，你可以使用通用工具来对各种不同的事物进行操作。

⊖　David Both, "Network Interface Card (NIC) name assignments", www.linux-databook.info/?page_id=4243。

设备驱动程序仍然负责处理每个物理设备的独特需求。不过，这部分内容超出了本书的讨论范围。

3.5　设备文件分类

设备文件至少有两种分类方式。第一种也是最常用的分类方式是通常与设备相关联的数据流类型。例如，电传打字（tty）和串行设备通常被认为是基于字符的，因为它们以字符或字节为单位传输和处理数据；而存储设备等块类型的设备以块为单位传输数据，通常每块的大小是 256B 的整数倍。

接下来，我们来看一下 /dev 目录及其包含的一些设备实例。

实验 3-1：查看特殊设备文件

本实验请以 student 用户身份进行操作，打开一个终端会话，并执行如下命令列出 /dev 目录的详细列表：

```
[student@studentvm1 ~]$ ls -l /dev | less
<SNIP>
brw-rw----. 1 root     disk      8,    0 Jan 30 06:53 sda
brw-rw----. 1 root     disk      8,    1 Jan 30 06:53 sda1
brw-rw----. 1 root     disk      8,    2 Jan 30 06:53 sda2
brw-rw----. 1 root     disk      8,   16 Jan 30 06:53 sdb
brw-rw----. 1 root     disk      8,   17 Jan 30 06:53 sdb1
brw-rw----. 1 root     disk      8,   18 Jan 30 06:53 sdb2
brw-rw----. 1 root     disk      8,   19 Jan 30 06:53 sdb3
brw-rw----. 1 root     disk      8,   32 Jan 30 06:53 sdc
<SNIP>
crw-rw-rw-. 1 root     tty       5,    0 Jan 30 06:53 tty
crw--w----. 1 root     tty       4,    0 Jan 30 06:53 tty0
crw--w----. 1 root     tty       4,    1 Jan 30 11:53 tty1
crw--w----. 1 root     tty       4,   10 Jan 30 06:53 tty10
crw--w----. 1 root     tty       4,   11 Jan 30 06:53 tty11
crw--w----. 1 root     tty       4,   12 Jan 30 06:53 tty12
<SNIP>
```

因上述返回的结果过长，无法在此完整显示。但是你可以看到一个设备文件列表，其中包含了设备文件的权限以及主次标识号。

执行 ls -l 命令产生的大量输出可通过 less 工具进行管道传输来分页查看，可使用上下方向键或翻页键进行操作。当查看完毕后，我们只需输入 q 退出 less 界面。

在实验 3-1 中展示的设备文件列表是笔者在 StudentVM1 虚拟机上 /dev 目录中的一部分。你的虚拟机上的设备文件即使不完全相同，也应该非常相似，它们代表了众多设备中的磁盘设备和 tty 设备。请注意上述命令中的每行最左边的字符，以"b"开头的是块设备，而以"c"开头的是字符设备。

更详细和明确地识别设备文件的方法是使用设备的主次编号。磁盘设备的主要编号为 8，标识它们为 SCSI（Small Computer System Interface，小型计算机系统接口）块设备。请注意，所有并行 ATA（Parallel ATA）、串行 ATA（Serial ATA）存储设备以及 SSD 都由 SCSI 子系统管理，因为多年前由于旧 ATA 子系统的代码质量较差，被认为不可维护。因此，原本会被命名为"hd[a-z]"的存储设备现在被命名为"sd[a-z]"。

从展示的例子中，你可以大概推测出磁盘驱动器次要编号的规律。次要编号为 0、16、32…直至 240（16 的倍数）是一个完整磁盘的编号。所以主要 / 次要编号 8/16 代表一个完整磁盘 /dev/sdb，而 8/17 则是磁盘的第一个分区 /dev/sdb1 的设备文件。8/34 对应的是磁盘的第二个分区 /dev/sdc2 的设备文件。

前面列出的 tty 设备文件的编号相对简单，从 tty0 一直到 tty63。我发现 tty 设备的数量有点不一致，因为新 udev 系统只为实际存在的设备创建设备文件，反映了操作系统为了提供灵活性和兼容性而预设的资源结构。根据上述输出的 tty 设备列表，我们可以观察到所有这些设备文件都是在同一天创建的，这是主机最后一次启动的时间。主机上的设备文件也应该具有与最后一次启动时间相同的时间戳。

Linux 内核组织 Kernel.org 的官网⊖上可以下载一个文件——《Linux 分配设备》（Linux allocated devices）。这个文件是设备类型及主次编号分配的官方注册表。你可以从这个文件了解当前定义的所有设备文件的主次编号信息。

3.6 设备文件的强大功能和灵活性

在上一节中，我们已初步了解了设备文件的分类及其在系统中的表现形式。现在，我们将花费一些时间与这些设备文件进行一些有趣的交互。我们将进行几个具有启发性的实验，以展示 Linux 设备文件的强大功能和灵活性。

在大多数 Linux 发行版中，Linux 系统都预装了多个虚拟控制台（从 tty1 到 tty7）。用户可通过 shell 界面登录本地控制台会话。要访问第一个虚拟控制台，可以按 <HostKey+F1>；要访问第二个虚拟控制台，可以按 <HostKey+F2> 键；以此类推。关于虚拟控制台的概念，已在上册第 7 章中进行了详述，所以你应该已经对它们有所了解。在默认情况下，HostKey 设置为右 <Ctrl> 键，不过笔者已将 HostKey 重新配置为了左 <Win> 键（也称为超级键），因为笔者觉得这样操作起来更为便捷。你可以通过 VirtualBox 管理器更改默认的 HostKey。

实验 3-2：玩转设备文件

在此实验中，我们将展示如何通过简单命令在不同设备之间发送数据，在本例中具体为在不同的虚拟控制台和终端设备之间。请以 student 用户身份执行该实验。

首先，在 StudentVM1 虚拟机的桌面窗口中，按下 <HostKey+F2> 键，切换至控制台 2。在像 Fedora 这类发行版中，登录信息会显示与当前控制台关联的 tty 设备，但也有些 Fedora

---

⊖ www.kernel.org/doc/html/v4.11/admin-guide/devices.html。

发行版不会显示。由于你现在位于控制台 2，所以对应的 tty 设备应该是 tty2。

　　接下来，请在控制台 2 上以 student 用户身份登录。然后，执行 **who am i** 命令，请注意命令与参数之间需要有一个空格。运行此命令后，我们便能确定与当前控制台关联的是哪个 tty 设备：

```
[student@studentvm1 ~]$ who am i
student  tty2      2019-01-30 15:32
```

这个命令的输出还显示了用户在控制台登录的日期时间。

　　在继续进行这个实验之前，让我们先查看一下 /dev 目录中 tty2 和 tty3 设备的列表。我们通过执行命令 **ls -l** 并结合通配符 [23] 来只列出 tty2 和 tty3 这两个设备，执行命令结果如下所示：

```
[student@studentvm1 ~]$ ls -l /dev/tty[23]
crw--w---- 1 student tty 4, 2 Jan 30 15:39 /dev/tty2
crw--w---- 1 root    tty 4, 3 Jan 30 06:53 /dev/tty3
```

计算机启动时定义了众多 tty 设备的设备文件，但是在此实验中，我们只关注 tty2 和 tty3 的设备文件。这两个设备文件与其他 tty 设备文件一样，并没有什么特殊之处。请注意上述输出内容的第一列"c"（它们代表 tty2 设备和 tty3 设备为字符设备），本次实验将使用这两个 tty 设备，其中，tty2 设备文件挂载在虚拟控制台 2 上；tty3 设备文件挂载在虚拟控制台 3 上。

　　接下来按 <HostKey+F3> 切换到控制台 3，并以 student 用户身份重新登录。再次执行 who am i 命令确认你已在控制台 3 上，然后输入 echo 命令：

```
[student@studentvm1 ~]$ who am i
student  tty3      2019-01-30 15:38
[student@studentvm1 ~]$ echo "Hello world" > /dev/tty2
```

之后按 <HostKey+F2> 切换至虚拟控制台 2，控制台显示了 Hello world（无引号）。

　　这个实验同样可以在 GUI 桌面的终端模拟器中进行。桌面终端会话使用 /dev 目录树中的伪终端设备文件，例如 /dev/pts/1，其中 pts 代表伪终端会话。

　　现在按 <HostKey+F1> 返回图形桌面，使用 Konsole、Tilix、xterm 或你常用的其他图形终端模拟器在 GUI 桌面上打开至少两个终端会话。如果你愿意，也可以多打开几个。使用 **who am i** 命令来确定这些终端模拟器连接到了哪个伪终端设备文件，并选择一对终端模拟器来进行此实验。在其中一个终端模拟器中使用 echo 命令向另一个终端模拟器发送一条消息：

```
[student@studentvm1 ~]$ who am i
student  pts/9      2017-10-19 13:21 (192.168.0.1)
```

　　然而，有些读者可能会发现 who am i 命令没有返回任何结果。这是因为这个命令似乎只在登录终端会话中有效，而在桌面环境启动的非登录会话中可能无法使用。不过，在虚拟控制台会话或远程 SSH 登录会话中，此命令是可以正常工作的。但是至少有两种方法可以绕过这个问题——这在 Linux 中很常见。

我们将使用 w 命令。w 命令列出正在各个终端会话上运行的任务，所以在 WHAT 列（最后一列）中显示 w 的终端会话就是你要找的。在笔者这里，对应的是 pts/2，如下所示：

```
[student@studentvm1 ~]$ w
 12:11:53 up 1 day, 14:41,  6 users,  load average: 0.01, 0.11, 0.09
USER     TTY        LOGIN@   IDLE   JCPU   PCPU WHAT
student  tty1       Fri08    43:40m 55.40s 10.93s xfce4-session
root     pts/1      Fri16    3:31m  0.03s  0.03s -bash
student  pts/2      12:01    1.00s  0.03s  0.01s w
student  tty2       12:03    4:16   0.03s  0.03s -bash
student  tty3       12:06    4:24   0.02s  0.02s -bash
student  pts/3      12:09    1:20   0.02s  0.02s -bash
[student@studentvm1 ~]$
[student@studentvm1 ~]$ echo "Hello world" > /dev/pts/3
```

在笔者的测试虚拟机上，笔者把 "Hello world" 这段文字从 /dev/pts/2 发送到了 /dev/pts/3。你的终端设备可能和笔者在虚拟机上用的终端设备不一样，请确保使用正确的设备环境进行此次实验。

另一个有趣的实验是直接从命令行将文件打印到打印机上，这个内容我们将在第 7 章为读者进行演示。

/dev 目录里面包含一些非常有趣的设备文件，它们是通往硬件的门户，人们通常不会将其视为硬盘或显示器等设备。例如系统内存——RAM（Random Access Memory，随机存储器）——通常不被视为 "设备"，但是 /dev/mem 是特殊设备文件，通过它可以实现对内存的直接访问。

实验 3-3：直接查看 RAM 内容

本实验必须以 root 用户身份进行。由于我们只是读取内存内容，所以此实验基本无风险。

如果 root 终端会话还不可用，那么请打开一个终端模拟器会话并提升至 root 权限。执行如下命令将前 200K 的 RAM 输出到标准输出（STDOUT）中：

```
[root@studentvm1 ~]# dd if=/dev/mem bs=2048 count=100
```

上述命令的输出结果的内容可能不多，呈现的内容让人难以看明白。为了让输出结果更容易理解，至少要让数据能被技术人员大致解读出来，我们可以把之前命令执行的结果通过 od 工具（这个工具用于按八进制格式显示文件内容）进行管道传输：

```
[root@studentvm1 ~]# dd if=/dev/mem bs=2048 count=100 | od -c
```

root 用户相较于非 root 用户拥有更多的内存读取权限，但大部分内存仍受到保护，禁止所有用户（包括 root）进行写入。

与简单使用 cat 命令转储所有内存相比，dd 命令提供了更多的控制。使用 dd 命令时，

用户不仅可以更精确地控制从 /dev/mem 读取的数据量，并且还能够指定从内存中的特定位置开始读取数据。虽然之前尝试使用 cat 命令也能读取到一些内存内容，但最终操作系统内核还是会出现如图 3-2 所示的错误提示。

图 3-2　当 cat 命令试图将受保护的内存转储到 STDOUT 时，最后一行显示错误

你也可以使用非 root 用户的 student 用户身份登录，并尝试执行此命令。你将会看到一条错误提示："你试图访问的内存并非该用户所有。"这其实是 Linux 系统中的一种内存保护机制，用以防止其他用户读取或写入不属于他们的内存数据。

我们所看到的这些"内存错误提示"，实际上是内核正常工作的表现，它在合理地保护其他进程的内存资源。尽管我们可以使用 /dev/mem 来查看存储在 RAM 中的数据，然而大部分的内存空间是受保护的，并且会出现错误。只有那些由内核内存管理器专门分配给运行 dd 命令的 Bash shell 的虚拟内存，才可以在不触发错误的情况下被访问。不过很遗憾，除非你发现了某个可利用的漏洞，否则你是无法访问不属于你的内存空间的。

许多类型的恶意软件依赖于特权提升来允许它们读取通常无法访问的内存内容。这样一来，恶意软件就能发现并窃取账号、用户 ID（UID）和存储密码等个人数据。但值得庆幸的是，Linux 系统可以防止非 root 用户的内存访问，还可以防止特权提升。但即便如此，Linux 系统的安全性并非完美。安装安全补丁以防止特权提升的漏洞是非常重要的。你还应该意识到人为因素可能带来的安全隐患，例如，一些用户可能会将密码保存在桌面，这无疑增加了密码泄露的风险。这些话题笔者已在另一本书中进行了深入探讨[⊖]，因此在此将不再赘述。

想必，现在你应该已经明白，内存也可以视作一个文件，可以通过内存设备文件的方式来处理。

3.7　随机性、零值及其他概念

在 /dev 目录下，还有一些非常有趣的设备文件。像 null、zero、random 和 urandom 这样的特殊设备文件，它们并没有与任何实体硬件设备进行关联。这些设备文件提供了零、空字符和随机数的来源。

例如，/dev/null 这个"空设备文件"可以用作重定向 shell 命令或程序输出的目标，

　⊖　Apress 在其网站 www.apress.com/us/security 上有许多关于安全性的优秀书籍。

这样一来，这些输出就不会显示在终端上了。简单来说，当你把命令或程序的输出发送到 /dev/null 时，就相当于把这些输出丢弃了，不会有任何实际的回显。

实验 3-4：使用 /dev/null

笔者经常在 Bash 脚本中使用 /dev/null，以防止用户看到不相关的或可能会让他们感到困惑的输出。输入以下命令，将输出重定向到空设备文件，终端上不会显示任何内容：

```
[student@studentvm1 ~]$ echo "Hello world" > /dev/null
```

因为空设备文件仅仅是返回一个文件结束符，所以从 /dev/null 中没有可见的输出。注意，空设备文件输出结果字节数为零。空设备文件可以重定向不需要的输出，以便从数据流中删除它。

/dev/random 和 /dev/urandom 这两个设备文件都是有用的数据流源。正如它们的名字所描述的那样，两者都能生成本质上随机的输出——不仅可以是随机数字，也可以是随机字节组合。/dev/urandom 设备文件产生的是一种可预测的㊀伪随机数据流，并且产生数据流的速度非常快；而 /dev/random 生成的是不可预测㊁的随机数据流，但是产生数据流的速度较慢。

实验 3-5：使用 /dev/urandom

使用以下命令来查看 /dev/urandom 产生的常见输出内容。在输出过程中，你可以按 <Ctrl+C> 键来中断内容输出：

```
[student@studentvm1 ~]$ cat /dev/urandom
,3��  VwM
N�g�/�1�ي�!��'⩍'�:�|R��[塚t��Z��F.:H�7�,��
��z/��|�7q�Sp�"�(l_c��π��-
���������ś�Y���D^5�i8��"%���&ŋ|C9!y���f�5bPp;��C
��x��1���U��3~��ঁ
<SNIP>
```

在本实验中，笔者只展示了命令的一部分数据流，但这足以让你知晓命令输出的信息特征。

你也可以将实验 3-6 的输出通过 od 命令进行管道传输展示，以便于我们阅读。不过对于大多数实际应用来说这么做意义不大，毕竟这些数据本来就是随机数据。

od 命令的手册页面表明，这个命令不仅可以直接从文件中提取数据，还可以设置要读取的数据量。

㊀ “可预测的”意味着输出由一个已知的算法决定，并使用一个种子字符串作为起点。每个输出单元都依赖于先前的输出和算法，所以如果你知道种子和算法，整个数据流就可以被复制。因此，如果原始种子已知，虽然困难，但黑客有可能复制输出。

㊁ “不可预测”结果并不依赖于随机数据流中的先前数据。因此，相比于确定性结果，它们更加接近真正的随机。

实验 3-6：对随机数据使用 od 命令

在这个例子里，我用 -N 128 选项将输出限制在 128B 以内：

```
[student@studentvm1 ~]$ od /dev/urandom -N 128
0000000 043514 022412 112660 052071 161447 057027 114243 061412
0000020 154627 105675 154470 110352 135013 127206 103057 136555
0000040 033417 011054 014334 040457 157056 165542 027255 121710
0000060 125334 065600 165447 165245 020756 101514 042377 132156
0000100 116024 027770 000537 014743 170561 011122 173454 102163
0000120 074301 104771 123476 054643 105211 151753 166617 154313
0000140 103720 147660 012644 037363 077661 076453 104161 033220
0000160 056501 001771 113557 075046 102700 043405 132046 045263
0000200
```

虽然 **od** 命令可以用来设置从 [u]random 设备取得的数据的数量限制，但它无法直接对数据进行格式化。

/dev/random 设备文件生成的是不可预测的随机数据，但其输出速度相对较慢。这种输出并不是由一个仅基于先前生成的数字的算法来决定的，而是根据按键和鼠标移动来生成的。这种方法大大增加了复制一系列特定随机数的难度。你可以使用 **cat** 命令来查看来自 /dev/random 设备文件的一些输出，并尝试移动鼠标，看看这会如何影响输出结果。

通常情况下，从 /dev/random 和 /dev/urandom 设备文件生成的随机数据，无论如何从这些设备文件读取，都会被重定向至某个存储介质文件中或另一个程序的 STDIN（标准输入）中。系统管理员、开发者或是最终用户一般很少需要直接查看这些随机数据，不过，用它们来演示这个实验确实是个不错的选择。

顾名思义，/dev/zero 设备文件会不断地输出一串零。请注意，这里的零是八进制的零，而不是 ASCII 码中的字符零（0）。

实验 3-7：使用 /dev/zero

现在，让我们执行 **dd** 命令查看 /dev/zero 设备文件的输出内容。请注意，这里执行的命令中字节数非零：

```
[student@studentvm1 ~]$ dd if=/dev/zero  bs=512 count=500 | od -c
0000000  \0  \0  \0  \0  \0  \0  \0  \0  \0  \0  \0  \0  \0  \0  \0  \0
*
500+0 records in
500+0 records out
256000 bytes (256 kB, 250 KiB) copied, 0.00126996 s, 202 MB/s
0764000
```

3.8　备份主引导记录

例如考虑对硬盘的主引导记录（Master Boot Record，MBR）进行备份的简单任务。笔者曾有过需要恢复或重新创建 MBR 的经历，尤其是分区表部分。从头开始重建 MBR 非常困难，而从备份文件中恢复则相对简便。因此，对硬盘的引导记录进行备份是至关重要的。尽管现代的 GUID 分区表（GUID Partition Table，GPT）通过在磁盘上存储多个副本，避免了像旧 MBR 那样需要备份的问题，但实验 3-8 和实验 3-9 依然作为展示 dd 命令功能以及"一切皆文件"含义的有效范例。许多系统仍然使用旧版的 MBR，例如 StudentVM1 的 sda 存储设备就是采用 83 号 Linux 分区类型创建的，该类型自动使用 MBR。GPT 仍然使用磁盘的第一个扇区作为"保护性"MBR，以保持向后兼容性。

请注意，在本节中进行所有实验都必须以 root 用户身份执行。

实验 3-8：备份主引导记录

请以 root 用户身份执行此实验。我们会备份 /dev/sda 的主引导记录，但我们目前不打算使用这个备份文件去恢复磁盘引导记录。

Linux 出于安全考虑，非 root 用户无法访问 /dev 目录中的硬盘设备文件，因此我们必须用 root 用户身份执行 dd 命令。下述命令行中的 bs 参数指定每次读写操作的数据块大小；count 参数指定了从源文件读取处理数据块的数量：

```
[root@studentvm1 ~]# dd if=/dev/sda of=/tmp/myMBR.bak bs=512 count=1
```

在 /tmp 目录下，执行此命令将创建一个名为 myMBR.bak 的文件。该文件大小为 512B，完整地备份了 MBR 的所有信息，包括引导代码和分区表。现在让我们来进一步查看新建文件的内容：

```
[root@studentvm1 ~]# cat /tmp/myMBR.bak
�c��M���� |����!��8u
Z�����}�f�ćd�@f�D��������@�����f�f`|fL��uNf�\|
f1�f�4��1�f�t;}7���0����Z�2p��1 Λ�r��`���1����
�a�&Z|��}����}�4��}�.���GRUB GeomHard DiskRead Error
����<u��}���� !��( �)���� ��U�[root@studentvm1 ~]#
```

由于引导扇区的末尾缺少换行符，因此命令提示符与引导记录结束的数据在同一行上显示。

若 MBR 受损，需要引导到救援盘（先前制作备份文件的媒介）并执行图 3-3 中的命令，此命令将进行前述备份操作的反向过程。请注意，无须像第一个备份命令那样指定数据块的大小和数据块的数量，因为 dd 命令会直接将备份文件复制到硬盘的第一个扇区中，当复制至备份文件末尾时停止。

```
#  dd if=/tmp/myMBR.bak of=/dev/sda
```

图 3-3　此命令将恢复引导记录的备份

现在你已备份并验证了硬盘的引导记录，接下来让我们转到一个更安全的环境销毁引导记录，并进行恢复。

实验 3-9：保存和恢复 MBR

这是个相当烦琐的实验，需要 root 用户身份执行此实验。在此实验中，你将备份为虚拟机创建的新虚拟硬盘、分区和文件系统的 MBR，损坏设备上的 MBR，尝试读取设备，再恢复 MBR。

首先，使用 VirtualBox 管理器创建一个大小为 2GB 的新虚拟硬盘。我们将虚拟硬盘设置为动态分配空间，系统会将虚拟硬盘自动命名为 StudentVM1_3.vdi。

在新建虚拟硬盘之后，确认其对应的特殊设备文件是 /dev/sdd。如果你新创建的虚拟磁盘不是 /dev/sdd，请确保使用你刚刚创建虚拟硬盘的特殊设备文件名。

我们可以运行 **dmesg** 命令查看新硬盘的信息，结果如下：

```
[206061.164672] ata4: SATA link up 3.0 Gbps (SStatus 123 SControl 300)
[206061.164815] ata4.00: ATA-6: VBOX HARDDISK, 1.0, max UDMA/133
[206061.164821] ata4.00: 4194304 sectors, multi 128: LBA48 NCQ (depth 32)
[206061.164998] ata4.00: configured for UDMA/133
[206061.165136] scsi 3:0:0:0: Direct-Access     ATA      VBOX
HARDDISK   1.0  PQ: 0 ANSI: 5
[206061.165574] scsi 3:0:0:0: Attached scsi generic sg4 type 0
[206061.166865] sd 3:0:0:0: [sdd] 4194304 512-byte logical blocks: (2.15
GB/2.00 GiB)
[206061.166879] sd 3:0:0:0: [sdd] Write Protect is off
[206061.166883] sd 3:0:0:0: [sdd] Mode Sense: 00 3a 00 00
[206061.166903] sd 3:0:0:0: [sdd] Write cache: enabled, read cache: enabled,
doesn't support DPO or FUA
[206061.166928] sd 3:0:0:0: [sdd] Preferred minimum I/O size 512 bytes
[206061.175778] sd 3:0:0:0: [sdd] Attached SCSI disk
```

新添加的硬盘同样可以通过 **lsblk** 命令查看到相关信息，运行此命令后硬盘的设备文件显示为 /dev/sdd。

为了后续对比，请先查看一下这个新硬盘的引导记录。请注意，由于这是个全新的硬盘，它的 MBR 目前还没有任何数据：

```
[root@studentvm1 ~]# dd if=/dev/sdd bs=512 count=1
1+0 records in
1+0 records out
512 bytes copied, 0.000348973 s, 1.5 MB/s
```

让我们执行如下命令来创建一个类型为 83（Linux 文件系统）的分区，该分区填充整个 /dev/sdd 虚拟硬盘的 2GB 空间，并保存新分区表，具体操作步骤如下所示：

```
[root@studentvm1 ~]# fdisk /dev/sdd

Welcome to fdisk (util-linux 2.38.1).
Changes will remain in memory only, until you decide to write them.
Be careful before using the write command.

Device does not contain a recognized partition table.
Created a new DOS disklabel with disk identifier 0x9515fe71.
```

```
Command (m for help): p
Disk /dev/sdd: 2 GiB, 2147483648 bytes, 4194304 sectors
Disk model: VBOX HARDDISK
Units: sectors of 1 * 512 = 512 bytes
Sector size (logical/physical): 512 bytes / 512 bytes
I/O size (minimum/optimal): 512 bytes / 512 bytes
Disklabel type: dos
Disk identifier: 0x9515fe71

Command (m for help):
Command (m for help): n
Partition type
   p   primary (0 primary, 0 extended, 4 free)
   e   extended (container for logical partitions)
Select (default p): <press Enter>

Using default response p.
Partition number (1-4, default 1): <press Enter>
First sector (2048-4194303, default 2048): <press Enter>
Last sector, +sectors or +size{K,M,G,T,P} (2048-4194303, default 4194303):
<press Enter>

Created a new partition 1 of type 'Linux' and of size 2 GiB.

Command (m for help): w
The partition table has been altered.
Calling ioctl() to re-read partition table.
Syncing disks.
```

随后，再次通过执行如下命令来查看引导记录，发现它已经不为空：

```
[root@studentvm1 ~]# dd if=/dev/sdd bs=512 count=1 | od -c
1+0 records in
1+0 records out
512 bytes copied, 0.0131589 s, 38.9 kB/s
0000000  \0  \0  \0  \0  \0  \0  \0  \0  \0  \0  \0  \0  \0  \0  \0  \0
*
0000660  \0  \0  \0  \0  \0  \0  \0  \0   q 376 025 225  \0  \0  \0
0000700   !  \0 203 025   P 005  \0  \b  \0  \0  \0 370   ?  \0  \0  \0
0000720  \0  \0  \0  \0  \0  \0  \0  \0  \0  \0  \0  \0  \0  \0  \0  \0
*
0000760  \0  \0  \0  \0  \0  \0  \0  \0  \0  \0  \0  \0  \0  \0   U 252
0001000
```

在验证分区为 /dev/sdd1 后，我们需要通过执行如下命令来在该分区上创建一个 EXT4 文件系统：

```
[root@studentvm1 ~]# mkfs -t ext4 /dev/sdd1
mke2fs 1.44.3 (10-July-2018)
Creating filesystem with 524032 4k blocks and 131072 inodes
```

```
Filesystem UUID: 3e031fbf-99b9-42e9-a920-0407a8b34513
Superblock backups stored on blocks:
    32768, 98304, 163840, 229376, 294912

Allocating group tables: done
Writing inode tables: done
Creating journal (8192 blocks): done
Writing superblocks and filesystem accounting information: done
```

执行如下命令来将新的文件系统挂载到 /mnt 目录，然后在设备上保存一些数据，以验证新文件系统是否正常运行：

```
[root@studentvm1 ~]# mount /dev/sdd1 /mnt ; ll /mnt
total 16
drwx------. 2 root root 16384 Jan 31 08:08 lost+found
[root@studentvm1 ~]# dmesg > /mnt/testfile001 ; ll /mnt
total 60
drwx------. 2 root root 16384 Jan 31 08:08 lost+found
-rw-r--r--. 1 root root 44662 Jan 31 08:12 testfile001
[root@studentvm1 ~]#
```

随后执行如下命令来备份 MBR：

```
[root@studentvm1 ~]# dd if=/dev/sdd of=/tmp/sddMBR.bak bs=512 count=1
1+0 records in
1+0 records out
512 bytes copied, 0.0171773 s, 29.8 kB/s
```

备份完毕后，可通过执行如下命令来检查下备份的 MBR 文件。请注意，这里打印出的内容并不是很多：

```
[root@studentvm1 ~]# cat /tmp/sddMBR.bak
f��� !��?U�[root@studentvm1 ~]#
```

现在到了一个有趣的环节。让我们先卸载分区，然后用一个 512B 的随机数据块覆盖设备的 MBR，接着查看 MBR 的新内容，并检查更改是否成功。这次 MBR 中应该充满了大量的随机数据，操作如下：

```
[root@studentvm1 ~]# umount /mnt
[root@studentvm1 ~]# dd if=/dev/urandom of=/dev/sdd bs=512 count=1
512+0 records in
512+0 records out
262144 bytes (262 kB, 256 KiB) copied, 0.10446 s, 2.5 MB/s
[root@studentvm1 ~]# dd if=/dev/sdd bs=512 count=1

_Cv3�X��qQ�����������4p|�?
kn��x��-�
         �
        �N���Y��9��]�i���\�TXSqy4�AK�_�o{j�l����p·\
A�u�-w��3�#99�]κ���K'�(�Qτ,10�H�jp
```

```
⯑⯑⯑a!⯑)⯑0⯑^o⯑]⯑y⯑⯑S⯑B⯑IAu3S⯑⯑QU⯑⯑⯑}⯑⯑⯑⯑⯑
                        ⯑9I⯑Ã⯑⯑IBQ⯑⯑ZZ⯑3
⯑H
  ⯑⯑x⯑o⯑_PX⯑>⯑.⯑m⯑⯑⯑\⯑

⯑⯑⯑z⯑QfYU⯑⯑c⯑f⯑s⯑hW⯑yvR⯑⯑⯑/⯑⯑⯑m⯑m⯑⯑⯑⯑T)⯑_⯑⯑⯑>
⯑J⯑Z⯑Xv2⯑δqu[,⯑⯑⯑t⯑⯑⯑⯑m)⯑a⯑5p⯑⯑⯑j⯑⯑*⯑⯑K⯑⯑Z{⯑⯑
8⯑⯑⯑⯑⯑#(UOh8*V⯑⯑
⯑<N⯑⯑⯑7⯑⯑'#4⯑⯑⯑G:⯑⯑⯑+⯑I⯑⯑T⯑⯑⯑z⯑9t⯑⯑~⯑⯑i!
⯑⯑⯑⯑."=⯑⯑ ⯑c⯑,7:⯑v⯑⯑l<⯑(⯑⯑U⯑P*
w⯑4⯑+\⯑⯑⯑Q⯑⯑⯑⯑⯑⯑V⯑⯑⯑1+0 records in
1+0 records out
512 bytes copied, 0.000603043 s, 849 kB/s
[root@studentvm1 ~]#
```

在恢复MBR之前，我们先尝试其他几个操作来测试硬盘目前的状态。首先，我们使用fdisk工具执行如下命令来验证硬盘是否已经不再包含分区表，如果硬盘没有分区表，则表明MBR已经被覆盖：

```
[root@studentvm1 ~]# fdisk -l /dev/sdd
Disk /dev/sdd: 2 GiB, 2147483648 bytes, 4194304 sectors
Units: sectors of 1 * 512 = 512 bytes
Sector size (logical/physical): 512 bytes / 512 bytes
I/O size (minimum/optimal): 512 bytes / 512 bytes
[root@studentvm1 ~]#
```

随后，尝试挂载原来的分区系统将会提示失败，提示特殊设备不存在。这表明大多数特殊设备文件是根据需要动态创建和移除的：

```
[root@studentvm1 ~]# mount /dev/sdd1 /mnt
mount: /mnt: special device /dev/sdd1 does not exist.
```

现在，是时候恢复你早先备份的引导记录了。鉴于你使用dd命令仅用随机数据仔细覆盖了包含驱动器分区表的MBR，其余所有数据都完好无损。恢复MBR后，该硬盘分区将再次可用。请按照以下步骤及命令进行操作：恢复MBR，查看设备上的MBR，然后挂载硬盘分区，最后列出硬盘中的内容：

```
[root@studentvm1 ~]# dd if=/tmp/sddMBR.bak of=/dev/sdd
1+0 records in
1+0 records out
512 bytes copied, 0.0261115 s, 19.6 kB/s

[root@studentvm1 ~]# fdisk -l /dev/sdd
Disk /dev/sdd: 2 GiB, 2147483648 bytes, 4194304 sectors
Units: sectors of 1 * 512 = 512 bytes
Sector size (logical/physical): 512 bytes / 512 bytes
I/O size (minimum/optimal): 512 bytes / 512 bytes
Disklabel type: dos
Disk identifier: 0xb1f99266
```

```
Device     Boot Start     End Sectors Size Id Type
/dev/sdd1       2048 4194303 4192256   2G 83 Linux
[root@studentvm1 ~]#
```

fdisk 命令显示分区表已经恢复（如上所示，**fdisk** 后出现了 /dev/sdd1）。现在我们挂载该分区，并验证之前存储在其中的数据仍然还在：

```
[root@studentvm1 ~]# mount /dev/sdd1 /mnt ; ll /mnt
total 60
drwx------. 2 root root 16384 Jan 31 08:08 lost+found
-rw-r--r--. 1 root root 44662 Jan 31 08:12 testfile001
[root@studentvm1 ~]#
```

这一系列的实验旨在说明所有设备都可以像文件一样被处理这一事实，因此可以以一些非常有趣的方式使用一些非常常见但功能强大的 CLI 工具。

由于 **dd** 命令只会复制可用的数据量，在本例中为单个 512B 的扇区，所以不必使用 bs 参数和 count 参数来指定要复制的数据量。

现在我们已经完成了对 /dev/sdd1 设备的操作，随后请卸载该设备。

3.9 "一切皆文件"的含义

"一切皆文件"的含义深远，远远超越了此处列举的范围。你已经通过先前的实验看到了其中的一些示例。以下是"一切皆文件"应用的简短列表：

❑ 克隆存储设备。
❑ 备份分区。
❑ 备份主引导记录。
❑ 将 ISO 镜像安装到 USB 闪存盘上。
❑ 与其他终端的用户进行通信。
❑ 将文件打印至打印机 。
❑ 通过修改 /proc 伪文件系统中的特定文件内容，调整运行中内核的配置参数。
❑ 使用随机数据或零填充覆盖文件、分区甚至整个存储设备的内容。
❑ 把命令产生的输出重定向至空设备并永久消失。
❑ 等等，还有很多其他应用场景。

这里存在众多的可能性，以至于任何列举的方式都只能触及表面。笔者坚信你已经自行（或将要）想出许多远比笔者在此处探讨的更具创造性的方法来运用"一切皆文件"这一 Linux 哲学原则。

总结

在 Linux 系统中，任何资源及对象均可被视为文件系统的一部分。这意味着 Linux 计算机上的所有内容均可以以文件形式在文件系统空间中访问。这样做的意义在于，Linux 能够运用通用的工具对各种不同的对象执行操作——诸如标准 GNU/Linux 工具和命令，它们原本适用于处理普通文件，但在 Linux 环境下，同样能应用于设备管理，因为从本质上讲，在 Linux 系统中，这些设备也被视为文件。

练习

为了掌握本章所学知识，请完成以下练习：

1. 为什么连 root 用户访问 RAM 都受限制？

2. 设备特殊文件 /dev/sdc 和 /dev/sdc1 之间有什么区别？

3. 可以使用 cat 命令来导出分区中的数据吗？

4. 可以使用 cat 命令来导出硬盘中的数据吗？

5. 是否可以利用标准 Linux 命令（类似 Ghost、Clonezilla 或 Paragon Drive Copy 15 Professional 等工具）的方式，对整个存储设备进行克隆操作？若你对上述工具不熟悉，请不必担心，可跳过本问题。

6. 请创建一个 /dev/sdd1（或你虚拟机上其他对应的设备）整个分区的备份文件，并将此数据文件存储在 /tmp 目录下，/tmp 目录通常拥有足够的空间以容纳 /dev/sdd1 的备份文件。

7. 如果将第 6 题中的备份文件恢复到一个比原始分区更大的新分区中，会发生什么情况？

进程管理

目标

在本章中，你将学习如下内容：

❑ 什么是进程？

❑ 如何向内核表示进程？

❑ 内核中的进程调度。

❑ 进程是如何使用系统资源的？

❑ 使用常见的 Linux 工具监视和管理进程。

4.1 进程

类似 Linux 这样的操作系统，其主要核心功能就是运行程序为用户执行任务。而在幕后，操作系统还运行着自己的程序，用于管理计算机的硬件、外部设备，以及正在运行的程序本身。

每个程序都是由一个或多个进程组成的。进程就是一个正在运行的程序，会消耗内存和 CPU 时间。在本章中，我们将深入了解内核是如何调度进程来获取 CPU 时间的。

内核中的进程调度

Linux 内核提供调度服务，这些调度服务确定哪些进程会获取 CPU 时间、执行多长时间以及何时获取。在过去的 15 年中，大多数 Linux 发行版都使用完全公平调度器（Completely Fair Scheduler，CFS）进行调度，该调度器于 2007 年 10 月引入内核。

现代操作系统中 CPU 调度的总体目标是确保关键进程（如内存分配或清空已满的通信缓冲区）在需要时立即获得 CPU 时间，同时还要确保系统管理进程和用户进程也能获得充足的 CPU 时间，并对包括 root 用户在内的所有用户保持响应。获取 CPU 时间的进程调度是由一个综合考虑多种因素的复杂算法管理的。

每个进程在内核数据结构中作为一种抽象实体存在，该实体包含了关于进程的各种数据，包括进程 ID（PID）编号、分配给它的内存位置、进程优先级和 nice 值、它最近使用的 CPU 时间、上次实际运行在 CPU 上是多久以前、进程打开的文件，以及其他进程相关的数据。如同它们所代表的进程一样，构成进程抽象概念的内核数据结构也是短暂的，当进程终止时，分配给它们的 RAM 会被重新分配给空闲内存池。

Opensource.com 发布了一篇优秀的文章[⊖]，对 CFS 进行了全面介绍，并将 CFS 与较旧且简单的抢占式调度器进行了比较。芬兰坦佩雷大学信息科学学院的研究生 Nikita Ishkov 在硕士论文《Linux 进程调度完全指南》（A complete guide to Linux process scheduling）中，对 Linux CFS 作出了更详细的描述。

4.2　工具

作为系统管理员，我们有许多的工具可以查看进程状态和管理运行中的进程。就笔者个人而言，常用的一些工具有 top、atop、htop 和 Glances 等。它们可以监视 CPU 和内存使用情况，并且其中大多数工具能够列出运行中进程的相关信息。有些工具还监视 Linux 系统的其他方面，提供了接近系统真实活动的实时视图。虽然这些工具通常可以由任意非 root 用户运行，但 root 用户对所有进程有更多的控制权，而非 root 用户只能管理自己的进程，并对此有一些限制。

有时进程会做出不当的行为，我们需要对其加以控制；有时我们只是想满足自己的好奇心，希望能充分了解一台 Linux 计算机的正常运作方式，以便日后在计算机出现故障时能够及时发现并解决问题。而这些工具刚好可以帮助我们做到这两点。

首先让我们认识 top 工具，它可以说是"进程监控和管理"工具中最古老且一直沿用至今的 Linux 工具。在本章中，笔者将使用 top 工具来介绍与进程管理相关的众多概念，帮助读者熟悉 top 工具的使用，进而再介绍一些在监控和管理进程方面对读者有帮助的其他工具。

4.2.1　top

在进行 Linux 系统问题诊断时，笔者使用的第一个工具之一就是 top 工具。自从 1984 年以来，top 工具就已经存在于 Linux 系统中了，并且始终是 Linux 系统中的内置工具，而其他工具可能还需要进行单独安装，这也是笔者喜欢它的原因之一。top 程序是一个功能极其强大的实用工具，它可以提供关于运行系统的大量信息。这些信息包括内存使用情况、CPU 负载以及运行进程的列表，其中还包括每个进程所占用的 CPU 时间和内存资源。top

---

⊖　Marty Kalin, "CFS: Completely fair process scheduling in Linux", https://opensource.com/article/19/2/fair-scheduling-linux。

工具以近乎实时的方式显示系统信息，默认每 3s 更新一次，top 工具甚至支持小数秒实时刷新（尽管过小的时间间隔显示可能会给系统带来负担）。另外，top 工具还能与用户交互，使用者可以自由地选择和调整显示哪些数据列，以及按照哪个字段来对进程进行排序。

　　如图 4-1 所示，top 工具的输出分为两个部分——Summary（摘要）部分，即输出的上半部分，和 Process（进程）部分，即输出的下半部分。出于保持一致性考虑，在讨论 top、atop、htop 及 Glances 等类似工具时，笔者将沿用这一划分方式。

```
top - 21:49:11 up 1 day,  9:55,  6 users,  load average: 0.00, 0.00, 0.00
Tasks: 201 total,   1 running, 200 sleeping,   0 stopped,   0 zombie
%Cpu(s):  0.0 us,  0.3 sy,  0.0 ni, 98.7 id,  0.0 wa,  0.3 hi,  0.7 si,  0.0 st
MiB Mem :   3942.5 total,    234.4 free,    468.9 used,   3239.2 buff/cache
MiB Swap:   4096.0 total,   4094.7 free,      1.3 used.   3230.5 avail Mem

  PID USER      PR  NI    VIRT    RES    SHR S  %CPU  %MEM     TIME+ COMMAND
 1738 student   20   0  293564   3156   2708 S   0.3   0.1   2:03.22 VBoxClient
 2845 root      20   0   40128   6512   4236 S   0.3   0.2   0:01.47 sshd
11630 root      20   0       0      0      0 I   0.3   0.0   0:00.17 kworker/0:2-
11901 root      20   0  228752   4532   3912 R   0.3   0.1   0:00.05 top
    1 root      20   0  171396  14216   9120 S   0.0   0.4   0:13.70 systemd
    2 root      20   0       0      0      0 S   0.0   0.0   0:00.21 kthreadd
    3 root       0 -20       0      0      0 I   0.0   0.0   0:00.00 rcu_gp
    4 root       0 -20       0      0      0 I   0.0   0.0   0:00.00 rcu_par_gp
    6 root       0 -20       0      0      0 I   0.0   0.0   0:00.00 kworker/0:0H
    8 root       0 -20       0      0      0 I   0.0   0.0   0:00.00 mm_percpu_wq
    9 root      20   0       0      0      0 S   0.0   0.0   0:05.03 ksoftirqd/0
   10 root      20   0       0      0      0 I   0.0   0.0   0:04.95 rcu_sched
   11 root      20   0       0      0      0 I   0.0   0.0   0:04.95 rcu_bh
   12 root      rt   0       0      0      0 S   0.0   0.0   0:00.04 migration/0
   14 root      20   0       0      0      0 S   0.0   0.0   0:00.00 cpuhp/0
   15 root      20   0       0      0      0 S   0.0   0.0   0:00.00 cpuhp/1
```

图 4-1　top 的输出

实验 4-1：介绍 top

　　为了更全面地理解本章将要介绍的 top 以及其他进程管理工具，建议你在桌面终端会话中以 root 用户身份启动 top：

[root@studentvm1 ~]# **top**

　　在接下来的章节内容中，我们将参照当前启动的 top 实例，详细描述 top 的输出内容。

---

　　top 输出的描述很大程度上与本章涵盖的其他工具相似。因此，我们将主要花时间讲解 top，因为它是系统内置的工具，而其他工具可能需要额外安装。在此之后，我们将讲解 top 与其他工具之间的一些差异。

1. 摘要部分

　　top 输出的摘要部分是对系统状态的概览。第一行显示系统的正常运行时间以及过去 1min、5min、15min 内的负载平均值。关于负载平均值，我们将在本章后面进行更深入的探讨。

　　第二行显示当前活动进程的数量及其状态，紧接着是关于 CPU 统计信息的行，该行可以显示系统中所有 CPU 的统计信息汇总，也可以显示独立的每个 CPU 信息。在本示例使用的虚拟机中，这是一个双核 CPU。按 <1> 键可以在 CPU 使用情况的汇总显示和单独显示各个 CPU 之间切换。这些行中的数据以可用 CPU 时间百分比的形式显示。

这些 CPU 数据的其他字段也会随时间而变化，笔者在查找关于下面最后三个字段的信息时遇到了一些困难，因为它们相对较新，对于它们的解释可能不太全面，望你见谅。以下是摘要部分字段的描述：

- ❏ us（userspace，**用户空间**）：在用户空间运行的应用程序和其他程序，即不在内核中运行的程序（非内核模式）。
- ❏ sy（system calls，**系统调用**）：内核级函数。这不包括内核本身占用的 CPU 时间，只包括内核系统调用。[⊖]
- ❏ ni（nice，**优先级**）：以正优先级运行的进程。[⊜]
- ❏ id（idle，**空闲**）：空闲时间，即任何运行进程未使用的 CPU 时间。
- ❏ wa（wait，**等待**）：用于等待 I/O 发生的 CPU 周期，这是被浪费的 CPU 时间。
- ❏ hi（hard interrupts，**硬件中断**）：用于处理硬件中断的 CPU 周期。
- ❏ si（software interrupts，**软件中断**）：用于处理软件创建的中断，如系统调用的 CPU 周期。简单来说，就是在 CPU 帮应用程序和操作系统打交道时候花掉的时间。
- ❏ st（steal time，**等待时间**）：当管理程序为另一个虚拟处理器提供服务时，虚拟 CPU 等待真实 CPU 的 CPU 周期百分比。

摘要部分的最后两行显示了物理内存的使用情况（包括 RAM 和交换空间）。

2. 进程部分

top 输出的进程部分是系统正在运行的进程的列表，显示终端屏幕范围内所能容纳的一个或多个进程的信息。默认情况下，top 的进程部分展示的列如下描述所示。此外，还有其他几列可显示的信息，通常只需一次按键即可添加。有关 top 的详细信息，请参考 top 的手册页。

- ❏ PID：进程 ID。
- ❏ USER：进程所有者的用户名。
- ❏ PR：进程的优先级（动态）。
- ❏ NI：进程的 nice 值（静态）。
- ❏ VIRT：分配给进程的虚拟内存总量。
- ❏ RES：进程使用的非交换物理内存的驻留大小（以 KB 为单位，除非另有说明）。
- ❏ SHR：进程使用的共享内存量（以 KB 为单位）。
- ❏ S：进程的状态。R 表示运行中，S 表示休眠，Z 表示僵尸进程。其他是一些比较少见的状态，例如 T 代表跟踪或停止，D 表示无法中断的睡眠状态。
- ❏ %CPU：CPU 周期的百分比，或该进程在最近测量的时间段内使用的时间。

⊖ 这个数值不包含内核自己运行时所需的 CPU 时间，它只计算了当程序向操作系统请求服务（即进行系统调用）时，内核为处理这些请求而花费的时间。——译者注

⊜ 在计算机中，nice 值可以调整进程的优先级，如果一个进程的 nice 值为正数，意味着它会主动降低自身运行优先级，让其他进程优先使用 CPU 资源。所以这里的 ni 就是指这些谦让优先级较低的进程所使用的 CPU 时间。——译者注

❑ **%MEM**：进程使用的物理系统内存百分比。

❑ **TIME+**：自进程启动以来，进程消耗的总 CPU 时间，以 0.01s 为单位。

❑ **COMMAND**：用于启动进程的命令。

既然我们对 top 显示的数据有了一些了解，接下来将通过实验说明它的一些基本功能。

实验 4-2：探索 top

请确保 top 程序已经在 root 终端会话中运行。如果没有，请使用 root 用户身份运行。首先我们可以观察摘要部分来获取进程运行的概要信息。

top 程序具有许多有用的交互式命令，这些命令可用于管理数据的显示以及单个进程的操控。按两次 <h> 键（一定要按两次）查看交互式命令的简要帮助页面，输入 q 命令退出 top。

按 <l> 键可以在 CPU 统计信息的汇总显示（见图 4-1）与多个独立 CPU 信息显示（见图 4-2）之间切换。按 <l> 键可开启或关闭负载平均值。按 <t> 键和 <m> 键分别切换摘要部分中【进程/CPU 行】与【内存行】的显示模式，它们依次可在不显示、仅文本显示以及柱状图格式之间转换。

<d> 键和 <s> 键是可互换的，用于设置更新之间的延迟间隔。默认值是 3s，笔者更喜欢 1s 的间隔。间隔精度最低可达 0.1s，但这将消耗你试图测量的更多 CPU 周期。尝试将延迟间隔设置为 5s、1s、0.5s 和其他你认为合理的间隔。做完这些尝试后，请将延迟间隔设置为 1s。

按 <Page Up> 键和 <Page Down> 键可以滚动浏览运行中的进程列表。

在默认情况下，运行中的进程按 CPU 使用率排序。你可以按 < ← > 键和 < → > 键将排序列向左或向右移动。默认情况下，没有高亮或其他标记指示按哪一列排序。你可以按 <x> 键添加高亮显示排序列，实际排序列会以粗体显示整个列。

```
top - 10:23:10 up 1 day, 22:29,  6 users,  load average: 0.00, 0.00, 0.00
Tasks: 202 total,   1 running, 201 sleeping,   0 stopped,   0 zombie
%Cpu0  :   0.7/2.6     3[||                                                    ]
%Cpu1  :   0.3/1.3     2[|                                                     ]
MiB Mem : 18.4/3942.5  [|||||||||||||||                                        ]
MiB Swap:  0.0/4096.0  [                                                       ]

  PID USER      PR  NI    VIRT    RES    SHR S  %CPU  %MEM     TIME+ COMMAND
    1 root      20   0  171396  14224   9120 S   0.7   0.4   0:17.96 systemd
  799 root      20   0  231324   2860   2044 S   0.3   0.1   0:09.38 screen
  900 dbus      20   0   42300   6052   4428 S   0.3   0.1   0:21.26 dbus-daemon
  962 root      20   0  588844  14960  13264 S   0.3   0.4   0:00.27 abrt-dump-journ
 1006 root      20   0  273668  35524  34192 S   0.3   0.9   0:11.58 sssd_nss
 1054 root      20   0  547304  16336  16336 S   0.3   0.5   0:10.18 NetworkManager
 2054 root      20   0  253960  11900  10172 S   0.3   0.3   0:01.11 abrt-dbus
11940 root      20   0  228752   4960   4092 R   0.3   0.1   1:30.09 top
27130 root      20   0       0      0      0 I   0.3   0.0   0:00.01 kworker/u4:0-ev
    2 root      20   0       0      0      0 S   0.0   0.0   0:00.31 kthreadd
    3 root       0 -20       0      0      0 I   0.0   0.0   0:00.00 rcu_gp
    4 root       0 -20       0      0      0 I   0.0   0.0   0:00.00 rcu_par_gp
    6 root       0 -20       0      0      0 I   0.0   0.0   0:00.00 kworker/0:0H
    8 root       0 -20       0      0      0 I   0.0   0.0   0:00.00 mm_percpu_wq
    9 root      20   0       0      0      0 S   0.0   0.0   0:07.30 ksoftirqd/0
   10 root      20   0       0      0      0 I   0.0   0.0   0:06.84 rcu_sched
   11 root      20   0       0      0      0 I   0.0   0.0   0:00.00 rcu_bh
   12 root      rt   0       0      0      0 S   0.0   0.0   0:00.05 migration/0
   14 root      20   0       0      0      0 S   0.0   0.0   0:00.00 cpuhp/0
   15 root      20   0       0      0      0 S   0.0   0.0   0:00.00 cpuhp/1
   16 root      rt   0       0      0      0 S   0.0   0.0   0:00.22 migration/1
```

图 4-2　按 <t> 键和 <m> 键将 CPU 和内存摘要更改为条形图

按 < → > 键排序列会一直向右移动，按 < ← > 键将其向左移回想要的位置，将排序索引移到各个列中。完成后，再次将 CPU 使用率（%CPU）列设置为排序列。

如果更改了 top 的显示配置，可以按 <W（大写）> 键将更改写入到你的主目录中的配置文件 ~/.toprc。运行 top。

4.2.2 负载平均值

在继续认识其他工具之前，更详细地讨论一下负载平均值是十分重要的。负载平均值是测量 CPU 使用率的重要标准。当笔者说 1min（5 或 10min）的负载平均值是 4.04 时，这实际上意味着什么呢？负载平均值可以被认为是对 CPU 需求的一种度量，它表示等待 CPU 时间指令的平均数量。因此，这是对 CPU 性能的真实测量，不像标准的"CPU 百分比"包括 CPU 没有真正工作的 I/O 等待时间。

例如，一个充分利用的单处理器系统的 CPU 负载平均值为 1，这意味着 CPU 正好满足了所有需求；换句话说，它具有完美的利用率。小于 1 的负载平均值表示 CPU 未充分利用，而大于 1 的负载平均值表示 CPU 过度利用，并且存在未满足的需求。例如，单 CPU 系统中的平均负载为 1.5 则表示 1/3 的 CPU 指令被迫等待前一条指令执行完毕后才能被执行。

对于多核处理器来说也是如此。如果四核 CPU 系统的负载平均值为 4，则它具有完美的利用率。例如，如果它的负载平均值为 3.24，则有三个处理器被完全利用，而剩余的一个处理器利用率约为 24%。如果四核 CPU 系统的 1min 负载平均值为 4.04，这意味着四个 CPU 中没有剩余容量，且有一些指令被迫等待执行。一个完全利用的四核 CPU 系统的负载平均值应为 4.00，这种情况下的系统虽然满载，但尚未超载。

负载平均值的最佳状况是等于系统中的 CPU 总数。这意味着每个 CPU 都被充分利用，没有指令必须被迫等待。但现实较为复杂，理想条件很难到达。如果主机以 100% 的利用率运行，将无法应对 CPU 负载需求突然增加的情况。

长期负载平均值有助于把握整体的使用趋势。*Linux Journal* 杂志于 2006 年 12 月 1 日刊登了一篇关于深度解析 Linux 负载平均值的优质文章[○]，描述了负载平均值的概念、理论依据和其背后的数学原理，以及如何解读此类数据指标。

4.2.3 传输信号

top 和这里讨论的所有其他监控工具均允许我们向正在运行的进程发送信号。每个信号都有特定的功能，尽管其中一些信号可以由接收程序使用信号处理程序进行自定义。

单独的 kill 命令还可以用于向 top 等工具之外的进程发送信号。kill -l 命令用于列出所有可以发送的信号。以下三个信号可用于终止进程：

❑ SIGTERM（15）：SIGTERM（信号 15）是按下 <k> 键时 top 和其他监控工具发送的默认信号。程序的信号处理程序可以拦截传入的信号并相应地终止自身，信号处理

○ Ray Walker, Examining Load Average, www.linuxjournal.com/article/9001?page=0,0。

程序也可以忽略收到的信号并继续运行。如果程序没有信号处理程序，SIGTERM 会将程序终止。SIGTERM 背后的思想是通过向程序发出你希望它终止自身的信号，它会利用这一点，清理打开的文件，然后以一种可控而友好的方式[⊖]自我终止。

❑ SIGKILL（9）：SIGKILL（信号 9）提供了一种终止顽固程序（包括没有信号处理程序的脚本和其他程序）的手段。然而，对于没有信号处理程序的脚本和其他程序，它不仅会终止正在运行的脚本，而且还会终止运行脚本的 shell 会话。这可能不是你期望的结果。如果你想终止一个进程而不关心是否友好，这就是一个理想的信号。该信号无法被程序代码中的信号处理程序拦截。

❑ SIGINT（2）：当 SIGTERM 不起作用时，你可以使用 SIGINT（信号 2）让程序更"优雅"地结束，比如不终止正在运行脚本的 shell 会话。SIGINT 向正在运行程序的会话发送中断信号，这相当于按 <Ctrl+C> 键终止正在运行的程序，典型的例子就是在会话框中终止脚本。

4.3　CPU 占用程序

既然我们已经了解了进程和相关工具的信息，接下来我们将进行一个实验让你更深刻地理解进程知识。我们将创建一个占用大量 CPU 周期的程序，并运行其多个实例，以便可以使用各种工具（首先是 top）在内核中观察与控制进程。

实验 4-3：CPU 占用程序

在桌面上以 student 用户身份启动两个终端会话。在一个终端会话中运行 **top** 命令，并将该窗口调整至合适位置，确保在第二个终端会话中执行后续任务时能够看到第一个终端里的内容。随着实验的进行，请观察 **top** 命令显示的负载平均值。

在 /home 目录中创建一个名为 cpuHog 的 Bash shell 程序文件，将程序权限赋为 rwxr_xr_x（755）使其可执行：

```
[student@studentvm1 ~]$ touch ./cpuHog
[student@studentvm1 ~]$ chmod 755 cpuHog
```

使用 Vim 编辑 cpuHog 文件，并在其中添加图 4-3 中显示的内容。使用 **while [1]** 命令会迫使这个程序一直循环。此外，Bash 语法非常严格：确保在此表达式中"1"周围留有空格，[1] 是正确的，但 [1] 将不起任何作用。保存文件并退出 Vim。

```
#!/bin/bash
# This little program is a cpu hog
X=0;while [ 1 ];do echo $X;X=$((X+1));done
```

图 4-3　适用于管理进程工具监控的 cpuHog 程序

⊖ 感谢读者和学员谢攀，他提高了我对此信号如何使用脚本的理解。

这个程序只是使变量 X 简单地加 1，并将 X 的当前值打印到 STDOUT（也就是终端会话的屏幕上），这个程序带来的副作用就是它会占用大量 CPU 周期。运行 cpuHog 的终端会话应该在 top 上显示非常高的 CPU 使用率。观察这对系统性能的影响。CPU 使用率会立即上升，负载平均值也开始随着时间的推移而增加。如果你愿意，你可以打开多个终端会话，并在每一个终端会话中启动 cpuHog 程序，这样你就可以运行多个 cpuHog 实例。

现在启动 cpuHog 程序：

[student@studentvm1 ~]$ **./cpuHog**

cpuHog 程序会一直运行下去，除非我们主动停止它。使用 top 程序查看 CPU 使用率。图 4-4 显示了一个 cpuHog 实例占用了大量的 CPU 时间，图中的 PID 为 5036，但在你的虚拟机上 cpuHog 的 PID 会有所不同。你也将注意到 cpuHog 实例的 nice 值（NI 列）为 0。

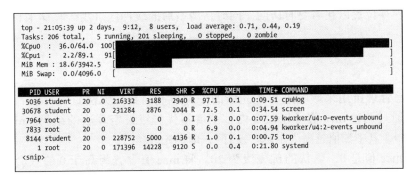

图 4-4 运行一个 cpuHog 实例后，实例占用了一个 CPU 上 97% 的 CPU 周期

打开四个新的 screen 或终端会话，并在每个 screen 或终端会话中启动一个 cpuHog 实例，此时，我们虚拟机的两个 CPU 使用率应该都达到了 100%。你还会注意到，诸如 screen 或终端会话（如果你正在使用它）等其他程序也会占用一定的 CPU 时间。

随着这些进程运行，负载平均值也会随着时间逐渐上升。

提示：如果你需要在学习本章的同时做其他事情，你可以终止所有正在运行的 cpuHog 实例，并在稍后回来时重新启动它们。

4.4 进程调度

Linux 使用一种算法调度每个任务的 CPU 执行时间，该算法考虑了进程 nice 值等一些基本因素，这些因素由算法综合为优先级。在 Linux 内核的调度程序中对每个进程进行调度决策时考量的因素如下：

❑ 等待 CPU 时间的长度。

❑ 最近消耗的 CPU 时间量。

❑ nice 值。

❑ 所讨论进程的优先级。

❑ 等待 CPU 时间的其他进程优先级。

这个算法是内核调度程序的一部分，确定系统中每个运行的进程的优先级。具有较高优先级的程序或进程更有可能被分配 CPU 时间。优先级具有高度动态性，会根据上述列出的因素迅速发生变化。

Linux 进程的优先级为 0 ～ 39，其中 39 是最低优先级，0 是最高优先级。这似乎与常规逻辑相反，但你可以换个角度思考，较高的数字意味着更"友好"的优先级。⊖

还有一种 RT（RealTime）优先级，用于在某些特定事件发生时需要立即获取 CPU 时间的进程。例如，这类进程可能负责处理内核硬件中断。为了确保数据在到达磁盘驱动器或网络接口时不丢失，在数据缓冲区满载时，会采用高优先级的进程将缓冲区清空并将数据存储在特定内存位置以在需要时访问。同时，清空后的缓冲区可用于存储来自设备的更多传入数据。

nice 值

nice 值是管理员用来影响进程优先级的一种机制。我们无法直接更改一个进程的优先级，但是通过调整 nice 值可以改变内核调度器优先级设定算法的结果。nice 值的范围为 −20 ～ +19，其中数值越高表示越"友好"，即优先级越低。

默认的 nice 值是 0，默认的优先级为 20。将 nice 值设置为高于 0 的数会增加优先级数，从而使进程更友好，即减少对 CPU 周期的占用。将 nice 值设置为负数会降低优先级数，从而使进程不那么友好，即增加了对 CPU 周期的占用。可以在 top、atop 和 htop 中使用 renice 命令更改 nice 值。

在对优先级和 nice 值有了一些了解后，我们可以在下面的实验中探索它们。

实验 4-4：探索优先级和 nice 值

以 student 用户身份在终端会话中运行 top。注意，在实验中请使用属于你虚拟机进程的 PID 号，而不是笔者虚拟机上使用的进程 PID 号。

将排序列设置为 TIME+，这样你就可以更方便地观察到 cpuHog 累积增长的 CPU 时间总量。

在 top 中，使用 renice 命令为 TIME+ 总量最大的 cpuHog 进程（对笔者来说是 PID 5036 进程）更改设置。只需输入 r，top 会询问你要为哪个进程设置 nice 值。输入进程的 PID 并按 <Enter> 键确认。对笔者来说，PID 为 5036；对你来说，PID 会有所不同。键入 PID 后 top 会显示："Renice PID 5036 to value:"，现在我们输入数字 10 并按 <Enter> 键执行更改操作。

⊖ 这里的"友好"是相对于其他进程而言的，因为具有较高 nice 值（较大数值）的进程会主动减少对系统资源的竞争，尤其是 CPU 时间，从而使得其他进程能获得更多的运行机会。——译者注

验证现在的 nice 值是 10，并查看优先级，在笔者的虚拟机上，优先级现在是 30，低于默认优先级 20。随后切换到另一个没有运行 top 或 cpuHog 的终端会话，执行以下命令更改 nice 值：

```
[student@studentvm1 ~]$ renice 15 5036
5036 (process ID) old priority 10, new priority 15
[student@studentvm1 ~]$
```

经过验证后，cpuHog 进程的 nice 值更改为了 15。这时这个进程的优先级是多少呢？在笔者的虚拟机上，优先级现在更改到了 35。

现在使用 `renice` 命令将 PID 5036 的 cpuHog 进程 nice 值设置为 −20：

```
[student@studentvm1 ~]$ renice -20 5036
renice: failed to set priority for 5036 (process ID): Permission denied
[student@studentvm1 ~]$
```

你应该会收到一条错误信息，提示你没有权限执行这个操作。非 root 用户无法将自己进程的 nice 值调低（变得不那么友好）。你认为为什么会有这样的情况呢？

请在一个具有 root 用户身份的终端会话中启动 top。现在以 root 用户身份重新设置虚拟机上 cpuHog 进程的 nice 值为 −20。这次操作将会成功，因为 root 用户可以执行任何操作。观察这个进程中 nice 值。尽管此时系统响应速度并未明显改变，但在实际环境中，拥有 −20 nice 值的进程可能会导致系统的其他部分变得迟缓。

在另一个新的终端会话中打开一个新的标签页、窗口或 screen 会话（具体方式不限）。启动 cpuHog 进程的一个新实例，我们稍微改变一下启动方式：

```
[student@studentvm1 ~]$ nice -n +20 ./cpuHog
```

当我们想要以非默认的 nice 值（0）启动程序时，可以使用 `nice` 命令启动程序并指定 nice 值。在 top 显示中验证这个指定的 nice 值及其对应的优先级数值。

请注意，无论使用哪个工具进行设置，任何大于 19 的 nice 值都会被视为 19。在这个实验示例中，由于 cpuHog 只是个 shell 脚本且 CPU 资源充足，系统响应速度并无明显变化，但改变 nice 值是让抢占资源的进程表现得更加"友好"的一种方法（使进程变得不那么抢占系统资源）。

以 student 用户身份打开更多的终端会话，并启动 5 个以上的 cpuHog 实例，而不改变 nice 值，让所有 cpuHog 进程同时运行。观察这些 cpuHog 进程，你应该会注意到，在我们虚拟机的环境中，每个 cpuHog 进程大约能获得总 CPU 时间的 15% ～ 24%。

笔者在自己的实验中发现，在最高优先级数（nice 值最低）的 cpuHog 进程与最低优先级数（nice 值最高）的 cpuHog 进程之间，CPU 占用时间的变化量实际上微乎其微。这个实验展示了如何设置进程的 nice 值以及 nice 值变化带来的进程优先级变化，然而，在内核分配 CPU 资源时，还有其他诸多因素会被考虑在内。这些因素使得我们无法确切断言改变某个特定进程的 nice 值会让进程优先级达到特定的效果，像在本次模拟实验的人为环境中，这一点尤为明显。

尽管如此，在实际生产环境中，笔者发现增加一个特别占用资源进程的 nice 值可以改善其他进程的响应速度。

4.5　终止进程

有时，由于进程脱离了人们的管控，我们不得不将其终止。实现这一目标有多种方法。

实验 4-5：终止进程

首先，确保你可以在单独的终端会话中看到正在运行的 top 工具。然后，让我们切换到一个正在以 student 用户身份运行 cpuHog 实例的终端会话。

以 student 用户选择一个当前正在运行的 cpuHog 实例，并确定其 PID。现在我们将在 top 内部终止这个我们选择的 cpuHog 进程。

在以 student 用户身份运行 top 的终端会话中，输入 k。现在 top 会显示"输入要终止进程的 PID"，然后我们键入 cpuHog 进程的 PID 并按 <Enter> 键确认执行。在笔者的虚拟机上，笔者选择了 PID 为"5257"的 cpuHog，但你必须使用你系统上 cpuHog 实例的 PID。接着，top 程序会显示"是否使用信号 15 终止 PID 5257 进程"，此时你可以选择另一个信号，或者按 <Enter> 键确认使用信号 15。现在，只需按 <Enter> 键确认发送信号 15，该程序就会从 top 进程列表中消失。

信号 15 用于"友好"地终止一个程序，并给它清理自己已打开文件的机会（如果有的话）。如果程序本身没有提供终止自身的接口，这是最友好的终止进程方式。

对于那些有点顽固而不响应信号 15 的进程，我们可以使用信号 9，它告诉内核只需终止程序而不用考虑是否友好。切换到一个未使用的 screen 会话，找到一个 cpuHog 的 PID 并输入以下命令。在笔者的虚拟机上，PID 为 7533，请务必使用你系统上 cpuHog 实例的正确 PID。这次我们将使用 kill 命令发送信号 9：

```
[student@testvm1 ~]$ kill -9 7533
```

接着，我们选择另一个运行中 cpuHog 进程的 PID，这次我们使用 kill 命令发送信号 2：

```
[student@testvm1 ~]$ kill -2 12503
```

上述命令将向 PID 为 12503 的进程发送 SIGINT（信号 2）。切换到正在运行程序的 screen 会话，验证它已终止。你可以看到进程已被终止。

在同一终端会话中重新启动 cpuHog 程序。在运行了几秒钟后，按 <Ctrl+C> 键，运行中的程序将被终止，如下述所示：

```
6602
6603
6604
```

```
6605
6606
6607
6608
6609
6610
6611
^C
[student@studentvm1 ~]$
```

执行 `kill -2` 命令与在运行程序的会话中按 <Ctrl+C> 键的作用效果是相同的。

你应该还有一些 cpuHog 程序在虚拟机上运行。现在先让它们保持运行着，因为我们将在接下来探索其他进程管理工具时使用它们。

4.6 其他交互式工具

正如我们在其他工具中看到的，Linux 提供了大量用于管理进程的选项。以下可交互式工具也提供了一些不同的方法和数据显示。所有这些工具都很好，并且这些工具只是众多可用工具中的一部分。

4.6.1 atop

atop 工具适用于需要更多关于 I/O 活动的详细信息。其默认刷新间隔为 10s，但可以使用 i（interval）命令将其调整为你所需的任意合适值。atop 不能像 top 那样在小数秒级刷新。按 <h> 键显示帮助信息，请注意帮助页面有多页，你可以按 <Space> 键向下滚动以查看其余内容。

atop 的一个很好的特性是它可以将当前性能数据保存到文件，然后你可以在其他时间回放这些已保存的数据并对数据进行仔细检查。这对于追踪间歇性问题特别有用，特别是在你无法实时监视系统的时候发生的问题。`atopsar` 命令用于回放保存在文件中的数据。atop 的输出如图 4-5 所示。

1. 摘要部分

atop 与 top 有许多相似的信息，同时 atop 还会显示网络、原始磁盘和逻辑卷活动等相关信息。图 4-5 在显示区域顶部的列中展示了这些额外的数据。请注意，如果你的屏幕水平宽度足够大，会话将会显示更多信息列；相反，如果水平宽度较窄，则会显示较少的信息列。此外，笔者喜欢 atop 在图 4-5 中第二行最右两列显示的当前 CPU 的频率及其缩放百分比——这是笔者在其他任何监控工具上都没有看到的信息。

2. 进程部分

atop 的进程部分显示与 top 的进程部分显示相似，除此之外，atop 还包含每个进程的磁盘 I/O 信息和线程计数，以及每个进程的虚拟内存和真实内存的统计数据。与摘要部分一样，如果有足够的水平屏幕空间，atop 会展示更多附加的列。例如，图 4-5 中显示了进程所有者的 RUID（真实用户 ID）。扩大显示界面后，还将显示 EUID（有效用户 ID），这对于运行设置了 SUID（用户 ID）的程序十分有用。⊖

```
ATOP - studentvm1          2019/02/06  08:57:36      -------------          10s elapsed
PRC | sys    16.15s | user   2.78s | #proc     211 | #tslpu     0 | #zombie    0 | #exit    0 |
CPU | sys     166% | user    24% | irq    10% | idle     0% | wait     0% | curscal   ?% |
cpu | sys      78% | user    16% | irq     6% | idle     0% | cpu000 w  0% | curscal   ?% |
cpu | sys      88% | user     8% | irq     4% | idle     0% | cpu001 w  0% | curscal   ?% |
CPL | avg1    6.95 | avg5   7.01 | avg15  7.00 | csw 1744707 | intr 460106 | numcpu    2 |
MEM | tot     3.9G | free   2.3G | cache 713.3M | buff 188.2M | slab 222.4M | hptot  0.0M |
SWP | tot     4.0G | free   4.0G |             |             | vmcom  1.8G | vmlim  5.9G |
LVM | udentvm1-var | busy    3% | read      0 | write    20 | MBw/s   0.0 | avio 12.9 ms |
DSK |        sda   | busy    3% | read      0 | write     7 | MBw/s   0.0 | avio 37.1 ms |
NET | transport    | tcpi    3 | tcpo      5 | udpi     6 | udpo     2 | tcpao     0 |
NET | network      | ipi     9 | ipo       5 | ipfrw    0 | deliv    9 | icmpo     0 |
NET | enpos8   0% | pcki    5 | pcko      7 | sp 1000 Mbps | si   0 Kbps | so   3 Kbps |
NET | enpos3   0% | pcki    2 | pcko      0 | sp 1000 Mbps | si   0 Kbps | so   0 Kbps |

  PID SYSCPU USRCPU VGROW RGROW RDDSK WRDSK RUID     ST EXC  THR S CPUNR  CPU CMD        1/2
 5096  2.70s  0.40s   0K    0K    0K    OK student  --  -    1 R    0  38% cpuHog
 4939  2.49s  0.60s   0K    0K    0K    OK student  --  -    1 R    0  37% screen
 5162  2.57s  0.52s   0K    0K    0K    OK student  --  -    1 R    0  37% cpuHog
 5036  1.87s  0.37s   0K    0K    0K    OK student  --  -    1 R    1  27% cpuHog
 5314  1.85s  0.38s   0K    0K    0K    OK student  --  -    1 R    1  27% cpuHog
 5285  1.75s  0.48s   0K    0K    0K    OK student  --  -    1 R    1  27% cpuHog
30591  1.43s  0.00s   0K    0K    0K    OK root     --  -    1 I    1  17% kworker/u4:3-e
32018  1.42s  0.00s   0K    0K    0K    OK root     --  -    1 I    1  17% kworker/u4:2-e
 5087  0.04s  0.01s   0K    0K    0K    OK root     --  -    1 S    1   1% top
  558  0.02s  0.01s 8824K 4812K   0K    OK root     --  -    1 R    0   0% atop
26067  0.00s  0.01s   0K    0K    0K    OK student  --  -    3 S    0   0% VBoxClient
  552  0.01s  0.00s   0K    0K    0K    OK root     --  -    1 I    0   0% kworker/0:2-ev
```

图 4-5　除了 CPU 和进程数据外，atop 还提供有关磁盘和网络活动的信息

　　atop 还可以显示每个进程的磁盘、内存、网络及调度的详细信息。只需分别按下 <d> 键、<m> 键、<n> 键、<s> 键即可查看相应数据。按下 <g> 键会返回到初始进程显示界面。

　　排序操作可以通过按键轻松完成：按 <C> 键可按 CPU 使用情况排序，按 <M> 键可按内存排序，按 <D> 键可按磁盘使用率排序，按 <N> 键可按网络使用率排序，按 <A> 键则进行自动排序。自动排序通常会根据资源占用多少从大至小对进程进行排序。需要注意的一点是，只有 atop 安装并加载了 netatop 内核模块后，才能对网络使用情况进行排序。

　　按下 <k> 键可以终止进程，但不能调整进程优先级。

　　在默认情况下，atop 可能会隐藏那些在一定时间间隔内没有活动的网络设备和磁盘设备，这样做是为了简化输出，让用户更容易关注到有活跃流量或 I/O 操作的硬件资源。但是，这也有可能导致用户误以为某些硬件设备不存在或者未被正确识别。针对这种情况，我们可以输入 f 命令来强制显示所有空闲资源。

实验 4-6：使用 atop

若你的虚拟机中尚未安装 atop 工具，请执行如下命令来安装并启动 atop：

```
[root@studentvm1 ~]# dnf -y install atop ; atop
```

⊖　观察 EUID 可以清楚地了解当前进程是否正在利用 SUID 特性以更高权限运行，这对于理解和控制系统的安全状况至关重要。——译者注

观察 atop 显示几分钟。随后，额外启动若干个 cpuHogs 进程实例，观察这些 cpuHogs 进程实例对系统性能的影响。在观察结束后，终止这些进程。对于那些已在系统中长期运行的 cpuHogs 进程实例，请保持其运行状态，不要进行终止操作。

随后，查看 atop 的摘要部分中的 csw（上下文切换）和 intr（中断）这两项数据。csw 表示 CPU 在每个时间间隔内从一个程序切换到另一个程序的次数。intr 表示每个时间间隔内因软件或硬件发生中断的次数，以及导致 CPU 处理这些中断的情况。通过观察这些数据，你可以更深入地了解系统资源调度、中断处理以及 cpuHog 进程对整体性能的影响。

阅读 atop 手册页，了解更多你认为有趣的数据项和交互式命令。

不要终止剩下的 cpuHog 进程实例，退出 atop。

3. 配置文件

atop 手册页提到了全局和用户级别的配置文件，但在笔者自己的 Fedora 或 CentOS 安装中并未发现它们。同时，也没有命令用于保存修改后的配置，在程序终止时也不会自动保存。因此，似乎无法使配置更改永久化。

4.6.2　htop

如图 4-6 所示的 htop 程序可视为强化版的 top 工具。htop 的界面看起来确实很像 top，但它还具有一些 top 所不具备的功能特性——htop 可以通过配置显示磁盘、网络和 I/O 信息。

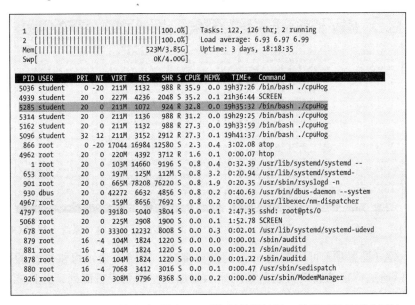

图 4-6　htop 具有漂亮的条形图，显示资源使用情况，并且可以显示进程树

若你进入了 htop 的一个菜单或对话框，但并不打算对其进行任何操作时，可以按一次 <Esc> 键退出当前界面。

1. 摘要部分

htop 的摘要部分默认以两列形式展示，这一布局也可自定义调整为三列。htop 非常灵活，几乎可以按照用户喜好任意排列配置多种不同类型的信息。htop 有很多不同的 CPU 显示选项，包括总 CPU 组合条形图、每个 CPU 单独的条形图，以及将某些特定 CPU 按各种方式组合成单一条形图。

笔者认为相较于其他系统的监控和管理工具，htop 的摘要部分更为简洁且易于阅读。然而，htop 的摘要部分的不足之处在于，在其他监控工具中可以看到的某些信息在 htop 并未提供，例如按用户时间、空闲时间和系统时间划分的 CPU 百分比。尽管如此，笔者认为这并非一个严重的问题，只是用户使用时需要注意这点。

最新版本的 htop 还可以显示每个核心处理器的时钟速度和温度信息。此外，用户还可以选择是否显示网络流量和磁盘 I/O 数据。在笔者系统上使用的显示配置如图 4-7 所示。这个图像来自笔者的工作站。

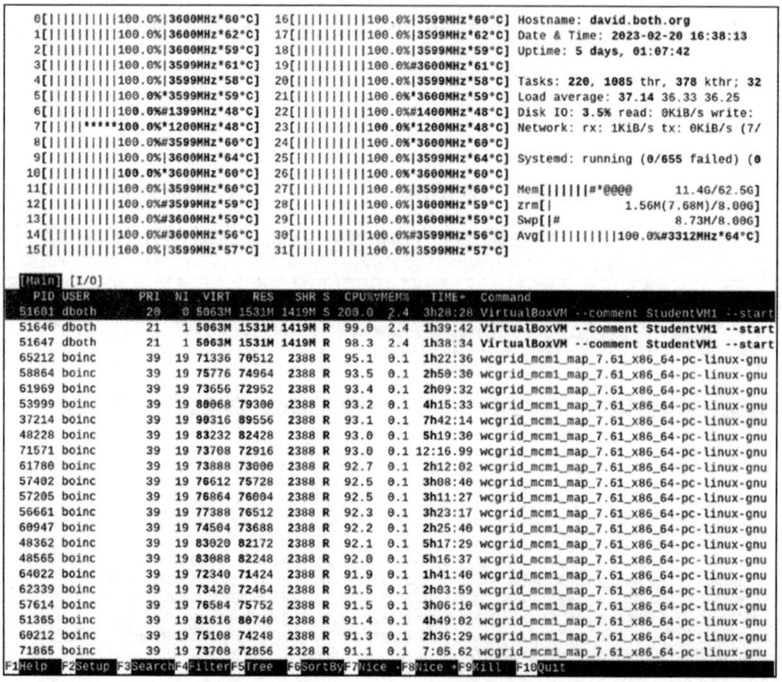

图 4-7　笔者个人的 htop 配置显示了比默认设置更多的信息，这个系统有很多 CPU

按 <F2> 键（设置项）可以配置 htop 的摘要部分。系统会显示可供选择的数据展示列表，用户可以通过特定的按键将这些数据显示添加至左侧列或右侧列，并且能在所选列内上下移动它们的位置。

请再一次关注摘要部分中的 csw 和 intr 这两项数据。csw 表示单位时间间隔内 CPU 从一个程序切换到另一个程序的次数。intr 表示在单位时间间隔内软件或硬件中断发生的次数，以及由此导致 CPU 处理这些中断的情况。

2. 进程部分

htop 的进程部分与 top 的进程部分相似。与其他监控和管理工具一样，htop 可以按照多个因素对进程进行排序，包括 CPU 或内存使用率、用户或 PID 等。注意，htop 在选择树状视图模式时，是无法进行排序操作的。

按下 <F6> 键你可以选择排序列，此时会显示可用于排序的所有列，之后，你可以选择需要排序的列，然后按 <Enter> 键进行确定。

在 htop 中，你可以按 < ↑ > 或 < ↓ > 键来逐一选取进程，此时光标会向上或向下移动以凸显待选进程。按下 <Space> 键，你能够标记多个进程，并对所有标记的进程执行相应的操作命令。

若要终止进程，首先按 < ↑ > 或 < ↓ > 键选择目标进程，然后按 <F9> 键或 <k> 键。终端会话左侧会显示向该进程发送的信号列表，默认选择信号 15（SIGTERM）。如果需要发送与 SIGTERM 不同的信号，可以按 < ↑ > 或 < ↓ > 键选择需要发送的信号。此外，你还可以按 <F7> 键和 <F8> 键调整所选进程的优先级。

笔者特别喜欢的一个交互选项是 <F5> 键，它能以树状视图显示运行进程列表，树状视图可以很容易看出进程之间的父 / 子关系。

实验 4-7：开始使用 htop

请以 root 用户身份执行本实验。执行以下命令安装 htop，然后启动它：

```
[root@studentvm1 ~]# dnf -y install htop ; htop
```

观察 htop 显示页面。按 <T> 键将进程按累计 CPU 时间进行排序。接下来，启动至少四个新的 cpuHog 实例。如果新的 cpuHog 实例并未立即在 htop 进程列表中显示，请稍等片刻，它们将会逐渐上升至运行进程列表的顶部。一段时间后，这些 cpuHog 进程在列表中的位置将会变得稳定，我们可以轻易地选取它们。

然而，我们无须等待也能定位到这些 cpuHog 实例。我们可以按 <Page Down> 键和 <Page Up> 键进行目测搜索，当然这里有一种更好的方法。

按下 <F3> 键并键入关键词 "cpuH"（不带引号）。光标将会自动跳转到第一个匹配到的、被高亮显示的 cpuHog 实例上。之后，再按 <F3> 键，系统会在运行进程列表中搜索其他 cpuHog 实例；但是一旦按下其他任意键，htop 将退出搜索模式并将光标停留在进入搜索模式之前选定的进程上。

接下来，按 < ↑ > 或 < ↓ > 键将光标移动到新的 cpuHog 实例上。在笔者的虚拟机上，该实例是一个 PID 为 2325 的 cpuHog 进程。请注意，即使进程在屏幕显示中位置发生变化，光标仍会停留在我们一开始选定的进程上。你的 cpuHog 实例的 PID 大概率会与笔者虚拟机的 PID 不同。

现在，我们需要终止这个 cpuHog 进程，按 <F9> 键可以列出发送到进程的信号。将光标移动到 SIGKILL（信号 9）上，如图 4-8 所示，然后按 <Enter> 键终止我们选定的 cpuHog 进程。

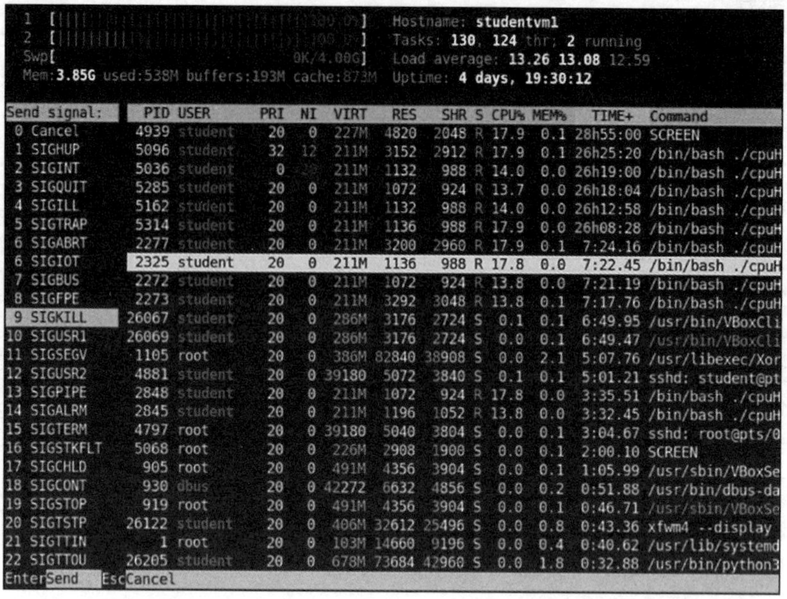

图 4-8　选择一个 cpuHog 实例，按 <F9> 键列出可以发送的信号

　　然后，将光标移动到剩余的其中一个 cpuHog 进程，按 <Space> 键对进程进行标记。我们以同样的方法再标记另外两个 cpuHog 进程，但不要标记那些运行时间较长的 cpuHog 实例。

　　随后，我们将终止这些已标记的 cpuHog 实例。在 htop 界面按下 <k> 键，将光标停留在 SIGTERM（信号 15）上，然后按 <Enter> 键即可一次性终止所有已标记进程。最后，你可以查看启动这些 cpuHog 的终端会话，验证它们是否已被成功终止。

　　htop 可以设置延时间隔，但只能通过命令行实现，目前 top 或 htop 等工具并未提供交互式的命令直接设置此功能。你可以使用 -d 选项来设置延迟时间，单位为 0.1s。

　　当你完成上述操作后，可按 <q> 键来退出 htop 界面。接着，在终端会话中输入以下命令，以 1s 的时间间隔启动 htop：

```
[root@studentvm1 ~]# htop -d 10
```

　　你可以阅读 htop 手册页来了解更多你认为有趣的数据项和交互命令信息。

　　不要终止剩余的 cpuHog 实例，并保持 htop 运行状态。

3. 配置文件

　　每个用户都拥有自己的 htop 配置文件，即 ~/.config/htop/htoprc。对于 htop 配置的任何更改都会自动保存到个人配置文件中。遗憾的是，htop 没有全局配置文件。

　　htop 工具具有非常灵活的配置。按 <F2> 键可以配置标题部分的 CPUs 和 Memory 指示器，如图 4-9 所示。

　　接下来，我们将在实验 4-8 中探索 htop 的设置功能。

实验 4-8：配置 htop

请以 root 用户身份来执行本实验，对于非 root 用户身份而言，除了无法调整 nice 值为负数之外，其他操作方式与 root 用户相同。

按 <F2> 键可打开设置列的对话框（见图 4-9）。在设置列中的 Meters 选项允许我们添加、删除和配置各种可用的指示器。

你可以按 <↑> 或 <↓> 键选择设置列中的四个选项。在查看了这些选项后，将光标返回到 Meters 对话框，并查看其左列（Left column）和右列（Right column）的各个指示器。

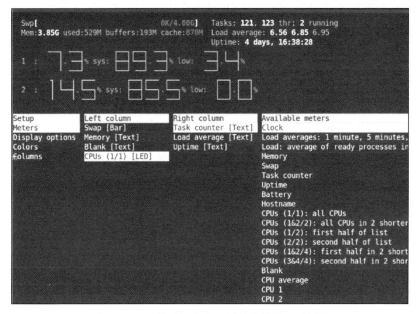

图 4-9　htop 摘要部分中不同样式的设置对话框

在你的显示屏上，CPUs 指示器会位于顶部。确认 CPUs 指示器高亮显示，然后按下 <Enter> 键确认。此时，CPUs 指示器会不同于其他指示器的颜色高亮显示，并带有双向箭头符号（↕），我们称这个状态为"选择状态"。按 <Space> 键可以循环切换 CPUs 指示器的显示类型，你可以选择一个你喜欢的显示类型。按 <↑> 或 <↓> 键可将 CPUs 指示器移动到当前列上下任意位置；按 <←> 或 <→> 键可更改指示器的左右列位置。再次按下 <Enter> 键可将 CPUs 指示器位置进行锁定。

Meters 设置对话框中最右列显示了所有可用的指示器。将光标移动到最右列的 Hostname 指示器上并按下 <Enter> 键可进入选择状态。然后使用方向键将 Hostname 指示器移动到右列的顶部，后按 <Enter> 键将 Hostname 指示器位置锁定。

将光标移回设置列的 Display options。接着，使用方向键移动到 Display options 列的 Hide kernel threads 选项，按 <Space> 键删除 Hide kernel threads 旁边的 ×。完成这一步后，htop 会显示与内核相关的进程线程。你也可以在 htop 的主页上按 <K> 键关闭或打开内核线程显示。但在将 Hide kernel threads 旁边的 × 删除后，kthr 项会一直出现在摘要部分的显示中。

笔者还喜欢启用 Leave a margin around header（在表头周围保留边距）、Detailed CPU time（详细 CPU 时间）和 Count CPUs from 0 instead of 1（从 0 开始计数 CPU 而不是从 1 开始）这些选项。你可以尝试开启这些或其他选项。

你也可以在设置列中的 Colors 设置中尝试一些不同的配色方案。Columns 设置可以配置进程在列表中显示的位置以及顺序。

请务必花足够的时间熟悉和实验 htop 的各项功能，因为它非常实用。当你完成上述实验操作后，即可退出 htop 程序。

4.6.3　Glances

Glances 工具可以显示计算机的更多信息，比笔者目前熟悉的其他任何文本模式监控工具都要多。这些信息涵盖了文件系统 I/O、网络 I/O 以及传感器数据，Glances 还可以显示 CPU 和其他硬件的温度、风扇速度、硬件设备和逻辑卷的磁盘使用情况。

拥有如此全面信息的一个潜在缺点是，Glances 本身会占用相当一部分 CPU 资源。在笔者的系统上，笔者发现它可能占用了 10% ～ 20% 的 CPU 周期，这是一个相当高的比例。因此，在选择监控工具时，你应当考虑资源占用这一影响。此外，Glances 还可以通过 SNMP（Simple Network Management Protocol，简单网络管理协议）查询其他网络节点。

1. 摘要部分

Glances 的摘要部分与其他大多数监控工具的摘要部分相似。如果水平屏幕空间足够，Glances 可以同时显示 CPU 使用情况的条形图和数字指标；如果水平屏幕不够的话，Glances 将只显示 CPU 使用情况对应的数字指标。

笔者很喜欢 Glances 的摘要部分设计。笔者认为 Glances 以一种易于理解的表格形式展示了摘要信息。与 atop 和 htop 一样，你可以按 <l> 键在多个独立 CPU 内核使用情况显示和所有 CPU 内核使用情况的平均值显示之间切换，如图 4-10 所示。

2. 进程部分

Glances 的进程部分展示了运行中进程的标准信息。进程可根据不同标准排序：自动排序（a）、按 CPU 使用情况排序（c）、按内存使用情况排序（m）、按进程名称排序（p）、按用户排序（u）、按 I/O 速率排序（i）或按运行时间排序（t）。在选择自动排序时，会按照占用资源从大到小的顺序对进程进行排序。在图 4-10 中，默认排序列 TIME+ 被高亮显示。与 htop 一样，TIME+ 表示进程累积的 CPU 使用时间。

Glances 还可以在屏幕底部显示警告信息和严重警报信息及其发生时间和持续时间。这些信息在你无法长时间盯着屏幕时诊断问题是十分有用的。可以按 <l> 键（小写字母 l）开启或关闭这些警报日志，按 <w> 键可以清除警告信息，按 <x> 键可以清除所有警报信息和警告信息。

若要终止进程，请按 < ↑ > 或 < ↓ > 键突出显示你想要关闭的进程，然后按 <k> 键，在弹出的对话框上确认即可。

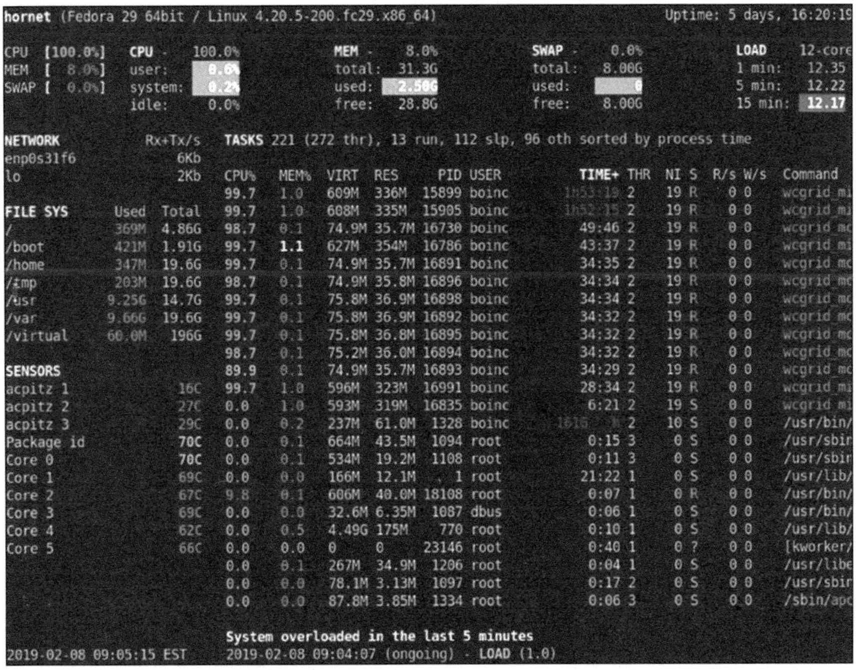

图 4-10　Glances 界面显示网络、文件系统和传感器信息

3. 侧边栏

Glances 有一个非常出色的侧边栏功能，能够展示诸如 CPU 温度和风扇转速等在 top 或 htop 中无法获得的信息。尽管 atop 和 htop 也显示了部分此类数据，但唯有 Glances 集成了所有传感器的数据并在屏幕侧边栏进行展示，有时能看到 CPU 温度和风扇速度是很不错的。

可以在 Glances 界面分别使用 d、f、n 和 s 命令打开或关闭各个模块显示信息（磁盘、文件系统、网络和传感器）。也可以按 <2> 键切换侧边栏的显示与隐藏。若想在 Glances 的侧边栏显示 Docker 信息，只需输入大写的 D 即可。

请注意，当在虚拟机上运行 Glances 时，不会显示硬件传感器的信息。因此，笔者选择了一个物理主机的 Glances 截图作为用例供读者查看。

4. 配置文件

Glances 的配置文件位于 /etc/glances/glances.conf 目录中。每个用户可以在 ~/.config/glances/glances.conf 中拥有一个属于自己的本地配置，该文件会覆盖全局配置。这些配置文件的主要用途是设置警告和严重警报的阈值。目前，笔者发现无法通过配置文件永久性更改其他设置（例如侧边栏模块或 CPU 显示）。似乎每次启动 Glances 都必须重新配置这些项目。

系统中存在一份文档 /usr/share/doc/Glances/Glances-doc.html，提供了大量关于使用 Glances 的信息，并明确指出可以通过配置文件来配置要显示哪些模块。然而，无论是提供的信息还是示例都没有具体说明如何操作这些功能。

实验 4-9：探索 Glances

请以 root 用户身份执行本实验。首先，安装 Glances 工具，然后启动它。

请注意，由于 Glances 运行时会带来一定的 CPU 负载，因此在 Glances 界面显示出来之前可能会有一段延迟。观察 Glances 的输出结果几分钟，并找到之前在其他监控工具中出现过的各种类型的数据信息。按 <h> 键可以显示帮助菜单，这里的大多数选项都只是显示 / 隐藏各种数据显示或选择一个排序列。再次按下 <h> 键即可退出帮助菜单。

按 <f> 键可以隐藏文件系统使用情况的统计信息。再次按 <f> 键则重新显示这些统计信息。请注意，磁盘 I/O 统计信息并未显示，目前原因尚不清楚。由于当前文件是在虚拟机中，因此不会显示传感器数据，因为虚拟机没有物理硬件支持。

请花些时间操作并熟悉 Glances 的各项功能，直到你熟悉为止。最后按 <q> 键或 <Esc> 键即可退出 Glances。

尽管 Glances 缺乏调整进程优先级或终止进程等交互功能，且自身运行时会产生较高的 CPU 负载，但笔者认为 Glances 仍是一个非常实用的工具。完整的 Glances 文档⊖可在互联网上找到，Glances 的手册页也有其启动选项和交互式命令信息。

4.6.4　其他工具

有时在我们追求实时监测系统性能的过程中，常会忽略像 ps（进程状态）这类静态查询工具。ps 命令能够输出一个当前进程的静态列表，该列表可以展示全部进程，也可以仅显示当前用户所拥有运行中进程的信息。而 kill 命令则可用于终止运行进程，除此之外它还有发送其他类型信号的功能，这些信号可以让用户或系统管理员能够与目标进程准确地交互。

实验 4-10：探索其他工具

请以 student 用户身份执行此实验。如果没有运行 cpuHog 实例，请启动四或五个 cpuHog 实例以供此实验使用。

如下命令可以显示属于当前用户正在运行中的进程。在排查性能问题时，这提供了一种简单查找我们可能想查找的进程 PID 的方法：

```
[student@studentvm1 ~]$ ps -r
   PID TTY      STAT    TIME COMMAND
  5036 pts/6    RN+  193:24 /bin/bash ./cpuHog
  8531 pts/7    R<+  192:47 /bin/bash ./cpuHog
  8650 pts/8    R+   187:52 /bin/bash ./cpuHog
  8712 pts/9    R+   189:08 /bin/bash ./cpuHog
  8736 pts/10   R+   189:18 /bin/bash ./cpuHog
 23463 pts/12   R+     0:00 ps -r
[student@studentvm1 ~]$
```

⊖　Glances, Glances, https://Glances.readthedocs.io/en/latest/index.html。

笔者也喜欢使用下述命令，因为它可以列出所有进程，无论进程是否正在运行：

```
[student@studentvm1 ~]$ ps -ef
UID        PID  PPID  C STIME TTY       TIME CMD
root         1     0  0 Feb02 ?     00:00:55 /usr/lib/systemd/systemd
--switched-root --system --deserialize 33
root         2     0  0 Feb02 ?     00:00:00 [kthreadd]
root         3     2  0 Feb02 ?     00:00:00 [rcu_gp]
root         4     2  0 Feb02 ?     00:00:00 [rcu_par_gp]
root         6     2  0 Feb02 ?     00:00:00 [kworker/0:0H-kblockd]
root         8     2  0 Feb02 ?     00:00:00 [mm_percpu_wq]
root         9     2  0 Feb02 ?     00:02:03 [ksoftirqd/0]
root        10     2  0 Feb02 ?     00:03:08 [rcu_sched]
root        11     2  0 Feb02 ?     00:00:00 [rcu_bh]
root        12     2  0 Feb02 ?     00:00:00 [migration/0]
root        14     2  0 Feb02 ?     00:00:00 [cpuhp/0]
root        15     2  0 Feb02 ?     00:00:00 [cpuhp/1]
root        16     2  0 Feb02 ?     00:00:00 [migration/1]
root        17     2  0 Feb02 ?     00:01:33 [ksoftirqd/1]
<snip>
student  25882  1408  0 Feb03 ?     00:00:00 /bin/sh /etc/xdg/xfce4/
xinitrc -- vt
student  25966  4873  0 Feb03 ?     00:00:00 /usr/libexec/
imsettings-daemon
student  25969  4873  0 Feb03 ?     00:00:00 /usr/libexec/gvfsd
student  25976  4873  0 Feb03 ?     00:00:00 /usr/lib64/xfce4/
xfconf/xfconfd
student  26042     1  0 Feb03 ?     00:00:00 /usr/bin/VBoxClient
--clipboard
student  26043 26042  0 Feb03 ?     00:00:00 /usr/bin/VBoxClient
--clipboard
student  26053     1  0 Feb03 ?     00:00:00 /usr/bin/VBoxClient --display
student  26054 26053  0 Feb03 ?     00:00:00 /usr/bin/VBoxClient --display
student  26059     1  0 Feb03 ?     00:00:00 /usr/bin/VBoxClient
--seamless
student  26073 25882  0 Feb03 ?     00:00:01 /usr/bin/ssh-agent /bin/sh -c
exec -l /bin/bash -c "startxfce4"
student  26103 25882  0 Feb03 ?     00:00:01 xfce4-session
student  26104  4873  0 Feb03 ?     00:00:00 /usr/libexec/at-spi-
bus-launcher
<snip>
```

我们可以配合使用 grep 和其他命令，加上适当的过滤条件来定位指定的进程：

```
[root@studentvm1 ~]# ps -ef | grep xfce
student   1311  1283  0 Jul17 ?     00:00:00 /bin/sh /etc/xdg/xfce4/
xinitrc -- vt
```

```
student    1399  1290  0 Jul17 ?        00:00:00 /usr/lib64/xfce4/
xfconf/xfconfd
student    1501  1311  0 Jul17 ?        00:00:00 /usr/bin/ssh-agent /bin/sh -c
exec -l /bin/bash -c "startxfce4"
student    1531  1311  0 Jul17 ?        00:00:00 xfce4-session
student    1554     1  0 Jul17 ?        00:00:05 xfce4-panel
student    1584  1531  0 Jul17 ?        00:00:00 /usr/libexec/xfce-polkit
student    1595     1  0 Jul17 ?        00:00:00 xfce4-power-manager
student    1723  1290  0 Jul17 ?        00:00:00 /usr/lib64/xfce4/notifyd/
xfce4-notifyd
student    1944  1554  0 Jul17 ?        00:00:01 /usr/lib64/xfce4/panel/
wrapper-2.0 /usr/lib64/xfce4/panel/plugins/libsystray.so 6 23068680 systray
Notification Area Area where notification icons appear
student    1950  1554  0 Jul17 ?        00:00:00 /usr/lib64/xfce4/panel/
wrapper-2.0 /usr/lib64/xfce4/panel/plugins/libactions.so 2 23068681 actions
Action Buttons Log out, lock or other system actions
student    1951  1554  0 Jul17 ?        00:00:00 /usr/lib64/xfce4/panel/
wrapper-2.0 /usr/lib64/xfce4/panel/plugins/libnotification-plugin.so 18
23068682 notification-plugin Notification Plugin Notification plugin for the
Xfce panel
student    2019     1  0 Jul17 ?        00:00:05 /usr/bin/xfce4-terminal
root       5051 22865  0 12:19 pts/3    00:00:00 grep --color=auto xfce
```

使用如下命令可以显示 student 用户正在运行的进程。请注意，这并非 student 用户的所有进程，而是在发出执行命令时该用户正在运行的那些进程。该命令中的选项 a 表示所有，u 表示用户。请注意这条命令的语法特点，u 和用户名 student 之间不能有空格：

```
[student@studentvm1 ~]$ ps -austudent
  PID TTY          TIME CMD
 2272 pts/7    06:23:28 cpuHog
 2273 pts/8    06:23:42 cpuHog
 2277 pts/11   06:23:14 cpuHog
 2278 pts/14   00:00:00 bash
 2302 pts/15   00:00:00 bash
 2692 pts/16   00:00:00 bash
 2845 pts/14   06:17:17 cpuHog
 2848 pts/16   06:20:10 cpuHog
 4873 ?        00:00:00 systemd
 4875 ?        00:00:00 (sd-pam)
 4880 ?        00:00:00 pulseaudio
```

当我们找到要处理的进程后，通常会采取终止（kill）或调整优先级（renice）等操作。由于你在前面的实验中已经使用过这两种命令，这里不再赘述。接下来我们看几个额外有用的命令。

你现在应该仍有一些 cpuHog 进程正在运行，我们希望找出这些进程。这时可以使用 pgrep 命令，它会列出所有与指定名称相匹配的进程的 PID 号：

```
[student@studentvm1 ~]$ pgrep cpuHog
2272
2273
2277
2845
2848
5096
5162
5285
5314
6006
[student@studentvm1 ~]$
```

上述命令仅显示了进程的 PID 号，没有其他内容。若要忽略匹配名称中的大小写差异，可以使用 -i 选项，这样在输入名称时就不必考虑大小写了。此外，还可以使用 -l（小写字母 l）选项同时列出进程名，如果有几种类型的进程匹配以下参数，这样做会更好：

```
[student@studentvm1 ~]$ pgrep -l cpu
8 mm_percpu_wq
14 cpuhp/0
15 cpuhp/1
2272 cpuHog
2273 cpuHog
2277 cpuHog
2845 cpuHog
2848 cpuHog
5096 cpuHog
5162 cpuHog
5285 cpuHog
5314 cpuHog
6006 cpuHog
[student@studentvm1 ~]$
```

在使用其他命令（如接下来的这个示例）对进程进行终止或修改时，请务必谨慎操作：

```
[student@studentvm1 ~]$ renice +4 $(pgrep cpuH)
```

你认为命令 renice +4 $(pgrep cpuH) 会执行什么操作呢？可以使用像 top 或 htop 这样的交互式监控工具验证命令执行后的结果。以下是笔者在虚拟机上运行此命令后的显示：

```
2272 (process ID) old priority 0, new priority 4
2273 (process ID) old priority 0, new priority 4
2277 (process ID) old priority 0, new priority 4
2845 (process ID) old priority 0, new priority 4
2848 (process ID) old priority 0, new priority 4
renice: failed to set priority for 5096 (process ID): Permission denied
5162 (process ID) old priority 0, new priority 4
5285 (process ID) old priority 0, new priority 4
```

```
5314 (process ID) old priority 0, new priority 4
6006 (process ID) old priority 0, new priority 4
```

可以看见在笔者的虚拟机上，有一个以 root 用户身份运行的 cpuHog 进程并未终止（PID 5096），因为它是以 root 用户 student 用户不具备权限终止 root 或其他用户的进程。请注意，pgrep 命令确实找到了所有名为 cpuHog 的进程，但是我们可以使用 -U 选项指定那些同样以 student 用户身份运行的匹配进程。

因此，在以 root 用户身份运行这类命令时应特别小心谨慎，避免意外终止那些本不该被终止的其他用户进程。

我们还有一个有趣的命令可以终止多个进程，即使我们不知道这些进程的数量和它们的 PID。pkill 工具具有与 pgrep 相同的匹配能力，它会简单地向匹配的进程发送指定的信号，默认情况下是信号 15，即 SIGTERM（终止）信号。以下命令将终止所有匹配到 cpuH 名称的运行进程：

```
[student@studentvm1 ~]$ pkill cpuH
```

此时，属于 student 用户的所有 cpuHog 实例应该都已停止运行。

4.7　观察者效应

观察者效应是物理学科的一个理论，它是这样描述的："简单地观察一种情况或现象必然会改变那种现象。"在测量 Linux 系统性能时，这也是真实的。

使用这些监控工具的行为会改变系统对资源的使用，包括内存和 CPU 时间。top 和大多数的监控工具可能使用系统 CPU 的 2% 或 3%。Glances 的影响则要比其他工具大得多，可能占用 CPU 的 10% ～ 20%；在笔者那台拥有 32 个 CPU 的工作站上，曾见过 Glances 占用单个 CPU 高达 40% 的情况。所以在选择工具时，请务必考虑观察者效应。

总结

随着我们在本章的学习，你观察到了在你虚拟机上运行的进程以及它们各自使用的总 CPU 时间。其中 cpuHog 占据了大部分 CPU 时间，而与之相比，系统内核线程占用的 CPU 时间则非常少。这是因为大多数内核线程不需要频繁运行，并且在运行时所需的时间也非常短暂。类似 LibreOffice 这类并未占用 CPU 大量时间的工具，通常大部分时间都在等待用户输入或从菜单、图标栏中选择任务。

务必阅读本章进行实验的每个监控工具的手册页，因为它们提供了有关工具的大量配置和交互信息。这些工具是笔者最喜欢用来管理进程的工具，但还有其他更多工具可供选择。

当你在寻找系统故障的根本原因时，这些工具可以向你提供很多信息。它们可以告诉你哪个进程正在消耗 CPU 时间，是否有足够的空闲内存，是否有进程在等待 I/O（例如磁盘或网络访问）而停滞不前时，等等。

笔者还强烈建议你花时间观察这些监控程序在正常运行系统上的工作状态。这样一来，在查找问题原因时，你就能区分出哪些情况可能是异常的。尽管这在他人看来似乎只是坐在那里无所事事，但对于"懒惰"的系统管理员来说，这却是非常重要的一部分工作。

笔者个人最喜欢的工具是 Glances 和 htop，同时在没有其他可用工具使用的情况下也会使用 top。

练习

为了掌握本章所学知识，请完成以下练习：

1. 在 Linux FHS 中，有一个规范指定了个人可执行文件的位置位于用户的主目录结构内。这样一来，用户可以在不输入完整路径的情况下仅通过输入可执行文件名即可运行该程序。这个位置在哪里？

2. 按照 FHS 设置你的主目录结构，并将可执行文件移动到第 1 题寻找到的目录位置。然后尝试不使用路径从这个新位置启动 cpuHog 程序。

3. 启动一个 top 实例，并将刷新延迟设置为 1s，然后观察输出结果。有多少可用内存和可用交换空间？

4. 分别登录 root 用户和 student 用户，使用带有负数参数的 renice 命令启动 cpuHog 程序实例。观察结果是否符合你的预期？

5. 为什么非 root 用户被限制降低自己进程的 nice 值？

6. 当在 top 工具中使用 k 终止进程或使用 r 更改进程 nice 值时，默认的 PID 是多少？

7. 如果将分配给 StudentVM1 虚拟机的虚拟 CPU 数量减少，然后重新执行实验 4-4，结果会怎样？

8. 在使用 atop 时，可以使用哪个键来冻结屏幕以便于长时间查看当前状态？

9. htop 工具允许过滤进程列表只显示符合过滤条件的进程。请使用此工具显示正在运行中的 cpuHog 实例。

10. 是否可以使用单个 kill 命令同时终止多个进程？

11. top 和 htop 中的 TIME+ 列累积时间是否加起来等于系统的总运行时间？为什么？

特殊文件系统

目标

在本章中，你将学习如下内容：

☐ 特殊文件系统是由什么构成的？

☐ 两种特殊的文件系统 /proc 和 /sys 的实际用途。

☐ 使用工具查看特殊文件系统中的系统数据。

☐ swap（交换）文件的创建和管理。

☐ 管理 Zram 的 swap 空间。

☐ 合理配置 swap 空间的大小。

5.1 概述

在第 4 章中，我们研究了系统管理员用于探查 Linux 内核进程的工具，例如 top。我们还介绍了观察者效应，它是物理学科的一个理论，指"简单地观察一种情况或现象必然会影响其结果"。在监测 Linux 系统性能时也是如此。使用这些监控工具的行为会改变系统对资源的分配，包括内存和 CPU 时间。

收集数据不会影响 Linux 主机的整体性能。Linux 内核经过精心设计，可以持续收集并存储性能数据，而性能监控工具只需访问并显示这些数据即可。工具访问、读取、处理数据以及将数据以可理解的格式呈现的过程进一步影响了系统性能。

Linux 在每次启动时都会在内存中创建一些特殊的文件系统，其中 /proc 和 /sys 文件系统对系统管理员来说尤为重要。内核会将正在运行的内核性能数据以及各类信息存储在这些文件系统中。这些数据始终存在且易于访问。这些虚拟文件系统在 Linux 主机运行时仅存在于内存中，并不存在于任何物理磁盘上，因此不像存储在存储设备上的文件系统那样持久。当计算机关闭时，它们就会消失，每当 Linux 启动时，这些虚拟文件系统都会重新创建。

与 /proc 和 /sys 不同，swap 文件系统位于存储设备上。swap 空间用于在内存即将耗尽时补充它，从而让主机继续运行，尽管使用 swap 空间有一些性能上的损失。此外，swap 文件系统是通过特殊的工具创建的，其格式与其他文件系统不同。

/proc、/sys 和 swap 文件系统是系统管理员必须熟悉的，因此本章将对它们进行详细探讨。由于我们对 swap 文件系统拥有最大的控制权，并且对其配置有一些强烈的意见，因此我们将深入探索 swap 这个特殊的文件系统。

5.2　/proc 文件系统

根据 FHS（上册第 19 章中介绍过），/proc 文件系统被定义为 Linux 存储系统信息、内核信息以及主机上所有运行的进程信息的地方。它就像是内核展示自身信息的窗口，方便我们获取系统相关数据。它还允许我们查看内核配置参数，并在必要时修改部分参数，这意味着系统管理员可以调整正在运行的系统，而无须进行更改后重启系统。

当 /proc 文件系统被用作查看操作系统状态及系统和硬件视图的窗口时，它几乎可以提供系统管理员所需的所有信息，非常便捷。

实验 5-1　探索 /proc

为了确保实验效果最佳，请以 root 用户身份来执行本次实验。

现在，让我们先来浏览一下运行中的 Linux 主机的 /proc 文件系统的顶层内容。在你的主机上，文件和目录可能会用不同颜色来区分。

首先，请注意那些数字编号的目录。它们是 PID，每个 PID 目录都包含了对应运行进程的相关信息。我们会在实验 5-2 中更深入地探讨这些目录：

```
[root@studentvm1 proc]# cd /proc ; ls
1       124     20      26122   2692  4940  836  946  driver        agetypeinfo
10      1256    21      26141   27    4968  846  95   execdomains   partitions
100     14      22      26143   28    5037  847  950  fb            sched_debug
1007    1408    2278    26153   29    5135  848  96   filesystems   schedstat
1008    14402   23      26158   3     516   849  961  fs            scsi
101     14831   2302    26159   30    5163  851  963  interrupts    self
102     14844   24      26166   31    5230  852  968  iomem         slabinfo
103     15      25      26167   32    5258  874  97   ioports       softirqs
104     16      25882   26171   33    526   875  98   irq           stat
105     17      25966   26174   34    5287  878  987  kallsyms      swaps
1060    17105   25969   26175   35    537   880  99   kcore         sys
107     17517   25976   26179   36    554   899  994  keys          sysrq-trigger
1075    17518   26      26180   386   555   9    995  key-users     sysvipc
109     17559   26042   26186   39    593   900  996  kmsg          thread-self
1090    17607   26043   26189   394   594   901  997  kpagecgroup   timer_list
```

```
1092    17649   26053   26191   4       6       902   acpi        kpagecount      tty
1096    17653   26054   26194   40      653     903   asound      kpageflags      uptime
11      17700   26059   26203   450     678     905   buddyinfo   latency_stats   version
1105    17704   26060   26205   4868    747     906   bus         loadavg         vmallocinfo
111     17706   26066   26209   4873    765     907   cgroups     locks           vmstat
113     17711   26067   26216   4875    767     908   cmdline     mdstat          zoneinfo
11594   17712   26073   26220   4880    769     909   consoles    meminfo
11598   17779   26103   26228   4881    794     929   cpuinfo     misc
117     17780   26104   26282   4882    8       930   crypto      modules
118     18218   26110   26363   4932    833     931   devices     mounts
12      19      26116   26415   4938    834     932   diskstats   mtrr
1233    2       26121   26483   4939    835     94    dma         net
[root@studentvm1 proc]#
```

/proc 目录中的每个文件都包含有关内核的某些部分的信息。现在，让我们来看看其中的两个文件——cpuinfo 和 meminfo。

cpuinfo 文件主要包含静态信息，记录着所有已安装 CPU 的规格参数：

```
[root@studentvm1 proc]# cat cpuinfo
processor       : 0
vendor_id       : GenuineIntel
cpu family      : 6
model           : 58
model name      : Intel(R) Core(TM) i7-3770 CPU @ 3.40GHz
stepping        : 9
microcode       : 0x19
cpu MHz         : 3392.345
cache size      : 8192 KB
physical id     : 0
siblings        : 1
core id         : 0
cpu cores       : 1
apicid          : 0
initial apicid  : 0
fpu             : yes
fpu_exception   : yes
cpuid level     : 13
wp              : yes
flags           : fpu vme de pse tsc msr pae mce cx8 apic sep mtrr pge mca
                  cmov pat pse36 clflush mmx fxsr sse sse2 syscall nx rdtscp
                  lm constant_tsc rep_good nopl xtopology nonstop_tsc cpuid
                  pni pclmulqdq monitor ssse3 cx16 sse4_1 sse4_2 popcnt aes
                  xsave avx rdrand lahf_lm
bugs            :
bogomips        : 6784.69
clflush size    : 64
```

```
cache_alignment : 64
address sizes   : 36 bits physical, 48 bits virtual
power management:
<snip>
```

cpuinfo 文件中的数据包含 CPU 的 ID 和型号、当前运行速度（以 MHz 为单位），以及用于确定 CPU 特性的标志位。接下来，让我们查看内存信息。首先，使用 cat 命令查看 meminfo 文件，然后与 free 命令输出的结果进行对比：

```
[root@studentvm1 proc]# cat meminfo
MemTotal:        4044740 kB
MemFree:         2936368 kB
MemAvailable:    3484704 kB
Buffers:          108740 kB
Cached:           615616 kB
SwapCached:            0 kB
Active:           676432 kB
Inactive:         310016 kB
Active(anon):     266916 kB
Inactive(anon):      316 kB
Active(file):     409516 kB
Inactive(file):   309700 kB
Unevictable:        8100 kB
Mlocked:            8100 kB
SwapTotal:       4182012 kB
SwapFree:        4182012 kB
Dirty:                 0 kB
Writeback:             0 kB
AnonPages:        270212 kB
Mapped:           148088 kB
Shmem:               988 kB
Slab:              80128 kB
SReclaimable:      64500 kB
SUnreclaim:        15628 kB
KernelStack:        2272 kB
PageTables:        11300 kB
NFS_Unstable:          0 kB
Bounce:                0 kB
WritebackTmp:          0 kB
CommitLimit:     6204380 kB
Committed_AS:     753260 kB
VmallocTotal:   34359738367 kB
VmallocUsed:           0 kB
VmallocChunk:          0 kB
HardwareCorrupted:     0 kB
AnonHugePages:         0 kB
```

```
    ShmemHugePages:        0 kB
    ShmemPmdMapped:        0 kB
    CmaTotal:              0 kB
    CmaFree:               0 kB
    HugePages_Total:       0
    HugePages_Free:        0
    HugePages_Rsvd:        0
    HugePages_Surp:        0
    Hugepagesize:       2048 kB
    DirectMap4k:       73664 kB
    DirectMap2M:     4120576 kB
    [root@studentvm1 proc]# free
              total      used       free     shared  buff/cache   available
    Mem:    4044740    304492    2935748        988      804500     3484100
    Swap:   4182012         0    4182012
```

/proc/meminfo 文件中包含了丰富的内存信息, 其中部分数据会被诸如 free 命令这样的程序所使用。如果你想要全面了解内存的使用情况, 最直接的办法就是查看 /proc/meminfo 文件。free 命令与 top、htop 以及许多核心工具一样, 都是从 /proc 文件系统中获取数据的。

快速连续执行几次 cat meminfo 命令, 你会发现 /proc/meminfo 文件的内容在不断变化, 这说明它在实时更新。你可以使用 watch 命令来持续观察文件的变化:

```
[root@studentvm1 proc]# watch cat meminfo
```

注意: 在研究该实验的过程中, 笔者发现之前用来判断文件更新(即使内容没有变化)的方法失效了。这个方法就是使用 stat/proc/meminfo 命令, 它原本应该能显示不断变化的修改时间(mtime)、访问时间(atime)和创建时间(ctime), 但现在却失效了。有趣的是, 这个方法在 CentOS 和 Fedora 27 上仍然有效, 但在 Fedora 37 或 Fedora 29 上已失效。笔者已经将这个问题作为 bug 1675440 报告给了 Red Hat Bugzilla 网站, 作为系统管理员, 及时发现并报告问题非常重要。

更新: 到目前为止, 这个现象在 Fedora 37 上仍未改变。

/proc 目录下的数据实时反映了 Linux 内核和计算机硬件的运行状态, 因此这些数据可能频繁变动。在实际应用中, 建议你连续查看几次 /proc/interrupts 文件。⊖

建议你对比一下 /proc/meminfo 文件中的数据与使用 free 和 top 等命令时获得的结果。你认为这些实用工具或命令是从哪里获得这些信息的呢? 确实, 这些工具正是从 /proc 文件系统中获取相应信息的。

接下来, 我们将深入探究 /proc 文件系统下的 PID 1 目录。与所有进程目录一样, 它也

⊖ 这样做便于了解系统中断的变化情况, 例如, 如果某个中断的次数突然增加, 则可能是该设备出现了故障; 如果某个中断的次数占总中断次数的比例很大, 则表明该设备的 I/O 负载很高。——译者注

包含了 PID 为 1 的进程的相关信息。让我们一起来查看这些内容。

实验 5-2：查看 systemd

请使用 root 用户身份开始本实验。首先进入 /proc/1 目录并查看其内容。然后重点关注 cmdline 文件中的内容：

```
[root@studentvm1 proc]# cd /proc/1 ; cat cmdline
/usr/lib/systemd/systemd--switched-root--system--deserialize24
```

通过查看 cmdline 文件的内容，我们发现 PID 1 进程正是 systemd，它是所有进程的源头。在早期和一些当前版本的 Linux 中，PID 1 通常是 init 进程。

如果你还没有运行 cpuHog，请使用 student 用户身份在终端会话中启动一个实例。你可以使用 top 等监控工具查看当前正在运行的进程及其对应的 PID。请记住，笔者虚拟机的 cpuHog 进程 PID 为 18107，但这在你的虚拟机上可能会不同。请务必使用你的虚拟机上 cpuHog 进程的正确 PID。

接下来，将当前工作目录设为与你启动的 cpuHog 进程 PID 所对应的 /proc 文件系统下的目录，并列出其内容：

```
[root@studentvm1 18107]# cd /proc/18107 ; ll | less
total 0
dr-xr-xr-x.  2 student student 0 Feb 11 20:29 attr
--w-------.  1 student student 0 Feb 11 20:29 clear_refs
-r--r--r--.  1 student student 0 Feb 11 20:29 cmdline
-rw-r--r--.  1 student student 0 Feb 11 20:29 comm
-rw-r--r--.  1 student student 0 Feb 11 20:29 coredump_filter
-r--r--r--.  1 student student 0 Feb 11 20:29 cpuset
lrwxrwxrwx.  1 student student 0 Feb 11 20:29 cwd -> /home/student
-r--------.  1 student student 0 Feb 11 20:29 environ
lrwxrwxrwx.  1 student student 0 Feb 11 20:29 exe -> /usr/bin/bash
dr-x------.  2 student student 0 Feb 11 20:29 fd
<snip>
```

请注意上面的 cwd 和 exe 条目。cwd 条目指向进程的当前工作目录，exe 条目指向进程的可执行文件，即 Bash shell。接着，查看 cmdline 文件的内容：

```
[root@studentvm1 18107]# cat cmdline
/bin/bash./cpuHog
```

查看 cmdline 文件的内容后，我们可以确定正在运行的程序是 cpuHog。这也让我们了解到程序（尤其是 shell 脚本）在 Linux 中的运行方式。当启动一个 shell 程序时，systemd⊖首先会启动一个 shell，默认是 Bash，除非你指定了其他 shell。然后，cpuHog 会作为参数传递给这个命令。

如果你还没有启动 top 或 htop 监控虚拟机的运行状态，现在就启动一个。在 top 的

⊖　systemd 是一个负责启动、停止以及管理所有其他运行中进程的程序。关于 systemd 的详细内容，将在第 16 章进行介绍。

COMMAND 列中，你可以看到正在运行的 4 个 cpuHog 实例，如图 5-1 所示。

```
top - 09:02:58 up 9 days, 14:54, 16 users,  load average: 5.22, 5.15, 5.10
Tasks: 212 total,   5 running, 207 sleeping,   0 stopped,   0 zombie
%Cpu0  : 36.0 us, 60.0 sy,  0.0 ni,  0.0 id,  0.0 wa,  2.0 hi,  2.0 si,  0.0 st
%Cpu1  : 11.2 us, 74.5 sy,  0.0 ni,  0.0 id,  0.0 wa,  8.2 hi,  6.1 si,  0.0 st
MiB Mem : 21.9/3942.5  [|||||||||||||                                          ]
MiB Swap:  0.0/4096.0  [                                                       ]

   PID USER      PR  NI    VIRT    RES    SHR S  %CPU  %MEM     TIME+ COMMAND
  1105 root      20   0  398352  85676  38904 R   8.9   2.1   7:33.78 Xorg
    17 root      20   0       0      0      0 S   0.0   0.0   6:27.09 ksoftirqd/1
 11969 student   20   0  231608   3276   2048 R  29.7   0.1   5:41.53 screen
 12019 student   20   0  216336   3188   2940 R  23.8   0.1   5:35.10 bash
 11993 student   20   0  216336   1200   1052 R  32.7   0.1   5:32.69 cpuHog
 12043 student   20   0  216336   3132   2880 R  22.8   0.1   5:28.42 cpuHog
 12070 student   20   0  218500   3000   2720 R  30.7   0.1   5:04.96 ksh
<snip>
```

图 5-1　**top** 的 COMMAND 列显示 4 个与 cpuHog 有关的进程（有 2 个进程隐藏了部分信息）

图 5-1 确实显示了 cpuHog 实例的 4 个进程，但其中 2 个可能不容易辨认。为了更直观地观察，你可以按 <c> 键显示完整的命令行，如图 5-2 所示。

```
top - 09:11:56 up 9 days, 15:03, 16 users,  load average: 5.46, 5.27, 5.14
Tasks: 212 total,   5 running, 207 sleeping,   0 stopped,   0 zombie
%Cpu0  : 47.1 us, 49.0 sy,  0.0 ni,  0.0 id,  0.0 wa,  2.0 hi,  2.0 si,  0.0 st
%Cpu1  : 10.9 us, 74.3 sy,  0.0 ni,  0.0 id,  0.0 wa,  8.9 hi,  5.9 si,  0.0 st
MiB Mem : 21.9/3942.5  [|||||||||||||                                          ]
MiB Swap:  0.0/4096.0  [                                                       ]

   PID USER      PR  NI    VIRT    RES    SHR S  %CPU  %MEM     TIME+ COMMAND
 11969 student   20   0  231608   3276   2048 R  26.5   0.1   5:13.00 SCREEN
 12019 student   20   0  216336   3188   2940 R  35.3   0.1   5:07.35 bash cpuHog
 11993 student   20   0  216336   1200   1052 R  28.4   0.0   5:07.29 /bin/bash ./cpuHog
 12043 student   20   0  216336   3132   2880 R  27.5   0.1   5:02.09 /bin/bash ./cpuHog
 12070 student   20   0  218500   3000   2720 S  30.4   0.1   4:37.82 ksh ./cpuHog
<snip>
```

图 5-2　按下 <c> 键后，所有 4 个与 cpuHog 相关的进程均已显示

在 top 中按 <c> 键可以切换是否显示完整命令行。现在我们可以看到命令行参数，很明显，cpuHog 进程的 PID 分别是 12019、11993、12043 和 12070。

htop 工具默认会显示命令行，请启动 htop 并查看 COMMAND 列，你会立即看到这 4 个 cpuHog 进程。请务必记下它们的 PID。现在按 <F5> 键可显示进程树，如图 5-3 所示，它以可视化的方式展现了进程间的层次。

```
<snip>
 11969 student   20   0  226M   3276   2048 R 37.4  0.1  4:48.82 ├─ SCREEN
 12044 student   20   0  220M   4924   3456 S  0.0  0.1  0:00.03 │  ├─ /bin/bash
 12070 student   20   0  213M   3000   2720 R 34.8  0.1  4:15.28 │  │  └─ ksh ./cpuHog
 12020 student   20   0  220M   4704   3356 S  0.0  0.1  0:00.05 │  ├─ /bin/bash
 12043 student   20   0  211M   3132   2880 R 37.4  0.1  4:38.81 │  │  └─ /bin/bash ./cpuHog
 11994 student   20   0  220M   4932   3464 S  0.0  0.1  0:00.07 │  ├─ /bin/bash
 12019 student   20   0  211M   3188   2940 R 36.1  0.1  4:43.72 │  │  └─ bash cpuHog
 11970 student   20   0  220M   4724   3372 S  0.0  0.1  0:00.02 │  ├─ /bin/bash
 11993 student   20   0  211M   1200   1052 R 37.4  0.0  4:43.18 │     └─ /bin/bash ./cpuHog
<snip>
```

图 5-3　**htop** 进程树显示了进程间的层次

通过分析这 4 个 cpuHog 进程的命令行参数，我们更加深入地了解了 Linux 启动命令行程序的方式。在这 4 个实例中，systemd 先启动了一个子终端，然后在这个子终端中启动了实际的程序。

此外，我们还可以使用 pstree 工具查看进程树。使用下列命令查看当前系统的进程树：

[root@studentvm1 ~]# **pstree -Acp | less**

图 5-4 显示了 **pstree** 命令的部分数据流。你可以通过鼠标滚动查看输出，找到 4 个 cpuHog 进程。如果你想了解此命令使用的选项的含义，可以查看 **pstree** 命令的手册页。

```
 [root@studentvm1 ~]# pstree -Acp | less
systemd(1)-+-ModemManager(899)-+-{ModemManager}(926)
           |                    `-{ModemManager}(962)
           |-NetworkManager(1060)-+-dhclient(1233)
           |                       |-dhclient(1256)
           |                       |-{NetworkManager}(1072)
           |                       `-{NetworkManager}(1074)
           |-VBoxClient(26042)---VBoxClient(26043)---{VBoxClient}(26049)
           |-VBoxClient(26053)---VBoxClient(26054)
<snip>
           |-screen(11969)-+-bash(11970)---cpuHog(11993)
           |               |-bash(11994)---bash(12019)
           |               |-bash(12020)---cpuHog(12043)
           |               `-bash(12044)---ksh(12070)
           |-smartd(929)
<snip>
```

图 5-4 pstree 工具显示系统进程树

我们之前的操作是为了获取 cpuHog 进程的 PID，以便在 /proc 文件系统中深入研究这些进程。现在我们已经掌握了多种获取 PID 的方法，因此，继续回到最初的目标执行后续操作。

请选择一个 cpuHog 进程，并以 root 用户身份进入其对应的 /proc/<PID> 目录（例如，笔者选择的是 PID 12070，但你应该使用自己虚拟机上 cpuHog 实例的 PID）。列出该目录下的内容，如下所示：

```
[root@studentvm1 ~]# cd /proc/12070 ; ls
attr            cpuset     latency     mountstats     personality   smaps_
rollup timerslack_ns
autogroup       cwd        limits      net            projid_map    stack
uid_map
auxv            environ    loginuid    ns             root          stat
wchan
cgroup          exe        map_files   numa_maps      sched         statm
clear_refs      fd         maps        oom_adj        schedstat     status
cmdline         fdinfo     mem         oom_score      sessionid     syscall
comm            gid_map    mountinfo   oom_score_adj  setgroups     task
coredump_filter io         mounts      pagemap        smaps         timers
```

我们不妨花点时间仔细探索这里的文件和子目录，其中 status、limits、loginuid 和

maps 文件尤其值得关注。maps 文件相当于一个内存映射，它列出了可执行文件和程序库在虚拟内存中的位置；status 文件包含了大量关于进程的详细信息，包括虚拟内存的使用情况等。你还可以花点时间探索这个目录和其他 PID 目录中的一些其他文件和子目录。

/proc 文件系统中包含了大量可用信息，可以很好地利用它来解决问题。事实上，无须重启系统就可以动态更改正在运行的内核是一种强大的功能。通过即时调整 Linux 内核，我们可以解决问题、启用功能甚至优化性能。接下来，让我们看一个实例。

Linux 非常灵活，可以做很多有趣的事情。其中一件颇具实用性的事情是，任何拥有多个 NIC 的 Linux 主机都可以充当路由器。只需掌握一些基本知识，执行一个简单的命令并调整防火墙设置，即可完成这项操作。

由于路由是由内核管理的任务，因此启用或关闭路由功能需要调整内核配置参数。幸运的是，我们无须重新编译内核，而这也是将内核配置暴露在 /proc 文件系统中的优势之一。接下来，我们将开启 IP 转发，它提供了内核的基本路由功能。

实验 5-3：修改内核参数

下面这条命令可以开启 Linux 系统的 IP 路由功能。请在一行中输入该命令：

```
[root@studentvm1 ipv4]# cd /proc/sys/net/ipv4 ; cat ip_forward ; echo 1 >
ip_forward ; cat ip_forward
0
1
```

命令首先会进入 /proc/sys/net/ipv4 目录，然后输出 ip_forward 文件的当前状态值，该值表示路由功能是否开启。初始状态下，该值通常为 0（表示路由功能未开启）。接着，命令会将该值修改为 1（表示开启路由功能），并再次打印该值以确认修改成功。执行完毕后，系统的 IP 路由功能便会开启。

警告： 笔者有意选择修改一个熟悉的内核参数，这不会对你的 Linux 虚拟机造成任何危害。在你探索 /proc 文件系统时，请谨慎操作，避免随意更改其他内核参数，以免造成系统不稳定或其他安全风险。

恭喜！你刚刚修改了运行中内核的配置。

要让一台 Linux 主机真正完全具备路由器功能，你还需要进一步调整防火墙配置（比如 iptables 或你所使用的其他防火墙软件）以及路由表。这些调整决定了路由的具体规则，比如哪些数据包应该被发送到哪里。虽然这超出了本书的范围，但笔者写过一篇专门介绍路由表配置的文章[⊖]，你可以参考它以了解更多细节。另外，笔者还写过一篇简明教程[⊖]，介绍

⊖ David Both, "An introduction to Linux network routing", https://opensource.com/business/16/8/introduction-linux-network-routing。

⊖ David Both, "Making Your Linux Box Into a Router", www.linux-databook.info/?page_id=697。

了将 Linux 主机变成路由器的详细步骤，包括如何让 IP 转发在重启后依然生效。

在 /proc 文件系统中，你可以继续探索更多内容。跟随你的好奇心，去发掘这个重要文件系统的更多用法。

5.3 /sys 文件系统

/sys 目录是 Linux 中使用的另一个虚拟文件系统，用于维护内核和系统管理员使用的特定数据。/sys 目录按层次为计算机硬件中的每种总线类型维护硬件列表。

接下来，让我们快速查看 /sys 文件系统，了解其基本结构。

实验 5-4：探索 /sys 文件系统

在本次实验中，我们将对 /sys 目录及其子目录 /sys/block 进行简要介绍：

```
[root@studentvm1 sys]# cd /sys
[root@studentvm1 sys]# ls
block  bus  class  dev  devices  firmware  fs  hypervisor
kernel  module  power
[root@studentvm1 sys]# ls block
dm-0  dm-1  sda  sr0
```

在 /sys/block 目录中，存在着不同类型的磁盘（块）设备，sda 设备就是其中之一。接下来，让我们快速浏览一下 sda 目录中的一些内容：

```
[root@studentvm1 sys]# ls block/sda
alignment_offset    events_async         queue       slaves
bdi                 events_poll_msecs    range       stat
capability          ext_range            removable   subsystem
dev                 holders              ro          trace
device              inflight             sda1        uevent
discard_alignment   integrity            sda2
events              power                size
[root@studentvm1 sys]# cat block/sda/dev
8:0
[root@studentvm1 sys]# ls block/sda/device
block                          ncq_prio_enable
bsg                            power
delete                         queue_depth
device_blocked                 queue_ramp_up_period
device_busy                    queue_type
dh_state                       rescan
driver                         rev
eh_timeout                     scsi_device
evt_capacity_change_reported   scsi_disk
evt_inquiry_change_reported    scsi_generic
evt_lun_change_reported        scsi_level
```

```
evt_media_change                           state
evt_mode_parameter_change_reported         subsystem
evt_soft_threshold_reached                 sw_activity
generic                                    timeout
inquiry                                    type
iocounterbits                              uevent
iodone_cnt                                 unload_heads
ioerr_cnt                                  vendor
iorequest_cnt                              vpd_pg80
modalias                                   vpd_pg83
model                                      wwid
[root@studentvm1 sys]# cat block/sda/device/model
VBOX HARDDISK
```

为了获得更真实的信息，笔者在自己的物理硬盘上执行了下述命令，而不是在实验中使用的虚拟机上执行。命令如下：

```
[root@myworkstation ~]# cat /sys/block/sda/device/model
ST320DM000-1BD14
```

上述信息更像是在你自己的物理主机上而不是虚拟机上看到的信息。现在，让我们使用 smartctl 命令显示相同的信息以及更多细节。笔者选择使用物理主机是因为它能提供更真实的数据。为简洁起见，笔者已经去除了一些冗长的输出内容：

```
[root@myworkstation proc]# smartctl -x /dev/sda
smartctl 6.5 2016-05-07 r4318 [x86_64-linux-4.13.16-302.fc27.x86_64]
(local build)
Copyright (C) 2002-16, Bruce Allen, Christian Franke, www.smartmontools.org

=== START OF INFORMATION SECTION ===
Model Family:     Seagate Barracuda 7200.14 (AF)
Device Model:     ST320DM000-1BD14C
Serial Number:    Z3TT43ZK
LU WWN Device Id: 5 000c50 065371517
Firmware Version: KC48
User Capacity:    320,072,933,376 bytes [320 GB]
Sector Sizes:     512 bytes logical, 4096 bytes physical
Rotation Rate:    7200 rpm
Device is:        In smartctl database [for details use: -P show]
ATA Version is:   ATA8-ACS T13/1699-D revision 4
SATA Version is:  SATA 3.0, 6.0 Gb/s (current: 6.0 Gb/s)
Local Time is:    Wed Dec 13 13:31:36 2017 EST
SMART support is: Available - device has SMART capability.
SMART support is: Enabled
AAM level is:     208 (intermediate), recommended: 208
APM feature is:   Unavailable
Rd look-ahead is: Enabled
Write cache is:   Enabled
```

```
ATA Security is:  Disabled, frozen [SEC2]
Wt Cache Reorder: Enabled

=== START OF READ SMART DATA SECTION ===
SMART overall-health self-assessment test result: PASSED

General SMART Values:
<snip>
```
若保留上面命令的完整输出，还会呈现故障指示器和温度历史等信息，这有助于确定硬盘问题源头。然而，虚拟机上的虚拟硬盘数据则与此不同，明显缺乏趣味。

smartctl 工具从 /sys 文件系统中获取硬件数据，与其他工具从 /proc 文件系统中获取数据的方式类似。

/sys 文件系统包含关于外设部件互连（Peripheral Component Interconnect，PCI）和 USB 系统总线硬件，以及任何已连接设备的数据。例如，内核可以使用这些信息来确定使用哪些设备驱动程序。

实验 5-5：探索 USB

让我们来查看计算机上的 USB 总线设备信息。笔者将直接展示 /sys 文件系统中设备的位置，你可能需要自己探索更多的详细信息：

```
[root@studentvm1 ~]# ls /sys/bus/usb/devices/usb2
2-0:1.0                 bMaxPacketSize0     driver                          quirks
authorized              bMaxPower           ep_00                           removable
authorized_default      bNumConfigurations  idProduct                       remove
avoid_reset_quirk       bNumInterfaces      idVendor                        serial
bcdDevice               busnum              interface_authorized_default    speed
bConfigurationValue     configuration       ltm_capable                     subsystem
bDeviceClass            descriptors         manufacturer                    uevent
bDeviceProtocol         dev                 maxchild                        urbnum
bDeviceSubClass         devnum              power                           version
bmAttributes            devpath             product
```

以上结果展示了有关该特定设备数据的一些文件和目录。但有一种更简单的方法，可以使用内核工具查看，从而避免手动查找相关信息。

如果在你的系统中找不到 usb2 目录或该目录为空，则可能是因为没有安装 VirtualBox 扩展组件。在这种情况下，你可以尝试在 /sys/bus/usb/devices/usb 目录中进行这个实验。以下示例来自笔者的物理工作站：

```
[root@myworkstation ~]# lsusb
Bus 004 Device 001: ID 1d6b:0003 Linux Foundation 3.0 root hub
Bus 003 Device 001: ID 1d6b:0002 Linux Foundation 2.0 root hub
Bus 002 Device 004: ID 045b:0210 Hitachi, Ltd
Bus 002 Device 003: ID 045b:0210 Hitachi, Ltd
```

```
Bus 002 Device 002: ID 0bc2:ab28 Seagate RSS LLC Seagate Backup Plus Portable
5TB SRD00F1
Bus 002 Device 001: ID 1d6b:0003 Linux Foundation 3.0 root hub
Bus 001 Device 004: ID 04f9:02b0 Brother Industries, Ltd MFC-9340CDW
Bus 001 Device 003: ID 045b:0209 Hitachi, Ltd
Bus 001 Device 002: ID 045b:0209 Hitachi, Ltd
Bus 001 Device 010: ID 1058:070a Western Digital Technologies, Inc. My
Passport Essential (WDBAAA), My Passport for Mac (WDBAAB), My Passport
Essential SE (WDBABM), My Passport SE for Mac (WDBABW
Bus 001 Device 009: ID 14cd:168a Super Top Elecom Co., Ltd MR-K013
Multicard Reader
Bus 001 Device 008: ID 1a40:0201 Terminus Technology Inc. FE 2.1 7-port Hub
Bus 001 Device 007: ID 1b1c:1b49 Corsair CORSAIR K70 RGB MK.2 Mechanical
Gaming Keyboard
Bus 001 Device 006: ID 046d:c52b Logitech, Inc. Unifying Receiver
Bus 001 Device 005: ID 0764:0601 Cyber Power System, Inc. PR1500LCDRT2U UPS
Bus 001 Device 001: ID 1d6b:0002 Linux Foundation 2.0 root hub
```

请继续在你的虚拟机上尝试 `lspci` 命令，并观察其结果。

笔者发现，有时识别特定的硬件设备，尤其是新添加的设备很有帮助。类似于 /proc 目录，lsusb 和 lspci 等核心工具让我们能轻松地查看连接到主机的设备的信息。

5.4　基于存储的 swap 空间

swap 空间是当今计算系统的常见部分，无论你使用的操作系统是什么。在 Linux 系统中，swap 空间可以扩展主机可用的虚拟内存容量。swap 空间的实现方式有两种：一是使用一个或多个专用的交换分区；二是直接在普通文件系统或逻辑卷上创建交换文件。

典型的计算机有两种类型的存储器——RAM 和存储设备。RAM 用于存储计算机当前正在运行的程序和数据，程序和数据只有存储在 RAM 中，才能被计算机使用。RAM 是易失性存储器，这意味着计算机一旦断电，存储在 RAM 中的数据就会丢失。

存储[⊖]设备指的是一种可以用来长期保存数据和程序的磁性或固态介质。磁性介质和固态介质具有非易失性，这意味着即使计算机断电，存储在其中的数据也不会丢失。CPU 无法直接访问硬盘上的程序和数据。它们必须先被复制到 RAM 中，然后 CPU 才能在内存中访问编程指令和由这些指令操作的数据。在启动过程中，计算机将特定的操作系统程序（如内核、init 或 systemd）以及必要的数据从硬盘复制到 RAM，以供 CPU 直接访问。

除了大家都熟悉的 RAM 之外，现代 Linux 系统还提供了一种被称为"交换（swap）空间"的内存类型。它的主要功能是在实际 RAM 不足时，用磁盘或固态硬盘的存储空间代替 RAM。举个例子，假设你的计算机系统有 8GB RAM。如果运行的程序没有占用全部

　⊖　在这里，"存储"一词被用来泛指包括传统的机械硬盘和固态硬盘在内的所有存储形式。

RAM，此时一切正常，不需要使用 swap 空间。但如果系统正在处理一个非常庞大的电子表格，并且你不断向其中添加数据，最终连同其他程序一起耗尽了所有 RAM，此时如果没有可用的 swap 空间，你就只能关闭其他程序释放 RAM 才能继续操作电子表格。

内核通过一个内存管理程序来定位内存块，即页面，其中的内容最近没有被使用过。内存管理程序将这些相对较少使用的页面的足够部分交换到硬盘上一个专门指定的用于"分页"或交换的特殊分区。这样可以释放内存，腾出空间让更多的数据输入电子表格。交换到硬盘的页面由内核的内存管理代码追踪，当需要的时候，可以将这些页面转回内存。

将内存和可用的 swap 空间加在一起，就构成了 Linux 计算机的内存总量，称为"虚拟内存"。Linux 最多可以支持 32 个 swap 区域同时使用，它们可以是独立的硬盘分区、逻辑卷，也可以是非 swap 分区或卷中的一个文件。通常将多个 swap 区域称为 swaps，如所有活动的交换区（swaps）。

5.4.1 Linux 中 swap 的类型

Linux 系统提供了两种类型的 swap 区域——swap 分区 / 卷、swap 文件。默认情况下，在安装 Linux 时都会创建一个 swap 分区 / 卷，但也可以使用特殊配置的文件作为 swap 文件。顾名思义，swap 分区就是一个标准的磁盘分区，可以通过 `mkswap` 命令将其指定为 swap 空间；而用作 swap 区域的 swap 卷可以像标准磁盘分区一样用作 swap 区域，同时也可以像其他逻辑卷一样扩展。

如果磁盘空间有限，无法创建新的 swap 分区，或者没有可用的卷组来创建 swap 逻辑卷，那么可以考虑使用 swap 文件。swap 文件本质上就是一个普通文件，被创建并预先分配指定大小，通过运行 `mkswap` 命令被配置为 swap 空间。除非迫不得已，否则不建议使用文件作为 swap 空间。因为 swap 文件的性能通常不如 swap 分区或 swap 逻辑卷，而且在磁盘空间充足的情况下，没有理由不设置一个永久的 swap 分区。

此外，还有一种新兴的交换工具 Swap on Zram，它用 RAM 来临时存储压缩后的内存页面，这比任何基于存储的 swap 空间都要快。

5.4.2 内存抖动

当计算机的总虚拟内存（包括 RAM 和 swap 空间）即将耗尽时，可能会发生内存抖动（thrashing）。此时，系统会花费大量时间在 swap 空间和 RAM 之间对内存块进行分页，几乎没有时间用于实际工作。典型症状相当明显，系统变得无响应或极其缓慢，硬盘灯几乎一直亮着。如果你能勉强使用 `free` 等命令查看 CPU 负载和内存使用情况，就会发现 CPU 负载非常高，可能高达系统 CPU 内核数量的 30 ～ 40 倍。另一个症状是 RAM 和 swap 空间几乎都被完全占用了。

事后，查看 SAR（System Activity Reporter，系统活动报告器）的数据也可以显示这些状态。为了方便故障排除后的取证分析，笔者在工作的每个系统上都安装了 SAR，其具体使用方法可以在上册第 13 章中找到。

5.4.3　基于存储的 swap 空间的合适大小

根据多年前的经验，为硬盘分配的基于存储的 swap 空间的大小应为计算机中 RAM 容量的 2 倍。当时，计算机的 RAM 容量通常以 KB 或 MB 为单位。如果一台计算机的 RAM 为 64KB，那么 128KB 的 swap 分区是最佳大小。该经验法则是基于当时的 RAM 容量普遍较小，且分配超过 2 倍 RAM 容量的 swap 空间并不会提升性能的事实提出的。在计算机内存较小的情况下，超过 2 倍 RAM 容量的 swap 空间反而会使系统花费更多时间在内存抖动上，而非用于实际执行有用的工作。

随着 RAM 的成本日益降低，现在大多数计算机的 RAM 容量已经扩展到几十 GB。笔者的大多数新计算机至少有 16GB 的 RAM，其中还有两个的 RAM 达到了 32GB。笔者的主工作站和两台 System76 Oryx Pro 笔记本计算机都有 64GB 的 RAM，而一些老旧计算机的 RAM 容量也在 4 ～ 8GB 之间。

当处理具有海量 RAM 的计算机时，"2 倍法则"就不再适用。Fedora 37 安装指南（可以在 Fedora 用户文档⊖在线站点上找到）提供了更合理的 swap 空间配置建议。笔者将该文件的一些内容和建议列入下文。

表 5-1 根据系统 RAM 容量列出了推荐的 swap 空间大小。Fedora 系统安装过程中会自动分配推荐大小的 swap 空间，但如果需要启用休眠功能⊖，那么 swap 空间的大小需要在自定义分区阶段进行手动调整。

表 5-1　Fedora 37 文档中推荐的系统 swap 空间

RAM 大小	推荐 swap 空间大小
< 2GB	2 倍 RAM 容量
2 ～ 8GB	1 倍 RAM 容量
8 ～ 64GB	0.5 倍 RAM 容量
> 64GB	取决于工作负载

注意：8 ～ 64GB 部分，取值范围为大于 8 小于等于 64。

表 5-1 中列出了临界 RAM 容量值（例如 2GB、8GB 或 64GB），你可以酌情调整 swap 空间和休眠支持设置。如果系统资源允许，适当增加 swap 空间可能会带来一定的性能提升。

不过，正如"一千个读者眼中就会有一千个哈姆雷特"一样，关于合适的 swap 空间大小，大多数 Linux 管理员都有自己的见解。表 5-2 基于笔者在不同环境下的个人经验，列出了自己的建议。这些建议或许不一定适用于你的需求，但结合表 5-1 的推荐配置，相信可以帮助你找到最适合自己系统的配置。

在表 5-1 及表 5-2 中需要考虑的一个问题是，随着 RAM 容量的不断增加，当超过某个临界值之后，再增加 swap 空间只会在 swap 空间填满之前就出现内存抖动现象。因此，如果你在遵循这些建议的同时发现虚

表 5-2　笔者推荐的系统 swap 空间

RAM 大小	推荐 swap 空间
≤ 2GB	2 倍 RAM 容量
2 ～ 8GB	1 倍 RAM 容量
> 8GB	8GB

⊖ Fedora 文档，https://docs.fedoraproject.org/en-US/docs/。

⊖ 休眠功能是指操作系统能够将系统状态保存到硬盘，然后关闭系统，使其进入低功耗状态。在休眠状态下，系统仍会保留其当前状态，并且可以通过按下电源按钮或其他唤醒按钮快速恢复到工作状态。休眠功能需要操作系统和硬件都支持。操作系统需要提供休眠功能，硬件需要有足够的存储空间来保存系统状态。休眠时，系统将当前内存中的所有数据写入 swap 空间。唤醒时，系统会从 swap 空间中读取保存的状态，并将其恢复到内存中。如果系统没有足够的 swap 空间，则休眠将无法正常进行。系统可能无法保存所有内存数据，或者在唤醒时可能无法正确恢复系统状态。因此，如果你要使用休眠功能，则需要确保系统具有足够的 swap 空间。——译者注

拟内存仍然不足，应该增加 RAM 的容量，而不是增大 swap 空间。与所有会影响系统性能的建议一样，选择最适合你的特定环境的方案才是最明智的。这需要大家投入时间和精力进行实验，并根据 Linux 环境中的条件进行调整。

之前提到过，每个 Linux 系统管理员对于 swap 空间的配置都有自己的见解。Chris Short 是笔者的朋友之一，也是 Opensource.com 的社区管理员，他曾经写过一篇文章⊖，在文章中他推荐使用 1GB 的 swap 空间。然而，最近他给出的建议是完全不使用 swap 空间。

由此产生的好奇心驱使笔者在 Opensource.com 上发起了一项投票⊖。阅读这篇文章，尤其是评论部分，可以更全面地了解人们对于 swap 空间的各种观点。截至撰写本文时，2164 张投票结果已经基本呈现了大家的想法。表 5-3 展示了投票的原始数据，反映了对于当今 Linux 系统中适当的 swap 空间大小的广泛意见。

对于合适的 swap 空间大小，你可以形成自己的观点。但有时当前可用的 swap 空间会不足，让我们看看如何添加更多的 swap 空间。

表 5-3 Opensource.com 上对于 swap 空间的投票结果

swap 空间大小	得票
0	416
<1GB	69
1GB	73
2GB	173
4GB	258
8GB	172
类似于表 5-1 的内容	304
类似于表 5-2 的内容	343
无论我的发行版在安装时创建什么	198
swap 空间是什么	38
我不在乎	38
其他	85

5.4.4 在非 LVM 磁盘环境中添加 swap 空间

在已经安装了 Linux 的系统中，由于对 swap 空间的需求不断变化，可能需要调整系统定义的 swap 空间大小。本文介绍的通用方法适用于需要增加 swap 空间的一般情况，前提是系统有足够的可用磁盘空间，并且磁盘是在"原始"EXT4 和 swap 分区中进行分区，而未使用逻辑卷管理。

该方法操作简单，且无须重启。具体步骤如下：

1）关闭现有的 swap 空间。

2）创建所需大小的新 swap 分区。

3）重新读取分区表。

4）将新分区配置为 swap 空间。

5）在 /etc/fstab 中添加新分区。

6）启用 swap 功能。

出于安全考虑，在关闭 swap 空间之前，请务必确保没有应用程序在运行，并且没有正在使用的 swap 空间。你可以使用 `free` 或 `top` 命令查看 swap 空间是否正在使用。为了更加安全，你可以恢复到系统救援（systemd rescue）模式，这相当于旧版 SystemV init 系统中

⊖ Chris Short, "Moving to Linux – Partitioning", https://chrisshort.net/moving-to-linux-partitioning/。

⊖ David Both, "What's the right amount of swap space for a modern Linux system?", https://opensource.com/article/19/2/swap-space-poll, Opensource.com。

的运行级别 1。[⊖]

实验 5-6：在存储分区上添加 swap 空间

请以 root 用户身份来执行本实验。虽然在生产环境中重启系统进入救援模式会更安全，但在我们的 StudentVM1 虚拟机上并没有必要。请使用 swapoff 命令并搭配 -a 选项关闭所有 swap 空间：

```
[root@studentvm1 ~]# swapoff -a
```

找到当前的 swap 分区，并寻找一个可以用来创建新 swap 分区的分区：

```
[root@studentvm1 ~]# lsblk -i
NAME                         MAJ:MIN RM  SIZE RO TYPE MOUNTPOINT
sda                          8:0      0   60G  0 disk
|-sda1                       8:1      0    1M  0 part
|-sda2                       8:2      0    1G  0 part /boot
|-sda3                       8:3      0    1G  0 part /boot/efi
`-sda4                       8:4      0   58G  0 part
  |-fedora_studentvm1-root 253:0      0    2G  0 lvm  /
  |-fedora_studentvm1-usr  253:1      0   15G  0 lvm  /usr
  |-fedora_studentvm1-tmp  253:3      0    5G  0 lvm  /tmp
  |-fedora_studentvm1-var  253:4      0   10G  0 lvm  /var
  |-fedora_studentvm1-home 253:5      0    4G  0 lvm  /home
  `-fedora_studentvm1-test 253:6      0  500M  0 lvm  /test
sdb                          8:16     0   20G  0 disk
|-sdb1                       8:17     0    2G  0 part
|-sdb2                       8:18     0    2G  0 part
`-sdb3                       8:19     0   16G  0 part
  `-NewVG--01-TestVol1     253:2      0    4G  0 lvm
sdc                          8:32     0    2G  0 disk
`-NewVG--01-TestVol1        253:2      0    4G  0 lvm
sdd                          8:48     0    2G  0 disk
`-sdd1                       8:49     0    2G  0 part
sr0                          11:0     1 1024M  0 rom
zram0                        252:0    0    0B  0 disk
```

zram0 磁盘是 Fedora 安装创建的默认 swap 空间。zram0 在没有存储内存页面且关闭 swap 功能的情况下不会显示。

我们有两种方式可用于创建新的 swap 分区：第一种是 sdb1 分区，之前用于演示分区创建，目前已挂载并在 /etc/fstab 中有记录，但暂未使用；第二种是 sdd1 分区，未挂载且未在 fstab 中记录。

为简便起见，我们选择使用 /dev/sdd1 作为新的 swap 空间。首先，需要使用 fdisk 工具更改 sdd1 的分区类型，使用以下命令以交互模式启动 fdisk。请务必根据 lsblk 命令

⊖ 在救援模式下，系统只启动了最基本的服务，例如内核、文件系统和网络。这意味着系统的资源使用量较低，因此更容易安全地进行 swap 空间的扩展。——译者注

的输出，使用正确的设备：

```
[root@studentvm1 ~]# fdisk /dev/sdd

Welcome to fdisk (util-linux 2.32.1).
Changes will remain in memory only, until you decide to write them.
Be careful before using the write command.

Command (m for help):
```

t 子命令可以指定分区类型，输入 t 并按 <Enter> 键。接着输入 l 并按 <Enter> 键，以列出 Linux 支持的所有可用的分区类型。由于本示例中的虚拟磁盘只有一个分区，因此 fdisk 会自动选择分区 1：

```
Command (m for help): t
Selected partition 1
Hex code (type L to list all codes): l

00 Empty           27 Hidden NTFS Win  82 Linux swap / So   c1 DRDOS/sec (FAT-
01 FAT12           39 Plan 9            83 Linux             c4 DRDOS/sec (FAT-
02 XENIX root      3c PartitionMagic    84 OS/2 hidden or    c6 DRDOS/sec (FAT-
03 XENIX usr       40 Venix 80286       85 Linux extended    c7 Syrinx
04 FAT16 <32M      41 PPC PReP Boot     86 NTFS volume set   da Non-FS data
05 Extended        42 SFS               87 NTFS volume set   db CP/M / CTOS / .
06 FAT16           4d QNX4.x            88 Linux plaintext   de Dell Utility
07 HPFS/NTFS/exFAT 4e QNX4.x 2nd part   8e Linux LVM         df BootIt
08 AIX             4f QNX4.x 3rd part   93 Amoeba            e1 DOS access
09 AIX bootable    50 OnTrack DM        94 Amoeba BBT        e3 DOS R/O
0a OS/2 Boot Manag 51 OnTrack DM6 Aux   9f BSD/OS            e4 SpeedStor
0b W95 FAT32       52 CP/M              a0 IBM Thinkpad hi   ea Linux extended
0c W95 FAT32 (LBA) 53 OnTrack DM6 Aux   a5 FreeBSD           eb BeOS fs
0e W95 FAT16 (LBA) 54 OnTrackDM6        a6 OpenBSD           ee GPT
0f W95 Ext'd (LBA) 55 EZ-Drive          a7 NeXTSTEP          ef EFI (FAT-12/16/
10 OPUS            56 Golden Bow        a8 Darwin UFS        f0 Linux/PA-RISC b
11 Hidden FAT12    5c Priam Edisk       a9 NetBSD            f1 SpeedStor
12 Compaq diagnost 61 SpeedStor         ab Darwin boot       f4 SpeedStor
14 Hidden FAT16 <3 63 GNU HURD or Sys   af HFS / HFS+        f2 DOS secondary
16 Hidden FAT16    64 Novell Netware    b7 BSDI fs           f8 EBBR protective
17 Hidden HPFS/NTF 65 Novell Netware    b8 BSDI swap         fb VMware VMFS
18 AST SmartSleep  70 DiskSecure Mult   bb Boot Wizard hid   fc VMware VMKCORE
1b Hidden W95 FAT3 75 PC/IX             bc Acronis FAT32 L   fd Linux raid auto
1c Hidden W95 FAT3 80 Old Minix         be Solaris boot      fe LANstep
1e Hidden W95 FAT1 81 Minix / old Lin   bf Solaris           ff BBT
24 NEC DOS

Aliases:
   linux      - 83
   swap       - 82
   extended   - 05
```

```
    uefi        - EF
    raid        - FD
    lvm         - 8E
    linuxex     - 85

Hex code or alias (type L to list all):
```

系统会提示你输入十六进制代码分区类型，请输入 82（它是 Linux 交换分区类型），再按 <Enter> 键。接下来，输入 p 子命令列出所有分区，以确保新创建的分区类型是正确的：

```
Hex code (type L to list all codes): 82
Changed type of partition 'Linux' to 'Linux swap / Solaris'.

Command (m for help): p
Disk /dev/sdd: 2 GiB, 2147483648 bytes, 4194304 sectors
Units: sectors of 1 * 512 = 512 bytes
Sector size (logical/physical): 512 bytes / 512 bytes
I/O size (minimum/optimal): 512 bytes / 512 bytes
Disklabel type: dos
Disk identifier: 0xb1f99266

Device      Boot Start     End Sectors Size Id Type
/dev/sdd1        2048 4194303 4192256   2G 82 Linux swap / Solaris

Command (m for help):
```

如果你对新建的分区满意，输入 w 子命令将新的分区表写入磁盘。fdisk 程序会在完成后自动退出并返回命令提示符：

```
Command (m for help): w
The partition table has been altered.
Calling ioctl() to re-read partition table.
Syncing disks.
```

在实际操作中，此时可能会出现重新读取分区表失败的错误提示。如果出现这种情况，请使用 partprobe 命令来强制内核重新读取分区表，无须重新启动系统。

随后，你可以使用 fdisk -l /dev/sdd 命令列出分区，并确认新创建的 swap 分区是否存在。请确保新分区类型为 Linux swap。

为了让系统识别并使用新创建的 swap 分区，需要修改 /etc/fstab 文件。请在 /etc/fstab 文件中添加以下两行配置信息：

```
# Adding HDD swap space for chapter 24
/dev/sdd1           swap        swap    defaults        0 0
```

请注意使用正确的分区号。现在，你可以执行最后一步来创建 swap 分区，使用 mkswap 命令将该分区设置为 swap 分区：

```
[root@studentvm1 ~]# mkswap /dev/sdd1
mkswap: /dev/sdd1: warning: wiping old ext4 signature.
Setting up swapspace version 1, size = 2 GiB (2146430976 bytes)
```

```
no label, UUID=dc4802a7-bb21-4726-a20b-be0fbf906b24
```

最后，使用 swapon 命令启用 swap 分区，-a 参数可以启用所有尚未启用的 swap 分区：

```
[root@studentvm1 ~]# swapon -a
[root@studentvm1 ~]# lsblk -i
NAME                          MAJ:MIN RM   SIZE RO TYPE MOUNTPOINTS
sda                               8:0   0   60G  0 disk
|-sda1                            8:1   0    1M  0 part
|-sda2                            8:2   0    1G  0 part /boot
|-sda3                            8:3   0    1G  0 part /boot/efi
`-sda4                            8:4   0   58G  0 part
  |-fedora_studentvm1-root    253:0   0    2G  0 lvm  /
  |-fedora_studentvm1-usr     253:1   0   15G  0 lvm  /usr
  |-fedora_studentvm1-tmp     253:3   0    5G  0 lvm  /tmp
  |-fedora_studentvm1-var     253:4   0   10G  0 lvm  /var
  |-fedora_studentvm1-home    253:5   0    4G  0 lvm  /home
  `-fedora_studentvm1-test    253:6   0  500M  0 lvm  /test
sdb                              8:16   0   20G  0 disk
|-sdb1                           8:17   0    2G  0 part
|-sdb2                           8:18   0    2G  0 part
`-sdb3                           8:19   0   16G  0 part
  `-NewVG--01-TestVol1        253:2   0    4G  0 lvm
sdc                              8:32   0    2G  0 disk
`-NewVG--01-TestVol1          253:2   0    4G  0 lvm
sdd                              8:48   0    2G  0 disk
`-sdd1                           8:49   0    2G  0 part [SWAP]
sr0                             11:0    1 1024M  0 rom
zram0                          252:0   0    8G  0 disk [SWAP]
[root@studentvm1 ~]#
```

上面的程序显示了两个 swap 空间。你可以使用像 Glances 或 htop 这样的工具确认当前拥有的 swap 空间的大小是否为 10GB。

5.4.5 在 LVM 磁盘环境中添加 swap 空间

如果你的磁盘采用 LVM 模式，那么添加 swap 空间会相对容易一些。前提是你的存储设备中的一个卷组内拥有可用空间。在之前的 Fedora 版本中，安装程序默认会在 LVM 环境下将 swap 分区创建为逻辑卷，这使得添加 swap 空间变得十分便捷，因为我们可以很轻松地扩展逻辑卷。但现在，我们需要在存储设备上创建一个新的 swap 空间。

以下是在 LVM 环境中添加 swap 空间的基本步骤：

1）关闭所有 swap 分区。

2）如果需要，添加新的硬盘或固态硬盘。

3）如果安装了新设备，请进行相应的准备工作。

4）如果有必要且可行，扩展现有的卷组。

5）创建一个新的逻辑卷，将其指定为 swap 空间。

6）配置该逻辑卷以作为 swap 空间使用。

7）将新的 swap 卷添加到 fstab 文件中。

8）启用 swap 功能。

实验 5-7：在 LVM 环境中添加 swap 空间

本次实验需要在 StudentVM1 虚拟机上使用 root 用户身份进行操作。虽然在之前的实验中，我们已经为系统配置了 10GB 的 swap 空间，但为了保持严谨的系统管理习惯，我们会再次对当前的 swap 空间进行验证。

笔者发现了一个验证 swap 空间非常有效的方法，即利用 /proc/swaps 文件中提供的数据：

```
[root@studentvm1 ~]# cat /proc/swaps
Filename              Type          Size       Used      Priority
/dev/zram0            partition     8388604    0         100
/dev/sdd1             partition     2096124    0         -2
```

当然，我们也可以用 swapon 命令查看 swap 空间：

```
[root@studentvm1 ~]# swapon -s
Filename              Type          Size       Used      Priority
/dev/zram0            partition     8388604    0         100
/dev/sdd1             partition     2096124    0         -2
[root@studentvm1 ~]#
```

请注意最右侧的 Priority 列，它指示了每个 swap 分区的优先级。你可以根据设备的速度来配置优先级，例如，将位于高速设备上的 swap 设置为最高优先级，以便系统优先使用它。swap 机制会优先使用高优先级的 swap 分区，数字越大表示优先级越高。此外，新创建的 swap 分区的优先级总是低于现有分区的最低优先级。

接下来，让我们检查卷组中是否有足够的空间用于创建新的 swap 卷：

```
[root@studentvm1 ~]# vgs
  VG                  #PV #LV #SN Attr   VSize    VFree
  NewVG-01            3   1   0   wz--n- <19.99g  15.99g
  fedora_studentvm1   1   6   0   wz--n- <58.00g  <21.51g
```

我们可以看到，fedora_studentvm1 卷组中约有 21.5 GB 的可用空间，NewVG-01 卷组中约有 16GB 的可用空间。这足以在任一卷组中添加一个 2GB 的 swap 卷，如果需要的话，还能为未来扩展其他卷预留空间。现在，让我们查看现有的逻辑卷：

```
[root@studentvm1 ~]# lvs
  LV        VG                  Attr        LSize    Pool Origin Data% ...
  TestVol1  NewVG-01            -wi-a-----  <4.00g
  home      fedora_studentvm1   -wi-ao----  4.00g
  root      fedora_studentvm1   -wi-ao----  2.00g
  test      fedora_studentvm1   -wi-ao----  500.00m
  tmp       fedora_studentvm1   -wi-ao----  5.00g
```

```
usr     fedora_studentvm1 -wi-ao---- 15.00g
var     fedora_studentvm1 -wi-ao---- 10.00g
```

在实际操作中，你可以根据自身需求选择合适的卷组，但在这里，笔者决定将新的逻辑卷添加到 NewVG-01 卷组中，并将其命名为 swap：

```
[root@studentvm1 ~]# lvcreate -L 2G -n swap NewVG-01
  Logical volume "swap" created.
```

接下来，需要将新创建的逻辑卷配置为 swap 空间。无须在该卷上创建分区或文件系统：

```
[root@studentvm1 ~]# mkswap /dev/mapper/NewVG--01-swap
Setting up swapspace version 1, size = 2 GiB (2147479552 bytes)
no label, UUID=b6e801d6-fd8f-46d4-a28b-d40d63e28e52
```

将以下配置添加到 fstab 文件中：

```
/dev/mapper/NewVG--01-swap    swap    swap    defaults    0 0
```

现在，启用 swap 功能并验证新的 swap 卷是否已经激活：

```
[root@studentvm1 ~]# swapon -a
[root@studentvm1 ~]# lsblk
NAME                          MAJ:MIN RM  SIZE RO TYPE MOUNTPOINTS
sda                               8:0  0   60G  0 disk
|-sda1                            8:1  0    1M  0 part
|-sda2                            8:2  0    1G  0 part /boot
|-sda3                            8:3  0    1G  0 part /boot/efi
`-sda4                            8:4  0   58G  0 part
  |-fedora_studentvm1-root      253:0  0    2G  0 lvm  /
  |-fedora_studentvm1-usr       253:1  0   15G  0 lvm  /usr
  |-fedora_studentvm1-tmp       253:3  0    5G  0 lvm  /tmp
  |-fedora_studentvm1-var       253:4  0   10G  0 lvm  /var
  |-fedora_studentvm1-home      253:5  0    4G  0 lvm  /home
  `-fedora_studentvm1-test      253:6  0  500M  0 lvm  /test
sdb                              8:16  0   20G  0 disk
|-sdb1                           8:17  0    2G  0 part
|-sdb2                           8:18  0    2G  0 part
`-sdb3                           8:19  0   16G  0 part
  |-NewVG--01-TestVol1          253:2  0    4G  0 lvm
  `-NewVG--01-swap              253:7  0    2G  0 lvm  [SWAP]
sdc                              8:32  0    2G  0 disk
`-NewVG--01-TestVol1            253:2  0    4G  0 lvm
sdd                              8:48  0    2G  0 disk
`-sdd1                           8:49  0    2G  0 part [SWAP]
sr0                             11:0   1 1024M  0 rom
zram0                          252:0   0    8G  0 disk [SWAP]
```

你可以使用 top、htop 和 Glances 等工具验证系统的总 swap 空间是否为 12GB。

> **提示：** 当命令中涉及 swap 分区或其他逻辑卷时，请使用 /dev/dm-X 或 /dev/mapper/
> fedora_studentvm1-<LV name> 进行引用。由于 swap 卷或分区并不像常规文件系统那样
> 挂载，因此无法通过挂载点进行引用。

在继续操作之前，请阅读 swapon 手册页⊖的第 2 节和第 8 节中关于优先级的内容：

```
[root@studentvm1 ~]# man 2 swapon
```

```
[root@studentvm1 ~]# man 8 swapon
```

文档并没有明确说明优先级低于 −1 的情况，因此无法确定 −3 和 −2 优先级是程序
缺陷还是未公开的扩展。请按照如下指示，在 /etc/fstab 文件中对交换分区的挂载选项添
加合适的优先级设置：

```
/dev/mapper/fedora_studentvm1-swap swap swap  pri=5,defaults     0 0
/dev/sdd1                          swap swap  pri=2,defaults     0 0
```

现在，停止所有的 swap 分区，然后重新启动所有 swap 分区。启动完成后，请验证新
的 swap 分区优先级。

5.4.6　LVM 环境下的其他 swap 配置

如果需要为现有系统添加 swap 空间，但可能没有足够的磁盘空间。在这种情况下，需
要安装新的磁盘设备来容纳新的 swap 空间。新添加的 swap 空间可以作为现有 swap 卷的逻
辑卷扩展，也可以作为独立的卷或分区。

笔者个人建议将新添加的 swap 空间作为逻辑卷，并将其优先级设置为高于现有 swap
区域。这样，你可以将新的 swap 空间作为逻辑卷的一部分进行扩展，并最终停用旧的
swap 空间。

5.5　使用 Zram 拓展 swap 空间

作为一名重度计算机使用者，笔者经常会遇到各种有趣的技术。最近，笔者注意到了
一个名为 zram0 的设备，它最初是在几个月前笔者为 Opensource.com 撰写文章时，通过
lsblk 命令意外发现的。

> **实验 5-8：寻找 Zram**
> 请在 Bash 终端中以 root 用户身份执行此实验。使用以下命令来验证是否存在 Zram
> 设备：

⊖ 要了解手册页各个章节信息内容，可以通过输入命令 man man 来获取相关信息。

```
[root@testvm1 ~]# lsblk
NAME          MAJ:MIN RM  SIZE RO TYPE MOUNTPOINTS
sda             8:0    0 931.5G  0 disk
├─sda1          8:1    0  600M   0 part
<SNIP>
zram0         252:0    0    8G   0 disk [SWAP]
```

如果你使用的是 Fedora 33 或更高版本，那么应该只会看到一个 Zram 设备，即 zram0。

看到 `lsblk` 命令输出后，笔者的好奇心被勾起，因为 zram0 被识别为 swap 空间。经过一番研究，笔者发现 Zram 的前身其实是名为 compcache 的压缩缓存工具。简而言之，Zram 是一个用于创建 RAM 内压缩缓存的工具——专门用作 swap 空间。

5.5.1　Zram 存在的意义

当笔者开始研究 Zram 时，只找到了一些关于使用 Zram 作为 swap 空间的基本文章。起初，笔者感到困惑不解："既然内存不足，为何还要将页面换入另一个位于内存中的虚拟驱动器上？这难道不是徒劳吗？"后来，笔者发现了 Fedora 项目 wiki 页面上提出的"在 Zram 上实施交换"（Swap on Zram）的建议。该建议提道："swap 空间确实有用，但前提是它的速度足够快。Zram 正好是一个利用压缩技术的 RAM 驱动器。我们可以让系统在启动时在 Zram 上实施交换，从而摒弃默认使用的 swap 分区。"页面的其余部分介绍了该操作的具体细节、潜在优势、副作用以及社区反馈。

使用 Zram 拓展 swap 空间与传统的基于磁盘分区或文件的 swap 空间本质上并无差异。当内存压力过大时，最近最少使用的一些数据会被移动到 swap 空间。平均而言，这些数据被压缩至原始大小的一半，并放置在内存中的 Zram 空间。这比将这些页面存储在硬盘上要快得多，并释放了用于其他用途的 RAM。

5.5.2　需要多少 swap 空间

在尝试寻找有关配置多少传统 swap 空间和 Zram 的 swap 空间的新建议时，笔者重新评估了 swap 空间，并回想起之前写过的一篇文章[⊖]。经过一番查阅，笔者发现最新的 Red Hat Enterprise Linux（RHEL）和 Fedora 文档中关于 swap 空间大小的建议并没有改变，且仍然没有提及 Zram 的使用。不过，笔者本章前面提及的表格中对于在不使用 Zram 或已禁用 Zram 的旧版 Linux 发行版上分配 swap 空间仍然具有参考价值。

笔者找到的有关 Zram 特性的文档在 Zram 如何根据 RAM 大小和分配给 Zram 的 swap 空间容量进行分配方面是不一致的。由于缺乏权威资料，笔者亲自开展了实验以确定 Zram 的 swap 空间的分配算法。实验结果与笔者找到的任何文档都不一致，颇为有趣。

在 RAM 足够大的系统上，Zram 的默认大小为 8GB；但在 RAM 较小的主机上会大幅

⊖　David Both, What's the right amount of swap space for a modern Linux system?, https://opensource.com/article/19/2/swap-space-poll。

减小。例如，在一台用于测试的 4GB RAM 的虚拟机上，Zram 的实际大小为 3.8GB；一台老式 8GB RAM 的 Dell 计算机，Zram 的实际大小为 7.6GB；而当笔者将另一台计算机的 RAM 降低到 2GB 时，Zram 也随之减小至 1.9GB。笔者拥有的所有 RAM 超过 8GB 的主机，包括笔者的 64GB 主工作站以及其他 16GB 和 32GB RAM 的主机，Zram 分配的 swap 空间都固定为 8GB。

基于这些数据，笔者推测 Zram 的默认设置上限为 8GB，对于 RAM 低于 8GB 的主机，其分配比例则为 RAM 的 95%。尽管一些文章中提到过 Zram 可以占用全部 RAM 的说法，但根据笔者的实测，这种情况似乎并不现实。

Fedora 和其他 Red Hat 系发行版上 Zram 的实际分配情况如表 5-4 所示，可能与你使用的其他发行版略有不同。

表 5-4　基于 RAM 大小的 Zramswap 空间大小

RAM	Zramswap 空间大小
≤ 8GB	0.95 倍 RAM
> 8GB	8GB

需要注意的是，Zram 的 swap 空间大小并不是针对任何特定系统或应用"最佳"大小的固定算法。它的分配方式更接近一种概率模型，适用于大多数 Linux 主机。不过，考虑到 Zramswap 空间的最大值为 8GB，并且笔者个人一直推荐将传统 swap 空间的大小限制在 8GB 以内，所以，笔者认为表 5-4 给出的 Zramswap 空间大小是比较合适的。

5.5.3　管理 Zram 交换

Zram 的默认配置信息位于 /usr/lib/systemd/zram-generator.conf 文件内。

实验 5-9：探索 Zram 交换

以 root 用户身份执行此实验，我们将使用一些观察 Zram 交换的工具，并帮助你熟悉这些工具。

首先，查看 zram-generator.conf 文件的内容：

```
[root@testvm1 ~]# cat /usr/lib/systemd/zram-generator.conf
# This config file enables a /dev/zram0 device with the default settings:
# - size - same as available RAM or 8GB, whichever is less
# - compression - most likely lzo-rle
#
# To disable, uninstall zram-generator-defaults or create empty
# /etc/systemd/zram-generator.conf file.
[zram0]
zram-size = min(ram, 8192)
```

虽然 zram-generator.conf 配置文件的最后一行允许你修改默认的 Zramswap 空间的大小，但笔者强烈建议你不要轻易尝试更改。除非你有充分的理由并在修改后经过严谨的测试。与 Linux 中的许多其他配置默认值一样，Zram 的配置已经经过精心测试，通常能够满足大多数用例。

zramctl 工具可用于查看当前 Zram 的状态：

```
[root@testvm1 ~]# zramctl
NAME        ALGORITHM DISKSIZE DATA COMPR TOTAL STREAMS MOUNTPOINT
/dev/zram0 lzo-rle      4.8G   4K   80B   12K       4 [SWAP]
```

传统的 **swapon** 命令也可以用来查看 swap 空间，包括用作 swap 空间的 Zram:

```
[root@testvm1 ~]# swapon --show
NAME        TYPE       SIZE USED PRIO
/dev/sdd1   partition    2G   0B    5
/dev/dm-7   partition    2G   0B    2
/dev/zram0  partition    8G   0B  100
```

需要注意的是，当 Zram 不包含任何数据时，zramctl 不会输出任何信息，显示为空。然而，lsblk、swapon、top、free、htop 等工具依然会将 Zram 列显示在列表中，即使它不包含任何数据。

swapoff -a 命令会同时关闭 Zram 交换和其他基于传统存储设备的交换空间。**swapon -a** 命令不会显示空的 Zram 设备。为了准确查看 Zram 的状态，请使用 **zramctl /dev/zram0** 命令。

需要特别注意的是，在 /dev/zram0 被实际使用之前，它不会被列为可用的 swap 空间。这个细节容易造成误解，笔者也曾因此疑惑，直到通过实验才确认了它的行为方式。

5.5.4 创建 Zram 交换

Zram 技术问世至今已有约 20 年，但在 2010 年才正式加入 Linux 内核。Fedora 33 开始将其作为默认的 swap 空间实现。你当前主机上安装的 Linux 版本可能还没有使用 Zram 进行交换，但不必担心，启动 Zram 的 swap 功能非常简单。对于 Fedora 32 及更早的版本，只需要执行三个简单的命令即可启用 Zram 交换功能。

实验 5-10：在旧版 Fedora 上添加 Zram 交换

首先，验证 zram-swap.service 文件是否存在，它作为 Zram RPM 包的一部分被安装，在 Fedora 32 和一些更早的版本中，它的位置和内容应该如下所示。这仅仅意味着用于控制 Zram 交换服务的 systemd 服务已经安装:

```
# systemctl status zram-swap
● zram-swap.service - Enable compressed swap in memory using zram
    Loaded: loaded (/usr/lib/systemd/system/zram-swap.service; disabled;
    vendor preset: disabled)
    Active: inactive (dead)
```

提示： 如果你正在使用 Fedora 33 或更高版本的系统，以下实验步骤已经不再适用。这些版本已经安装并激活了 Zramswap 空间，因此实验所需的特定命令和工具与文档中描述的有所不同，将无法达到预期的效果。为了完成本书的实验，请使用 Fedora 37 或更高版本的操作系统。

接下来，安装 zram-generator-defaults 和 zram-generator：

```
# dnf install zram-generator-defaults zram-generator
```

最后，启用 zram-swap 服务：

```
# systemctl enable zram-swap.service
# systemctl start zram-swap.service
```

现在，使用你熟悉的工具验证 zram0 是否存在并是否被用作 swap 空间。

这就是全部的步骤，在 Fedora 上非常简单。其他发行版可能也同样容易，但命令细节可能会略有不同。

5.5.5　增加 Zram 交换

Zramswap 空间可以通过标准辅助存储设备进行扩展，在 RAM 不足的系统上添加传统的 swap 空间非常有用。但这种扩展通常不适用于 RAM 非常大的主机。

如果你选择通过某种存储设备来增加 swap 空间，那么硬盘仍然可用，但其速度远不及 SATA 或 m.2 格式的 SSD。不过，SSD 的闪存寿命比 HDD 更短，因此频繁使用大量 swap 空间会显著缩短 SSD 的使用寿命。

5.6　优化 swap 空间

调整 swap 空间不仅仅是分配特定的 swap 空间大小那么简单，还有很多其他的因素可以影响到 swap 空间的使用方式以及系统如何管理这些空间。其中，"交换性"（Swappiness）是影响交换空间性能的主要内核参数。

笔者最近在 Opensource.com 上发表了一篇关于《如何在 Linux 上排查交换性和优化启动时间》⊖的文章。在这篇文章中，笔者探讨了 vm.swappiness 这一内核参数的设置。在默认情况下，Linux 内核默认设置的 swappiness 值为 60，这意味着其积极程度为"中等积极"。数值 0 表示其积极程度为"最不积极"，数值 100 或 200（取决于读到的内容）表示其积极程度为"最积极"。然而，在这个默认（Linux 内核默认设置 swappiness 值为 60）设置下，即便笔者的工作站有 64GB RAM（且大部分并未使用），在处理大型 LibreOffice 文档时仍出现了延迟问题。

对笔者而言，解决这个问题的办法是将 vm.swappiness 这一内核参数值降低到 13 或更低。这种调整对我目前的使用情况来说非常有效，但你可能需要根据自己的环境不断进行调整和实验，才能找到最适合你当前操作系统环境的最佳内核参数。

你还可以在笔者为 Enable Sysadmin 撰写的一篇文章《如何使用 /proc 文件系统调整

⊖　David Both, "How I troubleshoot swappiness and startup time on Linux", https://opensource.com/article/22/9/swappiness-startup-linux。

Linux 内核》[1]中找到更多关于调整 Linux 内核的基本内容。

5.6.1　关于 swap 空间大小的建议

迄今为止，笔者尚未在任何一个 Linux 发行版中找到关于在使用 Zram 时如何设置 swap 空间大小的建议。根据笔者的实践经验，即使只拥有较小的 swap 空间也是具有积极作用的。即便你的系统当前已经配置了较大的 RAM，但如果发现根据实际环境调整后的 swap 空间被操作系统使用且存储了一些数据，这一事实就表明你的系统需要进一步增加 RAM 容量。根据表 5-4，Zram 默认的 swap 空间大小对于此用途而言已经足够。在笔者所有的 Linux 主机上，参考表 5-4 所设置的主机都运行得很好。

依笔者之见，swap 空间的最终目的是充当一个小型缓冲区，即一种警示标志，让系统管理员知道何时需要为系统增加更多 RAM。当然，有一些非常老旧的硬件无法支持超过 4GB 或 8GB 的内存。在这种情况下，就需要更换一块能够支持执行当前任务所需的内存容量的主板。

根据笔者个人的实践经验，在每台主机上都设置了默认大小的 Zramswap 空间，随后笔者移除了所有 swap 分区（并且笔者不使用 swap 文件）。经过这种配置后，笔者的所有主机都运行得非常稳定。[2]

5.6.2　移除传统的 swap 分区和文件

既然笔者在上文中提到了关于移除所有旧版 swap 分区的内容，在此，笔者仍想说明一下，移除 swap 分区的过程并不像人们想象的那么简单，虽然这一过程并不算复杂，但在实际操作中，由于互联网上充斥着大量过时或错误的教程，笔者不得不花费一定时间研究，才找到适用于 Fedora 36 及更高版本的有效方法。

实验 5-11：移除传统的 swap 分区

你应当移除在 Fedora 安装过程中所创建的传统 swap 分区，因为它将不再被使用。

首先，关闭现有 swap 分区和文件的交换功能。我们可以通过执行 `swapoff /dev/nameofswapdevice` 命令来分别关闭每个 swap 分区或文件，但笔者认为最简便的做法是直接使用 `swapoff -a` 命令，该命令能关闭所有 swap 空间（包括所有的 swap 分区、swap 文件以及正在运行的 Zramswap 空间）。

```
# swapoff -a
```

随后，笔者在 /etc/fstab 文件中移除了所有指向传统 swap 分区或文件的条目。为了防止出现任何意外，笔者最初仅将这些条目进行了注释，在确认系统正常运行后，笔者

---

[1] David Both, "How to tune the Linux kernel with the /proc filesystem", www.redhat.com/sysadmin/linux-kernel-tuning。

[2] 请读者注意，笔者的个人经验不一定适用于所有情况。Zram 是一种内存压缩技术，可以将部分内存数据压缩后存储在 RAM 中，作为传统交换空间的替代方案。如果你正在考虑使用 Zramswap 空间，建议先进行评估测试，并根据你的具体环境进行调整。——译者注

才彻底删除了这些条目。Zramswap 空间不需要 /etc/fstab 文件中的条目。

你可能认为只要完成了上述操作步骤，便可安心地移除设置为 swap 空间的分区或逻辑卷了，起初笔者就是这样认为的。然而，实际情况并非如此。在笔者确认已移除先前设置为交换空间的逻辑卷并尝试重启系统来进行测试时，笔者发现操作系统在重启过程的早期阶段出现了故障，导致系统陷入暂停状态。

值得庆幸的是，笔者之前曾对内核进行了配置，使其能够显示引导和启动信息，而非使用对用户隐藏底层详细信息的"图形化启动界面"。因此，笔者能够看到一条显示内核无法找到交换逻辑卷的错误信息。为了解决这个问题，笔者从一个 live Fedora USB 驱动器启动并创建了一个新的交换卷。完成该步骤之后，无须进行其他任何操作。接着，笔者重新启动了系统，并在 /etc/default/grub 文件中的内核启动行里删除了有关 swap 空间的条目。GRUB（Grand Unified Boot Loader，统一引导加载程序）的默认引导参数是在 /etc/default/grub 文件中设置的。对这个文件进行修改，然后重新生成 grub.cfg 文件。

默认的 /etc/default/grub 配置文件很简单，我们只需要关注 GRUB_CMDLINE_LINUX 这一行内容即可：

```
GRUB_TIMEOUT=5
GRUB_DISTRIBUTOR="$(sed 's, release .*$,,g' /etc/system-release)"
GRUB_DEFAULT=saved
GRUB_DISABLE_SUBMENU=true
GRUB_TERMINAL_OUTPUT="console"
GRUB_CMDLINE_LINUX="resume=/dev/mapper/vg01-swap rd.lvm.lv=vg01/root rd.lvm.
lv=vg01/swap rd.lvm.lv=vg01/usr rhgb quiet"
GRUB_DISABLE_RECOVERY="true"
GRUB_ENABLE_BLSCFG=true
```

我们需要将 GRUB_CMDLINE_LINUX 这一行内容手动更改为 **GRUB_CMDLINE_LINUX=** **"rd.lvm.lv=vg01/root rd.lvm.lv=vg01/usr"**

与此同时，笔者删除了 rhgb quiet 参数（rhgb quiet 参数的主要功能是在启动过程中隐藏启动消息，以便向用户提供更友好的开机体验），这会使得内核启动的所有消息和 systemd 初始化阶段的消息都显示出来，这样做可以帮助我们在系统启动和初始化过程中快速定位问题。删除 resume=/dev/mapper/vg01-swap 和 rd.lvm.lv=vg01/swap 会防止内核查找 swap 逻辑卷。

为了使上述更改的内容生效，我们需要重新构建 /boot/grub2/grub.cfg 文件。对当前的 grub.cfg 文件执行备份操作，然后执行如下命令：

```
# grub2-mkconfig > /boot/grub2/grub.cfg
```

在完成上述操作步骤后，笔者删除了 swap 分区，执行 **swapon -a** 命令来检查系统中是否还存在其他定义的 swap 空间。接着，笔者使用 **swapon --show** 命令和 **lsblk** 命令来验证已删除了交换分区。最后，笔者重启了操作系统以确保系统仍能正常启动，并通过再次查看相关输出确认 Zram 是唯一的交换机制。

至此，你是否发现修改内核配置很容易呢？

总结

特殊文件系统涵盖了方方面面，无法事无巨细地详述。笔者希望本章至少能帮助你理解可用的大量信息以及 Linux 作为开源操作系统所具有的开放性，这使得它可以公开所有内部数据，并让用户修改正在运行的内核配置。

swap 空间及相关理念和偏好引发了广泛讨论，每个系统管理员对于最佳 swap 空间大小的看法可能都不尽相同，甚至有些人主张完全不使用 swap 空间。笔者认为，无论系统的 RAM 有多大，保留少量 swap 空间都是明智之举。当 RAM 被占满并开始交换时，系统运行变慢总比程序或整个系统崩溃要好。笔者将 swap 空间视为一个预警系统，提醒我们何时需要增加 RAM。当然，即使在现代 Linux 主机上，添加内存也是有上限的。

Zram 是一种用于创建压缩的虚拟 swap 空间的工具。理想的 swap 配置取决于你的实际使用场景和主机 RAM 的大小。无论你使用哪种组合大小的 Zram、swap 分区或 swap 文件，都应该根据实际系统负载进行实验，确保 swap 配置适合具体的需求。不过，对笔者来说，仅仅使用默认的 Zram 交换，不需要任何传统分区或文件，效果就和笔者用过的 swap 配置一样好，甚至更好。

练习

为了掌握本章所学知识，请完成以下练习：

1. 我们用来查看运行中的 Linux 系统信息的工具，究竟是从哪里获取这些数据的？

2. /proc 文件系统的核心功能是什么？

3. 像 swap 和 Glances 这样的工具在运行时会产生哪些类型的性能消耗？

4. 如果在 /etc/fstab 中未分配优先级，swap 分区出现的顺序是否会影响它们的优先级？

5. 根据本章的建议，你会为 StudentVM1 虚拟机配置多大的 swap 空间？

6. 假设正在安装一台新的 Linux 主机，并且安装了 12GB 的 RAM。你会在安装过程中创建多少 swap 空间？

7. 使用 Zram 作为 swap 空间会影响上述哪些问题？

Chapter 6 第6章

正则表达式

目标

在本章中，你将学习如下内容：

❏ 正则表达式的定义。

❏ 正则表达式和扩展正则表达式的用途。

❏ 不同工具使用的正则表达式的风格。

❏ 基本正则表达式和扩展正则表达式之间的区别。

❏ 识别并使用多种元字符和表达式来构建用于管理任务的正则表达式。

❏ 在 grep 和 sed 等工具中使用正则表达式和扩展正则表达式。

6.1 引入正则表达式

在上册中，我们探讨了使用通配符（如 * 和 ?）作为一种从数据流中选择特定文件或数据行的方法。我们还看到了如何使用花括号扩展⊖和集合来匹配更复杂的模式，这些方式提供了更多的灵活性。这些工具非常强大，我们每天都会使用它们很多次。然而，有些事情是不能用通配符解决的。

正则表达式（Regular Expression，REGEX 或 RE）为我们提供了更复杂和更灵活的模式匹配功能。正如某些字符在使用文件通配符时具有特殊的含义一样，正则表达式也有特殊的字符。正则表达式主要有两种类型——基本正则表达式（Basic RE，BRE）和扩展正则表达式（Extended RE，ERE）。

⊖ 花括号扩展（{}）可以用来创建多种文本字符串，其通常使用一个前导字符作为开头部分，使用附言作为结尾部分，中间可以包含一系列逗号分隔的字符串。——译者注

首先，我们需要了解一些基本定义。其中，"正则表达式"术语就有大量的定义，但很多定义是枯燥且无价值的。本书给出的常用定义如下：

- **正则表达式**：是由字面量和元字符组成的字符串，其可以被各种 Linux 实用程序当作模式来匹配数据流中的纯文本数据（如 ASCII 字符串）。当匹配成功时，可以使用它从流中提取或删除一行数据，或以某种方式修改匹配的字符串。
- **基本正则表达式和扩展正则表达式**：二者在功能上没有显著的差异[⊖]，主要区别在于所使用的语法和指定元字符的方式不同。在基本正则表达式中，元字符"?""+""{""|""（"和"）"失去了它们的特殊意义；如果需要实现相应的特殊匹配功能，则必须使用反斜杠版本"\?""\+""\{""\|""\（"和"\）"。此外，许多用户认为 ERE 语法更容易使用。

正则表达式[⊖]采用基于元字符匹配数据流中模式的概念，而不是文件通配符，这使得我们能够更好地控制从数据流中选择目标项。此外，各种工具可以使用正则表达式来解析[⊜]数据流，利用匹配字符的模式对数据执行不同的转换。

正则表达式通常被人们认为是晦涩难懂的"咒语"，似乎只有那些具有系统管理能力的人才会使用。图 6-1 展示了一个正则表达式的基本用法。对于那些不了解正则表达式的人来说，命令管道似乎一直都是一个棘手且毫无意义的"杂乱"序列。在笔者的职业生涯早期第一次遇到类似的命令时，确实是这么想的。但是正如你接下来将学习到的，一旦把正则表达式解释清楚，它就简单了。

```
cat Experiment_6-1.txt | grep -v Team | grep -v "^\s*$" | sed -e
"s/[Ll]eader//" -e "s/\[//g" -e "s/\]//g" -e "s/)//g" | awk '{print $1
"$2" <"$3">"}' > addresses.txt
```

图 6-1　正则表达式的真实示例。它旨在将发送过来的文件转换为一个可用的形式

在本章中，我们只能触及正则表达式为我们提供的所有可能性。此外有很多专门介绍正则表达式的书籍，本章仅探讨正则表达式的基础知识，这些知识足以支撑我们开启系统管理员常用的任务。

6.2　正则表达式入门指南

现在我们需要一个实际生活中的案例作为学习工具来开启正则表达式的入门学习。下面是笔者多年前遇到的一个例子。

- ⊖　请参阅 grep 手册页 3.6 节基本和扩展正则表达式中的 grep 信息页面。
- ⊖　通常而言，当本书谈到正则表达式时，意味着同时包含基本正则表达式和扩展正则表达式。在本书中，如果存在区别，我们将使用首字母缩写 BRE 来表示基本正则表达式，而扩展正则表达式用 ERE 表示。
- ⊜　解析（parse）的一个基本含义是通过研究某数据的组成部分来检查它。出于该目的，我们解析数据流以定位和匹配指定模式的字符序列。

邮件列表

本案例旨在突出 Linux 命令行（特别是正则表达式）的强大功能和灵活性，以使它们能够自动化执行各类常见的任务。在笔者的职业生涯中，笔者管理过几个列表服务器（listserv），现在仍如此。人们给笔者发送电子邮件地址列表，并让笔者添加到这些列表中。不止一次，笔者收到 Word 格式或其他格式的姓名和电子邮件地址列表，并需要将它们统一添加到其中一个列表中。

这个列表本身并不是很长，但格式非常不一致，如图 6-2 所示，该列表是一个简化版本，包含了名称和域名的变化。原始列表还包含额外的行、需要删除的方括号和圆括号等字符、空格和制表符空白符，以及一些空行。要将这些电子邮件添加到列表中，需要遵循如下格式：

名姓 <email@example.com>（first last <email@example.com>）

我们的任务是将此列表转换为邮件列表软件可使用的格式。

```
Team 1 Apr 3
Leader  Virginia Jones  vjones88@example.com
Frank Brown  FBrown398@example.com
Cindy Williams  cinwill@example.com
Marge smith  msmith21@example.com
 [Fred Mack]  edd@example.com

Team 2 March 14
leader  Alice Wonder  Wonder1@example.com
John broth  bros34@example.com
Ray Clarkson  Ray.Clarks@example.com
Kim West  kimwest@example.com
[JoAnne Blank]  jblank@example.com


Team 3 Apr 1
Leader  Steve Jones  sjones23876@example.com
Bullwinkle Moose  bmoose@example.com
Rocket Squirrel RJSquirrel@example.com
Julie Lisbon  julielisbon234@example.com
[Mary Lastware) mary@example.com
```

图 6-2　要添加到列表服务器（listserv）的电子邮件地址文档的部分已修改的列表

很明显，我们需要将数据转换为可接受的格式，再添加到列表中。可以使用文本编辑器或文字处理器（如 LibreOffice Writer）对这个小文件进行一些修改。然而，人们经常给笔者发送这样的文件，所以使用文字处理器来修改这些文件就成了一个重复的任务。尽管 LibreOffice Writer 有很好的搜索和替换功能，但每个字符或字符串必须被单独替换，并且无法保存先前的搜索。LibreOffice Writer 确实有一个非常强大的宏功能，但笔者并不熟悉它的两种宏语言（LibreOffice Basic 和 Python）。然而，笔者比较熟悉 Bash shell 编程。

1. 第一种解决方案

笔者做了一件系统管理员应该做的事情——自动化处理该任务。第一件事是将地址数据复制到一个文本文件中，这样我们就可以使用命令行工具来处理它。经过几分钟的工作，笔者编写了图 6-1 所示的 Bash 命令行程序，它生成了所需的输出文件 addresses.txt。该部分使用常规方法来编写命令行程序，每次将构建一个命令管道。

让我们将这个管道分解成各个组件部分，看看它是如何工作和组合的。本章中的所有实验都以 student 用户的身份进行。

注意： 文件名 Experiment_6-1.txt 是正确的。虽然本书中的章节编号已经进行了重新排序，但其文件名仍然保持不变。

实验 6-1：引入正则表达式

首先，我们从 Apress GitHub 网站下载示例文件 Experiment_6-1.txt。接着，在一个新的目录中完成所有工作，正如下面的命令行代码所创建的一样：

```
[student@studentvm1 ~]$ mkdir chapter25 ; cd chapter25
```

wget 命令主要用于从指定的 URL 下载文件到当前工作目录，在本实验中，我们将会直接使用此命令最基本的用法：

```
[student@studentvm1 chapter25]$ wget https://github.com/Apress/using-and-administering-linux-volume-2/raw/master/Experiment_6-1.txt
```

现在我们只观察这个文件，看看接下来有哪些需要做的事情：

```
[student@studentvm1 chapter25]$ cat Experiment_6-1.txt
Team 1  Apr 3
Leader  Virginia Jones  vjones88@example.com
Frank Brown  FBrown398@example.com
Cindy Williams  cinwill@example.com
Marge smith  msmith21@example.com
 [Fred Mack]  edd@example.com
Team 2  March 14
leader  Alice Wonder  Wonder1@example.com
John broth  bros34@example.com
Ray Clarkson  Ray.Clarks@example.com
Kim West  kimwest@example.com
[JoAnne Blank]  jblank@example.com

Team 3  Apr 1
Leader  Steve Jones  sjones23876@example.com
Bullwinkle Moose  bmoose@example.com
Rocket Squirrel RJSquirrel@example.com
Julie Lisbon  julielisbon234@example.com
[Mary Lastware) mary@example.com

[student@studentvm1 chapter25]$
```

笔者认为第一件可以做的事情相对简单。由于团队名称和日期是单独的行，因此我们可以使用下面的命令来删除那些包含 Team 一词的行：

```
[student@studentvm1 chapter25]$ cat Experiment_6-1.txt | grep -v Team
```

笔者不会重现构建这个 Bash 程序每个阶段的结果，但是你应该能够看到数据流中的变化，它显示在终端会话 STDOUT 上。直到最后我们才将结果保存到一个文件中。

在将数据流转换为可用数据流的第一步中，我们使用具有匹配文字模式 Team 的 grep⊖命令。字符是我们可以用作正则表达式的最基本的模式类型，因为在正在搜索的数据流中只有一个可能的匹配项，那就是字符串 Team。

针对丢弃空行的需求，我们可以使用另一个 grep 语句来消除它们。笔者发现，使用双引号括起第二个 grep 命令的正则表达式可以确保它得到正确的解释：

```
[student@studentvm1 chapter25]$ cat Experiment_6-1.txt | grep -v Team | grep
-v "^\s*$"
Leader  Virginia Jones  vjones88@example.com
Frank Brown  FBrown398@example.com
Cindy Williams  cinwill@example.com
Marge smith  msmith21@example.com
 [Fred Mack]  edd@example.com
leader  Alice Wonder  Wonder1@example.com
John broth  bros34@example.com
Ray Clarkson  Ray.Clarks@example.com
Kim West  kimwest@example.com
[JoAnne Blank] jblank@example.com
Leader  Steve Jones  sjones23876@example.com
Bullwinkle Moose bmoose@example.com
Rocket Squirrel RJSquirrel@example.com
Julie Lisbon  julielisbon234@example.com
[Mary Lastware) mary@example.com
[student@studentvm1 chapter6]$
```

表达式 "^\s*$" 说明匹配的锚点，并使用反斜杠（\）作为转义字符，将字面量（本例中的 s）的含义更改为元字符，该元字符表示空格、制表符或其他不可打印的字符。我们无法在文件中看到这些字符，但它们确实被包含在文件中。星号（*）是指要匹配 0 个或多个空白字符。该表达式旨在在空白行中匹配多个制表符或多个空格以及它们的任意组合。

笔者将自己的 Vim 编辑器配置为使用可见字符来显示空白，添加以下行到自己的 ~/.vimrc 或全局文件 /etc/vimrc 中可以实现此操作：

```
$ echo "set listchars=eol:$,nbsp:_,tab:<->,trail:~,extends:>,space:+" >>
~/.vimrc
```

使用 Vim 编辑 Experiment_6-1.txt 文件。使用冒号（:）让 Vim 进入命令模式并输入以下命令：

⊖ grep（Globally search a Regular Expression and Print）是一种强大的文本搜索工具，旨在使用特定匹配模式搜索文本并输出匹配行。在上述命令中，grep -v 表示反向匹配，即输出与表达式不匹配的内容，利用 grep -v Team 可删除包含团队名称的行。——译者注

:set list

在未对文件进行任何操作时，所得到的结果如图 6-3 所示。正则表达式的空格显示为"+"；制表符显示为"<>""<->"或"<--->"，它们填充制表符所覆盖的空间长度。行结束字符显示为"$"。

```
Team+1<>Apr+3~$
Leader++Virginia+Jones++vjones88@example.com<-->$
Frank+Brown++FBrown398@example.com<---->$
Cindy+Williams++cinwill@example.com<--->$
Marge+smith+++msmith21@example.com~$
+[Fred+Mack]+++edd@example.com<>$
$
Team+2<>March+14$
leader++Alice+Wonder++Wonder1@example.com<----->$
John+broth++bros34@example.com<>$
Ray+Clarkson++Ray.Clarks@example.com<-->$

Kim+West++++kimwest@example.com$
[JoAnne+Blank]++jblank@example.com<---->$
$
Team+3<>Apr+1~$
Leader++Steve+Jones++sjones23876@example.com<-->$
Bullwinkle+Moose++bmoose@example.com<--->$
Rocket+Squirrel+RJSquirrel@example.com<>$
Julie+Lisbon++julielisbon234@example.com<------>$
[Mary+Lastware)+mary@example.com$
```

图 6-3 显示 Experiment_6-1.txt 文件中所有嵌入的空格

你可以看到，有很多空白字符需要从文件中删除，查看完空格后，可以退出 Vim。我们还需要去掉以两种形式出现且其中一次是大写首字母的字符串 leader。首先，我们要去掉 leader 这个词，使用 sed（流编辑器）来执行这个任务，即利用一个新字符串来替换它所匹配的模式，在本例中用空字符串来替换。我们将命令 sed -e "s/[Ll]eader//" 添加到管道中以实现该功能：

```
[student@studentvm1 chapter25]$ cat Experiment_6-1.txt | grep -v Team | grep
-v "^\s*$" | sed -e "s/[Ll]eader//"
```

在这个 sed 命令中，"-e"表示用引号括起来的表达式是生成所需结果的脚本。表达式中"s"表示一个替换，其基本形式为 s/regex/替换字符串/。因此，/[Ll]eader/ 是所搜索的字符串。集合"[Ll]"将匹配"L"或"l"，最终 [Ll]eader 匹配的结果为"Leader"或"leader"。在本例中，替换字符串为空，因为它看起来类似于"//"，两个斜杠之间没有字符或空白。

请记住，修改后的数据流是输出到 STDOUT 的，而原始文件本身并没有被修改。

现在需要去掉一些像"[]()"这样的无关字符，命令如下：

```
[student@studentvm1 chapter25]$ cat Experiment_6-1.txt | grep -v Team | grep
-v "^\s*$" | sed -e "s/[Ll]eader//" -e "s/\[//g" -e "s/]//g" -e "s/)//g" -e
"s/(//g"
```

我们在 sed 语句中添加了四个新的表达式，每个表达式都会删除一个字符。第一个新增的表达式略微不同，因为左方括号"["字符存在歧义，它还可以用来标记一个集合的开始，所以需要对其进行转义，以确保 sed 将其正确地解释为常规字符，而非特殊字符。

我们可以使用 sed 从某些行中删除前导空格，awk 命令也可以做到这一点，还可以在必要时重新排序字段，在电子邮件地址周围添加"<>"字符：

```
[student@studentvm1 chapter25]$ cat Experiment_6-1.txt | grep -v Team | grep
-v "^\s*$" | sed -e "s/[Ll]eader//" -e "s/\[//g" -e "s/]//g" -e "s/)//g" -e
"s/(//g" | awk '{print $1" "$2" <"$3">"}'
```

awk 工具实际上是一种非常强大的编程语言⊖，它可以在其 STDIN 上接受数据流。这使得它在命令行程序和脚本中十分有用。

awk 工具用于数据字段，默认的字段分隔符是空格或者任意数量的空白。到目前为止，我们创建的数据流包含三个由空格分隔的字段，即"名 姓 邮件"。这段小代码 awk '{print $1" "$2" <"$3">"}' 旨在提取"$1""$2"和"$3"三个字段中不带前导和结尾空格的内容，然后依次输出它们，并在每个字符之间添加一个空格。此外，利用"<>"字符囊括电子邮件地址。

最后一步是将输出数据流重定向到一个文件，这很简单，这个步骤留给读者来执行。

最终，笔者将 Bash 程序保存在一个可执行文件中，即可在收到一个新列表时执行该程序以实现自动化处理。图 6-3 中的一些列表相当短，但其他列表相当长，有时包含多达数百个地址和许多不包含要添加到列表中的地址的无用信息。

2. 第二种解决方案

现在我们有了一个可行的逐步探索我们正在使用的工具的解决方案。我们可以做更多的事情来在一个更紧凑和优化的命令行程序中执行相同的任务。

实验 6-2：简化操作

在本实验中，我们将探索如何缩短和简化实验 6-1 中的命令行程序。该实验的最终结果如以下的 CLI 程序所示：

```
cat Experiment_6-1.txt | grep -v Team | grep -v "^\s*$" | sed -e "s/
[Ll]eader//" -e "s/\[//g" -e "s/]//g" -e "s/)//g" -e "s/(//g" | awk '{print
$1" "$2" <"$3">"}'
```

让我们回顾第一种解决方案，可以发现有两个 grep 语句。然而在接下来的实验中，优化命令结果更短，也更简洁，这也意味着拥有更快的执行速度，因为 grep 只需要解析数据流一次。

⊖ awk 本身是一种编程语言，主要用于 UNIX 或 Linux 中的文本处理，也是一个工具。awk 通过逐行扫描文件，寻找匹配特定模式的行。——译者注

> **提示：** 当 grep 中的 STDOUT 没有通过其他工具进行管道传输，并且使用支持颜色的终端模拟器时，正则表达式匹配将在输出数据流中突出显示。Xfce4 终端的默认设置是黑色背景、白色文本和红色高亮文本。

在修改后的 grep 命令 `grep -vE"Team|^\s*$"` 中，我们添加了指定扩展正则表达式的 E 选项。根据 grep 手册页，我们知道在 GNU grep 中，基本语法和扩展语法之间的可用功能没有区别。这并不是严格正确的，因为在没有 E 选项的情况下，我们的新组合表达式会失败。接着，我们运行以下命令来查看结果：

```
[student@studentvm1 chapter25]$ cat Experiment_6-1.txt | grep -vE
"Team|^\s*$"
```

读者可以尝试没有 E 选项的结果。由于 grep 工具还可以从文件中读取数据，因此我们省去了 `cat` 命令：

```
[student@studentvm1 chapter25]$ grep -vE "Team|^\s*$" Experiment_6-1.txt
```

最终生成了如下所示的稍微简化的 CLI 程序：

```
grep -vE "Team|^\s*$" Experiment_6-1.txt | sed -e "s/[Ll]eader//" -e "s/\
[//g" -e "s/]//g" -e "s/)//g" -e "s/(//g" | awk '{print $1" "$2" <"$3">"}'
```

我们还可以简化 `sed` 命令，当大家学习了更多正则表达式的用法之后，将在实验 6-6 中进行有关 `sed` 的实验。

总之，通过上述两个实验，重要的是让大家认识到该问题的解决方案并不是唯一的。在 Bash 中有不同的方法来生成相同的输出，还可以使用其他语言，比如 Python 和 Perl。当然还包括 LibreOffice Writer 的宏。然而，人们总是可以将 Bash 当作任何 Linux 发行版的一部分，可以在任意一台 Linux 计算机上使用 Bash 程序来执行这些任务，即使是在一个没有 GUI 桌面或没有安装 LibreOffice 的计算机上。因此，掌握 Bash 和正则表达式将对系统管理提供极大的帮助。

6.3　正则表达式检索工具 grep

因为 GNU grep 是笔者最常用的工具之一，它提供了不同场景下正则表达式的标准化实现，所以笔者将使用该工具作为本章下一部分的基础。然后我们将研究 sed，它是另一个使用正则表达式的典型工具。

如果你一直在使用本系列书籍作为自学课程，从头开始并按顺序完成各章，那么你应该遇到过文件 globs 和 regexes。通过本章先前的实验，你至少应该对正则表达式及其工作原理有基本的了解。然而还有许多细节，这些细节对于理解正则表达式实现的复杂性及其工作方式非常重要。

6.3.1 数据流

正则表达式的所有实现都是基于行的，通过一个或多个表达式的组合创建的模式与数据流中的每一行进行比较。当进行匹配时，将按照所使用工具的规定对该行执行操作。例如，当使用 grep 进行模式匹配时，常规操作是将该行传递给 STDOUT，而不匹配该模式的行将被丢弃。正如我们所看到的，-v 选项将反转匹配操作，从而丢弃匹配的行。

数据流的每一行都是单独求值的，并且模式中的表达式与前几行数据匹配的结果不会被转移。将数据流中的每一行都看作一条记录，并且使用正则表达式工具每次处理一条记录可能会有所帮助。当进行匹配时，将在包含匹配字符串的行上执行由正在使用的工具所定义的操作。

6.3.2 正则表达式构建块

表 6-1 列出了 GNU grep 命令实现的基本构建块的表达式、元字符及其描述。当在 grep 中使用时，每个表达式或元字符都要匹配被解析的数据流中的单个字符。

表 6-1 由 grep 和大多数其他正则表达式实现的表达式和元字符

表达式	描述
字母数字符号 A-Z, a-z, 0～9	所有的字母数字及一些标点符号都被认为是字面量。因此，正则表达式的字母"a"将始终与被解析的数据流中的字母"a"匹配。这些字符没有歧义。每个字面量字符仅匹配一个字符
.（点）	点（.）元字符是最基本的表达式形式。它可以匹配模式中出现的任何单个字符。因此，模式 b.g 可以匹配 big、bigger、bag、baguette 和 bog，但不能匹配 dog、blog、hug、lag、gag 或 leg 等
括号表达式 [字符列表]	GNU grep 将其称为括号表达式，它与 Bash shell 的括号表达式相同。括号中包含一个字符列表，用于匹配模式中的单个字符位置。[abcdABCD] 匹配大写或小写字母 a、b、c 或 d。[a-dA-D] 指定创建相同匹配的字符范围。[a-zA-Z] 匹配大写和小写字母
[: 类名 :] 字符类	这是 POSIX 在正则表达式标准化方面的一次尝试，其类名是显而易见的。例如，类 [:alnum:] 将匹配所有字母数字字符；类 [:digit:] 将匹配 0～9 的任意一个数字；再如 [:alpha:] 和 [:space:] 等。请注意，由于不同地区的排序不同，可能会产生一些问题。具体内容参见 grep 手册页
^ 和 $ 锚点	这两个元字符分别匹配一行的开头和结尾。据说它们将模式的其余部分锚定在行首或行尾。如果它们出现在正在被解析的行首，表达式 ^b.g 只匹配上文所示的 big、bigger、bag 等。如果它们出现在行尾，模式 b.g$ 只匹配 big 或 bag，而不能匹配 bigger

在进一步学习修饰符之前，我们先来探索一个构建块。实验 6-3 所使用的文本文件源自笔者早年教授的 Linux 课程时所创建的实验项目。该文件的原始格式为 LibreOffice Writer 的 OpenDocument Text（ODT）。然而，为了更好地满足本系列实验的需求，笔者已将其转换为纯文本格式（ASCII 文本文件）。尽管大部分表格样式等格式被移除了，但结果仍是一个很长的 ASCII 纯文本文件，我们可在本系列实验中使用。

实验 6-3：正则表达式构建块

从 Apress GitHub 网站下载第二个示例文件，这是笔者曾经教授过的实验项目的一个文档。如果目录 ~/chapter25 不是当前工作目录，请执行以下命令：

```
[student@studentvm1 chapter25]$ wget https://github.com/Apress/using-and-administering-linux-volume-2/raw/master/Experiment_6-3.txt
```

首先，只需要使用较少的命令来查看和探索 Experiment_6-3.txt 文件，以便对其内容有一个基本的了解。该文本文件的内容如图 6-4 所示。

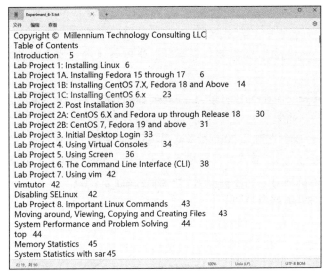

图 6-4　实验 6-3 的文本文件示例

现在，我们将使用 grep 中的一些简单表达式来从输入数据流中提取行。目录包含了 PDF 文档中的各个项目及其对应页码的列表。让我们从以两位数字结尾的行开始提取目录：

[student@studentvm1 chapter25]$ **grep [0-9][0-9]$ Experiment_6-3.txt**

这并不是我们真正想要的结果。它显示所有以两位数字结尾的行，而忽略了只有一个数字的目录条目。我们在稍后的实验中将讨论如何处理一个或多个数字的表达式。利用 less 工具查看整个文件，我们可以做类似如下的操作：

[student@studentvm1 chapter25]$ **grep "^Lab Project" Experiment_6-3.txt | grep "[0-9]$"**

这更接近我们想要的结果，但它还不完全一样。我们在文档的后面得到了一些与这些表达式相匹配的行。如果你研究额外的行并查看完整文档中的内容，应该可以理解为什么它们匹配但不属于目录。同时，上述结果遗漏了不以"Lab Project"开头的目录条目，这是你的目前能实现的最好情况，但它确实能让我们更好地了解目录。在本章稍后的实验中，我们将讨论如何将这两个 grep 实例合并为一个。

现在我们稍微修改一下并使用 POSIX 表达式$^{\ominus}$。注意，在 POSIX 表达式周围有一对双方括号，单个大括号将生成一条错误消息。

[student@studentvm1 chapter25]$ **grep "^Lab Project" Experiment_6-3.txt | grep "[[:digit:]]$"**

⊖ POSIX 正则表达式是一种用于匹配文本模式的表达式，表示可移植操作系统接口，遵循 POSIX 规则的正则表达式软件包括 grep、sed 和 awk 等。在下面命令中，[:digit:] 旨在匹配数字 0 ～ 9。——译者注

这一结果与之前的尝试相同。让我们来找一些不同之处：

```
[student@studentvm1 chapter25]$ grep systemd Experiment_6-3.txt
```

上述命令列出了文件中所有出现的"systemd"，尝试使用 -i 选项来确保获得所有实例，包括那些以大写字母开头的实例[⊖]，或者可以把字面表达式更改为"systemd"。计算其中包含字符串"systemd"的行数，笔者习惯使用 -i 来确保在任何情况下都能找到搜索表达式的所有实例：

```
[student@studentvm1 chapter25]$ grep -i systemd Experiment_6-3.txt | wc
    20    478    3098
```

如你所见，上述命令找到了 20 行数据，你应该也得到了相同的数字。下面是匹配元字符的例子，即左方括号 ([)。首先，我们尝试在不进行任何特殊操作的情况下输入以下命令：

```
[student@studentvm1 chapter25]$ grep -i "[" Experiment_6-3.txt
grep: Invalid regular expression
```

出现错误提示是因为"["被解释为元字符，我们需要使用反斜杠来转义该字符，以便将其解释为字面量字符而非元字符：

```
[student@studentvm1 chapter25]$ grep -i "\[" Experiment_6-3.txt
```

大多数元字符在括号表达式中使用时都会失去其特殊意义。在书写正则表达式时，若要包含字面量"]"，请将其放在列表的首位；若要包含字面量"^"，请将其放在除首位之外的任何位置；若要包含字面量"["，请将其放在最后位置。

6.3.3 重复操作

正则表达式可以使用一些修饰符进行修改，这些修饰符允许指定字符或表达式出现零次、一次或重复多次。如表 6-2 所示，这些修饰符紧跟在模式中所使用的字面量字符或元字符后。

表 6-2　指定重复的元字符修饰符

修饰符	描述
?	在正则表达式中，? 表示前一个字符最多出现零次或一次，例如"drives?"可以匹配 drive 和 drives，但不能匹配 deriver。在表达式中使用"drive"将匹配 drive、drives 和 driver。这与 glob 中 ? 的行为略有不同
*	*前面的字符将被匹配零次或多次，其次数没有限制。在本例中，"drives*"将匹配 drive、drives 和 drivesss，但不匹配 driver。同样，这与 glob 中 * 的行为略有不同
+	+前面的字符将匹配一次或多次。该字符必须在该行中至少存在一次才能匹配。例如，"drives+"可以匹配 drives 和 drivesss，但不能匹配 drive 或 driver
{n}	该操作符匹配前一个字符 n 次。表达式"drives{2}"将匹配的是 drivess，而非 drive、drives、drivesss，或者任意数量以"s"字符结尾的字符串。然而，由于 drivessss 包含字符串 drivess，因此会匹配该字符串，最终该行将被 grep 所匹配

⊖　"systemd"的正式形式都是小写。

（续）

修饰符	描述
{n,}	该操作符匹配前一个字符 *n* 次或更多次。表达式"drives{2,}"将匹配 drivess，但不匹配 drive、drives，该表达式能匹配以"s"字符结尾且出现至少 2 次的字符串。由于 drivesssss 包含字符串 drivess，因此该匹配会发生
{,m}	该运算符匹配前一个字符的次数不超过 *m* 次。表达式"drives{,2}"将匹配 drive、drives 和 drivess，但不匹配 drivesss 或其他数量以"s"结尾的字符串。同样，由于 drivesssss 包含字符串 drivess，所以该匹配会发生
{n,m}	该操作符匹配前一个字符至少 *n* 次且不超过 *m* 次。表达式"drives{1,3}"将匹配 drives、drivess 和 drivesss，但不能匹配 drivesssss 或其他数量以"s"结尾的字符串。同样，由于 drivesssss 包含一个匹配字符串，因此该匹配会发生

实验 6-4：用于重复操作的元字符

运行以下每个命令并仔细查看结果，以便了解重复操作究竟发生了什么：

```
[student@studentvm1 chapter25]$ grep -E files? Experiment_6-3.txt
[student@studentvm1 chapter25]$ grep -Ei "drives*" Experiment_6-3.txt
[student@studentvm1 chapter25]$ grep -Ei "drives+" Experiment_6-3.txt
[student@studentvm1 chapter25]$ grep -Ei "drives{2}" Experiment_6-3.txt
[student@studentvm1 chapter25]$ grep -Ei "drives{2,}" Experiment_6-3.txt
[student@studentvm1 chapter25]$ grep -Ei "drives{,2}" Experiment_6-3.txt
[student@studentvm1 chapter25]$ grep -Ei "drives{2,3}" Experiment_6-3.txt
```

请确保在示例文件中的文本上尝试使用这些修饰符。

6.3.4 其他元字符

还有一些有趣且重要的修饰符需要我们了解，表 6-3 中列出并描述了这些元字符。

表 6-3 元字符修饰符

修饰符	描述
\<	该特殊表达式将匹配以某个单词开头的空字符串。例如，表达式"\<fun"将匹配"fun"和"Function"，但不匹配"refund"
\>	这种特殊的表达式将匹配以正常空格或空字符结尾的字符串，以及通常出现在单词末尾的单字符标点符号。因此，"environment\>"将匹配"environment""environment,""environment."，但不能匹配"environments"或"environmental"
^	在字符类表达式中，该操作符是对字符列表求反。因此，类 [a—c] 匹配模式中该位置的 a、b 或 c，而 [^a—c] 则匹配除 a、b 或 c 以外的任何字符
|	在使用正则表达式时，元字符"|"是逻辑"或"操作符。它的正式名称是"infix"或"交替"操作符。我们已经在实验 6-2 中遇到过这种情况，在那里我们看到正则表达式"Team|^\s*$"，其含义为"一行包含'Team'或 (|) 包含零个、一个或多个空白字符，如空格、制表符和其他不可打印字符的空行"
(和)	括号"("和")"允许我们以特定的模式比较序列，就像在编程语言中的逻辑比较一样

我们现在有了一种方法，可以用"\<"和"\>"元字符来指定单词边界。这意味着我们可以更加明确地使用现有模式，还可以在更复杂的模式中使用一些逻辑。

实验 6-5：复杂模式匹配

接下来，我们将从几个简单的模式开始。在第一个模式中，选择所有"drives"的实例，但不包含"drive""drivess"或额外的以"s"结尾的字符：

```
[student@studentvm1 chapter25]$ grep -Ei "\<drives\>" Experiment_6-3.txt
```

现在让我们建立一个搜索模式来定位 tar、磁带存档命令及其相关的引用。前两个迭代显示的内容不仅仅是与 tar 相关的行：

```
[student@studentvm1 chapter25]$ grep -Ei "tar" Experiment_6-3.txt
[student@studentvm1 chapter25]$ grep -Ei "\<tar" Experiment_6-3.txt
[student@studentvm1 chapter25]$ grep -Ein "\<tar\>" Experiment_6-3.txt
```

上一个命令中的 -n 选项将显示成功匹配的每一行的行号，这可以帮助定位搜索模式的特定实例。

提示： 匹配的数据行可以超出单个屏幕之外，特别是在搜索大文件时。你可以通过 less 命令将生成的数据流进行管道传输，然后使用 less 搜索工具（less 也能实现正则表达式）突出显示与搜索模式匹配的结果。less 中的搜索参数是"\<tar\>"。

下一个模式将在我们的测试文档中搜索"shell script""shell program""shell variable""shell environment"或"shell prompt"。圆括号改变了解析模式比较的逻辑顺序：

```
[student@studentvm1 chapter 6 ]$ grep -Eni "\<shell (script|program|variable|e
nvironment|prompt)" Experiment_6-3.txt
```

从上面的命令中删除圆括号，然后再次运行以查看输出前后的差异。

虽然我们现在已经探索了 grep 中正则表达式的基本构建块，但是有无数种方式可以将它们组合起来创建复杂且有效的搜索模式。然而，grep 是一个搜索工具，在进行匹配时，它不能直接编辑或修改数据流中文本行的内容。

6.4　sed 流式编辑器

sed 工具不仅能搜索与正则表达式模式相匹配的文本，还可以修改、删除或替换所匹配的文本。笔者在之前实验的命令行和 Bash shell 脚本中使用过 sed，作为一种快速简单的方式来定位文本，并以某种方式修改它。sed 的名称代表流编辑器，因为它操作数据流的方式与其他可以转换数据流的工具相同。大多数更改只是涉及从数据流中选择特定的行，并将它们传递给另一个转换器程序⊖。

我们已经看到了 sed 的实际操作，但是现在，通过更深入地理解正则表达式，我们可

⊖　许多人把像 grep 这样的工具称为"过滤器"（filter）程序，因为它们会从数据流中过滤不需要的行。然而，我更喜欢"转换器"（transformers）这个词，因为像 sed 和 awk 这样的转换器不仅是过滤器，它们可以测试各种字符串组合的内容，并以多种不同的方式更改匹配的内容。诸如 sort、head、tail、uniq、fmt 等工具都以某种方式转换数据流。

以更好地分析和理解先前的用法。

实验 6-6：sed 流式编辑器

在实验 6-2 中，我们简化了用于将姓名和电子邮件地址列表转换为可用作列表服务器输入表单的 CLI 程序。经过一些简化处理后，该 CLI 程序如下所示：

```
grep -vE "Team|^\s*$" Experiment_6-1.txt | sed -e "s/[Ll]eader//" -e "s/\
[//g" -e "s/]//g" -e "s/)//g" -e "s/(//g" | awk '{print $1" "$2" <"$3">"}'
```

可以将 sed 命令中使用的五个表达式中的四个组合转换为单个表达式，最终 sed 命令有两个表达式（而非五个），如下所示：

```
sed -e "s/[Ll]eader//" -e "s/[]()\[]//g"
```

上述操作使得理解复杂的表达式更为困难。需要注意，无论单个 sed 命令包含多少个表达式，数据流都只被解析一次以匹配所有表达式。

让我们更仔细地检查修改后的表达式 -e "s/[]()\[]//g"。默认情况下，sed 命令将该表达式的 [字符解释为一个集合的开头，将最后一个] 字符解释为该集合的结尾，-e "s/[]()\[]//g" 中间的] 字符不会被解释为元字符。由于我们需要匹配 [作为字面量字符，以便从数据流中删除它，而 sed 命令通常将其解释为元字符，因此需要将其转义以便将该字符解释为字面量"]"。现在在这个表达式中的所有元字符都被高亮显示。让我们将其插入 CLI 脚本中并进行测试：

```
[student@studentvm1 chapter25]$ grep -vE "Team|^\s*$" Experiment_6-1.txt |
sed -e "s/[Ll]eader//" -e "s/[]()\[]//g"
```

可能你想询问，为什么不把"\["放在集合的"["之后以及"]"字符之前，你可以这样试试：

```
[student@studentvm1 chapter25]$ grep -vE "Team|^\s*$" Experiment_6-1.txt |
sed -e "s/[Ll]eader//" -e "s/[\[]()]//g"
```

我们认为这应该奏效，但事实并非如此。这样的意外结果表明，我们必须仔细测试每个正则表达式，以确保它实际上按照我们的意图运行。经过一些实验后，笔者发现转义的左方括号"\["在除第一个位置以外的所有位置都可以运行得很好。这种行为在 grep 手册页中有对应说明，我们应该先阅读一下。无论如何，笔者发现实验强化了所读到的知识，并且这种发现通常要比想要寻找的知识更加有趣。

添加最后一个组件 awk 语句，经过优化的程序如下所示，结果正是我们想要的：

```
[student@studentvm1 chapter25]$ grep -vE "Team|^\s*$" Experiment_6-1.txt |
sed -e "s/[Ll]eader//" -e "s/[]()\[]//g" | awk '{print $1" "$2" <"$3">"}'
```

6.5　其他实现正则表达式的工具

许多 Linux 工具都能实现正则表达式，这些实现中的大多数都与 awk、grep 和 sed 非常相似，因此学习它们之间的差异也较为容易。虽然我们没有详细研究 awk，但它是一种强大的文本处理语言，也实现了正则表达式。

大多数更高级的文本编辑器都可以使用正则表达式，Vim、gVim、Kate 和 GNU Emacs 也不例外。less 工具也能实现正则表达式，就像 LibreOffice Writer 的搜索和替换功能一样。

像 Perl、awk 和 Python 这样的编程语言也包含正则表达式实现，这使得它们非常适合于编写文本操作工具。

6.6　资源

本节列出了一些学习正则表达式的优秀资源。

grep 手册页有一个很好的参考资料，但不适合学习正则表达式。因此，笔者推荐其他书籍供初学者学习。首先，《精通正则表达式》[一]是一本非常好的正则表达式教程和参考书，笔者向所有想要成为 Linux 系统管理员的读者推荐这本书，因为你将使用正则表达式来解决许多实际问题。其次，*sed & awk*[二]涵盖了 sed 和 awk 两个强大的工具，并且对正则表达式进行了深入讨论。

还有一些很好的网站可以帮助大家学习正则表达式，并提供了一些丰富且实用的"菜谱式"风格的正则表达式示例。但其中有些网站可能会要求用户付费使用其所提供的服务，对此，本系列书籍上、下册的技术审查员 Jason Baker 推荐了 https://regexcrossword.com/ 网站作为学习正则表达式的工具。

总结

本章为复杂的正则表达式世界提供了一个简要介绍。我们对 grep 工具中的正则表达式实现进行了足够深入的探索，以便让你了解一些可以用正则表达式来完成的令人惊奇的事情。此外，本章还研究了一些实现正则表达式的 Linux 工具和编程语言。

最后提醒一句，本书只触及这些工具和正则表达式的基础用法及浅层知识。还有更多的知识需要你学习，同时也有很多优秀资源供你参考。

练习

为了掌握本章所学知识，请完成以下练习：

1. 在实验 6-1 中，构建了一个用于查找"（"字符的 sed 搜索，即使在 Experiment_6-1. txt 数据文件中没有该字符。你认为这是一个好主意吗？为什么？

2. 考虑有关实验 6-1 和实验 6-2 的问题。如果存在一行或多行不同的数据格式，如

[一] Jeffrey E. F. Friedl, *Mastering Regular Expressions*, O'Reilly, 2012, ISBN-13: 978-0596528126。

[二] Arnold Robbins, Dale Dougherty, *sed & awk: UNIX Power Tools (Nutshell Handbooks)*, O'Reilly, 2012, ISBN-13: 978-1565922259，中文版《sed 与 awk》由机械工业出版社出版。

first、middle、last 或者是 last、first，那么生成的数据流会产生什么影响？

3. 在实验 6-5 中使用如下所示的正则表达式：

```
grep -Eni "\<shell (script|program|variable|environment|prompt)" Experiment_6-3.txt
```

请说明该正则表达式所定义的逻辑，并创建一个不带括号的正则表达式。

4. grep 工具有一个选项，可用于指定只匹配单词，这样就不需要"\<"和"\>"元字符。在实验 6-6 中，使用该选项消除元字符并对结果进行测试。

5. 在实验 6-6 中 CLI 程序的最后一次迭代中使用 grep 命令，看看会带来什么效果：

```
grep -vE "Team|^\s*$" Experiment_6-1.txt | sed -e "s/[Ll]eader//" -e "s/[]()\ []//g" |
    awk '{print $1""$2"<"$3">"}'
```

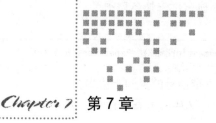

Chapter 7 第7章

打　印

目标

在本章中，你将学习如下内容：

❑ 如何安装打印机并使其在虚拟机中正常使用？

❑ 描述打印数据流的流程。

❑ 确定 Linux 下的 CUPS（Common UNIX Printing System，通用 UNIX 打印系统）对打印机的支持程度。

❑ 为 Linux 选择一个合适的打印机。

❑ 在没有精确匹配的情况下，为打印机选择合适的 PPD[⊖]文件。

❑ 使用 CUPS 从命令行配置打印队列。

❑ 管理打印队列，学习启用和禁用功能，并将打印作业从一个队列移动到另一个队列。

❑ 创建打印队列，将打印机数据流转换为 PDF 格式，作为文件存储。

❑ 将 ASCII 纯文本文件转换为 Postscript 和 PDF 格式。

❑ 将 Postscript 和 PDF 文件转换为 ASCII 文本格式。

❑ 在 Linux/UNIX 格式、DOS/Windows 格式和 Apple 格式之间转换合适的数据文件。

7.1　概述

在本书中，我们已经探索了许多 Linux 工具，它们能够做一些令人惊讶的事情。在本章中，我们将介绍一些额外的命令行工具，它们可以操作文本文件和数据流，以便为打印

⊖　PPD（Postscript Printer Description），Postscript 是由 Adobe 公司研发的页面描述语言，其最大特点是可以将印刷品中包含的文字、图形、图像、字体和颜色等各种元素用一种计算机数据来表现和描述，然后经过光栅图像处理器快速地解释为可控制打印设备输出的点阵信息。

做好准备。其中一些工具可以将数据流从 ASCII 文本转换为 PDF、Postscript，然后再转换回来；有些工具可以将 MS Word 和 LibreOffice Writer 文档转换为 ASCII；也有一些工具可以将苹果（Apple）或 DOS 文本文件转换为 Linux 文本文件。

此外，我们还将介绍能够创建和管理打印队列的命令行工具。

7.2　关于打印机

打印机是用来在纸张上打印图像或文本的硬件设备。重要的是要明白，打印机建立一个页面图像，一次打印一行。3D 打印机可以一次打印一层物体，但在本书中，我们将在纸上打印文字和图像。

如果你有一台喷墨打印机，你可以观察整个打印的过程。打印头在纸张上水平移动，一次一行地打印文本或图形的图像。需要注意的是，笔者这里的描述并不是指一次打印一行文字，而是指打印图像的一行与打印头的垂直大小一样高的像素点。这可能包含一行文本，但也可能是一行文本的底部和下一行文本的顶部，或者是文本和图像的组合。

如果你试图将现代打印机的操作等同于老式点阵打印机的操作，那你将无法理解今天的打印机。因为你至少要对打印机的工作原理有一定的了解，这对理解 Linux 如何打印和用来将文档打印到纸上的工具，以及创建既能打印到纸上又能在图形显示器上查看图像的工具是很重要的。

现代打印机在打印文本时，无论是喷墨打印机，还是激光打印机，都会打印所有页面的图像。喷墨打印机是将图像一次一行地直接打印到纸张上，而激光打印机则是在打印机内部的滚筒上生成整个图像，然后一次将其传输到纸张上。

7.2.1　打印语言

为创建打印的图像，诸如办公软件、网络浏览器、财务软件和其他可以打印到打印机的软件等应用程序必须生成可机器可以识别并转换为用于打印图像的数据流。这些数据流是使用一种通用的页面描述语言（Page Description Language，PDL）所创建的。

这些 PDL 的功能是描述页面在打印时的外观。它们使用一些命令，比如在这个位置绘制一个具有高度、宽度和背景颜色的框，然后使用特定大小、特定字体来将某些指定文本居中等。页面描述语言被设计成独立于使用它们的硬件、应用软件和操作系统。这有助于标准化打印过程和打印工具。最后，笔者就不一一列举过去每个应用程序都需要大量的打印机驱动程序了。

页面描述语言有很多种，维基百科列出了其中常用的一些，但至今被大多数打印机广泛使用的页面描述语言只有以下三种：

❑ PCL：惠普打印机的命令语言。

❑ Postscript：Adobe 系统的第一个页面描述语言。

❑ PDF：Adobe 系统的可移植文档格式。PDF 已经成为一种非常普遍的文档交换格式。

7.2.2　打印机和Linux

如果你可以从虚拟机访问物理打印机，那么你就可以直接执行本章中的实验，其中大部分实验都与打印文件或准备打印文件有关。笔者本人使用兄弟（Brother）、惠普（HP）和施乐（Xerox）打印机，因为上述打印机都能很好地支持Linux系统。同时，笔者建议你阅读《为Linux选择打印机》[⊖]，此外你可以在Linux基金会文档wiki上查看《开放打印数据库》[⊜]。《开放打印数据库》将打印机按照制造商划分为四级，级别表示它们与Linux的兼容性：

- ❑ Perfectly：所有打印机的功能均可以正常工作。
- ❑ Mostly：打印机的某些功能可能无法按预期工作。例如，双面打印或二次托盘纸张的选择可能不工作。
- ❑ Partially：它可能打印一些文档，但其他文档无法正确打印，许多功能不能按照预期工作。
- ❑ Paperweight：除了用来压住使用Linux打印机的文档外，没有任何用处。

显然，前两组中的打印机比后两组中的打印机更受青睐。如果你需要购买或推荐购买与Linux兼容的打印机，那么你应该参考《开放打印数据库》。

作为参考，本书的技术审查员Jason使用惠普"HP Color LaserJet CP3"打印机测试了本章的内容。这台打印机大约有15年的历史了，并且它几乎从未被使用过，可怜的Jason不得不从一堆东西中翻出来。它在《开放打印数据库》中被标记为"完美的"。

当你将打印机插入Linux主机上的USB端口[⊜]时，大多数打印机都会被自动识别，但它们不一定会被自动配置。如果可以，请搜索《开放打印数据库》，找到与Linux兼容的打印机，并将该打印机插入物理主机上的USB端口。

如果你无法找到支持的打印机，则可以跳过实验7-1、实验7-2的第二部分以及其他与打印机相关的实验。但是，你也可以跟读和学习这些实验，以便更好地理解后续实验。本章后面的许多实验仍然适合你学习，因为打印机还可以将数据打印到文件中。为了节省纸张，我们大多时候都会这样把数据保存在文件中。

实验 7-1：虚拟机的打印设置

注意：如果你没有实体打印机，你可以跟读本章的实验部分，但没有什么可以完成的部分。

首先，让我们将打印机连接到物理主机上，然后将其提供给你创建的虚拟机使用。

如果尚未设置打印机，请打开打印机并进行设置。使用USB线将兼容的打印机插入物理主机的USB端口，无须在物理主机上配置打印机。

在StudentVM1的窗口中，单击Devices（设备）→USB查看连接到物理主机上的所

⊖ Don Watkins, "Choosing a printer for Linux", https://opensource.com/article/18/11/choosing-printer-linux。

⊜ Linux基金会, OpenPrinting database, www.openprinting.org/printers。

⊜ D-Bus和udev在识别插入的打印机等设备时的作用将在第14章中讨论。

有 USB 设备，如图 7-1 所示。你的打印机 USB 接口可能会与图中有所不同，但它应该在 USB 接口中已被列出。这就是让打印机对虚拟机可用所需要的全部工作。

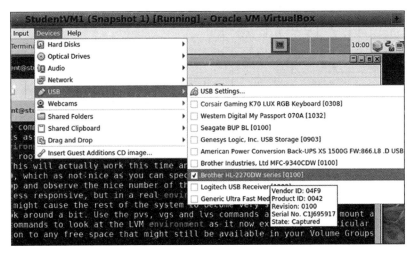

图 7-1　在 USB Settings 菜单中，选择连接到物理主机的打印机，使其在虚拟机中可用

如果碰巧你的桌面 GUI 看到了打印机的配置提示，那么请忽略它并退出配置，然后在实验 7-2 中继续进行手动配置。

7.2.3　CUPS 打印集成服务

CUPS 是一种模块化打印系统，由 Michael Sweet 于 20 世纪 90 年代末开发，他后来受雇于苹果公司。CUPS 可以使大多数现代打印机的配置和打印变得简单易行。

CUPS 使用 Postscript 作为最终打印机的数据流。图 7-2 展示了从应用程序到 CUPS 子系统各层所产生的数据流。CUPS 可接受 ASCII 文本、PDF、HP/GL 和光栅图像格式的输入，并通过将数据流转换为 Postscript 过滤器运行它们。如果传入的数据流是 Postscript 格式，则不需要更改。接着 Postscript 形式的数据流会传递到一个软件层，再将数据转换为光栅格式，该格式可以通过各种驱动程序转换为打印机的专用语言。最终，数据流被传递给后端过滤器，该过滤器会将打印机命令传输到打印机或其他打印设备。

如果输入数据流已经是 Postscript 格式，则跳过转换为 Postscript 的初始过程。如果目标打印机使用 Postscript 作为其打印语言，则数据流将绕过光栅转换阶段直接发送给后端过滤器。

CUPS 使用 PPD 文件来定义每台受支持打印机的可用功能。每个 PPD 文件都包含有关打印机特性和功能的信息，这允许 CUPS 与各种功能进行交互，譬如具有不同纸张尺寸的纸盘、打印质量、双面打印、彩色或黑白打印等。虽然 PPD 文件不是真正的设备驱动程序，但其执行的功能大致与驱动相同。

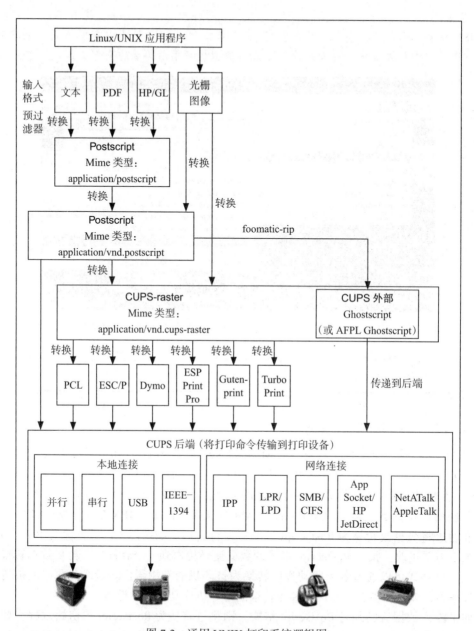

图 7-2　通用 UNIX 打印系统逻辑图

Glenn Davis（SVG），Ta bu shi da yu（PNG）和 Kurt Pfeifle（ASCII）共享知识署名，

即共享许可协议 3.0 Unported 许可证⊖

7.2.4　创建打印队列

打印队列是一个目录，用于存储正在发送到打印机的打印作业数据流。虽然大多数现代打印机都有内置内存，但是大量的打印作业可能会填满内置内存并占用更多空间。在大容量打印环境中，许多作业排队的速度可能比打印机打印的速度快，因此它们将保持在队列中，直到打印机准备就绪。

通常而言，/var/spool 目录包含临时存储的以供后续处理的数据[⊖]。CUPS 在 /var/spool/cups 中有一个队列，其中包含有关打印作业的数据以及打印作业本身的数据。/var/spool/lpd/ 目录包含每个打印机的子目录，该子目录仅用于存储锁定文件，以防止多次重叠尝试访问每台打印机。

如果物理主机没有连接受支持的打印机，请跳过此实验。在实验 7-2 中，我们使用命令行创建打印队列并配置打印机，可以使用桌面 GUI 来执行此操作，但有时 GUI 不可用。许多服务器不使用 GUI 桌面，因此使用 CLI 十分必要。尽管如此，当你使用 CLI 配置了打印机后，你还可以使用桌面的 GUI 工具或在 631 端口上运行的 Web 界面来配置打印机。

我们遇到的许多命令都以"lp"开头，这是早期打印的延续，具体是指"行式打印机"（Line Printer）。注意，接下来我们为打印机创建一个打印队列。

实验 7-2：创建打印队列

如果你没有将物理打印机通过物理主机连接到虚拟机，你仍然可以执行本实验的第一部分。本实验需以 root 用户身份执行，我们将使用命令行为所连接的打印机创建打印队列。

1. 识别打印机

首先，找到 USB 总线上的打印机，以验证它是否已被识别。笔者所使用的打印机型号是 Brother HL-2270DW，你可能使用的是一台不同的打印机。如果你没有将物理打印机连接到虚拟机，那么这里将不会显示任何信息。

提示： 虽然笔者的 Brother 打印机在虚拟机的 USB 设备菜单中被列出，但由于打印机处于睡眠状态，虚拟机并未识别到打印机。当笔者唤醒打印机后，它就能被系统成功识别了。

```
[root@studentvm1 ~]# lsusb
Bus 002 Device 001: ID 1d6b:0003 Linux Foundation 3.0 root hub
Bus 001 Device 002: ID 04f9:02b0 Brother Industries, Ltd MFC-9340CDW
Bus 001 Device 001: ID 1d6b:0002 Linux Foundation 2.0 root hub
```

然后，找到创建打印队列所需的统一资源标识符（Uniform Resource Identifier，URI）。lpinfo -v 命令用于列出所有可用的总线、协议和附加到每根总线上的打印机：

```
[root@studentvm1 ~]# lpinfo -v
file cups-brf:/
network ipps
```

⊖　请参阅我们在上册第 19 章中探讨的 Linux 文件系统层次标准。

```
network https
network http
direct usb://Brother/MFC-9340CDW?serial=U63481A5J631227
network ipp
network lpd
network socket
network beh
network smb
```

以下命令提供了一个更详细的列表，并描述了每个可能选项的总线或协议。我们将使用直接的 USB URL 来识别打印机的物理位置：

```
[root@studentvm1 ~]# lpinfo -lv | less
Device: uri = usb://Brother/MFC-9340CDW?serial=U63481A5J631227
        class = direct
        info = Brother MFC-9340CDW
        make-and-model = Brother MFC-9340CDW
        device-id = MFG:Brother;CMD:PJL,PCL,PCLXL,URF;MDL:MFC-9340CDW;CLS:PRI
        NTER;CID:Brother Color Type4;URF:SRGB24,W8,CP1,IS1-4,MT1-3-4-5-8-11,
        OB10,PQ4-5,RS600,DM1;
        location =
```

我们还需要找到用于此打印机的 PPD 文件，以便在创建打印队列时将其作为选项参数传递。列出位于打印机模型目录中的所有 PPD 文件：

```
[root@studentvm1 ~]# lpinfo -m | less
<SNIP>
gutenprint.5.3://brother-hl-7050n/simple Brother HL-7050N - CUPS+Gutenprint
v5.3.4 Simplified
gutenprint.5.3://brother-mfc-6550mc/expert Brother MFC-6550MC -
CUPS+Gutenprint v5.3.4
gutenprint.5.3://brother-mfc-6550mc/simple Brother MFC-6550MC -
CUPS+Gutenprint v5.3.4 Simplified
gutenprint.5.3://brother-mfc-8300/expert Brother MFC-8300 -
CUPS+Gutenprint v5.3.4
gutenprint.5.3://brother-mfc-8300/simple Brother MFC-8300 - CUPS+Gutenprint
v5.3.4 Simplified
gutenprint.5.3://brother-mfc-9500/expert Brother MFC-9500 -
CUPS+Gutenprint v5.3.4
gutenprint.5.3://brother-mfc-9500/simple Brother MFC-9500 - CUPS+Gutenprint
v5.3.4 Simplified
gutenprint.5.3://brother-mfc-9600/expert Brother MFC-9600 -
CUPS+Gutenprint v5.3.4
gutenprint.5.3://brother-mfc-9600/simple Brother MFC-9600 - CUPS+Gutenprint
v5.3.4 Simplified
gutenprint.5.3://bjc-30/expert Canon BJ-30 - CUPS+Gutenprint v5.3.4
<SNIP>
```

滚动浏览这些结果，了解 CUPS 支持的打印机。该文件中有超过 7000 条（没错，是七千多条）记录，其中许多条目旨在使用不同打印机语言来支持相同的打印机，比如支持 Xerox WorkCentre 7345 使用 HP PCL5C、LaserJet 4、LaserJet 4d 或 PostScript。

查找 Brother MFC 系列打印机的条目，并注意到没有 MFC-9340CDW 的条目。在这种情况下，我们可以使用与所连接的打印机最接近的 PPD 文件。在笔者的系统中，笔者使用的是 Brother MFC-9500 的 PPD 文件：

gutenprint.5.3://brother-mfc-9500/simple Brother MFC-9500

在笔者的物理主机上，使用这种 PPD 和打印机组合可以很好地运行打印机的所有功能，包括双面打印。

注意： 如果你没有将物理打印机连接到虚拟机，你可以跟读本实验的其余部分，而不应该实际输入这些命令。

---

2. 创建打印队列

在 StudentVM1 桌面上，利用底部面板中的启动器打开打印设置界面，以便在我们使用命令行界面创建打印队列时，能够看到打印队列的生成。

我们将使用之前获得的信息来创建打印队列。使用以下选项添加新的打印队列：

❑ -p：指定打印机的名称。这是一个没有空格的文本名称，也是我们在命令中识别打印机的方式。我们将使用 MFC-9340CDW 作为名称。这仅仅是为了我们能够在发出命令或读取命令结果时识别打印机。

❑ -E：启用打印机并使其接受打印作业。

❑ -v：指定打印机的 URI。这是此打印队列的数据流要发送到的目标 URI，usb://Brother/MFC-9340CDW?serial=U63481A5J631227。

❑ -m：模型目录中包含的标准 PPD 文件的名称。如果 PPD 文件是由供应商提供的，而不是由标准 CUPS 模型目录提供的，就像我遇到的一些商用大容量的 Xerox 打印机的情况一样，则应使用 -P（大写）选项和全限定文件名，而不是 -m 选项，gutenprint.5.3://brother-hl-5340d/simple。

请确保你使用的打印机名称、URI 和 PPD 文件与连接到虚拟机的打印机相匹配。

提示： 根据手册页，lpadmin 命令中的 -E 标志位非常重要。如果将其放在开头，则将加密到打印机的连接，而不是启用打印机。

具体命令如下：

```
[root@studentvm1 ~]# [root@studentvm1 ~]# lpadmin -p MFC9340CDW -E -v usb://
Brother/MFC-9340CDW?serial=U63481A5J631227  -m gutenprint.5.3://brother-
mfc-9500/simple
lpadmin: Printer drivers are deprecated and will stop working in a future
version of CUPS.
[root@studentvm1 ~]#
```

提示：请留意打印机驱动程序在不更新的情况下会报出过时告警。同时要注意，此处使用的命令是针对第一版的gutenprint.5.2，而现在已经更新为5.3了（当你阅读本书时或许已经更新了新的驱动版本）。

此时在图形用户界面的"打印设置"中应该已经显示了打印队列。作为对照，Jason在这里输入的命令是：

```
lpadmin -p HP-Color-LaserJet-CP2025dn -E -v  usb://HP/Color%20LaserJet%20
CP2025dn?serial=OOJPBFR09471 -m gutenprint.5.2://hp-clj_cp2025dn/simple
```

可以验证这一点，但不要使用GUI进行任何修改。我们可以使用`lpstat`命令来验证打印队列是否已经创建：

```
[root@studentvm1 ~]# lpstat -t
scheduler is running
system default destination: Cups-PDF
device for Brother-HL-2270DW: usb://Brother/MFC-9340CDW?serial=U6348
1A5J631227
device for Cups-PDF: cups-pdf:/
device for DummyPrinter: /dev/null
device for MFC9340CDW: usb://Brother/MFC-9340CDW?serial=U63481A5J631227
Brother-HL-2270DW accepting requests since Thu 02 Mar 2023 02:46:41 PM EST
Cups-PDF accepting requests since Wed 01 Mar 2023 01:49:19 PM EST
DummyPrinter accepting requests since Wed 01 Mar 2023 04:24:02 PM EST
MFC9340CDW accepting requests since Wed 12 Jul 2023 09:40:39 AM EDT
printer Brother-HL-2270DW disabled since Thu 02 Mar 2023 02:46:41 PM EST -
        Paused
printer Cups-PDF is idle.  enabled since Wed 01 Mar 2023 01:49:19 PM EST
printer DummyPrinter disabled since Wed 01 Mar 2023 04:24:02 PM EST -
        Paused
printer MFC9340CDW is idle.  enabled since Wed 12 Jul 2023 09:40:39 AM EDT
```

我们还可以使用`lpstat`命令列出所有打印队列的名称，以及CUPS服务器是否在本地主机上运行。-e选项列出打印队列名称，-r显示服务器的状态：

```
[root@studentvm1 ~]# lpstat -er

Cups-PDF
DummyPrinter
MFC9340CDW
scheduler is running
```

在继续操作之前，我们应该测试打印机和新创建的队列。我们可以发送一个纯ASCII码文本文件到打印机上作为我们的第一次测试，以确保所使用的打印机名称与`lpstat`命令输出的名称完全一致。

3. 测试打印机

提示： 有些打印机命令使用 -P（大写），有些使用 -p（小写）选项来指定目标打印队列。

具体示例如下：

```
[root@studentvm1 ~]# lpr -P MFC9340CDW /etc/fstab
```

系统管理员的一个相关工作是处理损坏和不适配的硬件。这并不完全是处理软件的问题。在回顾这一章时，由于硬件方面的问题，技术审查员 Jason 耽搁了一段时间。他说："这花了一些时间，因为我打印机的 jam 传感器过于敏感，我不得不用胶带来修复它，这可能超出了本书的学习范围。"

其实也不尽然，这也属本书的学习范围。事实上，类似这样的硬件问题相对比较常见。很多时候，它们可能是软件问题，我们需要跟踪并修复它们。对笔者而言，机械设备的故障过于频繁，像风扇、硬盘驱动器和打印机这样的东西都是机械设备，它们都容易在不恰当的时候发生故障。

以下命令会将目标打印机设置为默认打印机。现在我们可以在默认打印机上打印文件，而无须输入指定目标打印机的名称。以下命令会将 /etc/bashrc 文件打印到默认打印机：

```
[root@studentvm1 ~]# lpr /etc/bashrc
```

让我们使用其中一个打印选项来格式化要打印的文本文件。prettyprint 打印选项会在每张纸上打印一个小标题，并标明文件名、数据、时间以及页码。设置此选项非常简单，如下所示：

```
[root@studentvm1 ~]# lpoptions -p MFC9340CDW -o prettyprint=true
```

此设置不需要重新启动 CUPS 即可完成此更改。最后，以 student 用户身份打印 cpuHog 文件：

```
[student@studentvm1 ~]$ lpr cpuHog
```

4. 设置默认打印机

如果因缺少默认打印机目标而失败，建议你以 student 用户身份执行之前与 root 用户相同的命令，将 Brother 打印机设置为默认打印机。虽然笔者发生过一次这种情况，但它可以很容易地修复：

```
[student@studentvm1 ~]# lpoptions -d MFC9340CDW
```

现在，再次以 student 用户身份打印 /etc/bashrc 文件。在这种情况下，文件不像 cpuHog 那样以 prettyprint 的打印格式打印。尽管手册页没有说明原因，但经过一些实验，笔者得出结论：只有以 "#!/bin/bash" 开头的 Bash 程序才会以 prettyprint 的格式打印文件[⊖]。

如果有多个打印机，我们可以添加多个打印队列，但默认打印队列只能添加一个。所有打印作业都被发送到默认队列，除非指定了不同的队列。

⊖ Shebang line 是 UNIX 系统支持的一种特殊的单行注释，该部分是指 "#!/bin/bash"。——译者注

lpr 和 lpoptions 命令有许多用于设置的选项，譬如设置打印任务的优先级，以便优先打印重要任务；指定描述打印机位置的文本；打印任务的份数；打印作业要在一张纸上打印多少页，如每张纸的一面打印两页；是否以双面模式打印，即纸张的正反面；以横幅页作为打印任务的开始和结束，以便在打印量大的环境中将打印任务分开。当然，还有更多选项，这些都可以使用 GUI 打印设置界面配置的打印选项。

7.3 打印到 PDF 文件

现在，由于读者中可能有一部分人没有物理打印机可用，我们将安装 cups-pdf RPM 包，它能让我们直接打印到 PDF 文件。许多 GUI 应用程序允许导出到 PDF 文件中，并且 GUI 打印管理器界面也有打印到 PDF 文件的选项。这个软件包能够帮助我们实现命令行打印。

注意：每个人都可以执行实验 7-3，因为我们将使用 PDF 打印队列来完成本章其余实验的打印。

实验 7-3：添加 PDF 打印队列

请以 root 用户身份开始本实验，我们将在 root 用户和 student 用户之间切换。首先，以 root 用户身份安装 cups-pdf RPM 程序包，并验证新的打印队列已创建成功：

```
[root@studentvm1 ~]# dnf -y install cups-pdf
<snip>
[root@studentvm1 ~]# lpstat -a
Brother-HL-2270DW accepting requests since Tue 28 Feb 2023 12:25:08 PM EST
Cups-PDF accepting requests since Tue 28 Feb 2023 12:26:35 PM EST
```

现在，我们将 Cups-PDF 队列设置为默认队列，以 root 用户身份和 student 用户身份分别执行此操作：

```
# lpoptions -d Cups-PDF
```

接着，我们进行如下验证：

```
[root@studentvm1 ~]# lpq
Cups-PDF is ready
no entries
[root@studentvm1 ~]#
```

以及

```
[root@studentvm1 ~]# lpstat -d
system default destination: Cups-PDF
```

不幸的是，cups-pdf 已被配置为将 PDF 打印文件放在用户的桌面目录 ~/Desktop 上，这不是我们期望的，在笔者看来，把文件和目录这样的东西放在桌面上是一个不理智的主意。因此，我们将它更改为 student 用户创建的新目录 /chapter26。

切换 student 用户，创建新目录的命令如下：

```
[student@studentvm1 ~]$ mkdir ~/chapter26
```

我们需要修改 /etc/cups/cups-pdf.config 配置文件以此来使用这个新目录。以 root 用户身份编辑 /etc/cups-pdf.config 文件。

注释掉下面一行，如下所示：

```
# Out ${DESKTOP}
```

并在它的下面添加下面一行：

```
Out ${HOME}/chapter26
```

重启 CUPS：

```
[root@studentvm1 ~]# systemctl restart cups
```

以 student 用户身份打印一个测试文件并验证它是在 ~/chapter26 目录中创建的，其中每个文件的名字里还应包含打印系统的作业编号。你所打印的 PDF 文件作业编号可能和笔者的不同：

```
[student@studentvm1 ~]$ lpr ~/cpuHog
[student@studentvm1 ~]$ ll chapter26
total 12
-rw------- 1 student student 11989 Feb 28 21:46 cpuHog-job_6.pdf
```

lpr 命令也通过标准输入（STDIN）接收数据，执行如下命令：

```
[student@studentvm1 ~]$ dmesg | lpr
[student@studentvm1 ~]$ ll chapter26
total 148
-rw------- 1 student student  11989 Feb 28 21:46 cpuHog-job_6.pdf
-rw------- 1 student student 135446 Mar  1 11:14 stdin-job_7.pdf
[student@studentvm1 ~]
```

使用 student 用户，单击桌面上的 Home 图标打开文件管理器（如果其尚未打开）。导航到 ~/chapter26 目录，并双击 cpuHog.pdf 文件。这将打开 Evince 文档查看器并显示内容。图 7-3 显示了到目前为止我们已经创建的两个打印队列，它还显示 ~/chapter26 目录中的 cpuHog.pdf 文件，以及通过 Evince 文档查看器显示所打印的文件内容。

请注意，默认的打印队列是由一个心形图标来表示的。在笔者的工作站上使用的是一个勾号。不同之处在于你选择的桌面图标集。

现在，为了查看物理打印机的打印队列的状态，在实验的示例中是 HL-2270，我们需要使用 -P 选项指定要查看的打印队列：

```
[root@studentvm1 ~]# lpq -P Brother-HL-2270DW
Brother-HL-2270DW is ready
```

所有发送到默认的 -Cups-PDF- 打印队列的打印作业现在都将被保存为 /home/student/chapter26 中的 PDF 文件，这样可以很容易地找到。

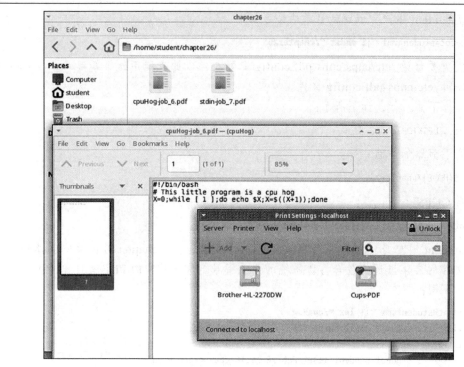

图 7-3　创建的两个打印队列以及通过 Evince 文档查看器显示打印的 cpuHog.pdf 文件内容

在 USB 设备列表中，取消勾选打印机条目，将断开虚拟机与物理打印机的连接。在本章中，后续所有的打印操作将输出为 PDF 文件，但不需要删除打印队列。

系统的打印机配置文件位于 /etc/cups/ 目录中，里面有 lpoptions 文件，其中包含 root 用户从命令行所做的选项设置。打印机 .conf 文件则涵盖了所有已定义的打印队列的当前状态信息。

7.4　文件转换工具

作为系统管理员，我们经常使用 ASCII 纯文本文件和编码为 UTF-8 或 UTF-16 的文本文件。ASCII 文本文件（如配置文件和 Vim 等编辑器创建的文件）可以直接从命令行打印，但它们可能并不总是能被很好地格式化以便打印。有时候还需要将 MS word 或 LibreOffice Writer 格式的文字处理文档转换为 ASCII 文本。在本节中，我们将探索可以执行这些转换的工具。

提示：许多非美国用户对 UTF-8 或 UTF-16 纯文本文件执行操作。对于系统文件来说，这不是什么问题，因为它们总被编码为 ASCII，但是一旦开始文件转换和打印，就需要注意了。例如，试着复制"Hi；-）！"，将其写入文本文件并保存。lpr 程序不会打印它不能识别的编码部分，因为本地的 Postscript 不支持那些其他的编码。

首先,让我们从安装一个默认情况下未预置在系统中的工具开始。

实验 7-4:安装 a2ps 工具

执行此实验,并以 root 用户身份开始安装一个新的软件包。请注意,该操作还安装了依赖关系所需的大量软件包,在笔者的虚拟机上有 400 多个:

```
[root@studentvm1 ~]# dnf -y install a2ps
```

这个工具和一些已经安装的工具提供了操作和将文件转换为各种格式的能力。尽管进行这些转换有很多原因,但在本章中,我们主要使用它们来准备打印文件。虽然纯 ASCII 文本文件可以直接传送到打印机上进行打印,但打印的结果并不总是令人赏心悦目的,比如没有页边距,或者换行比较随机,甚至某些行可能会被分割(上半部分字符打印在一页的底部,下半部分打印在下一页的顶部)。这使得阅读文件变得十分困难且令人沮丧,所以笔者喜欢准备一些文本文件,以便它们以更可读的格式打印。

7.4.1 a2ps

a2ps 工具是笔者最喜欢的处理要打印文本文件的工具,它能将纯 ASCII 文本文件转换为适合打印的 Postscript 文件。生成的 Postscript 数据流将被发送到默认打印机,并且不更改源文件。

笔者最喜欢 a2ps 的页面格式化功能。如果不喜欢默认页面格式,a2ps 可以让我们非常灵活地定义页面格式。该工具不需要设置 prettyprint 打印选项,而且打印结果很容易观察。

默认格式是每张纸打印两页,并在文本周围放置一个边框。边框的顶部区域包含文件最后一次修改的日期、文件名、页码和总页数。边框底部区域包含文件的打印日期、全限定文件和路径,以及页号和总页数。

实验 7-5:将数据流从 ASCII 转换为 PostScript

该实验需以 student 用户身份进行,确保 ~/chapter 26 目录为 PWD。

下述命令可将数据流中的数据从 /etc/bashrc 文件转换为 Postscript 文件。-o(输出文件)选项将生成的 Postscript 数据流发送到文件 bashrc.ps。.ps 是 Postscript 文件的扩展名。

```
[student@studentvm1 chapter26]$ a2ps /etc/bashrc -o bashrc.ps
[/etc/bashrc (plain): 2 pages on 1 sheet]
[Total: 2 pages on 1 sheet] saved into the file `bashrc.ps'
[3 lines wrapped]
```

现在查看 Postscript 文件是否已创建:

```
[student@studentvm1 chapter26]$ ll
total 172
-rw-r--r-- 1 student student  20926 Mar  1 13:43 bashrc.ps
-rw------- 1 student student  11989 Feb 28 21:46 cpuHog-job_6.pdf
-rw------- 1 student student 135446 Mar  1 11:14 stdin-job_7.pdf
```

将生成的 bashrc.ps 文件发送到打印机。请确保 Cups-PDF 是 student 用户的默认打印队列：

```
[student@studentvm1 chapter26]$ lpoptions -d Cups-PDF
```

提示： 由于我们以 student 用户身份运行了前面的 lpoptions 命令，所以该命令设置的任何选项都将覆盖目标打印机的系统选项设置（仅针对 student 用户）。本地选项存储在 ~/.cups/lpoptions 配置文件中，每个用户都可以有自己的打印机选项设置。若要恢复使用系统范围内的选项，请删除此文件。

我们现在可以从命令行打印 Postscript 文件：

```
[student@studentvm1 chapter26]$ lpr bashrc.ps
[student@studentvm1 chapter26]$ ll
total 188
-rw------- 1 student student  16137 Mar  1 13:49 bashrc-job_8.pdf
-rw-r--r-- 1 student student  20926 Mar  1 13:43 bashrc.ps
-rw------- 1 student student  11989 Feb 28 21:46 cpuHog-job_6.pdf
-rw------- 1 student student 135446 Mar  1 11:14 stdin-job_7.pdf
```

使用 Thunar GUI 文件管理器双击 bashrc.ps 和 bashrc.pdf 文件，打开 Evince 文档查看器，分别查看这两个文档的内容。它们的格式不同，但其内容应该是相同的。

请记住，Cups-PDF 打印机队列会将文件转换为 PDF，我们将其重新配置以存储在 /home/student/chapter 26 目录中。如果我们将 bashrc.ps 文件发送到物理打印机的打印队列中，它就会被打印出来。

建议你阅读 a2ps 说明书，以了解它的全部功能。

7.4.2　ps2pdf

ps2pdf 工具使用 Ghostscript 将 Postscript 文件转换为 PDF。Ghostscript 工具⊖通常用于将页面描述语言光栅化为图像，以便在图形终端或桌面上显示，或者在打印机上执行打印操作。

实验 7-6：将 PostScript 转换为 PDF

本实验应以 student 用户身份进行。

使用以下命令将 bashrc.ps 文件转换为 bashrc-2.pdf。由于该目录中已有 bashrc.pdf 文件，为了避免覆盖现有文件，我们在文件名称后面添加 -2：

```
[student@studentvm1 chapter26]$ ps2pdf bashrc.ps bashrc-2.pdf
```

使用 Evince 查看器来检查结果。你也可以使用 cmp（compare）和 diff（difference）命令来比较这两个文件，以发现这两个文件更多不同的有趣的地方。

⊖ Ghostscript 是一种基于 Adobe、PostScript 及可移植文档格式（PDF）的页面描述语言等编译成的免费软件。——译者注

7.4.3　pr

pr 工具将纯 ASCII 文本文件转换为更美观的文件以便打印。它只需对文本进行分页处理，并为每页文本添加一个消息头或页眉。页眉包括通过 pr 工具运行文件的日期和时间、文件名以及页码。处理结果仍然是一个 ASCII 文本数据流，可以被重定向到一个文件，直接发送到打印机或者使用 less 工具来查看。

pr 工具有一些选项可以用于控制页面长度、缩进（左边距）、截断的行宽等，但其基本功能仍然非常简单。

> **实验 7-7：美化 ASCII 文本文件**
>
> 本实验应以 student 用户身份执行。
>
> 下面的命令对 /etc/bashrc 文件做了一些非常基本的修改，使其比只打印原始数据流时的格式更美观：
>
> ```
> [student@studentvm1 ~]$ pr /etc/bashrc | less
> ```
>
> 通过页面浏览数据并查看页眉和分页。打印相同的文件并留出一点左边距：
>
> ```
> [student@studentvm1 ~]$ pr -o 4 /etc/bashrc | less
> ```

7.4.4　ps2ascii

ps2ascii 是一种 Ghostscript 转换器，能从 Postscript 或 PDF 文件中提取 ASCII 文本。ps2ascii 并不总能很好地工作，它有时会省去一些输出。大多数情况下，ps2ascii 只是提取文本而不考虑任何格式，但这并不意味着它没有用处。该工具的输出是 ASCII 文本到 STDOUT。

> **实验 7-8：将 PostScript 转换为 ASCII**
>
> 我们将以 student 用户身份执行这个实验。下述是通过 ps2ascii 工具运行 bashrc.ps 文件后的结果。为了节省空间，笔者已经删除了大部分的数据流。具体内容如下：
>
> ```
> [student@studentvm1 chapter26]$ ps2ascii bashrc.ps
>                      1/1
>     Page 2/2
>   Printed by Student User
>    bashrc
>    Mar 17, 19 14:55
> PATH=$1:$PATH              fi      esac    }    # By default,
> we want umask to get set. This sets it for non-login shell.    #
> Current threshold for system reserved uid/gids is 200    # You
> could check uidgid reservation validity in    # /usr/share/
> doc/setup-*/uidgid file    if [ $UID -gt 199 ] && [ "`id -
> gn`" = "`id -un`" ]; then    umask 002    else    umask
> 022    fi    SHELL=/bin/bash    # Only display echos from profile.d
> scripts if we are no login shell    # and interactive - otherwise
> ```

```
just process them to set envvars      for i in /etc/profile.d/*.
sh; do         if [ -r "$i" ]; then          if [ "$PS1" ];
then                  . "$i"          else              . "$i" >/
dev/null           fi        fi     done    unset i    unset -f
pathmunge    fifi# vim:ts=4:sw=4
 /etc/bashrc
 Page 1/2
 bashrc
 Mar 17, 19 14:55
   # /etc/bashrc# System wide functions and aliases# Environment stuff
   goes in /etc/profile# It's NOT a good idea to change this file
   unless you know what you# are doing. It's much better to

<snip>

# If you want to do so, just add e.g.    # if [ "$PS1" ]; then    #    PS1="[\
u@\h:\l \W]\\$ "    # fi    # to your custom modification shell script in
/etc/profile.d/ directory   fi   if ! shopt -q login_shell ; then # We're
not a login shell     # Need to redefine pathmunge, it gets undefined
at the end of /etc/profile     pathmunge () {         case ":${PATH}:"
in          *:"$1":*)                  ;;           *)              if
[ "$2" = "after" ] ;
then                   PATH=$PATH:$1            elseSunday March
17, 2019
```

For obvious reasons, I always keep the original ASCII plain text versions of any files I convert to other formats.

基于备份和可读性的原因，笔者始终保留任何文件的原始 ASCII 纯文本版本，以便将其转换为其他格式。

7.5　操作系统相关的转换工具

不同的操作系统在存储 ASCII 文本文件时所使用的特殊文本代码略有不同。例如，DOS 和 Windows 操作系统在每行的末尾都使用回车 / 换行字符（CR-LF）序列；而 UNIX 和 Linux 使用单个换行字符，在 UNIX 和 Linux 中称为换行符；苹果操作系统在每行文本的末尾使用回车字符。这些字符通常不会在使用编辑器和诸如 less 等分页工具中显示。因此，它们被称为空白字符，它们是不可见的。

我们将使用先前实验中所创建的 cpuHog 程序，因为它很简短。

实验 7-9：探索文件内容

该实验以 student 用户的身份执行。使用 od 命令查看 cpuHog 文件，其显示内容包含空白字符代码的 ASCII 字符序列。其中，换行符将以 "\n" 的形式呈现：

```
[student@studentvm1 chapter26]$ od -c ../cpuHog
0000000   #   !   /   b   i   n   /   b   a   s   h  \n   #       T   h
0000020   i   s       l   i   t   t   l   e       p   r   o   g   r   a
0000040   m       i   s       a       c   p   u       h   o   g  \n   X
0000060   =   0   ;   w   h   i   l   e       [       1       ]   ;   d
0000100   o       e   c   h   o       $   X   ;   X   =   $   (   (   X
0000120   +   1   )   )   ;   d   o   n   e  \n  \n  \n
0000134
```

请注意换行符"\n"。现在查看十六进制代码，下列命令中的 -x 选项将指定十六进制显示：

```
[student@studentvm1 chapter26]$ od -x ../cpuHog
0000000 2123 622f 6e69 622f 7361 0a68 2023 6854
0000020 7369 6c20 7469 6c74 2065 7270 676f 6172
0000040 206d 7369 6120 6320 7570 6820 676f 580a
0000060 303d 773b 6968 656c 5b20 3120 5d20 643b
0000100 206f 6365 6f68 2420 3b58 3d58 2824 5828
0000120 312b 2929 643b 6e6f 0a65 0a0a
0000134
```

你能将十六进制解码成 ASCII 码吗？你可以使用维基百科 ASCII 码文章中的表格，但是一个好的系统管理员总是有一个自己擅长查阅的 ASCII 表，以至于你能快速在 ASCII 码手册上找到每一个 ASCII 码所对应的值。

提示： 某些工具可以用于在命令行程序和脚本中生成格式化的输出，譬如 printf 命令，它使用 ASCII 码，其中"\n"表示换行符，"\t"表示制表符。

7.5.1 unix2dos

现在我们通过上述操作已经可以看到换行符，接着我们将该文件在不更改原始文件的情况下转换为 DOS 格式。

实验 7-10：将 UNIX 文件转换为 DOS 格式

以 student 用户的身份执行本实验。将 cpuHog 文件转换为 DOS 格式，而不更改原始格式。unix2dos 工具的默认设置是将原始文件转换为新格式，而这并不是我们在本实验中想要的：

```
[student@studentvm1 ~]$ unix2dos -n cpuHog cpuHog.dos
unix2dos: converting file cpuHog to file cpuHog.dos in DOS format...
[student@studentvm1 ~]$ od -c cpuHog.dos
0000000   #   !   /   b   i   n   /   b   a   s   h  \r  \n   #       T
0000020   h   i   s       l   i   t   t   l   e       p   r   o   g   r
0000040   a   m       i   s       a       c   p   u       h   o   g  \r
```

```
0000060  \n  X  =  0  ;  w  h  i  l  e  [  1  ]
0000100  ;  d  o  e  c  h  o  $  X  ;  X  =  $  (
0000120  (  X  +  1  )  )  ;  d  o  n  e  \r  \n  \r  \n  \r
0000140  \n
0000141
[student@studentvm1 ~]$ od -x cpuHog.dos
0000000 2123 622f 6e69 622f 7361 0d68 230a 5420
0000020 6968 2073 696c 7474 656c 7020 6f72 7267
0000040 6d61 6920 2073 2061 7063 2075 6f68 0d67
0000060 580a 303d 773b 6968 656c 5b20 3120 5d20
0000100 643b 206f 6365 6f68 2420 3b58 3d58 2824
0000120 5828 312b 2929 643b 6e6f 0d65 0d0a 0d0a
0000140 000a
0000141
```

换行符已转换为 CR-LF 格式，即 "\r\n"。

我们可以使用 diff 命令来验证文件是否不同。看看 unix2doc 究竟对 cpuHog 文件做了什么？

```
[student@studentvm1 ~]$ diff cpuHog cpuHog.dos
1,5c1,5
< #!/bin/bash
< # This little program is a cpu hog
< X=0;while [ 1 ];do echo $X;X=$((X+1));done
<
<
---
> #!/bin/bash
> # This little program is a cpu hog
> X=0;while [ 1 ];do echo $X;X=$((X+1));done
>
>
```

虽然结果显示文件的每一行都有差异，但我们并不能看出差异在哪里，因为它们的空白不能由这个工具直接显示。然而，我们可以从比较中去除空格，现在显示没有差异：

```
[student@studentvm1 ~]$ diff -Z cpuHog cpuHog.dos
[student@studentvm1 ~]$
```

这个结果告诉我们，这两个文件的差异都集中在空白符中。

笔者发现 unix2dos 工具的输出数据流不能发送到 STDOUT，尤其是它根本不使用 STDIO，这很不寻常，也毫无帮助。该工具虽然在混合操作系统环境中很有用，但它并不遵循 Linux 哲学。

有关 unix2dos 功能和语法的详细信息，请参阅 unix2dos 的说明书。

7.5.2 dos2unix

dos2unix 工具的功能与 unix2dos 工具恰好相反，它将 DOS 系统的文本文件转换为适合的 Linux 文本文件。

实验 7-11：将 DOS 文件转换为 UNIX 格式

以 student 用户身份执行本实验。dos2unix 命令的语法与 unix2dos 命令相同，并且也不使用 STDIO：

```
[student@studentvm1 ~]$ dos2unix -n cpuHog.dos cpuHog.Linux
dos2unix: converting file cpuHog.dos to file cpuHog.Linux in Unix format...
```

现在使用 od 命令来查看 cpuHog 文件。Linux 文件在 ASCII 列模式下使用 -c 选项，并查找换行符 (\n)。还要注意 cpuHog.Linux 文件与原始 cpuHog 文件的大小，以及与 cpuHog.dos 文件比较的差异。使用 diff 命令来比较原始的 cpuHog 文件和 cpuHog.Linux 文件也非常有帮助，并发现 Linux 文件是原始文件经历两次转换的结果。

```
[student@studentvm1 ~]$ diff cpuHog cpuHog.Linux
```

你可以看到，这没有什么区别。

7.5.3 unix2mac 和 mac2unix

unix2mac 工具就像它的名字所暗示的那样，它将文本文件从 Linux 格式转换为 Mac 格式。显然，mac2unix 工具会执行与之相反的过程。

实验 7-12：将 UNIX 文件转换为 Mac 格式并逆转

本实验的第一部分以 student 用户身份来执行。这些命令的语法与前面的命令相同。让我们将 cpuHog 文件转换为苹果操作系统格式，然后查看内容：

```
[student@studentvm1 ~]$ od -c cpuHog.mac
0000000   #   !   /   b   i   n   /   b   a   s   h  \r   #       T   h
0000020   i   s       l   i   t   t   l   e       p   r   o   g   r   a
0000040   m       i   s       a       c   p   u       h   o   g  \r   X
0000060   =   0   ;       w   h   i   l   e       [       1       ]   ;   d
0000100   o       e   c   h   o       $   X   ;   X   =   $   (   (   X
0000120   +   1   )   )   ;       d   o   n   e  \r  \r  \r
0000134
```

Mac 文本文件只使用回车符 (CR)，即文本行末尾的"\r"字符。这里有一个小秘密。让我们来看看保存这些二进制文件的 /usr/bin 目录：

```
[student@studentvm1 ~]# ll /usr/bin | grep unix
-rwxr-xr-x. 1 root root    55192 Jul 23  2018 dos2unix
lrwxrwxrwx. 1 root root        8 Jul 23  2018 mac2unix -> dos2unix
-rwxr-xr-x. 1 root root    55184 Jul 23  2018 unix2dos
lrwxrwxrwx. 1 root root        8 Jul 23  2018 unix2mac -> unix2dos
```

最后，请大家想想这意味着什么？

7.6　其他工具

笔者还发现了一些有趣且有用的额外工具。让我们来看看其中的三个。

7.6.1　lpmove

lpmove 命令用于将打印作业从一个队列移动到另一个队列。如果你想要将文件打印到打印队列，而打印机因缺纸或碳粉不足不接受打印任务，则可能需要使用该命令。这个工具可以让打印任务进入队列，直到打印机得到补给并再次接受打印任务为止。

将打印任务从一个队列移动到另一个队列，就可以完成打印任务，而无须等待原打印机再次准备就绪。为了让每个人都能够完成下一个实验，我们将创建一台虚拟打印机，将所有的打印作业都发送到 /dev/null。

虚拟打印机也可以用于测试将数据流发送到打印机的代码，而无须关心打印作业本身。我们不希望将纸张浪费在真正的打印机上，也不希望清理测试期间所创建的一堆文件。在这种情况下，你将在不同的时间测试打印作业的内容，以验证它们是否正确。

实验 7-13：将打印作业移动到另一个打印队列

请以 root 用户身份执行本实验。由于有些读者无法访问物理打印机，所以我们将创建一个虚拟打印机，它将所有的打印任务直接发送到 /dev/null 特殊设备文件中。我们在本书的第 3 章中探讨了特殊设备文件和 /dev/null。

下述操作为我们的实验提供了另一个队列，并且每个人都可以进行之后的打印实验。添加新的虚拟打印队列并进行验证：

```
[root@studentvm1 ~]# lpadmin -p DummyPrinter -E -v file:/dev/null
[root@studentvm1 ~]# lpstat -t
scheduler is running
system default destination: Cups-PDF
device for Brother-HL-2270DW: usb://Brother/MFC-9340CDW?serial=U6348
1A5J631227
device for Cups-PDF: cups-pdf:/
device for DummyPrinter: /dev/null
Brother-HL-2270DW accepting requests since Wed 01 Mar 2023 11:31:26 AM EST
Cups-PDF accepting requests since Wed 01 Mar 2023 01:49:19 PM EST
DummyPrinter accepting requests since Wed 01 Mar 2023 04:21:27 PM EST
printer Brother-HL-2270DW is idle.  enabled since Wed 01 Mar 2023
11:31:26 AM EST
printer Cups-PDF is idle.  enabled since Wed 01 Mar 2023 01:49:19 PM EST
printer DummyPrinter is idle.  enabled since Wed 01 Mar 2023 04:21:27 PM EST
```

确保将 student 用户的主目录设为 PWD，现在让我们在虚拟打印机上打印一个测试结果。下列命令不会打印任何东西，也不会得到任何错误。以 student 用户身份执行该操作：

```
[student@studentvm1 ~]# lpr -P DummyPrinter cpuHog
[student@studentvm1 ~]# lpq -P DummyPrinter
```

```
DummyPrinter is ready
no entries
```

现在，以 root 用户身份禁用虚拟打印机：

```
[root@studentvm1 ~]# cupsdisable DummyPrinter
[root@studentvm1 ~]# lpstat -t
scheduler is running
system default destination: Cups-PDF
device for Brother-HL-2270DW: usb://Brother/MFC-9340CDW?serial=U6348
1A5J631227
device for Cups-PDF: cups-pdf:/
device for DummyPrinter: /dev/null
Brother-HL-2270DW accepting requests since Wed 01 Mar 2023 11:31:26 AM EST
Cups-PDF accepting requests since Wed 01 Mar 2023 01:49:19 PM EST
DummyPrinter accepting requests since Wed 01 Mar 2023 04:24:02 PM EST
printer Brother-HL-2270DW is idle.  enabled since Wed 01 Mar 2023
11:31:26 AM EST
printer Cups-PDF is idle.  enabled since Wed 01 Mar 2023 01:49:19 PM EST
printer DummyPrinter disabled since Wed 01 Mar 2023 04:24:02 PM EST -
        Paused
```

接下来，以 student 用户身份将任务发送到虚拟打印机，现在它已被禁用，然后检查队列：

```
[student@studentvm1 ~]$ lpr -P DummyPrinter cpuHog
[student@studentvm1 ~]$ lpq -P DummyPrinter
DummyPrinter is not ready
Rank    Owner    Job    File(s) Total Size
1st     student  10     cpuHog  1024 bytes
```

我们的打印作业仍然在虚拟打印机的队列中。如果我们重新启用虚拟打印机，打印作业将"打印"到 /dev/null，但我们将把它移动到 Cups-PDF 队列中：

```
[student@studentvm1 ~]$ lpmove 10 Cups-PDF
[student@studentvm1 ~]$ lpq
Cups-PDF is ready
no entries
```

记住，发送到 Cups-PDF 打印机的打印任务会被处理并作为 PDF 文件发送给 ~/chapter26，因此我们可以在那里查找生成的"打印"文档。cpuHog.pdf 文件上的日期应该只有几秒钟的时间，这提示我们它是刚打印出来的。你应该删除这个文件，然后执行如下实验进行验证：

```
[student@studentvm1 ~]$ ll chapter26
total 216
-rw-r--r-- 1 student student  15971 Mar  1 13:54 bashrc-2.pdf
-rw------- 1 student student  16137 Mar  1 13:49 bashrc-job_8.pdf
-rw-r--r-- 1 student student  20926 Mar  1 13:43 bashrc.ps
-rw------- 1 student student  11989 Mar  1 16:28 cpuHog-job_10.pdf
```

```
-rw------- 1 student student  11989 Feb 28 21:46 cpuHog-job_6.pdf
-rw------- 1 student student 135446 Mar  1 11:14 stdin-job_7.pdf
```

查看桌面上 GUI 工具的打印设置。现有三个打印队列，最新的虚拟打印机就是其中之一。请注意，虚拟打印机的打印队列已暂停，因为该队列的图标上叠加了一个暂停符号（‖）。禁用虚拟打印机。

7.6.2　wvText 和 odt2txt

wvText 工具用于将 MS Word 文档转换为 txt 文本格式，而 odt2txt 可以将 LibreOffice 文档从 OpenDocument 文本格式转换为纯 ASCII 文本格式。笔者没有使用过 wvText，但使用过 odt2txt。

有时笔者需要确定是否在一本书的一章中讨论了某个特定的主题。假设每章都是一个单独的 LibreOffice Writer 文件，我们做了类似的事情，即在所有章节中搜索一个特定的单词或短语，如图 7-4 所示。

```
[dboth@myworkstation RevisionsCompleted]$ for I in `ls *odt`; do echo
"### Working on $I" ; odt2txt $I ; done | grep -Ei "columns|##
Working"
### Working on Chapter-01.odt
### Working on Chapter-02.odt
### Working on Chapter-03.odt
### Working on Chapter-04.odt
on your screen if there are not enough columns in your terminal
your screen if there are not enough columns in your terminal
### Working on Chapter-05.odt
### Working on Chapter-06.odt
### Working on Chapter-07.odt
### Working on Chapter-08.odt
### Working on Chapter-09.odt
### Working on Chapter-10.odt
### Working on Chapter-11.odt
### Working on Chapter-12.odt
### Working on Chapter-13.odt
load the system. It is also interactive and the data columns to
terminal display. The default columns displayed by top are
described below. Several other columns are available and each
any of the displayed columns including CPU and memory usage. By
enough width (columns) the output may be misaligned and
### Working on Chapter-14.odt
is opened. I currently have this adjusted to 130 columns by 65
### Working on Chapter-15.odt
### Working on Chapter-16.odt
### Working on Chapter-17.odt
What is the value of the COLUMNS variable in each of the open
```

图 7-4　使用 odt2txt 工具来搜索特定的单词

通过使用 echo 命令列出被转换和扫描的章节，可以很容易地确定在哪一章找到对应的实例。笔者使用 time 工具执行这个任务，查看它需要多长时间。转换和内容搜索所花费的时间不到 2s，这比打开每个 LibreOffice 文件并使用 LibreOffice 搜索工具要快得多。

这两种工具都不能很好地处理表格。表格中的数据可以转换，但组织结构将丢失。

总结

本章详细探讨了打印队列的创建和使用，以及使用命令行执行打印的操作。尽管所有这些任务都可以通过 GUI 和 GUI 应用程序完成，但使用命令行来执行这些任务可以有助于我们更全面地理解 Linux 中打印工作的原理。

我们主要从打印或准备用于打印的 ASCII 纯文本文件的角度来研究本章中使用的工具。然而，这些工具也可以用来以各种方式处理文本文件，从而生成 PDF 和 Postscript 文件，用于发送给其他人，以及以易于阅读和理解的形式长期保留文本文件。这些工具还可以用于在使用不同编码标准的操作系统之间共享 ASCII 文本文件。

由于我们在本章中探索的工具可以用来控制打印任务的大量选项，因此阅读每个工具的手册页是一个好习惯，为各种任务提供了不同的可能性。

如果你有外部物理打印机，请保持连接。它将在下一章中使用。

练习

为了掌握本章所学知识，请完成以下练习：

1. 如果你有一台物理打印机，请向打印机队列添加一些描述打印机物理位置的文本。

2. 如果你有一台物理打印机，请重新打印 /etc/bashrc 文件，并将其格式化为双面长边和双边框。

3. 打印显示在虚拟机上所有打印机队列的列表。

4. 如果你有一台物理打印机，请设计并执行一个实验，以证明 prettyprint 选项仅适用于使用单行注释"shebang line"的 Bash 文件。

5. 使用 Cups-PDF 打印队列时，prettyprint 工作吗？

6. 普通用户和 root 用户是否可以设置不同的默认打印机？

7. 哪个十六进制字符代表换行符？

8. 制表符的 ASCII 表示和十六进制代码分别是什么？

9. 在实验 7-10 至实验 7-12 中，你查看了 unix2dos、unix2mac、dos2unix 和 mac2unix 的可执行文件。你从观察中得出了什么结论？

10. 当物理打印机与虚拟机断开连接时，打印机的打印队列会发生什么？

Chapter 8 第 8 章

硬件检测

目标

在本章中，你将学习如下内容：

❑ 如何使用 Linux 常用工具检测和识别安装在 Linux 主机上的硬件。

❑ 如何查找主板的信息，如供应商、品牌、型号和序列号。

❑ 如何查找内存类型、读写速度和存储大小。

❑ 如何查找并列出连接到系统的外围硬件，如打印机、鼠标、键盘等。

❑ 如何查找并生成连接到 USB 和 PCI 总线的硬件列表。

8.1 概述

本章所说的硬件检测到底是什么意思呢？就笔者而言，硬件检测是指识别 Linux 主机中已安装硬件相关信息的能力，如供应商、型号、序列号、内存和硬盘 /SSD 驱动器的大小，以及其他可能有用的特定标识信息。硬件检测能力特指的是无须拆开设备就能查询到硬件相关信息。

例如，当升级 Linux 主机内存时，笔者使用了本章将探讨的工具来确定主板所支持的最大内存条数量和内存类型，以及开放内存 DIMM 插槽的数量。笔者可以在网上订购或去当地的计算机商店（一家真正知道计算机术语的专业商店，而非一家大卖场），告诉他们笔者想要什么型号的内存，并当笔者回家安装后，它们能够正常工作。

在第 7 章中，我们知道了如何使用某种工具来确定打印机是否已安装以及其对应的品牌和型号。这些工具的另一个用途是在自动化脚本中记录 Linux 主机中安装的硬件和软件信息。我们将在接下来的两章中介绍这些工具的具体应用。

之前，我们已经在上册第 13 章中简要介绍了这些硬件检测工具，现在我们将更详细地探讨它们的检测原理。在本章中，尽管这些工具的实验对象都是针对虚拟机的，但笔者有时也会额外增加一个或多个实际的硬件系统数据，这样你就能看到这些命令在物理硬件上的输出结果。

笔者在上册第 13 章中提到一些知识点，在此重复声明一下。lshw（List Hardware，列出硬件）和 dmidecode（Desktop Management Interface Decode，桌面管理界面解码）命令都可以显示 SMBIOS 中尽可能多的硬件信息。dmidecode 手册页指出："SMBIOS（System Management Basic Input/Output system）代表系统管理基本输入 / 输出系统，而 DMI（Desktop Management Interface）代表桌面管理接口。这两个标准密切相关，都是由 DMTF（Desktop Management Task Force，桌面管理任务组）行业指导机构所制定的。"

这两个工具都使用存储在 SMBIOS 中的数据，SMBIOS 是系统主板上的一个数据存储区，允许 BIOS 启动过程访问有关系统硬件的数据。这些硬件数据是从 SMBIOS 中收集的，并存储在系统 /sysfs 特殊文件系统中。

由于收集硬件数据的任务是由 BIOS 在其初始启动时执行的，因此操作系统无须直接探测硬件就可以收集硬件相关的信息。收集到的硬件信息可用于执行某些任务，譬如确定在 Linux 内核部分引导和启动过程中要加载哪些与硬件相关的内核模块。我们将在第 19 章探讨 udev 和 D-Bus 的特殊用法。

SMBIOS 中存储的许多数据都是硬件供应商按照标准放置的文本数据。这些数据不是通过实际探测硬件而获得的，并且数据可能丢失了一些信息，甚至有时候有些信息是不正确的。虽然笔者目前还没有发现这种情况在实际环境中大量存在，但这是有一定可能性的。尽管如此，供应商有充分的理由确保提供的硬件数据的准确性。其他数据（如 CPU、内存和已安装的设备等实际硬件信息）是在计算机每次启动时获得的并存储在 SMBIOS 中。

8.2　dmidecode

让我们从 dmidecode 工具开启硬件的探索，它可以为我们提供大量的硬件信息。正如我们将看到的那样，此工具确实存在一定局限性。

使用虚拟机的限制之一是几乎没有真正的硬件来返回信息。因此，你所看到的大部分数据都是相当有限的。为了克服这个问题，我将重现我的主工作站的一些输出，以便你看到在实际硬件上运行时的结果。尽管如此，我仍然需要大大减少其中一些命令显示的数据量，因为它们会产生大量的数据。

实验 8-1：探索 dmidecode 工具

请以 root 用户身份来执行本实验。

让我们从一个简单的示例开始，我们先看一下不包含参数选项的 dmidecode 命令所提供的信息。换句话说，查看 SMBIOS 中所有可用的信息：

```
[root@studentvm1 ~]# dmidecode | less
```

鉴于命令输出信息较长，部分反馈内容无法完整呈现，因此你需要参考虚拟机的显示反馈结果。在本实验过程中，笔者将使用主工作站上的数据来演示物理主机上可以看到的数据。如果你有 root 用户的访问权限，则可以使用来自虚拟机或另一台物理 Linux 主机的数据进行跟踪。

接下来，让我们从 BIOS（DMI 类型为 0）开始，探索一些独特的 DMI 类型。你可以在 dmidecode 手册页中找到所有硬件类型的类型代码。

```
[root@myworkstation ~]# dmidecode -t 0
# dmidecode 3.2
Getting SMBIOS data from sysfs.
SMBIOS 3.0.0 present.

Handle 0x0000, DMI type 0, 24 bytes
BIOS Information
     Vendor: American Megatrends Inc.
     Version: 0503
     Release Date: 07/11/2017
Address: 0xF0000
Runtime Size: 64 kB
ROM Size: 16 MB
Characteristics:
        PCI is supported
        APM is supported
        BIOS is upgradeable
        BIOS shadowing is allowed
        Boot from CD is supported
        Selectable boot is supported
        BIOS ROM is socketed
        EDD is supported
        5.25"/1.2 MB floppy services are supported (int 13h)
        3.5"/720 kB floppy services are supported (int 13h)
        3.5"/2.88 MB floppy services are supported (int 13h)
        Print screen service is supported (int 5h)
        8042 keyboard services are supported (int 9h)
        Serial services are supported (int 14h)
        Printer services are supported (int 17h)
        ACPI is supported
        USB legacy is supported
        BIOS boot specification is supported
        Targeted content distribution is supported
        UEFI is supported
BIOS Revision: 5.13
```

该信息列出了作为 BIOS 供应商的 AMI 以及 BIOS 的版本号和发布日期。在确定是否需要升级 BIOS 时，这些信息对比升级后的 BIOS 信息可能会很有用。

它列出了 BIOS 所支持的设备类型（这些设备不一定已安装）。例如，支持各种类型的软盘。然而，笔者从没有在自己的系统上安装过软盘驱动器，因为软盘出现的时间太过久远，笔者甚至已不记得是什么时候了。

DMI 类型 1 包含关于组装系统的数据。笔者构建了自己的系统，所以在工作站上只有这种类型的默认数据。你的虚拟机上的信息应该也同样有限：

```
[root@myworkstation ~]# dmidecode -t 1
# dmidecode 3.2
Getting SMBIOS data from sysfs.
SMBIOS 3.0.0 present.

Handle 0x0001, DMI type 1, 27 bytes
System Information
    Manufacturer: System manufacturer
    Product Name: System Product Name
    Version: System Version
    Serial Number: System Serial Number
    UUID: 27191c80-d7da-11dd-9360-b06ebf3a431f
    Wake-up Type: Power Switch
    SKU Number: SKU
    Family: To be filled by O.E.M.
```

DMI 类型 2 包含主板的数据，在本例中是 ASUS TUF X299：

```
[root@myworkstation ~]# dmidecode -t 2
# dmidecode 3.2
Getting SMBIOS data from sysfs.
SMBIOS 3.0.0 present.

Handle 0x0002, DMI type 2, 15 bytes
Base Board Information
    Manufacturer: ASUSTeK COMPUTER INC.
    Product Name: TUF X299 MARK 2
    Version: Rev 1.xx
    Serial Number: 170807951700403
    Asset Tag: Default string
    Features:
            Board is a hosting board
            Board is replaceable
    Location In Chassis: Default string
    Chassis Handle: 0x0003
    Type: Motherboard
    Contained Object Handles: 0
```

DMI 类型 4 包含大量主机中安装的处理器的信息。它包含有关供应商的数据、有助于定义其功能特性的 CPU 标志、产品版本或名称，以及当前和最大时钟速度。输入 dmidecode -t 4 命令后，大多数访户系统会从该命令中显示如下数据：

```
[root@myworkstation ~]# dmidecode -t 4
# dmidecode 3.2
Getting SMBIOS data from sysfs.
SMBIOS 3.0.0 present.

Handle 0x0057, DMI type 4, 48 bytes
Processor Information
     Socket Designation: LGA 2066 R4
     Type: Central Processor
     Family: Xeon
     Manufacturer: Intel(R) Corporation
     ID: 54 06 05 00 FF FB EB BF
     Signature: Type 0, Family 6, Model 85, Stepping 4
     Flags:
            FPU (Floating-point unit on-chip)
<SNIP>
            HTT (Multi-threading)
            TM (Thermal monitor supported)
            PBE (Pending break enabled)
     Version: Intel(R) Core(TM) i9-7960X CPU @ 2.80GHz
     Voltage: 1.6 V
     External Clock: 100 MHz
     Max Speed: 4000 MHz
     Current Speed: 2800 MHz
     Status: Populated, Enabled
     Upgrade: Other
     L1 Cache Handle: 0x0054
     L2 Cache Handle: 0x0055
     L3 Cache Handle: 0x0056
     Serial Number: Not Specified
     Asset Tag: UNKNOWN
     Part Number: Not Specified
     Core Count: 16
     Core Enabled: 16
Thread Count: 32
Characteristics:
         64-bit capable
         Multi-Core
         Hardware Thread
         Execute Protection
         Enhanced Virtualization
         Power/Performance Control
```

即使在物理主机上，某些 DMI 类型也是空值。请注意，dmidecode 工具总是输出它从 /sysfs 文件系统获取 SMBIOS 数据的事实：

```
[root@myworkstation ~]# dmidecode -t 5
```

```
# dmidecode 3.2
Getting SMBIOS data from sysfs.
SMBIOS 3.0.0 present.
```

正如你从 dmidecode 手册页中看到的，DMI 类型 16 包含物理内存数组的数据。在笔者的主工作站中，它告诉我们有 2 个物理数组，一组 4 个内存插槽，总共有 8 个 DIMM 插槽[①]。

每个数组的最大容量是 1536GB，RAM 容量总共 3072GB（即 3TB）。然而，ASUS 的官方规格是 8 条 DIMM，每条容量为 128GB，总共 1024GB：

```
[root@myworkstation ~]# dmidecode -t 16
# dmidecode 3.2
Getting SMBIOS data from sysfs.
SMBIOS 3.0.0 present.

Handle 0x0044, DMI type 16, 23 bytes
Physical Memory Array
        Location: System Board Or Motherboard
        Use: System Memory
        Error Correction Type: None
        Maximum Capacity: 1536 GB
        Error Information Handle: Not Provided
        Number Of Devices: 4
Handle 0x004C, DMI type 16, 23 bytes
<SNIP>
```

如果读者想更详细地了解它，ASUS 官网[②]有关于该主板的营销描述和图片。

现在让我们来查看实际安装的内存。DMI 类型 17 包含每条内存插槽的信息，无论是空插槽还是已安装 DIMM 的具体数据。在此，笔者不会复制所有 8 组插槽数据，而只复制前 2 组数据，其余插槽数据与之类似：

```
[root@myworkstation ~]# dmidecode -t 17
# dmidecode 3.2
Getting SMBIOS data from sysfs.
SMBIOS 3.0.0 present.

Handle 0x0046, DMI type 17, 40 bytes
Memory Device
        Array Handle: 0x0044
        Error Information Handle: Not Provided
        Total Width: 72 bits
        Data Width: 64 bits
        Size: 16384 MB
```

---

①　DIMM：Dual Inline Memory Module，双列直插式存储模块。

②　ASUS, TUF X299 Mark 2 主板，www.asus.com/us/Motherboards/TUF-X299-MARK-2/。

```
            Form Factor: DIMM
            Set: None
            Locator: DIMM_A1
            Bank Locator: NODE 1
            Type: DDR4
            Type Detail: Synchronous
            Speed: 2133 MT/s
            Manufacturer: Corsair
            Serial Number: 00000000
            Asset Tag:
            Part Number: CMK64GX4M4B3600C18
            Rank: 2
            Configured Memory Speed: 2133 MT/s
            Minimum Voltage: 1.2 V
            Maximum Voltage: 1.2 V
            Configured Voltage: 1.2 V

Handle 0x0048, DMI type 17, 40 bytes
Memory Device
            Array Handle: 0x0044
    <SNIP>
```

内存的相关信息如下：笔者已安装 4 个 16GB DDR4 的 DIMM，还有 4 个空内存插槽。你还可以看到 2133 Mbit/s 的速度，电压规格以及"定位器"（Locator），定位器告诉我们 DIMM 安装在哪个插槽中。

在本实验中，我们尚未查看 **dmidecode** 命令向我们展示的所有 DMI 类型。你可以探索一下我们所跳过的那些类型。当然，在物理主机上的结果会更有趣。

最后，你发现 DMI 的局限性了吗？想要知道遗漏了什么可能很难，就让我们继续讲解吧！

8.3　lshw

lshw 工具在功能上与 dmidecode 工具类似，但它的输出更为简洁一些。

实验 8-2：使用 lshw 列出硬件

请以 root 用户身份来执行本实验。如果还没有安装 lshw 软件包，请执行以下命令安装它：

```
[root@studentvm1 ~]# dnf install -y lshw
```

这个程序列出主板、CPU 和其他已安装硬件的数据。运行以下命令，列出主机上的硬件信息。通过数据查看虚拟机中所有的（虚拟）硬件。笔者个人工作站的实验结果更加有趣，但这里不会将其全部重现，而只提供一定量的信息，以便你比较两者之间的异同。

首先，请注意 lshw 工具会显示主机名。SMBIOS 没有该信息，因为该数据是在操作系统启动序列设置主机名之前很长时间扫描的：

```
[root@studentvm1 ~]# lshw | less
myworkstation
    description: Desktop Computer
    product: System Product Name (SKU)
    vendor: System manufacturer
    version: System Version
    serial: System Serial Number
    width: 64 bits
    capabilities: smbios-3.0.0 dmi-3.0.0 smp vsyscall32
    configuration: boot=normal chassis=desktop family=To be filled by
O.E.M. sku=SKU uuid=801C1927-DAD7-DD11-
9360-B06EBF3A431F
```

主板和内存信息本质上是相同的，但 lshw 会对已安装的 RAM 进行一个很好的总结：

```
*-core
    description: Motherboard
    product: TUF X299 MARK 2
    vendor: ASUSTeK COMPUTER INC.
    physical id: 0
    version: Rev 1.xx
    serial: 170807951700403
    slot: Default string
  *-firmware
      description: BIOS
      vendor: American Megatrends Inc.
      physical id: 0
      version: 0503
      date: 07/11/2017
      size: 64KiB
      capacity: 16MiB
      capabilities: pci apm upgrade shadowing cdboot bootselect
      socketedrom edd int13floppy1200 int13flop
py720 int13floppy2880 int5printscreen int9keyboard int14serial int17printer
acpi usb biosbootspecification ue
fi
    *-memory
        description: System Memory
        physical id: 44
        slot: System board or motherboard
        size: 64GiB
      *-bank:0
          description: DIMM DDR4 Synchronous 2133 MHz (0.5 ns)
          product: CMK64GX4M4B3600C18
          vendor: Corsair
```

```
                physical id: 0
                serial: 00000000
                slot: DIMM_A1
                size: 16GiB
                width: 64 bits
                clock: 2133MHz (0.5ns)
        *-bank:1
```

<SNIP>

我们还可以看到外部设备信息，譬如键盘：

```
        *-usb:0
                description: Keyboard
                product: Corsair Gaming K70 LUX RGB Keyboard
                vendor: Corsair
                physical id: 2
                bus info: usb@1:2
                version: 3.08
                serial: 1602B030AF0E98A8596A6476F5001BC6
                capabilities: usb-2.00
                configuration: driver=usbfs maxpower=500mA speed=12Mbit/s
```

<SNIP>

以及未在 DMI 数据库中显示的已连接的打印机信息。笔者确实在物理工作站上看到了打印机信息，但没有看到连接到虚拟机上的打印机信息。因此，你可能在虚拟机上看到打印机信息，也可能看不到：

```
    *-usb:0 UNCLAIMED
        description: Printer
        product: MFC-9340CDW
        vendor: Brother Industries, Ltd
        physical id: 1
        bus info: usb@1:a.1
        version: 1.00
        serial: U63481A5J631227
        capabilities: usb-2.00 bidirectional
        configuration: maxpower=2mA speed=480Mbit/s
    *-usb:1
        description: Printer
        product: HL-2270DW series
        vendor: Brother
        physical id: 3
        bus info: usb@1:a.3
        version: 1.00
        serial: C1J695917
        capabilities: usb-2.00 bidirectional
        configuration: driver=usblp maxpower=2mA
        speed=480Mbit/s
```

8.4 lsusb

某些命令可以列出通用串行总线上所连接的设备信息。本节首先将使用 lsusb 命令列出 USB 总线上的设备信息，包括 USB 集线器及其连接的设备信息⊖。

实验 8-3：查找 USB 设备

我们将以 root 用户身份来执行本实验。如果你使用虚拟机执行本实验，则不会看到太多内容，输出内容应该只有几个虚拟 USB 集线器，以及一个连接到虚拟机上的打印机信息。下列显示的是笔者工作站的结果：

```
[root@myworkstation ~]# lsusb
Bus 004 Device 001: ID 1d6b:0003 Linux Foundation 3.0 root hub
Bus 003 Device 001: ID 1d6b:0002 Linux Foundation 2.0 root hub
Bus 002 Device 005: ID 0bc2:ab2d Seagate RSS LLC SRD00F1 [Backup Plus
Ultra Slim]
Bus 002 Device 004: ID 045b:0210 Hitachi, Ltd
Bus 002 Device 003: ID 045b:0210 Hitachi, Ltd
Bus 002 Device 002: ID 0bc2:ab28 Seagate RSS LLC Seagate Backup Plus Portable
5TB SRD00F1
Bus 002 Device 001: ID 1d6b:0003 Linux Foundation 3.0 root hub
Bus 001 Device 005: ID 04f9:02b0 Brother Industries, Ltd MFC-9340CDW
Bus 001 Device 003: ID 045b:0209 Hitachi, Ltd
Bus 001 Device 004: ID 0d8c:0012 C-Media Electronics, Inc. USB Audio Device
Bus 001 Device 002: ID 045b:0209 Hitachi, Ltd
Bus 001 Device 012: ID 046d:082d Logitech, Inc. HD Pro Webcam C920
Bus 001 Device 011: ID 1058:070a Western Digital Technologies, Inc. My
Passport Essential (WDBAAA), My Passport for Mac (WDBAAB), My Passport
Essential SE (WDBABM), My Passport SE for Mac (WDBABW
Bus 001 Device 010: ID 14cd:168a Super Top Elecom Co., Ltd MR-K013
Multicard Reader
Bus 001 Device 009: ID 1a40:0201 Terminus Technology Inc. FE 2.1 7-port Hub
Bus 001 Device 008: ID 1b1c:1b49 Corsair CORSAIR K70 RGB MK.2 Mechanical
Gaming Keyboard
Bus 001 Device 007: ID 046d:c52b Logitech, Inc. Unifying Receiver
Bus 001 Device 006: ID 0764:0601 Cyber Power System, Inc. PR1500LCDRT2U UPS
Bus 001 Device 001: ID 1d6b:0002 Linux Foundation 2.0 root hub
```

你可以看到这里有多个集线器，有些是内部集线器，如根集线器（root hubs）；有些则是外部附加的 USB 3.0 集线器，如 Terminus Technology 7 端口集线器⊜。APC UPS 和笔者的两台 Brother 激光打印机都在列表中。

你还可以使用 -t 选项，以树状格式显示输出结果：

⊖ lsusb 对应 list USB，即列出 USB 设备相关信息。——译者注
⊜ Terminus Technology：汤铭科技公司，以研究与开发为导向的专业电路设计公司。——译者注

```
[root@myworkstation ~]# lsusb -t
/: Bus 04.Port 1: Dev 1, Class=root_hub, Driver=xhci_hcd/2p, 10000M
/: Bus 03.Port 1: Dev 1, Class=root_hub, Driver=xhci_hcd/2p, 480M
/: Bus 02.Port 1: Dev 1, Class=root_hub, Driver=xhci_hcd/10p, 5000M
    |__ Port 2: Dev 2, If 0, Class=Mass Storage, Driver=uas, 5000M
    |__ Port 3: Dev 3, If 0, Class=Hub, Driver=hub/4p, 5000M
    |__ Port 4: Dev 4, If 0, Class=Hub, Driver=hub/4p, 5000M
        |__ Port 1: Dev 5, If 0, Class=Mass Storage, Driver=uas, 5000M
/: Bus 01.Port 1: Dev 1, Class=root_hub, Driver=xhci_hcd/16p, 480M
    |__ Port 3: Dev 2, If 0, Class=Hub, Driver=hub/4p, 480M
        |__ Port 2: Dev 4, If 0, Class=Audio, Driver=snd-usb-audio, 12M
        |__ Port 2: Dev 4, If 1, Class=Audio, Driver=snd-usb-audio, 12M
        |__ Port 2: Dev 4, If 2, Class=Audio, Driver=snd-usb-audio, 12M
        |__ Port 2: Dev 4, If 3, Class=Human Interface Device,
            Driver=usbhid, 12M
    |__ Port 4: Dev 3, If 0, Class=Hub, Driver=hub/4p, 480M
    |__ Port 8: Dev 5, If 0, Class=Printer, Driver=usblp, 480M
<SNIP>
    |__ Port 14: Dev 9, If 0, Class=Hub, Driver=hub/7p, 480M
        |__ Port 2: Dev 10, If 0, Class=Mass Storage, Driver=usb-
            storage, 480M
        |__ Port 6: Dev 11, If 0, Class=Mass Storage, Driver=usb-
            storage, 480M
        |__ Port 7: Dev 12, If 0, Class=Video, Driver=uvcvideo, 480M
        |__ Port 7: Dev 12, If 1, Class=Video, Driver=uvcvideo, 480M
        |__ Port 7: Dev 12, If 2, Class=Audio, Driver=snd-usb-audio, 480M
        |__ Port 7: Dev 12, If 3, Class=Audio, Driver=snd-usb-audio, 480M
```

在这个实验中，物理打印机确实同时出现在了笔者的工作站和虚拟机上。

此视图使得通过多个集线器跟踪设备连接以及查看每个设备最终连接到哪个集线器变得更加容易。第二种语法显示的有关设备连接的信息较少，但可以使用总线、端口和设备编号与第一种语法进行交叉引用。

8.5 usb-devices

usb-devices 工具与 lsusb 工具的功能相同，即列出连接到 USB 总线上的设备信息，但前者可以提供每个 USB 设备的更多信息。

实验 8-4：获取 USB 详细信息

我们将以 root 用户身份执行本实验。你将得到两个条目（一个 xHCI 主控器信息、一个 USB 2.0 集线器信息），如果连接了一台物理打印机，则会得到三个条目（如下述结果，多一个 Brother HL-2270DW 系列激光打印机信息）。因此，笔者复制了物理工作站的一些输出，因为它有一些在虚拟机上看不到的有趣条目：

```
[root@myworkstation ~]# usb-devices | less

T:  Bus=01 Lev=00 Prnt=00 Port=00 Cnt=00 Dev#=  1 Spd=480 MxCh=16
D:  Ver= 2.00 Cls=09(hub ) Sub=00 Prot=01 MxPS=64 #Cfgs=  1
P:  Vendor=1d6b ProdID=0002 Rev=04.20
S:  Manufacturer=Linux 4.20.14-200.fc29.x86_64 xhci-hcd
S:  Product=xHCI Host Controller
S:  SerialNumber=0000:00:14.0
C:  #Ifs= 1 Cfg#= 1 Atr=e0 MxPwr=0mA
I:  If#=0x0 Alt= 0 #EPs= 1 Cls=09(hub ) Sub=00 Prot=00 Driver=hub

T:  Bus=01 Lev=01 Prnt=01 Port=09 Cnt=01 Dev#=  4 Spd=480 MxCh= 4
D:  Ver= 2.00 Cls=09(hub ) Sub=00 Prot=02 MxPS=64 #Cfgs=  1
P:  Vendor=050d ProdID=0234 Rev=00.00
C:  #Ifs= 1 Cfg#= 1 Atr=e0 MxPwr=2mA
I:  If#=0x0 Alt= 1 #EPs= 1 Cls=09(hub ) Sub=00 Prot=02 Driver=hub
<SNIP>
T:  Bus=01 Lev=02 Prnt=04 Port=02 Cnt=02 Dev#= 17 Spd=480 MxCh= 0
D:  Ver= 2.00 Cls=00(>ifc ) Sub=00 Prot=00 MxPS=64 #Cfgs=  1
P:  Vendor=04f9 ProdID=0042 Rev=01.00
S:  Manufacturer=Brother
S:  Product=HL-2270DW series
S:  SerialNumber=C1J695917
C:  #Ifs= 1 Cfg#= 1 Atr=c0 MxPwr=2mA
I:  If#=0x0 Alt= 0 #EPs= 2 Cls=07(print) Sub=01 Prot=02 Driver=usblp

T:  Bus=01 Lev=01 Prnt=01 Port=10 Cnt=02 Dev#=  6 Spd=12  MxCh= 0
D:  Ver= 2.00 Cls=00(>ifc ) Sub=00 Prot=00 MxPS=64 #Cfgs=  1
P:  Vendor=051d ProdID=0002 Rev=00.90
S:  Manufacturer=American Power Conversion
S:  Product=Back-UPS XS 1500G FW:866.L8 .D USB FW:L8
S:  SerialNumber=3B1551X04045
C:  #Ifs= 1 Cfg#= 1 Atr=e0 MxPwr=2mA
I:  If#=0x0 Alt= 0 #EPs= 1 Cls=03(HID  ) Sub=00 Prot=00 Driver=usbhid
<SNIP>
T:  Bus=01 Lev=03 Prnt=11 Port=00 Cnt=01 Dev#= 13 Spd=480 MxCh= 0
D:  Ver= 2.00 Cls=00(>ifc ) Sub=00 Prot=00 MxPS=64 #Cfgs=  1
P:  Vendor=0424 ProdID=4063 Rev=01.91
S:  Manufacturer=Generic
S:  Product=Ultra Fast Media Reader
S:  SerialNumber=000000264001
C:  #Ifs= 1 Cfg#= 1 Atr=80 MxPwr=96mA
I:  If#=0x0 Alt= 0 #EPs= 2 Cls=08(stor.) Sub=06 Prot=50 Driver=usb-storage
<SNIP>
T:  Bus=01 Lev=01 Prnt=01 Port=01 Cnt=05 Dev#=  2 Spd=12  MxCh= 0
D:  Ver= 2.00 Cls=00(>ifc ) Sub=00 Prot=00 MxPS=64 #Cfgs=  1
```

```
P:  Vendor=1b1c ProdID=1b33 Rev=03.08
S:  Manufacturer=Corsair
S:  Product=Corsair Gaming K70 LUX RGB Keyboard
S:  SerialNumber=1602B030AF0E98A8596A6476F5001BC6
C:  #Ifs= 2 Cfg#= 1 Atr=a0 MxPwr=500mA
I:  If#=0x0 Alt= 0 #EPs= 1 Cls=03(HID  ) Sub=01 Prot=01 Driver=usbfs
I:  If#=0x1 Alt= 0 #EPs= 2 Cls=03(HID  ) Sub=00 Prot=00 Driver=usbfs
```

笔者已经删除了工作站的大部分 USB 集线器的条目，但这个数据仍显示了如外部 USB
存储设备、媒体阅读器和键盘等物理设备。

8.6　lspci

　　lspci 工具列出了外设部件互连总线及其扩展、PCI-X 和 PCI Express（PCIe）上的设备，
包括许多主板设备，如内存和总线控制器，以及音频、以太网、SATA 和视频设备。

实验 8-5：探索 PCI 总线

　　请以 root 用户身份来执行本实验。在没有任何选项的情况下，**lspci** 命令提供了一
个 PCI 硬件列表，该列表以每个设备的 PCI 总线地址和一个简单的描述开始。这导致在
虚拟机上产生了一些有趣的输出，但笔者也从自己的工作站上重现了一个简短的列表：

```
[root@myworkstation ~]# lspci
00:00.0 Host bridge: Intel Corporation Sky Lake-E DMI3 Registers (rev 04)
00:04.0 System peripheral: Intel Corporation Sky Lake-E CBDMA Registers
(rev 04)
00:04.1 System peripheral: Intel Corporation Sky Lake-E CBDMA Registers
(rev 04)
<SNIP>
00:04.7 System peripheral: Intel Corporation Sky Lake-E CBDMA Registers
(rev 04)
00:05.0 System peripheral: Intel Corporation Sky Lake-E MM/Vt-d Configuration
Registers (rev 04)
00:05.2 System peripheral: Intel Corporation Sky Lake-E RAS (rev 04)
00:05.4 PIC: Intel Corporation Sky Lake-E IOAPIC (rev 04)
00:08.0 System peripheral: Intel Corporation Sky Lake-E Ubox Registers
(rev 04)
00:08.1 Performance counters: Intel Corporation Sky Lake-E Ubox Registers
(rev 04)
00:08.2 System peripheral: Intel Corporation Sky Lake-E Ubox Registers
(rev 04)
00:14.0 USB controller: Intel Corporation 200 Series/Z370 Chipset Family USB
3.0 xHCI Controller
00:14.2 Signal processing controller: Intel Corporation 200 Series PCH
```

```
Thermal Subsystem
00:16.0 Communication controller: Intel Corporation 200 Series PCH
CSME HECI #1
00:17.0 SATA controller: Intel Corporation 200 Series PCH SATA controller
[AHCI mode]
00:1c.0 PCI bridge: Intel Corporation 200 Series PCH PCI Express Root Port #1
(rev f0)
<SNIP>
65:00.0 VGA compatible controller: Advanced Micro Devices, Inc. [AMD/ATI]
Barts XT [Radeon HD 6870]
65:00.1 Audio device: Advanced Micro Devices, Inc. [AMD/ATI] Barts HDMI Audio
[Radeon HD 6790/6850/6870 / 7720 OEM]
<SNIP>
```

使用 -v 选项可输出详细信息，为每个设备生成几行数据。由于该命令的总输出非常长，因此应该使用 less 分页工具将其管道化。为了节省篇幅，本章只显示了几段内容：

```
[root@studentvm1 ~]# lspci -v | less
0:00.0 Host bridge: Intel Corporation Sky Lake-E DMI3 Registers (rev 04)
        Subsystem: ASUSTeK Computer Inc. Device 873c
        Flags: fast devsel, NUMA node 0
        Capabilities: [90] Express Root Port (Slot-), MSI 00
        Capabilities: [e0] Power Management version 3
        Capabilities: [100] Vendor Specific Information: ID=0002 Rev=0
        Len=00c <?>
        Capabilities: [144] Vendor Specific Information: ID=0004 Rev=1
        Len=03c <?>
        Capabilities: [1d0] Vendor Specific Information: ID=0003 Rev=1
        Len=00a <?>
        Capabilities: [250] Secondary PCI Express <?>
        Capabilities: [280] Vendor Specific Information: ID=0005 Rev=3
        Len=018 <?>
        Capabilities: [300] Vendor Specific Information: ID=0008 Rev=0
        Len=038 <?>
<SNIP>
00:17.0 SATA controller: Intel Corporation 200 Series PCH SATA controller
[AHCI mode] (prog-if 01 [AHCI 1.0])
        Subsystem: ASUSTeK Computer Inc. Device 873c
        Flags: bus master, 66MHz, medium devsel, latency 0, IRQ 29,
        NUMA node 0
        Memory at 92f68000 (32-bit, non-prefetchable) [size=8K]
        Memory at 92f6c000 (32-bit, non-prefetchable) [size=256]
        I/O ports at 3050 [size=8]
        I/O ports at 3040 [size=4]
        I/O ports at 3020 [size=32]
        Memory at 92f6b000 (32-bit, non-prefetchable) [size=2K]
        Capabilities: [80] MSI: Enable+ Count=1/1 Maskable- 64bit-
```

```
                Capabilities: [70] Power Management version 3
                Capabilities: [a8] SATA HBA v1.0
                Kernel driver in use: ahci
        <SNIP>
        00:1f.2 Memory controller: Intel Corporation 200 Series/Z370 Chipset Family
        Power Management Controller
                Subsystem: ASUSTeK Computer Inc. Device 873c
                Flags: fast devsel, NUMA node 0
                Memory at 92f44000 (32-bit, non-prefetchable) [disabled] [size=16K]
        <SNIP>
        65:00.0 VGA compatible controller: Advanced Micro Devices, Inc. [AMD/ATI]
        Barts XT [Radeon HD 6870] (prog-if
        00 [VGA controller])
                Subsystem: Gigabyte Technology Co., Ltd Device 21fa
                Flags: bus master, fast devsel, latency 0, IRQ 42, NUMA node 0
                Memory at c0000000 (64-bit, prefetchable) [size=256M]
                Memory at d8e20000 (64-bit, non-prefetchable) [size=128K]
                I/O ports at b000 [size=256]
                Expansion ROM at 000c0000 [disabled] [size=128K]
                Capabilities: [50] Power Management version 3
                Capabilities: [58] Express Legacy Endpoint, MSI 00
                Capabilities: [a0] MSI: Enable+ Count=1/1 Maskable- 64bit+
                Capabilities: [100] Vendor Specific Information: ID=0001 Rev=1
                Len=010 <?>
                Capabilities: [150] Advanced Error Reporting
                Kernel driver in use: radeon
                Kernel modules: radeon
        <SNIP>
```

现在我们可以试着运行如下命令，可获得一个树状视图：

```
[root@studentvm1 ~]# lspci -tv
```

lspci 命令所提供的主板芯片等集合信息可以用于确定内存和 CPU 的兼容性。它还可以用来帮助决定是否购买一台二手计算机，或者在不拆开计算机的情况下探索一台新计算机。

8.7 清理

让我们稍微做一个清理工作。假设我们不再需要物理打印机，希望禁用它并将其从虚拟机中移除。

实验 8-6：禁用打印机

请以 root 用户身份来执行这项清理工作——禁用打印机。请确保你的物理打印机使用正确的打印机名称：

```
[root@studentvm1 spool]# cupsdisable  MFC-9340CDW
```

如有必要，请参考图 7-1，将打印机上的复选标记去掉，使打印机不再与虚拟机关联。

总结

本章所探讨的命令为检查任何计算机的硬件组件信息提供了一种简便的方法。我们有可能发现即使拆开计算机也无法获得的相关硬件信息。如果计算机没有安装 Linux，只需启动一个实时的 Linux USB U 盘，并使用这些工具详细检查硬件，这是其他任何方式都无法做到的。当有人邀请笔者"修理"他们的计算机时，或者当笔者决定是否要购买在当地的计算机商城展出的特定型号时，这些命令工具能为笔者提供第一手的硬件资料。

所有这些信息都可以通过 /proc 和 /sys 文件系统获得，使用本章工具可以便捷地获得，因为你不需要在 /proc 和 /sys 文件系统搜索信息。

练习

为了掌握本章所学知识，请完成以下练习：

1. 你的虚拟机主板序列号是什么？

2. DMI 类型 5 输出的是什么类型的设备？

3. 为什么像打印机、指向设备和键盘这样的外部设备会显示在 lshw 数据中，而不在 DMI 数据库中呢？

4. DMI 数据库中还有哪些设备没有出现在 lshw 命令的输出中？

5. 为你的虚拟机实现虚拟化网络的以太网控制器是什么品牌和型号？

6. 如果在没有事先禁用队列的情况下从虚拟机断开打印机的连接，物理打印机的队列会发生什么？

7. 如果将打印作业发送到已启用但没有打印机的打印队列，会发生什么？

Chapter 9 第 9 章

命令行编码

目标

在本章中，你将学习如下内容：

❑ 命令行程序的定义。

❑ 创建 Bash 命令行程序。

❑ 使用逻辑比较来更改命令行程序的执行路径。

❑ 使用 for 循环遍历指定项目列表的代码段。

❑ 使用 while 和 until 循环重复指定次数地执行某段代码。

9.1 概述

在本书的前几章中，我们已经使用了命令行程序，但那些命令行程序及其相关要求都很简单。系统管理员经常创建简单的命令行程序来执行一系列任务。命令行程序是一种常见的工具，可以节省时间和精力。

笔者编写 CLI 程序的目标是节省时间，用笔者的话来说就是"成为一名懒惰的系统管理员"。通过编写 CLI 程序，笔者可将一系列命令按照特定顺序组织起来，使得它们能够依次自动执行。这样一来，笔者不必亲自盯着一个命令的执行进度，待其完成后手动输入下一条命令。笔者可以去做其他事情，而无须持续监控每个命令的执行进度。

鉴于本章篇幅所限，无法详尽涵盖 Bash 命令行编程及 shell 脚本的完整内容。因此，本章及下一章旨在介绍这些概念和许多可用于 Bash 编程的工具。同时，市场上存在众多书籍与课程，若读者对此感兴趣，建议选取相关教材进行深入学习，以进一步掌握 Bash 编程。

笔者并没有设置某种虚幻的目标来提供一个框架，构建一个你永远都不会使用（无实际应用价值）的应用程序，笔者发现最好的学习经验往往是从个人项目的实践过程中所积累的。本章的核心目标在于向读者介绍 Bash 命令行编程和脚本中常用的各种典型形式和结构。当你遇到需要编写 CLI 程序或脚本任务时，你可能会回忆起曾接触过完成此类任务的方法，并且至少知道从何处开始寻找详细信息。

Bash 手册⊖是一个很好的源代码，可以在 www.gnu.org 以及自由软件基金会所赞助的 www.fsf.org 网站上找到。这本免费手册提供了多种格式，可以下载或在线浏览。

9.2 程序的定义

首先，让我们来明确一下"程序"（program）一词的含义。根据《自由在线计算机词典》（Free On-line Dictionary of Computing，FOLDOC）⊖的定义，程序是指"由计算机执行的一系列指令，而非运行这些指令的物理设备"。此外，普林斯顿大学的 WordNet⊜也给出了类似的定义，即程序是计算机能够解释和执行的一系列指令。同时，维基百科也提供了关于计算机程序的定义，对于我们进一步理解程序概念具有极高的参考价值。

根据上述定义，程序可以由执行特定相关任务的单一或多条指令构成。计算机程序指令亦被称为程序语句。对于系统管理员而言，程序通常是一系列 shell 命令。所有适用于 Linux 系统的 shell 命令，至少是笔者所熟知的 shell，都在一定程度上具备基本形式的编程功能，Bash 作为大多数 Linux 发行版的默认 shell 也不例外。本章之所以使用 Bash，是因为它极其普遍。你可能现在已经喜欢或者在将来接触后喜欢上其他的 shell，但这都不会改变编程的概念。尽管不同的 shell 在结构和语法上可能存在差异，一些 shell 可能支持其他 shell 不支持的特性，但它们都提供了相应的编程能力。

这些 shell 程序可以存储在文件中以供重复使用，也可以根据需要在命令行上简单地创建。在本章中，我们将直接在命令行上开始。在第 10 章，我们将讨论如何将简单的程序存储在文件中以便共享和重复使用，以及编写更复杂和冗长的程序。

9.3 入门级 CLI 程序

最简单的命令行程序是在按下 <Enter> 键之前，在命令行上输入一条或两条连续的程序语句，这两条语句可以相关也可以不相关。例如，第二条语句（如果存在）可能依赖于第一条语句的操作，但它并不需要依赖于第一条语句。

此外，有一点语法标点符号需要明确说明。当在命令行上输入单条命令时，按 <Enter> 键将用隐式分号（;）终止该命令。而当在命令行输入 CLI shell 程序时，必须使用分号（;）来终止每条语句，并将其与下一条语句分隔开。CLI shell 程序中的最后一条语句，可以使用显式或隐式分号。

⊖ GNU，https://www.gnu.org/software/bash/manual/。
⊖ 你可以安装 dict 软件包，然后使用 dict <word> 命令来查找任何单词（单词不含 <>）。查询结果会从包括 FOLDOC 在内的多个在线词典中以一个或多个词典显示出来。你也可以访问 http://foldoc.org 网站以查询计算机术语。笔者发现使用 dict 命令很有帮助，它可以让大家看到许多术语的多个定义。
⊜ WordNet，https://wordnet.princeton.edu/。

9.3.1　基本语法

让我们通过几个例子来阐述其语法规则。请确保本章所有实验均以 student 用户身份执行。

实验 9-1：Bash 程序的基本语法

现在，我们将使用显式分号来终止程序语句，echo 命令用于将数据输出到屏幕上，"echo" 这一术语源自早期的电传打字机时代，当时程序的所有输出均被打印至纸质卷轴上。

首先，请确保当前工作目录为 student 用户的 /home 主目录。然后，输入如下程序语句：

```
[student@studentvm1 ~]$ echo "Hello world." ;
Hello world.
```

尽管这可能看起来不太像一个程序，但它却是大家在学习每种新的编程语言时遇到的第一个程序。每种编程语言的语法可能略有不同，但其运行的结果都是相同的。

让我们稍微扩展一下这个简单且常见的程序，如下所示：

```
[student@studentvm1 ~]$ echo "Hello world." ; ls ;
Hello world.
chapter25    cpuHog.Linux  dmesg2.txt   Downloads   newfile.txt   softlink1   testdir6
chapter26    cpuHog.mac    dmesg3.txt   file005     Pictures      Templates   testdir7
cpuHog       Desktop       dmesg.txt    link3       Public        testdir     Videos
cpuHog.dos   dmesg1.txt    Documents    Music       random.txt    testdir1
```

通过上述返回的内容，我们发现这确实很有趣。然而，这条最初的程序语句在当前场景下并没有实际意义，因此，我们不妨对其进行如下调整：

```
[student@studentvm1 ~]$ echo "My home directory." ; ls ;
My home directory.
chapter25    cpuHog.Linux  dmesg2.txt   Downloads   newfile.txt   softlink1   testdir6
chapter26    cpuHog.mac    dmesg3.txt   file005     Pictures      Templates   testdir7
cpuHog       Desktop       dmesg.txt    link3       Public        testdir     Videos
cpuHog.dos   dmesg1.txt    Documents    Music       random.txt    testdir1
```

通过对上述语句的调整，我们发现其输出的结果已具备一定的意义。尽管各个程序语句彼此独立，但整个结果仍呈现出一定的关联性。注意，笔者在编写代码时，习惯于在分号前后添加空格，这有助于提升代码的可读性。接下来，我们将尝试在结尾处去除显式分号，并再次运行此 CLI 小程序：

```
[student@studentvm1 ~]$ echo "My home directory." ; ls
```

实验结果表明，在结尾处去除显式分号的输出数据与上述结果并没有差异。

9.3.2　输出至屏幕

许多 CLI 程序旨在生成某种类型的输出。与实验 9-1 中看到的一样，echo 命令通常以一种简单的方式使用。我们可以使用 -e 选项来启用转义码，从而进行稍微复杂的输出。例如，通过运用此选项，我们可以轻松地实现多行文本的输出，而无须使用多个 echo 命令来执行此操作。

实验 9-2：输出结果并显示至屏幕

输入并运行以下单语句程序：

```
[student@studentvm1 ~]$ echo "Twinkle, twinkle, little star How I wonder what
you are Up above the world so high Like a diamond in the sky" ;
Twinkle, twinkle, little star How I wonder what you are Up above the world so
high Like a diamond in the sky
```

我们也可以将它拆分成四条独立的 echo 语句来显示这首诗歌的结构：

```
[student@studentvm1 ~]$ echo "Twinkle, twinkle, little star" ; echo "How
I wonder what you are" ; echo "Up above the world so high" ; echo "Like a
diamond in the sky" ;
Twinkle, twinkle, little star
How I wonder what you are
Up above the world so high
Like a diamond in the sky
```

然而，上述语句较为冗余。我们可以使用如下所示的另一种方法来让命令更加简洁：

```
[student@studentvm1 ~]$ echo -e "Twinkle, twinkle, little star\nHow I wonder
what you are\nUp above the world so high\nLike a diamond in the sky\n" ;
Twinkle, twinkle, little star
How I wonder what you are
Up above the world so high
Like a diamond in the sky
```

这种使用单个 echo 命令来打印多行内容的方法也可以节省输入，有助于我们成为懒惰的系统管理员。在本例中，此方法不仅能够减少 19 个字符的输入量，还节省了磁盘空间、内存空间和 CPU 时间，一个命令比四个命令执行得快。虽然现代计算机成本较低，但对于那些通过继承或赠送获得的非常好的老旧计算机，其配置往往无法与市面上的新型计算机相提并论，因此这些优化对用户来说是极具价值的。

在笔者的著作《Linux 哲学》一书中，笔者专门用了一整章的内容来探讨命令简洁性原则。其中一条核心理念就是：一个命令总是比四个命令更为简洁。

printf 命令（打印格式化）提供了更多的功能，因为它能格式化输出更复杂的数据。在上述示例中，我们可以利用 printf 命令来识别转义码，并且不需要 -e 选项：

```
[student@studentvm1 ~]$ printf "Twinkle, twinkle, little star\nHow I wonder
what you are\nUp above the world so high\nLike a diamond in the sky\n" ;
Twinkle, twinkle, little star
How I wonder what you are
Up above the world so high
Like a diamond in the sky
```

printf 命令还可以使用 C 语言中 printf 语句的所有格式规范，以便指定非常复杂的格式，譬如数值字段宽度、十进制精度和区域格式。由于这些功能已超出本书的研究范围，此处不再详细介绍，读者可以使用 man 3 printf 命令找到详细的信息。

echo 手册页包含了它所识别的转义码的完整列表。

9.3.3　关于变量

与所有编程语言一样，Bash shell 可以处理变量。变量是一个符号名称，它指向内存中包含某种特定类型值的特定位置。变量的值并非固定不变的，而是可变的。

Bash 并不像 C 语言及其相关语言对变量类型进行明确分类（如整数、浮点数或字符串）。在 Bash 中，所有变量都是字符串。整数字符串可以用于整数运算，这是 Bash 所能提供关于数值处理的全部范畴。若编程需求涉及更为复杂的数学运算，可以在 CLI 程序或脚本中使用 bc 命令。

当变量被赋值后，我们可以在 CLI 程序和脚本中引用这些值。这些变量的值是通过其名称来设置的，并且变量名之前通常无须添加"$"符号。例如，赋值语句 VAR=10 的含义是将变量 VAR 的值设置为 10。如果要打印变量值，可以使用 echo $VAR 语句。我们先从文本变量（即非数值类型变量）的学习开始。

Bash 变量在被取消设置之前，一直作为 shell 环境的一部分。

实验 9-3：引入变量

首先，我们检查一个未赋值变量的初始值。它应该为空值。随后，我们为该变量赋值，并通过打印操作来验证该变量的值。上述所有操作将在一个 CLI 程序中完成：

注意： 在 CLI 程序中，变量赋值的语法非常严格。在赋值语句中，等号（=）的两侧必须紧密相邻，不得出现任何空格。

```
[student@studentvm1 ~]$ echo $MyVar ; MyVar="Hello World" ; echo $MyVar ;

Hello World
```

在上述输出结果中，第一行为空行，表示变量 MyVar 的初始值为空。更改变量的值与先前设置变量初始值的操作相同。在本例中，我们可以同时看到原始值和新值：

```
[student@studentvm1 ~]$ echo $MyVar ; MyVar="Hello World; Welcome to Linux" ;
echo $MyVar ;

Hello World
Hello World; Welcome to Linux
```

在上述示例中，我们可以利用 unset MyVar 命令来删除变量的值，该命令的返回结果将为空值：

```
[student@studentvm1 ~]$ unset MyVar ; echo $MyVar ;

[student@studentvm1 ~]$
```

文本字符串变量还可以通过多种方式进行组合：

```
[student@studentvm1 ~]$ Var1="Hello World!" ; Var2="Welcome to Bash CLI
programming." ; printf "$Var1\n$Var2\n" ;
Hello World!
Welcome to Bash CLI programming.
```

需要注意，这些变量在 shell 环境中会保持设置，直到我们使用 unset 命令，就像我们对 $MyVar 变量设置的一样。

注意： 笔者不再在命令行程序末尾使用显式的分号（;），而是在每一条命令行末尾按下 <Enter> 键，以隐式分号的形式来分隔命令。

```
[student@studentvm1 ~]$ echo "$Var1 $Var2"
Hello World! Welcome to Bash CLI programming.
[student@studentvm1 ~]$ set | grep Var
Var1='Hello World!'
Var2='Welcome to Bash CLI programming.'
```

当程序实例间的变量需要传递时（即从一个命令行程序实例运行到另一个实例），依赖预先在 shell 环境中设置的特定变量的做法并不被视为一种良好的编程实践。通常情况下，更优的策略是在程序内部明确设定所需变量，除非有特别的需求要去检查 shell 变量的当前值。

接下来，我们来探索一下如何在 Bash 中进行数学运算。正如笔者前面所述，Bash 只能进行整数运算，但这在很多情况下已经足够大家使用了。在下面的小程序中，我们将对 $Var1 和 $Var2 进行重新赋值，并在 Bash 整数计算中使用这两个变量。你是否已经发现 $Var1 和 $Var2 两个变量执行了乘积运算呢？

```
$ Var1="7" ; Var2="9" ; echo "Result = $((Var1*Var2))"
Result = 63
```

我们已经探讨了整数的数学运算。那么，当我们在执行生成浮点数结果的数学运算时，又会发生什么呢？以下示例将演示 Bash 中的除法运算过程：

```
$ Var1="7" ; Var2="9" ; echo "Result = $((Var1/Var2))"
Result = 0
$ Var1="7" ; Var2="9" ; echo "Result = $((Var2/Var1))"
Result = 1
```

结果是最接近的整数。务必注意，该计算是作为 echo 语句的一部分执行的，不需要中间结果。然而，如果我们希望在程序的后续部分多次使用这个计算结果，则应考虑将计算结果赋给一个新变量，例如采用 Result=$((Var1*Var2)) 的形式进行赋值：

```
$ Var1="7" ; Var2="9" ; Result=$((Var1*Var2)) ; echo "Result = $Result"
Result = 63
```

在 CLI 程序中应尽量使用变量，而不是硬编码的值。[⊖]即使是那些你认为只会使用一次的特定值（如目录名或文件名），也建议大家创建变量，并在需要的地方使用这些变量，而不是直接写入硬编码名称。

⊖ 硬编码就是将某些值或参数直接写入代码中，而不是通过外部配置、用户输入或程序运行时动态获取，这会造成程序中的这些数值和参数变得固定，不易修改且拓展性较差。——译者注

9.4　控制运算符

shell 控制运算符是一种语法运算符，它允许我们创建一些有趣（具体特定逻辑）的命令行程序。正如我们之前已经看到的，最简单的 CLI 程序形式就是在命令行上按顺序将多条命令串联起来，如下所示：

```
command1 ; command2 ; command3 ; command4 ; . . . ; etc. ;
```

在上述命令序列中，只要不发生错误，那么这些命令都可以正常运行。然而，一旦出现错误，会发生什么呢？我们可以使用 Bash 内置的控制运算符 && 和 || 来预测并允许潜在的错误。这两个控制运算符为我们提供了一定的流控制能力，使得我们能够改变代码的执行顺序。除了这两个运算符以外，分号和换行符也被视为 Bash 的控制运算符。

&& 运算符的执行逻辑为：如果 command1 执行成功，则运行 command2；如果 command1 由于某些原因执行失败，那么跳过 command2 的执行。&& 运算符的语法格式如下所示：

```
command1 && command2
```

9.4.1　返回码

command1 && command2 的语法之所以有效，是因为每条命令在执行完毕后都会向 shell 发送一个返回码（Return Code，RC），用于指示命令是否被成功执行，或者在执行过程中是否出现某种故障。按照惯例，返回码为 0 表示执行成功，而任何正数都表示出现了某种类型的错误。作为系统管理员，我们会使用一些工具在表示故障时只返回 1，但还有许多工具可以返回其他不同的代码，以进一步指示发生的故障类型。

Bash shell 提供了一个特殊的变量——$?——用于存储最后一条命令的返回码。该返回码可以很方便地被脚本、命令列表中的后续命令，甚至是系统管理员来检查。

实验 9-4：返回码

让我们查看实际操作中的返回码。首先，我们执行一个简单的命令，然后立即检查其返回码。返回码将始终反映最后一条命令的执行状态：

```
[student@studentvm1 ~]$ ll ; echo "RC = $?"
total 1264
drwxrwxr-x  2 student student   4096 Mar  2 08:21 chapter25
drwxrwxr-x  2 student student   4096 Mar 21 15:27 chapter26
-rwxr-xr-x  1 student student     92 Mar 20 15:53 cpuHog
<snip>
drwxrwxr-x. 2 student student 663552 Feb 21 14:12 testdir7
drwxr-xr-x. 2 student student   4096 Dec 22 13:15 Videos
RC = 0
[student@studentvm1 ~]$
```

如上所示，该返回码为 0，表示这一命令已成功执行。现在，我们将尝试在一个没有访问权限的目录（如 root 目录）上执行相同的命令，并观察其执行结果：

```
[student@studentvm1 ~]$ ll /root ; echo "RC = $?"
ls: cannot open directory '/root': Permission denied
RC = 2
[student@studentvm1 ~]$
```

在本例中，其返回码为2，这意味着非 root 用户试图访问没有权限的目录时被拒绝了。控制运算符利用这些返回码来使我们能够更改程序的执行顺序。

9.4.2 运算符

在本小节中，我们将尝试在命令行程序中使用控制运算符，更详细地介绍它的用法。首先给出一个简单的示例，假设我们需要创建一个新目录，并向其添加一个新的空文件。同时，我们还将使用一个变量 $Dir 来存储其目录名。

> **实验 9-5：使用控制运算符**
>
> 首先，我们从基础操作着手。我们的目标是创建一个新目录，并在该目录内创建一个文件。我们只希望在目录创建成功的情况下创建文件。完整命令如下：
>
> ```
> $ Dir=chapter28 ; mkdir $Dir && touch $Dir/testfile1 ; ll $Dir
> total 0
> drwxr-xr-x 2 student student    4096 Mar  3 06:31 chapter28
> ```
>
> 由于 chatper28 目录是可以访问和写入的，所以一切操作都正常。此外，请大家思考一个问题"$Dir 变量是否仍然存在于环境中呢？"
>
> 接下来，我们修改 chatper28 目录的权限，使得 student 用户禁止访问。⊖
>
> ```
> $ chmod 076 $Dir ; ls -l | grep $Dir
> drwxr-xr-x 2 student student    4096 Mar  3 06:31 chapter28
> ```
>
> 从输出列表中我们可以看到，student 用户已经无法访问 chapter28 目录了。接下来，我们将执行一些命令，这些命令首先会在 chatper28 目录中创建一个新目录，如果新目录创建成功，则会在该子目录中创建一个新文件。此外，我们还将使用 && 控制运算符来确保命令按顺序执行：
>
> ```
> $ mkdir $Dir/subdirectory && touch $Dir/subdirectory/testfile
> mkdir: cannot create directory 'chapter28/subdirectory': Permission denied
> ```
>
> 上述示例中，我们可以看到该错误是由 mkdir 命令发出的。我们并未收到由于目录创建失败而无法创建文件的错误提示。由于 && 控制运算符检测到了非零返回码，因此它跳过了 touch 命令。通过使用 && 控制运算符，我们避免了因在目录创建失败时执行 touch 命令的情况。这种命令行程序的流控制机制有助于防止错误加剧以及系统混乱的产生。接下来，我们将进一步增加命令行程序的复杂度。

⊖ chmod 是 linux 中一个常用的文件权限管理命令，它可以用来更改文件或目录的读写执行权限。其中，命令"chmod 076"表示将文件权限修改为"---rwxrw-"，即 student 用户无法执行。——译者注

|| 控制运算符允许我们添加另一条程序语句，当初始程序语句返回码大于 0 时，则执行该语句。其基本语法如下所示：

```
command1 || command2
```

该语法的含义为：如果 command1 执行失败，则执行 command2；如果 command1 执行成功，则跳过 command2。接下来，让我们尝试使用 || 控制运算符来创建一个新目录：

```
$ mkdir $Dir/subdirectory || echo "New directory $Dir was not created."
mkdir: cannot create directory 'chapter28/subdirectory': Permission denied
New directory chapter28 was not created.
```

上述命令的执行结果正是我们所期望的。由于 chapter28/subdirectory 新目录的创建失败，因此第一条命令未能成功执行，从而触发了第二条命令的执行。

接着，我们尝试将 && 和 || 控制运算符结合起来，以同时获得它们的最佳效果。当我们使用 && 和 || 控制运算符时，可以采用如下所示的通用语法形式，来使用流控制的控制运算符语法：

```
preceding commands ; command1 && command2 || command3 ; following commands
```

该语法可以表述如下：如果 command1 成功执行（返回码为 0），则继续执行 command2；反之，如果 command1 或 command2 执行失败，则执行 command3。⊖接下来，让我们通过实际操作来更深刻地理解该语法。下述命令由三块内容组成，分别是创建目录，在该目录下创建文件，以及打印相应信息：

```
$ mkdir $Dir/subdirectory && touch $Dir/subdirectory/testfile || echo "New
directory $Dir was not created."
mkdir: cannot create directory 'chapter28/subdirectory': Permission denied
New directory chapter28 was not created.
```

接下来，我们将 ~/chapter28 的权限重置为 766，并再次尝试执行最后这条命令：⊖

```
[student@studentvm1 ~]$ chmod 766 $Dir
[student@studentvm1 ~]$ mkdir $Dir/subdirectory && touch $Dir/subdirectory/
testfile || echo "New directory $Dir was not created."
[student@studentvm1 ~]$ ll $Dir/subdirectory/

total 0
-rw-r--r-- 1 student student 0 Mar  3 06:41 testfile
[student@studentvm1 ~]$
```

在使用控制运算符的程序前后，可能还有其他命令，这些命令可能与流控制部分中的命令有关，但它们不受流控制的影响。无论流控制命令的内部如何变化，前后的命令都将正常执行。

⊖ 在 command1 && command2 || command3 命令中，&& 表示仅当前者为真时才执行后者，而 || 表示仅当前者执行失败才执行后者，并且 && 的优先级要高于 ||。——译者注

⊖ 766 权限表示所有者拥有读、写和执行权限，组用户和其他用户拥有读和写权限。——译者注

> 此外，一旦设置了 $Dir 变量，它就会保留在环境中以供其他 CLI 程序和命令使用。在使用 suset 命令或终止终端会话之前，它都会一直保留在环境中。

这些控制运算符为我们在命令行上进行程序流控制提供了有趣且强大的功能，它们同样适用于脚本编程。笔者经常在命令行和脚本中使用这些运算符，因为它们似乎能将一切任务都自动化处理。使用这些运算符进行流控制的命令也称为复合命令。

9.5 程序流控制

程序流控制结构非常灵活，可以进行调整以满足从简单到复杂的需求。笔者所使用过的每一种编程语言都有某种形式的"if"流控制结构，Bash 亦是如此。Bash 的 if 语句可以用来测试某个条件为真还是为假，进而决定后续的命令执行哪条路径。这种流控制结构非常灵活，可以调整以满足不同难度的命令行任务。

我们将从一些简单的例子开始，然后逐渐增加复杂度。然而，随着复杂度的提升，这种结构可能不太适合在 CLI 程序中使用。因此，我们建议通过简洁明了的方式编写 CLI 程序，并在后续的实例中以相对简单的结构进行讲解。

该控制语句的逻辑语法如下：

```
if condition1; then list1; [ elif condition2; then list2; ] ...
[ else list3; ] fi
```

其中，"condition"表示一个或多个待测条件的列表；"list"表示当条件为真时要执行的 shell 程序语句的列表。该结构中的 elif 和 else 短语是可选的。笔者习惯将这个语法结构理解为：如果 condition1 为真，则执行 list1 中的语句；如果 condition1 为假而 condition2 为真，则执行 list2 中的语句；否则，如果前两个条件都不成立，就执行 list3 中的语句。

在 if 控制语句的末尾存在一个 fi 语句，它为 if 语句提供了一个显式的语法结尾，这是一个必要的语法元素，不能省略。

无论"if-elif…else"复合命令中包含多少个条件表达式，都只会执行一个程序语句列表，即执行与第一个返回"true"的条件相关联的程序语句列表。

9.5.1 true 和 false

在进一步深入探讨流控制主题之前，我们需要明确地定义一些概念，它们是笔者在学习 UNIX 和 Linux 时并未完全弄清楚的内容。

首先，在 CLI 编程中，始终只有一个返回码表示"true"或"success"。当命令或程序执行成功时，其返回码总是 0。而任何正整数的返回码都表示命令或程序出现了错误或失败，不同的数字代表不同类型的错误。对逻辑运算而言，0 始终代表真，而 1 始终代表假。

当然，由于 Linux 非常强大且灵活，它有两个命令可以用于测试，或者在 CLI 程序（或脚本）中获得特定的 true 或 false 的返回码结果。你猜它们是什么呢？显然，这两个命令就是 true 和 false。其中，true 命令总是生成返回码为 0 的结果，表示为真；false 命令总是生成返回码为 1 的结果，表示为假。

实验 9-6：true 和 false 命令

让我们来观察一下 true 和 false 命令的返回码。请记住，shell 变量 $ 总是包含上次运行命令的返回码。如下所示，true 命令的返回码为 0，而 false 命令的返回码为 1。

```
[student@studentvm1 ~]$ true ; echo $?
0
[student@studentvm1 ~]$ false ; echo $?
1
```

现在，让我们对前面已介绍过的控制运算符运用 true 和 false 命令：

```
[student@studentvm1 ~]$ true && echo "True" || echo "False"
True
[student@studentvm1 ~]$ false && echo "True" || echo "False"
False
```

当笔者需要准确知道返回码是真还是假时，经常会使用这两个简单的命令来测试包含控制运算符的复杂命令的逻辑。

9.5.2　逻辑运算符

Bash 提供了一套可以在条件表达式中使用的逻辑运算符。if 控制结构的最基本形式是测试一个条件，如果条件为真，则执行一个程序语句列表。有三种类型的运算符：文件运算符、数值运算符和非数值运算符。如果条件满足，则运算符的返回码为 true；如果条件不满足，则返回码为 false。

下面列出了 Bash 手册页中关于这些运算符的描述。为了帮助大家更好地理解，笔者在某些地方添加了一些额外的注释。

1. 语法

这些比较运算符的基本语法是：将一个或两个参数与运算符同时放在方括号中，然后紧跟着一个程序语句列表，如果条件为真时，则执行该程序语句列表；如果条件为假，则执行可选的程序语句列表。如下所示：

if [arg1 operator arg2] ; then list

或

if [arg1 operator arg2] ; then list ; else list ; fi

如上所示，比较语句中的空格是必需的。单方括号（[和]）是 Bash 中的传统符号，相当于 test 命令[⊖]：

⊖　在 Linux 中通常将判断与比较称为测试，由 test 命令实现，包括测试文件是否存在，测试文件的类型和权限等。——译者注

```
if test arg1 operator arg2 ; then list
```

此外，还有一种更现代的语法，即使用双方括号（[[和]]）实现。该方法更具优势，因此受到了很多系统管理员的青睐。然而，这种格式在不同版本的 Bash 和其他 shell（如 Korn shell）之间的兼容性稍差一些：

```
if [[ arg1 operator arg2 ]] ; then list
```

2. 文件运算符

文件运算符可以方便地执行各种文件测试。例如，这些测试可以用来确定文件是否存在，是否为空或包含某些数据，以及判断文件是常规文件、链接文件还是目录。此外，这些运算符还可以用于检测各种属性，譬如用户和组 ID（所有权）以及文件权限。

表 9-1 列出了完整的文件运算符及其含义描述。

表 9-1　文件运算符

运算符	描述
-a filename	如果文件存在，则返回 true。文件可以是空，也可以包含一些内容，但只要它存在，就会返回 true
-b filename	如果文件存在并且是 block 设备专用文件（如 /dev/sda 或 /dev/sda1），则返回 true
-c filename	如果文件存在并且是一个字符设备文件，譬如像 /dev/TTY1 这样的 TTY 设备，则返回 true
-d filename	如果文件存在并且是一个目录，则返回 true
-e filename	如果文件存在则返回 true。这与上面的 -a 参数功能相似
-f filename	如果文件存在并且是常规文件，而非目录、设备特殊文件或链接等其他类型的文件，则返回 true
-g filename	如果文件存在并且是 set-group-id（即 SETGID）权限位，则返回 true
-h filename	如果文件存在并且是符号链接，则返回 true
-k filename	如果文件存在并且设置了"sticky"位，则返回 true
-p filename	如果文件存在并且是一个命名管道（FIFO），则返回 true
-r filename	如果文件存在并且可读，即其读取位已被设置，则返回 true
-s filename	如果文件存在并且其文件大小大于零，则返回 true；否则，如果文件存在但文件大小为零将返回 false
-t fd	如果文件描述符 fd 已打开并指向一个终端，则返回 true
-u filename	如果文件存在并且 set-user-id 权限位已被设置，则返回 true
-w filename	如果文件存在并且可写，则返回 true
-x filename	如果文件存在并且可执行，则返回 true
-G filename	如果文件存在并且由有效组 id 所拥有，则返回 true
-L filename	如果文件存在并且是一个符号链接，则返回 true
-N filename	如果文件存在并且自上次读取以来已被修改，则返回 true
-O filename	如果文件存在并且由有效用户 id 所拥有，则返回 true
-S filename	如果文件存在并且是一个套接字，则返回 true
file1 -ef file2	如果文件 file1 和 file2 指向相同的设备和 iNode 编号，则返回 true
file1 -nt file2	如果文件 file1 比 file2 更新（根据修改日期判定），或者 file1 存在而 file2 不存在，则返回 true
file1 -ot file2	如果文件 file1 比 file2 更旧，或者 file2 存在而 file1 不存在，则返回 true

让我们来研究其中一些文件运算符，以了解如何在 CLI 程序和脚本中使用它们。

实验 9-7：使用文件运算符

由于在主目录中已经存在了该实验所需的文件，因此，我们只需将主目录设置为 PWD 即可执行后续实验。

首先，我们需要简单地检查一个文件是否存在，使用的命令如下：

```
[student@studentvm1 ~]$ File="cpuHog" ; if [ -e $File ] ; then echo "The file
$File exists." ; fi
The file cpuHog exists.
```

上述命令的输出结果显示 cpuHog 文件已存在。同样，我们还可以其他命令来实现该目标，如下所示：

```
[student@studentvm1 ~]$ File="cpuHog" ; if [[ -e $File ]] ; then echo "The
file $File exists." ; fi
The file cpuHog exists.
```

另外一种替代方式是使用 test 命令检查文件是否存在：

```
[student@studentvm1 ~]$ File="cpuHog" ; if test -e $File ; then echo "The
file $File exists." ; fi
The file cpuHog exists.
```

现在，为了更合理地帮助读者判断文件是否存在，我们可以利用 else 命令添加一些提示输出，比如假设文件不存在时输出"The file $File does not exist."。鉴于本实例中所引用的文件实际存在，因此，最终的输出效果将与初步测试的结果一致：

```
[student@studentvm1 ~]$ File="cpuHog" ; if [ -e $File ] ; then echo "The file
$File exists." ; else echo "The file $File does not exist." ; fi
The file cpuHog exists.
```

接下来，我们尝试将文件名更改为一个不存在的文件名 Non-ExistentFile，其返回结果确实显示该文件不存在。同时，读者应当留意，在这个简短的 CLI 程序中，我们是通过更改 $File 变量值的方式来实现实验目的，而非在多个位置手动修改文件名的字符串。在编程过程中，我们应掌握如何以更为高效和便捷的方式来执行任务：

```
[student@studentvm1 ~]$ File="Non-ExistentFile" ; if [ -e $File ] ; then echo
"The file $File exists." ; else echo "The file $File does not exist." ; fi
The file Non-ExistentFile does not exist.
```

现在，让我们确定一个文件是否存在并且长度非零（即包含数据）。我们将在 ~/chapter28 目录中进行本次实验。我们有 3 个条件需要测试，所以我们需要一组更复杂的测试。这 3 个条件分别是：①文件不存在；②文件存在且为空；③文件存在并包含数据。

为了完成这个任务，我们需要在 if-elif-else 结构中使用 elif 语句来测试所有的条件。接下来，我们将一步一步地构建这个程序的逻辑并完成相应任务。

将 chapter28 设置成当前工作目录。第一步是简单地检查文件是否存在，如果文件存在，则向 STDOUT 打印一条消息：

```
[student@studentvm1 chapter28]$ File="Exp-9-7" ; if [ -s $File ] ; then echo
"$File exists and contains data." ; fi
[student@studentvm1 chapter28]$
```

从上面的结果可以看到，我们并未接收到任何输出信息，其原因是该文件不存在，并且我们没有为其添加一个显式的测试。在现实世界中，还有一种可能是该文件已存在，但内容为空，该 if 语句也会返回 false。接着，让我们创建一个空文件，并观察后续实验结果：

```
[student@studentvm1 chapter28]$ File="Exp-9-7" ; touch $File ; if
[ -s $File ] ; then echo "$File exists and contains data." ; fi
[student@studentvm1 chapter28]$
```

在这种情况下，该文件已存在，但不包含任何数据，if [-s $File] 命令的执行结果仍然为 false，并且不会返回任何信息。接着，我们尝试向该文件中添加一些数据，再观察其结果：

```
[student@studentvm1 chapter28]$ File="Exp-9-7" ; echo "This is file $File" ›
$File ; if [ -s $File ] ; then echo "$File exists and contains data." ; fi
Exp-9-7 exists and contains data.
[student@studentvm1 chapter28]$
```

至此，上述命令终于见效了并提示文件存在且包含数据。然而，它只能准确地反映我们所确定的三个可能条件中的一个，即执行其中一条逻辑。接着，我们尝试添加一个 else 语句，从而更准确地反映整个任务的逻辑。在继续这个实验之前，我利用 rm 命令删除了原文件，接着测试这段新代码。如下所示，整个命令的输出结果显示 Exp-9-7 文件不存在或为空：

```
[student@studentvm1 chapter28]$ File="Exp-9-7" ; rm $File ; if [ -s $File ] ;
then echo "$File exists and contains data." ; else echo "$File does not exist
or is empty." ; fi
Exp-9-7 does not exist or is empty.
```

现在，让我们利用 touch 命令创建一个空文件，并测试文件运算符和 if-else 语句的逻辑。其输出结果显示 Exp-9-7 文件不存在或为空：

```
[student@studentvm1 chapter28]$ File="Exp-9-7" ; touch $File ; if [ -s $File
] ; then echo "$File exists and contains data." ; else echo "$File does not
exist or is empty." ; fi
Exp-9-7 does not exist or is empty.
[student@studentvm1 chapter28]$
```

为进一步测试文件是否已创建成功，我们向该文件中添加一些数据。具体命令如下所示：

```
[student@studentvm1 chapter28]$ File="Exp-9-7" ; echo "This is file $File" ›
$File ; if [ -s $File ] ; then echo "$File exists and contains data." ; else
echo "$File does not exist or is empty." ; fi
Exp-9-7 exists and contains data.
[student@studentvm1 chapter28]$
```

自此，整个实验最终显示 Exp-9-7 文件存在且包含数据。为更好地测试三个条件的判断逻辑，我们尝试添加 elif 语句来区分文件不存在和文件为空的情况：

```
[student@studentvm1 chapter28]$ File="Exp-9-7" ; rm $File ; touch $File ;
if [ -s $File ] ; then echo "$File exists and contains data." ; elif [ -e
$File ] ; then echo "$File exists and is empty." ; else echo "$File does not
exist." ; fi
Exp-9-7 exists and is empty.
[student@studentvm1 chapter28]$ File="Exp-9-7" ; echo "This is $File" >
$File ; if [ -s $File ] ; then echo "$File exists and contains data." ;
elif [ -e $File ] ; then echo "$File exists and is empty." ; else echo "$File
does not exist." ; fi
Exp-9-7 exists and contains data.
[student@studentvm1 chapter28]$
```

最终，我们成功创建了一个 Bash CLI 程序，它可以同时测试三种不同条件的逻辑，它们的潜在功能远超当前展示的内容。

如果我们将程序语句按照脚本文件中的代码方式进行排列，那么就更容易理解实验 9-7 中所采用的更复杂的复合命令的逻辑结构。它直观地描绘了三种不同条件的逻辑视图，如图 9-1 所示。在 if-elif-else 结构中，各部分的程序语句的缩进有助于我们更清晰地理解程序的逻辑。

请注意，我们在此并未使用分号来显式地终止语句，因为我们在每条语句末尾添加了换行符来隐性地结束它们。在本例中，每条程序语句都单独占一行，能更简洁地反映程序的执行逻辑。同时，我们还使用变量来存储文件名，因为这个文件名在这个小程序中出现了七次，使用变量可以方便地进行修改和引用。

```
File="Exp-9-7"
echo "This is $File" > $File
if [ -s $File ]
    then
    echo "$File exists and contains data."
elif [ -e $File ]
    then
    echo "$File exists and is empty."
else
    echo "$File does not exist."
fi
```

图 9-1 在实验 9-7 中所使用的 Bash CLI 程序，通过逐行列表的方式清晰地展示了程序的逻辑

对大多数 CLI 程序而言，复杂的逻辑结构可能会引起代码的过度冗杂。尽管在 CLI 程序中可以使用各种 Linux 或 Bash 内置命令，但随着 CLI 程序的长度和复杂性增加，创建一个存储在文件中并且可以在当前或将来任意时刻执行的脚本就显得尤为重要。我们将在下一章中详细探讨 Bash 脚本内容。

3. 字符串比较运算符

字符串比较运算符可以对字母和数字字符串进行比较。这些运算符只有几个，如表 9-2 所示。

表 9-2　Bash 字符串比较逻辑运算符

运算符	描述
-z string	如果字符串长度为零，则返回 true
-n string	如果字符串长度非零，则返回 true
string1 == string2 或 string1 = string2	如果字符串相等，则返回 true。等号（=）应与 test 命令一起使用，以符合 POSIX 标准。当与 [[命令一起使用时，将执行上述模式匹配（复合命令）
string1 != string2	如果字符串不相等，则返回 true
string1 < string2	如果 string1 在字典顺序①上排在 string2 之前，则返回 true
string1 > string2	如果 string1 在字典顺序上排在 string2 之后，则返回 true

① 指所有字母数字和特殊字符的特定区域排序序列。

实验 9-8：字符串比较运算符

知道一个字符串是否有值或是否为空（长度为零）极为有用，因此，我们将探讨如何实现这一目标。注意，在比较运算中，$MyVar 变量必须被引号包围才能进行正确的比较。同时，使用 -z 选项可以检查变量的长度是否为零：

```
[student@studentvm1 ~]$ MyVar="" ; if [ -z $MyVar ] ; then echo "MyVar is
zero length." ; else echo "MyVar contains data" ; fi
MyVar is zero length.
[student@studentvm1 ~]$ MyVar="Random text" ; if [ -z $MyVar ] ; then echo
"MyVar is zero length." ; else echo "MyVar contains data" ; fi
-bash: [: Random: binary operator expected
MyVar contains data
```

注意，尽管程序逻辑仍按预期运行，结果中仍出现错误提示。接下来，我们尝试在上述命令的 if 语句中添加双方括号（[[和]]），得到一个正确的结果，没有出现错误：

```
[student@studentvm1 chapter28]$ MyVar="Random text" ; if [[ -z $MyVar ]] ;
then echo "MyVar is zero length." ; else echo "MyVar contains data" ; fi
MyVar contains data
```

此外，我们还可以使用 -n 选项来检查字符串的长度是否非零，如下所示：

```
[student@studentvm1 ~]$ MyVar="Random text" ; if [[ -n "$MyVar" ]] ; then
echo "MyVar contains data." ; else echo "MyVar is zero length" ; fi
MyVar contains data.
[student@studentvm1 ~]$ MyVar="" ; if [[ -n "$MyVar" ]] ; then echo "MyVar
contains data." ; else echo "MyVar is zero length" ; fi
MyVar is zero length
```

前面我们已经讨论了字符串以及它们的长度是否为零，有时我们还需要知道字符串的确切长度，这将是一项有意义的工作。虽然这本身不是一个比较操作，但它也与比较运算符相关。

不幸的是，Bash 没有提供一种简单的方法来确定字符串的长度。虽然有几种方法可以实现这一功能，但笔者认为 expr（计算表达式）命令是最简单的方法。读者可以阅读 expr 手册页，以了解它的更多功能。在测试字符串或变量时，必须在其周围加上引号：

```
[student@studentvm1 ~]$ MyVar="" ; expr length "$MyVar"
0
[student@studentvm1 ~]$ MyVar="How long is this?" ; expr length "$MyVar"
17
[student@studentvm1 ~]$ expr length "We can also find the length of a literal
string as well as a variable."
70
```

回到比较运算符，笔者在脚本中使用了大量的测试来确定两个字符串是否相等，即内容是否完全一致。为此，笔者使用了这个比较运算符的非 POSIX 版本，如下所示：

```
[student@studentvm1 ~]$ Var1="Hello World" ; Var2="Hello World" ; if [
"$Var1" == "$Var2" ] ; then echo "Var1 matches Var2" ; else echo "Var1 and
Var2 do not match." ; fi
Var1 matches Var2
```

接着，我们尝试将 Var2 变量的值更改为"Hello world"，使用小写的"w"替换原先的大写，再执行下述命令以比较两个字符串是否相等。最终，输出结果显示两个字符串不再匹配（相等）：

```
[student@studentvm1 ~]$ Var1="Hello World" ; Var2="Hello world" ; if [
"$Var1" == "$Var2" ] ; then echo "Var1 matches Var2" ; else echo "Var1 and
Var2 do not match." ; fi
Var1 and Var2 do not match.
```

写到这里，关于字符串比较运算符的讲解已经完毕。读者可花费一些时间进行比较实验，以加深理解，并且根据实际需求进行进一步的探索和应用。

4. 数值比较运算符

数值比较运算符这类逻辑运算符可以比较两个数值参数。与我们之前讨论过的其他运算符类似，这些逻辑运算符的结果可以用于确定脚本的后续执行流程。

此外，与其他运算符类型一样，大多数数值比较运算符都很容易理解，如表 9-3 所示。

表 9-3　Bash 数值比较逻辑运算符

运算符	描述
arg1 -eq arg2	如果 arg1 等于 arg2，则返回 true
arg1 -ne arg2	如果 arg1 不等于 arg2，则返回 true
arg1 -lt arg2	如果 arg1 小于 arg2，则返回 true
arg1 -le arg2	如果 arg1 小于或等于 arg2，则返回 true
arg1 -gt arg2	如果 arg1 大于 arg2，则返回 true
arg1 -ge arg2	如果 arg1 大于或等于 arg2，则返回 true

实验 9-9：探索数值比较逻辑运算符

首先，让我们从一些简单实例开始本次实验。在第一个实例中，我们将变量 $X 的值设置为 1，然后测试 $X 是否等于 1。实验结果显示，由于 $X 确实等于 1，因此该消息被打印出来。在第二个实例中，我们将 $X 设置为 0，因此比较结果非真，该消息不会被打印：

```
[student@studentvm1 ~]$ X=1 ; if [ $X -eq 1 ] ; then echo "X equals 1" ; fi
X equals 1
[student@studentvm1 ~]$ X=0 ; if [ $X -eq 1 ] ; then echo "X equals 1" ; fi
[student@studentvm1 ~]$
```

为了更直观地理解该逻辑，我们在上述语句中增加一个 else 语句。如下所示：

```
[student@studentvm1 ~]$ X=1 ; if [ $X -eq 1 ] ; then echo "X equals 1" ; else
echo "X does not equal 1" ; fi
X equals 1
```

接着，我们又将 $X 变量的值更改为 0，以判断数值比较运算符的返回结果：

```
[student@studentvm1 ~]$ X=0 ; if [ $X -eq 1 ] ; then echo "X equals 1" ; else
echo "X does not equal 1" ; fi
X does not equal 1
[student@studentvm1 ~]$
```

在上述命令中，我们使用了数值比较运算符 "-eq"。我们还可以使用 "=="进行字符串比较。在这种情况下，两者的功能和结果将是相同的，但需要注意的是，字符串比较运算符 "=="无法处理小于或大于的测试案例：

```
[student@studentvm1 ~]$ X=0 ; if [ $X == 1 ] ; then echo "X equals 1" ; else
echo "X does not equal 1" ; fi
X does not equal 1
[student@studentvm1 ~]$ X=1 ; if [ $X == 1 ] ; then echo "X equals 1" ; else
echo "X does not equal 1" ; fi
X equals 1
[student@studentvm1 ~]$
```

我们还可以使用非运算符（!）来翻转比较的结果。以上述命令为例，在使用!运算符之后，我们需要更改 then 和 else 部分的代码：

```
[student@studentvm1 ~]$ X=0 ; if ! [ $X -eq 1 ] ; then echo "X does not equal
1" ; else echo "X equals 1" ; fi
X does not equal 1
[student@studentvm1 ~]$ X=1 ; if ! [ $X -eq 1 ] ; then echo "X does not equal
1" ; else echo "X equals 1" ; fi
X equals 1
[student@studentvm1 ~]$
```

我们还希望确保整个命令的逻辑对于变量 $X 的其他值也适用，比如 $X 的值为 7，如下所示：

```
[student@studentvm1 ~]$ X=7 ; if ! [ $X -eq 1 ] ; then echo "X does not equal
1" ; else echo "X equals 1" ; fi
X does not equal 1
[student@studentvm1 ~]$
```

5. 其他运算符

除了上述运算符之外，Linux 还包括其他运算符。表 9-4 展示了常见的其他运算法，它们可以帮助我们检查 shell 选项是否已被设置或 shell 变量是否已被赋值。需要注意，这类运算符通常不会直接显示变量的值，只是告诉我们该变量是否已被赋值。

表 9-4　其他 Bash 逻辑运算符

运算符	描述
-o optname	如果 shell 选项 optname 被启用，则返回 true。请参阅 Bash 手册页中 Bash 内置 set 命令的 -o 选项描述下的选项列表
-V varname	如果 shell 变量 varname 已被设置（已赋值），则返回 true
-R varname	如果 shell 变量 varname 已被设置且是名称引用，则返回 true

实验 9-10：其他逻辑运算符

在这个实验中，我们将检查变量是否已被赋值。请注意，这里使用不同寻常的语法结构，即 Var1 周围没有使用引号，也未使用 $ 来区分它是一个变量还是一个固定字符串。从下面实验结果可以发现，只使用 -v 选项和比较语法，Bash 便能识别出 Var1 是一个已赋值的变量：

```
[student@studentvm1 ~]$ Var1="Hello World" ; echo $Var1 ; if [ -v Var1 ] ;
then echo "Var1 has been assigned a value." ; else echo "Var1 does not have a
value." ; fi
Hello World
Var1 has been assigned a value.
[student@studentvm1 ~]$ unset Var1 ; echo $Var1 ; if [ -v Var1 ] ; then
echo "Var1 has been assigned a value." ; else echo "Var1 does not have a
value." ; fi

Var1 does not have a value.
```

需要注意，使用 $ 字符来指定变量的通用规则为：在访问、读取变量值时使用它，而在设置变量的值或使用逻辑运算符时，则不应使用 $。

笔者强烈建议大家尝试一下所有的这些逻辑比较运算符，尤其是那些在上述实验中未明确涉及的运算符。当然，大家也没必要记住它们的所有选项和形式。当笔者在从事需要特定运算符的项目时，总是发现探索特定运算符以及 Linux 常用命令是最有益的。通过这种实践导向的方式学习，我们能更深刻地记住更多的用法。随着时间推移，笔者也渐渐明白了哪些运算符经常被使用，以及哪些运算符几乎不会被使用。总之，笔者认为死记硬背那些我们永远不会使用的信息是没有意义的，我们需要在实践中学习。

9.6　组合程序语句

有时，为了获得想要的结果，有必要将多个程序语句组合在一起。例如，有时笔者想知道在一台主机上运行一个程序所需的时间，以便预测在需要运行相同程序的其他主机上大概需要多长时间。在这种情况下，`time` 工具就能派上用场，它能显示实际运行时间、用户时间和系统时间。

实际运行时间是一个程序运行所消耗的时间总和。用户时间是系统执行用户输入的代码所花费的时间。系统（sys）时间则是运行系统代码和库所消耗的时间。然而，`time` 命令只提供了后面单个命令的执行时间。如果我们想要获得命令行程序中一系列命令的执行时间，就必须找到一种方法来对我们想要计时的命令进行组合。

实验 9-11：组合程序语句

首先，让我们先看看 `time` 命令是如何工作的。`time` 命令还可以稍微说明输入 / 输出引入的时间延迟。以 student 用户身份来完成这部分实验：

```
[student@studentvm1 ~]$ time cat dmesg1.txt
<snip>
[40368.982838] IPv6: ADDRCONF(NETDEV_UP): enp0s3: link is not ready
[40371.049241] e1000: enp0s3 NIC Link is Up 1000 Mbps Full Duplex, Flow
Control: RX
[40371.049584] IPv6: ADDRCONF(NETDEV_CHANGE): enp0s3: link becomes ready

real    0m0.026s
user    0m0.001s
sys     0m0.002s
```

如上所述，最后三行显示了 `time` 命令的执行结果。该结果意味着执行代码总共花费了 0.003s，其余用于等待 I/O 操作所花费的时间为 0.023s。

如果你多次运行这个程序，由于磁盘读取的结果会缓存在内存中，因此访问速度会加快。笔者最终得到的输出结果如下所示：

```
real    0m0.007s
user    0m0.001s
sys     0m0.001s
```

然而，如果笔者运行这个小程序并将输出重定向到 /dev/null，将得到如下结果。你应该也会看到一个非常类似的结果，其 real、user 和 sys 时间都非常短：

```
[student@studentvm1 ~]$ time cat dmesg1.txt > /dev/null

real    0m0.002s
user    0m0.001s
sys     0m0.000s
```

因此，我们可以观察到，将数据输出到显示屏幕（即进行 I/O 操作）所需的实际运行时间相对较长。而当我们将数据发送到 /dev/null（即不进行任何 I/O 操作）时，整个过程的耗时显著减少。

现在让我们来看看这个实验的真正目的。假设我们想要运行多个程序语句，并度量执行这些语句所需的总时间，如图 9-2 所示，笔者想要知道自己通常用来销毁存储设备内容并随后进行错误测试的一组命令所消耗的时间。

> **警告**：如果有 sdk 存储设备，请不要执行图 9-2 所示的命令，否则会删除 sdk 存储设备上的所有数据。

```
[root@myworkstation ~]# time ( shred -n 3 -v /dev/sdk ; dd if=/dev/sdk
of=/dev/null )
shred: /dev/sdk: pass 1/3 (random)...
shred: /dev/sdk: pass 1/3 (random)...147MiB/466GiB 0%
shred: /dev/sdk: pass 1/3 (random)...322MiB/466GiB 0%

<snip>

7814037167+0 records in
7814037167+0 records out
4000787029504 bytes (4.0 TB, 3.6 TiB) copied, 39041.5 s, 102 MB/s
real    1986m28.783s
user    85m49.873s
sys     127m49.951s
```

图 9-2　组合 shred 和 dd 命令，以便 time 命令测量这两个命令总共消耗的时间

　　如果你已经完成了本书前半部分的所有实验，那么你的虚拟机上应该有一些我们可以利用的虚拟存储设备。接下来，请以 root 用户身份执行这个实验的其余部分。运行 **lsblk** 命令显示 /dev/sdd 的大小为 2GB，并且有一个名为 "/dev/sdd1" 的分区，该分区被配置为一个交换分区。我们还可以通过如下所示的两个命令来检查该结果。

　　如果你没有看到两个交换分区，那么你可能已经关闭了我们在第 5 章中创建的交换分区。如果是这样的话，请打开所有交换空间，并重新执行此命令：

```
[root@studentvm1 ~]# cat /proc/swaps
Filename            Type         Size       Used    Priority
/dev/zram0          partition    8388604    0       100
/dev/sdd1           partition    2096124    0       5
/dev/dm-3           partition    2097148    0       2
[root@studentvm1 ~]# swapon -s
Filename            Type         Size       Used    Priority
/dev/zram0          partition    8388604    0       100
/dev/sdd1           partition    2096124    0       5
/dev/dm-3           partition    2097148    0       2
```

　　通过上述结果，我们可以看到两条命令执行效果相同。在这里，想请读者思考一个问题："你认为 swapon -s（其中 -s 表示摘要）命令是从何处获取相关信息的呢？"接下来，请关闭作为交换分区的 "/dev/sdd1"，并验证它是否已成功关闭：

```
[root@studentvm1 ~]# swapoff /dev/sdd1 ; swapon -s
Filename            Type         Size       Used         Priority
/dev/zram0          partition    8388604    0            100
/dev/dm-3           partition    2097148    0            2
```

　　在上述实验结果中，我们可以看到"/dev/sdd1"行已消失，从而证明该交换分区已
被成功关闭。接着，我们注释掉 /etc/fstab 文件中如下所示的指定行内容：

```
# /dev/sdd1          swap          swap          defaults          0 0
```

　　现在，当虚拟机重新启动时，它不会再尝试将"/dev/sdd1"指定为交换空间而进行
挂载。

　　接着，我们将销毁整个存储设备，而不仅仅是分区。通过这种方式，我们还将销毁
设备的引导记录、分区表和整个数据区域。这个 CLI 程序中的最后一条命令从存储设备
读取数据，并将其发送到 /dev/null 以测试设备是否存在错误[注]：

```
[root@studentvm1 ~]# time shred -vn 3 /dev/sdd ; dd if=/dev/sdd of=/dev/null
shred: /dev/sdd: pass 1/3 (random)...

shred: /dev/sdd: pass 1/3 (random)...239MiB/2.0GiB 11%
shred: /dev/sdd: pass 1/3 (random)...514MiB/2.0GiB 25%
<SNIP>
shred: /dev/sdd: pass 3/3 (random)...1.7GiB/2.0GiB 89%
shred: /dev/sdd: pass 3/3 (random)...2.0GiB/2.0GiB 100%

real    1m22.718s
user    0m6.367s
sys     0m1.519s
4194304+0 records in
4194304+0 records out
2147483648 bytes (2.1 GB, 2.0 GiB) copied, 22.8312 s, 94.1 MB/s
```

　　注意 time 命令的数据出现在 shred 和 dd 命令的输出之间。因此，所显示的时间仅
反映了 shred 命令的执行时长。那么，如果我们将 time 命令置于 shred 命令之后，dd
命令之前，又将得到什么结果呢？本书建议读者自行尝试以验证这一假设：

```
shred -vn 3 /dev/sdd ; time dd if=/dev/sdd of=/dev/null
```

　　正如前文所描述的一样，time 命令不会计算出整个操作序列的总执行时间。接下来，
我们构建以下所示的命令，将两条程序语句囊括在 time 括号中。实验结果显示，time
命令所统计的时间为两条命令执行的总时间：

```
[root@studentvm1 home]# time ( shred -vn 3 /dev/sdd ; dd if=/dev/sdd of=/
dev/null )
shred: /dev/sdd: pass 1/3 (random)...
shred: /dev/sdd: pass 1/3 (random)...367MiB/2.0GiB 17%
shred: /dev/sdd: pass 1/3 (random)...711MiB/2.0GiB 34%
<SNIP>
shred: /dev/sdd: pass 3/3 (random)...1.6GiB/2.0GiB 82%
```

⊖　温馨提示，我们在进行任何销毁实验之前，务必确保已经对重要数据进行了备份，以防因误操作导致数据
　　丢失。——译者注

```
shred: /dev/sdd: pass 3/3 (random)...2.0GiB/2.0GiB 100%
4194304+0 records in
4194304+0 records out
2147483648 bytes (2.1 GB, 2.0 GiB) copied, 22.3553 s, 96.1 MB/s

real    1m36.339s
user    0m10.845s
sys     0m10.368s
```

9.7 扩展知识

Bash 支持多种类型的扩展和替换，这可能非常有用。根据 Bash 手册页的描述，Bash 提供了七种形式的扩展。我们将重点探讨波浪线（~）扩展、算术扩展以及路径名扩展。

9.7.1 大括号扩展

大括号扩展是一种用于生成任意字符串的方法。我们已经在上册第 15 章中讨论了大括号扩展，所以这里就不再进行赘述。

9.7.2 波浪线扩展

可以说，我们遇到最常见的扩展是波浪线扩展。当我们在命令中使用它时，譬如执行 `cd ~/Documents` 命令，Bash shell 实际上会将这个快捷方式扩展表示为用户的完整主目录。

实验 9-12：波浪线扩展

以 student 用户身份使用 Bash 程序来观察波浪线扩展的实际效果：

```
[student@studentvm1 ~]$ echo ~
/home/student
[student@studentvm1 ~]$ echo ~/Documents
/home/student/Documents
[student@studentvm1 ~]$ Var1=~/Documents ; echo $Var1 ; cd $Var1
/home/student/Documents
[student@studentvm1 Documents]$
```

9.7.3 路径名扩展

路径名扩展是一个奇特的术语，旨在使用字符 ? 和 * 将文件通配符模式扩展为匹配该模式的完整目录名称。正如我们在上册第 15 章中所讨论的，通配符（globbing）是一种特殊的模式字符，它允许我们在执行各种操作时灵活地匹配文件名、目录和其他字符串。这些特殊的模式字符能够匹配字符串中的单个字符、多个字符以及特定字符。

- ❑ ?：只匹配字符串中指定位置的任意一个字符。
- ❑ *：匹配字符串中指定位置的零个或多个任意字符。

在本例中，我们将此扩展应用于路径名匹配。

实验 9-13：路径名扩展

　　该实验将以 student 用户身份执行，进而探讨路径名扩展命令的工作原理。首先，请使用 ~ 命令确保你的当前工作目录是主目录。随后，我们将从最基本的 ls 命令入手，开始介绍该拓展命令的用法。ls 命令旨在显示当前目录下的所有文件和子目录，其运行结果如下所示：

```
[student@studentvm1 ~]$ ls
chapter25   diskusage.txt   Documents   newfile.txt   testdir1    Videos
chapter26   dmesg1.txt      Downloads   Pictures      testdir6
chapter28   dmesg2.txt      link3       Public        testdir7
cpuHog      dmesg3.txt      Music       Templates     testfile
Desktop     dmesg4.txt      mypipe      testdir       umask.test
```

　　接下来，我们需要列出以"Do"开头的目录，你可以通过执行 ls Do* 命令实现。输出结果如下所示，包含了"~/Documents"和"~/Downloads"两个目录的信息：

```
[student@studentvm1 ~]$ ls Do*
Documents:
file01  file09  file17  test05  test13  testfile01  testfile09  testfile17
file02  file10  file18  test06  test14  testfile02  testfile10  testfile18
file03  file11  file19  test07  test15  testfile03  testfile11  testfile19
file04  file12  file20  test08  test16  testfile04  testfile12  testfile20
file05  file13  test01  test09  test17  testfile05  testfile13  Test.odt
file06  file14  test02  test10  test18  testfile06  testfile14  Test.pdf
file07  file15  test03  test11  test19  testfile07  testfile15
file08  file16  test04  test12  test20  testfile08  testfile16

Downloads:
[student@studentvm1 ~]$
```

　　然而，这并不是我们想要的结果，它还列出了以"Do"开头的目录内的内容。如果我们只想列出目录本身而不显示其目录中的内容，可以通过添加 -d 选项实现。完整命令如下所示：

```
[student@studentvm1 ~]$ ls -d Do*
Documents  Downloads
[student@studentvm1 ~]$
```

　　在这两种情况下，Bash shell 将"Do*"模式扩展为与该模式匹配的两个目录的名称。然而，如果还有与该模式相匹配的文件（虽然目前没有），那又会发生什么呢？如下所示，我们通过 touch 命令创建一个新文件，再利用 ls 命令显示以"Do"开头的目录或文件：

```
[student@studentvm1 ~]$ touch Downtown ; ls -d Do*
Documents  Downloads  Downtown
```

　　最终，上述结果也显示了该文件。因此，任何与这个模式匹配的文件都会被扩展为全名。

9.7.4　命令替换

命令替换是一种扩展形式。命令替换工具允许将一条命令的标准输出数据流用作另一条命令的参数。例如，它可以将某个命令的输出用作需要在循环中处理的项目列表。此外，Bash 手册页提到："命令替换允许使用一条命令的输出来替换该命令的名称。"笔者认为这个描述更为准确，尽管它稍微有些难以理解。

命令替换通常包括如下两种形式：\`command\` 和 $(command)。需要注意，在使用反单引号（\`）的旧形式中，命令会利用反斜杠（\）来保留其字面含义；然而，在使用第二种新括号的形式中，反斜杠将作为一个特殊字符被处理，此外，仅使用单个圆括号来开启和关闭命令语句。

在编写命令行程序和脚本时，笔者经常将一条命令的输出结果用作另一条命令的参数。

实验 9-14：命令替换

该实验将以 student 用户身份执行。首先，我们将通过一个非常简单的示例来展示上述两种命令替换的用法。确保你的当前工作目录是主目录：

```
[student@studentvm1 ~]$ echo "Todays date is `date`"
Todays date is Sat Mar  4 04:30:57 PM EST 2023
[student@studentvm1 ~]$ echo "Todays date is $(date)"
Todays date is Sat Mar  4 04:31:25 PM EST 2023
```

我们之前已经接触过了 seq 工具，它可以用来生成数字序列。如下所示，seq 5 命令成功生成了数字 1～5 的序列。接着，我尝试结合命令替换来使用 seq 工具：

```
[student@studentvm1 ~]$ seq 5
1
2
3
4
5
[student@studentvm1 ~]$ echo `seq 5`
1 2 3 4 5
[student@studentvm1 testdir7]$
```

请注意，使用命令替换会丢失序列中每个数字末尾的换行符。在之前的实验中，我们已经在创建新文件时利用了这一点。现在，让我们再回顾一遍，将 ~/chapter28 设置为当前工作目录，并在该目录中创建一些新文件。完整命令如下所示，其中，seq 命令的 -w 选项会在所生成的数字前添加前置零（占位），以确保它们具有相同的宽度（即相同的位数）。换句话说，无论它们的数值是多少，其数值对应的宽度都是相同的。通过该操作，会使得按数字顺序进行排序变得更容易。尽管我们之前已完成过类似的实验，但本次实验将重点关注命令替换的功能：

```
[student@studentvm1 chapter28]$ for I in $(seq -w 5000) ; do touch
file-$I ; done
```

> 在上述程序中,seq -w 5000 语句会生成一个从 1 ～ 5000 的数字列表。通过命令替换将输出结果作为 for 循环语句的一部分,该数字列表会被 for 循环用来生成文件名的数字部分。
>
> 最后,利用如下命令列出目录中的文件,以确保它们已被正确创建:
>
> ```
> [student@studentvm1 chapter28]$ ls | column | less
> ```
>
> 接下来,我们将在本章后续部分中进一步探讨 for 语句的用法。

9.7.5 算术扩展

Bash 支持整数运算,但其操作相对烦琐。接下来,让我们来介绍算术扩展。算术扩展的基本语法如下,它使用双括号来开启和结束算术表达式:$((arithmetic-expression))$。

算术扩展在 shell 程序或脚本中的工作原理与命令替换类似——表达式计算得到的值会替换原表达式,以便由 shell 进行后续的计算。

实验 9-15:算术扩展

接下来,我们将从一些简单的示例开始探讨。首先,我们将介绍加法和乘法运算,如下所示,其输出结果分别为 2 和 35:

```
[student@studentvm1 chapter28]$ echo $((1+1))
2
[student@studentvm1 chapter28]$ Var1=5 ; Var2=7 ; Var3=$((Var1*Var2)) ; echo
"Var 3 = $Var3"
Var 3 = 35
```

同样,如果两个整数进行除法运算,其结果又将如何呢?在下面的代码中,"5/7"的除法结果为零,这是因为整数除法所采用向零取整的逻辑,即舍去小数部分,只保留整数部分,而当前结果是小于 1 的十进制数,因此最终结果为零:

```
[student@studentvm1 chapter28]$ Var1=5 ; Var2=7 ; Var3=$((Var1/Var2)) ; echo
"Var 3 = $Var3"
Var 3 = 0
```

下面是笔者在脚本或 CLI 程序中执行的一个简单计算,用于查看 Linux 主机中的虚拟内存总量。在下面的程序中,free 命令并不提供这个数据:

```
[student@studentvm1 chapter28]$ RAM=`free | grep ^Mem | awk '{print $2}'` ;
Swap=`free | grep ^Swap | awk '{print $2}'` ; echo "RAM = $RAM and Swap =
$Swap" ; echo "Total Virtual memory is $((RAM+Swap))" ;
RAM = 4037080 and Swap = 6291452
Total Virtual memory is 10328532
```

注意,笔者使用了反单引号(`)字符来分隔用于命令替换的代码段。

在本书中,笔者主要在脚本中应用 Bash 算术扩展来检查系统资源的数量,并据此结果选择程序执行路径。

9.8 for 循环

在笔者接触过的众多编程语言中，都普遍存在 for 循环语句。就笔者而言，Bash 中的 for 结构比其他大多数编程语言都更为灵活，因为它能够处理非数值类型的数据，而像 C 语言的 for 循环只能处理数值。

在 Bash 程序中，for 命令的基本结构很简洁——for Var in list1; do list2; done。

上述命令的具体含义为：循环获取 list1 中的每个值，并将该值赋值给 $Var 变量，然后使用该值执行 list2 中的程序语句；当 list1 中的所有值都使用完后，即可结束并退出循环。需要注意，list1 中的值可以是一组明确列出的值（如显式的字符串），也可以是通过命令替换的结果，正如我们在实验 9-14 以及本书先前实验中所看到的那样，笔者经常使用这个 for 循环语句。

实验 9-16：for 循环

请以 student 用户身份执行本次实验，并确保 ~/chapter28 仍是你的当前工作目录。接下来，我们先清理一下环境，然后介绍一个使用显式值列表的 for 循环的简单示例。这个列表包含字母和数字混合的值，但不要忘记所有变量在 Bash 中都是字符串，因此其会被当作字符串来处理。我们在命令中使用路径是为了确保不会因为当前工作目录不正确而意外删除文件：

```
$ rm -rf ~/chapter28/*
$ for I in a b c d 1 2 3 4 ; do echo $I ; done
a
b
c
d
1
2
3
4
```

为了更直观地展示 for 循环的实际用法，我们可以让变量列表更真实。如下所示，显示多个部门的名称：

```
$ for Dept in "Human Resources" Sales Finance "Information Technology"
Engineering Administration Research ; do echo "Department $Dept" ; done
Department Human Resources
Department Sales
Department Finance
Department Information Technology
Department Engineering
Department Administration
Department Research
```

接着，我们在上述命令的基础上，结合使用 mkdir 命令，用以创建一些目录。如下所示，各目录被成功创建：

```
[student@studentvm1 chapter28]$ for Dept in "Human Resources" Sales Finance
"Information Technology" Engineering Administration Research ; do echo
"Working on Department $Dept" ; mkdir "$Dept"  ; done
Working on Department Human Resources
Working on Department Sales
Working on Department Finance
Working on Department Information Technology
Working on Department Engineering
Working on Department Administration
Working on Department Research
[student@studentvm1 chapter28]$ ll
total 28
drwxrwxr-x 2 student student 4096 Apr  8 15:45  Administration
drwxrwxr-x 2 student student 4096 Apr  8 15:45  Engineering
drwxrwxr-x 2 student student 4096 Apr  8 15:45  Finance
drwxrwxr-x 2 student student 4096 Apr  8 15:45 'Human Resources'
drwxrwxr-x 2 student student 4096 Apr  8 15:45 'Information Technology'
drwxrwxr-x 2 student student 4096 Apr  8 15:45  Research
drwxrwxr-x 2 student student 4096 Apr  8 15:45  Sales
```

请注意，在 `mkdir` 命令中必须将 $Dept 变量括在引号中，否则像"Information Technology"这样由两个部分组成的部门名称会被当作两个独立的部门来处理。因此，建议大家在命名文件和目录时都使用单个单词，这也是笔者喜欢遵循的一个最佳实践原则。尽管大多数现代操作系统都可以处理文件名中的空格，但系统管理员需要额外的工作来确保在脚本和 CLI 程序中考虑这些特殊情况。然而，即使这些特殊情况会让人感到烦恼，我们也应该予以考虑，因为你永远不知道实际上会遇到什么文件。

接下来，请利用 `rm` 命令再次删除 ~/chapter28 中的所有内容，然后我们再做一次实验：

```
[student@studentvm1 chapter28]$ rm -rf ~/chapter28/* ; ll
total 0
[student@studentvm1 chapter28]$ for Dept in Human-Resources Sales Finance
Information-Technology Engineering Administration Research ; do echo "Working
on Department $Dept" ; mkdir "$Dept"  ; done
Working on Department Human-Resources
Working on Department Sales
Working on Department Finance
Working on Department Information-Technology
Working on Department Engineering
Working on Department Administration
Working on Department Research
[student@studentvm1 chapter28]$ ll
total 28
drwxrwxr-x 2 student student 4096 Apr  8 15:52 Administration
drwxrwxr-x 2 student student 4096 Apr  8 15:52 Engineering
drwxrwxr-x 2 student student 4096 Apr  8 15:52 Finance
```

```
drwxrwxr-x 2 student student 4096 Apr  8 15:52 Human-Resources
drwxrwxr-x 2 student student 4096 Apr  8 15:52 Information-Technology
drwxrwxr-x 2 student student 4096 Apr  8 15:52 Research
drwxrwxr-x 2 student student 4096 Apr  8 15:52 Sales
```

接下来我们补充一个真实世界中的示例。假设有人想要查看某台特定 Linux 计算机上安装的所有 RPM 软件包名称及其简短描述，那么我们应该如何通过命令行程序实现呢？

当笔者在北卡罗来纳州工作时，就曾遇到过这种情况。由于当时的州政府机构并未正式"批准"使用开源软件，而笔者只能在自己的台式计算机上使用 Linux。因此，为了满足那些严格的老板（PHB）的要求，我需要提供一份我计算机上所安装的全部软件包清单，以便他们能够"批准"这一例外情况。

如果是你面临这个需求，你会如何解决呢？这里有一种方法，我们可以利用 `rpm -qa` 命令提供 RPM 的完整描述，包括我们想要的两项内容——软件包名称和简短摘要。

实验 9-17：一个真实世界的示例

接下来，我们将尝试探索以逐步完成该任务。本实验应以 student 用户身份执行。首先，我们需要列出所有的 RPM 软件包，其显示结果如下所示：

```
[student@studentvm1 chapter28]$ rpm -qa
fonts-filesystem-2.0.5-9.fc37.noarch
liberation-fonts-common-2.1.5-3.fc37.noarch
libreport-filesystem-2.17.4-1.fc37.noarch
hyperv-daemons-license-0-0.39.20220731git.fc37.noarch
hunspell-filesystem-1.7.0-21.fc37.x86_64
langpacks-core-font-en-3.0-26.fc37.noarch
abattis-cantarell-fonts-0.301-8.fc37.noarch
<snip>
```

添加 sort 和 uniq 命令⊖对列表进行排序，并只输出唯一的项。因为在真实系统中，我们很有可能安装了一些名称相同的 RPM 软件包，因此需要进行去重：

```
[student@studentvm1 chapter28]$ rpm -qa | sort | uniq
a2ps-4.14-51.fc37.x86_64
aajohan-comfortaa-fonts-3.101-5.fc37.noarch
abattis-cantarell-fonts-0.301-8.fc37.noarch
abattis-cantarell-vf-fonts-0.301-8.fc37.noarch
abrt-2.15.1-6.fc37.x86_64
abrt-addon-ccpp-2.15.1-6.fc37.x86_64
abrt-addon-kerneloops-2.15.1-6.fc37.x86_64
abrt-addon-pstoreoops-2.15.1-6.fc37.x86_64
abrt-addon-vmcore-2.15.1-6.fc37.x86_64
abrt-addon-xorg-2.15.1-6.fc37.x86_64
<snip>
```

⊖ sort 命令：对文件中的各行进行排序。uniq 命令：删除文件中的重复行。——译者注

　　如上所示，由于该命令能够查看正确的 RPM 软件包列表，因此我们可以将其作为循环的输入列表，结合 for 循环来打印每个 RPM 的详细信息：

```
[student@studentvm1 chapter28]$ for RPM in `rpm -qa | sort | uniq` ;
do rpm -qi $RPM ; done
```

　　这段代码生成的数据远超预期。请注意，我们的循环部分实际上已经完成。接下来，我们需要提取所请求的信息。为此，我们添加了一个 egrep 命令，用于选择 "^Name" 或 "^Summary" 开头的行。通过下面的命令，任何以 Name 或 Summary 开头的行（^ 表示行的开头）都会被显示出来：

```
[student@studentvm1 chapter28]$ for RPM in `rpm -qa | sort | uniq` ; do rpm
-qi $RPM ; done | egrep -i "^Name|^Summary"
Name        : a2ps
Summary     : Converts text and other types of files to PostScript
Name        : aajohan-comfortaa-fonts
Summary     : Modern style true type font
Name        : abattis-cantarell-fonts
Summary     : Humanist sans serif font
Name        : abattis-cantarell-vf-fonts
Summary     : Humanist sans serif font (variable)
Name        : abrt
Summary     : Automatic bug detection and reporting tool
Name        : abrt-addon-ccpp
Summary     : abrt's C/C++ addon
Name        : abrt-addon-kerneloops
Summary     : abrt's kerneloops addon
<snip>
```

　　注意，你可能想将上面命令中的 egrep 替换为 grep，但这不会起作用。此外，你还可以通过 less 转换器将该命令的输出管道化，这样你就可以浏览这些结果了，当前的命令序列如下所示：

```
[student@studentvm1 chapter28]$ for RPM in `rpm -qa | sort | uniq` ;
do rpm -qi $RPM ; done | egrep -i "^Name|^Summary" > RPM-summary.txt
```

　　该命令使用了管道、重定向和一个 for 循环，所有这些操作都是在同一行内完成的。最终，它将我们的 CLI 程序的输出重定向到一个文件中，我们可以将该文件用于电子邮件，或者用作其他目的的输入。

　　我们可以发现，这种逐步构建程序的过程可以让你看到每个步骤的结果，并确保它按照预期工作以及得出想要的结果。在编程和运维过程中，查看程序执行过程中的结果极为重要，能帮助我们更好地掌握程序逻辑以及判断每阶段的程序语句是否被正常运行。

　　最终，笔者的老板收到了一个包含 1900 余个 RPM 软件包的列表。笔者严重怀疑他们是否真的会去阅读这个列表，因为当我按照他们的要求提供了这份列表后，再也没有听到他们说起这件事。当上述命令应用于本书使用的虚拟机上，生成了 4442 行结果，即 2221 个 RPM 软件包。笔者的主工作站已经安装了 3933 个软件包。

9.9　其他循环

Bash 还提供了另外两种循环结构——while 和 until。它们的语法和功能非常相似，这两种循环结构的基本语法非常简单，如下所示：

```
while [ expression ] ; do list ; done
```

以及

```
until [ expression ] ; do list ; done
```

在这两种循环语句中，每次循环迭代时，程序都先评估给定表达式的逻辑，再根据表达式的执行结果执行不同的操作。while 和 until 循环语句的工作原理如下：

- while：当表达式（循环条件）的执行结果为 true 时，则执行 list 程序语句；当表达式的执行结果为 false 时，则退出循环。
- until：当表达式（循环条件）的执行结果为 false 时，则执行 list 程序语句；当表达式的执行结果为 true 时，则退出循环。换句话说，只要条件为假，就会一直执行循环体，直到条件为真才会停止该循环。

9.9.1　while 循环

在 while 循环中，只要逻辑表达式的值为 true，就会持续执行一系列的程序语句。在上册第 13 章编写的 cpuHog 程序中就采用了这种循环结构。接下来，我们将更深入地探讨 while 循环的运作机制。

实验 9-18：使用 while 循环

该实验将以 student 用户身份执行，确保你的当前工作目录是主目录。while 循环有一种最简单的形式，即无限循环。在下面的示例中，我们使用 true 语句来生成一个始终为真的返回码。当然，我们也可以使用简单的"1"来实现同样的效果，就像我们在最初的 cpuHog 程序中所做的那样。但在这里，我们展示 true 语句的使用。

我们通过 head 语句将结果管道化，并将输出限制为数据流的前十行：

```
[student@studentvm1 ~]$ X=0 ; while [ true ] ; do echo $X ; X=$((X+1)) ;
done | head
0
1
2
3
4
5
<snip>
```

经过对 CLI 程序各部分的学习，我们现在更容易理解它的工作原理了。那么，上述命令的完整逻辑是什么呢？首先，我们将 $X 设置为零，这是为了防止它保留了前一个程序或 CLI 命令的剩余值。然后，由于逻辑表达式 [true] 的计算结果始终为 1，也就是

真，因此在 do 和 done 之间的程序指令列表将永远执行——直到我们按下 <Ctrl+C> 键或以其他方式向程序发送信号 2。这些指令是一个算术扩展，打印 $X 的当前值，然后加 1。

"系统管理员的 Linux 哲学"的一个核心原则就是追求优雅，而实现这一点的方法之一就是简化操作。在这个程序中，我们可以使用变量自增运算符（++）来简化这个程序。具体而言，在第一个实例中，我们先打印变量的当前值，然后将其递增，这可以通过在变量后面添加 ++ 运算符来表示：

```
[student@studentvm1 ~]$ X=0 ; while [ true ] ; do echo $((X++)) ; done | head
0
1
2
3
4
5
6
<SNIP>
```

现在移除程序末端的 | head 并再次运行程序，你将看到什么样的结果呢？

在下一版程序中，我们尝试先将变量递增，然后再打印它的值。这是通过在变量前放置 ++ 运算符来实现的，即 ++X。你是否能看出其中的差异？

```
[student@studentvm1 ~]$ X=0 ; while [ true ] ; do echo $((++X)) ; done | head
1
2
3
4
5
6
<SNIP>
```

通过上述实验，我们成功地将两个操作（打印变量值和递增变量）合并为一个语句，从而简化了代码。此外，还有一个递减运算符 "--"，用于减少变量的值。

然而，在真实的循环语句中，我们通常需要一种方法来实现当达到特定数值时终止循环。为此，我们可以将 true 表达式更改为一个实际的数值计算表达式。因此，让我们的程序循环到 5 时停止。在表 9-3 中，你可以看到 -le 表示 "小于或等于" 的逻辑数值运算符。这意味着只要 $X 小于或等于 5，循环就会继续执行，一旦 $X 增加到 6 时，循环就会终止。

```
[student@studentvm1 ~]$ X=0 ; while [ $X -le 5 ] ; do echo $((X++)) ; done
0
1
2
3
4
5
[student@studentvm1 ~]$
```

9.9.2 until 循环

until 命令与 while 命令非常相似。不同之处在于，until 命令会一直执行循环，直到逻辑表达式的计算结果为"true"，才会停止。

实验 9-19：使用 until 循环

该实验将以 student 用户身份执行，确保你的当前工作目录是主目录。就像在实验 9-18 中的一样，让我们先构建 until 循环结构的最简单形式，即无限循环。完整命令如下所示：

```
[student@studentvm1 ~]$ X=0 ; until false  ; do echo $((X++)) ; done | head
0
1
2
3
4
5
6
7
8
9
[student@studentvm1 ~]$
```

现在，我们将在上面的命令基础上进行改进，尝试利用逻辑比较来循环计数，直到达到某个特定的值时，才终止循环：

```
[student@studentvm1 ~]$ X=0 ; until [ $X -eq 5 ]  ; do echo $((X++)) ; done
0
1
2
3
4
[student@studentvm1 ~]$ X=0 ; until [ $X -eq 5 ]  ; do echo $((++X)) ; done
1
2
3
4
5
[student@studentvm1 ~]$
```

总结

我们已经探索了如何使用许多强大的工具来构建命令行程序和 Bash shell 脚本。尽管我们在本章中做了一些有趣的事情，但 Bash 命令行程序和 shell 脚本的功能远不止于此。我们仅仅是窥见了冰山一角，建议读者根据实际需求更好地学习和应用 Bash 命令行程序。

本章所介绍的只是 Bash 命令行编程众多用法中的一部分。接下来要怎么做，将由读者自行决定。随着时间推移，笔者逐渐发现学习 Bash 编程的最佳途径就是亲身实践，正所谓"实践出真知"。找到一个需要使用多条 Bash 命令的简单项目，然后将其开发成一个 CLI 程序，则可以不断增强我们的实践经验。系统管理员执行的许多任务都适合通过这种方式进行 CLI 编程，因此笔者相信你一定也能找到很多可以自动化的任务。

尽管笔者熟悉其他 shell 语言和 Perl，但许多年前还是决定使用 Bash 来完成所有的系统管理员自动化任务。笔者发现，经过一番探索，我们能够用 Bash 完成所需的任务。

练习

为了掌握本章所学知识，请完成以下练习：

1. 编写一个简短的命令行程序，从 0 开始计数，每次增加 5，直到 5000，并将结果数据以两列的形式输出。

2. 当给变量赋值时，如果不使用引号，会发生什么？

3. 变量 \$PATH 和 \$Path 有何不同？

4. 请设计并运行一个实验，如果给定文件的用户、组或其他所有者的读取位中任何一个被设置，而不是专门为用户设置了读取位时，确定 -r 文件操作符是否返回 true。

5. 创建两个"if"复合命令的版本，用于测试两个变量是否相等。如果相等，则输出"The variables are equal"；如果不相等，则输出"The variables are not equal"。其中一个版本使用 == 运算符实现，另一个版本使用 != 运算符实现。分别为这两个版本设置测试用例，涵盖变量相等和不相等两种情况。

6. 下面两个 CLI 程序是否能正常运行？如果能，请解释其原因。

```
Var1=7 ; Var2=9 ; echo "Result = $Var1 * $Var2"
Var1="7" ; Var2="9" ; echo "Result = $Var1 * $Var2"
```

7. 在算术扩展中使用 5.5 这样的小数会发生什么？

8. 下列代码哪条能运行，哪条不能运行？为什么？

```
RAM=`free | grep ^Mem | awk '{print $2}'` ; echo $RAM
RAM=$((free | grep ^Mem | awk '{print $2}')) ; echo $RAM
```

9. 创建一个 CLI 程序，从 10 倒数到 0，并将结果数字打印到屏幕上。

Chapter 10 | 第 10 章

Bash 脚本自动化

目标

在本章中，你将学习如下内容：

❏ Bash shell 脚本实现自动化的优势。

❏ 为什么 shell 脚本比 C 或 C++ 等编译语言更适合系统管理员使用？

❏ 为新脚本创建一组需求。

❏ 从 CLI 程序中创建简单的 Bash shell 脚本。

❏ 运用文件所有权和权限对运行脚本的用户添加一层安全保护。

❏ 通过配置运行脚本的用户的 UID 来进一步提高安全性。

❏ 使用逻辑比较工具为命令行程序和脚本提供执行流控制。

❏ 使用命令行选项控制各种脚本工具。

❏ 创建从脚本中的一个或多个位置调用的 Bash 函数。

❏ 为什么以及如何将你的代码授权为开源代码？

❏ 创建一个简单的测试计划。

❏ 尽早测试，经常测试。

10.1 概述

这里有一个问题"计算机的功能究竟是什么？"就笔者而言，正确的答案是"将琐碎的任务自动化，以便让我们人类专注于计算机还无法完成的任务"。对于系统管理员来说，我们这些最密切地运行和管理计算机的人能直接使用可以帮助我们更有效地工作的工具。我们应该利用这些工具，使其发挥最大效益。

在本章中，我们将探讨如何使用 Bash shell 脚本形式的自动化，从而简化作为系统管理员的工作流程。本章不仅涉及创建脚本及使其运行的部分内容，它还涉及自动化和 shell 脚本的一些哲学原则。

10.2　为什么使用 shell 脚本

在笔者所著的《Linux 哲学》一书第 9 章中，明确指出：

> 系统管理员在思考的时候效率最高——思考如何解决现有问题和如何避免未来的问题；思考如何监控 Linux 计算机，以便找到预测和预示未来问题的线索；思考如何让他们的工作更有效率；考虑如何将所有需要每天或每年执行的任务自动化。
>
> 系统管理员在创建 shell 程序时是第二高效的，这些 shell 程序可以自动执行他们所构思出的解决方案，而此时他们看起来效率不高。自动化程度越高，我们就有越多的时间来解决真正的问题，并考虑如何在现有的基础上实现更多的自动化。

你是否曾经在命令行执行一项又长又复杂的任务时这样想过"很高兴完成了——我再也不用担心了"？笔者经常这么做。最终发现，几乎所有需要在计算机上做的事情，无论是笔者的计算机，还是雇主或咨询客户的计算机，都需要在未来的某个时候再做一次。

当然，我们总是认为会记得自己是如何完成任务的。然而，当我们下次需要做这件事的时候，已经是很遥远的未来了，有时甚至会忘记曾经做过这件事，更不用说怎么做了。对于某些任务，笔者开始在纸上写下所需的步骤，某一刻会突然意识到自己"太笨了"，于是笔者把这些字迹转移到计算机上的一个简单记事本应用程序中，我们不妨创建一个 shell 脚本并将其存储在标准位置中（如 /usr/local/bin 或 ~/bin），这样只需输入 shell 程序的名称，它就能执行过去需要手动完成的所有任务。

就笔者而言，自动化还意味着我们不必为了再次执行任务而记住或重新创建执行任务细节。记住如何做需要时间，输入所有的命令也需要时间。对于需要输入大量长命令的任务来说，这也会耗费大量时间。通过创建 shell 脚本来自动化执行任务，减少了执行常规任务所需的输入。

10.2.1　shell 脚本

shell 脚本也可以成为新任系统管理员的重要辅助工具，使他们能够在资深系统管理员（或者比他们更有经验的人）不在场的情况下，继续保持工作。弄清楚如何完成任务需要时间，即使这对于更有经验的人来说是一个更快的过程。由于 shell 程序本质上是公开的，其可以被查看和修改，对于经验不足的系统管理员来说，它们是一个重要的工具，可以帮助他们在需要负责这些任务时了解如何执行这些任务的具体细节。

编写 shell 程序（也称为脚本）是充分利用时间的最佳策略。一旦编写了 shell 程序，就可以根据需求多次运行。我们可以根据需要更新编写过的 shell 脚本，以弥补 Linux 版本更新所带来的变化。其他可能需要进行更新的因素包括：安装新的硬件和软件，改变需要用脚本完成的任务，添加新功能，删除不再需要的功能，以及修复脚本中不太常见的错误。

对于任何类型的代码来说，上述因素引起的更新都只是维护周期的一部分。

在终端会话中，通过键盘输入和执行 shell 命令实施的每个任务都可以转换为自动化的操作。系统管理员应该将被要求做的事情或者自己决定需要做的事情转换为自动化的操作。很多次笔者发现，在开始时就进行自动化可以节省时间。

一个 Bash 脚本可以包含少则几条命令，多则数千条命令。在实际工作中，笔者既写过只包含一两条命令的 Bash 脚本，也写过包含 2700 多行命令的脚本（其中一半以上是注释）。

10.2.2　脚本和编译程序

当编写自动化程序时，我们普遍使用的是 shell 脚本。由于 shell 脚本以 ASCII 文本格式存储，因此人类可以像计算机一样轻松地查看和修改它们。你可以检查一个 shell 程序，看看它到底做了什么，以及在语法或逻辑中是否有明显的错误。这就是 Linux 开放性的强有力例证。

笔者知道有些开发人员倾向于认为 shell 脚本不是真正的编程语言。这种对 shell 脚本和编写 shell 脚本的人的排挤似乎是基于这样一种观点，即真正的编程语言必须是从源代码编译生成可执行代码的语言。根据笔者的经验，可以告诉你这个观点完全站不住脚。

笔者使用过很多编程语言，包括 BASIC、C、C++、Pascal、Perl、Tcl/Expect、REXX 及其一些变体（如 Object REXX），还有许多 shell 语言（如 Koorn、csh 和 Bash），甚至还有一些汇编语言。所有计算机语言都有一个目的——让计算机按照人类的指令执行任务。无论你选择哪种语言编写程序，你都是在给计算机下达指令，让它以特定的顺序执行特定的任务。

shell 脚本的编写和测试要比编译语言快得多。系统管理员通常必须快速编写程序，以满足环境或顶头上司规定的时间限制。我们编写的大多数脚本都是为了解决问题、清理之前的遗留问题，或者交付一个必须在编译程序编写和测试之前即可投入运行的程序。

快速编写程序需要使用 shell 编程，因为它可以快速响应客户的需求，无论客户是我们自己还是其他人。如果程序的逻辑存在问题或代码存在漏洞，我们可以立即进行修改并重新测试。如果最初的需求集合存在缺陷或不完整，我们可以非常迅速地修改 shell 脚本，以满足新的需求。因此，总的来说，在系统管理员的工作中，对开发速度的需求超过了使程序尽可能高速运行的需求，也超过了尽可能少占用内存等系统资源的需求。

我们作为系统管理员所做的多数事情，搞清楚如何去做的时间比让实际执行的时间要长。因此，为每一件事创建 shell 脚本似乎是低效的。编写脚本并将其转化为能够产生可重复结果且可按需多次使用的工具需要耗费一定时间。每次运行脚本而无须再次弄清楚如何执行任务时，便可节省时间。

你可能会遇到这样的情况：脚本的执行时间过长，或者问题非常普遍以至于需要重复执行数千次甚至数百万次。在这种情况下，编译语言可能更有意义。但这些都是罕见的情况。

10.3　更新

大多数时候，笔者的脚本都是从每天都会使用多次的简短的 CLI 程序开始的，然后逐渐演变成更复杂的形式。那么，让我们以已经使用过的 CLI 程序为例，将其转换为脚本。

笔者经常做的一项任务就是为所有计算机安装更新。事实上，笔者在撰写书籍的早上还在更新计算机。这项任务只需要做几个决策，而且可以很容易地实现自动化。你可能会疑惑"这太简单了吧！为什么要把只需要一两个命令的任务自动化呢？"事实证明，更新并非那么简单。接下来，让我们思考这个问题。

10.3.1　关于更新

在我们开始这项编程任务时，需要了解两件关于更新的重要事情。首先，安装更新并不妨碍同时使用计算机。在 Linux 系统中，我们可以一边安装更新，一边执行完成常规工作所需的其他任务。

其次，有时在安装更新后重新启动计算机是一个良好习惯。Linux 不会自动为我们重启，而是由我们决定何时重启。虽然笔者通常会在更新完成后立即重启，但这并不是必需的。然而，如果某些软件包更新了，那么最好尽快重启以完成这些软件的配置。关键在于，Linux 系统赋予了我们选择的权力。

10.3.2　创建需求列表

那么，编写更新脚本有哪些需求呢？你应该为每个项目创建一组需求列表。笔者总是为脚本创建一组需求，即使它是一个只有两三个条目的简单列表。

首先，必须确定是否有可用的更新。然后，确定是否有需要重启的软件包正在更新，譬如内核、glibc 或 systemd。此时我们就可以安装更新了。接着，运行 mandb 工具更新手册页，如果不这样做，新的和替换的手册页将无法访问，而已经被删除的旧手册页将仍然出现在那里，尽管它们已经不存在了。最后，如果软件包需要重新启动，则重启 Linux 系统。

这是一组需要做出一些决策的独立任务和命令。手动完成这些任务需要时刻关注并进行干预，以便在前一个命令完成后输入新的命令。由于需要等待输入下一条命令时，在每台计算机执行这些步骤时，笔者需要花费大量的时间来监控。笔者偶尔会在主机上输入错误的命令，这提醒我们存在出错的可能性。

使用笔者编写的"需求声明"，很容易实现自动化，从而解决所有这些问题。笔者编写了一个名为 doUpdates.sh 的脚本，它提供了诸如帮助、详细模式、打印当前版本号以及仅在内核、systemd 或 glibc 更新后才重启的选项。

在这个程序中，有超过一半的行都是注释，这样当笔者下次需要修复程序错误或添加更多功能时，就能回顾程序是如何运行的。笔者随意选择了这个程序来说明创建脚本的过程，是因为它提供了许多扩展和实现有趣且有用的功能的机会。同时，它也说明了笔者的开发过程，从一个简单的 CLI 程序逐渐发展壮大。

在本章的一系列实验中，我们将从非常简单的部分开始。首先，我们只会进行更新检查和一些其他功能（例如帮助文档）。由于在进行实际更新之后的几天后才需要另一个更新，因此我们将推迟到接近章节末尾时才真正执行更新。事实上，这也是笔者开发脚本的方式——让它们在初始阶段不会产生任何影响。

我们将在本章共同创建的程序是笔者自己创建的程序的更短、更高效版本。

10.3.3 CLI 程序

在 CLI 程序中实际执行更新需要四个步骤：①进行更新；②更新手册页的数据库；③重建 GRUB 配置文件；④重新启动主机。具体内容请参考上册第 16 章，回顾 GRUB 配置以及为什么我们需要重建 GRUB 配置文件。

让我们对初始命令行程序做一些假设。假设总是要重新构建手册页数据库，总是需要重新启动（尽管我们在测试中并不是如此做），并且总是需要更新 GRUB 配置文件。

实验 10-1：测试基本更新步骤

请以 root 用户身份来启动这个 CLI 小程序。请记住，我们只是检查更新，而不是执行更新。这将给脚本完成后留出时间。输入并运行以下 CLI 程序，观察结果：

```
[root@studentvm1 bin]# dnf check-update; mandb; reboot
```

它会输出一个需要更新的 RPM 包列表、重建手册页数据库，然后重新启动虚拟机。

10.3.4 安全性

为确保系统安全与程序稳定运行，我们的 doUpdates.sh 程序仅限于 root 用户执行，若其他用户尝试执行，程序将无法正常运作。我们已对安全策略进行了深入研究，并观察到 750 与 777 权限设置对程序运行的影响。我们还研究了在程序执行时检测用户 UID 不为 0（即非 root 用户）时退出程序的代码。

考虑到 root 是唯一需要访问此程序的用户，我们将其放置在 /root/bin 目录下。此举还确保了即使在未挂载其他文件系统的情况下，root 用户也能随时调用该程序。将其置于 root 用户的 ~/bin 目录中，能有效防止非 root 用户的访问。虽然默认情况下 /root/bin 目录可能不存在，但该目录属于 root 用户的路径组成部分，请确保对此路径进行适当检查。

10.3.5 将 CLI 程序转换为脚本

我们已经了解了完成这项工作所需的基本步骤，这似乎并不多，但如果你有几十台或几百台计算机需要更新，那就需要大量的输入了。因此，让我们创建一个非常简单的脚本来完成这些步骤。

实验 10-2：将 CLI 程序转换为基本脚本 doupdates.sh

请以 root 用户身份执行本实验，并确保当前工作目录是 root 用户的主目录。然后，创建一个新目录 /root/bin，用于存放仅供 root 用户使用的可执行程序，以使其他用户不得使用。

接着在 /root/bin 目录下创建一个名为 doUpdates.sh 的新文件，并确保其对 root 和 root 组可执行，但其他用户没有任何读写执行权限。

```
[root@studentvm1 ~]# cd ~/bin ; touch doUpdates.sh ; chmod 770
doUpdates.sh ; ll
total 8
-rwxrwx--- 1 root root    0 Apr 10 16:15 doUpdates.sh
```

笔者遵循大多数系统管理员的标准做法，使用 .sh 扩展名来帮助将这个文件识别为 shell 脚本。

使用 Vim 编辑新文件，并将如图 10-1 所示的代码添加到文件中：

```
dnf check-update
mandb
# reboot
```

图 10-1　doUpdates.sh 脚本的第一个版本

我们已经对重启命令（reboot）进行了注释，这样程序就不会在每次运行时都重启系统。这将节省时间，同时提醒我们最终需要处理是否重新启动代码。我们还将以一种更优雅的方式处理重启，这样我们就可以在需要重启时选择是否重启。

在不退出 Vim 的情况下，打开另一个 root 终端会话并运行该程序：

[root@studentvm1 bin]# doUpdates.sh

在这个程序的初始版本中，我们没有从 shebang(#!) 开始，它定义了如果 Bash 不是默认的 shell，则使用哪个 shell 来运行这个程序⊖。因此，让我们在脚本的第一行添加定义 Bash 的 shebang。这将确保程序始终在 Bash shell 中运行。

图 10-2 显示了我们现在的脚本，再次运行这个程序，其结果应该也是完全一样的。

```
#!/usr/bin/bash
#
dnf check-update
mandb
# reboot
```

图 10-2　添加 shebang 可确保脚本始终在 Bash shell 中

10.3.6　添加逻辑

我们在脚本中添加的第一件事是一些任务的基本逻辑，以允许先跳过某些任务。目前还没有执行实际的更新操作。我们对重启操作也会这样做，这将使得后续的测试变得更容易。

实验 10-3：添加逻辑

首先，我们需要定义名为 \$Check 和 \$doReboot 的变量，然后在 dnf 和 reboot 命令周围添加一些逻辑。我们先设置这些变量，以便执行的是检查而非实际更新，且不执行

⊖　shebang(#!) 用于在 Linux/UNIX 系统指定解释程序，Shebang 这个符号通常在 Linux/UNIX 系统的脚本中第一行开头中写到，它指明了执行这个脚本文件的解释程序。——译者注

重启。我们还应该开始添加一些注释。

　　笔者还添加了一条信息，如果跳过重启，该信息就会被打印出来。这将有助于用正反馈来测试逻辑的一个分支，它还能很好地验证逻辑在实际使用中是否正常工作。

　　在添加新的代码后，shell 脚本会如图 10-3 所示，之后请读者测试程序并修复可能遇到的任何错误。

```
#!/usr/bin/bash
#
###################################################################
# Initialize variables
###################################################################
Check=1
doReboot=0


###################################################################
# Main body of the program
###################################################################
# First we decide whether to do the updates or just check whether
# any are available

if [ $Check == 1 ]
then
    # Check for updates
    dnf check-update
fi

# Update the man database
mandb

# Reboot if necessary
if [ $doReboot == 1 ]
then
    reboot
else
    echo "Not rebooting."
fi
```

图 10-3　添加了一些简单的逻辑来控制我们想要执行的任务

　　目前，这些设置是内置的，但我们接下来将研究从命令行控制程序流的方法。命令行方法也没有考虑重启操作的两个因素，它只考虑了 CLI 选项 -r，但它运行起来还不错。图 10-3 中，它不处理任何命令行选项，只检查变量。

10.3.7　仅限 root 用户使用

　　该程序应仅限 root 用户使用。我们可以通过设置所有权和权限设置实现这一点，但我们还应该添加一些代码来检查是否设置成功。请记住，root 用户的 UID 是 0，所有其他用户的 UID 都大于 0。

实验 10-4：程序运行的用户必须是 root 用户

将图 10-4 中的代码添加到我们的程序中，就在变量初始化的下面和程序主体的前面。这段代码需要检查试图运行程序的用户账户 UID，它只允许 root 用户继续运行程序，并将其他用户以报错信息的方式结束程序。

```
##############################################################
# Check for root
##############################################################
if [ `id -u` != 0 ]
then
    echo "You must be root user to run this program"
    exit
fi
```

图 10-4　检查 root 用户是否为唯一授权用户

现在以 root 用户身份去测试该程序，确保它仍能为 root 用户运行。然后，在 /tmp 中复制该程序，并尝试以 student 用户身份运行它。你会首先得到一个权限错误的提示：

```
[student@studentvm1 tmp]$ doUpdates.sh
-bash: doUpdates.sh: Permission denied
```

以 root 用户身份将 /tmp 中副本的权限设置为 777，这在现实中绝不是一个正常操作。然后，尝试以 student 用户身份再次运行它，如下所示：

```
[student@studentvm1 tmp]$ doUpdates.sh
You must be root user to run this program
[student@studentvm1 tmp]$
```

这个结果正是我们想要的。

当然，如果代码位于 /tmp 中且权限为 777，那么知识渊博的非 root 用户也可以修改代码，但我们在脚本中建立的每一点安全性都有助于阻止其他用户造成意想不到的破坏。

10.3.8　添加命令行选项

现在我们的程序拥有了一些逻辑，但除了编辑代码本身中的变量设置之外，没有其他方法可以控制它。这不是很实用，所以我们需要一种在命令行设置选项的方法。我们还想确定是否要更新内核或 glibc[○]，在其中一个或两个都更新之后重新启动系统总是一个好习惯。

幸运的是，Bash 有几个工具可用于此目的。getops 命令能从命令行获取选项设置，并与 while 和 case 结构一起使用，允许我们根据从命令行读取的选项来设置变量或执行其他任务。

实验 10-5：添加命令行选项

首先，我们需要添加一些新变量，代码中修改后的变量部分如图 10-5 所示。

[○]　glibc 软件包包含了几乎所有作为 Linux 操作系统和应用程序的一部分运行的程序都需要的通用 C 库。

如果用户在命令行中输入 -r，原始的 $doReboot 变量会被设置为 true，从而重启。如果要更新内核或 glibc，变量 $NeedsReboot 会被设置为 true。只有当这两个变量都为真时，系统才会重新启动。如果 Fedora 存储库中有一个或多个更新可用，则 $UpdatesAvailable 变量会被设置为 true。

```
############################################################
# Initialize variables
############################################################
Check=1
doReboot=0
NeedsReboot=0
UpdatesAvailable=0
```

图 10-5　添加两个新变量，以便更好地控制 doUpdates.sh 程序

现在我们可以添加代码，使得我们能够捕获在命令行输入的命令选项，对它们求值并执行相应的操作。如图 10-6 所示是一个基本的获取和处理命令行选项的版本，我们将在下一步中添加更多内容。

getops 命令可以获取用户在命令行中输入的选项列表，例如 doUpdates.sh -c。它为 while 命令创建一个选项列表，while 命令会循环执行，直到列表中没有剩余的选项为止。case 结构会评估每个可能的选项，并为每个有效选项执行一个程序语句列表。

我们现在添加的两个选项 -c 和 -r 用于设置 case 结构中的变量。如果在命令行中输入任何无效选项，则执行 case 结构中的最后一个 case，在这种情况下，exit 命令将退出程序。

需要注意的是，每个 case 都以双分号结束。esac 语句结束了 case 结构，而 done 语句结束了 while 结构。

输入图 10-6 中的代码，以 root 用户身份进行测试。

```
############################################################
# Process the input options
############################################################
# Get the options
while getopts ":cr" option; do
  case $option in
    c) # Check option
       Check=1;;
    r) # Reboot option
       doReboot=1;;
   \?) # incorrect option
       echo "Error: Invalid option."
       exit;;
  esac
done
```

图 10-6　获取和处理命令行选项

在进一步行动之前，我们需要进行一些测试。首先测试一个无效的选项。-x 不是一个有效的选项，所以结果应该得到错误的信息，程序也将退出：

```
[root@studentvm1 bin]# doUpdates.sh -x
Error: Invalid option.
[root@studentvm1 bin]#
```

因为我们没有添加 -r 选项的真正逻辑，使用此选项将导致虚拟机在检查更新和更新手册页后重新启动。目前，预期结果如下所示：

```
[root@studentvm1 bin]# doUpdates.sh -r
```

我们现在有能力使用命令行上的选项来控制程序流，接下来我们可以围绕这些现有的选项添加更多的选项和程序逻辑。

10.3.9　检查更新

现在，我们可以做一个真正的检查，以查看系统软件包是否有可用的更新，然后确定是否需要重新启动。

实验 10-6：检查更新

我们要在如图 10-7 中添加新的 $UpdatesFile 变量，然后进行一些逻辑更改，以检查是否有可用的更新。

```
###################################################
# Initialize variables
###################################################
Check=1
doReboot=0
NeedsReboot=0
UpdatesAvailable=0
UpdatesFile="/tmp/updates.list"
```

图 10-7　添加新变量 $UpdatesFile

删除以下现在已过时的注释行：

First we decide whether to do the updates or just check whether any are available

我们还将把 check（-c）选项的逻辑嵌入这个新的 if 结构的 else 分支中。这样，我们就可以从 doUpdates.sh 程序中删除图 10-8 中的代码片段了。

```
if [ $Check == 1 ]
then
    # Check for updates
    dnf check-update
fi
```

图 10-8　删除 doUpdates.sh 程序中的这段代码

在注释 "# Main body of the program." 之后添加代码，如图 10-9 所示。它能检查更

新是否可用，同时保留一个包含更新列表的文件，可以对需要重新启动的特定软件包进行解析。如果没有可用的更新，这段新代码将退出程序。

```
######################################################
# Main body of the program
######################################################
######################################################
# Are updates available? Just quit with message if not.
# RC from dnf check-update = 100 if available and 0 if
# none are available. One side effect is to create list
# of updates that can be searched for items that should
# trigger a reboot.
######################################################
dnf check-update > $UpdatesFile
UpdatesAvailable=$?
if [ $UpdatesAvailable == 0 ]
then
    echo "Updates are NOT available for host $HOSTNAME at this time."
    exit
else
    echo "Updates ARE available for host $HOSTNAME."
fi

# Temporary exit
exit
```

图 10-9　测试是否有更新可用

注意，笔者还添加了一个临时退出命令，这样我们就不需要在这个新部分之外运行任何代码了。因此，上述操作不会运行尚未完成所有必要逻辑的代码，从而节省时间。还要注意 Bash 环境变量 $HOSTNAME 的使用，它总是包含 Linux 主机的名称。

测试这段代码的结果如下，直到我们安装完当前所有更新，才能测试"then"分支是否正常：

```
[root@studentvm1 bin]# doUpdates.sh
Updates ARE available for host studentvm1.
[root@studentvm1 bin]#
```

10.3.10　是否需要重启

既然我们知道有可用的更新，我们就可以使用我们创建的文件中的数据来确定我们指定需要重启的软件包是否在列表中。这很容易实现。

然而，尽管重启是一个好习惯，但 Linux 比其他操作系统要灵活得多，其他操作系统在每次更新时都会强制重启一次或多次。我们可以把 Linux 重启推迟到更方便的时候，比如凌晨 2 点或者周末。为此，我们需要查看两个变量 $NeedsReboot 和 $doReboot，前者通过查找是否有需要更新的触发器软件包来确定，后者通过命令行中的 -r 选项来设置。其中，-r 选项是我们对软件包更新完成后对重启操作进行控制的方式。

实验 10-7：检查是否需要重启

在这个实验中，我们添加一系列 if 语句确定是否有需要重启的软件包正在更新。将图 10-10 中的代码添加到实验 10-6 中代码的下方，以及临时退出代码的上方。

```
# Does the update include a new kernel
if grep ^kernel $UpdatesFile > /dev/null
then
    NeedsReboot=1
    echo "Kernel update for $HOSTNAME."
fi
# Or is there a new glibc
if grep ^glibc $UpdatesFile > /dev/null
then
    NeedsReboot=1
    echo "glibc update for $HOSTNAME."
fi
# Or is there a new systemd
if grep ^systemd $UpdatesFile > /dev/null
then
    NeedsReboot=1
    echo "systemd update for $HOSTNAME."
fi

if [ $NeedsReboot -eq 1 ]
then
    echo "A reboot will be required for $HOSTNAME."
fi

# Temporary exit
exit
```

图 10-10　检查软件包的更新以确定是否需要重启

我们还需要将变量初始化设置中的 -c（check）选项的默认值从 1 修改为 0。

在添加图 10-10 中的代码并将 $Check 变量的初始值更改为 0 后，我们可以运行一些测试来验证它是否正确并按预期工作，关键代码如下所示：

```
[root@studentvm1 bin]# doUpdates.sh -c
Updates ARE available for host studentvm1.
Kernel update for studentvm1.
systemd update for studentvm1.
A reboot will be required.
[root@studentvm1 bin]#
```

将程序底部的重启逻辑更改为图 10-11 中的逻辑。请注意，我们已经把这个程序写得相当详细了，特别是在失败的情况下。if 结构中的 "else" 分支可以用于不满足其他预期逻辑组合的情况。

现在，只有当 $NeedsReboot 和 $DoReboot 变量都设置为 "true"，即都为 1 时，才会执行重启代码。我们将在后续的实验中，在删除临时退出代码后测试这段重启代码。

```
# Reboot if necessary
if [ $NeedsReboot == 0 ]
then
    echo
    echo "###################################################"
    echo "# A reboot is not required."
    echo "###################################################"
    echo
elif [ $doReboot == 1 ] && [ $NeedsReboot == 1 ]
then
    reboot
elif [ $doReboot == 0 ] && [ $NeedsReboot == 1 ]
then
    echo
    echo "###################################################"
    echo "# A reboot is needed."
    echo "# Be sure to reboot at the earliest opportunity."
    echo "###################################################"
    echo
else
    echo
    echo "###################################################"
    echo "# An error has occurred and I cannot determine"
    echo "# whether to reboot or not. Intervention is required."
    echo "###################################################"
    echo
fi
```

图 10-11　重启逻辑代码

10.3.11　添加帮助函数

Shell 函数是存储在 Shell 环境中的 Bash 程序语句列表，其执行方式与任何其他命令无异，用户仅需在命令行中输入其名称即可。根据所使用编程语言的差异，Shell 函数亦可被称作程序或子程序。

在脚本或 CLI 中调用函数时，可采取通过函数名调用的方式，这与调用其他命令的方式类似。在 CLI 程序或脚本中，函数中的命令在调用时立即执行，然后程序流程将返回至调用该函数的实体，并继续执行该实体中的后续程序语句。

函数语法如下：

```
FunctionName(){list}
```

在添加帮助函数之前，我们先来了解一下函数的工作原理。

实验 10-8：引入 shell 函数

以 student 用户身份执行这个实验。首先，在 CLI 中创建一个简单的函数。该函数存储在创建它的 shell 实例及 shell 环境中。我们将创建一个名为"hw"的函数，代表经典的初学者程序 hello world。

在命令行窗口中输入以下代码并按下 <Enter> 键。然后像其他 shell 命令一样输入 hw：

```
[student@studentvm1 ~]$ hw(){ echo "Hi there kiddo"; }
```

```
[student@studentvm1 ~]$ hw
Hi there kiddo
[student@studentvm1 ~]$
```

好吧！我们似乎有点厌倦了通常以 hello world 开启编程学习的标准模式。

现在让我们列出当前定义的所有函数。这些函数有很多，所以我们只展示了新创建的 hw 函数，它存储在 shell 函数列表的末尾：

```
[student@studentvm1 ~]$ declare -f | less
<snip>
hw ()
{
    echo "Hi there kiddo"
}
<snip>
```

现在，让我们删除 hw 函数，因为我们并不需要它了。我们可以使用 unset 命令来实现：

```
[student@studentvm1 ~]$ unset -f hw ; hw
bash: hw: command not found
[student@studentvm1 ~]$
```

验证该函数是否已从环境中删除。

现在我们对 shell 函数的工作原理有了一些了解，接下来我们可以添加 doUpdates.sh 帮助函数了。

实验 10-9：添加帮助函数

再次以 root 用户身份将图 10-12 中的函数添加到 doUpdates.sh 脚本中，我们将其放在 shebang 行之后以及初始变量之前。

现在，在 case 语句中添加帮助选项（-h）。确保在 getops 选项字符串中添加"h"。图 10-13 显示了修改后的选项处理代码，其中包含了新的"h"选项。

现在，我们再次进行测试，并修正发现的错误。笔者因为忽略了在帮助函数处理结束时添加双分号 (;;)，因此收到了如下所示的错误：

```
[root@studentvm1 bin]# doUpdates.sh -h
doUpdates.sh: line 55: syntax error near unexpected token `)'
doUpdates.sh: line 55: `        r) # Reboot option'
```

问题解决后，重新进行了测试，帮助函数如我们所期望那样运行：

```
[root@studentvm1 bin]# doUpdates.sh -h
doUpdates.sh
```

我们可以根据自己书写的帮助信息，输入相应选项安装 Fedora 存储库的所有可用更新。

如果更新了某些包，还可以根据帮助信息显示的选项进行重启操作。这些包在帮助函数里已列出：

```
1. The kernel
2. glibc
3. systemd
Syntax: doUpdates.sh [-c|h|r]
Options:
-c Check whether updates are available and exit.
-h Print this Help and exit.
-r Reboot if specific trigger packages are updated
```

请务必使用 -c 选项进行测试，以确保没有其他内容损坏。为了方便起见，暂时跳过测试 -r 重启选项。

```
########################################################
# Help function
########################################################
Help()
{
   echo "doUpdates.sh"
   echo ""
   echo "Installs all available updates from Fedora repositories."
   echo "Can reboot after updates if certain packages are updated."
   echo "Those packages are:"
   echo ""
   echo "1. The kernel"
   echo "2. glibc"
   echo "3. systemd"
   echo ""
   echo "Syntax: doUpdates.sh [-c|h|r]"
   echo "Options:"
   echo "-c   Check whether updates are available and exit."
   echo "-h   Print this Help and exit."
   echo "-r   Reboot if specific trigger packages are updated"
   echo ""
} # end of Help()
```

图 10-12　添加一个帮助函数

```
# Get the options
while getopts ":hcr" option; do
   case $option in
      c) # Check option
          Check=1;;
      h) # Help function
          Help
          exit;;
      r) # Reboot option
          doReboot=1;;
     \?) # incorrect option
          echo "Error: Invalid option."
          exit;;
   esac
done
```

图 10-13　在选项处理代码中添加帮助函数

10.3.12　完成脚本

为了完成这个脚本，我们现在需要做两件事。首先，我们需要添加实际执行更新的代码，并删除临时退出的代码。然后，我们还需要在程序末尾添加一些重启的逻辑。

实验 10-10：完成脚本

在程序就绪之前，我们需要做两件事。首先，删除图 10-14 中的两行代码。

```
# Temporary exit
exit
```

图 10-14　删除临时退出代码

然后，添加如图 10-15 所示的代码，替换刚才删除的内容。

```
# Perform the update
dnf -y update
```

图 10-15　在对应位置添加代码

相关代码如下：

```
###################################
# A little cleanup
###################################
rm -f $UpdatesFile

if [ $doReboot = 1 ] && [ $NeedsReboot = 1 ]
then
   # reboot the computer because the kernel or glibc have been updated
   # AND the reboot option was specified.
   Msg="Rebooting $HOSTNAME."
   PrintMsg
   reboot
   # no need to quit here
elif [ $ForceReboot = 1 ]
then
   reboot
elif [ $doReboot = 0 ] && [ $NeedsReboot = 1 ]
then
   Msg="This system, $HOSTNAME, needs rebooted but you did not choose
   the -r option to reboot it."
   PrintMsg
   Msg="You should reboot $HOSTNAME manually at the earliest opportunity."
else
   Msg="NOT rebooting $HOSTNAME."
fi

PrintMsg
Quit
```

现在我们可以测试程序的 0.1 版本了。但在此之前，让我们先详细讨论一下测试的细节。

10.4　关于测试

软件开发中，总会有一个你没有发现的故障。

——Lubarsky 软件测试的定律

Lubarsky——不管他是谁，他所说的这句话是对的。我们永远不可能找到代码中的所有故障。每当我们解决一个故障时，似乎总是会有另一个故障会在最不恰当的时间突然冒出来。

测试的过程不仅仅涉及程序是否书写正确，它还要验证那些我们本应解决的问题是否得到解决——无论是由硬件、软件，或者由无穷无尽的用户操作所导致的破坏方式。这些问题可能出现在我们编写的应用程序、实用软件、系统软件和硬件中。同样重要的是，测试也要确保代码易于使用，且使用者能理解其界面。

在编写和测试 shell 脚本时，应该遵循一个明确的步骤，将有助于获得一致且高质量的结果。笔者的实施过程非常简单，具体如下：

1）创建一个简单的测试计划。

2）在开发之初就开始测试。

3）当代码完成后执行最终的测试。

4）部署到生产环境并进行进一步测试。

毫无疑问，你已经注意到，我们在创建此程序的每一步都进行多次测试。《Linux 哲学》第 11 章的原则之一就是"早测多测"。

10.4.1　在生产中测试

直到一个程序投入生产至少 6 个月之后，最严重的错误才会被发现。

——Troutman 的编程假设

确实，在生产环境中进行测试现在被认为是正常且可取的。作为一名曾经的测试人员，这实际上看起来也很合理。你可能会说，"等等！这很危险。"但依笔者的经验来看，这并不比在专门的测试环境中进行广泛而严格的测试更危险。在某些情况下，我们别无选择，因为没有测试环境，只有生产环境。

系统管理员对于在生产环境中测试新的或修改过的脚本的需求并不陌生。任何时候，只要脚本进入生产环境，就会成为最终的测试。生产环境本身构成了测试中最关键的部分。测试人员在测试环境中设想出来的任何东西都无法完全复制真实的生产环境。

所谓在生产中进行测试的新做法，只是对我们系统管理员一直都知道的事情的一种认可。最佳测试环境就是生产环境——只要它不是唯一的测试环境。

10.4.2　模糊测试

这又是一个让我们第一次听就翻白眼的花哨术语。笔者了解到它的本质意义很简单——让某人在程序上胡乱操作，直到有情况发生，然后查看程序处理得如何。但实际上，它的真正含义远不止于此。

模糊测试有点像我儿子用他的随机输入在 1min 内破解游戏代码的那次经历。这几乎终结了我为他尝试编写游戏的想法。

大多数测试计划会利用特定的输入来产生一个特定的结果或输出。无论测试的结果是积极的还是消极的，它仍然是受控的，并且输入和结果是事先指定和预期得到的，例如一个特定故障模式的特定错误消息。

模糊测试是关于处理各个方面出现的随机性，如启动条件、非常随机和意外的输入、所选选项的随机组合、内存不足、与其他程序的高 CPU 争用、测试程序的多个实例，以及你可以想到应用于测试的任何其他随机条件。

笔者尝试从一开始就进行一些模糊测试。如果 Bash 脚本在非常早期的阶段无法处理大量的随机性，那么随着我们添加更多的代码，情况不太可能变得更好。尽早进行模糊测试，是在代码相对简单的情况下及时发现这些问题并修复它们的好时机。在后续每个完成阶段进行一些模糊测试也有助于在问题被更多代码掩盖之前定位到它们。

代码完成之后，笔者喜欢做一些更广泛的模糊测试，建议大家一定要做一些模糊测试。笔者对遇到过的一些模糊测试的结果非常惊讶。针对预期的情况进行测试很容易，但用户通常不会按照预期的方式来使用脚本。

10.4.3 测试脚本

实验 10-11：测试脚本

在开始这个最终测试之前，让我们先为 StudentVM1 主机拍一个快照，以便我们可以恢复到一个已知的工作状态，其中肯定有待执行的更新，有些更新可能还需要重启服务器。如果我们要对代码进行一些修复，这将为我们带来很大的灵活性。我们可以启动快照，进行改动，并再次测试，根据需要多次测试以使脚本正常工作。

·我们总能找到能够从此功能中受益的改进或功能性变更。

保存 doUpdates.sh 程序，关闭 Student VM1 虚拟机并创建快照。你可以参考上册第 5 章内容，以了解创建快照的详细信息。笔者在快照描述中添加了以下文字"接近第 10 章的结尾，可回滚到可用更新的状态"，最后保存快照。

提示：从现在开始，当你对 doUpdates.sh 脚本进行更改时，请将其复制到外置 USB 闪存驱动器或其他设备上。然后，你可以重新启动可用的最新快照，将脚本的最新版本复制到 /root 中，并重新运行测试。用这种方法，你可以根据需要修改脚本并进行多次测试。

现在重新启动，继续进行本实验的其余部分。我们将进行测试，但不会立即测试这段代码的更新部分。我们将使用那些不会引导到执行路径的选项开始我们的测试。这样我们就知道那些选项不会被我们最近的代码改动弄坏：

```
[root@studentvm1 bin]# doUpdates.sh -c
Updates ARE available for host studentvm1.
[root@studentvm1 bin]# doUpdates.sh -h
doUpdates.sh
```

```
Installs all available updates from Fedora repositories. Can reboot
after updates if certain packages are updated. Those packages are:

1. The kernel
2. glibc
3. systemd

Syntax: doUpdates.sh [-c|h|r]
Options:
-c   Check whether updates are available and exit.
-h   Print this Help and exit.
-r   Reboot if specific trigger packages are updated

[root@studentvm1 bin]#
```

现在是时候测试脚本的主要功能了。首先，我们将通过手动重启来完成此操作。然后，我们将重新启动 Student VM1 到最后一个快照，再次运行脚本，并在命令行中使用 -r 选项重启系统。

首先，运行不带选项的脚本，命令如下所示：

[root@studentvm1 bin]# `time doUpdates.sh`

这个过程可能需要很长时间，具体取决于需要更新的软件包数量、虚拟机的速度和互联网连接的速度。在笔者的虚拟机上，有 622 个软件包需要更新，这个更新过程花费了超过 47min。Jason 的更新过程只花了 10min。

进行一次手动重启，以验证更新后的虚拟机是否仍能启动。是的，系统更新之后确实有可能导致重启失败。所以要对所有功能进行测试，测试完成之后再关机。

在完成对 Bash 脚本的一次测试之后，我们需要将虚拟机回滚到最后一个快照，并使用 -r 选项重新测试。下面，让我们先执行回滚操作。

实验 10-12：恢复快照

该实验应在虚拟机的物理主机系统的 GUI 中进行。以下说明将指导你如何恢复最近的快照。

打开 VirtualBox 窗口并选择 Student VM1。单击 Student VM1 栏目右侧的菜单图标，然后选择 Snapshots（快照）；选择最近的快照，该快照应该是在本章前面的实验中创建的。右击它，然后单击 Restore（恢复），取消选中"创建当前计算机状态的快照"复选框，然后单击 Restore。

将鼠标光标悬停在 Current State（当前状态）这一行上。这时会打开一个小文本框，显示"当前状态与当前快照中存储的状态相同"，这是完全正确的。请确保 Current State 已被选中，重新启动虚拟机。

你可以通过运行 dnf check-update 以列出所有可用的更新来检查是否已成功恢复。你还可以在回滚之前和之后运行 uname -a，并比较版本级别。

现在，我们就可以继续完成测试了。

实验 10-13：重新启动安装更新

以 root 用户身份再次运行 doUpdates.sh 程序，这次使用 -r 选项：

```
[root@studentvm1 bin]# doUpdates.sh -r
```

上述操作会安装所有可用的更新，重构手册页数据库，并生成一个新的 GRUB 配置文件，然后重新启动虚拟机。重启后，登录并运行一些基本测试来验证虚拟机是否正常工作并能响应简单命令。

最后，关闭电源并恢复到最新的系统快照，再次重启虚拟机。

10.5　授权

笔者所知道的回馈开源社区的最佳方式之一，就是以适当的许可协议将我们自己的程序和脚本开源。开源社区为我们提供了许多不可思议的程序，如 GNU 工具集、Linux 内核、LibreOffice、WordPress 等。

仅仅因为我们编写了一个程序，相信开源精神，并认为我们的程序应该采用开源代码的形式，并不意味着它就能自动成为开源代码。作为系统管理员，我们确实编写了大量代码，但我们中有多少人考真正考虑过为自己的代码选择许可证的问题？我们必须做出选择，明确声明代码是开源的，并说明其发行的许可协议。如果没有这一关键步骤，我们创建的代码就会受到专有许可的束缚，社区就无法利用我们的成果。

我们应在命令行选项中包含 GPLv2（或者其他你喜欢的）的许可证头部声明，以便我们在终端上打印许可证的头部信息。在分发代码时，笔者也建议将整个许可证的文本副本与代码一起发布，这也是某些许可证所要求的。

笔者发现一个非常有趣的现象，即在笔者读过的所有书籍和听过的所有课程中，没有任何人告诉笔者在执行系统管理员的任务时，一定要为自己编写的所有代码选择许可证。所有这些源代码都完全忽略了一个事实，那就是系统管理员也要编写代码。即使在笔者参加过的有关许可证的会议中，其焦点也集中在应用程序代码、内核代码，甚至是 GNU 类型的工具集上。没有一场演讲甚至暗示我们系统管理员为工作自动化编写了大量代码的事实，也没有提及我们应该考虑对其进行许可。或许你有不同的经历，但这是笔者的真实经历。至少，这件事让笔者很沮丧且愤怒。

当我们忽视代码的授权时，我们就是在贬低自己的代码。大多数系统管理员甚至不会考虑许可证问题，但如果我们想让整个社区都能够使用我们的代码，授权就非常重要了。这既与信用无关，也与金钱无关。这是为了确保我们的代码现在和将来都能以自由和开源的最佳方式提供给其他人。

2003 年出版的《UNIX 编程艺术》[○]一书的作者 Eric Raymond 写道，在计算机编程的早

　○　Eric S.Raymond, *The Art of Unix Programming*, Addison-Wesley, 2004, 380, ISBN: 0-13-13-142901-9。

期，尤其是在 UNIX 的早期，共享代码是一种生活方式。起初，这只是简单地重复使用现有代码。随着 Linux 和开源代码授权出现，共享代码变得更加容易。它满足了系统管理员合法共享和重用开源代码的需求。

Raymond 说："软件开发人员希望他们的代码是透明的。此外，他们不想在更换工作时失去自己的工具包和专业知识。他们厌倦成为受害者，厌倦了被钝化的工具和知识产权壁垒所困扰，厌倦了不得不反复重新发明轮子。"这句话同样适用于系统管理员。

笔者最近读了一篇有趣的文章《源代码就是许可证》[⊖]，它有助于解释这个现象背后的原因。

因此，让我们在代码中添加一个许可声明，它可以通过一个新的命令行选项一起显示。

实验 10-14：添加授权语句

以 root 用户身份去编辑 doUpdates.sh 程序。首先，在帮助函数之后添加如图 10-16 所示的函数。

```
###############################################################
# Print the GPL license header                               #
###############################################################
gpl()
{
  echo
  echo "###############################################################"
  echo "# Copyright (C) 2019, 2023 David Both                        #"
  echo "# http://www.both.org                                        #"
  echo "#                                                            #"
  echo "# This program is free software; you can redistribute it and/or modify #"
  echo "# it under the terms of the GNU General Public License as published by #"
  echo "# the Free Software Foundation; either version 2 of the License, or #"
  echo "# (at your option) any later version.                        #"
  echo "#                                                            #"
  echo "# This program is distributed in the hope that it will be useful, #"
  echo "# but WITHOUT ANY WARRANTY; without even the implied warranty of #"
  echo "# MERCHANTABILITY or FITNESS FOR A PARTICULAR PURPOSE.  See the #"
  echo "# GNU General Public License for more details.               #"
  echo "#                                                            #"
  echo "# You should have received a copy of the GNU General Public License #"
  echo "# along with this program; if not, write to the Free Software #"
  echo "# Foundation, Inc., 59 Temple Place, Suite 330,              #"
  echo "# Boston, MA, 02111-1307 USA                                 #"
  echo "###############################################################"
  echo
} # End of gpl()
```

图 10-16　添加一个打印 GPLv2 许可证标题的函数

现在我们需要在选项处理代码中添加一个选项。因为这是 GPL 许可证，因此我们所添加的选项缩写字母为"g"。修改后的选项处理代码如图 10-17 所示。笔者喜欢按字母顺序排列新的 case 代码，以便在执行维护时找到它们。

最后，我们需要向帮助函数添加一行。在选项部分添加如图 10-18 所示的行。笔者也喜欢将它们按字母顺序排列，当然，你可以按任何你觉得方便的顺序排列它们。

现在测试一下这个新的选项，并确保没有其他内容被破坏。

最后，重新创建快照。

⊖　Scott K.Peterson, "The source code is the license", https://opensource.com/article/17/12/source-code-license, Opensource.com。

```
##############################################################
# Process the input options                                  #
##############################################################
# Get the options
while getopts ":cghr" option; do
   case $option in
      c) # Check option
         Check=1;;
      g) # display the GPL header
         gpl
         exit;;
      h) # Help function
         Help
         exit;;
      r) # Reboot option
         doReboot=1;;
      \?) # incorrect option
         echo "Error: Invalid option."
         exit;;
   esac
done
```

图 10-17　在 case 结构中添加 g 选项

```
echo "-g   Print the GPL license notification."
```

图 10-18　在帮助函数中添加一行来描述 -g 选项

10.6　自动化测试

测试非常重要，如果你的 Bash 程序不只是几行代码，那么你可能需要探索一些自动化测试工具。尽管我曾经在工作中当过测试人员，并且使用 Tcl/Expect 来自动化测试应用程序，但是这种类型的工具对系统管理员来说太过复杂。作为系统管理员，我们的工作日程非常紧凑，很少或根本没有时间使用那些复杂且付费昂贵的工具，无论其是否开源。

在实际操作中，笔者发现了一个有趣的工具，如果有可能的话，希望你探索一下。BATS[⊖]是一款专门用于测试 Bash 程序的工具。当然，还有其他工具也可以用于测试 Bash 程序。但大多数情况下，只要我们有一个明确的测试计划，手动测试对编写的 Bash 程序来说就已经满足我们的需求了。

10.7　更高级别的自动化

现在，我们现在有了这个神奇且实用的脚本。笔者已经将它复制到笔者所拥有的所有计算机的 /root/bin 目录中。接下来要做的就是在适当的时候，运行笔者每台 Linux 主机上

⊖　Opensource.com, Testing Bash with BATS, https://opensource.com/article/19/2/testing-bash-bats。

的脚本以实施更新。我们可以使用 SSH 登录到每台主机上并运行对应的程序来完成该任务。

但是，请稍等！笔者还没有告诉你 SSH 是一个什么工具。

ssh 命令是一个安全终端模拟器，它允许用户登录到远程计算机来访问远程 shell 会话并运行命令。这样我们就可以登录远程计算机并在该计算机上运行 doUpdates.sh 命令，如图 10-19 所示。整个结果显示在本地主机上的 SSH 终端模拟器窗口中，命令的标准输出会显示在终端窗口上。

在本册中，我们还没有使用第二个虚拟机，因此无法进行该实验。我会描述操作步骤，CLI 程序和脚本将以图表的形式显示。我们将在本系列书籍的后续部分详细 SSH 命令的用法。

```
ssh hostname doUpdates.sh -r
```

图 10-19　使用 SSH 和 doUpdates.sh 脚本执行远程更新

打开终端会话并运行对应的脚本极其简单，每个人都可以这样做。但下一步就比较有趣了。我们不必在远程计算机上维护终端会话，只需要在本地计算机上使用图 10-19 的命令，就能在远程计算机上运行命令，并在本地主机上显示结果。假设使用的是 SSH 公钥 / 私钥对（Public/Private Key Pair，PPKP）[一]，并且每次向远程主机发出命令时则无须输入密码。

那么现在我在本地主机上运行一条命令，该命令通过 SSH 通道发送到远程主机。这很好，但这意味着什么？这意味着我们可以为一台计算机做事，也可以为几台或几百台计算机做事。图 10-20 中的 Bash 命令行程序说明了我们现在拥有的强大的批量操作主机能力。

```
for I in host1 host2 host3 ; do ssh $I doUpdates.sh -r ; done
```

图 10-20　使用简单的 CLI 程序在多台计算机上执行远程更新

现在，这个小命令行程序就能实现像 Ansible[一]这样的高级工具所能完成的功能。为充分理解和使用 Ansible 等高级工具的作用和功能，理解 Bash 的自动化功能非常重要。

你认为我们这就完事了吗？不，还没有！我们下一步将为这个 CLI 程序创建一个简短的 Bash 脚本，这样就不必每次在主机上安装更新时都重新输入它。这个脚本不必太花哨，可以像图 10-20 一样。

该脚本可以命名为 updates 或其他名字，这取决于你喜欢如何命名脚本以及你认为它的最终功能是什么。笔者认为我们应该将这个脚本命名为 doit。现在，只需输入一条命令，就可以在 for 语句列表中的任意数量的主机上运行智能更新程序。我们的脚本应该位于 /usr/local/bin 目录下，这样就可以很容易地从命令行运行它。

我们的 doit 脚本似乎可以作为更广泛应用程序的基础。我们可以向 doit 添加更多代码，使它能接受参数或选项，例如在列表中的所有主机上运行命令的名称。这样，我们就

[一] How to Forge, www.howtoforge.com/linux-basics-how-to-install-ssh-keys-on-the-shell。

[一] De La Matta, Jonathan Lozada, "A sysadmin's guide to Ansible: How to simplify tasks", https://opensource.com/article/18/7/sysadmin-tasks-ansible, Opensource.com。

能在主机列表中运行任何想要的命令，安装更新的命令可能是 `doit doUpdates.sh -r` 或 `doit myprogram`，其能够在每台主机上运行 myprogram 程序。

下一步可能是将主机列表从程序本身中提取出来，并将它们放到位于 /usr/local/etc 目录下的 doit.conf 文件中——这同样符合 Linux FHS。对于简单的 doit 脚本来说，该命令如图 10-21 所示。请注意，cat 命令结果中的反引号（`）创建了 for 结构使用的列表。

```
#!/bin/bash
for I in `cat /usr/local/etc/doit.conf` ; do ssh $I doUpdates.sh ; done
```

图 10-21 我们添加了一个简单的外部列表，其中包含脚本将运行指定命令的主机名

通过将主机列表分开，我们可以允许非 root 用户修改主机列表，同时保护程序本身不会被修改。向 doit 程序添加 -f 选项也很容易，这样用户就可以指定一个包含自己主机列表的文件名，以便在其上运行指定的程序。

最后，我们可能希望将其设置为 cron 定时作业，这样我们就不必记住运行它的时间表。我们用单独的一章来描述设置 cron 作业，将在第 12 章学习有关 Linux 的定时任务。

10.8 清理

让我们为第 11 章做一点清理准备。

实验 10-15：为第 11 章做准备
关闭电源，恢复到最新快照，然后重新启动虚拟机。

总结

如果回顾一下我们在本章中所做的工作，就会发现自动化不仅仅是创建一个程序来执行每项任务。它可以使这些程序变得灵活，以便能以多种方式使用它们，例如从其他脚本调用的能力以及作为 cron 作业调用的能力。

计算机旨在自动执行各种琐碎的任务，那为什么不能将其应用到系统管理员的工作中呢？我们这些懒惰的系统管理员利用计算机的功能来简化我们的工作，将一切可能的事情自动化，意味着我们通过创造自动化而解放出来的时间现在可以用来应对其他人，尤其是老板布置的一些实际且紧急的任务。它还可以为我们提供更多的时间，使更多的工作被自动化执行。

笔者的程序几乎总是使用选项来提供灵活性。本章所使用的 doit 程序可以很容易地扩展到更通用的场景下，同时仍然保持一定的简洁性。如果它的目标是在一个主机列表上运行一个指定的程序，那么它仍然可以很好地完成一件事。

笔者的 shell 脚本并不是一开始就有成百上千行的。在大多数情况下，它们都是从一个特别的命令行程序开始。笔者在这个临时程序上创建一个 shell 脚本，然后不断地将其他命

令行程序添加到短脚本中。随着短脚本持续变长，笔者添加了注释、选项和帮助功能。

然后，有时将让脚本更具通用性，使其能处理多种情况也是有意义的。通过这种方式，doit 脚本就能够做更多的事情，而不仅仅是更新这一个程序。

就本章而言，该脚本是完整的，可以在生产中使用。但是当你使用它时，你无疑会发现还有更多能够改进的地方。显然，你可以自由地进行各种改进或优化。

练习

为了掌握本章所学知识，请完成以下练习：

1. 至少列出创建和使用脚本的三条优点。

2. 至少存在一组条件，我们没有测试到 doUpdates.sh 程序。请设计并实现一种在该情况下测试 doUpdates.sh 程序的方法。在"选项不正确"的情况下添加一行代码，使其在退出前显示帮助文本。

3. 在 doUpdates.sh 程序中添加一个新选项（-u）。该选项来于执行实际的更新。如果 -u 选项不存在，则不应该执行更新。

第 11 章 *Chapter 11*

自动化工具 Ansible

目标

在本章中，你将学习如下内容：

❏ 如何使用 Ansible 增强你的自动化策略？

❏ Ansible 自动化策略。

❏ 如何安装 Ansible ？

❏ 如何从命令行执行 Ansible 临时命令？

❏ Ansible playbook（剧本）的概念。

❏ 如何为单个应用程序进行配置更新创建一个简单的 playbook ？

❏ 如何创建一个执行 Linux 系统更新的 playbook ？

11.1　Ansible 初体验

无论是物理机还是虚拟机，新计算机的首次（或多次）配置往往耗时费力。过去，笔者依赖于一系列自制的脚本和 RPM 包来安装所需的软件并配置常用工具。这种方法运作良好，不仅简化了工作流程，还减少了手动输入命令的时间。

笔者一直在寻求更优化的解决方案，而有关 Ansible 的讨论已萦绕耳边多年。Ansible 是一个强大的系统配置和管理自动化工具，允许管理员在 playbook 中为每台主机定义目标状态，并执行必要的任务使主机达到该状态。任务范围包括：安装、配置或删除各类资源（RPM 包、配置文件、用户、组等）。

繁忙的工作让我迟迟未能学习 Ansible，直到遇到了一个问题，笔者认为 Ansible 可以轻易解决，才真正开始了探索之旅。

本章并非 Ansible 的全面入门指南，而是着重于帮助你上手并分享笔者在学习过程中遇到的一些问题和不易查到的资料。许多网上的关于 Ansible 的讨论信息都是错误的，从缺乏日期或出处的旧信息到彻头彻尾的错误均有。本章所述方法经验证有效（尽管可能存在其他实现方式），在撰写本书时使用的版本为 Ansible 2.9.13 和 Python 3.8.5。

11.2　Ansible 的管控策略

Ansible 采用了一种集中式的管理策略来管控主机。Ansible 软件被安装在作为控制中心的主机上。Ansible 本身不提供客户端软件，因此无须在远程主机上进行额外的安装。

Ansible 通过 SSH 协议（几乎所有 Linux 发行版都安装了 SSH）与远程主机进行通信。虽然系统管理员可以选择使用密码进行远程访问主机，但这种方式无疑会降低 Ansible 等自动化工具的效率和便利性。因此，与大多数管理员的做法一致，笔者选择使用 PPKP 进行认证。这种方式不仅比密码更加安全，而且支持从一台控制主机对上千台远程主机进行自动化任务管理，完全无需管理员的额外干预。

Ansible 通过 SSH 向远程主机发送命令，并根据执行结果判断指令是否成功执行。Ansible 还支持使用 when 条件语句，根据执行结果决定下一步的具体操作。

11.3　笔者遇到的难题

笔者所收获的最佳学习经验，往往都源于亟待解决的实际问题，这次也不例外。

当时，笔者正在做一个小的项目：修改 Midnight Commander（mc）的配置文件，并将其推送到网络中的各个系统上进行测试。虽然笔者编写了一个脚本来自动化这个过程，但仍需要手动输入命令行来循环提供目标系统（主机）名称。由于笔者对配置文件进行了大量改动，频繁地推送新文件必不可少。往往是刚觉得配置趋于完善，就又发现了新的问题，得修复后再进行推送。

在这样的环境下，很难准确跟踪哪些系统更新了配置文件，哪些还没有。另外，还有一些主机需要区别对待。之前笔者对 Ansible 有些许了解，它应该能胜任笔者要做的事情，至少能解决笔者上述大部分难题。

11.4　快速上手

之前笔者阅读过一些优秀的 Ansible 文章和书籍，但那时的学习并非出于"我得让它马上跑起来！"这样的紧迫需求。而这次不同了——我们的问题已经迫在眉睫！

重温那些学习资料后，笔者发现书中大部分篇幅都在讲解如何用 Ansible 从 GitHub 安装 Ansible 本身。这固然有趣，但笔者只想快速上手，于是索性用 DNF（包管理器）直接安装了 Fedora 软件仓库中的 Ansible 版本。其操作非常简单。

接下来，我开始寻找 Ansible 的安装目录，试图搞清楚需要修改哪些配置文件，playbook 应该放在哪里，playbook 到底是什么格式，以及它的作用。众多疑问犹如脱缰野马一般在笔者脑海中乱窜，为了避免赘述那些磕磕绊绊的细节，笔者在接下来的内容中直接列出那些帮助我们顺利入门 Ansible 的关键点。

11.5　安装 Ansible

与其他已安装的工具一样，Ansible 的安装过程也非常简单，并且无须重启。

提示：除非另有指示，本章中所有的实验操作均以 root 用户身份执行。

实验 11-1：安装 Ansible

安装 Ansible。这一步同时会安装一些必要的依赖项，其中包括部分 Python 模块：

```
[root@studentvm1 ~]# dnf -y install ansible
```

安装完毕后，无须重启系统。

11.6　配置文件

Ansible 的配置文件位于 /etc/ansible 目录下。这符合 Linux 系统会把系统程序配置文件存入 /etc 目录下的惯例。在这里，与 Ansible 相关的两个主要配置文件是 ansible.cfg 和 hosts。

11.6.1　ansible.cfg 文件

在按照文档和在线资源中找到的一些练习入门后，笔者收到了关于某些旧版 Python 文件即将废弃的警告消息。为了消除这些警告，笔者修改了 ansible.cfg 文件。

实验 11-2：关闭弃用警告

为了避免收到恼人的红色警告信息，请将以下行添加到 ansible.cfg 文件的末尾：

```
deprecation_warnings = False
```

这些警告信息可能隐含着重要问题，我们稍后会再回顾并解决这些隐藏的问题。但眼下，这些警告确实会干扰视线，让我们难以专注于真正需要处理的错误。目前来看，暂时忽略警告似乎没有引发其他问题。

11.6.2　准备使用 Ansible

Ansible 通过 SSH 与所有主机（包括控制中心主机自身）进行通信，确保了高级别的安全性。然而，当前我们的主机尚未配置为运行 SSHD 服务器。在继续使用 Ansible 之前，我们需要对其进行配置。

在处理 root 用户登录时，SSH 提供了三种选项：完全禁止 root 登录、允许使用密码登录或允许 root 使用 PPKP 登录并同时禁止密码登录。默认设置是禁止 root 登录。

为了完成既定任务，Ansible 需要具备 root 访问权限。这里有两种方法可以实现：第一，Ansible 可以以非 root 用户身份登录，然后使用 become 指令提升至 root 权限。这种方式对 Ansible 自身很适用，但不支持远程脚本运行（正如我们在第 10 章中简要介绍的）。

我们将在《网络服务详解》第 4 章中更深入地讨论 SSH 的使用，内容包括如何使用 PPKP 进行无人值守的远程登录，以及如何运用脚本来实现自动化。

在实验 11-3 中，为了在目标主机上安装公钥，我们将暂时允许 root 使用密码进行 SSH 登录，随后会将 SSH 服务器配置为仅允许 root 使用 PPKP 登录。完成这些必要更改后，将禁止以 root 身份通过 SSH 直接登录以最大限度地提高安全性。

实验 11-3：配置 SSHD 服务器

在这个实验中，请以 root 用户身份登录 StudentVM1 虚拟机。接着，在 student 主机的 root 用户主目录中执行列出所有文件命令（执行 ls -a 命令，-a 参数可以列出包括隐藏文件的所有参数）。你应该在列表中找不到名为 ~/.ssh 的目录。该目录用于存放用户本地的 SSH 配置文件，但在用户首次使用 SSH 连接远程（或本地）主机之前，该目录并不会被创建。

1. 启动 SSHD 服务

首先，我们要配置并启用 SSHD 服务守护进程，确保它在开机时启动。我们需要对 /etc/ssh/sshd_config 配置文件做出一项更改。编辑这个文件，并将以下行

```
#PermitRootLogin prohibit-password
```

修改为：

```
PermitRootLogin yes
```

经过这个设置，root 用户就可以直接使用密码登录到主机了。接着，我们继续启动并启用 SSHD 服务：

```
[root@studentvm1 ~]# systemctl start sshd ; systemctl enable sshd
Created symlink /etc/systemd/system/multi-user.target.wants/sshd.service →
/usr/lib/systemd/system/sshd.service.
[root@studentvm1 ~]#
```

StudentVM1 主机已经配置完毕，可以尝试进行 SSH 连接了。由于当前网络中没有其他可供连接的主机，我们将尝试连接 StudentVM1 自身，也就是说，在这个测试中，本机既是 SSH 连接的源主机，也是目标主机。

提示： Linux 主机与自身进行通信是很常见的。这种使用一组网络协议在不同 Linux 主机间以及单台主机内部进行通信的能力，省去了分别设计内外网络通信协议的麻烦。这完美体现了 Linux "保持设计简洁" 的哲学理念[⊖]。无论是本地主机还是远程主机，在网络层面都采用完全一致的处理方式。

⊖　见上册第 3 章。

```
[root@studentvm1 ~]# ssh localhost
The authenticity of host 'localhost (::1)' can't be established.
ECDSA key fingerprint is SHA256:NDM/B5L3eRJaalex6IOUdnJsE1smOSiQNWgaI8BwcVs.
Are you sure you want to continue connecting (yes/no)? yes
Warning: Permanently added 'localhost' (ECDSA) to the list of known hosts.
root@localhost's password: <Enter Password>
[root@studentvm1 ~]#
```

首次与任意主机建立 SSH 连接时，系统会显示身份验证信息，以及远程主机（这里指本地主机）私钥的指纹。在注重安全性的环境中，我们应当提前获取远程主机的密钥指纹副本，以便比对确认连接目标的正确性。请注意，指纹并非密钥本身，而只是私钥的一个唯一标识。从指纹信息中无法反向推导出原始的私钥。

你必须完整输入 yes，公钥才能从远程主机传送到本地主机。随后，你需要输入远程主机的密码。

此外，你还应该以 student 用户身份通过 SSH 连接本地主机。

接下来，检查 /root/.ssh 目录，并查看 ~/.ssh/known_hosts 文件的内容。你会看到远程主机的公钥信息。这个文件是在本地主机（发起连接的一端）上创建的，而不是在远程主机（被连接的一端）上：

```
[root@studentvm1 ~]# cat .ssh/known_hosts
localhost ecdsa-sha2-nistp256 AAAAE2VjZHNhLXNoYTItbmlzdHAyNTYAAAAIbmlzdHA
yNTYAAABBBMDg3AOuakzj1P14aJgeOHCRSJpsxOAlU6fXiVRlc/RwQRvFkMblO5/t7wSFcwOG8
tRSiNaktVs4dxpAoMbrT3c=
```

在首次连接远程主机（此例中是本地主机）并接受密钥后，后续的连接速度会略微提升。这是因为双方主机已经建立了信任关系，可以通过密钥进行身份认证。

输入 exit 可以断开当前的 SSH 连接。

要彻底完成 SSH 配置，还有一项重要工作：为 root 用户生成并设置 PPKP，从而免去使用密码的麻烦。现在就来创建 PPKP。使用以下命令：-b 2048 选项表示生成 2048 位长度的密钥（最小长度为 1024 位）。系统默认会生成 RSA 密钥，这是非常安全的加密方式，当然我们也可以指定其他密钥类型。我们按 <Enter> 键接受所有默认设置：

```
[root@studentvm1 ~]$ ssh-keygen -b 2048
Generating public/private rsa key pair.
Enter file in which to save the key (/root/.ssh/id_rsa): <Enter>
Enter passphrase (empty for no passphrase): <Enter>
Enter same passphrase again: <Enter>
Your identification has been saved in /root/.ssh/id_rsa
Your public key has been saved in /root/.ssh/id_rsa.pub
The key fingerprint is:
SHA256:771Ouc57qPzfGTzCaqLbO+G1xx7iCOKXZ9aYSAH2hSo root@studentvm1
The key's randomart image is:
+---[RSA 2048]----+
|        o....    |
```

```
|      . ...o      |
|        .o        |
|     E .. o +     |
|      S. + * .    |
|       ....=o.    |
|       .+.==o=    |
|      .=.B=o++=   |
|      oo.B*XB=o.  |
+----[SHA256]-----+
[root@studentvm1 ~]#
```

主机密钥的指纹或随机图像可以用来验证主机公钥是否有效。这些信息不能用于重建原始的公钥或私钥，也不能用于实际的通信，它们仅作为验证密钥合法性的依据。

密钥对生成完毕后，请再次查看 StudentVM1 上 root 用户的 ~/.ssh 目录。你会看到两个新文件：id_rsa（私钥）和 id_rsa.pub（公钥）。从 .pub 扩展名（public）我们可以很容易地辨识公钥文件。

2. 将公钥复制到目标主机上

我们完全不需要通过邮件或其他离线网络方式来发送公钥，有一个专门的工具可以帮我们完成。请在 StudentVM1 上以 root 用户身份执行以下操作：

```
[root@studentvm1 ~]$ ssh-copy-id studentvm1
/usr/bin/ssh-copy-id: INFO: Source of key(s) to be installed: "/root/.ssh/
id_rsa.pub"
/usr/bin/ssh-copy-id: INFO: attempting to log in with the new key(s), to
filter out any that are already installed
/usr/bin/ssh-copy-id: INFO: 1 key(s) remain to be installed -- if you are
prompted now it is to install the new keys
root@studentvm1's password: <Enter root password>

Number of key(s) added: 1
Now try logging into the machine, with:   "ssh 'studentvm1'"
and check to make sure that only the key(s) you wanted were added.

[root@studentvm1 ~]#
```

正如上述结果末尾所提示，我们来验证一下公钥的配置是否生效：

```
[root@studentvm1 ~]# ssh studentvm1
Last login: Mon Mar 13 09:43:13 2023 from ::1
[root@studentvm1 ~]#
```

请留意，这次连接不再需要密码验证。

在完成测试后，如果当前存在多个 SSH 连接，请记得断开它们。

3. 最后的 SSHD 配置

为了进一步提高安全性，我们需要对 SSHD 配置进行最后的调整。将 sshd_config 文件中的 PermitRootLogin 行修改为：

```
PermitRootLogin prohibit-password
```

4.登录测试

我们先来验证一下最终配置是否生效，请确保 student 用户不能再以 root 权限登录：

```
[student@studentvm1 ~]$ ssh root@studentvm1
The authenticity of host 'studentvm1 (192.168.56.21)' can't be established.
ED25519 key fingerprint is SHA256:3XJEfAjzJv6S+sBKjt9OyXmeKYxzlWBYXp
2MROWDarU.
This host key is known by the following other names/addresses:
    ~/.ssh/known_hosts:1: localhost
Are you sure you want to continue connecting (yes/no/[fingerprint])? yes
Warning: Permanently added 'studentvm1' (ED25519) to the list of known hosts.
root@studentvm1's password: <Enter root password>
Permission denied, please try again.
root@studentvm1's password: <Enter root password>
Permission denied, please try again.
root@studentvm1's password: <Enter root password>
root@studentvm1: Permission denied (publickey,gssapi-keyex,gssapi-with-
mic,password).
```

其次，确保 student 用户能够使用 SSH 登录：

```
[student@studentvm1 ~]$ ssh student@studentvm1
student@studentvm1's password: <Enter student password>
Last login: Thu Jul 13 06:50:50 2023 from 192.168.0.1
[student@studentvm1 ~]$
```

先退出当前登录会话。

接下来，请验证 root 用户是否能够直接登录，且无须输入密码：

```
[root@studentvm1 ~]# ssh studentvm1
Last failed login: Thu Jul 13 06:51:46 EDT 2023 from 192.168.56.21 on
ssh:notty
There were 3 failed login attempts since the last successful login.
Last login: Thu Jul 13 06:37:44 2023 from 192.168.56.21
[root@studentvm1 ~]#
```

在本章的实验中，我们使用同一台主机充当了 SSH 连接的发起者（客户端）和接收方（服务器）。同样的流程也适用于远程主机之间的连接。

我们将在《网络服务详解》第 4 章中更详细地探讨 SSH。

11.6.3　Ansible Facts

笔者所阅读的大多数书籍都提到 Ansible 的 Facts 信息。这些信息可以通过其他途径获取，比如 lshw、dmidecode、proc 文件系统等，但是 Ansible 会将这些信息生成一个 JSON 文件来存储。每次运行 Ansible 时，都会自动生成这些 Facts 的数据流。这个数据流内容非常丰富，采用 <"变量名"："值"> (<key: value>) 的键值对形式存储，并且都可以在 Ansible playbook 中直接使用。要直观理解这庞大的信息量，最好的方式就是自己查看一下。

> **实验 11-4：Ansible Facts**
>
> 获取你的 StudentVM1 主机的 Ansible Fact：
>
> ```
> [root@studentvm1 ~]# ansible -m setup studentvm1
> [WARNING]: provided hosts list is empty, only localhost is available. Note
> that the implicit localhost does not match 'all'
> [WARNING]: Could not match supplied host pattern, ignoring: studentvm1
> ```
>
> 刚才的命令执行失败是因为 Ansible 的 hosts 文件中缺少 StudentVM1 主机对应的条目。不过，我们可以换一个方式来执行：
>
> ```
> [root@studentvm1 ~]# ansible -m setup localhost | less
> ```
>
> 看到了吗？关于主机硬件和 Linux 发行版的所有你想知道的信息都在这里，并且都可以在 playbook 中使用。笔者在 Ansible playbook 中就使用过不少这样的变量。

11.6.4　hosts 文件

与 /etc/hosts 文件不同，hosts 文件又被称为清单文件，用于罗列网络中的主机。该文件支持对主机进行分组，你可以按服务器、工作站等类别，或者根据自己的实际需要对主机进行灵活的归类。hosts 文件包含了关于它本身的帮助和大量示例，这里就不赘述了。不过，有几点需要注意。主机可以单独列出，不属于任何组，但对主机分组有助于批量管理具有共同特征的主机。分组采用 INI 格式，一个服务器组示例如下：

```
[servers]
server1
server2
...
```

hosts 文件中必须包含主机名，Ansible 才能对其进行管理。尽管某些子命令允许你指定主机名，但如果 hosts 文件中没有主机名，命令依然会执行失败。一台主机可以在多个分组中列出。例如，server1 也可能是 [web servers] 组的成员，除了 [servers] 组之外，还可能是 [fedora] 组的成员，以区别于使用其他发行版的其他服务器。

Ansible 非常智能。如果使用 all 参数作为主机名，Ansible 会扫描 hosts 文件并在列出的所有主机上执行既定任务。无论一台主机出现在多少个组中，Ansible 针对每台主机只会执行一次操作。这也意味着，你不需要特意定义一个名为"all"的组，因为 Ansible 能够自主识别 hosts 文件中的所有主机名，并创建唯一的内部主机列表。

还有一点值得注意：避免在 Ansible 的 hosts 文件中为同一台主机配置多个主机名。笔者习惯在 DNS 区域文件中用 CNAME 记录创建别名，它们会指向部分主机的 A 记录。这样我就能用 host1、h1 或者 myhost 等多个名字访问同一台主机。但如果在 hosts 文件中为一台主机配置了多个名字，Ansible 会尝试对每个名字都执行任务，因为它并不知道这些名字实际指向同一台主机。好消息是，这不会影响整体结果，只是会消耗一些额外的时间，Ansible 在发现操作已完成的情况下会跳过后续任务。

11.6.5　创建 hosts 文件

正如之前提到的，一个 hosts 文件会让 Ansible playbook 的运行更加便利。现在就来创建这个文件吧。记住，这个 hosts 文件是 Ansible 专用的，与系统的 /etc/hosts 文件（用于域名解析）有着不同的用途和结构。

实验 11-5：创建 hosts 文件

以 root 权限编辑 /etc/ansible/hosts 文件，并在文件底部添加以下内容：

[workstations]
studentvm1

现在，运行以下命令来验证使用主机名是否有效。你会发现，Ansible 采用 SSH 来连接远程主机，即使该主机就是 Ansible 运行的本地主机。输入 yes 继续：

[root@studentvm1 ~]# **ansible -m setup studentvm1**

在添加 hosts 文件的条目时，记得仔细检查其中的注释，那里提供了许多有价值的参考信息。

Ansible 配置现在已完成。

11.7　Ansible 模块

在刚才的 ansible 命令中，我们使用了 -m 选项来指定 setup 模块。Ansible 有许多内置模块，使用时无须加上 -m 选项。同时，Ansible 也支持安装许多外部开发的模块，不过在笔者个人目前的项目中，内置模块已经能完全满足需求了。

11.8　playbooks 简介

Playbook 的存放位置比较灵活。由于需要以 root 身份运行，笔者就把它们放在了 /root/ansible 目录下。只要在执行时以这个路径作为当前工作目录，Ansible 就能找到所需的 Playbook。当然，Ansible 也有一个运行时选项来指定不同的 playbook 和位置。

如图 11-1 所示为笔者的一个 playbook 示例。

playbook 以自身名称和其将要作用的主机开始，在本例中是指 hosts 文件中列出的所有主机。任务部分列举了为让主机达到预期状态所需的特定任务。在这个 playbook 中，笔者从一个任务开始，使用 Ansible 内置的 dnf 模块在 Midnight Commander 不是最新版本时对其进行更新。接下来的任务确保了创建所需的目录（如果目录不存在的话），其余的任务则负责将文件复制到适当的位置。这些文件和复制任务还能设定目录和文件的所有权以及文件模式。

```
###########################################################################
# This Ansible playbook updates Midnight commander configuration files.  #
###########################################################################
- name: Update midnight commander configuration files
  hosts: all

  tasks:
  - name: ensure midnight commander is the latest version
    dnf:
      name: mc
      state: present

  - name: create ~/.config/mc directory for root
    file:
      path: /root/.config/mc
      state: directory
      mode: 0755
      owner: root
      group: root

  - name: create ~/.config/mc directory for dboth
    file:
      path: /home/dboth/.config/mc
      state: directory
      mode: 0755
      owner: dboth
      group: dboth
  - name: copy latest personal skin
    copy:
      src: /root/ansible/UpdateMC/files/MidnightCommander/DavidsGoTar.ini
      dest: /usr/share/mc/skins/DavidsGoTar.ini
      mode: 0644
      owner: root
      group: root

  - name: copy latest mc ini file
    copy:
      src: /root/ansible/UpdateMC/files/MidnightCommander/ini
      dest: /root/.config/mc/ini
      mode: 0644
      owner: root
      group: root
<SNIP>
```

图 11-1　Ansible playbook 的一个示例片段

本章讨论范围暂不涉及此 playbook 的具体细节。除了为每个用户的每个文件都设置一个任务外，还有其他方法可以判断哪些用户需要更新文件。Ansible playbook 采用 YAML 语言编写，该语言对描述内容的缩进要求非常高。在 YAML 中，即使是空格也有其特定含义，一行中错误的空格数量可能会导致错误。

运行 playbook 很简单，使用以下命令即可：

```
# ansible-playbook -f 10 UpdateMC.yml
```

这条命令运行了笔者为更新 Midnight Commander 文件创建的 playbook。其中的 -f 选项指定 Ansible 最多可创建十个线程来并行执行操作，这能显著提升整个任务的完成速度，尤其是在多台主机上工作时。

11.8.1 输出

playbook 在运行时会输出每个任务及其结果。ok 代表 Ansible 检测到受管主机上的状态已经在任务中定义。因为任务中定义的状态已经为 true，所以 Ansible 不需要执行任务中定义的操作。

如果回应为 changed，则表明 Ansible 执行了任务中定义的操作，已将主机状态调整为期望状态。本例中任务定义的状态不为 true，所以 Ansible 需要执行操作来将状态调整为 true。在支持彩色的终端上，TASK 行会用彩色显示。以笔者主机上常用的 amber-on-black（黑底琥珀色）配色为例，TASK 行为琥珀色，changed 行为棕色，ok 行为绿色，错误行则会以红色显示。

如图 11-2 所示的输出来源于笔者的一个 playbook，此 playbook 最终用于在新主机上执行安装后的配置。

```
PLAY [Post-installation updates, package installation, and configuration]
TASK [Gathering Facts]
ok: [testvm2]
TASK [Ensure we have connectivity]
ok: [testvm2]
TASK [Install all current updates]
changed: [testvm2]
TASK [Install a few command line tools]
changed: [testvm2]
TASK [copy latest personal Midnight Commander skin to /usr/share]
changed: [testvm2]
TASK [create ~/.config/mc directory for root]
changed: [testvm2]
TASK [Copy the most current Midnight Commander configuration files to
/root/.config/mc]
changed:[testvm2] =>
(item=/root/ansible/PostInstallMain/files/MidnightCommander/DavidsGoTar.ini)
changed: [testvm2] =>
(item=/root/ansible/PostInstallMain/files/MidnightCommander/ini)
changed: [testvm2] =>
(item=/root/ansible/PostInstallMain/files/MidnightCommander/panels.ini)
TASK [create ~/.config/mc directory in /etc/skel]
changed: [testvm2]
<SNIP>
```

图 11-2 Ansible playbook 执行的标准输出

11.8.2 文件

正如笔者在 Midnight Commander 任务中所做的那样，经常需要安装和维护各种类型的文件。用于 playbook 的文件创建目录树的"最佳实践"数量，就如同系统管理员的数量一样繁多——至少与写过 Ansible 书籍或文章的作者数量一样多。

笔者选择了一个相对而言易于理解的简单结构，如图 11-3 所示。

使用最适合你的结构。只要注意，其他系统管理员可能会使用你设置的结构，所以目录组织还是应该具有一些逻辑。当笔者使用 RPM 和 Bash 脚本执行安装后的任务时，文件存储库有些混乱，毫无逻辑结构可言。随着笔者为许多管理任务创建 playbook，笔者将引入一个更有逻辑性的结构来管理文件。

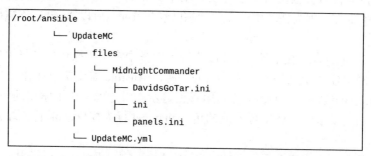

图 11-3　这是笔者选择用于存储 Ansible playbook 所需文件的结构

11.8.3　多次运行 playbook

根据需要或期望多次运行一个 playbook 是安全的。只有当状态与任务段落中指定的状态不符时，才会执行相应任务。这使得在之前 playbook 运行过程中遇到错误时很容易恢复。当遇到错误时，playbook 会停止运行。

在笔者测试第一个 playbook 时，出现了很多错误，然后去纠正它们。每次修改后重新运行 playbook（假设修复正确），Ansible 会自动跳过那些已经与指定状态匹配的任务，转而执行尚未匹配的任务。如果修复生效，之前失败的任务就会顺利完成，它后面的其他任务也会继续执行，直到遇到下一个错误。

这就简化了测试流程。笔者可以添加新的任务，当运行 playbook 时，只有这些新任务会被执行，因为它们是唯一与测试主机期望状态不匹配的任务。

11.9　如何创建 Ansible playbook

尽管脚本仍将在笔者的自动化管理中扮演重要角色，但 Ansible 似乎可以接管许多任务，并且完成得比复杂脚本更好。这一切的关键在于 playbook，在本节中，我们将创建一个能够在考虑系统差异的同时执行系统更新的 playbook。

这个 playbook 无须额外安装任何 Ansible 模块或集合，仅依赖系统自带的默认模块即可。

11.9.1　什么是 playbook

在撰写本章内容的同时，笔者也观看了当年的虚拟 Ansible Fest 会议。在观看过程中，笔者形成了自己对 playbook 的理解，一种对笔者来说有意义的描述。这一描述融合了多位演讲者分享的 playbook 的智慧，以及笔者阅读一些书籍和博客文章中的总结。具体描述如下：

Ansible playbook 是由人类创建的，用于描述一台或多台计算机的期望状态。Ansible 读取 playbook，并将计算机的实际状态与 playbook 中指定的状态进行比较，执行所需的任务以确保这些计算机符合 playbook 中描述的状态。

11.9.2 更新重建

在第 10 章中，我们使用了一个 Bash 脚本来自动化安装更新。由于你已经熟悉了相关要求，并且已经创建了一个简单的脚本来执行这项任务，因此我们接下来将使用 Ansible 来执行更新，以便你可以比较这两种方法。

你应该记得，在现代 Linux 主机上安装更新几乎是持续不断的任务，因为每天都会有大量的安全补丁和功能改进发布，这一工作显得尤为重要。如果像内核、glibc、systemd 之类的软件被更新，主机就需要重启。除此之外，还需要执行一些其他任务，比如更新手册页数据库。

虽然我们在第 10 章中创建的那个优秀脚本确实很好地完成了安装更新、处理重启和手册页更新的任务，但笔者的一些主机需要以不同于其他主机的方式进行处理。例如，笔者不希望同时更新防火墙和电子邮件 /web/DHCP/DNS 服务器。如果服务器宕机，防火墙就无法获取其进行自身更新所需的信息，网络中的其他主机也会无法获取。如果防火墙出问题，笔者的服务器和网络中的其他内部主机将无法访问外部 Fedora 存储库。另外，我们还必须等待这两台主机重启后再在其他主机上开始更新。

因此，过去笔者通过在每台主机上启动脚本（如防火墙），等待其完成后再移动到另一台服务器，然后再等待其完成，最后运行一个命令行小程序，按照顺序在其余主机上运行更新脚本。笔者本可以把这些依赖项写进脚本，但使用 Ansible 的短短几天内，笔者就发现它具备这些功能以及许多其他功能，能让笔者的任务大幅简化——真的是，大幅度简化！而且整个更新过程变得更快，完全不需要人工干预。

11.9.3 明确需求

就像用 C、Python、Bash 或其他语言编写的任何程序一样，笔者总是从一组需求开始。或许你已经阅读过笔者写的《Linux 哲学》这本书，对于像 Ansible 这样的工具来说也是如此。我们需要明确需求方向，以便于确定何时达成目标。

以下是笔者要用 Ansible playbook 实现的需求：

1. 场景 1：Ansible 中心主机

1）在 Ansible 中心主机上安装更新。

2）更新手册页数据库。

3）如有必要，重启系统。

4）重新启动后登录并再次运行 playbook。由于我们的中心节点已经处于期望状态，所以在场景 1 中不会再采取进一步行动，playbook 会直接进入场景 2。

2. 场景 2：服务器

1）依次在防火墙和服务器上安装更新。

2）更新手册页数据库。

3）如有必要，重启系统。

4）在开始下一个主机更新前，如有必要，则等待首个主机完成重启。

3. 场景 3：工作站

1）确保必要的服务器（例如防火墙、域名服务器等）全部完成更新后，再开始对工作站进行更新。

2）并行同时在每台计算机上安装更新。

3）更新手册页数据库。

4）如有必要，重启系统。

完成此任务还有其他的可行方法。笔者曾考虑过将 Ansible 中心主机的更新安排在最后，这样就无须在中心主机重启后重新启动 playbook。但笔者习惯先更新主工作站（也作为 Ansible 中心主机），之后在更新其他系统前先进行一些测试。这个策略对笔者的场景非常有效。你的需求可能和笔者不尽相同，所以务必根据实际情况选择最合适的策略。而 Ansible 的优势便在于其灵活性，能够适应不同的需求。

现在我们已经明确了任务需求，接下来就可以开始编写 playbook 了。

11.9.4　语法

Ansible playbook 必须遵循严格的 YAML 语法和格式标准。笔者遇到的最常见的错误是自己的格式错误，通常是由于不恰当地使用（或缺少）前置破折号（-），或者使用了错误的缩进方式。

playbook name（名称）应位于 playbook 的第一列，后续每个 task（任务）都需要缩进两个空格。每个 task 中的 action（操作）应再缩进两个空格，sub-task（子任务）应进一步缩进两个空格。任何其他数量的空格或使用空格以外的空白字符（例如制表符）都会导致运行时错误。此外，行末多余的空格也会引发错误。

你可能会出现格式错误，并且很快会学会识别这些问题。有一些工具能够帮助我们在运行 playbook 之前定位此类错误，从长远来看，这可以节省大量时间。

11.9.5　创建 playbook

让我们创建一个 playbook，按照所需的顺序执行上述任务。playbook 只是定义主机期望状态的任务集合。在 playbook 开头需要指定主机名或主机组，并定义 Ansible 将在哪些主机上运行 playbook。

根据需求声明中识别的不同主机类型，笔者的 playbook 包含了三个场景。每个场景的逻辑稍有不同，但最终结果一致——一个或多个已安装所有更新的主机。在本书中，我们将创建一个名为 doUpdates.yml 的 playbook，仅包含一个场景，因为目前只有一台主机需要考虑。

该 playbook 位于 /root/ansible/Updates 目录（笔者为这个项目专门创建了该目录）。而 playbook 所安装的 Bash 程序位于 /root/ansible/Updates/files 目录中。

实验 11-6：创建一个 Ansible playbook 来安装更新

笔者喜欢在所有代码的开头加入结构化的注释，以便将来自己或其他系统管理员能够看到文件名以及对 playbook 的简要描述。playbook 中是可以包含注释的，只是相关的

文章或书籍很少提及这一点。

1. 从注释开始

作为一名注重文档化的系统管理员，笔者发现注释可以起到很好的辅助作用。注释的内容不一定与任务名称重复，而是着重标识特定任务组的目的，并记录下我们选择特定方式或顺序的原因。当遇到问题需要调试时，这些注释能帮助我回忆起最初的设计思路，尤其是在很可能已经遗忘当时想法的情况下。

就像在 Bash 中一样，注释以"#"开头。

接下来，第一段代码的主要功能是三个短横线（---）标识了这是一个 YAML 文件。文件名中的扩展名"yml"即代表 YAML。对于"YAML"的含义有几种解释，但我个人认为"Yet Another Markup Language"（又一种标记语言）最为贴切，尽管也有人声称 YAML 并非标记语言。

请创建一个新文件 /root/ansible/Updates/doUpdates.yml，并在其中添加以下代码：

```
################################################################################
#                          doUpdates.yml                                       #
#-----------------------------------------------------------------------------#
# This playbook installs all available RPM updates on the                      #
# inventory hosts.                                                             #
#-----------------------------------------------------------------------------#
#                                                                              #
# Change History                                                               #
# Date        Name         Version    Description                             #
# 2023/03/12  David Both   00.00      Started new code                         #
#                                                                              #
################################################################################
---
```

接下来的部分定义了 playbook 中的场景。一个 playbook 可以有一个或多个场景。我们的 playbook 只有一个场景，用于运行 Ansible 的目标主机 StudentVM1。笔者在家庭网络中创建的 playbook 有一个针对 Ansible 中心主机的场景，另外还包括分别针对网络中两台服务器和其余工作站的场景。现在，让我们来定义这个 playbook 场景吧！

2. 创建场景

请注意，场景从第 0 列开始，然后场景中剩余的每一行都有严格的缩进。没有语句来定义场景的开始。Ansible 利用严格的 YAML 结构来确定每个场景和任务的起始位置。

请将以下部分添加至 playbook 中：

```
################################################################################
# Play 1 - Do updates for host studentvm1                                      #
################################################################################
- name: Play 1 - Install updates on studentvm1 - the Ansible hub
  hosts:  studentvm1
  remote_user: root
```

```
    hosts:  studentvm1
    remote_user: root
    vars:
      run: false
      reboot: false
```

我们会频繁遇到以下关键词⊖，下面给出初学者刚开始学习时需要了解的具体含义：

❑ name：该行定义了 playbook 的名称，该名称会在 STDOUT 数据流中显示。这使得在观察或稍后查看重定向流时轻松识别运行的每一个场景，以便笔者保持跟踪。该关键字对于每个场景和任务都是必需的，但文本内容是可选的。

❑ hosts：此处定义了场景将要执行的主机名。它可以包含一个以空格分隔的主机名列表，或是主机组的名称。主机组及所有列出的主机名必须出现在清单文件中。默认情况下，清单文件是 /etc/ansible/hosts，你也可以使用 -i (--inventory) 选项来指定需要替换的其他文件。

❑ remote_user：该行不是必需的。这个选项指定了 Ansible 在远程主机上作为哪个用户执行操作。如果远程主机上的用户与本地主机上的用户相同，则不需要这一行。默认情况下，Ansible 会使用与运行 Ansible playbook 的用户相同的用户 ID 登录远程主机。在这里，笔者只是出于信息展示的目的使用它。笔者通常以 root 用户身份在本地主机上运行大部分 playbook，因此 Ansible 也将以 root 用户身份登录远程主机。

❑ vars：这个部分可以用来定义一个或多个变量，这些变量可以像在任何编程语言中那样使用。在本例中，笔者会在 playbook 后面的 when 条件语句中使用它们，以控制执行路径。

目前，我们将 run 变量设置为 false，以便在不实际执行更新操作的情况下进行测试。同样，reboot 变量在开发阶段也被设置为 false，目的是避免在每次测试时都重启主机。

变量的作用域被限定在其定义的范围内。在本例中，两个变量都是在场景 1 中定义的，因此也只能在场景 1 中生效。如果需要在后续的场景中使用，那么必须在相应的场景中重新定义。如果在某个任务中定义了变量，那么它的作用域仅限于该任务，而无法在场景的其他部分使用。

在命令行使用 -e (--extra-variables) 选项可以指定不同的值覆盖变量的值。我们将在实际运行 playbook 时演示这一方法。

3. 具体任务

下述是场景 1 任务部分的开端。注意，任务关键字精确缩进了两个空格。每个任务都需要一个 name 语句，即使 name 后没有文本内容。这些文字确实使得理解 playbook 的逻辑变得更容易，并在执行过程中显示在屏幕上，便于笔者实时跟踪进度。

请将以下代码添加至现有 playbook 的末尾：

⊖ Ansible 文档，https://docs.ansible.com/ansible/latest/reference_appendices/playbooks_keywords.html#playbook-keywords。

```
    tasks:
###########################################################################
# Do some preliminary checking                                            #
###########################################################################
    - name: Install the latest version of the doUpdates.sh script
      copy:
        src: /root/ansible/Updates/files/doUpdates.sh
        dest: /root/bin
        mode: 0774
        owner: root
        group: root

    - name: Check for currently available updates
      command: doUpdates.sh -c
      register: check
    - debug: var=check.stdout_lines
```

　　这一部分包含三个任务。第一个任务负责将 doUpdates.sh Bash 程序复制到目标主机。第二个任务运行刚刚安装的程序，并将 doUpdates 程序的标准输出数据流赋值（注册）到变量 check。第三个任务将 check 变量中的所有标准输出行打印到屏幕上。让我们来更详细地了解其中涉及的新关键字：

　　❑ copy：该关键字定义了一个段落的开始，可用于将一个或多个文件从指定源位置复制到指定目标位置。这一部分中的关键字定义了复制操作的各种方式以及复制后文件的最终状态。

　　❑ src：这是要复制文件的全限定路径和名称。在这个例子中，我们只复制单个文件，但也很容易复制目录中的所有文件或仅复制匹配文件通配符模式的文件。源文件通常存储在 Ansible 中心主机目录树中的某个位置。在这个例子中，源文件的全限定路径为 /root/ansible/Updates/files/doUpdates。

　　❑ dest：这是目标主机上的目标路径，源文件将被复制到此处。在这个例子中，我们将文件复制到 /usr/local/bin 目录，这样在使用时就不需要完整的路径了。

　　❑ mode：该关键字定义了应用于复制文件的文件权限模式。无论源文件的权限模式如何，Ansible 都会将文件权限设置为此语句中指定的模式，例如 rwxr-xr-- 或 0754。在使用八进制格式时，请确保使用完整的四位数。

　　❑ owner：这是将应用于文件的所有者账户。

　　❑ group：这是将应用于文件的组账户。

　　❑ command：任何 Linux shell 命令、shell 脚本或命令行程序及其选项和参数都可以通过这个关键字来调用。在这里，笔者使用了刚刚安装的 Bash 程序来获取一些难以通过 Ansible 内置命令（如 dnf）轻易获取的信息。

　　❑ register：该关键字将指定命令的 STDOUT 输出设置到名为 check 的变量中。可通过 when 关键字查询此变量的内容，并将其用作条件判断，决定其所属任务是否执行。我们将在下一部分看到相关内容。

❑ debug：该关键字将指定变量的内容打印到屏幕上。笔者经常将其作为调试工具使用，发现该命令对于调试很有帮助。这是一个技巧提示。

doUpdates.sh Bash 程序中包含了判断更新是否可用的逻辑。同时，它还会检测内核、systemd 或 glibc 是否已被更新，因为这些组件的更新往往需要重启才能完全生效。该程序会向标准输出发送几行信息，我们可以将这些信息与 Ansible 的条件判断机制结合，来决定是否需要重启目标主机。笔者在下面的代码段中使用了上述机制来执行实际的更新操作，随后对我的主工作站进行关机。类似的代码稍后也会在其他主机上执行重启操作。

当更新可用但不需要重启时，配合 Ansible 的 -c 选项获取程序的标准输出结果如图 11-4 所示。我们可以使用正则表达式在此数据流的任何文本中搜索关键字，并在 when: 条件判断中使用这些关键字决定是否执行指定任务：

```
####### 48 updates ARE available for host student1.example.com #######
########## Including: ##########
Last metadata expiration check: 1:47:12 ago on Tue 20 Oct 2020 01:50:07 PM
EDT.
Updates Information Summary: available
                3 Security notice(s)
                   2 Moderate Security notice(s)
                3 Bugfix notice(s)
                2 Enhancement notice(s)
                2 other notice(s)
### A reboot will NOT be required after these updates are installed. ####
Program terminated normally
```

图 11-4　Ansible playbook 利用 doUpdates.sh 脚本的输出来判断何时需要重启操作

如果 when 语句中所有条件均为真，则 playbook 的下一部分将执行实际的更新操作。这部分使用了 Ansible 内置的 DNF 包管理器：

```
#############################################################################
# Do the updates.                                                           #
#############################################################################
# Install all available updates
  - name: Install all current updates
    dnf:
      name: "*"
      state: latest
    when: (check.stdout | regex_search('updates ARE available')) and run
    == "true"
```

❑ dnf：调用了 Ansible 与 DNF 包管理器交互的内置模块。尽管其功能相对有限，但它能够安装、移除和更新软件包。DNF 模块的一个局限性是它不具备检查更新的功能，这就是为什么笔者继续使用 Bash 程序来查找待更新的软件包列表，并据此判断是否需要重启（或关机）。Ansible 同时还提供了与 YUM 和 APT 配合使用的内置模块。

❑ name：提供了要操作的软件包名称。在这个例子中，文件通配符 * 表示所有已安装的软件包。

❑ state：此关键字的 latest 值表示要将所有已安装的软件包升级到最新版本。state 关键字的其他一些选项 present 意味着软件包已被安装，但不一定是最新的版本；absent 意味着如果软件包已安装，则将其卸载。

❑ when：此条件短语指定了任务运行必须满足的条件。在这个例子中，只有当之前注册的变量 check 中存在由正则表达式定义的文本串，并且 run 变量被设置为 true 时，才会安装更新。

既然更新已完成，我们可能需要重启系统，我们需要如何处理这个问题呢？接下来的任务将为我们完成重启操作。请将下面的代码添加到 playbook 的末尾。注意，when 行的条件必须写在一行内。

```
###########################################################################
# Reboot the host                                                         #
###########################################################################
    - name: Reboot this host if necessary and reboot extra variable is true
      command: reboot
      when: (check.stdout | regex_search('reboot will be required')) and
      reboot == "true" and run == "true"
```

在这个任务中，我们会重启计算机。playbook 的执行会在重启后停止，因此我们需要重新运行它。此时，由于更新已经安装完毕，关机或重启操作将不会执行，而 playbook 会继续运行下一个场景。

4. 准备 doUpdates.sh 文件

我们之前创建的一个任务是将 doUpdates.sh Bash 程序复制到 /root/bin 目录。我们需要将该文件的副本提供给 playbook，这样它就可以被复制。

请创建目录 /root/ansible/Updates/files，并将 doUpdates.sh 文件复制到该目录中。

5. 测试

我们可以安装一个名为 yamllint[⊖]的工具来检查和验证 playbook 的语法是否正确。在尝试执行 playbook 之前，这个工具可以帮助简化查找语法类错误的任务。它可以从 Fedora 存储中安装，如下所示：

```
[root@studentvm1 ~]# dnf install -y yamllint
```

将当前工作目录设为 /root/ansible/Updates，首先运行 yamllint 并修正 doUpdates 报告的所有问题：

```
$ yamllint doUpdates.yml
```

⊖ "Lint" 这个术语在软件开发中很常见。很多编程语言都有相应的"lint"工具，它们可以帮助检查代码中的潜在问题、错误和不规范的写法。这个词来源于英语，原意是衣服上的绒毛或灰尘，引申为代码中需要被清理的不规范片段。想了解更多，你可以查看维基百科的相关词条。

使用以下命令运行 playbook。该命令不会进行实际的更新或重启操作，而是提供了一种检查代码有效性的方法，尤其能帮助我们验证 YAML 的结构是否正确。对笔者来说，正确处理 YAML 的空格缩进是最具挑战性的部分：

```
# ansible-playbook doUpdates.yml
PLAY [Play 1 - Install updates on studentvm1 - the Ansible hub]
*************************************************************

TASK [Gathering Facts]
*************************************************************
ok: [studentvm1]

TASK [Install the latest version of the doUpdates.sh script]
*************************************************************
changed: [studentvm1]

TASK [Check for currently available updates]
*************************************************************
changed: [studentvm1]
TASK [debug]
*************************************************************
ok: [studentvm1] => {
    "check.stdout_lines": [
        "Updates ARE available for host studentvm1."
    ]
}

TASK [Install all current updates]
*************************************************************
skipping: [studentvm1]

TASK [Reboot this host if necessary and reboot extra variable is true]
*************************************************************
skipping: [studentvm1]

PLAY RECAP
*************************************************************
studentvm1 : ok=4 changed=2 unreachable=0 failed=0 skipped=2 rescued=0
ignored=0

[root@studentvm1 Updates]#
```

If that worked correctly, run the following command:

```
# ansible-playbook --extra-vars "run=true reboot=true" doUpdates.yml
```

我们可以使用 --extra-vars 指定每个场景中定义的两个"额外变量"的值。在这个例子中，将它们都设置为 true 允许执行更新，并在需要时进行重启。你可以使用较短的 -e 代替 --extra-vars。

> 在此笔者不会重现 STDOUT 数据流，因为它实在是太长了。
>
> 至此，我们完成了第一个场景，这也是本书中唯一适用于单个虚拟机所需要的场景。

11.10 面向多系统的 Ansible

仅在单个系统上使用 Ansible 执行大多数任务，可能不是有效利用时间的好方法。然而，它确实提供了一个很好的学习如何使用 Ansible 的机会。笔者有多个系统，你将来也会有多个系统。

我们刚刚创建的第一个场景在 Ansible 中心主机上安装了更新，而在实际的数据中心中，大量 Linux 主机都需要更新。由于你现在不具备多主机环境来实践，因此接下来的两个场景不会以实验的形式展现。不过，了解包含多系统场景的 playbook 结构是有价值的。实际上，这些场景几乎是直接从笔者家庭网络的 playbook 中提取出来的。

11.10.1 第二个场景

第二个场景旨在对防火墙和服务器执行更新操作，并在服务器上安装最新的 doUpdates.sh 脚本，如图 11-5 所示。

```
################################################################
################################################################
# Play 2 - Do servers                                         #
################################################################
################################################################
- name: Play 2 - Install updates for servers yorktown and wally
  hosts: all_servers
  serial: 1
  remote_user: root
  vars:
    run: false
    reboot: false

  tasks:
################################################################
# Do some preliminary checking                                #
################################################################
    - name: Install the latest version of the doUpdates script
      copy:
        src: /root/ansible/Updates/files/doUpdates.sh
        dest: /root/bin
        mode: 0774
        owner: root
        group: root

    - name: Check for currently @available updates
      command: doUpdates.sh -c
      register: check
    - debug: var=check.stdout_lines
```

图 11-5 在笔者主要的工作站上，第二个场景正在为服务器安装更新

```
################################################################################
# Do the updates.                                                              #
################################################################################
# Install all available updates
    - name: Install all current updates
      dnf:
        name: "*"
        state: latest
      when: (check.stdout | regex_search('updates ARE available')) and run == "true"

    - name: Update the man database
      command: mandb
      when: run

    - name: Reboot if necessary and reboot extra variable is true
      reboot:
      when: (check.stdout | regex_search('reboot will be required')) and reboot ==
"true" and run == "true"
```

图 11-5　在笔者主要的工作站上，第二个场景正在为服务器安装更新（续）

当服务器和所有其他主机正在更新时，防火墙需要启动并运行，这样服务器及其他所有主机能够通过互联网下载更新后的软件包。与此同时，为了提供 DHCP 服务以及域名解析服务，域名服务器也必须在防火墙和其他主机更新期间持续运行。为此，这个场景采用串行模式，逐一更新这两台主机，正如场景中定义的那样。

这两台主机的名字分别包含在 /etc/ansible/hosts 库存清单文件中的 [all_servers] 组内。

整个第二个场景几乎与第一个场景完全相同，只有两行不同，笔者用粗体突出显示。

❑ serial：这条额外的语句告诉 Ansible 要逐个运行此脚本，即按顺序而不是并行执行。如果清单中的 [all_servers] 组包含 10 台服务器，我们可以将此限值设置得稍高一些（如设置为 2），这样此场景就可以一次运行 2 台服务器。在本例中，需要保证防火墙 wally 启动并运行，以便 yorktown 服务器能接入互联网以下载更新的软件包。只要这两台主机不是同时进行更新，它们的具体更新顺序其实并不重要。

❑ reboot：Ansible 内置了重启功能，因此在这个场景中我们可以使用这个内置功能替代 Linux 的 poweroff 命令。Ansible 重启功能的重要特性在于它会验证重启是否成功、远程主机是否已启动并运行正常，以及 SSH 通信是否已恢复正常。默认的超时时间为 10 min，在此之后 Ansible 会抛出错误。

11.10.2　第三个场景

如图 11-6 所示为完整的第三个场景。该场景更新了笔者网络中剩余的所有主机。它采用 free 策略，允许同时对多台主机进行更新。这些主机的名字位于 /etc/ansible/hosts 库存清单文件中 [workstations] 组内。

除了主机列表外，此场景中只有一个变化。

❑ strategy："自由策略"（free strategy）告诉 Ansible 在本场景中自由地执行任务。也就是说，在本场景中的任务会尽可能快速地在每个主机上运行。这意味着某些主机可能在其他较慢主机完成 playbook 中首个任务之前就已经完成了最后一个任务。在读取 STDOUT 数据流时，可能会让人感觉有点混乱。

```
################################################################################
################################################################################
# Play 3 - Do all workstations except david                                    #
################################################################################
################################################################################
- name: Play 3 - Install updates for all other workstations
  hosts: workstations
  strategy: free
  remote_user: root
  vars:
    run: false
    reboot: false
  tasks:
################################################################################
# Do some preliminary checking                                                 #
################################################################################
    - name: Install the latest version of the doUpdates script
      copy:
        src: /root/ansible/Updates/files/doUpdates
        dest: /root/bin
        mode: 0774
        owner: root
        group: root

    - name: Check for currently available updates
      command: doUpdates -c
      register: check
    - debug: var=check.stdout_lines


################################################################################
# Do the updates.                                                              #
################################################################################
# Install all available updates
    - name: Install all current updates
      dnf:
        name: "*"
        state: latest
      when: (check.stdout | regex_search('updates ARE available')) and run == "true"

    - name: Reboot if necessary and reboot extra variable is true
      reboot:
      when: (check.stdout | regex_search('reboot will be required')) and reboot ==
"true" and run == "true"
```

图 11-6　第三个场景更新网络中剩余的所有 Linux 主机

　　每种策略都是一个独立的插件，还有其他几个插件可以与该关键字配合使用。默认策略是线性（linear），它会在所有主机上执行完一个任务后再继续执行下一个任务。host_pinned 插件则会在每个主机上执行完场景中的所有任务后再转移到下一台主机。调试（debug）插件可以交互式地运行任务，以便对场景进行调试。

总结

　　某些任务并不适合使用 Ansible，因为有更好的方法来实现特定机器状态。其中一种典型用例是将虚拟机恢复到初始状态，以便在该已知状态下多次进行测试。将虚拟机调整至所需状态（在这种情况下，使用 Ansible 是个不错的方法），然后对当前机器状态进行快照要容易得多。相比于使用 Ansible 将主机恢复至所需的状态，恢复至该快照通常更快更容易。在笔者撰写文章或测试新代码时，每天都会多次进行此类操作。

　　完成更新 Midnight Commander 的 playbook 后，笔者开始编写一个新的 playbook，用于在新安装的 Fedora 主机上执行安装后的任务，取得了不错的进展，比第一个 playbook 更复杂和高级，不再那么生硬笨拙了。

　　在笔者初识 Ansible 的第一天，就制作了一份 playbook，并成功解决了一个问题。接着，笔者开始制定第二份 playbook，用来应对安装后配置这一大难题。在这个过程中，笔者学到了很多东西。

　　虽然笔者非常喜欢使用 Bash 脚本来处理诸多管理任务，但笔者发现 Ansible 几乎能满足所有的需求，而且还能确保系统维持在笔者所期望的状态。短短一天之后，笔者就成为 Ansible 的忠实粉丝。只需对这份 playbook 进行一些更改来反映你自己网络的细节，它就能帮助你完成自动化更新任务。采用类似这样的 playbook 来进行更新操作是入门 Ansible 的一个好方法。虽然这份 playbook 中涉及了一些能够执行复杂任务的关键字，但它仍然相对简单。笔者最初只编写了第一个 playbook 用于更新个人工作站，后续部分大多是复制粘贴，并针对不同主机组的需求进行了些许微调。

　　没错，实现同样功能还有其他的方法。例如，我本可以在一两个场景中结合使用条件判断和不同的任务，而非像现在这样拆分成三个场景。又或者，我可以引入条件判断和代码块来以不同的方式处理某些主机。然而，笔者个人认为采用独立的场景有助于充分分离逻辑，确保对一个场景中任务的修改不会影响到其他场景。在笔者看来，这种方式更为优雅，因为它的整体逻辑更易于编写、理解和管理。

资源

　　笔者找到的最全面且实用的文档资源是 Ansible 官网上发布的《Ansible 用户指南》[一]。这份文档主要用作参考手册，并非教程性质或入门指导。

　　多年来，Opensource.com 网站发布了大量有关 Ansible 的文章[二]，笔者发现其中大多数对满足自身需求非常有帮助。Red Hat Enable Sysadmin 网站同样拥有很多关于 Ansible 的文章[三]，这些文章也非常有帮助。

　　此外，还有一些虽简洁却很不错的手册页可供查阅。

[一] Ansible User Guide, https://docs.ansible.com/ansible/latest/user_guide/index.html。

[二] Opensource.com, https://opensource.com/sitewide-search?search_api_views_fulltext=Ansible。

[三] Enable Sysadmin, www.redhat.com/sysadmin/search?keys=Ansible。

练习

为了掌握本章所学的知识，请完成以下练习：

1. 修改 doUpdates.yml playbook，使其无须在命令行添加"额外变量"即可运行并自动重启系统，不再需要在命令行界面输入那些额外变量。

2. 创建一个 Ansible playbook，用于安装 Konsole、Xfce4-terminal、Tilix、gnome-terminal、cool-retro-term 和 terminology 等终端模拟器，并能在有新版本发布时自动更新。你的系统中可能已经预装了其中的一个或多个终端模拟器，或是之前实验中已安装过部分。

3. 运行你刚刚创建的 playbook 以进行测试。

4. 列出的终端模拟器有多少是新安装的？

5. 是否有终端模拟器在运行 playbook 时被更新了？

6. 花点时间体验新安装的终端模拟器，探索它们各自的功能。笔者个人觉得 cool-retro-term 特别有趣。

7. 创建一个 playbook，用于安装一些你自己喜欢但在新安装系统中默认未安装的工具。

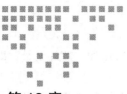

Chapter 12 | 第 12 章

时间和自动化

目标

在本章中，你将学习如下内容：

❑ 如何使用 chrony 来确保精准的系统时间？

❑ 如何使用 crontab 命令为 root 用户创建 crontab 文件？

❑ 如何在 crontab 文件中添加语句来为 cron 任务设置环境变量？

❑ 了解 cron 时间设置规范，并依据时间规范配置 cron 任务，使其能够在特定时间或重复间隔自动运行任务。

❑ 如何通过 crontab 创建 cron 任务？

❑ 如何设定按小时、日、周和月周期执行的 cron 任务？

❑ 如何使用 at 命令在未来的某一特定时间点执行脚本或命令？

12.1　概述

在前面的章节中，我们通过具体案例详细介绍了如何利用命令行程序和 Bash 脚本，使系统管理员的日常工作实现自动化。所有这些都很好，然而，如果有些任务需要在我们不便的时间去执行，这时候我们该如何应对呢？显然，我们无法在每天的凌晨 1:01 准时起床来执行数据备份，或者在每周日的凌晨 3:00 起来运行维护脚本。

Linux 提供了多种工具和方法，我们可以使用这些工具在将来的指定时间运行这些任务，按需重复执行或只执行一次。但要在正确的时间执行这些任务，保持精准的时间至关重要。

本章首先介绍了 chrony 的基本用法，它能实现计算机的时间与标准时间源（比如原子钟）同步。然后，介绍传统 Linux 的工具 cron 和 at，它们可以设定在特定时间执行任务。systemd 计时器将在第 18 章中介绍。

12.2 使用 chrony 校准时间

有人真的知道现在几点了吗？是否有人真的在乎呢？

——Chicago，1969

也许 Chicago 乐队不在乎时间，但计算机世界可不是这样。在银行、股票市场和其他金融行业，交易必须按照正确的顺序进行，精确的时间顺序是确保一切有序的关键。对于系统管理员和开发运维工程师来说，通过一系列服务器追踪电子邮件的流转路径或使用分布式主机上的日志文件确定事件的确切顺序，如果在相关计算机上保存了精确的时间可以大大简化他们的工作。

笔者曾经在一家日均邮件量超过 2000 万的公司工作，光是接收和初步过滤邮件就需要四台服务器。然后，邮件被发送到另外四台服务器以进行更复杂的反垃圾邮件评估，最终再被送到一台额外服务器上的特定收件箱。在每个关卡，邮件的下一个目的地都由轮询 DNS 随机性选择。有时，为了满足老板的要求，我们不得不追踪邮件贯穿的整个系统，以找出它"丢失"的位置，这简直是家常便饭。

大多数邮件都是垃圾邮件，部分用户甚至会抱怨他们错过了每日的笑话、萌猫图、食谱、励志名言，以及一些更奇葩的东西。为此，他们会要求我们帮忙找回。面对这类请求，我们当然会毫不犹豫地拒绝。

无论是邮件搜索还是其他事务性查找，都离不开带有时间戳的日志记录。如今，即使是最慢的 Linux 计算机也能将时间精确到纳秒。在交易量巨大的环境中，系统时钟几微秒的差异可能意味着需要翻查数千笔交易才能找到正确的记录。

12.2.1 NTP 服务器层次结构

网络时间协议（Network Time Protocol，NTP）是一种用于在全球范围内同步计算机时间的协议。它通过层级化的 NTP 服务器体系将计算机时间与互联网标准参考时钟进行同步。

NTP 服务器体系采用分层结构，称为层级（strata）。每个层级由一组 NTP 服务器组成。主服务器位于第 1 层，它们通过卫星、无线电，甚至在某些情况下，通过电话线上的调制解调器直接连接到第 0 层的各国国家时间服务。第 0 层时间服务通常是原子钟、接收原子钟信号的无线电接收器，或者接收 GPS 卫星发射的高精度时钟信号的 GPS 接收器。

为了避免位于层级结构下层（层级编号较高）的时间服务器发送过多的时间请求，从而给主 NTP 服务器造成过大负载，数千个公共 NTP 第 2 层服务器开放，供所有用户和组织使用。许多拥有大量主机的用户和组织（包括笔者自己），会设置自己的 NTP 服务器，以便只有一台本地主机实际访问第 2 层 NTP 服务器，而网络中的其他主机则配置为使用本地自己的 NTP 服务器。例如，在笔者的网络中，NTP 服务器是位于 NTP 层级结构的第 3 层。

12.2.2 NTP 服务选择

除最初的 NTP 守护进程 ntpd 之外，又出现了一个新的 NTP 守护进程 chronyd。它们都能够将本地主机的时间与时间服务器保持同步。目前这两种服务都可用，并且在可预见的未来，它们都将继续存在。

chrony 拥有很多优点，使其在大多数环境下相比 ntpd 成为更优的选择。以下是使用 chrony 的一些主要优势：

❑ chrony 的同步速度远超 ntpd，这对于不经常运行的笔记本计算机或台式机来说十分有利。

❑ chrony 能够补偿时钟频率的波动，例如当主机进入休眠或睡眠模式时，或者因频率步进导致时钟频率变化的情况（频率步进会在负载较低时降低时钟速度）。

❑ chrony 能妥善处理间歇性的网络连接和带宽饱和问题。

❑ 它会根据网络延迟和等待时间进行调整。

❑ 在完成初始时间同步后，chrony 将不再步进时钟，这确保了许多依赖稳定时间间隔的系统服务和应用程序的正常运行。

❑ 即使没有任何类型的网络连接，chrony 也能正常工作。在这种情况下，可以通过 chrony 手动同步本地主机或服务器的时间。

ntpd 和 chrony 软件包都可以从标准 Fedora 存储库中获取，可以同时安装这两者，并在它们之间切换，但 Fedora、CentOS 和 RHEL 等现代 Linux 发行版都已将 chrony 作为默认的时间同步工具，取代了 ntpd。笔者的实际使用体验也证明了 chrony 的优势，能为系统管理员提供更易用的管理界面，展示更多信息并加强了控制。在如此全面的优势面前，继续使用老旧的 ntpd 服务显然没有必要。

需要明确的是，NTP 只是一个协议，其具体实现可以是 ntpd 或 chrony。本章仅介绍 chrony 在 Fedora 主机上的客户端和服务端的配置方法，ntpd 的配置方法留给读者自行查阅。CentOS 和 RHEL 的 chrony 配置方式也与 Fedora 类似。

12.2.3　chrony 架构

chrony 主要由两个进程构成——chronyd 和 chronyc。

chronyd 是 chrony 的守护进程。它在后台运行，监控着 chrony.conf 文件中指定的时间服务器的时间和状态。如果本地时间需要调整，chronyd 会以一种平稳的方式进行校正，不会将时钟直接重置从而造成程序上的冲击。

chrony 还提供了一个名为 chronyc 的工具，让我们监视 chrony 的当前状态，并在必要时进行调整。chronyc 工具既可以像普通命令一样使用，以子命令的形式执行特定任务，也可以切换到交互式文本模式，进行更为灵活的操作。在本章中，我们将会演示这两种使用方式。

12.2.4　chrony 服务的客户端配置

配置 NTP 客户端非常简单，几乎不需要更改。系统管理员可以在安装 Linux 时指定 NTP 服务器，也可以在系统启动时通过 DHCP 服务器获取。默认的 /etc/chrony.conf 配置文件如图 12-1 所示，不需要修改即可作为客户端使用。对于 Fedora 系统，chrony 会使用 Fedora 官方的 NTP 服务器池；CentOS 和 RHEL 也有各自的 NTP 服务器池。和许多基于 Red Hat

的发行版一样，配置文件还包含了详细的注释，方便用户理解和修改。

```
# Use public servers from the pool.ntp.org project.
# Please consider joining the pool (http://www.pool.ntp.org/join.html).
pool 2.fedora.pool.ntp.org iburst

# Record the rate at which the system clock gains/losses time.
driftfile /var/lib/chrony/drift

# Allow the system clock to be stepped in the first three updates
# if its offset is larger than 1 second.
makestep 1.0 3

# Enable kernel synchronization of the real-time clock (RTC).


# Enable hardware timestamping on all interfaces that support it.
#hwtimestamp *

# Increase the minimum number of selectable sources required to adjust
# the system clock.
#minsources 2

# Allow NTP client access from local network.
#allow 192.168.0.0/16

# Serve time even if not synchronized to a time source.
#local stratum 10

# Specify file containing keys for NTP authentication.
keyfile /etc/chrony.keys

# Get TAI-UTC offset and leap seconds from the system tz database.
leapsectz right/UTC

# Specify directory for log files.
logdir /var/log/chrony

# Select which information is logged.
#log measurements statistics tracking
```

图 12-1 chrony 配置文件 chrony.conf 的默认设置

下面我们来深入了解 studentVM1 虚拟机上网络时间协议的实时运行状况。

实验 12-1：Chrony 的状态和信息

请以 root 用户身份来执行本实验。`chronyc tracking` 命令提供本地系统与官方时间服务器之间的时间偏差统计数据：

```
[root@studentvm1 ~]# chronyc tracking
Reference ID    : 9B8AECE1 (ipv4.ntp1.rbauman.com)
Stratum         : 3
Ref time (UTC)  : Tue Mar 14 18:22:34 2023
System time     : 0.000081535 seconds fast of NTP time
Last offset     : +0.000082241 seconds
```

```
RMS offset       : 0.010405118 seconds
Frequency        : 0.253 ppm fast
Residual freq    : -0.001 ppm
Skew             : 0.132 ppm
Root delay       : 0.012633221 seconds
Root dispersion  : 0.001481692 seconds
Update interval  : 1041.9 seconds
Leap status      : Normal
```

上述结果中的第一行显示了本机所同步的时间服务器的 ID。其余行的信息详见 chronyc(1) 手册页。其中，Stratum 行表示本地虚拟机（studentVM1）所处的层级，在此例中，ipv4. ntp1.rbauman.com 主机位于第 3 层级[⊖]。

另一个实用且有趣的命令是 chronyc sources，它可以显示 chrony.conf 文件中配置的时间源的信息：

```
[root@studentvm1 ~]# chronyc sources
MS Name/IP address         Stratum Poll Reach LastRx Last sample
===============================================================================
^- 65-100-46-164.dia.static>  1   10   377   579   -364us[ -280us] +/-    38ms
^- 108.61.73.243              2   10   377   517  -3055us[-2971us] +/-    48ms
^* ipv4.ntp1.rbauman.com      2   10   377   240   -522us[ -440us] +/-  8128us
^- triton.ellipse.net         2   10   377   265   -703us[ -620us] +/-    35ms
```

以上四个时间服务器均由 NTP 服务器池提供。其中，"MS"中的"S"列（源状态）中带有星号（*）的服务器表示当前与本机同步的 NTP 服务器。该信息与 chronyc tracking 命令所显示的数据吻合。

若需查看输出字段的详细描述，可使用 -v 选项。

```
[root@studentvm1 ~]# chronyc sources -v

  .-- Source mode  '^' = server, '=' = peer, '#' = local clock.
 / .- Source state '*' = current best, '+' = combined, '-' = not combined,
| /              'x' = may be in error, '~' = too variable, '?' = unusable.
||                                              .- xxxx [ yyyy ] +/- zzzz
||      Reachability register (octal) -.        | xxxx = adjusted offset,
||      Log2(Polling interval) --.      |       | yyyy = measured offset,
||                              \  |       |       | zzzz = estimated error.
||                               | |       \
MS Name/IP address         Stratum Poll Reach LastRx Last sample
===============================================================================
^- 65-100-46-164.dia.static>  1   10   377   816   -364us[ -280us] +/-    38ms
^- 108.61.73.243              2   10   377   754  -3055us[-2971us] +/-    48ms
^* ipv4.ntp1.rbauman.com      2   10   377   477   -522us[ -440us] +/-  8128us
^- triton.ellipse.net         2   10   377   502   -703us[ -620us] +/-    35ms
```

⊖ "ipv4.ntp1.rbauman.com 主机位于第 3 层级"是错误的。应该是"ipv4.ntp1.rbauman.com 主机位于第 2 层级"，或者"studentVM1 主机位于第 3 层级"。——译者注

如果你想指定某台服务器作为主机的优先参考时间源，即使它可能响应速度较慢，你可以在 /etc/chrony.conf 文件中添加类似的下述配置行。通常，笔者会将该行置于文件顶部附近的第一个 pool server 语句上方，将所有服务器配置集中在一起便于管理。当然，你也可以将其置于文件底部，配置效果相同。该配置文件不受行顺序的影响。

```
server 108.61.73.243 iburst prefer
```

上述命令中，prefer 选项用于指定主机的优先参考源。因此，只要该参考源可用，主机将始终与其保持同步。对于远程参考服务器，你可以使用全限定主机名，例如 hostname.domainname；对于本地参考时间源，如果 /etc/resolv.conf 文件中设置了 search 语句，则可以仅使用主机名（不带域名），例如 hostname。笔者更倾向于使用主机的 IP 地址，这种方法可以确保即使 DNS 服务故障也能访问时间源。在大多数环境中，使用服务器名可能是更佳选择，因为即使服务器 IP 地址发生变化，NTP 也能继续正常工作。

如果你没有要同步的特定参考源，使用默认设置即可。

12.2.5 chronyc：一个实用的交互式工具

正如前文所述，chronyc 可以用作交互式命令工具，下面我们来详细了解一下。

实验 12-2：chronyc 的交互模式

请以 root 用户身份来执行本实验。下面我们将深入探究 chronyc 命令的具体用法。如果直接运行 chronyc 命令，不带任何子命令，你将进入 chronyc 命令的提示符界面：

```
[root@studentvm1 ~]# chronyc
chrony version 3.4
Copyright (C) 1997-2003, 2007, 2009-2018 Richard P. Curnow and others
chrony comes with ABSOLUTELY NO WARRANTY.  This is free software, and
you are welcome to redistribute it under certain conditions.  See the
GNU General Public License version 2 for details.

chronyc>
```

现在你可以直接输入 chronyc 的子命令进行操作。建议你尝试使用 tracking、ntpdata 和 sources 子命令。在 chronyc 命令行界面中，你可以执行历史命令（通过 <↑>/<↓> 键回溯历史命令）和编辑等操作。如果需要查看 chronyc 所有可用子命令及其语法，请使用 help 子命令获取完整的帮助信息。

在客户端主机与 NTP 服务器完成时间同步后，笔者通常会使用如下命令将系统硬件时钟设置为与操作系统时间一致⊖。请注意，这并非 chronyc 命令，需要在单独的终端会话中以 root 用户身份执行：

```
[root@studentvm1 ~]# /sbin/hwclock --systohc
```

⊖ 这个操作可以提高系统时间准确性，确保系统启动后立即获得准确时间，并避免因 RTC 误差导致的时间漂移问题；同时可以确保系统时间一致性，避免系统日志、文件时间戳等出现错误，影响系统运行的可靠性。——译者注

> 　　可以将上述命令配置为一个定时任务，实现方式可以为 cron 作业、cron.daily 目录下的脚本或 systemd 计时器，任选其一即可保持硬件时钟与系统时间同步。

　　chrony 是一个功能强大的工具，可以同步客户端主机的时钟，无论这些客户端主机位于本地网络还是分散在全球各地。尽管 chrony 提供了丰富的配置选项，但在大多数情况下我们只需要用到几个选项即可轻松完成配置。

　　chrony 和 ntpd（旧服务）使用了相同的配置，因此它们的配置文件内容可以相互兼容。chronyd、chronyc 和 chrony.conf 的手册页包含大量信息，帮助手册可以帮助你入门或了解一些高级配置选项。

12.3　利用 cron 实现定时自动化

　　有许多任务需要在没有人使用计算机的时间执行，或者更重要的任务需要在指定的时间定期完成。本章将介绍 cron 服务及使用 cron 服务设置定时任务的方法。

　　笔者在平时会使用 cron 服务安排计算机执行一些日常任务，例如每天凌晨 1:01 进行数据备份操作。此外，笔者还利用它做了一些容易被忽视但同样重要的工作。笔者所有计算机的系统时间（操作系统时间）都通过 NTP 进行同步。chrony 服务能设置系统时间，但不能设置硬件时间，因为硬件时间可能会因 RTC 误差随时间漂移而变得不准确。笔者使用 cron 服务运行一个命令，该命令能将硬件时间与 NTP 同步的系统时间设置一致，以此避免系统与硬件时间不一致的问题。此外，笔者每天早上都会运行一个 Bash 程序，它会在每台计算机上创建一个新的"每日消息"，其中包含最新的磁盘使用情况等关键信息。许多系统进程也使用 cron 服务来调度任务，例如 logwatch 和 rkhunter 这些服务每天都使用 corn 服务运行程序。

12.3.1　cron 守护进程（crond）

　　crond 是 cron 的守护进程，它在后台默默运行。cron 会定期检查 /var/spool/cron 和 /etc/cron.d 目录中的文件以及 /etc/anacrontab 文件，这些文件的内容定义了将以不同的时间间隔运行的 cron 作业。

　　具体而言，个人用户的 cron 文件存放在 /var/spool/cron 目录下，而系统服务和应用程序的 cron 文件通常位于 /etc/cron.d 目录中。/etc/anacrontab 文件则是特殊情况，后文将详细介绍。

12.3.2　crontab

　　crontab 文件是定时计划任务的"时间表"，每个用户（包括 root 用户）都可以拥有自己的 crontab 文件。"crontab"这一术语巧妙地融合了希腊语中表示时间概念的"chronos"和英语中的"table"一词，形象地描述了 crontab 文件的用途：它就像一个任务时间表，用于安排在特定时间及日期需要执行的任务列表。

注意：cron 文件和 crontab 文件有时可以互换使用。

在默认情况下，Fedora 系统并不会预先为用户生成 crontab 定时任务文件。但当你按照图 12-2 中所示的 **crontab -e** 命令来编辑 crontab 文件时，会在 /var/spool/cron 目录下创建 crontab 文件。在这里笔者强烈建议你不要直接使用 Vi、Vim、Emacs、Nano 等标准文本编辑器或任何其他可用的编辑器。使用 crontab 命令不仅可以编辑文件，当你保存并退出所使用的编辑器时，它还会重启 crond 守护进程。crontab 命令使用 Vi 编辑器来作为其底层编辑器，这是由于 Vi 编辑器在基础 Linux 发行版中是预装必备组件。

每当你首次编辑 cron 文件时，你会发现其文件内容是空白的，这意味着你需要从零开始手动编写任务，笔者个人习惯在编辑 cron 文件时，将图 12-2 所示的任务定义示例添加到自己的 cron 文件里作为快速参考指南。crontab 文件主要由"引导性注释和示例"以及"实际自定义 cron 定时任务配置"这两大部分构成。crontab 文件最开头部分通常是"引导性注释和示例"，它包含有关 crontab 文件格式、语法、用法的信息以及供我们参考的示例任务定义。在由连续"#"字符组成的注释分隔线的下方则包含了笔者实际设定的所有 cron 定时任务。每个定时任务定义由六个字段组成，分别表示分钟、小时、日期、月份、星期和要执行的命令。

提示： crontab 任务所定义的参考指南（帮助信息）存储在 Fedora 系统中的 /etc/crontab 文件里，你可以将其内容复制到你个人的 crontab 配置文件中。

在图 12-2 中，前三行内容（SHELL、PATH、MAILTO）用于设置默认环境变量。由于 cron 本身并不会为任何任务提供预设的环境变量，因此我们需要根据特定用户的需求来配置相应的环境变量。

在本例中，SHELL 变量用于指定执行定时任务时所使用的 shell 程序类型是 Bash shell；MAILTO 变量用来设置接收 cron 任务执行结果通知的邮箱地址，这些电子邮件可以提供备份、更新或其他内容的状态信息，并包含从命令行手动运行程序时会看到的输出。这三条配置中最后一条是环境变量 PATH 的设置⊖。在实际应用中，无论 PATH 环境变量如何设置，笔者都会倾向于在每个可执行文件的名称前面加上全限定路径，以确保任务不受 PATH 环境变量影响而执行失败。

```
# crontab -e
SHELL=/bin/bash
PATH=/sbin:/bin:/usr/sbin:/usr/bin
MAILTO=root


# For details see man 4 crontabs


# Example of job definition:
# .--------------- minute (0 - 59)
# |  .------------- hour (0 - 23)
# |  |  .---------- day of month (1 - 31)
```

图 12-2 执行 crontab -e 命令来编辑 crontab 文件

⊖ 环境变量"PATH"根据实际 cron 文件内容来看的话应该在第二行的位置，而非第三行。——译者注

```
# | | | .------- month (1 - 12) OR jan,feb,mar,apr ...
# | | | | .---- day of week (0 - 6) (Sunday=0 or 7) OR
sun,mon,tue,wed,thu,fri,sat
# | | | | |
# * * * * * user-name  command to be executed
####################################################################
# backup using the rsbu program to the internal HDD then the external USB
# HDD
01 01 * * * /usr/local/bin/rsbu -vbd1 ; /usr/local/bin/rsbu -vbd2
# Set the hardware clock to keep it in sync with the more accurate system clock
03 05 * * * /sbin/hwclock --systohc
# Perform monthly updates on the first of the month
25 04 1 * * /usr/local/bin/doUpdates.sh
```

图 12-2　执行 crontab -e 命令来编辑 crontab 文件（续）

在 crontab 文件中包含了几行注释行，详细阐述了配置 cron 定时任务时必须遵循的语法规则。crond 守护进程会每分钟检查一次 crontab 文件中的条目。表 12-1 清晰地展示了 cron 表达式各个字段及其可接受的取值范围，为 cron 定时任务配置提供了清晰的指导。

表 12-1　cron 定时任务中用于设定执行时间的各个字段

时间间隔字段	取值范围（允许值）	注释
minute（分钟）	0 ～ 59	无
hour（小时）	0 ～ 23	无
day of month（月份中的日期）	1 ～ 31	无
month（月份）	0 ～ 12 或月份缩写	你可以使用月份小写的缩写，例如 jan、feb、mar 等
day of week（星期几）	0 ～ 7 或星期缩写	0 和 7 都代表星期日。可以使用小写的星期缩写，如 sun、mon、tue 等

12.3.3　cron 示例

crontab 定时任务中的每个时间间隔字段不仅支持设定单一的具体数值，还支持设置值的列表和范围，以及通过特定规则计算得出的值。比如，如果我们计划在每月的 1 号和 15 号的凌晨 1 点执行某个任务，那么相应的 cron 条目如下所示：

```
00 01 * 1,15 * /usr/local/bin/mycronjob.sh
```

这个 cron 条目设置为在每月的 1 号和 15 号凌晨 1 点，运行位于 /usr/local/bin/mycronjob.sh 路径下的自定义 cron 作业脚本。其中，"00 01"表示凌晨 1:00，"1,15"指每月的 1 号和 15 号，"*"代表适用于每月的所有天数，"/usr/local/bin/mycronjob.sh"表示要执行的命令或脚本路径。

我们还可以应用一些数学运算来变得更有创意。例如，我们想每 5min 执行一次某个任务，我们可以将分钟字段设置为 */5，该设置意味着系统会自动遍历每分钟，并对当前分钟数进行除以 5 的操作。当除法结果没有余数时（即该分钟恰好能被 5 整除），则认为符合此次任务执行的时间要求。当然，同时还需要确保小时、日期、月份和星期等其他时间间隔也能与指定的规则相匹配。这种用法中的 /5 就被称为"步长"，它提供了一种灵活配置定时任务的方式：

```
*/5 * * * * /usr/local/bin/mycronjob.sh
```

假设我们想要让 mycronjob.sh 脚本在一天中每隔 3 h 执行一次。我们可以使用如下 crontab 任务配置示例设置，这个示例设置将在当天的"凌晨 3:00""早上 6:00""上午 9:00"等时间点去执行 mycronjob.sh 脚本：

```
00 */3 * * * /usr/local/bin/mycronjob.sh
```

在面对更复杂的计划任务场景时，下面的 cron 任务配置示例提供了一种如何确保每月第一个星期日执行特定任务的方法。这里的逻辑是每个月份的前七天内必定且仅会包含一个周日。

我们可以参考表 12-1 所定义的 crontab 定时任务中用于设定执行时间的各个字段来编写 cron 任务配置示例，通过表 12-1 中"day of week"时间字段我们可以得知，0 和 7 都代表星期日，且可以使用小写的星期缩写。因此，我们使用"小写星期日的缩写 sun"的表达方式来编写具体的 cron 任务配置，如下所示：

```
00 01 1-7 * sun /usr/local/bin/mycronjob.sh
```

同时可以使用数字"0"的表达方式来编写 cron 任务配置：

```
00 01 1-7 * 0 /usr/local/bin/mycronjob.sh
```

因为 0 和 7 都代表星期日，我们也可以采用数字"7"来作为星期日的表达方式来编写 cron 任务配置，具体如下：

```
00 01 1-7 * 7 /usr/local/bin/mycronjob.sh
```

现在，让我们进一步提升这个任务的复杂性，假设我们只想让这个 cron 任务仅在夏季月份运行，我们将夏季定义为 6 月至 9 月。根据表 12-1 所定义的"month"月份字段取值范围，我们可以得知，"0 ~ 12 或月份小写的缩写"都能作为 cron 任务配置示例的取值范围，并且可以使用"月份小写缩写"的表达方式来编写 cron 任务配置，具体如下：

```
00 01 1-7 jun,jul,aug,sept sun /usr/local/bin/mycronjob.sh
```

同时可以使用单独数字"6,7,8,9"的表达方式来编写 cron 任务配置：

```
00 01 1-7 6,7,8,9 0 /usr/local/bin/mycronjob.sh
```

也可以使用"6-9"这种连续月份的表达方式来编写 cron 任务配置：

```
00 01 1-7 6-9 0 /usr/local/bin/mycronjob.sh
```

crontab(5)⊖手册页详细介绍了 cron 的工作原理，包括如何设置 cron 任务以及一些常见的 cron 表达式示例。若读者想要了解更多关于 cron 内容及 cron 任务参考样例，建议读者可直接查阅 crontab(5) 手册来获取更全面的信息。

⊖ 使用命令 man 5 crontab 从手册页中查看 crontab 文件格式的详细信息。

12.3.4　crontab 条目

在上一节中，我们已经学会了如何解读 crontab 条目中的信息，现在让我们来看看图 12-2 中的三个示例。

crontab 运行的第一个命令是笔者编写的 Bash 脚本 rsbu，它会自动备份所有系统文件。时间字段中的第 3、4、5 位的星号（*类似于文本中的通配符）表示每天、每月和每周，再加上第 1、2 位设置的数字 1，则表示这个 rsbu 脚本会在每天凌晨 1:01 定时运行。rsbu 命令会执行两次备份：一次备份到计算机内部专用硬盘，另一次备份到可以带去保险箱的外部 U 盘。

```
01 01 * * * /usr/local/bin/rsbu -vbd1 ; /usr/local/bin/rsbu -vbd2
```

crontab 运行的第二个命令为：使用系统时钟作为准确时间源，同步计算机上的硬件时间。这行的时间字段设置表示每天早上 5:03 运行命令。

```
03 05 * * * /sbin/hwclock --systohc
```

最后一条 cron 任务是我们需要特别关注的。它会在每个月第一天凌晨 4:25 安装更新的软件包。由于 cron 服务没有"月末"选项，所以这里使用下个月的第一天：

```
25 04 1 * * /usr/local/bin/doUpdates.sh
```

12.3.5　创建 crontab 文件

现在，让我们通过几个实践示例来了解如何利用 cron 服务进行定时任务的设置与调度。

实验 12-3：创建 crontab 文件

请以 root 用户身份来执行本实验。在本实验中，我们将通过 crontab 相关命令来查看 root 用户的 crontab 文件。我们可以通过 -l 选项打印出当前 crontab 文件的内容，使用 -e 选项编辑 cron 文件：

```
[root@studentvm1 ~]# crontab -l
no crontab for root
```

从上述结果可以得知，当前 root 用户目录下无任何 crontab 文件，实际上，当前系统中的所有用户均未创建 crontab 文件。[⊖]接下来，让我们通过如下命令来创建一个属于我们自己的 crontab 文件：

```
[root@studentvm1 ~]# crontab -e
```

当执行完 **crontab -e** 命令后，会在系统默认使用的文本编辑器中打开一个新的空文件。我们可以从导入一个 crontab 示例帮助文件开始（该文件通常包含一些预定义的 cron 表达式示例，可以帮助我们快速了解 cron 任务的语法和用法）。

如果你当前默认使用的编辑器是 Nano[⊜]，那么请按照如下步骤进行操作：

⊖　具体原因在于 Fedora 系统在默认情况下不会为任何用户预先生成 crontab 文件。——译者注

⊜　Nano 是 crontab 的默认编辑器，其是一个简单的文本编辑器，易于使用，且支持语法高亮、自动缩进和行号等功能。——译者注

首先，在 Nano 编辑器中，按 <Ctrl+r> 键来在 crontab 示例文件中插入内容。

Ctrl-r

随后，在 Nano 编辑器界面底部的 File to insert [from ./]: 字段输入区域中，输入文件名 /etc/crontab。此时你会发现光标已位于该字段中，为了方便输入，你可以使用 <Tab> 键进行文件名补全。当你按下 <Tab> 键时，Nano 编辑器会根据你已经输入的部分提供可能的匹配文件名，你可以按 < ↑ >/< ↓ > 键选择要输入的文件名并按 <Enter> 键进行确认。

如果你使用的是 Vim 编辑器，它需要处于命令模式下才能通过如下方式来导入 crontab 示例帮助文件。Vim 编辑器在启动时默认处于命令模式，因此通常无须按 <Esc> 键来切换至该模式。当然，为了确保你确实处于命令模式下，按一下 <Esc> 键也无妨，这不会造成任何影响。⊖

:r/etc/crontab

现在，我们已经成功创建了一个带有内置帮助信息的初步 crontab 配置文件。为了更深入地演示 cron 服务是如何实现周期性任务管理的，笔者将在 crontab 配置文件中添加一个简单易懂的示例，并将其设定为 1min 执行一次。为此，请在当前用户的 crontab 配置文件的末尾添加如下两行内容：

```
# Run the free program and store the results in /tmp/freemem.log
* * * * * /usr/bin/free >> /tmp/freemem.log
```

我们上述所添加的两行 cron 定时任务配置意味着：cron 作业每分钟调用一次 free 工具，并将该命令的输出结果（包括标准输出和标准错误输出）存储至 /tmp/freemem.log 文件。配置完毕的 crontab 文件如下所示：

```
SHELL=/bin/bash
PATH=/sbin:/bin:/usr/sbin:/usr/bin
MAILTO=root

# For details see man 4 crontabs

# Example of job definition:
# .---------------- minute (0 - 59)
# |  .------------- hour (0 - 23)
# |  |  .---------- day of month (1 - 31)
# |  |  |  .------- month (1 - 12) OR jan,feb,mar,apr ...
# |  |  |  |  .---- day of week (0 - 6) (Sunday=0 or 7) OR sun,mon,tue,
#                   wed,thu,fri,sat
# |  |  |  |  |
# *  *  *  *  * user-name  command to be executed

# Run the free program and store the results in /tmp/freemem.log
* * * * * /usr/bin/free >> /tmp/freemem.log
```

⊖ Vim 编辑器有两种主要模式：命令模式和编辑模式。在命令模式下，你可以导入和操作文件，而在编辑模式下，你可以修改文本内容。——译者注

当我们向 crontab 配置文件中添加完 cron 任务后，需要保存文件并退出编辑器，才能使其更改生效。此时，你应该会看到类似如下的提示消息：

```
no crontab for root - using an empty one
crontab: installing new crontab
```

打开一个 root 权限的终端会话，将当前工作目录设为 /tmp 目录。使用 ls 命令来确认 freemem.log 文件是否存在。由于 cron 任务会在每分钟的第一秒开始执行，因此，如果我们在 13:54:32 保存了 crontab 文件，那么第一条记录会在 13:55:01 左右生成。我们可以使用 stat 命令来查看 freemem.log 文件的准确时间（包括创建时间和修改时间）。

我们可以使用 tail -f 命令来跟踪文件。也说是说，使用该命令显示 freemem.log 文件的当前内容，每当向文件新增内容时，它们会立即显示。因此，我们无须每隔 1min 就使用诸如 cat 之类的命令来查看文件的变化：

```
[root@studentvm1 tmp]# tail -f /tmp/freemem.log
              total        used        free      shared  buff/cache   available
Mem:       16367796      315840    14986348       11368     1065608    15748876
Swap:       8388604           0     8388604
              total        used        free      shared  buff/cache   available
Mem:       16367796      315864    14986096       11372     1065836    15748844
Swap:       8388604           0     8388604
              total        used        free      shared  buff/cache   available
Mem:       16367796      316292    14985592       11368     1065912    15748420
Swap:       8388604           0     8388604
<snip>
```

通过上述命令返回的结果中我们可以看出，当前所配置的 cron 任务并未显示出这些条目是何时被创建的。为实现这一需求，我们可以在现有 cron 的任务中添加如下所示的语句：

```
# Run the free program and store the results in /tmp/freemem.log
* * * * * /usr/bin/date >> /tmp/freemem.log ; /usr/bin/free >> /tmp/
freemem.log
```

当我们成功配置并保存添加了时间戳功能的 crontab 配置文件之后，我们可以再次使用 tail 命令实时查看 freemem.log 文件几分钟，以此来检查更新后的 cron 任务是否如预期般记录了时间戳信息：

```
[root@studentvm1 tmp]# tail -f freemem.log
              total        used        free      shared  buff/cache
Mem:       16367796      316292    14985592       11368     1065912    15748420
Swap:       8388604           0     8388604
Thu Mar 16 10:55:01 AM EDT 2023
              total        used        free      shared  buff/cache   available
Mem:       16367796      318124    14983576       11368     1066096    15746564
Swap:       8388604           0     8388604
Thu Mar 16 10:56:01 AM EDT 2023
              total        used        free      shared  buff/cache   available
```

| Mem: | 16367796 | 317948 | 14983576 | 11368 | 1066272 | 15746748 |
| Swap: | 8388604 | 0 | 8388604 | | | |

12.4 其他调度选项

除了上述功能之外，cron 服务还提供了灵活安排程序定时运行的其他选项。这些选项能够更加精准地控制任务执行的时间和频率。

12.4.1 /etc/cron.hourly

某些应用程序和服务会在系统中没有合适执行用户时，将它们的 cron 配置文件保存到 /etc/cron.hourly 目录中。这些 cron 文件的格式与普通用户的 cron 文件相同。crontab 文件位于 /etc/cron.hourly 目录中，每小时运行一次。root 用户也可以将其 cron 任务文件放置在这个目录中。另外，/etc/cron.d 目录中包含一个名为 0hourly 的 cron 配置文件，用于定义一些系统级别的定时任务。

实验 12-4：cron.d

请以 root 用户身份执行以下实验。将 /etc/cron.d 设置为当前工作目录，然后列出 /etc/cron.d 目录内容并查看其中 0hourly 文件的内容。

```
[root@studentvm1 ~]# cd /etc/cron.d ; ll ; cat 0hourly
total 12
-rw-r--r--. 1 root root 128 Mar 18 06:56 0hourly
# Run the hourly jobs
SHELL=/bin/bash
PATH=/sbin:/bin:/usr/sbin:/usr/bin
MAILTO=root
01 * * * * root run-parts /etc/cron.hourly
[root@studentvm1 cron.d]#
```

位于 /etc/cron.hourly 文件中的 **run-parts** 命令会在每小时的第一分钟开始执行，它会按字母数字顺序依次运行 /etc/cron.hourly 目录内的所有文件。有关其背后的原因，我们将在下一节详细讲解。

12.4.2 anacron

crond 服务假设主机始终处于运行状态。这意味着，如果计算机在计划运行 cron 任务期间关闭，这些任务将被忽略，直到下次计划运行时间才会执行。这可能会导致重要任务错过运行时间，从而带来问题。因此，对于非全时开机的计算机，需要另一种定时任务解决方案。

anacron 程序与 crond 的功能类似，但它会运行因关机或其他原因错过了一个或多个周期的任务。这对于笔记本计算机等经常关机或进入睡眠模式的设备非常有用。

计算机启动后，anacron 会立即检查配置的任务是否错过了上次的计划运行。如果有，它会立即运行这些任务，但无论错过了多少个周期只会运行一次。例如，如果一台因我们外出度假而关闭的计算机错过了三周的每周定时任务，anacron 会在开机后立即运行一次，而不是连续运行三次。

anacron 提供了一些简单易用的选项来运行定期任务。只需将脚本安装到 /etc/cron. [hourly|daily|weekly|monthly] 目录中，具体放在哪个目录取决于脚本运行的时间频率。

那么，anacron 是如何运作的呢？其实比我们描述的要简单得多。crond 服务运行 /etc/cron.d/0hourly 中指定的 cron 任务，如图 12-3 所示。这个任务的目标目录 /etc/cron.hourly 就是我们上一节提到的脚本目录。

```
# Run the hourly jobs
SHELL=/bin/bash
PATH=/sbin:/bin:/usr/sbin:/usr/bin
MAILTO=root
01 * * * * root run-parts /etc/cron.hourly
```

图 12-3　位于 /etc/cron.d/0hourly 文件的配置会触发 /etc/cron.hourly 目录下的 shell 脚本运行

/etc/cron.d/0hourly 中指定的 cron 任务每小时执行一次 run-parts 程序。run-parts 程序会运行 /etc/cron.hourly 目录下的所有脚本。此外，/etc/cron.hourly 目录中包含一个名为 0anacron 的脚本，它根据如图 12-4 所示的 /etc/anacrontab 配置文件运行 anacron 程序。

```
# /etc/anacrontab: configuration file for anacron
# See anacron(8) and anacrontab(5) for details.

SHELL=/bin/sh
PATH=/sbin:/bin:/usr/sbin:/usr/bin
MAILTO=root
# the maximal random delay added to the base delay of the jobs
RANDOM_DELAY=45
# the jobs will be started during the following hours only
START_HOURS_RANGE=3-22

#period in days   delay in minutes   job-identifier   command
1        5          cron.daily        nice run-parts /etc/cron.daily
7        25         cron.weekly       nice run-parts /etc/cron.weekly
@monthly 45         cron.monthly      nice run-parts /etc/cron.monthly
```

图 12-4　/etc/anacrontab 文件的配置会在适当时间运行 cron.[daily|weekly|monthly] 目录下的可执行文件

anacron 程序会每天运行一次 /etc/cron.daily 目录下的任务；每周运行一次 /etc/cron.weekly 目录下的任务；每月运行一次 cron.monthly 目录下的任务。请注意，每行指定的延迟时间有助于防止这些任务与其他 cron 任务同时执行，避免冲突。

/etc/cron.xxx 目录中的文件需要使用完整路径才能从命令行中执行。为了方便执行，笔者将完整的 Bash 程序安装在了 /usr/local/bin 目录（而不是 corn.xxx 目录）中，然后在相应的 cron 目录（如 /etc/cron.daily）中创建指向该程序的符号链接。

anacron 程序并不是为了在特定时间运行程序而设计的。相反，它的目的是以指定的时间间隔开始运行程序，例如每天凌晨 3:00 执行（参见图 11-4 中的 START_HOURS_RANGE），每周从周日开始，每月从第一天开始。如果错过了某（几）个周期的执行，那么 anacron 会尽快一次性补上错过的任务。

12.5　关于 cron 的思考

笔者在计算机上使用上述我们学习的方法来调度需要 root 权限运行的各种任务。笔者很少遇到非 root 用户真正需要使用 cron 任务的情况，其中一次是开发人员在开发实验室启动每日编译。

限制非 root 用户访问 cron 功能对于计算机的安全来说非常重要。但是，有时用户确实需要设置任务在特定时间运行，cron 可以在这种必要情况下满足他们的需求。系统管理员意识到，许多用户并不理解如何使用 cron 正确配置这些任务，因此经常会犯配置错误。有些错误可能无伤大雅，但另一些错误则会给自己和其他人带来麻烦。通过制定程序策略，让用户与系统管理员进行有效的互动，可以大大降低那些 cron 任务干扰其他用户和系统功能的概率。

12.5.1　调度任务的小贴士

笔者在 crontab 文件中为各种系统设置的时间似乎相当随机，在某种程度上确实如此。尝试调度 cron 作业具有挑战性，特别是当作业数量增多时。笔者个人的计算机上只安排几个任务，所以要容易一些。但之前在一些生产和实验室环境中，任务数量可就多了。

笔者曾经运维过一个系统，这个系统大约有十几个 cron 任务需要每天晚上运行，另外还有三四个 cron 任务需要在周末或每月第一天运行。如何协调这些任务的运行时间就成了一个挑战。因为如果同时运行太多任务，尤其是备份和编译任务，会导致系统内存耗尽，甚至填满 swap 空间，进而引发内存抖动，同时性能急剧下降，所有任务都无法完成。后来我们增加了内存并改善了任务调度。调整任务列表还包括删除了一个写得很差、占用大量内存的 cron 任务。

12.5.2　安全性

安全性总是重要的，对于 cron 任务来说也是如此。笔者建议禁止非 root 用户创建 cron 任务。因为一个设计不良的脚本或程序，如果被 cron 任务多次错误触发，可能会导致主机崩溃。

拒绝非 root 用户使用 cron 系统被认为是最佳实践，以帮助消除非法的 cron 作业。这可以通过 cron.allow 和 cron.deny 文件实现，具体逻辑如表 12-2 所示。需要注意的是，root 用户始终拥有 cron 使用权限。

表 12-2　使用 cron.allow 和 cron.deny 来控制对 cron 使用的访问

cron.allow	cron.deny	效果
不存在	不存在	只有 root 用户可以使用 cron
存在但为空	不存在	只有 root 用户可以使用 cron
存在	不存在	cron.allow 文件中列出的用户 ID 才能使用 cron
不存在	存在但为空	所有非 root 用户都可以使用 cron
不存在	存在	cron.deny 文件中列出的用户 ID 被拒绝使用 cron

所有 cron 任务在添加到计划任务列表之前，都应该由 root 用户进行全面检查和测试。

12.5.3　cron 资源

cron、crontab、anacron、anacrontab 和 run-parts 的手册页都有关于 cron 系统如何工作的信息和描述，读者可以自行阅读学习。

12.6　at 命令

截至目前，我们所讨论的任务都是需要按照某种重复计划执行的周期性任务，但是，有些情况下只需要在未来某个特定时间只执行一次任务。此时，我们可以使用 at 命令来实现。

举例来说，某次笔者需要在凌晨 2 点的维护窗口期间去安装更新，但笔者并不想因为安装更新这件事情去熬夜甚至不想亲临现场。其实，说得更具体一点，虽然这些更新本可以在白天完成，但由于新内核安装后需要重启系统，这必须在维护窗口期内完成。之所以能做到这一点，这是因为 Linux 系统默认允许在不立即重启的情况下进行更新。另外，执行更新操作通常不会影响到其他任务运行，因此用户甚至可能不会察觉到更新正在进行。只有当主机 CPU 使用率已经接近 100% 的时候，才有可能出现诸如响应时间变慢等性能下降的情况。笔者在实际更新过程中，并未发现更新操作对系统性能造成任何实质性的影响，因此笔者选择在白天执行这些更新操作。随后，笔者设置了一个 at 任务，在维护窗口期间执行并完成重启操作。

12.6.1　语法

at 命令的语法其实很简单。

首先在命令行终端中输入 `at <time specification>` 并按 <Enter> 键。（需要注意的是此处的 <time specification> 指的是"时间规范"，其主要用于指定任务执行的具体时间点，在当前命令中我们可以将其设置为"now"或者"at now +2 minutes"，更多关于"时间规范"的内容我们将在下文详细介绍。）当我们按下 <Enter> 键后将会打开一个提示符为 `at>` 的新的命令行，你可以在此输入想要在指定时间去执行的一系列命令，当完成命令输入后，你可以按 <Ctrl+D> 键退出并激活该任务。据笔者所知，at 命令是 Linux 系统中唯一使用 <Ctrl+D> 键来完成保存并退出操作的命令。

我们可以通过执行 `atq` 命令来列出当前队列中的所有 at 任务（包括每个任务的编号、所有者、执行时间和命令），执行 `atrm <job number>` 命令从队列中删除指定的任务，其中 <job number> 是指 `atq` 命令所显示的任务编号。

12.6.2　时间规范

at 命令提供了有趣的时间与日期的指定方式，既有精确详尽的，也有灵活宽泛的。at 命令的时间 / 日期规范示例如表 12-3 所示。注意，在仅设置了时间而未明确指定具体日期的情况下，系统会依据当前时间自行确定执行时机：如果该时间点尚未到达，则任务将在当天相应时刻运行；反之，若当天该时间点已过，则任务将会顺延至次日相同时间执行。

简而言之，任何通过 at 命令设置的任务都会选择在其"时间规范"首次匹配到将来的某个时间时被触发执行。若该"时间规范"匹配到的是过去的时间点，则任务将会在几分钟内找到最近的一个未来时间点来执行任务。（例如，你通过 at 命令所设定的任务是在第二天早上 8 点执行，但现在已是下午 3 点，at 命令就会在第二天早上 8 点执行任务。）

表 12-3 at 命令的时间 / 日期规范示例

时间规范	描述
at 05:00（在凌晨 5 点）	没有具体日期的指定时间。如果当前时间未到凌晨 5 点，则任务将于今日凌晨 5 点执行；如果当前时间已过凌晨 5 点，则任务将于明天凌晨 5 点执行。"5am"和"5:00am"效果相同
at 5pm（在下午 5 点）	如果当前时间在下午 5 点之前，则任务将今天下午 5 点执行；如果当前时间已过下午 5 点，则任务顺延至明天下午 5 点执行
at 11am tuesday（在星期二的上午 11 点）	任务指定在星期二的上午 11 点执行。如果当前时间已经是星期二上午 11 点之后，则任务将推迟到下周二的同一时间执行。如果今天是星期一，则任务将在明天（星期二）上午 11 点准时执行
at 3pm+5 days（在五天后的下午 3 点）	无论今天是星期几，任务将在从现在起的五天后，也就是第五天的下午 3 点执行
at now+10 minutes（从现在起 10 分钟后）	任务将添加到队列后的 10min 内执行。例如，如果任务在上午 11:27 被添加，则将在上午 11:37 执行
at tomorrow（明天这个时候）	任务将添加进队列的第二天的同一时间执行。例如，如果任务在今天上午 9:48 添加，则将在明天的上午 9:48 分执行
at 21:05 January 15（每年的 1 月 15 日晚上 9 点 05 分）	任务设定在每年 1 月 15 日的晚上 9:05 准时执行
at noon（中午）	任务设定在中午 12 点执行。如果现在时间未到中午 12 点，则任务今天中午执行；如果已过中午，则任务明天中午执行
at midnight（午夜）	任务设定在午夜 12 点准时执行
At teatime（下午茶时间）	任务设定在下午茶时间准时执行
at 15:35 05/21/2019	这个任务将在 2019 年 5 月 21 日下午 3:35 执行。可接受的日期格式包括 MMDD[CC]YY, MM/DD/[CC]YY, DD.MM.[CC]YY 等

通过上述示例，你应该已经掌握了如何灵活运用多种不同的方式来为 at 命令设置具体的时间和日期。笔者个人非常喜欢 at 命令在设定时间和日期上所展现出的灵活性，这完美体现了 Linux 哲学中"每个程序都应专注于一项功能并将其做到极致"的理念。

实验 12-5：使用 at 命令

首先，让我们先从一个简单的例子着手来了解其工作原理。本次实验请以 student 用户身份来执行。这里的 EOT（End of Text）代表文本结束，在本实验中，你可以通过按下 <Ctrl+D> 键来实现这一操作：

```
[student@studentvm1 ~]$ at now +2 minutes
warning: commands will be executed using /bin/sh
at> free
```

```
at> <EOT>
job 1 at Thu May  2 15:06:00 2019
```

当我们执行完上述命令以后，在上述返回结果中的最后一行中，我们可以看到当前所设定的定时任务的作业编号以及该定时任务作业预计执行的日期和时间。我们也可以通过 **atq** 这一命令来查询所设定的定时任务信息，**atq** 命令同样会显示出该定时任务作业所属的用户。系统中所有的 at 作业都会使用同一个队列，所有待执行的 at 作业都将进入这个队列。如下所示，我们也可以通过 **atq** 命令来列出当前系统中所有用户的全部 at 作业：

```
[student@studentvm1 ~]$ atq
1           Thu May  2 15:06:00 2019 a student
[student@studentvm1 ~]$
```

在 **atq** 命令结果显示的定时任务作业执行时间过后，我们应如何判断任务作业是否真正被执行了呢？首先，我们可以通过使用 **atq** 命令来检查当前任务队列是否为空，以此进行初步验证该任务是否按照设定时间执行。接着，以 root 用户身份执行如下命令来查看 /var/log/ 目录下的 cron 日志记录信息，从而确认作业任务是否已被执行：

```
[root@studentvm1 ~]# tail /var/log/cron
Mar 16 14:01:01 studentvm1 CROND[3972]: (root) CMD (run-parts /etc/
cron.hourly)
Mar 16 14:01:01 studentvm1 run-parts[3972]: (/etc/cron.hourly) starting
0anacron
Mar 16 14:01:01 studentvm1 run-parts[3972]: (/etc/cron.hourly) finished
0anacron
Mar 16 14:01:01 studentvm1 CROND[3971]: (root) CMDEND (run-parts /etc/
cron.hourly)
Mar 16 15:01:01 studentvm1 CROND[4079]: (root) CMD (run-parts /etc/
cron.hourly)
Mar 16 15:01:01 studentvm1 run-parts[4079]: (/etc/cron.hourly) starting
0anacron
Mar 16 15:01:01 studentvm1 run-parts[4079]: (/etc/cron.hourly) finished
0anacron
Mar 16 15:01:01 studentvm1 CROND[4078]: (root) CMDEND (run-parts /etc/
cron.hourly)
Mar 16 15:05:00 studentvm1 atd[4147]: Starting job 1 (a0000101aafd79) for
user 'root' (0)
Mar 16 15:07:00 studentvm1 atd[4177]: Starting job 2 (a0000201aafd7b) for
user 'student' (1000)
[root@studentvm1 log]#
```

你应该至少看到一条表明 at 作业已经启动的记录了。这证明了作业已经运行，但输出在哪里能看到呢？答案是"无处可寻"。我们尚未完成接收邮件的配置，因此无法获取 at 任务执行完毕后通常会默认通过电子邮件发送给用户的反馈结果。现在以 root 用户身份来检查当前的邮件队列，你将会发现有一封邮件正等待着发送给 root 用户，如下所示：

```
[root@studentvm1 ~]# mailq
mail in dir /root/.esmtp_queue/C4kgEDik:
                To: root
1 mails to deliver
```

为了实现通过命令行发送邮件的功能，我们需要以 root 用户身份执行如下命令，以安装 Sendmail 和 mailx 这两个工具。Sendmail 是一个电子邮件处理和传递的代理，mailx 则是一个方便在命令行下使用的简易文本模式邮件客户端。当你安装这两款工具时，可能还会在你的虚拟机上安装一些依赖项：

```
[root@studentvm1 log]# dnf -y install mailx sendmail
```

接下来激活 Sendmail，我们使用 systemctl 命令来管理 Sendmail 服务器，具体命令如下：start 子命令显然用于启动 Sendmail 服务[⊖]，而 enable 子命令则用来设置 Sendmail 服务在每次系统启动时自动运行。systemctl 命令主要用于管理系统服务和后台进程（守护进程），它是 systemd 系统的一部分。

我们将会在第 16 章对 systemd 和 systemctl 命令的具体运用进行深入探讨。而关于 Sendmail 邮件服务及其相关电子邮件功能的更多内容，则会在《网络服务详解》中进行详细介绍。

```
[root@studentvm1 log]# systemctl status sendmail
● sendmail.service - Sendmail Mail Transport Agent
   Loaded: loaded (/usr/lib/systemd/system/sendmail.service; disabled; vendor
   preset: disabled)
   Active: inactive (dead)
[root@studentvm1 log]# systemctl enable --now sendmail
Created symlink /etc/systemd/system/multi-user.target.wants/sendmail.service
→ /usr/lib/systemd/system/sendmail.service.
Created symlink /etc/systemd/system/multi-user.target.wants/sm-client.service
→ /usr/lib/systemd/system/sm-client.service.
```

现在让我们再次执行与之前相同的任务：

```
[student@studentvm1 ~]$ at now + 2 minutes
warning: commands will be executed using /bin/sh
at> free
at> <EOT>
job 7 at Thu May  2 16:23:00 2019
[student@studentvm1 ~]$ atq
7       Thu May  2 16:23:00 2019 a student
```

当执行完 at now + 2 minutes 命令后，我们静待 2min，随后运行 atq 命令来确认

⊖ The start sub-command obviously starts the server, while the enable sub-command configures it to start at every system boot. 与作者截图所示执行的命令不相同，正常的启动命令应该是 "systemctl start sendmail"，而非 "systemctl status sendmail"。——译者注

作业队列是否已清空。紧接着，输入 `mailx` 命令来查看当前邮件队列中存储的电子邮件：

```
[student@studentvm1 ~]$ mailx
Heirloom Mail version 12.5 7/5/10.  Type ? for help.
"/var/spool/mail/student": 1 message 1 new
>N  1 Student User    Thu Mar 16 15:20  19/943  "Output from your job  4"
&
```

当前屏幕上出现的"&"符号是 `mailx` 的命令提示符。我们可以看到收件箱中有一条编号为 1 的邮件，并且可以使用此编号对该邮件进行操作。随后我们在命令提示符中输入数字 1 并按 <Enter> 键，即可看到与下述示例格式非常相似的邮件内容，显示了标准电子邮件标头、邮件主题以及我们之前提交任务的输出结果：

```
& 1
Message  1:
From student@studentvm1.both.org  Thu Mar 16 15:20:02 2023
Return-Path: <student@studentvm1.both.org>
Date: Thu, 16 Mar 2023 15:20:00 -0400
From: Student User <student@studentvm1.both.org>
Subject: Output from your job         4
To: student@studentvm1.both.org
Status: R

            total       used        free     shared  buff/cache   available
Mem:     16367796     343340    14941192      11456     1083264    15712380
Swap:     8388604          0     8388604

&
```

在命令提示符中输入 q 并按 <Enter> 键即可退出 mailx。

```
& q
Held 1 message in /var/spool/mail/student
You have mail in /var/spool/mail/student
[student@studentvm1 ~]$
```

尽管本实验示例较为基础，但它确实展示了 `at` 命令的工作原理，以及如何处理由任务产生的数据流。当然，在实际应用中，你可能会遇到更加复杂的任务场景。

12.6.3　安全性

`at` 命令的权限控制功能是通过 at.allow 和 at.deny 这两个文件来指定哪些用户可以使用 at 命令实现的。这种权限控制的逻辑与我们之前介绍过的 cron 计划任务的 cron.allow 和 cron.deny 文件的使用方式相同。（具体而言：如果存在 at.allow 文件，只有包含在该文件中的用户才可以使用 at 命令；如果没有 at.allow 文件，但存在 at.deny 文件，则所有不在 at.deny 文件中的用户都可以使用 at 命令；如果既没有 at.allow 文件，也没有 at.deny 文件，所有用户都可以使用 at 命令。）

12.7 设置硬件时钟

在客户端计算机与 NTP 服务器完成时间同步之后，笔者通常会做的一件事是根据操作系统时间来同步设置系统硬件时钟。这很有用，因为如果硬件时钟偏差较大，则主机与 NTP 服务器同步所需的时间会更长。要知道，操作系统的初始时间是根据主板上的硬件时钟来设置的，若硬件时钟出现误差，则会导致系统初始时间出现偏差。

虽然我们本次实验所使用的系统是虚拟机，但虚拟机中同样配备了虚拟硬件时钟，我们可以在虚拟机中直接执行本实验。

实验 12-6：设置硬件时钟

请以 root 用户身份来执行本实验。首先，执行 hwclock -r 命令来读取当前硬件时钟的值；然后，执行 hwlock --systohc --localtime 命令将系统（操作系统）时钟值设置到硬件时钟；最后，执行 hwclock -r 命令再次读取硬件时钟值，以确认时间是否同步：

```
[root@studentvm1 ~]# hwclock -r ; hwclock --systohc --localtime ; hwclock -r
2019-08-25 16:04:56.539023-04:00
2019-08-25 16:04:57.823655-04:00
[root@studentvm1 ~]#
```

上述所执行命令中的 --localtime 选项主要的作用是可以确保硬件时钟被设置为本地时间，而非 UTC 时间。⊖ 在笔者的 StudentVM1 实例中，笔者注意到硬件时钟与系统时间存在 4 个小时的差异，笔者怀疑是硬件时钟的时区差异所致。

为了保持硬件时钟与系统时间一致，我们可以将 hwclock --systohc --localtime 这条命令添加到 cron 作业或 cron.daily 脚本中，以确保硬件时钟与系统时间保持定期同步。

12.8 关于时区

早期的计时基于天文观测，具体来说，当太阳位于天顶时，被认为是"正午"（午时），这种计时方式被称为"本地太阳时间"。然而，随着铁路运输的兴起，这一方式逐渐无法满足计时的需求。由于火车能迅速穿梭于各地，使用"本地太阳时间"来计算和设定列车运行时刻变得异常复杂，特别是在一年四季中，不同地区的本地时间和太阳时间最长相差可达 15min。

铁路运输行业对时间标准的一致性需求很强烈，因此铁路运输行业、通信行业和其他相关领域携手合作，共同制定了一套标准化的时区方案。时区的作用是为广大的地理区域提供统一的时间标准，确保同一时区内所有地点均采用相同的时间标准。

计算机在某些情况下（如设备搬迁到新的地理位置或随着组织规模扩大而决定统一采用 UTC 时区）可能需要更改其时区设置。我们可以通过命令行轻松地完成此操作。在 Fedora

---

⊖ 本地时间通常更适合大多数用户，因为它与你所在物理位置的时间一致，更方便你查看和管理时间。——译者注

系统中，我们可以创建一个指向 /usr/share/zoneinfo 目录下代表目标时区的配置文件的符号链接 /etc/localtime 来设置时区。

实验 12-7：设置时区

请在 StudentVM1 中以 root 用户身份来执行本实验。我们先查看当前的时区设置，然后将系统时区更改为 UTC 时区，最后再将其改回与你所在地区相符的正确时区。

首先，执行如下命令来查看 /etc/localtime 文件的详细信息：

```
[root@studentvm1 ~]# ll /etc/localtime
lrwxrwxrwx. 1 root root 38 Dec 22  2018 /etc/localtime -> ../usr/share/
zoneinfo/America/New_York
[root@studentvm1 ~]#
```

通过上述反馈的命令结果，我们可以看到很多关于时区配置的信息。例如：系统会在 /etc/localtime 文件中查找其时区配置文件（该文件通常是一个符号链接，指向位于 /usr/share/zoneinfo 目录下某个具体的时区配置文件），而所有时区配置文件都位于 /usr/share/zoneinfo 目录及其子目录下（该目录包含了所有可用的时区信息，每个时区都有一个对应的配置文件）。我们可以通过创建指向 /usr/share/zoneinfo 目录树中任意时区配置文件的符号链接来快速切换系统时区。

我们可以花一点时间来了解 /usr/share/zoneinfo 目录树中的文件内容，该目录包含了所有可用的时区配置文件，每个时区都有一个对应的文件。

尽管我们可以手动查找或更改时区设置，但我们不需要这样做。使用 systemd 的现代 Fedora 系统的 timedatectl 工具提供了更简便的操作方式。该工具不仅可以列出所有可用的时区，还可以帮助我们轻松更改系统时区。接下来，让我们执行如下命令来列出所有的可用时区，由于该命令执行的结果输出内容较多，timedatectl 会将其输出内容转储到 less 工具中并进行分页显示，以便我们可以滚动浏览大量数据信息：

```
[root@studentvm1 ~]# timedatectl list-timezones
Africa/Abidjan
Africa/Accra
Africa/Addis_Ababa
Africa/Algiers
Africa/Asmara
<snip>
Pacific/Tahiti
Pacific/Tarawa
  Pacific/Tongatapu
  Pacific/Wake
  Pacific/Wallis
  UTC
  lines 385-426/426 (END)
```

此外，我们还可以查看当前的时区设置。如果我们希望在后续命令中使用这些数据，可以通过执行如下命令以机器可读的形式输出当前时区设置，该命令将显示系统当前的日期、时间、时区以及相关的时钟设置信息：

```
[root@studentvm1 ~]# timedatectl show
Timezone=America/New_York
LocalRTC=no
CanNTP=yes
NTP=yes
NTPSynchronized=yes
TimeUSec=Fri 2023-04-21 09:01:21 EDT
RTCTimeUSec=Fri 2023-04-21 09:01:21 EDT
[root@studentvm1 ~]#
```

或者，我们也可以使用如下命令以更易于理解的格式输出当前时区设置：

```
[root@studentvm1 ~]# timedatectl status
                Local time: Fri 2023-04-21 09:02:31 EDT
            Universal time: Fri 2023-04-21 13:02:31 UTC
                  RTC time: Fri 2023-04-21 13:02:31
                 Time zone: America/New_York (EDT, -0400)
System clock synchronized: yes
               NTP service: active
           RTC in local TZ: no
```

当你在使用 **status** 子命令时可能会遇到如下错误提示：

```
Warning: The system is configured to read the RTC time in the local time
zone. This mode cannot be fully supported. It will create various problems
with time zone changes and daylight saving time adjustments. The RTC
time is never updated, it relies on external facilities to maintain it. If at
all possible, use RTC in UTC by calling 'timedatectl set-local-rtc 0'.
```

实时时钟（Real-Time Clock，RTC）是一种硬件设备，用于在计算机断电时保持时间。在大多数情况下，你可以直接忽略掉这条错误提示，除非你正在使用 RTC。然而，为了避免存在潜在的问题，最佳的做法是通过执行如下命令来将 RTC 设置为 UTC 时间（将 set-local-rtc 参数设置为 0 表示将 RTC 时间设置为 UTC 时间），确保系统不再依赖于 RTC 来设置时间：

```
[root@studentvm1 ~]# timedatectl set-local-rtc 0
```

我们可以通过执行 timedatectl set-timezone <时区名称> 命令来更改系统时区。在更改系统时区时，我们可以使用之前显示出的时区列表中的任意一个时区：

```
[root@studentvm1 ~]# timedatectl set-timezone Pacific/Tarawa ; date
Sun Aug 25 21:55:27 EDT 2019
[root@studentvm1 ~]#
```

建议你在尝试了几次不同的时区设置后，记得将系统时区重新设置为你所在地的本地时区，避免因时区不同造成的时间偏差和误解。

在维基百科的"时区"词条中，你可以找到一段关于时间记录发展史的精彩描述。

12.9　清理

如果系统中仍有正在运行的 cron 任务，请暂时将其注释掉。同时，你也应当删除掉 /tmp/freemem.log 文件。

总结

本章探讨了在特定时间运行任务的方法，设置多种周期性重复及单次未来特定执行时间点的定时计划。这些方法使得系统管理员能够摆脱对现场实时监控和熬夜等待任务启动的依赖，无论是在白天还是夜晚，都能确保系统自动且精准地按照预设的任务计划来执行各类定时任务。这样的灵活调度机制极大地提升了工作效率，使管理者可以更专注于其他关键性的系统维护与管理工作。

在本章中，我们还探究了如何利用 chrony 工具来保持所有计算机上的时间准确性，并进一步利用它来精准配置硬件时钟。

我们还研究了如何使用 crontab 来安排从几秒到几年不等时间间隔的定期重复执行任务。为了进一步简化 crontab 计划任务的调度管理，我们可以直接将脚本放入 cron.hourly 或 cron.daily 目录下，无须为每个脚本创建单独的 crontab 条目。此外，在本章中我们还介绍了 at 命令，该命令可用于在未来某一特定时间点安排一次性任务。

需要注意的是，systemd 自身也提供了一个用于定时执行任务的管理工具，其名称为 "Timers"（定时器），"Timers" 可以像 cron 和 at 命令一样用于执行定时任务。由于 "Timers" 与 systemd 高度集成且由 systemd 进行管理，因此，我们将在本书的第 18 章中对它们进行详细介绍。

最后，我们还深入了解了时区的概念及其重要性，并探讨了如何配置时区以及如何将计算机设置为不同的时区。此外，我们还掌握了如何根据当前系统的时间来调整硬件时钟的操作步骤。

练习

为了掌握本章所学知识，请完成以下练习：

1. 首先，请使用文本编辑器（Nano、Vim 都可以）在 /usr/local/bin/ 目录下，创建一个名为 mycronjob.sh 的 shell 脚本文件，使该脚本能够在执行时输出当前的日期和时间，并利用 df 命令显示出磁盘空间使用情况。其次，你需要为这个名为 mycronjob.sh 的脚本设置一个 crontab 定时任务，使其能够在每月的 7 号和 21 号的早上 9 点及下午 5 点分别执行我们在 /usr/local/bin/ 目录下面创建的 mycronjob.sh 脚本。最后，请记得在适当的时间点检查系统日志或相关输出文件，确认该 crontab 定时任务是否按预期正确执行了相应的磁盘空间使用情况检查任务。

2. 当使用 crontab 命令创建计划任务时，这些相关的 cron 配置文件会被保存在哪个具体位置？

3. 请阐述 cron 与 anacron 这两种定时任务服务在功能和应用场景上的主要差异。

4. 为什么有些 cron 配置文件会保存在 /etc/cron.d 目录下？

5. 当主机开机启动后，由 anacron 负责调度的计划任务配置文件将在开机多久之后首次执行？

6. 请以 root 用户身份来创建一个 shell 脚本文件，使其列出当前系统中所有文件系统的大小及其使用或可用空间情况，并将该脚本运行输出的结果追加到 /tmp 目录下的某个文件中。所编写的 shell 脚本无须过于复杂，仅用一个命令完成所需操作即可，配置完脚本文件后请将其妥善保存在 /usr/local/bin 目录下。在配置 cron 计划任务时，你需要运用至少三种不同的 cron 方法来确保这个脚本每小时执行一次。待验证每小时运行一次的 cron 计划任务稳定无误后，再使用另外三种不同的 cron 方法使得该脚本每天也能执行一次。

7. 在设置 at 定时任务时，如果你使用了类似"now + 5 minutes"（从现在起 5min 后）这样的时间规范，假设你执行 now + 5 minutes 命令的时间为上午 09:04，并且在按 <Ctrl+D> 键将任务添加到队列中的时间为上午 09:06。在这种情况下，at 任务将在何时执行？

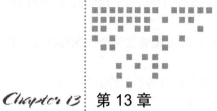

网　络

目标

在本章中，你将学习如下内容：

❑ 一些网络基础概念。

❑ TCP/IP 五层网络模型的定义和描述。

❑ IPv4 和 IPv6 地址的结构。

❑ 无类域间路由（Classless Inter-Domain Routing，CIDR）网络表示法的定义和使用。

❑ 如何使用简单工具判断网络范围并划分子网？

❑ 基础客户端 DHCP 网络配置。

❑ 如何使用 Linux CLI 工具（如 arp、ip、ping、mtr 和 nmcli）收集网络信息及配置网络？

❑ 路由的基本原理。

13.1　概述

自 2019 年本系列书籍首次编写直至今天，全球范围内的电子设备几乎都已接入了互联网。这些设备主要包括计算机、智能电视、智能手机和平板计算机等，它们是当今互联网的主要用户端。然而，接入互联网的设备远不止于此。随着科技的不断进步，越来越多的智能硬件产品开始步入人们的日常生活，如温度传感器、智能门铃、智能开关、智能秤、智能冰箱、智能安防系统等。此外，一些搭载智能系统的汽车也在互联网中实现了信息交互。

基于 Linux 系统的计算机也不例外。在开始学习本章内容之前，请务必按照以下步骤进行操作：首先，你需要下载一个名为 VirtualBox 的虚拟机软件，并在其中安装 Fedora 系统的 Xfce 桌面版本。这一步是为了提供一个稳定的学习环境。接下来，你需要对创建的虚拟机配置虚拟网络并进行测试，以确保虚拟机能够通过该虚拟网络与外部网络保持连接。

在本章中，我们将对客户端网络进行深入的剖析，并研究虚拟机在开机启动时如何实现网络的自动配置。此外，我们还将对客户端在路由和防火墙的实际工作原理进行全面解析，以便读者更好地理解其运作机制。在《网络服务详解》中，我们将进一步探讨服务器端的各类服务和应用，例如 DHCP、DNS 和路由等。我们将从更加深入的角度分析这些服务和应用的工作原理及配置方式，以便读者能够更好地理解和掌握相关的知识和技能。

提示：在本书的第 2 版中，我们停止使用已被弃用的 `ifcfg` 网络命令，转而采用较新的 NetworkManager `nmcli` 命令。

关于 IPv6 的说明

在本章中，我们将主要关注 IPv4 协议，因为 IPV4 协议在客户端的应用中，相较于 IPv6 协议更为广泛。尽管许多 ISP（Internet Service Provider，互联网服务提供商）已经在骨干网络中应用了 IPv6 协议，并正在逐步将其扩展到用户，但其过渡过程相当缓慢。在本章中，我们将会对一些 IPv6 协议的基本概念进行简述，但大部分实验内容将主要基于 IPv4 协议进行。

13.2 网络基础概念

本章旨在向你介绍一些关于 Linux 网络常用的技术方法。在开始学习之前，你需要了解一些重要的网络基础概念，这些概念是深入理解网络技术的基石。在接下来的内容中，我们将构建一个网络模型。

13.2.1 网络术语定义

首先，让我们从一些简单且重要的网络术语定义开始。在本章后续内容中，我们将使用这些术语进行描述：

- ❑ 节点（node）：连接到网络并可在网络中访问的任何设备，包括计算机、路由器、打印机以及其他网络设备。
- ❑ 主机（host）：连接到网络的某个计算机节点。
- ❑ IP：Internet Protocol（互联网协议）的缩写，它是一组网络层协议，允许计算机之间进行相互通信。IP 是一种 best-effort 模型⊖的分组交换协议，用于将数据包从一个网络节点传输到另一个网络节点。由于数据包在传输过程中可能会因各种原因丢失或被规则丢弃，因此 IP 被认为是不可靠的协议。

⊖ best-effort 是一种网络服务模型，表示网络在传输数据时会尽力传递数据包，但不提供任何关于数据包是否一定会到达目的地、何时到达或者按什么顺序到达的保证。换句话说，网络将尽可能地传递数据，但如果遇到诸如网络拥塞、设备故障或其他问题导致数据包丢失、延迟或乱序，网络并不会进行纠正或重新传输。——译者注

❏ TCP：Transmission Control Protocol（传输控制协议）的缩写，位于 IP 协议之上的传输控制协议。TCP 协议具有可靠的通信功能和流量控制机制，并采用全双工通信方式，使得通信双方能在同一时间内在传输介质上进行双向传输（同时发送和接收数据）。

❏ 网络（network）：一种类似于网络或网状结构的通信系统，这种通信系统允许在连接的节点之间进行相互通信。

在了解了上述基本概念之后，我们需要构建一个物理模型[⊖]来形象化网络运作方式。尽管此模型精确度有限，但它是我们深入理解网络概念的重要起点。这个模型可以类比为公路上的汽车和卡车（或其他类型的交通工具），在公路上从一个地点到另一个地点运输乘客或货物的系统。在这个类比中，终点就是城市以及城市中的特定住宅或企业。每一辆车都可以看作是计算机网络中的数据包，而乘客和货物则可被视为数据包中携带的数据。

这些车辆从像家庭这样的地点出发，在交叉路口、大型高速公路、立交桥等地方行驶，根据需要改变路线以到达最终目的地。这些沿途的交叉路口和立交桥（分岔路口）类似于互联网上用于将数据包从一条路径切换到另一条路径的路由器。然而，在计算机网络中，路由器做出决策并决定数据包的去向，而对于这些车辆，则是由驾驶员决定在哪里转向另一条路线。

在这个模型中，每个数据包（或车辆）从起点到终点的传输都是独立于其他数据包的，下面，我们将介绍有关网络中实际存在的概念：

❏ NIC：网络接口控制器（network interface controller）的缩写，也常被称为"网络接口卡"。它既可集成于计算机主板中，也可作为可插拔的设备卡进行添加。NIC 为计算机提供了与网络相连的硬件连接接口。

❏ 网络节点（network node）：任何连接到网络并且能够被其他设备寻址以建立连接的设备。

❏ 交换机（switch）：用来在一个逻辑网络段内连接多个网络设备（如计算机、打印机、路由器等）的硬件设备。至少需要两个节点或主机通过以太网电缆与交换机连接，从而实现它们之间的通信。尽管理论上我们也可以使用特殊的交叉线将两台计算机直接相连，但这种方法并不常见且具有较大的局限性，因为它仅适用于两台计算机之间的连接。更重要的是，交换机在 TCP/IP 协议层面是不可见的，这意味着它并不参与数据包的封装处理，仅负责在物理层面传输数据包。

❏ 路由器（router）：根据数据包中的目的 IP 地址在两个或多个网络之间为这些数据包选择最佳传输路径的设备。路由器在连接的每个网络里都有单独 IP 地址，并且对同一网络中的其他设备可见。

❏ 默认网关（default gateway）：网络中至少有一个路由器充当通向其他网络或整个互联网的默认网关。当一个主机发送数据包且没有设置特定的路由时，这个默认网关就会把数据包转发到下一跳路由器，从而帮助数据包朝着其最终目的地前进。

❏ 连接（connection）：网络中两个节点之间的逻辑链接。在 TCP/IP 协议栈的每一层都存在着连接。

⊖ 这种服务模型适用于对数据传输可靠性要求不高的应用，如网页浏览或文件下载等，因为这些应用通常能够容忍一定程度的数据丢失或延迟。对于需要确保数据完整性和顺序性的应用，如语音通话或在线交易，通常会使用其他协议或机制（如 TCP）来提供额外的可靠性和控制。——译者注

❑ 堆栈（stack）：TCP/IP 网络模型中堆叠的各层。这些层次形成了一个由硬件和软件协议组成的堆栈，它们在栈的每个层级的网络节点之间创建连接。

13.2.2 MAC 地址

MAC（Media Access Control）地址是一种媒体访问控制地址，它是分配给每个网络接口卡的唯一硬件地址，为硬件提供了一种识别方式。MAC 地址由设备供应商在硬件中永久配置，无法更改。这被称为通用管理地址（Universally Administered Address, UAA），有时也被称为"固化地址"或"硬件地址"。

然而，尽管有一些软件可以为接口分配不同的 MAC 地址，但这样修改 MAC 地址的原因已超出了本书的讨论范围，在此，我强烈建议在任何情况下都不要修改有线设备的 MAC 地址。而由本地网络管理员手动分配的、不遵循标准全局唯一标识符（如 MAC 地址）规则的硬件地址○，被称为本地管理地址（Locally Administered Address, LAA）。

施乐网络系统公司创建了最初的 48 位以太网地址方案。在这个 48 位的地址空间中，包含了 281,474,976,710,656（2^48）种可能的 MAC 地址。

MAC 地址由 6 个 2 位十六进制（Hex）数组成，以冒号分隔，例如 08:00:27:01:7d:ad，该地址是笔者虚拟机的 MAC 地址。MAC 地址的前 3 对数字是组织唯一标识符（Organizational Unique Identifier, OUI），可用来识别 NIC 的供应商○。后 3 对数字则是特定 NIC 的硬件 ID。OUI 码是由电气和电子工程师协会（IEEE）⊜分配给各个供应商的。

实验 13-1：获取网络设备信息

本实验应以 student 用户的身份进行，无须使用 root 用户权限。你可以通过执行如下命令来识别计算机上已安装的 NIC 及其相应的 MAC 地址和 IP 地址信息：

```
[root@studentvm1 ~] # nmcli
enp0s3: connected to Wired connection 1
        "Intel 82540EM"
        ethernet (e1000), 08:00:27:01:7D:AD, hw, mtu 1500
        ip4 default
        inet4 10.0.2.22/24
        route4 10.0.2.0/24 metric 100
        route4 default via 10.0.2.1 metric 100
        inet6 fe80::b36b:f81c:21ea:75c0/64
        route6 fe80::/64 metric 1024

enp0s9: connected to Wired connection 2
        "Intel 82540EM"
        ethernet (e1000), 08:00:27:FF:C6:4F, hw, mtu 1500
        inet4 192.168.0.181/24
```

○ 更改无线设备的 MAC 地址是防止设备被追踪的安全做法之一。——译者注

○ AJ Arul's utilities, https://aruljohn.com/mac.pl。

⊜ IEEE, www.ieee.org/。

```
        route4 192.168.0.0/24 metric 101
        route4 default via 192.168.0.254 metric 101
        inet6 fe80::6ce0:897c:5b7f:7c62/64
        route6 fe80::/64 metric 1024

lo: unmanaged
        "lo"
        loopback (unknown), 00:00:00:00:00:00, sw, mtu 65536

DNS configuration:
        servers: 192.168.0.52 8.8.8.8 8.8.4.4
        domains: both.org
        interface: enp0s3

        servers: 192.168.0.52 8.8.8.8 8.8.4.4
        domains: both.org
        interface: enp0s9

Use "nmcli device show" to get complete information about known devices and
"nmcli connection show" to get an overview on active connection profiles.

Consult nmcli(1) and nmcli-examples(7) manual pages for complete usage
details.
```

现在，让我们对 nmcli 命令的输出结果进行分析：

第一条记录为 enp0s3（该记录 enp0s3 中 0 代表数字，而不是大写字母的 O），代表 VirtualBox 虚拟机的第一个虚拟网络适配器。该 NIC 已连接到了你为本章创建的 10.0.2.0/24 网段的虚拟网络中。

第二条记录是笔者在 VirtualBox 管理器中配置的第二块 NIC。该 NIC 中的 link/ether 行（也就是第二条记录中的第三行）显示的 MAC 地址为 08:00:27:ff:c6:4f。笔者已将这块 NIC 连接到我的实体网络中，以便在编写本书时进行实验。请注意，目前你的虚拟机中可能还不会显示此条记录。但你将在《网络服务详解》中为你创建的服务器虚拟机添加第二块 NIC。

第三条记录是本地（lo）接口，许多 Linux 内核任务和应用程序都使用它在本地主机内部进行通信。每台 Linux 计算机都内置了本地接口，即使当前计算机未连接到网络或未安装 NIC，该接口也是 Linux（或 UNIX）计算机正常运行所必需的。

最后一条记录是通过 nmcli 命令显示出的 DNS 配置信息。虽然每个已连接的网络的 DNS 配置可能会有所不同，但在此实验中它们是一致的。你在虚拟机上使用 nmcli 命令得到的 DNS 信息会与这里的有所区别，但总体上是类似的。

nmcli 命令的另一种用法是使用 -p 选项来启动美观模式，从而以更直观的格式显示更多详细数据。这样的显示方式虽然阅读起来更加便捷，但相应地也会占用更多的屏幕空间。让我们通过执行如下命令来尝试一下：

```
[student@studentvm1 ~]$ nmcli -p device show
```

尝试上述不带 -p 选项的命令，将获得更紧凑的视图。若我们要查看每个网卡的路由信息，我们可以执行如下命令，并使用 grep 命令过滤出与 IPv4 路由相关的数据从而减少数据流：

```
[student@studentvm1 ~]$ nmcli -p device show | grep IP4.ROUTE
```

命令输出的 IP4.ROUTE[1] 行显示了 mt（metric）字段，即路由器优先级度量。在本实验中，enp0s3 的度量为 100，enp0s9 的度量为 101。系统默认路由优先通过度量最低的 enp0s3 连接，即 mt 值越小，优先级越高。

已安装的网络设备的 MAC 地址可以在 GENERAL.HWADDR 行中找到。

每个联网的设备都有一个 MAC 地址，我们可以使用 ip neighbor 命令来查看我们主机已通信过的"邻居"主机的 MAC 和 IP 地址。这里需要注意的是，笔者已经为自己的虚拟机配置了两个虚拟 NIC，而你的虚拟机只有一个虚拟 NIC，所以你的输出结果可能会略有不同：

```
[student@studentvm1 ~]$ ip neighbor
10.0.2.1 dev enp0s3 lladdr 52:54:00:12:35:00 STALE
192.168.0.52 dev enp0s9 lladdr e0:d5:5e:a2:de:a4 DELAY
192.168.0.1 dev enp0s9 lladdr b0:6e:bf:3a:43:1f REACHABLE
10.0.2.3 dev enp0s3 lladdr 08:00:27:aa:93:ef STALE
```

我们执行 arp 命令也会同样显示这些信息：

```
[student@studentvm1 ~]$ arp
Address              HWtype   HWaddress          Flags Mask    Iface
_gateway             ether    52:54:00:12:35:00  C            enp0s3
yorktown.both.org    ether    e0:d5:5e:a2:de:a4  C            enp0s9
david.both.org       ether    b0:6e:bf:3a:43:1f  C            enp0s9
10.0.2.3             ether    08:00:27:aa:93:ef  C            enp0s3
[student@studentvm1 ~]$ arp -n
Address              HWtype   HWaddress          Flags Mask    Iface
10.0.2.1             ether    52:54:00:12:35:00  C            enp0s3
192.168.0.52         ether    e0:d5:5e:a2:de:a4  C            enp0s9
192.168.0.1          ether    b0:6e:bf:3a:43:1f  C            enp0s9
10.0.2.3             ether    08:00:27:aa:93:ef  C            enp0s3
```

如果你的虚拟机配置无误，在执行上述命令以后，你应该在你的虚拟机主机上看到执行结果中包含 enp0s3 信息。其中一行应包含 IP 地址 10.0.2.1，这是 VirtualBox 虚拟路由器的地址，另一行则显示 10.0.2.3，这是虚拟网络中的虚拟 DHCP 服务器地址。若你未能查看到这些结果，请使用 ping 命令测试 StudentVM1 主机与路由器/网关之间是否能正常通信，若能正常通信，请再次尝试执行 arp 命令。

MAC 地址的作用域仅限于它们所在的物理网络段。它们不可被路由，也无法在本地网络段之外被访问。

ip 命令被设计用来取代 ifconfig、arp 等一些其他网络相关命令。因此 Red Hat（红帽公司）发布了一份非常详尽的 IP 命令速查表[⊖]。在 arp 命令的手册页中有一条注释指出："该程序已过时，建议使用 ip neigh 命令替代 arp 命令。"同样，在 ifconfig 命令的手册页中也给出了类似的建议。尽管如此，我个人还是倾向于使用 arp 命令，因其操作简单且便捷。当前，这些命令仍然可以使用，但在数年后，这些命令可能会彻底退出历史舞台。

13.2.3　IP 地址

我们已经学习了网络中的"门牌号"MAC 地址。那么，数据包是怎么从"门牌号 1"送货到"门牌号 2"呢？回答这个问题之前，我们还需要学习一些知识。让我们复习一下车辆运输模型，司机在"门牌号 1"收到货物后还需要一个十分精确的目标地址，才能进行货物的传输。我们以寄送地址"A 市 A1 区 B 街道 1 号"，以收货地址"C 市 C1 区 D 街道 2 号"举例。我们上述的 MAC 地址对应着"B 街道，1 号"（供应商，序列号），D 街道 2 号（供应商，序列号）。显然，仅仅知道街道门牌号是不能跨市运输的，在网络中也是如此，仅仅知道 MAC 地址也是不能跨网段传输数据的。那么在网络中怎么去描述我们模型中"A 市""B 市"的概念呢？不用担心，聪明的工程师们发明了 IP 地址（注意，IP 地址还能精确到具体的网络设备，这里举例的只是 IP 地址寻址网络的功能）。

IPv4 地址由 4 组十六进制对组成，每一组十六进制对称为 8 位组，因为每个 8 位组包含 8 位二进制数，那么整个 IP 地址共 32 位二进制数。8 位组之间用点号分隔，例如 192.168.25.36[⊖]。每个 8 位组的最大值为（2^8-1），即 255。

任何需要在网络或互联网上访问的计算机或其他设备都必须分配一个 IP 地址。IP 地址是可路由的，可以通过路由器从其他网络段访问。一些 IP 地址范围被保留供组织内部私有使用。这些私有 IP 地址范围定义得很清楚，我们将在本章后面详细地探讨这一点以及更多关于 IP 地址的内容。

由于公共 IPv4 地址空间的可分配地址即将用尽，并且为了通过互联网实现更高效的路由，IPv6 被开发出来。IPv6 使用 128 位进行寻址，分为 8 个由 4 位十六进制数字组成的部分。一个典型的 IPv6 地址如下所示：2001:0db8:0000:0000:0000:ff00:0042:8329，看起来相当吓人，但可以通过省略前导零和消除连续的零段来缩短 IPv6 地址。结果如下所示：2001:db8::ff00:42:8329。

实验 13-2：探索 IP 地址

以 student 用户身份进行此实验。让我们再次使用 ip 命令，但这次查看的是 IP 地址：

```
[root@studentvm1 ~]# ip addr
1: lo: <LOOPBACK,UP,LOWER_UP> mtu 65536 qdisc noqueue state UNKNOWN group
```

⊖　Red Hat，IP 命令速查表，https://access.redhat.com/sites/default/files/attachments/rh_ip_command_cheatsheet_1214_jcs_print.pdf。

⊖　计算机和网络路由及其他网络管理设备识别的是 IP 地址二进制形式，不过大多数设备能够将烦琐的二进制转换为其他可读形式。——译者注

```
default qlen 1000
    link/loopback 00:00:00:00:00:00 brd 00:00:00:00:00:00
    inet 127.0.0.1/8 scope host lo
        valid_lft forever preferred_lft forever
    inet6 ::1/128 scope host
        valid_lft forever preferred_lft forever
2: enp0s3: <BROADCAST,MULTICAST,UP,LOWER_UP> mtu 1500 qdisc fq_codel state UP
group default qlen 1000
    link/ether 08:00:27:e1:0c:10 brd ff:ff:ff:ff:ff:ff
    inet 10.0.2.7/24 brd 10.0.2.255 scope global dynamic noprefixroute enp0s3
        valid_lft 1099sec preferred_lft 1099sec
    inet6 fe80::b7f2:97cf:36d2:b13e/64 scope link noprefixroute
        valid_lft forever preferred_lft forever
```

从结果中可以看到，环回 IPv4 地址是 127.0.0.1，这个网络接口及其 IP 地址被许多 Linux 内核进程和其他应用程序使用，IPv6 的地址是 ::1/128。我们可以对 IPv4 地址和 IPv6 地址进行 ping 操作。ping 命令向目标 IP 地址发送一个特殊的 ICMP 数据包，该 ICMP 数据包只是说"你好——请回应"，是一种确定网络中是否存在其他活动主机的方法：

```
[root@studentvm1 ~]# ping -c2 ::1
PING ::1(::1) 56 data bytes
64 bytes from ::1: icmp_seq=1 ttl=64 time=0.067 ms
64 bytes from ::1: icmp_seq=2 ttl=64 time=0.111 ms

--- ::1 ping statistics ---
2 packets transmitted, 2 received, 0% packet loss, time 73ms
rtt min/avg/max/mdev = 0.067/0.089/0.111/0.022 ms
[root@studentvm1 ~]# ping -c2 127.0.0.1
PING 127.0.0.1 (127.0.0.1) 56(84) bytes of data.
64 bytes from 127.0.0.1: icmp_seq=1 ttl=64 time=0.063 ms
64 bytes from 127.0.0.1: icmp_seq=2 ttl=64 time=0.069 ms

--- 127.0.0.1 ping statistics ---
2 packets transmitted, 2 received, 0% packet loss, time 103ms
rtt min/avg/max/mdev = 0.063/0.066/0.069/0.003 ms
```

我们还可以使用 ping 命令来测试远程主机是否连通。这里以 example.com 为例，这是一个专门为测试设置的域名。域名系统会将可读的域名转换为 IP 地址，转换后的 IP 地址会在 ping 命令中用作目标地址：

```
[root@studentvm1 ~]# ping -c2 www.example.com
PING www.example.com (93.184.216.34) 56(84) bytes of data.
64 bytes from 93.184.216.34 (93.184.216.34): icmp_seq=1 ttl=54 time=37.10 ms
64 bytes from 93.184.216.34 (93.184.216.34): icmp_seq=2 ttl=54 time=151 ms

--- www.example.com ping statistics ---
2 packets transmitted, 2 received, 0% packet loss, time 148ms
rtt min/avg/max/mdev = 37.968/94.268/150.568/56.300 ms
```

13.3　IP 地址分配

互联网编号分配机构（Internet Assigned Numbers Authority，IANA）[⊖]是负责全球范围内 IP 地址和自治系统编号分配与管理的权威机构。其主要职责是将 IP 地址分配给大型地理政治区域，如国家、地区或大型地理单元，并由相关注册机构负责向互联网服务提供商等客户分配地址。在 IANA 的官方网站上，你可以找到大量有关 IP 规划的资料，这些资料对于了解 IP 地址分配和管理具有重要意义。

13.4　TCP/IP

在阅读完上述章节后，相信你已经对网络的基础知识有了一定的了解。现在，是时候将车辆运输模型转换为真实的网络模型了。

在深入研究探讨网络知识之前，我们需要了解一下数据包是如何在网络中找到正确的目标主机的。TCP/IP 网络模型定义了一个五层堆栈构成，该堆栈描述了将数据包从主机间传输所需的机制，无论主机是位于本地网络还是全球范围内的其他网络。

提示：该模型在不同的版本中会有所区别，有的版本采用四层堆栈设计，将最底层的数据链路层和物理层合并为一层。然而，笔者更倾向于使用五层模型，因为在笔者看来五层模型的划分更加清晰易懂。

13.4.1　TCP/IP 网络模型

在接下来的内容中，我们对 TCP/IP 网络模型的每一层都进行了编号，并包含由每一层处理的数据单元的名称。图 13-1 展示了 TCP/IP 网络模型每一层的常见协议以及数据包传输的逻辑链路。我们将遵循数据包传输的顺序，从上至下逐层介绍 TCP/IP 的每一层模型。

1）应用层（单位为"报文"或"消息"）：该层由多种网络应用所需的连接协议组成，包括 HTTP、DHCP、SSH、FTP、SMTP、IMAP 等。举一个例子，当用户向远程网站发送网页访问请求时，会在应用层发送一个连接请求到 Web 服务器。服务器接收到请求信息后，会通过应用层向用户主机发送响应信息。用户的浏览器会解析服务器发送的应用层信息，并在浏览器窗口中显示解析后的内容。这个过程是应用层协议（如 HTTP）的实际应用。HTTP 协议确保数据的正确传输和接收，最终在浏览器中呈现出网页内容。

2）传输层（单位为" TCP 报文段"）：传输层提供端到端的数据传输和流量管理服务，这些服务与所传输的数据和协议类型无关，例如，计算机通过 80 端口传输 HTTP 数据包，通过 25 端口传输 SMTP 数据包，来在源主机和目的主机之间建立连接。这一层的主要协议包括 TCP（传输控制协议）和 UDP（用户数据报协议），它们负责数据的稳定传输、错误检

⊖　互联网编号分配机构（Internet Assigned Numbers Authority，IANA），www.iana.org/。

测、流量控制和拥塞控制。TCP 通过序列号和确认应答机制保证数据的有序和无丢失传输，而 UDP 则提供一种无连接（Connectionless，在使用 UDP 时，发送方和接收方之间不需要事先建立明确的连接关系）、不可靠（Unreliable，不对数据包的传输提供任何纠错），但速度快的数据传输方式。

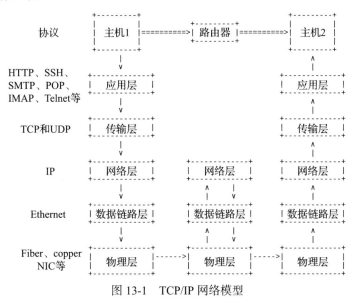

图 13-1 TCP/IP 网络模型

3）网络层（单位为"数据包"）：网络层是负责执行数据包路由的关键层级。这一层级的主要职责是在两个或多个网络之间有效地路由传输数据包，确保它们能够准确到达预定的目的地。该层将会利用 IP 地址和路由表来确定数据包应发送至哪个设备。如果发送至路由器，则每个路由器仅需将数据包转发至路由表中指定的下一个路由器，无须全面规划从原始主机到目标主机的整个传输路径。网络层的核心功能在于实现路由器之间的通信与交互，其主要目标是通过精确的计算和决策来确定下一个用于转发数据包的路由器。这种逐跳的传输方式使互联网能够实现全球范围内的扩展，而无须每台路由器都了解完整的源主机到目标主机的路径信息。

4）数据链路层（单位为"帧"）：数据链路层管理单个、本地、逻辑、物理网络中硬件主机之间的直接连接。这一层通过嵌入网络接口卡中的 MAC 地址来识别并连接本地网络中的物理设备。值得注意的是，数据链路层无法访问位于本地网络之外的主机。在此层中，数据会被封装成帧（Frame），并通过物理介质如以太网、Wi-Fi 等进行传输。此外，数据链路层还承担着数据错误检测与修正的任务，同时还负责流量控制，以保证数据在物理层上的可靠传输。

5）物理层（单位为"bit"）：物理层又称"硬件层"，物理层是由 NIC、物理网络（通常是以太网）电缆，以及用于在任何两个本地主机或其他本地网络节点之间传输的硬件级协议组成。物理层主要关注信号的生成、接收和解读，以及如何通过物理介质（如铜线、光纤、无线电磁波等）传输这些信号。

13.4.2　一个简单的示例

那么，当主机实际上使用 TCP/IP 网络模型在网络中发送数据时，会是什么样子呢？以下是关于数据如何从一个网络 A 传输到网络 B 的描述。在这个例子中，计算机正在向远程服务器发送一个获取网页的请求。

图 13-1 可以用来帮助你随着这个例子理解数据在 TCP/IP 模型的各个层次的流程。

1）在应用层（如浏览器）发起一个 HTTP 或 HTTPS 连接请求消息到远程主机 www.example.com，以获取构成网页内容的数据。这就是消息，该消息包含远程 Web 服务器的 IP 地址及其他请求参数信息。

2）传输层将网页请求的消息被封装在一个 TCP 数据报中，该数据报的目标地址设定为远程 Web 服务器的 IP 地址。除了原始请求数据包，这个数据包还包含了请求来源的源端口（通常为随机的高数值端口），以便在返回数据时知道浏览器正在监听哪个端口，以及远程主机的目标端口，在此例中为端口 80。

3）网络层将 TCP 数据报封装在一个数据包中，该数据包还包含源 IP 地址和目标 IP 地址。

4）数据链路层使用地址解析协议（ARP）来识别默认路由器的物理 MAC 地址，并将网络层的数据包封装在一个帧中，该帧包括源和目标的 MAC 地址。

5）该帧通过有线传输（通常为 CAT5 或 CAT6 线缆）从本地主机的 NIC 发送到默认路由器的 NIC。在无线环境中，无线网卡通过空气将帧发送到无线路由器的接收器。在本例中，无线路由器是默认的，即网关路由器。

6）默认路由器会打开数据报，并确定目标 IP 地址。路由器使用其自身的路由表来识别下一跳路由器的 IP 地址，该路由器将负责接收这个帧。然后，路由器将帧重新封装在一个新的数据报中，其中源 MAC 地址是它自己的 MAC 地址，目标 MAC 地址是下一跳路由器的 MAC 地址。接着，路由器通过适当的接口发送这个新的数据报。路由器在 TCP/IP 的第 3 层，即网络层执行路由任务。

交换机对于第 2 层及以上的所有协议都是不可见的，因此它们不会以任何逻辑方式影响数据的传输。交换机的功能仅仅是提供一种简单的方法，通过不同长度的网线将多台主机连接到一个物理网络中。

此外，还有一个 OSI 网络模型，但它比 TCP/IP 模型更复杂，这种额外的复杂性并不会增加我们对网络的理解。对于我们的需求来说，OSI 模型并不相关。

13.5　CIDR

在互联网发展的早期阶段，IPv4 地址是按照类别进行划分和管理的，这种分类方式导致了地址空间的低效利用和路由器路由表的增长过快问题。CIDR 的意义在于改进并优化 IP 地址的分配和路由选择，并在一定程度上缓解了 IPv4 地址分配危机。

CIDR 是一种无类别域间路由的表示和配置方法。它定义了一种网络寻址的表示方法，用于指定 IP 地址中的网络部分。

在 CIDR 中，IP 地址和其相关的网络前缀长度一起表示，网络前缀长度以斜线（/）跟在 IP 地址后面。例如，192.0.2.0/24 是一个 CIDR 表示法，其中，192.0.2.0 是 IP 地址；/24 是网络前缀长度，表示前 24 位用于标识网络部分，剩余的 8 位用于标识主机部分。

13.5.1　网络类别

在深入了解 CIDR 的实际工作原理之前，让我们先回顾一下被 CIDR 所替代的有类网络表示法。该表示法于 1981 年提出，它定义了五种网络类别，主要用于在互联网上识别和定位设备。网络类别是根据 IP 地址的前四个高阶比特位来确定的。表 13-1 展示了根据有类网络地址法定义的五种网络类别，同时包括了每种类别对应的子网掩码和 CIDR 表示法。

表 13-1　有类网络地址法定义的五种网络类别

类别	开始地址	结束地址	子网掩码	CIDR 表示方法	网络数量	网络中主机数量
A	0.0.0.0	127.255.255.255	255.0.0.0	/8	128	$16,177,216(2^{24})$
B	128.0.0.0	191.255.255.255	255.255.0.0	/16	16,384	$65,536(2^{20})$
C	192.0.0.0	223.255.255.255	255.255.255.0	/24	2,097,152	$256(2^{8})$
D	224.0.0.0	239.255.255.255	—	—	—	—
E	240.0.0.0	255.255.255.255	—	—	—	—

有类网络寻址方法导致了一些地址空间的浪费，并且不支持灵活的子网划分。为了克服这些问题，人们引入了 CIDR 方法，该方法允许更有效地分配和聚合 IP 地址。在 CIDR 中，不再根据地址的前几位来确定网络类别，而是使用网络前缀指定网络部分。

A 类、B 类和 C 类是分配给各个组织的常用单播地址范围。单播就是数据包被发送到单一的目标主机。D 类是所谓的多播地址范围。在这个范围内，数据包会被发送到特定网络中的所有主机。这一范围的 IP 地址基本上未被使用。E 类地址范围被保留用于未来扩展（或实验目的），但也从未被使用。

请注意，在有类网络的每个类别中，只存在三种对应的子网掩码选择，即 255.0.0.0（8位）、255.255.0.0（16位）和 255.255.255.0（24位），这些掩码都是基于 8位边界来划分的。因为有类网络所定义的网络数量相对有限，从而成为公共地址分配的一个主要限制因素。

尽管这种划分方法在初始设计时是合理的，但不幸的是，有类网络的地址分配机制导致了大量 IP 地址空间被浪费。当某个组织在申请 IP 地址时，若所需的 IP 地址数量超过一个 C 类网络所有的 IP 地址数量，他们会申请并被分配整个 B 类网络，而无论该组织是否需要该网络中的所有 IP 地址。B 类网络也是如此，一些大型组织因所需 IP 地址数量超过 B 类网络而被分配了 A 类网络。因此，少数大型组织获得了大量 IP 地址。关于现行 /8 地址块及历史上 A 类网络的分配情况详细内容，你可以参考 RFC790 文档《历史上 A 类网络的分配》⊖。

⊖　互联网工程任务组（The Internet Engineering Task Force，IETF），RFC790, Historic allocation of class A networks。

IP 地址的前 4 位（最左边）定义了网络的类别，而不是子网掩码或子网掩码的 CIDR 等效值。在实际应用中，这意味着大型网络无法在互联网级别上被划分为更小的子网，因为互联网路由器只能为每个被分配的有类网络提供一条单一的路由。此外，尽管大型的有类网络可以由其拥有者组织划分为多个子网，但如果想要在同一网络中将数据包路由到其他地理位置，则需要该组织使用成本非常高的私有内部网络或公共 VPN。

在此，让我们举一个简单的例子来详细了解有类网络地址分配机制的局限性，假设一家公司有六个部门，每个部门需要大约 400 个 IP 地址，总共需要 2400 个地址，因此这需要不止一个包含 256 个 IP 地址的 C 类网络。该公司被分配了一个包含 65,536 个地址的 B 类网络。因此，剩余的 63,136 个 IP 地址将被浪费，因为它们不能分配给其他组织。这种地址的浪费是由于有类网络分配机制的局限性而导致的，而 CIDR 的引入就是为了克服这个问题的，它允许更灵活和高效的 IP 地址分配和管理。

注意：为了进行这一部分的实验，我们需要将当前的私有 10.0.0.0/8 CIDR 地址块的一部分用作公共 B 类地址。不使用真实的 B 类地址是为了保护那些真实组织的公共地址。在实际环境中，我们应该遵守 RFC 1918 的规定，正确使用私有 IP 地址范围（例如 10.0.0.0/8、172.16.0.0/12 和 192.168.0.0/16），并避免在实验之外的任何情况下误用公共地址。这样做可以确保网络的安全性和稳定性，避免公共 IP 地址冲突。在实验环境中，我们可以模拟这种行为来学习网络概念和协议的工作原理。但在实际部署中，应始终遵循正确的 IP 地址分配和管理。

---

sipcalc 命令可以提供关于 IP 地址或地址范围的大量信息。稍后你将看到，它还能在给定的子网掩码的给定 IP 地址范围内生成子网列表。届时，你可能需要在 Fedora 系统上安装 sipcalc 程序，因为 Fedora 默认情况下并未安装 sipcalc 程序。

实验 13-3：使用 sipcalc 工具来分析 IP 地址范围

首先以 root 用户身份安装 sipcalc RPM 软件包：

```
[root@studentvm1 ~]# dnf -y install sipcalc
```

在执行上述指令安装完 sipcalc 程序后，我们应以 student 用户身份登录，使用 sipcalc 工具对 IP 地址范围进行分析。sipcalc 命令行程序为我们在虚拟公共地址范围内随机选取的 B 类网络提供网络数据：

```
[student@studentvm1 ~]$ sipcalc 10.125.0.0/16
-[IPv4 : 10.125.0.0/16] - 0
[CIDR]
Host address            - 10.125.0.0
Host address (decimal)  - 175964160
Host address (hex)      - A7D0000
Network address         - 10.125.0.0
Network mask            - 255.255.0.0
Network mask (bits)     - 16
```

```
Network mask (hex)     - FFFF0000
Broadcast address      - 10.125.255.255
Cisco wildcard         - 0.0.255.255
Addresses in network   - 65536
Network range          - 10.125.0.0 - 10.125.255.255
Usable range           - 10.125.0.1 - 10.125.255.254
```

通过上述命令返回结果，我们可以看到 sipcalc 命令的输出显示了网络地址、子网掩码、网络地址范围以及该范围内可用的地址等多项信息，通过输出的信息我们可以看到，地址 10.125.0.0 是该网络的网络地址，而 10.125.255.254 是该网络的广播地址。这两个地址不能配置为主机地址。

为了解决上述例子中某公司 IP 地址浪费的问题，还可以为该公司分配多个 C 类网络，这样可以显著减少 IP 地址的浪费数量，但相比于使用单一 B 类网络，为该组织配置路由更加复杂。此外，这种做法也会减少其他组织可用的 C 类网络地址块数量。尽管如此，当组织的 IP 地址需求较低且希望尽量减少地址浪费时，这种方法仍然是一个可行的选择。在实际情况下，网络管理员通常会根据组织的具体需求和规模数量来平衡这些因素，并选择最合适的 IP 地址分配策略。

13.5.2　CIDR 的出现

CIDR 表示法于 1993 年引入，其目的是延长 IPv4 的生命周期[⊖]，因为当时 IPv4 可分配的地址数量正逐渐耗尽。CIDR 实现这一目标的方式主要有以下两种：

❑ 使组织能够更有效地利用分配给它们的公共 IPv4 地址范围：CIDR 通过引入网络前缀长度的概念，允许对 IP 地址进行更细粒度的划分和聚合。这样，组织可以根据实际需求申请和使用适当的地址块，而不是被迫接受过大或过小的地址范围。

❑ 开放一些以前保留的地址范围：为了缓解 IPv4 地址空间的压力，CIDR 还重新评估并释放了一些之前被保留的地址范围，使其可用于全球互联网。

通过这些改进，CIDR 显著提高了 IPv4 地址空间的利用率，并推迟了 IPv4 地址枯竭的时间。尽管如此，随着互联网的持续增长和设备数量的不断增加，最终还是需要过渡到 IPv6 以满足未来的需求。然而，即使在 IPv6 广泛部署的情况下，CIDR 仍然是一种重要的地址管理和路由技术。

在 1996 年，RFC1918[⊖]进一步完善了 CIDR，它为旧的 A 类、B 类和 C 类网络范围分配了保留且无法从外部进行路由的私有网络地址。如表 13-2 所示，这些私有网络可以被任何组织在其内部网络中自由使用，这样就不需要再为每台计算机都分配一个公共 IP 地址

⊖ David A.Bandel, "CIDR: A Prescription for Shortness of Address Space," www.linuxjournal.com/article/3017, Linux Journal。

⊖ IETF，RFC1918：私有互联网的地址分配（Address allocation for private internets），https://tools.ietf.org/html/rfc1918。

了。这一特性在解决多个网络问题上提供了关键的帮助。

表 13-2　IPv4 中预留的用于内部私有网络的地址范围

CIDR 块	地址范围	IP 地址数量
10.0.0.0/8	10.0.0.0—10.255.255.255	16,777,216
172.16.0.0/12	172.16.0.0—172.32.255.255	1,048,576
192.168.0.0/16	192.168.0.0—192.168.255.255	65,536

　　通过使用这些内部私有网络规则对网络进行划分，组织仅需分配一个或几个公共 IP 地址即可访问外部互联网，同时还能为其内部网络提供更广泛的私有地址空间。尤为重要的是，鉴于这些私有网络地址不会在互联网上进行路由，因此相同的地址范围可以被多个不同组织同时使用。当然，这些组织可在其私有网络内部之间进行网络数据包的路由。

　　回到我们之前提到的为公司分配 IP 地址的案例中，我们假设该公司采用了 CIDR 方法，那么其只需要一个公共 IP 地址来连接到外部互联网。同时，该公司的互联网服务供应商通过分配最小的四个地址块，其中两个地址被预留作为网络地址和广播地址，这样实际上只剩下两个地址可供使用。这种分配策略在降低由于过度划分子网而造成的地址无效，避免地址浪费以及降低客户成本方面达到了一个合理的平衡。

实验 13-4：规划内部网络

　　在开始执行本实验之前，我们需要先切换登录 student 用户，接下来我们将使用 sipcalc 为我们虚构的组织分配最小规模的 IP 地址空间。假设 ISP 为我们虚构的组织分配了一个公共网络地址 10.125.16.32/30。在这个例子中，要注意的是，我们将会把 10.0.0.0/8 的一部分私有网络当作公共网络 IP 地址去使用。这种分配为虚构的组织提供了以下使用 30 位网络掩码的公共网络：

```
[student@studentvm1 ~]$ sipcalc 10.125.16.32/30
-[IPv4 : 10.125.16.32/30] - 0

[CIDR]
Host address            - 10.125.16.32
Host address (decimal)  - 175968288
Host address (hex)      - A7D1020
Network address         - 10.125.16.32
Network mask            - 255.255.255.252
Network mask (bits)     - 30
Network mask (hex)      - FFFFFFFC
Broadcast address       - 10.125.16.35
Cisco wildcard          - 0.0.0.3
Addresses in network    - 4
Network range           - 10.125.16.32 - 10.125.16.35
Usable range            - 10.125.16.33 - 10.125.16.34
```

　　通过上述执行 sipcalc 命令分析结果我们可以看出，ISP 为我们虚构的组织提供了四个公共 IP 地址。其中两个地址被网络地址和广播地址使用，剩下的两个 IP 地址供我们的网络通信使用，这两个地址分别是 10.125.16.33 和 10.125.16.34。

在我们的示例中，公司可以自由选择任意私有网络范围来搭建其内部网络，它们可以使用网络地址转换（Network Address Translation，NAT）从私有网络内部访问外部互联网。

乍一看，从 172.16.0.0/12 私有网络范围中挑选一个私有网段似乎是一个比较简单直接的办法，这样可以为公司单个内部网络提供一个足够大的地址范围空间。在我们的示例中，我们也确实选择了 172.16.0.0/12 网络提供以下内部网络空间：

```
[student@studentvm1 ~]$ sipcalc 172.16.0.0/12
-[IPv4 : 172.16.0.0/12] - 0

[CIDR]
Host address            - 172.16.0.0
Host address (decimal)  - 2886729728
Host address (hex)      - AC100000
Network address         - 172.16.0.0
Network mask            - 255.240.0.0
Network mask (bits)     - 12
Network mask (hex)      - FFF00000
Broadcast address       - 172.31.255.255
Cisco wildcard          - 0.15.255.255
Addresses in network    - 1048576
Network range           - 172.16.0.0 - 172.31.255.255
Usable range            - 172.16.0.1 - 172.31.255.254
```

需要注意的是，由于该网络在子网掩码中包含较少的网络位数（12 位子网掩码），因此它并不符合旧的 B 类网络标准（16 位子网掩码），这样可以为主机地址位提供更多的空间。12 个网络位意味着剩下的 20 位可以用于主机分配，即理论上可以容纳 1,048,576 个主机。这大大超过了旧的 B 类网络所能为单个网络提供的主机数量。此外，这一网络所拥有的地址空间也明显超出了当前组织对网络的实际需求。

13.5.3 可变长度子网掩码

CIDR 不仅优化改进了传统子网掩码的概念，还引入了可变长度子网掩码（Variable Length Subnet Mask, VLSM）这一新方法。在实验 13-4 中，对由 CIDR 块定义的私有地址范围采用 12 位的子网掩码便体现了这一特点。

可变长度子网掩码使得在我们在案例中所设定的虚构公司能够便捷地从其庞大的私有地址空间中，通过向子网掩码中添加更多位数的方式划分出更易于管理的子网。尽管 12 位的网络掩码可以覆盖整个可用的私有地址范围，但为了更高效地利用公司实际所需的地址空间，它们决定在所使用的网络掩码中增加位数。

我们可以通过执行 sipcalc -s xx 命令（其中 xx 是子网掩码中的位数）来计算这个私有地址范围内的子网划分情况。

实验 13-5：认识可变长度子网掩码

请以 student 用户身份执行如下命令，来计算 172.16.0.0/12 网络在使用 16 位子网掩码时的子网划分范围：

```
[student@studentvm1 ~]$ sipcalc 172.16.0.0/12 -s 16
-[IPv4 : 172.16.0.0/12] - 0

[Split network]
Network              - 172.16.0.0      - 172.16.255.255
Network              - 172.17.0.0      - 172.17.255.255
Network              - 172.18.0.0      - 172.18.255.255
Network              - 172.19.0.0      - 172.19.255.255
Network              - 172.20.0.0      - 172.20.255.255
Network              - 172.21.0.0      - 172.21.255.255
Network              - 172.22.0.0      - 172.22.255.255
Network              - 172.23.0.0      - 172.23.255.255
Network              - 172.24.0.0      - 172.24.255.255
Network              - 172.25.0.0      - 172.25.255.255
Network              - 172.26.0.0      - 172.26.255.255
Network              - 172.27.0.0      - 172.27.255.255
Network              - 172.28.0.0      - 172.28.255.255
Network              - 172.29.0.0      - 172.29.255.255
Network              - 172.30.0.0      - 172.30.255.255
Network              - 172.31.0.0      - 172.31.255.255
```

当使用 sipcalc 命令计算 172.16.0.0/12 网络中不同位数子网掩码位提供的 IP 地址数量时，你应该能够确认并验证表 13-3 中所示的数据。

表 13-3　172.16.0.0/12 网络在不同子网范围内所提供的 IP 地址数量

掩码位数	地址范围
12	1,048,576
16	65,536
17	32,768
18	16,384
19	8192
20	4096

如前所述，我们所虚构的公司目前需要大约 2400 个 IP 地址。为了将地址总量减少到可控范围内同时又有足够大的增长空间，公司决定使用能提供 8192 个地址的 19 位子网掩码。它们使用 sipcalc 命令来计算可用的 19 位子网：

```
[student@studentvm1 ~]$ sipcalc 172.16.0.0/12 -s 19
-[IPv4 : 172.16.0.0/12] - 0

[Split network]
Network              - 172.16.0.0      - 172.16.31.255
```

```
Network                - 172.16.32.0    - 172.16.63.255
Network                - 172.16.64.0    - 172.16.95.255
Network                - 172.16.96.0    - 172.16.127.255
Network                - 172.16.128.0   - 172.16.159.255
Network                - 172.16.160.0   - 172.16.191.255
Network                - 172.16.192.0   - 172.16.223.255
Network                - 172.16.224.0   - 172.16.255.255
<snip>
Network                - 172.31.96.0    - 172.31.127.255
Network                - 172.31.128.0   - 172.31.159.255
Network                - 172.31.160.0   - 172.31.191.255
Network                - 172.31.192.0   - 172.31.223.255
Network                - 172.31.224.0   - 172.31.255.255
```

该公司随机选择使用 172.30.64.0/19 子网。网络划分信息如下所示：

```
[student@studentvm1 ~]$ sipcalc 172.30.64.0/19
-[IPv4 : 172.30.64.0/19] - 0

[CIDR]
Host address            - 172.30.64.0
Host address (decimal)  - 2887663616
Host address (hex)      - AC1E4000
Network address         - 172.30.64.0
Network mask            - 255.255.224.0
Network mask (bits)     - 19
Network mask (hex)      - FFFFE000
Broadcast address       - 172.30.95.255
Cisco wildcard          - 0.0.31.255
Addresses in network    - 8192
Network range           - 172.30.64.0 - 172.30.95.255
Usable range            - 172.30.64.1 - 172.30.95.254
```

当然，这只是私有地址范围内 128 个可能的 19 位子网中的一个。该公司也可以选择先前计算出的任何一个 19 位子网，这些子网都能同样满足网络的划分需求。

还有另一种选择是使用 192.168.0.0/16 私有地址范围，并在该范围内选择一个可用的 19 位子网。笔者在此将确定该范围内有多少地址和哪些子网可用的任务留作本章练习。

通过将 CIDR 表示法与 VLSM 相结合，使用 CIDR 块对已分配的地址进行重组，我们不仅实现了公共 IP 地址数量的增加，还提高了公共 IP 地址分配的灵活性。CIDR 表示法与 VLSM 的设计不仅兼容了传统分类网络架构，还为各种规模的组织提供了更多的灵活性和更多可供内部使用的私有 IP 地址。无论是私有 IP 地址空间还是已分配的公共 IP 地址空间，均可通过向网络掩码添加更多位数来轻松划分为子网，无须考虑网络类别。

CIDR 表示法可用于描述有类网络，但仅作为一种速记符号。CIDR 表示法的主要优势在于其无类别特性，允许更高效和灵活的 IP 地址分配和管理。

13.6　DHCP 客户端配置

计算机上的每个 NIC 都提供了一个连接到你的网络的物理接口，大多数计算机默认只配备一个 NIC，但有些计算机也可能配备了多个 NIC。笔记本计算机通常配备一个用于有线连接的 NIC（以太网）和一个用于无线连接的 NIC（Wi-Fi），有些笔记本计算机可能还配备一块用于蜂窝网络连接的 NIC（SIM 卡通信）。有一些 Linux 台式计算机或塔式计算机有多个有线 NIC，它们可被用作内部网络中的基础路由器，笔者自己的系统也是如此。

在大多数情况下，例如 Fedora，默认所有网络接口都通过 DHCP 来进行配置。这就要求在本地网络中必须有一个 DHCP 服务器。在我们的虚拟网络里，虚拟路由器就承担了为虚拟机提供 DHCP 服务的角色。

DHCP 服务器可以提供很多网络配置数据，以下列表数据是绝对必需的，这些数据是内部主机访问网络所需的最基础数据：

❑ IP 地址。

❑ 路由器 / 网关设备的 IP 地址。

❑ 至少一个域名服务器的 IP 地址。

DHCP 服务器还可能提供的其他配置数据，包括但不限于以下内容：

❑ 最多两个额外的域名服务器 IP 地址。

❑ 本地网络域名，以便在使用如 ping 等命令时无须输入完整的域名。

❑ 子网掩码。

13.7　NIC 的命名规则

NIC 的命名规则在过去相对简单且易于理解，其采用 ethX（其中 X 为数字变量）的命名方式既有意义，也便于输入。这种命名方式无需额外的步骤即可确定每个长且难以理解的名称对应的 NIC，大大简化了操作过程。然而，随着 NIC 不断添加新的 NIC，现有 NIC 的名称被迫重命名，从而导致所有 NIC 的启动配置出现问题。

网卡的命名规则在经过不断迭代和完善后，形成了一套相对合理的方案。在经历了使用长度非常长且难以理解的 NIC 名称（虽然对部分程序员来说易于理解）之后，我们引入了第三套网卡命名规则。虽然一开始这套新的命名规则看起来似乎并没有比之前的"ethX"方案更为便捷，但随着我们对其深入理解，这一新规则的实际优势和价值也开始显现。

在 Linux 主机后台运行的 udev 设备管理软件能够在系统中添加新设备（如新的 NIC）时检测到这一变化。如果尚未存在识别和命名该设备的规则，udev 会创建一条新的规则来识别并命名这个设备。需要注意的是，这个工作流程在最近版本的 Fedora 系统、CentOS 系统和 RHEL 系统中已经有所变化。

在启动过程的初期，Linux 内核通过 udev 来识别所有已连接的设备（包括各种 NIC）。在这个阶段，这些设备仍使用传统的命名方式（例如 ethX），但在随后极短的时间内，systemd 会按照一系列分层命名方案对这些设备进行重命名。

实验 13-6：NIC 重命名

请以 root 用户身份来执行本实验。在本实验中，我保留了第二个 NIC 的信息，以便更清楚地对比 NIC 之间的重命名规则：

```
[root@studentvm1 ~]# dmesg | grep eth
[    5.227604] e1000 0000:00:03.0 eth0: (PCI:33MHz:32-bit) 08:00:27:01:7d:ad
[    5.227625] e1000 0000:00:03.0 eth0: Intel(R) PRO/1000 Network Connection
[    5.577171] e1000 0000:00:09.0 eth1: (PCI:33MHz:32-bit) 08:00:27:ff:c6:4f
[    5.577199] e1000 0000:00:09.0 eth1: Intel(R) PRO/1000 Network Connection
[    5.579794] e1000 0000:00:03.0 enp0s3: renamed from eth0
[    5.585332] e1000 0000:00:09.0 enp0s9: renamed from eth1
```

此信息表明在 Linux 启动序列开始大约 5s 后，定位到了网络设备 eth0 和 eth1，不到 1s 之后，eth0 被重命名为 enp0s3，而 eth1 被重命名为 enp0s9。

RHEL 7 的《网络指南》[⊖]第 11 章详细描述了上面实验的重命名过程。以下内容摘自该文档：

方案 1：如果固件或 BIOS 提供的板载设备索引号适用且可用，那么将使用包含这些索引号的名称（例如 eno1）；否则执行方案 2。

方案 2：如果固件或 BIOS 提供的 PCI Express 热插拔插槽索引号适用且可用，那么将使用包含这些索引号的名称（例如 ens1）；否则执行方案 3。

方案 3：如果硬件连接器的物理位置信息适用，那么将使用包含这些位置信息的名称（例如 enp2s0）；在所有其他情况下直接执行方案 5。

方案 4：虽然默认不使用，但如果用户选择，可以使用包含接口 MAC 地址的名称（例如 enx78e7d1ea46da）。

方案 5：如果所有其他方法都失败，将使用传统的、不可预测的内核命名方案（例如 eth0）。

在方案 1 中，eno 前缀被使用，其中字母 o 表示板载，即主板的集成部分。在方案 2 中，ens 前缀被使用，字母 s 表示设备插入 PCI Express 插槽中。在实验 13-1 中，我们查看了虚拟机安装的 NIC，发现它被命名为 enp0s3。这与基于硬件（无论是虚拟的还是物理的）连接器物理位置的命名方案 3 一致。

修订后的命名方案的主要功能是提供一组一致的命名规则，以便安装新的 NIC 或重启都不会导致 NIC 名称发生变化，仅此一点就使得这些改变非常有价值。笔者曾多次遇到在同一主机上多个网络设备随机重命名的问题。相比学习迭代后的命名方案，解决网络设备随机重命名问题要痛苦得多。

最新的 NIC 命名规则在 RHEL 7 和 8、CentOS 7 和 8 以及当前版本的 Fedora 中使用。这些发行版 NIC 命名规则在 RHEL 7 的《网络指南》文档中有详细说明，并附带了关于名称如何生成的描述。NetworkManager 工具管理网络的内容在 RHEL 8 的《配置和管理网络》[⊖]文档及本书第 14 章。

⊖ Red Hat, Networking Guide, https://access.redhat.com/documentation/en-us/red_hat_enterprise_linux/7/html/networking_guide/ch-consistent_network_device_naming。

⊖ Red Hat, Configuring and Managing Networking, https://access.redhat.com/documentation/en-us/red_hat_enterprise_linux/8/html/configuring_and_managing_networking/Configuring-Networking-with-nmcli_configuring-and-managing-networking。

13.8　旧版接口配置文件

当前，所有版本的 Fedora 系统都默认使用 DHCP 配置来获取网络配置信息。在安装 Fedora 操作系统过程中，并没有提供配置网络接口各个方面的选项。从 Fedora 29 版本开始，如果所有的 DHCP 默认配置都足够，那么使用 DHCP 进行网络配置的 Linux 主机就不再需要接口配置文件。对于使用 DHCP 进行网络配置的网络中心的工作站和笔记本计算机来说，这可能是正确的。

然而，对于 Fedora 35 及之前的版本，你仍然可以使用旧版的 ifcfg-X 接口配置文件（位于 /etc/sysconfig/network-scripts 目录）对每个网络连接的 NIC 进行手动配置。每个 NIC 都可以有一个以接口名（例如 ifcfg-enp0s3 或类似名称）命名的配置文件，其中 enp0s3 是 udev 守护程序分配的接口名。每个接口配置文件都与一个特定的物理 NIC 相关联。

从 Fedora 36 开始，新安装的系统不再支持旧版 ifcfg 接口配置文件，转而专用 Network-Manager 进行管理。我们将在第 14 章中对 NetworkManager 细节进行详细介绍，包括它如何在没有接口配置文件的情况下管理有线网络连接，以及它如何使用网络连接密钥文件来管理无线连接。此外，我们还将介绍（如在需要静态 IP 地址的服务器或作为路由器的系统上）如何升级到或创建用于有线连接的 NetworkManager 连接密钥文件。

13.8.1　何时需要接口配置文件

在 Fedora 36 及后续操作系统版本中已经不需要 ifcfg 接口配置文件了。但是，现在仍有许多系统没有转换到 NetworkManager 的新网络连接密钥文件上，因此你需要对旧版的 ifcfg 接口配置文件样式及一些常见的配置变量有一定的了解。

如图 13-2 所示为一个简化版 ifcfg 配置文件的内容。

```
TYPE=Ethernet
PROXY_METHOD=none
BROWSER_ONLY=no
BOOTPROTO=dhcp
DEFROUTE=yes
IPv4_FAILURE_FATAL=no
IPv6INIT=yes
IPv6_AUTOCONF=yes
IPv6_DEFROUTE=yes
IPv6_FAILURE_FATAL=no
IPv6_ADDR_GEN_MODE=stable-privacy
NAME=enp0s3
UUID=4a527023-daa4-4dfb-9775-dbe9fb00fb0b
DEVICE=enp0s3
ONBOOT=yes
```

图 13-2　一个典型的简化版 ifcfg 配置文件，在笔者的一台测试虚拟机上被命名为 ifcfg-enp0s3

表 13-4 列出了图 13-2 中的配置选项以及其他一些常见的配置选项，并对每个配置选项做了简要说明。通过观察我们可以发现，许多 IPv6 的配置选项与 IPv4 的配置选项在名称上很相似。需要注意的是，本地配置变量设置会覆盖 DHCP 服务器提供的设置变量设置。

表 13-4 网络接口配置文件常见配置选项

配置变量	配置变量功能描述
TYPE	网络的类型，例如以太网或令牌环
PROXY_METHOD	代理配置方法，none 表示没有使用代理
BROWSER_ONLY	是否仅针对浏览器配置代理
BOOTPROTO	选项有 dhcp,bootp,none 和 static
DEFROUTE	主机到外部世界的默认路由
IPV4_FAILURE_FATAL	如果设置为 no，无法获取 IPv4 连接将不会影响尝试建立 IPv6 连接
IPv6INIT	是否初始化 IPv6，默认为 yes
IPV6_AUTOCONF	表示在此接口上是否使用 DHCP 配置 IPv6
IPV6_DEFROUTE	此接口是主机到外部世界的 IPv6 默认路由
IPV6_FAILURE_FATAL	如果设置为 no，无法获取 IPv6 连接将不会影响尝试建立 IPv4 连接
IPV6_ADDR_GEN_MODE	配置 IPv6 稳定隐私地址
NAME	接口名称，例如 enp0s3
UUID	接口的全局唯一标识符。它是通过接口名称的散列函数创建的
DEVICE	与此配置文件绑定的接口名称
ONBOOT	如果设置为 yes，引导时（实际上是启动时）开启此接口。 如果设置为 no，则直到用户在 GUI 登录或手动开启接口时，接口才开启。如果默认不是 yes，笔者也会将其设置为 yes
HWADDR	接口的 MAC 地址
DNS1，DNS2	可以指定最多两个名称服务器
USERCTL	指定非特权用户是否可以启动和停止此接口。选项是 yes/no
BROADCAST	此网络的广播地址，如 10.0.2.255
NETMASK	此子网的子网掩码，如 255.255.255.0
NETWORK	此子网的网络 ID，如 10.0.2.0
SEARCH	在查找未限定主机名时搜索的 DNS 域名，如使用 student vm1 而不是 studentvm1.example.com
GATEWAY	此子网的网络路由器或默认网关，如 10.0.2.1
PEERDNS	值为 yes 表示通过在此文件中指定的 DNS1 和 DNS2 选项插入 DNS 服务器条目来修改 /etc/resolv.conf。no 表示不更改 resolv.conf 文件。当 BOOTPROTO 行中指定 DHCP 时，默认为 yes

接口配置文件中的各行不依赖特定顺序，任何排列顺序都能正常运行。按照惯例，选项名称使用大写字母，相应的值使用小写字母。当配置的选项值是由多个单词或数字组成时，选项值（等号右边）需要放在引号中。

如果需要了解更多配置文件的信息，文件 /usr/share/doc/initscripts/sysconfig.txt 包含了可以在 /etc/sysconfig 目录及其子目录中找到所有文件配置列表，包括网络 ifcfg-<interface> 文件。每个配置描述文件列出了所有配置变量及其可能的值，并对配置变量进行了简要说明。

13.8.2 接口配置文件

/etc/networks 文件是一个简单的 ASCII 文本文件，其中包含了主机所知的已连接网络的名称信息。这个文件仅支持 A 类、B 类或 C 类的网络。因此，对于采用 CIDR 表示法的网络，这个文件不能提供准确的信息。

在某些旧版本操作系统的安装过程中，你可能会遇到一个已经过时且被弃用的网络文件。这个文件通常在 Fedora、RHEL 和 CentOS 系统中只含有一条注释行。它位于 /etc/sysconfig 目录下，过去主要用于启用或禁用网络功能。此外它还曾被用于设置网络的主机名，具体内容如下述所示：

```
NETWORKING=yes
HOSTNAME=host.example.com
```

这个文件自 Fedora 19 版以来就一直存在但从未被使用，直至 Fedora 30 版中仍然存在。但在最新的版本中，该文件已经不在了。现在，主机域名在 /etc/hostname 文件中设置。

13.8.3　route-\<interface\> 文件

在 /etc/sysconfig/network-scripts 目录中，你可能会遇到另一种名为 route-\<interface\> 的网络配置文件。这个文件现在已经不再使用（或不存在）了。如果你想在一个多宿主系统[⊖]上设置静态路由，你需要为每个接口创建一个路由文件。例如，一个被命名为 route-enp0s3 的路由文件，它包含为该接口定义到整个网络或特定主机的路由信息。每个接口都有自己的路由文件。

在 Linux 客户端中，虽然该类文件并不常见，但是，如果你将该主机用作路由器或需要特殊路由配置时，你可能会使用该文件来设置复杂路由。鉴于这些详细的路由配置内容已超出了本书的介绍范围，我们将不再深入探讨这个路由配置文件的细节内容。

13.9　域名服务

浏览网页很有趣也很容易。然而，若每次访问网站时都需要手动输入其 IP 地址，这将为我们的操作带来不小的麻烦。想象一下，每当你想要访问某个网站时，都需要键入一串复杂的数字地址，如 https://93.184.216.34，这对于大部分人来说是难以记住的。尽管通过使用浏览器的书签功能可以在一定程度上解决这一问题，但当朋友向你推荐一个新的网站，仅告知你一个像 93.184.216.34 这样的数字地址时，你又该如何记住呢？显然，与数字地址相比，诸如 "example.com" 这样的域名更易于记忆。

域名系统提供了一个数据库，该数据库用于将便于人类记忆的主机名（例如 www.example.com）转换为 IP 地址（例如 93.184.216.34）。通过这一转换机制，网络中的计算机和其他设备可以顺利地访问这些域名。BIND（Berkeley Internet Name Domain，伯克利互联网名称域）软件担任着域名解析的重要角色，它依靠 DNS 数据库来实现这一功能。尽管市场上存在其他域名解析软件，但 BIND 凭借其卓越的性能和广泛的适应性，成为当前互联网领域最为通用的 DNS 软件。在此节中，为方便讨论，我们暂时将 "名称服务器" "DNS"

⊖　拥有多个 NIC 的系统，通常被用作路由器。

以及"解析器"视作等同或相似的概念。

在现代信息化社会中，域名解析服务扮演了一个极其重要的角色。如果没有这些域名解析服务，我们几乎无法像现在这样自由轻松地浏览网页。我们人类更善于记忆像 example. com 这样的域名，而计算机则更擅长处理如 93.184.216.34 这样的数字形式 IP 地址。因此，我们需要一个转换服务，将人们易于记忆的域名转换为计算机可以高效处理的数字地址。这个转换过程我们称之为"域名解析"。

在小型网络中，每台主机上的 /etc/hosts 文件都可以作为域名解析器。然而，在多台主机之间同步和维护这份文件是一项耗时且烦琐的任务。一旦发生错误，将导致域名解析混乱，并且需要浪费大量时间来查找这些问题。几年前，笔者在自己的网络中曾经这样做过，虽然是平时使用的 8 ～ 12 台计算机，但维护所有主机的 /etc/hosts 文件仍然是一项繁重的任务。因此，笔者最终采用运行自己的域名服务器来解析内部和外部的主机名。

任何规模的网络都需要使用域名服务软件（如 BIND）进行集中的域名解析管理。BIND 之所以如此命名，是因为它是在 20 世纪 80 年代初由加州大学伯克利分校开发的。主机使用域名系统从诸如网页浏览器、电子邮件客户端、SSH、FTP 和许多其他互联网服务提供的域名中获取 IP 地址。

13.9.1　域名解析原理

让我们通过一个例子来了解，当你的计算机上的客户端服务请求一个网页时会发生什么。在这个例子中，笔者使用 www.example.com 作为我们想在浏览器中查看的网站。我们还假设网络中有一个本地域名服务器，就像在实际的公共网络中一样。

1）输入 URL 或者选择包含 URL 的书签。在这个例子中，URL 是 www.example.com。

2）无论我们使用的是 Opera、Firefox、Chrome、Lynx、Links 还是其他任何浏览器，浏览器客户端都会将这个请求发送给操作系统

3）操作系统首先检查 /etc/hosts 文件，看这个文件中是否包含了该 URL 或主机名条目。如果该文件包含了 URL 或主机名条目，就会将该条目的 IP 地址返回给浏览器。如果未包含，我们就进行下一步操作。在这个例子中，我们假设 /etc/hosts 文件没有包含该 URL 或主机名条目信息。

4）URL 会被发送到 /etc/resolv.conf 中指定的第一个域名服务器。在这个例子中，第一个域名服务器的 IP 地址是我们自己设置的内部域名服务器。假设我们的域名服务器尚未缓存 www.example.com 的 IP 地址，则需要进一步查找，因此我们继续进行下一步。

5）本地域名服务器会将请求发送到远程域名服务器。远程域名服务器有两种目标类型：转发器和顶级根域名服务器。转发器只是另一个域名服务器，比如你的 ISP 提供的域名服务器，或者是谷歌等公共域名服务器（如 8.8.8.8 或 8.8.4.4）。根域名服务器通常不会直接响应 www.example.com 的目标 IP 地址，它们会返回该域名的权威域名服务器。权威域名服务器是唯一有权维护和修改域名名称数据的服务器。

6）本地域名服务器会向根域名服务器查询，所以 .com 顶级域的根域名服务器会返回 example.com 权威域名服务器的 IP 地址。这个 IP 地址可能是（在撰写本文时）a.iana-servers.

net 或 b.iana-servers.net 这两个域名服务器中的任意一个。

7）本地域名服务器随后将查询发送到权威域名服务器，权威域名服务器会返回 www.example.com 的 IP 地址。

8）浏览器使用 www.example.com 的 IP 地址来发送网页请求，网页被下载到浏览器中。

域名解析的一个重要功能是，我们的本地域名服务器会将搜索结果缓存一段时间。这意味着当同一个网络中的任何人下次想要访问 example.com 时，该网站的 IP 地址已经被本地域名服务器存储，无须进行远程查询。

13.9.2　使用 /etc/hosts 文件

通常情况下，只需在 /etc/resolv.conf 文件中添加 1 ～ 3 个域名服务器的 IP 地址，大部分计算机就能轻松访问域名服务。对于大多数家用计算机和笔记本计算机来说，域名服务的配置通常在其启动时执行，因为这些设备使用 DHCP 配置，DHCP 服务器为它们提供 IP 地址、网关地址以及域名服务器的 IP 地址。通常，DHCP 服务器是由你的互联网服务提供商所提供的路由器内置的功能。

对于静态配置的主机，/etc/resolv.conf 文件通常在安装过程中根据系统管理员安装输入的信息生成。

在没有 DHCP 服务的环境中，向 /etc/hosts 文件添加条目使得通过域名访问远程主机成为可能。这种做法在单机系统或小型网络环境中尤为常见。为了实现这一目的，我们需要对 /etc/hosts 文件的默认配置进行了解，并在其中添加一些相应的主机条目。

实验 13-7：使用 /etc/hosts 文件

请以 root 用户身份来执行本实验。首先使用 **cat** 命令来查看 /etc/hosts 文件的默认配置内容。在 /etc/hosts 文件的默认配置中，我们看到只有四行有效条目（# 后面的内容被注释了），这些条目内容主要是针对本地主机的 IP 地址（包括 IPv4 和 IPv6）到主机域名的映射条目：

```
[root@studentvm1 ~]# cd /etc ; cat hosts
# Loopback entries; do not change.
# For historical reasons, localhost precedes localhost.localdomain:
127.0.0.1   localhost localhost.localdomain localhost4 localhost4.
localdomain4
::1         localhost localhost.localdomain localhost6 localhost6.
localdomain6
# See hosts(5) for proper format and other examples:
# 192.168.1.10 foo.mydomain.org foo
# 192.168.1.13 bar.mydomain.org bar
```

这些条目允许我们使用本地主机的域名来处理命令。下面的 **ping** 命令显示域名（localhost）默认使用 IPv6 地址通信：

```
[root@studentvm1 etc]# ping -c2 localhost
PING localhost(localhost (::1)) 56 data bytes
```

```
64 bytes from localhost (::1): icmp_seq=1 ttl=64 time=0.076 ms
64 bytes from localhost (::1): icmp_seq=2 ttl=64 time=0.077 ms
--- localhost ping statistics ---
2 packets transmitted, 2 received, 0% packet loss, time 43ms
rtt min/avg/max/mdev = 0.076/0.076/0.077/0.008 ms
```

下面命令显示 localhost4 域名使用 IPv4 地址通信：

```
[root@studentvm1 etc]# ping -c2 localhost4
PING localhost (127.0.0.1) 56(84) bytes of data.
64 bytes from localhost (127.0.0.1): icmp_seq=1 ttl=64 time=0.046 ms
64 bytes from localhost (127.0.0.1): icmp_seq=2 ttl=64 time=0.074 ms
```

下面命令显示 localhost6 域名使用 IPv6 地址通信：

```
[root@studentvm1 etc]# ping -c2 localhost6
PING localhost6(localhost (::1)) 56 data bytes
64 bytes from localhost (::1): icmp_seq=1 ttl=64 time=0.066 ms
64 bytes from localhost (::1): icmp_seq=2 ttl=64 time=0.083 ms

--- localhost6 ping statistics ---
2 packets transmitted, 2 received, 0% packet loss, time 66ms
rtt min/avg/max/mdev = 0.066/0.074/0.083/0.012 ms
```

经过上述验证，/etc/hosts 文件中配置的 IP 地址和域名映射条目均能正常解析。虽然我们可以通过环回地址对本地主机进行 ping 操作，但如果希望通过网络中的实际主机名进行 ping 操作，那么则需要使用网络接口 enp0s3 的当前 IP 地址，而不是环回地址。请注意，该 IP 地址未来可能会发生变化，这一点在《网络服务详解》中有详细的介绍。

首先，我们执行如下命令来查看虚拟机中 enp0s3 的 IP 地址：

```
[root@studentvm1 ~]# ip addr show enp0s3
2: enp0s3: <BROADCAST,MULTICAST,UP,LOWER_UP> mtu 1500 qdisc fq_codel state UP
group default qlen 1000
    link/ether 08:00:27:01:7d:ad brd ff:ff:ff:ff:ff:ff
    inet 10.0.2.22/24 brd 10.0.2.255 scope global dynamic
    noprefixroute enp0s3
        valid_lft 499sec preferred_lft 499sec
    inet6 fe80::b36b:f81c:21ea:75c0/64 scope link noprefixroute
        valid_lft forever preferred_lft forever
```

上述反馈的信息显示了 StudentVM1 主机的 IP 地址为 10.0.2.22/24。你的 IP 地址可能与上述虚拟机的 IP 地址不同，但如果你按照上述操作步骤完成了所有实验，那么这种情况应该不太可能发生。

使用你习惯的文本编辑器在 /etc/hosts 文件的末尾添加如下两行配置内容（IP 地址为 10.0.2.22，与 IP 地址相映射的主机域名为 studentvm1、svm1、vm1 s1）。笔者习惯在

Bash 脚本中直接添加注释，这样在以后的时间或者对于未来接替笔者工作的其他系统管理员来说，都能清楚地知道笔者之前做了什么，以及为什么这么做。请务必使用你自己虚拟机的 IP 地址，因为笔者和你的 IP 地址可能不一样：

```
# Added the following lines for testing
10.0.2.22          studentvm1 svm1 vm1 s1
```

请注意，每个 IP 地址可以对应多个主机名，这意味着你既可以使用特定主机的完整主机名，也可以使用你为其设置的任何别名。/etc/hosts 文件通常不用于为全限定域名（Fully Qualified Domain Name, FQDN）如 studentvm1.example.com 提供服务；相反，通常只使用未经限定的主机名本身：

```
[root@studentvm1 ~]# ping -c2 studentvm1
PING studentvm1 (10.0.2.7) 56(84) bytes of data.
64 bytes from studentvm1 (10.0.2.7): icmp_seq=1 ttl=64 time=0.069 ms
64 bytes from studentvm1 (10.0.2.7): icmp_seq=2 ttl=64 time=0.088 ms

--- studentvm1 ping statistics ---
2 packets transmitted, 2 received, 0% packet loss, time 60ms
rtt min/avg/max/mdev = 0.069/0.078/0.088/0.013 ms
[root@studentvm1 ~]# ping -c2 svm1
PING studentvm1 (10.0.2.7) 56(84) bytes of data.
64 bytes from studentvm1 (10.0.2.7): icmp_seq=1 ttl=64 time=0.081 ms
64 bytes from studentvm1 (10.0.2.7): icmp_seq=2 ttl=64 time=0.098 ms

--- studentvm1 ping statistics ---
2 packets transmitted, 2 received, 0% packet loss, time 35ms
rtt min/avg/max/mdev = 0.081/0.089/0.098/0.012 ms
[root@studentvm1 ~]# ping -c2 vm1
PING studentvm1 (10.0.2.7) 56(84) bytes of data.
64 bytes from studentvm1 (10.0.2.7): icmp_seq=1 ttl=64 time=0.085 ms
64 bytes from studentvm1 (10.0.2.7): icmp_seq=2 ttl=64 time=0.079 ms

--- studentvm1 ping statistics ---
```

通过上述命令执行结果，我们发现在 /etc/hosts 文件中所添加配置的 IP 地址（10.0.2.22）与主机域名（studentvm1、svm1、vm1 s1）映射条目均已生效。

现在，让我们在 etc/hosts 文件的底部，为虚拟路由器添加如下条目：

```
10.0.2.1          router gateway
```

添加完毕后，让我们使用 ping 命令来验证这个路由的通信状态：

```
[root@studentvm1 ~]# ping -c2 router
PING router (10.0.2.1) 56(84) bytes of data.
64 bytes from router (10.0.2.1): icmp_seq=1 ttl=255 time=0.254 ms
64 bytes from router (10.0.2.1): icmp_seq=2 ttl=255 time=0.266 ms
```

```
--- router ping statistics ---
2 packets transmitted, 2 received, 0% packet loss, time 31ms
rtt min/avg/max/mdev = 0.254/0.260/0.266/0.006 ms
[root@studentvm1 ~]# ping -c2 gateway
PING router (10.0.2.1) 56(84) bytes of data.
64 bytes from router (10.0.2.1): icmp_seq=1 ttl=255 time=0.246 ms
64 bytes from router (10.0.2.1): icmp_seq=2 ttl=255 time=0.253 ms

--- router ping statistics ---
2 packets transmitted, 2 received, 0% packet loss, time 33ms
rtt min/avg/max/mdev = 0.246/0.249/0.253/0.016 ms
```

通过 ping 命令返回的状态，我们发现在 etc/hosts 文件底部配置的条目均已生效。

对于在本地局域网之外添加任何主机记录的做法，笔者持强烈的反对意见。尽管在技术层面这一操作是可行的，但它可能会将我们的本地系统特定的 IP 地址与外部主机名绑定。如果这个 IP 地址在未来发生了变化，就会导致我们无法访问该主机。要解决这个问题可能会非常困难，特别是你在本地 hosts 文件中忘记了该记录的时候。笔者就曾因此遭受过困扰，花费了数小时才找到并解决了这个问题。

最后，关闭编辑器会话，保留对 /etc/hosts 文件的更改。

13.10　网络路由简介

连接到网络的每台计算机在离开本地主机时，都需路由指令功能，这个路由指令负责 TCP/IP 数据包的指向。指令内容非常简单直接，因为许多网络环境非常简单，出站的数据包只有两种传输方向：一是发送到本地网络中的设备；二是发送到其他远程网络。

首先让我们定义"本地"网络，即逻辑上（通常也是物理上）本地主机所在的网络。从逻辑上，本地网络意味着主机被分配了本地子网的 IP 地址，且这个子网是本地网络多个子网中的一个。从物理上讲，这意味着主机物理连接到一个或多个交换机，这些交换机也连接到本地网络的其他部分。

如果数据包不传输至本地网络中的主机或其他节点（如打印机），那么数据包都将无一例外地被发送到默认路由器（路由器网关等）。

路由表

所有网络设备，无论主机、路由器还是其他类型的网络节点（如网络连接的打印机），都需要就如何路由 TCP/IP 数据包做出决策。每个主机都有一个路由表，这个路由表提供了主机路由决策所需的配置信息。网络中任何主机的路由表都可以决定本地数据包是发送到本地网络中的主机，还是发送到默认网关路由器。

对于使用 DHCP 连接到网络的主机，DHCP 服务器会提供默认路由的配置信息，例如 DNS、主机的 IP 地址，以及其他信息（如 NTP 服务器的 IP 地址）。

实验 13-8：路由

请以 student 用户身份来执行本实验，无须使用 root 用户身份。

route -n 命令会列出当前系统中的路由表，其中 -n 选项仅将结果显示为 IP 地址，并且不尝试执行域名系统查找，如果主机名可用，域名系统查找会将 IP 地址替换为主机名：

```
Kernel IP routing table
Destination     Gateway         Genmask         Flags Metric Ref    Use Iface
0.0.0.0         10.0.2.1        0.0.0.0         UG    100    0        0 enp0s3
10.0.2.0        0.0.0.0         255.255.255.0   U     100    0        0 enp0s3
```

netstat -rn 命令生成的结果与 route -n 命令相似，只是后者多出了 Metric 列，这个列帮助我们了解多宿主系统（例如路由器）或需要连接到多个网络的主机（例如我个人工作站上的 StudentVM1 主机）。

图 13-3 展示的例子来自笔者工作站上的 StudentVM1 主机，该主机连接到两个不同的网络。在该示例中显示了主机连接的每个网络都有一个网关：

```
[student@studentvm1 ~]$ route -n
Kernel IP routing table
Destination     Gateway         Genmask         Flags Metric Ref    Use Iface
0.0.0.0         45.20.209.46    0.0.0.0         UG    102    0        0 enp4s0
45.20.209.40    0.0.0.0         255.255.255.248 U     102    0        0 enp4s0
192.168.0.0     0.0.0.0         255.255.255.0   U     100    0        0 enp2s0
192.168.10.0    0.0.0.0         255.255.255.0   U     101    0        0 enp1s0
```

图 13-3　示例来自我工作站上的 StudentVM1 主机，该主机连接到两个不同的网络

在 route 命令的输出中，Iface 一列清晰地列出了各个出站 NIC 的名称，例如 enp0s3 或 enp0s9。对于那些充当路由器功能的主机，通常至少配备两块 NIC，有的甚至更多。每块用于路由的 NIC 都将连接到不同的物理或逻辑网络。Flags 一列中的标记表明路由当前是否启用（U）以及哪个是默认网关（G）。此外可能还包含其他标记，篇幅原因这里不再一一列举。

笔者的虚拟机并非专门的路由器，而是一台已连接到多个网络的 Linux 主机。然而，只需进行一些配置调整，即可让其具备路由器功能。关于如何将 Linux 主机配置为路由器，我们将在《网络服务详解》中进行详细介绍。

图 13-4 展示了笔者家用作路由器的物理 Fedora 主机上执行 route -n 命令的结果。这台主机不仅负责通过互联网服务提供商在家庭网络与外部互联网之间传输数据包，还负责管理到家中用作宾客网络的有线及无线连接。这个宾客网络的安全措施能防止宾客直接访问家庭网络中的其他设备，同时仍允许它们完全访问互联网。这种方式提供了一定的安全保障。

在图 13-4 中，Flags 列中的 G 代表"Gateway"（网关）。在本章节，"网关"与"默认路由"具有相同的含义。在执行命令时若使用 -n 选项，默认路由的目标地址始终显示为 0.0.0.0。若不使用 -n 选项，则在输出结果的 Destination 列中会显示"Default"（默认）。Gateway 列中的 IP 地址是指出站方向的网关路由器的地址。默认网关的 Genmask

设置为 0.0.0.0，意味着在路由表中若无其他条目指定将数据包发送至本地网络或其他出站路由器，这些数据包将发送至默认网关。

```
[root@wally ~]# route -n
Kernel IP routing table
Destination     Gateway         Genmask         Flags Metric Ref    Use Iface
0.0.0.0         45.20.209.46    0.0.0.0         UG    102    0        0 enp4s0
45.20.209.40    0.0.0.0         255.255.255.248 U     102    0        0 enp4s0
192.168.0.0     0.0.0.0         255.255.255.0   U     100    0        0 enp2s0
192.168.10.0    0.0.0.0         255.255.255.0   U     101    0        0 enp1s0
```

图 13-4　笔者的家庭路由器是一台连接至三个不同网络的 Fedora 主机

那么，对于图 13-3 中笔者自己的 StudentVM1 主机而言，它显示了两个看似默认路由的条目，那这两个条目中哪一条是真正的默认路由呢？事实上，每个网络接口都处于不同网络中，这些网络都通过 DHCP 分配了默认网关。由于每个网络都有一个自己的默认网关，因此它们会向虚拟机分配一个不同的默认网关。

```
[student@studentvm1 ~]$ ip route
default via 10.0.2.1 dev enp0s3 proto dhcp src 10.0.2.22 metric 100
default via 192.168.0.254 dev enp0s9 proto dhcp src 192.168.0.181 metric 101
10.0.2.0/24 dev enp0s3 proto kernel scope link src 10.0.2.22 metric 100
192.168.0.0/24 dev enp0s9 proto kernel scope link src 192.168.0.181
metric 101
```

经过对 `ip route` 命令输出的路由表信息进行详细查看，我们发现默认路由的度量值是最低的，也就是优先级最高。为了验证图 13-3 中所示的默认网关是否准确，我们可以使用 traceroute 工具执行如下命令来追踪数据包到达远程主机的完整路径：

```
[student@studentvm1 ~]# traceroute www.example.org
traceroute to www.example.org (93.184.216.34), 30 hops max, 60 byte packets
 1  studentvm2.example.com (192.168.56.1)  0.323 ms  0.796 ms  0.744 ms
 2  10.0.2.1 (10.0.2.1)  1.106 ms  1.089 ms  1.063 ms
 3  * * *
 4  * * *
 5  * * *
 6  * * *
 7  * * *
 8  * * *
 9  * * *
10  * * *
11  * * *
12  * * *
13  * *^C
```

在上述命令返回的结果中，我们可以看到部分节点并未对 TCP 数据包产生响应，但 traceroute 工具已经显示了其真实的默认路由，即 10.0.2.1——虚拟网络中的虚拟路由器。

这个工具之前运行效果非常出色，并且目前也未被淘汰，因此我们有理由进一步探索并运用它。

我们可以使用 -I 选项来强制 traceroute 工具使用 ICMP（因特网控制消息协议）代替 TCP。-I 选项的优势在于，它能够显示具有 DNS 名称的路由器名称，以及每个响应节点的 IP 地址：

```
[student@studentvm1 ~]$ traceroute -I www.example.org
traceroute to www.example.org (93.184.216.34), 30 hops max, 60 byte packets
 1  _gateway (10.0.2.1)  0.461 ms  0.389 ms  0.368 ms
 2  _gateway (192.168.0.254)  0.617 ms  0.600 ms  0.571 ms
 3  45-20-209-46.lightspeed.rlghnc.sbcglobal.net (45.20.209.46)  1.256
ms  1.139 ms *
 4  * * *
 5  99.173.76.162 (99.173.76.162)  2.614 ms * *
 6  99.134.77.90 (99.134.77.90)  2.346 ms * *
 7  * * *
 8  * * *
 9  * * *
10  * * *
11  32.130.16.19 (32.130.16.19)  14.824 ms * *
12  att-gw.atl.edgecast.com (192.205.32.102)  13.391 ms *  12.549 ms
13  ae-71.core1.agb.edgecastcdn.net (152.195.80.141)  12.616 ms  12.564
ms  12.543 ms
14  93.184.216.34 (93.184.216.34)  12.302 ms  12.272 ms  11.831 ms
```

笔者更喜欢使用的工具是 mtr。这个工具最初被称为 Matt's traceroute，因为它是由 Matt 编写的。其设计目的是作为旧版 traceroute 工具的动态替代品，由于 Matt 不再负责维护这个工具，而由其他人接手负责管理，因此现在它被称作"my traceroute"。接下来让我们来实际上手操作下这个 mtr 工具。

在以下示例中，-c2（计数）选项表示 mtr 只会发送两个探测数据包到目标主机，而不是默认的持续发送直到到达目标或达到预设的最大跳数。-n 选项表示使用数字 IP 地址，并且不进行 DNS 名称查询。-r 选项表示将会使用报告模式，在该模式下，mtr 会在所有流程循环运行完毕后一次性显示所有数据，这种模式的输出更为美观，适合在文档和书籍中使用：

```
[root@studentvm1 etc]# mtr -c2 -n -r example.com
Start: 2023-03-18T21:43:27-0400
HOST: studentvm1           Loss%  Snt  Last  Avg  Best  Wrst StDev
  1.|-- 10.0.2.1            0.0%    2   0.7  0.7   0.7   0.7  0.0
  2.|-- 192.168.0.254       0.0%    2   1.2  1.2   1.1   1.2  0.1
  3.|-- 45.20.209.46        0.0%    2   1.7  1.9   1.7   2.0  0.2
  4.|-- ???               100.0%    2   0.0  0.0   0.0   0.0  0.0
  5.|-- 99.173.76.162       0.0%    2   3.6  3.8   3.6   3.9  0.2
  6.|-- 99.134.77.90        0.0%    2   3.7  3.7   3.7   3.7  0.0
  7.|-- 12.83.103.9         0.0%    2   8.9  8.5   8.2   8.9  0.5
```

```
 8.|-- 12.123.138.102          0.0%    2   15.4  15.2  14.9  15.4   0.4
 9.|-- ???                    100.0    2    0.0   0.0   0.0   0.0   0.0
10.|-- ???                    100.0    2    0.0   0.0   0.0   0.0   0.0
11.|-- 32.130.16.19            0.0%    2   14.9  15.8  14.9  16.8   1.3
12.|-- 192.205.32.102          0.0%    2   13.3  13.6  13.3  13.8   0.4
13.|-- 152.195.80.141          0.0%    2   13.5  13.4  13.4  13.5   0.1
14.|-- 93.184.216.34           0.0%    2   12.8  12.8  12.8  12.8   0.0
```

通过上述反馈的结果中,我们可以看到 mtr 为我们提供了很详细的信息,并向我们展示了数据包到达目标主机的具体路径。虽然在这个路径中,有些路由器可能不会做出任何响应,但在此实验中,我们无需此类信息。

你的实验结果所显示的路由器可能与我的结果存在差异。然而,在接近目标主机的最后几个跃点,大家的路径应当相差无几。这是因为这部分路径更接近目标主机,因此通常具有一致性。

如果不使用计数选项(-c 选项),mtr 会一直持续检查路由,直到你按下 <q> 键退出。因此,mtr 可以显示到目的地途中的每一跳的统计信息,包括每个中间路由器的响应时间和数据包丢失情况,那些没有响应的路由器除外。

你可能会在上述命令反馈结果中的任何一个跳点上(左侧的顺序编号)看到多个路由器,这表明到远程主机的路径并不总是通过相同的路由器,也有可能选择其他时间相同的路由器。

我们可以利用另一个工具(whois)来获取关于 IP 地址所有者的更多信息。有时,与远程网络的滥用处理部门进行沟通对于追踪和阻止特定类型的攻击可能会有很大帮助。在世界不同地区,情况可能有所不同:有些地方的联系人可能会主动提供帮助,但在其他一些地区,我们可能无法期待得到相同程度的支持。

```
[student@studentvm1 ~]$ whois 93.184.216.34
[Querying whois.ripe.net]
[whois.ripe.net]
% This is the RIPE Database query service.
% The objects are in RPSL format.
%
% The RIPE Database is subject to Terms and Conditions.
% See http://www.ripe.net/db/support/db-terms-conditions.pdf

% Note: this output has been filtered.
%       To receive output for a database update, use the "-B" flag.

% Information related to '93.184.216.0 - 93.184.216.255'

% Abuse contact for '93.184.216.0 - 93.184.216.255' is 'abuse@
verizondigitalmedia.com'

inetnum:        93.184.216.0 - 93.184.216.255
netname:        EDGECAST-NETBLK-03
descr:          NETBLK-03-EU-93-184-216-0-24
```

```
country:        EU
admin-c:        DS7892-RIPE
tech-c:         DS7892-RIPE
status:         ASSIGNED PA
mnt-by:         MNT-EDGECAST
created:        2012-06-22T21:48:41Z
last-modified:  2012-06-22T21:48:41Z
      source:        RIPE # Filtered

      person:        Derrick Sawyer
      address:       13031 W Jefferson Blvd #900, Los Angeles, CA 90094
      phone:         +18773343236
      nic-hdl:       DS7892-RIPE
      created:       2010-08-25T18:44:19Z
      last-modified: 2017-03-03T09:06:18Z
      source:        RIPE
      mnt-by:        MNT-EDGECAST

      % This query was served by the RIPE Database Query Service version
      1.94 (WAGYU)
```

对于大多数主机而言，路由决策过程相对简单：

1）如果目标主机位于本地网络内，那么会直接将数据发送到目标主机。

2）如果目标主机位于一个远程网络内，且该网络可以通过路由表中列出的本地网关到达，那么数据会被发送到这个明确定义的网关。

3）如果目标主机位于远程网络，且没有其他路由表条目定义了到该主机的路径，那么数据将被发送到默认网关。

上述这些规则简单来说就是，如果没有匹配项而导致数据包传输失败，那么就将数据包发送到默认网关。

13.11　iptraf-ng 工具

在排查网络连接问题时，使用类似 iptraf-ng（IP traffic next generation）这样的工具来监控一个或多个接口的网络流量是非常有用的。这个工具使用起来非常简单，它提供了一个文本模式的菜单式界面。

对于那些刚开始担任系统管理员的人而言，该工具的使用频率可能并不高。要充分理解该工具返回的结果，需具备比本书介绍的更深入的网络知识。然而，笔者认为该工具具有极高的价值，能有效提升工作与学习的分析效率。通过观察网络流量，我们可以学习到大量网络知识，并更容易发现难以察觉的问题，如某主机出现未响应现象。该工具需要投入大量的时间和反复实践才能熟练掌握其实际的操作功能。

实验 13-9：使用 iptraf-ng

请务必使用 root 用户身份来执行本实验。若以非 root 用户身份启动 iptraf-ng，程序可能无法正常运行。若当前系统尚未安装 iptraf-ng 程序，请执行如下命令进行安装：

```
[root@studentvm1 ~]# dnf -y install iptraf-ng
```

安装完 iptraf-ng 程序后，我们新打开一个终端命令窗口，执行如下命令来对路由器进行连续 ping 操作。在执行 ping 操作时不限制 ping 的次数，因为我们希望在完成这个实验之前让它持续进行，换句话来说，我们执行命令后不对这个任务终端以及命令进行暂停关闭等行为。注意，在本实验中我们 ping 的是在 /etc/hosts 文件中为路由器指定的名称：

```
[student@studentvm1 ~]$ ping www.example.com
PING www.example.com (93.184.216.34) 56(84) bytes of data.
64 bytes from 93.184.216.34: icmp_seq=1 ttl=50 time=12.4 ms
64 bytes from 93.184.216.34: icmp_seq=2 ttl=50 time=12.6 ms
64 bytes from 93.184.216.34: icmp_seq=3 ttl=50 time=12.9 ms
64 bytes from 93.184.216.34: icmp_seq=4 ttl=50 time=12.4 ms
64 bytes from 93.184.216.34: icmp_seq=5 ttl=50 time=12.5 ms
64 bytes from 93.184.216.34: icmp_seq=6 ttl=50 time=12.5 ms
64 bytes from 93.184.216.34: icmp_seq=7 ttl=50 time=14.1 ms
64 bytes from 93.184.216.34: icmp_seq=8 ttl=50 time=12.6 ms
64 bytes from 93.184.216.34: icmp_seq=9 ttl=50 time=12.4 ms
<snip>
```

随后，让我们再打开第二个终端命令窗口，并在第二个终端命令窗口中执行 **iptraf-ng** 命令：

```
[root@studentvm1 ~]# iptraf-ng
```

此命令会启动如图 13-5 所示的菜单驱动界面，通过该界面你可以选择多种不同的功能选项。将光标（方向键控制）移动到 IP traffic monitor（流量监控）选项，然后按下 <Enter> 键。接着选择要监控的 enp0s3 接口，并再次按下 <Enter> 键。

```
iptraf-ng 1.2.1

        | IP traffic monitor           |
        | General interface statistics |
        | Detailed interface statistics|
        | Statistical breakdowns...    |
        | LAN station monitor          |
        |------------------------------|
        | Filters...                   |
        |------------------------------|
        | Configure...                 |
        |------------------------------|
        | About...                     |
        |------------------------------|
        | Exit                         |

Displays current IP traffic information
Up/Down-Move selector  Enter-execute
```

图 13-5　iptraf-ng 程序的主菜单

在选择了 enp0s3 接口后，屏幕底部会持续显示 ICMP 数据包以及路由器的响应情况。ICMP 数据包的总数量如图 13-6 所示。

```
 iptraf-ng 1.2.1
┌ TCP Connections (Source Host:Port) ——— Packets ——— Bytes Flag   Iface ┐
│ ┌10.0.2.22:42818                      =        2       124 S---   enp0s3 │
│ └93.184.216.34:5355                   =        0         0 ----   enp0s3 │
│ ┌10.0.2.22:42830                      =        2       124 S---   enp0s3 │
│ └93.184.216.34:5355                   =        0         0 ----   enp0s3 │
│ ┌10.0.2.22:34154                      =        2       124 S---   enp0s3 │
│ └93.184.216.34:5355                   =        0         0 ----   enp0s3 │
│ ┌10.0.2.22:34166                      =        2       124 S---   enp0s3 │
│ └93.184.216.34:5355                   =        0         0 ----   enp0s3 │
│ ┌10.0.2.22:34168                      =        2       124 S---   enp0s3 │
│ └93.184.216.34:5355                   =        0         0 ----   enp0s3 │
│ ┌10.0.2.22:34172                      =        2       124 S---   enp0s3 │
│ └93.184.216.34:5355                   =        0         0 ----   enp0s3 │
│ ┌10.0.2.22:34180                      =        2       124 S---   enp0s3 │
│ └93.184.216.34:5355                   =        0         0 ----   enp0s3 │
│ ┌10.0.2.22:34194                      =        2       124 S---   enp0s3 │
│ └93.184.216.34:5355                   =        0         0 ----   enp0s3 │
└ TCP:      21 entries ———————————————————————————————————— Active ┘

│ ICMP echo req (84 bytes) from 10.0.2.22 to 93.184.216.34 on enp0s3    │
│ ICMP echo rply (84 bytes) from 93.184.216.34 to 10.0.2.22 on enp0s3   │
│ ICMP echo req (84 bytes) from 10.0.2.22 to 93.184.216.34 on enp0s3    │
│ ICMP echo rply (84 bytes) from 93.184.216.34 to 10.0.2.22 on enp0s3   │
│ ICMP echo req (84 bytes) from 10.0.2.22 to 93.184.216.34 on enp0s3    │
│ ICMP echo rply (84 bytes) from 93.184.216.34 to 10.0.2.22 on enp0s3   │
│ UDP (316 bytes) from 10.0.2.22:68 to 10.0.2.3:67 on enp0s3            │
│ UDP (576 bytes) from 10.0.2.3:67 to 10.0.2.22:68 on enp0s3            │
└ Bottom — Time:    0:01 ———————————— Drops:       0 ──────────────────
 Packets captured:            91 │ TCP flow rate:           0.00 kbps
 Up/Dn/PgUp/PgDn-scroll  M-more TCP info   W-chg actv win  S-sort TCP  X-exit
```

图 13-6　来自 ping 命令产生的 ICMP 流量

　　然而，iptraf-ng 程序所呈现的信息远不止如此。在保持 **iptraf-ng** 和 **ping** 命令运行状态不变（不终止不暂停不退出）的前提下，以 student 用户身份在 Linux 桌面环境中打开浏览器，并访问笔者个人网站 www.both.org 或 example.com。若你想体验其他网页，也可尝试访问当地报纸或电视台的主页看看网页是如何加载的。同时你需要关注 iptraf-ng 会话窗口的显示结果，笔者访问某个页面的结果示例如图 13-7 所示。

　　"80" 端口是 Web 应用服务器所使用的 HTTP 端口。在 iptraf-ng 的 TCP 连接部分，输出的第一行中显示了主虚拟机发起请求的源地址和端口号为 10.0.2.7:60868。下一行呈现的是目标 IP 地址和端口号，即 23.45.181.162:80。这表明我们正在向 IP 地址 23.45.181.162 的端口 80（HTTP）发送一个请求。

　　同时，当浏览器加载网页中的图片和链接时，你可以观察到它与其他服务器进行的多个通信交互过程。

　　图 13-7 底部的 UDP 条目表示对端口 53 的 DNS 查询，这些查询的目的是解析与其他关联内容网页服务器相关的 IP 地址。

　　若要退出 iptraf-ng 程序，我们只需连续按两次 <x> 键即可。

```
iptraf-ng 1.2.1
┌ TCP Connections (Source Host:Port) ────── Packets ── Bytes Flag Iface ─┐
│┌10.0.2.7:60868                        =        6        556 --A- enp0s3 │
│└23.45.181.162:80                      =        4        562 --A- enp0s3 │
│┌10.0.2.7:43760                        =       10       1448 --A- enp0s3 │
│└52.18.148.152:443                     =        7       3930 --A- enp0s3 │
│┌10.0.2.7:33940                        =       14       2854 --A- enp0s3 │
│└72.21.91.29:80                        =        8       5059 --A- enp0s3 │
│┌10.0.2.7:57806                        =      213      12020 --A- enp0s3 │
│└104.16.41.2:443                       =      207     288665 -PA- enp0s3 │
│┌10.0.2.7:40886                        =       10       1730 --A- enp0s3 │
│└54.186.120.41:443                     =        8       4925 --A- enp0s3 │
│┌10.0.2.7:45864                        =       27       2499 --A- enp0s3 │
│└8.43.85.67:443                        =       27      31059 -PA- enp0s3 │
│┌67.219.144.68:443                     >        1         46 --A- enp0s3 │
│└10.0.2.7:41160                        =        0          0 ---- enp0s3 │
│┌10.0.2.7:44138                        =       20       1863 --A- enp0s3 │
│└85.236.55.6:443                       =       21      23215 --A- enp0s3 │
│┌10.0.2.7:53256                        =       11       1478 -PA- enp0s3 │
│└209.132.181.15:443                    =       11      11209 --A- enp0s3 │
│┌10.0.2.7:33262                        =       11       1468 --A- enp0s3 │
└ TCP:    36 entries ───────────────────────────────────────── Active ─┘
┌───────────────────────────────────────────────────────────────────────┐
│ UDP (58 bytes) from 10.0.2.7:37096 to 10.0.2.1:53 on enp0s3            │
│ UDP (113 bytes) from 10.0.2.1:53 to 10.0.2.7:37096 on enp0s3          │
│ UDP (108 bytes) from 10.0.2.1:53 to 10.0.2.7:37096 on enp0s3          │
│ ICMP echo req (84 bytes) from 10.0.2.7 to 10.0.2.1 on enp0s3          │
│ ICMP echo rply (84 bytes) from 10.0.2.1 to 10.0.2.7 on enp0s3         │
│ UDP (70 bytes) from 10.0.2.7:51486 to 10.0.2.1:53 on enp0s3           │
│ UDP (70 bytes) from 10.0.2.7:51486 to 10.0.2.1:53 on enp0s3           │
│ <snip>                                                                 │
└───────────────────────────────────────────────────────────────────────┘
```

图 13-7　当其他活动发生时，如本例中使用网络浏览器时，结果会变得更加引人注目

当前市面上存在很多关于网络分析的 GUI 工具，例如 Wireshark 等。然而，与 Wireshark 相比，iptraf-ng 的独特之处在于其能够在无 GUI 的情况下运行。因此，即使在未配备 GUI 的服务器上，iptraf-ng 仍可为我们提供高效的流量分析服务。

总结

在本章中，我们学习了一些基础的网络知识，并介绍了一些能够帮助我们在 Linux 主机上收集网络信息的常用工具。

我们研究了如何在 DHCP 环境中对客户端主机进行基础的网络配置，包括创建了一个接口配置文件，使得我们可以控制网络连接的开启与关闭。我们还探讨研究了域名服务、CIDR 表示法、IPv6 的一些知识以及路由原理等内容，同时，我们还利用了 sipcalc 这一款工具来更深入地了解 CIDR 表示法，以及如何利用它来计算网络相关的数据，例如可用 IP 地址数量、网络地址等。

通过对本章知识内容的学习，我们仅仅揭开了网络知识的冰山一角，还有很多深入的内容等待着我们去学习。在《网络服务详解》中，笔者将会向大家讲解更多关于网络方面的知识。

练习

为了掌握本章所学知识，请完成以下练习：

1. 请列出 TCP/IP 网络模型的各层及常用的协议。

2. 请使用 TCP/IP 模型描述数据从网络 A 主机 a 传输到网络 B 主机 b 的过程。

3. 对于 10.125.16.32/31 网络，可用的 IP 地址数有多少？

4. 域名服务的功能是什么？

5. 请描述如何使用 /etc/hosts 文件为小型网络提供 DNS 服务。

6. 默认路由的功能作用是什么？

7. 请确定从你的主机到 www.example.com 的路由路径以及确定是否存在丢包现象。

8. 请观察你的 StudentVM1 主机到 www.example.com 的路由路径在连续几天内是否始终相同？

9. 从地理位置上来看，www.example.com 的服务器位于何处？

第 14 章 *Chapter 14*

网络管理

目标

在本章中，你将学习如下内容：

❑ NetworkManager 的各项功能。

❑ NetworkManager 在网络管理工具集中的定位。

❑ 如何使用 nmcli 命令行工具来查看和管理网络接口？

❑ 如何通过 NetworkManager 来配置网络接口？

❑ 如何将旧的 ifcfg 文件迁移至新的 NetworkManager 密钥文件？

❑ 自行创建新密钥文件的多种方法。

14.1 概述

在第 13 章中，你系统地掌握了基础的网络管理命令，通过学习如何利用 NetworkManager 的 nmcli 命令，深入了解了网络硬件与逻辑构架。同时，你也进行了基本的网络故障排查测试，为解决网络故障问题打下了坚实的基础。

NetworkManager 是一款用于网络配置与管理的工具，其致力于简化并自动化处理各种网络连接问题。该工具主要聚焦于无线网络连接的管理，能够帮助用户减少在新的网络环境中，特别是无线网络环境中手动配置的烦琐操作。通过实现网络连接与配置的自动化处理，为用户提供了更加便捷的网络使用连接。

在本章中，我们将深入研究如何运用 NetworkManager 来对有线和无线网络连接进行管理。此外，我们还将讨论如何在无线网络连接中使用网络连接文件，以及在需要时如何创建 NetworkManager 连接文件。最后，我们还将详细介绍 NetworkManager 的命令，以便你能够直接管理操作网络硬件及其连接。

14.2   网络启动

在移动设备数量激增和无线网络广泛覆盖的背景下，针对新的无线网络进行网络接口的调整和配置工作，可能会变得异常复杂和耗时。对于技术水平有限的用户来说，这无疑增加了使用的难度和不便。

因此，我们需要寻找一种更为简便、快速的方法，以简化 Linux 设备的有线与无线网络连接配置网络接口的过程，以适应移动设备和无线网络的发展趋势。

14.2.1   NetworkManager 服务

Red Hat 公司于 2004 年正式推出 NetworkManager 网络管理工具，该工具旨在简化和自动化网络配置及连接过程，尤其是无线连接。其目的是免去用户在每次使用新的无线网络之前所需的手动配置。

NetworkManager 负责在 Linux 系统启动时初始化网络服务，并在主机运行期间提供一套完整的网络管理接口。它同时支持有线和无线网络的连接，从而显著降低家庭或小型企业网络设置的复杂度，还能在你经常光顾的咖啡店中实现快速而轻松的互联网接入。

NetworkManager 服务通过与 udev 和 dbus 的高度集成，为那些没有技术背景的用户人员提供了一个简单易用的界面，使他们能够轻松地管理网络连接，从而有效应对各类可插拔设备和多样化的无线网络环境。在本章中将会简要介绍 udev 和 dbus 内容，若要想对其进行更深层次的了解和探索，请参阅第 19 章。

我们主要通过 nmcli 命令集来与 NetworkManager 进行交互，除此之外，nmtui 也是一个可供选择与 NetworkManager 进行交互的工具。nmtui 是 NetworkManager 的文本用户界面，为用户提供了一个菜单驱动的界面。笔者认为 nmtui 的操作相比命令行界面稍显烦琐。然而，本书的技术审查员 Jason 却持相反观点，他认为 nmtui 使用效率极其高效。当然，读者也可以自行尝试使用 nmtui，但在本章中，我们将主要使用命令行进行操作。

14.2.2   NetworkManager 替代了什么

目前 NetworkManager 已经取代了早期的网络管理工具，最初的接口配置命令 ifconfig 及其接口配置文件已过时。这一点在 ifconfig 手册页中有明确的声明。

在过去的某个时期，ip 命令曾一度取代了 ifconfig 命令，执行基本相同的任务。这两个命令在一段时间内可以并行使用，并且任何依赖于 ifconfig 命令的脚本仍然可以正常执行。系统管理员可以根据自己的需求和偏好选择使用其中任一命令，但随着 NetworkManager 的崛起，ip 命令的一些功能逐渐失去了其核心地位。尽管 ip 手册页尚未显示其已被淘汰，但实际上，该命令的部分功能已经逐渐被 NetworkManager 所取代。

Red Hat Enterprise Linux (RHEL) 和 Fedora 目前默认使用 NetworkManager 作为其网络管理工具。并且自 Fedora 36 版本起，不再默认安装 NetworkManager 所需的工具来处理已经废弃的接口配置（ifcfg）文件。

14.2.3　NetworkManager 的功能

NetworkManager 作为一个 systemd 服务运行，并且默认处于启用状态。

NetworkManager[⊖]与 D-Bus[⊜]协同工作，能够在 Linux 计算机接入新的网络接口时自动检测和配置这些接口。这种即插即用的网络接口管理策略有效简化了用户接入新网络（包括有线和无线）的过程。在系统启动时，Linux 能够检测到已安装的网络接口[⊜]，并将其视为系统运行后新插入的设备。这种统一将所有设备视为即插即用的处理方式使得操作系统能够简化对设备的管理，仅需一个代码库即可应对新旧设备接入的情况。

udev 守护进程会在网络规则文件中为系统中安装的每个 NIC 创建一个对应的条目。NetworkManager 则利用这些条目来初始化每个 NIC。对于大部分 Linux 发行版，包括 Fedora，都会将网络连接的配置文件保存在 /etc/NetworkManager/system-connections 目录下，这些配置文件的命名通常与对应的网络名称相匹配，以便于识别和管理。以笔者使用的 System76 笔记本计算机为例，该计算机运行 Fedora 系统，其 /etc/NetworkManager/system-connections 目录下保存了本机曾经连接过的所有无线网络的配置文件。这些文件与传统 ifcfg 文件的格式有所不同，但它们均采用易于阅读和理解的 ASCII 纯文本格式。

D-Bus 负责向系统发送新网络设备（无论是有线设备还是无线设备）的存在信号。NetworkManager 负责监控 D-Bus 上的信号，并对检测到的新设备进行相应的配置。在系统启动或外接（如插入 USB 的 NIC）时，这些设备均被视作新接入的设备，需要进行实时配置。这类配置只在内存中临时存储，因此每次计算机启动时都需要重新创建。

NetworkManager 通过使用 ifcfg-rh 插件来支持传统的接口配置文件，以与旧版本兼容。如果安装了该插件，NetworkManager 会首先检查 /etc/sysconfig/network-scripts 目录中是否存在网络接口配置文件（以 ifcfg-* 命名）。

随后，它还会检查 /etc/NetworkManager/system-connections 目录中的自有接口连接配置文件。

在不存在任何网络连接配置文件的情况下，NetworkManager 会利用 DHCP 为每个 NIC 获取配置。在此过程中，DHCP 服务器将会提供 NetworkManager 所需的所有信息，使 NetworkManager 能够为相应的 NIC 即时生成配置。因此，我们无须创建接口配置文件。

整个配置过程高度依赖文件搜索顺序，系统将优先使用最先找到的一套配置文件，若未找到任何配置文件，NetworkManager 将根据从 DHCP 服务器获取的数据来生成相应配置。如果既没有配置文件也没有可用的 DHCP 服务器，将无法建立网络连接。

关于如何使用 NetworkManager 工具的详细信息，我们可在 RHEL 9 的文档《配置和管理网络》[⊛]中进行进一步的了解。

⊖　GNOME 开发者 , NetworkManager 参考手册 , https://developer.gnome.org/NetworkManager/stable。

⊜　参见第 19 章，以了解关于 D-Bus 的介绍。

⊜　参见上册第 16 章。

⊛　Red Hat, Configuring and Managing Networking, https://access.redhat.com/documentation/en-us/red_hat_enterprise_linux/9/html-single/configuring_and_managing_networking/index

14.3　查看接口配置

NetworkManager 的 CLI 程序 nmcli 提供了许多选项，能够准确且实时地监控当前主机中安装所有网络接口硬件的状态以及当前的网络连接活动。无论当前主机的操作系统是否启用 GUI，nmcli 都能够有效地进行网络管理。此外，nmcli 还支持通过 SSH[一]连接管理远程主机，无论是对于有线还是无线网络连接，nmcli 在配置和监控方面均展现出卓越的性能和广泛的适用性。

首先，我们需要对 nmcli 工具有一定的基础了解。需要注意的是，本实验是在笔者配置为路由器的 Fedora 系统上进行的，这主要是因为多网络接口的设置相比于仅有单个或双重网络接口的普通工作站虚拟机主机更具探索价值和趣味性。因此，笔者建议你按照实验中展示的步骤进行操作。你在执行这些命令操作时所得到的反馈结果可能会与本实验结果有所不同，并且可能更为简洁，请以你实际执行命令反馈的结果为准。

本章中的所有实验将会涉及一些目前已经不再使用的接口配置文件，这些配置文件在你的 student 虚拟机上可能不存在。但作为一名系统管理员，你肯定会在实际工作中遇到这些文件，因为仍有许多系统在使用它们。本章的实验内容将指导你如何从旧的 ifcfg 文件转移到新的 NetworkManager 密钥文件，并介绍多种从零开始创建新密钥文件的方法。

实验 14-1：使用 nacli 探索网络硬件

首先输入 nmcli 命令，不加任何选项。这个基础的命令可以显示与已淘汰的 **ifconfig** 命令一样的信息，例如 NIC 的名称和型号、MAC 地址、IP 地址，以及哪个 NIC 被配置为默认网关。此外，该命令还可以详细显示每个网络接口的 DNS 配置详情：

```
[root@wally network-scripts]# nmcli
enp4s0: connected to enp4s0
        "Realtek RTL8111/8168/8411"
        ethernet (r8169), 84:16:F9:04:44:03, hw, mtu 1500
        ip4 default, ip6 default
        inet4 45.20.209.41/29
        route4 0.0.0.0/0
        route4 45.20.209.40/29

enp1s0: connected to enp1s0
        "Realtek RTL8111/8168/8411"
        ethernet (r8169), 84:16:F9:03:E9:89, hw, mtu 1500
        inet4 192.168.10.1/24
        route4 192.168.10.0/24

enp2s0: connected to enp2s0
        "Realtek RTL8111/8168/8411"
        ethernet (r8169), 84:16:F9:03:FD:85, hw, mtu 1500
        inet4 192.168.0.254/24
```

[一]　参见《网络服务详解》第 1 章。

```
            route4 192.168.0.0/24
eno1: unavailable
        "Intel I219-V"
        ethernet (e1000e), 04:D9:F5:1C:D5:C5, hw, mtu 1500

lo: unmanaged
        "lo"
        loopback (unknown), 00:00:00:00:00:00, sw, mtu 65536
DNS configuration:
        servers: 192.168.0.52 8.8.8.8 8.8.4.4
        interface: enp4s0

        servers: 192.168.0.52 8.8.8.8
        interface: enp1s0

        servers: 192.168.0.52 8.8.8.8
        interface: enp2s0

Use "nmcli device show" to get complete information about known devices and
<SNIP>
```

请以 root 用户身份执行如下帮助命令，来查看 nmcli 的主要命令：

```
[root@wally ~]# nmcli -h
Usage: nmcli [OPTIONS] OBJECT { COMMAND | help }
OPTIONS
  -a, --ask                              ask for missing parameters
  -c, --colors auto|yes|no               whether to use colors in output
  -e, --escape yes|no                    escape columns separators in values
  -f, --fields <field,...>|all|common    specify fields to output
  -g, --get-values <field,...>|all|common  shortcut for -m tabular -t -f
  -h, --help                             print this help
  -m, --mode tabular|multiline           output mode
  -o, --overview                         overview mode
  -p, --pretty                           pretty output
  -s, --show-secrets                     allow displaying passwords
  -t, --terse                            terse output
  -v, --version                          show program version
  -w, --wait <seconds>                   set timeout waiting for finishing
                                         operations

OBJECT
  g[eneral]       NetworkManager's general status and operations
  n[etworking]    overall networking control
  r[adio]         NetworkManager radio switches
  c[onnection]    NetworkManager's connections
  d[evice]        devices managed by NetworkManager
  a[gent]         NetworkManager secret agent or polkit agent
  m[onitor]       monitor NetworkManager changes
```

```
[root@wally ~]#
```

在执行这些命令选项时，你可以输入完整的参数，也可以只输入参数的首字母。由于这些参数在 nmcli 中具有唯一性，你在执行命令时只需输入其参数的首字符即可。

现在，让我们尝试执行一个简单的命令来查看系统的整体状态：

```
[root@wally ~]# nmcli g
STATE        CONNECTIVITY  WIFI-HW  WIFI     WWAN-HW  WWAN
connected    full          enabled  enabled  missing  enabled
[root@wally ~]#
```

执行上述命令后，我们发现并没有显示太多的详细信息。由于笔者知道当前名为 wally 的主机并未安装 Wi-Fi 硬件，这一输出结果也印证了这一点。如果你想获取有关连接和设备的详细信息，你可直接使用 c 选项（代表连接）和 d 选项（代表设备）。这两个选项是笔者经常使用的命令：

```
[root@wally ~]# nmcli c
NAME         UUID                                    TYPE      DEVICE
enp4s0       b325fd44-30b3-c744-3fc9-e154b78e8c82    ethernet  enp4s0
enp1s0       c0ab6b8c-0eac-a1b4-1c47-efe4b2d1191f    ethernet  enp1s0
enp2s0       8c6fd7b1-ab62-a383-5b96-46e083e04bb1    ethernet  enp2s0
enp0s20f0u7  0f5427bb-f8b1-5d51-8f74-ac246b0b00c5    ethernet  --
enp1s0       abf4c85b-57cc-4484-4fa9-b4a71689c359    ethernet  --

[root@wally ~]# nmcli d
DEVICE   TYPE       STATE        CONNECTION
enp4s0   ethernet   connected    enp4s0
enp1s0   ethernet   connected    enp1s0
enp2s0   ethernet   connected    enp2s0
eno1     ethernet   unavailable  --
lo       loopback   unmanaged    --
[root@wally ~]#
```

根据 nmcli c 命令的反馈结果，我们可以发现其中包含了一些非常有趣的信息，这些信息是笔者在本书实验中使用的虚拟机上无法复现的。请注意，最后两条记录中的 DEVICE 栏是空的，这可能意味着这些连接当前处于非活动状态，或者根本不存在。另外，也有可能表明存在一个或多个配置错误。

当我们执行 [d]device 命令选项后，观察到结果中并未包含 enp0s20f0u7 设备，而是突出显示了 eno1 设备（一种主板上的设备）。值得注意的是，在使用 [c]connection 命令选项时，并未显示 eno1 设备。

在你的虚拟机上，预期的输出结果应与上述反馈的结果类似，但请注意，设备名称⊖可能存在差异，因为其具体名称取决于 NIC 连接到虚拟 PCI 总线的实际位置。

```
[root@testvm1 ~]# nmcli c
NAME                     UUID                         TYPE       DEVICE
```

⊖ 第 13 章介绍了 NIC 命名规则。

```
Wired connection 1  6e6f63b9-6d9e-3d13-a3cd-d54b4ca2c3d2  ethernet  enp0s3
[root@testvm1 ~]# nmcli d

DEVICE  TYPE      STATE      CONNECTION
enp0s3  ethernet  connected  Wired connection 1
lo      loopback  unmanaged  --
[root@testvm1 ~]#
```

你注意到输出结果中的问题了吗？笔者没有预想会遇到这些问题，但它们确实存在。

1. 修复发现的问题

至此，实验已完成。鉴于你在主机上未出现上述使用 nmcli 进行实验时遇到的问题，我们不再继续进行实验。尽管如此，笔者仍在下文详述了我为解决所发现的异常采取的后续步骤，这为解决网络问题提供了一个极佳的案例分析。

首先，我们需要明确 enp0s20f0u7 是什么设备。经过排查，我们发现在 NetworkManager nmcli d 命令输出中并未识别到这个设备。因此，我们可以合理推测在 /etc/sysconfig/network-scripts 目录中可能存在一个网络配置文件。经过仔细检查，我们发现除了 readme-ifcfg-rh.txt 文件外，该目录中并无其他内容。通常情况下，只有在先前已安装并升级至 Fedora 36 或更高版本的 Fedora 主机上，我们才能找到 ifcfg 文件，笔者的防火墙／路由器设备就是这种情况：

```
[root@wally network-scripts]# ll
total 20
-rw-r--r-- 1 root root 352 Jan  2  2021 ifcfg-eno1
-rw-r--r-- 1 root root 419 Jan  5  2021 ifcfg-enp0s20f0u7
-rw-r--r-- 1 root root 381 Jan 11  2021 ifcfg-enp1s0
-rw-r--r-- 1 root root 507 Jul 27  2020 ifcfg-enp2s0
-rw-r--r-- 1 root root 453 Jul 27  2020 ifcfg-enp4s0
[root@wally network-scripts]# cat ifcfg-enp0s20f0u7
# Interface configuration file for ifcfg-enp0s20f0u7
# This is a USB Gb Ethernet dongle
# Correct as of 20210105
TYPE="Ethernet"
BOOTPROTO="static"
NM_CONTROLLED="yes"
DEFROUTE="no"
NAME=enp0s20f0u7
# UUID="fa2117dd-6c7a-44e0-9c9d-9c662716a352"
ONBOOT="yes"
HWADDR=8c:ae:4c:ff:8b:3a
IPADDR=192.168.10.1
PREFIX=24
DNS1=192.168.0.52
DNS2=8.8.8.8
[root@wally network-scripts]#
```

当笔者使用 `cat ifcfg-enp0` 命令查看 enp0s20f0u7 设备配置文件后，想起了之前曾因主板上的 NIC 故障而暂时使用了外接转接头，但这只是临时的解决方案，后来笔者在主板的 PCIe 总线上又重新安装了一个新的 NIC。因此，笔者选择了移除这个接口配置文件，考虑到数据安全，并没有完全删除该文件，而是将其移动至 /root 目录，以便在未来可能需要时再次使用。

第二个异常情况是 enp1s0 条目出现了两次。这种情况通常发生在同一个 NIC 名称被误用于多个接口配置文件时。因此笔者执行了如下命令，果然，enp1s0 的错误信息同时出现在 ifcfg-eno1 配置文件和它本应出现的 ifcfg-enp1s0 文件中：

```
[root@wally network-scripts]# grep enp1s0 *
ifcfg-eno1:NAME=enp1s0
ifcfg-enp1s0:# Interface configuration file for enp1s0 / 192.168.10.1
ifcfg-enp1s0:NAME=enp1s0
[root@wally network-scripts]#
```

于是，笔者对 ifcfg-eno1 文件进行了修改，确保其显示正确的设备名称。随后，笔者从该目录中删除了该文件。需要注意的是，对接口配置文件的任何更改都只有在重新启动 NetworkManager 之后才会生效：

```
[root@wally network-scripts]# systemctl restart NetworkManager
[root@wally network-scripts]# nmcli d
DEVICE   TYPE       STATE         CONNECTION
enp4s0   ethernet   connected     enp4s0
enp1s0   ethernet   connected     enp1s0
enp2s0   ethernet   connected     enp2s0
eno1     ethernet   unavailable   --
lo       loopback   unmanaged     --
[root@wally network-scripts]# nmcli c
NAME     UUID                                    TYPE       DEVICE
enp4s0   b325fd44-30b3-c744-3fc9-e154b78e8c82    ethernet   enp4s0
enp1s0   c0ab6b8c-0eac-a1b4-1c47-efe4b2d1191f    ethernet   enp1s0
enp2s0   8c6fd7b1-ab62-a383-5b96-46e083e04bb1    ethernet   enp2s0
eno1     abf4c85b-57cc-4484-4fa9-b4a71689c359    ethernet   --
[root@wally network-scripts]#
```

另外一种解决 enp1s0 条目出现两次的办法，就是执行如下命令仅显示活跃的连接状态，虽然这是一个很有效的方法，但如果过度依赖此选项，可能会导致其他问题被遗漏或忽视：

```
[root@wally network-scripts]# nmcli connection show --active
NAME     UUID                                    TYPE       DEVICE
enp4s0   b325fd44-30b3-c744-3fc9-e154b78e8c82    ethernet   enp4s0
enp1s0   c0ab6b8c-0eac-a1b4-1c47-efe4b2d1191f    ethernet   enp1s0
enp2s0   8c6fd7b1-ab62-a383-5b96-46e083e04bb1    ethernet   enp2s0
[root@wally network-scripts]#
```

笔者在 ifcfg-eno1 文件中将设备名称更改为正确的名称后，并随即检查主板上的 NIC eno1 是否已恢复正常工作。遗憾的是，该设备并未如预期般正常运作。因此，笔者将 ifcfg-enp1s0 文件移动到 /root 目录，并对主机 UEFI BIOS 设置进行了调整，禁用了板载网卡。

2. 启动和关闭网络连接

在查看完当前的网络连接状态后，下一步可以进行的操作包括激活（启用）和停用（关闭）网络连接。很多系统管理员会习惯性地将这个过程称作"启动"或"关闭"，其实这样的描述方式是合理的，因为我们所执行的命令参数正是使用了这些词汇。

实验 14-2：启动和关闭网络连接

当笔者准备在 StudentVM1 主机上执行关闭网络连接操作命令时，由于对命令语法结构的记忆有限，笔者借助 <Tab> 键的命令补全功能来协助完成这个命令。这种方式可以确保所使用的命令对象和操作指令的准确性。

请不要忘记，笔者的虚拟机有两个 NIC 接口，而你的虚拟机应该只有一个 NIC 接口：

```
[root@studentvm1 ~]# nmcli connection <Tab><Tab>
add      clone    delete   down    edit    export   help    import   load
migrate  modify   monitor  reload  show    up
[root@studentvm1 ~]# nmcli connection down <Tab><Tab>
apath            enpOs3              filename            help
id               path               uuid                Wired\ connection\ 1
[root@studentvm1 ~]# nmcli connection down Wired\ connection\ 1
Connection 'enpOs3' successfully deactivated (D-Bus active path: /org/
freedesktop/NetworkManager/ActiveConnection/1)
```

在上述命令中，反斜杠主要用于"转义"连接名称中的空白字符，从而使该名称在 nmcli 命令中被识别为一个整体。同时，你也可以执行另外一种命令，具体如下：

```
# nmcli connection down "Wired connection 1"
```

现在，让我们使用如下命令来查看下其网络连接状态：

```
[root@studentvm1 ~]# nmcli
enpOs9: connected to Wired connection 1
        "Intel 82540EM"
        ethernet (e1000), 08:00:27:CA:1F:16, hw, mtu 1500
        ip4 default
        inet4 192.168.0.181/24
        route4 192.168.0.0/24 metric 101
        route4 default via 192.168.0.254 metric 101
        inet6 fe80::ed7:4603:dd8:1c8c/64
        route6 fe80::/64 metric 1024

enpOs3: disconnected
        "Intel 82540EM"
        1 connection available
        ethernet (e1000), 08:00:27:99:5A:29, hw, mtu 1500
```

```
      lo: unmanaged
              "lo"
              loopback (unknown), 00:00:00:00:00:00, sw, mtu 65536
      DNS configuration:
              servers: 192.168.0.52 8.8.8.8 8.8.4.4
              domains: both.org
              interface: enp0s9

      <snip>
      [root@studentvm1 ~]#
```

接下来，让我们来执行如下命令去重新开启（启用）名为"Wired connection 1"的
网络连接：

```
[root@studentvm1 ~]# nmcli connection up "Wired connection 1"
Connection successfully activated (D-Bus active path: /org/freedesktop/
NetworkManager/ActiveConnection/3)
[root@studentvm1 system-connections]# nmcli
enp0s9: connected to Wired connection 1
        "Intel 82540EM"
        ethernet (e1000), 08:00:27:CA:1F:16, hw, mtu 1500
        ip4 default
        inet4 192.168.0.181/24
        route4 192.168.0.0/24 metric 101
        route4 default via 192.168.0.254 metric 101
        inet6 fe80::ed7:4603:dd8:1c8c/64
        route6 fe80::/64 metric 1024

enp0s3: connected to enp0s3
        "Intel 82540EM"
        ethernet (e1000), 08:00:27:99:5A:29, hw, mtu 1500
        inet4 10.0.2.35/24
        route4 10.0.2.0/24 metric 102
        route4 default via 10.0.2.1 metric 102
        inet6 fe80::a00:27ff:fe99:5a29/64
        route6 fe80::/64 metric 256

lo: unmanaged
        "lo"
        loopback (unknown), 00:00:00:00:00:00, sw, mtu 65536

DNS configuration:
        servers: 192.168.0.52 8.8.8.8 8.8.4.4
        domains: both.org
        interface: enp0s9
```

尽管这些命令看似简单，但通过 <Tab> 键补全功能，我们可以发现还有许多其他参
数可供选择和使用。我们可以在不同的需求和场景去选择执行这些命令参数。

由于 NetworkManager 在虚拟机上创建的网络连接是根据虚拟网络的 DHCP 服务器提供的配置信息即时生成的，因此无需任何类型的配置文件。这意味着 NetworkManager 将生成"Wired connection X"格式的连接 ID。笔者个人倾向于使用简短的名称，尤其是能够反映出设备名称的名称，例如"enp0s3"。采用这种命名方式不仅便于输入，还有助于将网络连接与相应的硬件设备关联起来，在解决网络问题时能够提供极大的便利。

使用 NetworkManager 密钥文件，我们不仅可以指定连接 ID，还可以配置其他诸如静态 IP 地址和最多三个域名服务器等参数。现在，让我们来看看如何进行这些高级设置。

14.4　NetworkManager 密钥文件

NetworkManager 的设计初衷是为了提升网络配置的灵活性和动态性，方便应对各种复杂的网络需求。旧的 SystemV 启动 Shell 脚本以及旧接口配置文件，在处理 Wi-Fi、有线网络、VPN、宽带调制解调器等多样化网络需求时显得力不从心。造成这一局面的主要原因是 ifcfg 配置文件的结构无法满足日益增长的网络需求。为了解决这些问题，NetworkManager 采用了新型的网络连接密钥文件，从而突破了这些限制。同时，它仍然支持旧的 ifcfg 格式的连接配置文件，从而确保与现有系统的无缝集成。

自从 Fedora 36 发行版起，新安装的 Fedora 系统将不再对这些已废弃的 ifcfg 格式的连接配置文件提供支持。因此，继续依赖这些过时的 ifcfg 连接配置文件并不是一个明智的做法。在本节中，我们将讨论如何利用提供的命令行工具，将现有的接口配置文件迁移到 NetworkManager 密钥文件中，此外，我们还将详细介绍如何通过命令行和图形用户界面工具从零开始创建新的密钥文件。

实际上，迁移过程比想象的容易得多。笔者在两台需要迁移的系统上，分别执行了 `nmcli connection migrate` 命令。其中一台系统仅有一个 NIC，而另一台系统则作为路由器/防火墙拥有三个 NIC。笔者在虚拟机上进行了反复测试后，在两个生产环境的主机上首次尝试便成功执行了。整个流程简洁明了，无须执行其他额外的命令、选项或参数。而且执行速度极快，在每台主机上的迁移用时都不足 1s。

让我们深入探讨一下具体的细节。

14.5　为何迁移配置文件

在 Fedora 36 新版本发布后，Fedora 操作系统环境出现了显著的调整。针对新安装的操作系统，NetworkManager 将不再负责创建或支持 ifcfg 格式的配置文件。不过，对于从早期版本升级至 Fedora 36 新版本操作系统的用户，NetworkManager 仍会继续使用这些配置文件，至少在短期内会保持这一点。

笔者在新安装的 Fedora 36 系统上对 NetworkManager 进行了测试，但发现无法通过新创建的 ifcfg 文件进行配置。Fedora 36 系统仍然沿用默认设置，将网络接口设置为 DHCP 模式，并从 DHCP 服务器获取配置信息。据了解，在新安装的系统上无法使用 ifcfg 文件的主要原因是 NetworkManager-initscripts-ifcfg-rh 包已不再作为标准安装包提供。该包中包含了使用 ifcfg 文件所需的工具，无法使用该工具就无法使用 ifcfg 文件进行配置。

从旧版本的 Fedora 升级的主机仍然会安装 NetworkMagager 的内置脚本 ifcfg-rh 包，所以它会（至少目前是这样）与安装的其余部分一起升级到 Fedora 36。但将来可能不是这样。

如果你的网络主机采用 DHCP 配置，则无须对现有的 ifcfg 格式的连接配置文件进行迁移。实际上，若这些文件仍然存在，你可直接选择删除这些文件 NetworkManager 能够全面负责网络连接的管理。笔者会将这些被弃用的文件移至 /root 目录下的一个专用归档子目录中，以便以后找到它们（以防万一）。

所有配置了静态连接的主机都应该进行迁移。这通常包括服务器、防火墙，以及其他在 DHCP 服务器未启动时仍需维持网络功能的主机设备。

笔者有两台这样的主机：一台作为主服务器，另一台作为防火墙 / 路由器。

14.6　迁移实验

当 NetworkManager 正式宣布不再支持位于 /etc/sysconfig/network-scripts 目录中的接口配置文件时，它并没有立即停止使用这些文件。而是在更新过程中在 /etc/sysconfig/network-scripts/ 目录下添加了一个名为 " readme-ifcfg-rh.txt" 的自述文件。该文件明确声明了 ifcfg 格式的连接配置文件已不再推荐使用，并提供了一个简单的命令来为我们进行文件迁移。

你可以在你的 Fedora student 虚拟机上执行实验 14-3，以便能够更深入地理解旧接口配置文件的工作原理，并学习如何将旧配置文件迁移至新的 NetworkManager 密钥文件。

实验 14-3：管理 NetworkManager 密钥文件

在本实验中，我们将学习如何将网络连接配置从已弃用的接口配置文件迁移到 NetworkManager 的密钥文件中。

在本实验中，你将创建一个接口配置文件并在确保其正常运作后，进行相应的迁移操作。如果你遇到仍在使用旧配置文件的老旧主机，你可以使用此方法将这些配置迁移至 NetworkManager 密钥文件，整个操作过程实际上非常简单。

在开始进行任何配置之前，笔者首先检查了网络连接信息，全面了解当前的连接状况：

```
[root@studentvm1 ~]# nmcli
enp0s9: connected to Wired connection 2
        "Intel 82540EM"
        ethernet (e1000), 08:00:27:FF:C6:4F, hw, mtu 1500
        ip4 default
        inet4 192.168.0.181/24
        route4 192.168.0.0/24 metric 101
        route4 default via 192.168.0.254 metric 101
        inet6 fe80::6ce0:897c:5b7f:7c62/64
        route6 fe80::/64 metric 1024

enp0s3: connected to Wired connection 1
```

```
            "Intel 82540EM"
            ethernet (e1000), 08:00:27:01:7D:AD, hw, mtu 1500
            inet4 10.0.2.22/24
            route4 10.0.2.0/24 metric 102
            route4 default via 10.0.2.1 metric 102
            inet6 fe80::b36b:f81c:21ea:75c0/64
            route6 fe80::/64 metric 1024

    lo: unmanaged
            "lo"
            loopback (unknown), 00:00:00:00:00:00, sw, mtu 65536

DNS configuration:
            servers: 192.168.0.52 8.8.8.8 8.8.4.4
            domains: both.org
            interface: enp0s9

            servers: 192.168.0.52 8.8.8.8 8.8.4.4
            domains: both.org
            interface: enp0s3

<SNIP>
```

根据上述输出结果，我们可以看到当前系统中存在两个网络连接接口的信息：enp0s9
和 enp0s3。其中，enp0s9 作为备用网络连接入口，允许笔者通过 SSH 从主工作站进行远
程操作。这样的设置是为了确保当 enp0s3 网络连接接口出现关闭或维护时，我们仍能访
问虚拟机。此外，这种配置还有助于在虚拟机和文档之间进行复制和粘贴操作。

首先，笔者创建了 /etc/sysconfig/network-scripts 目录，这个目录在 Fedora 36 及其之
后版本的新安装中是不存在的。你无须创建此目录，因为在当前的安装过程中该目录已
自动被创建，并且其中只包含一份红帽公司提供的 readme 文件，该文件详细描述了如何
将旧接口配置文件迁移至 NetworkManager 密钥文件格式的配置文件。在进行下一步操作
之前，请务必先阅读 /etc/sysconfig/network-scripts/readme-ifcfg-rh.txt 文件。

然后，笔者在 /etc/sysconfig/network-scripts/ 目录下创建了一个名为 ifcfg-enp0s3 配置文
件，这个配置文件内容如图 14-1 所示，在创建此文件时需要确保使用了虚拟机上 enp0s3 网
络接口的硬件地址。为了确保配置来源于接口配置文件而非 DHCP 服务器，笔者特意设
定了一个与虚拟网络网关 DHCP 服务所分配的 IP 地址不同的值，即 IPADDR=10.0.2.25。

我们创建的 ifcfg-enp0s3 文件不需要执行权限，该文件的权限已经被设置为 644。

在实验的虚拟机上，笔者对 ifcfg-enp0s3 文件中的 MAC 地址部分进行了注释处理。之
后，我分别尝试了包含和不包含 MAC 地址的两种配置方式，结果发现，只要最终配置调
试成功，两种方法都能正常运行，我发现在安装 NetworkManager-initscripts-ifcfg-rh 包之前，
NetworkManager 似乎完全忽视了这个文件的配置。但安装完该包之后，NetworkManager
便开始从 ifcfg-enp0s3 文件中读取并执行相应的网络配置。

通过执行如下命令，笔者安装了 NetworkManager-initscripts-ifcfg-rh 包：

```
[root@studentvm1 ~]# dnf -y install NetworkManager-initscripts-ifcfg-rh
```

```
HWADDR=08:00:27:01:7D:AD
TYPE=Ethernet
PROXY_METHOD=none
BROWSER_ONLY=no
BOOTPROTO=static
DEFROUTE=yes
IPADDR=10.0.2.25
PREFIX=24
GATEWAY=10.0.2.1
DOMAIN=both.org
IPV6INIT=no
NAME="System eth0"
DNS1=10.0.2.1
DNS2=8.8.8.8
DNS3=8.8.4.4
IPV4_FAILURE_FATAL=no
IPV6INIT=no
NAME=enp0s3
ONBOOT=yes
AUTOCONNECT_PRIORITY=-999
DEVICE=enp0s3
```

图 14-1　在 /etc/sysconfig/network-scripts 目录中创建一个名为 ifcfg-enp0s3 配置文件，并填入配置内容

为了确保网络接口配置文件中的参数设置生效，我们需要重启 NetworkManager。`nmcli connection reload` 命令对于这类接口配置文件来说并未生效。因此，为了确保配置生效，我们必须重启 NetworkManager 服务，这不会影响系统其他程序的运行，需要注意的是，我们只需重启 NetworkManager 即可，无须重新启动整个系统：

```
[root@studentvm1 ~]# systemctl restart NetworkManager
```

随后，笔者手动执行了 nmcli 命令，并对 example.com 进行了 ping 测试，目的是验证所做的配置更改是否已经成功生效，以及网络是否在按照预期正常工作。请注意，更新后的 IP 地址现已使用，具体如下：

```
[root@studentvm1 network-scripts]# nmcli
enp0s3: connected to enp0s3
        "Intel 82540EM"
        ethernet (e1000), 08:00:27:01:7D:AD, hw, mtu 1500
        ip4 default
        inet4 10.0.2.25/24
        route4 10.0.2.0/24 metric 100
        route4 default via 10.0.2.1 metric 100
        inet6 fe80::a00:27ff:fe01:7dad/64
        route6 fe80::/64 metric 256

enp0s9: connected to Wired connection 2
        "Intel 82540EM"
        ethernet (e1000), 08:00:27:FF:C6:4F, hw, mtu 1500
        inet4 192.168.0.181/24
```

```
            route4 default via 192.168.0.254 metric 101
            route4 192.168.0.0/24 metric 101
            inet6 fe80::6ce0:897c:5b7f:7c62/64
            route6 fe80::/64 metric 1024

    lo: unmanaged
            "lo"
            loopback (unknown), 00:00:00:00:00:00, sw, mtu 65536

    DNS configuration:
            servers: 192.168.0.52 8.8.8.8 8.8.4.4
            domains: both.org
            interface: enp0s9
            servers: 10.0.2.1 8.8.8.8 8.8.4.4
            domains: both.org
            interface: enp0s3
    <SNIP>
```

在连接名称方面，我们务必验证新的连接名称，并确保默认路由地址仍为 10.0.2.1。此外，笔者通过执行 **mtr** 命令对通往 example.com 的路由进行了进一步的验证，以确保路由仍然通过 10.0.2.1 这个虚拟路由器进行路由。

在接下来的步骤中，笔者决定使用迁移工具对其进行迁移操作。笔者执行了 **nmcli connection migrate** 命令将 ifcfg 格式的配置文件转换为密钥文件。为确保转换过程无误，笔者检查了 /etc/sysconfig/network-scripts 目录下的 ifcfg 文件，结果显示该文件已被删除，这说明迁移过程已完成。笔者还检查了 /etc/NetworkManager/system-connections/ 目录中是否已成功创建了名为 enp0s3.nmconnection 的文件：

```
[root@studentvm1 network-scripts]# nmcli connection migrate
Connection 'enp0s3' (3c36b8c2-334b-57c7-91b6-4401f3489c69) successfully
migrated.
Connection 'Wired connection 1' (9803fd55-04f7-3245-a67d-f10697dc40d6)
successfully migrated.
[root@studentvm1 network-scripts]# ll
total 4
-rw-r--r--. 1 root root 1244 May 30 08:27 readme-ifcfg-rh.txt
[root@studentvm1 network-scripts]# cd /etc/NetworkManager/system-connections/
[root@studentvm1 system-connections]# ll
total 4
-rw-------. 1 root root 324 Jul 27 10:43 enp0s3.nmconnection
[root@studentvm1 system-connections]#
```

笔者使用 **cat** 命令检查 enp0s3.nmconnection 文件的内容，以确保其内容符合规范：

```
[root@studentvm1 system-connections]# cat enp0s3.nmconnection
[connection]
id=enp0s3
uuid=3c36b8c2-334b-57c7-91b6-4401f3489c69
```

```
    type=ethernet
    autoconnect-priority=-999
    interface-name=enp0s3

    [ethernet]
    mac-address=08:00:27:01:7D:AD
    [ipv4]
    address1=10.0.2.25/24,10.0.2.1
    dns=10.0.2.1;8.8.8.8;8.8.4.4;
    dns-search=both.org;
    method=manual

    [ipv6]
    addr-gen-mode=eui64
    method=ignore

    [proxy]
    [root@studentvm1 system-connections]#
```

上述命令不到 1s 就执行完毕了，它首先生成了一个新的密钥文件，然后删除了 ifcfg
文件。笔者建议在执行这项迁移操作之前，将原始的 ifcfg 文件进行备份，以免因操作失误
导致数据丢失或其他不测的发生。此外，该命令还为主机创建了位于 /etc/NetworkManager/
system-connections/enp0s3.nmconnection 的网络配置文件。

在执行 nmcli connection migrate 命令对 ifcfg 配置文件进行迁移时，若未指定具
体的网络接口，系统将默认迁移 /etc/sysconfig/network-scripts 目录下的所有 ifcfg 网络配置
文件。对于配备多个 NIC 并各自拥有对应 ifcfg 配置文件的主机，如果你仅希望迁移其中
的一些网络配置，那么可以明确指定一个要迁移的连接列表，以确保只迁移所需的配置。

随后，笔者重新启动了 NetworkManager，并检查当前的网络连接数据是否正确。

尽管上述更改无须重启系统即可生效，但为了确保网络配置在系统重启后仍能正常
运行，笔者仍决定进行了一次重启。此举可视为对最坏情况的预防性测试。每次完成此
类调整后，笔者总会进行全面测试，因为在正式环境中执行这些操作时，笔者期望一切
都能按预期顺利进行，避免出现任何意外状况。

你可以使用任何你喜欢的文本编辑器来编辑这些密钥文件。笔者通过修改密钥配置文
件中的 IPADDR 项并重启 NetworkManager 来验证这个方法的有效性，结果证明此方法确
实有效。笔者发现 nmcli connection reload 命令并不起作用。虽然直接用文本编辑器
修改密钥文件并不是官方推荐的做法，但它确实能够生效。像我们这些经验丰富的系统管
理员，通常更倾向于直接编辑 ASCII 文本配置文件。无论官方是否推荐这么做。在实际工
作中，笔者在大多数情况下都是这么操作的，作为管理员的我们更倾向于深入了解这些文
件的具体内容，这样一旦出现问题，我们就能快速定位并解决问题，这对于解决配置问题
非常有帮助。

14.7   没有 ifcfg 配置文件怎么办

新安装的 Fedora 系统不会创建任何类型的网络接口配置文件，在系统默认情况下，NetworkManager 会将网络接口当作 DHCP 连接来处理。对于那些使用 DHCP 获取网络配置信息的主机，你实际上不需要做任何操作。

尽管你没有旧的 ifcfg 配置文件可以迁移，但对于某些新的主机，你可能还是需要创建静态配置。

14.8   恢复至 DHCP 设置

恢复至 DHCP 设置很容易，你只需从 /etc/NetworkManager/system-connections/ 目录中移除指定连接的密钥文件，并重启 NetworkManager 即可。值得注意的是，这里的"移除"操作可以是将文件移动到其他位置，也可以是直接删除它。

为了准备接下来的一系列创建新密钥文件的实验，笔者将 enp0s3.nmconnection 密钥文件移到了 /root 目录，并重启了 NetworkManager。

14.9   创建新的密钥文件

虽然旧的 ip 命令仍可以用来调整实时环境中的网络接口配置，但这些更改在操作系统重启后不会持久保存。而使用 NetworkManager 的工具，如 nmcli、nmtui 和 GUI NetworkManager 连接编辑器（nm-connection-editor），以及你喜欢的文本编辑器所进行的配置调整都是可以长期保存的。GUI NetworkManager 连接编辑器（nm-connection-editor）在 Fedora 操作系统的多种桌面环境中均可使用，如 Xfce、Cinnamon、LXDE 和 KDE Plasma，并且可以通过系统托盘轻松访问。

14.9.1   文本编辑器

如果你对密钥文件的结构、语法和变量有着深入的理解，那么你完全有能力使用纯文本编辑器从零开始创建（或修改）密钥文件。尽管笔者个人非常推崇并经常采用这种方式，但实际上，使用上述所提供的三种工具（nmcli、nmtui 和 GUI NetworkManager 连接编辑器）中的任何一种去创建（或修改）密钥文件会更简便。

14.9.2   使用 nmtui 工具

nmtui（NetworkManager 的文本用户界面）工具是笔者在三种工具中的次优选择。从视觉角度和用户体验角度来看，其界面并不流畅且缺乏吸引力，同时使用起来也较为不便。通常情况下，该工具并未预装在系统中，如果不是因为撰写此书的需要，笔者可能根本不会考虑安装它。

尽管 nmtui 工具在界面设计上存在不足，但其功能表现是有效的。它成功地帮助笔者创建了一个密钥文件，该文件与后续将提到的 GUI 连接管理器创建的文件在内容上基本一致。通过使用 diff 命令进行详细对比后，笔者发现两者的唯一差异在于文件中的时间戳字段以及笔者在配置网络连接时特意选择的不同设置项。这个界面确实在一定程度上为我们在创建一个有效的密钥文件时提供了必要的指导信息。

实验 14-4：使用 nmtui

在命令行界面中输入 nmtui 命令即可启动此工具。通常，我们使用 < ↑ >/< ↓ > 键在不同的字段间进行切换，使用 <Enter> 键选定要修改或添加的项目，使用 <Page Up>/<Page Down> 键进行翻页。选择 Edit a connection（编辑连接）选项，并按 <Enter> 键，即可开始创建新的密钥文件，如图 14-2 所示。

图 14-2　使用 nmtui 工具去选择 Edit a connection 创建新密钥文件

在成功浏览并操作过界面后，你将会看到 Edit Connection（编辑连接）页面，如图 14-3 所示。在此页面中并没有明确指出需要在 IP 地址后面增加 CIDR 前缀，我们在操作实验的时候需要记得将其增加上去。

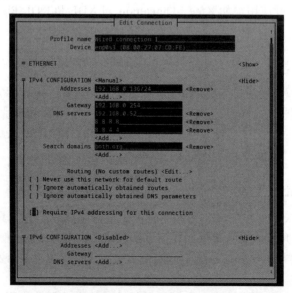

图 14-3　在 Edit Connection 页面填写相应的数据来配置网络接口

> 你需要在图 14-3 的页面上填写相应的数据来配置接口。请注意，为了确保网络接口的稳定性和安全性，笔者建议你禁用 IPv6。
>
> 接下来，你可以使用键盘向下滚动至页面底部，然后单击 OK 按钮来保存密钥文件。密钥文件将会立刻保存，但是要想使这个新创建或修改过的文件生效，你需要重新启动 NetworkManager。

对于创建和管理 NetworkManager 的密钥文件，nmtui 工具的界面并不是笔者的理想选择。

14.9.3 使用 nmcli 工具

尽管笔者曾经使用过 `nmcli`（NetworkManager 的命令行界面）工具来配置接口，并且该工具在某些功能方面确实表现不错，但在三个可用的工具中，我最不喜欢使用它。主要是因为使用该工具需要用户输入大量的命令，并且需要频繁查阅手册页和在线资料来获取必要的信息。

当执行该命令时，它会立即在 /etc/NetworkManager/system-connections/ 目录下创建一个接口配置文件。

实验 14-5：使用 nmcli 添加一个连接密钥文件

在开始实验 14-5 之前，请务必先删除之前实验中生成的密钥文件。接下来的操作将生成一个新的密钥文件，与使用其他工具的效果完全一致：

```
[root@studentvm1 system-connections]# nmcli connection add con-name enpOs3-
Wired ifname enpOs3 type ethernet ipv4.addresses 192.168.0.136/24 ipv4.
gateway 192.168.0.254 ipv4.dns 192.168.0.254,8.8.8.8,8.8.4.4 ipv4.dns-search
both.org ipv6.method disabled
Connection 'ethernet-enpOs3' (67d3a3c1-3d08-474b-ae91-a1005f323459)
successfully added.
[root@studentvm1 system-connections]# cat enpOs3-Wired.nmconnection
[connection]
id=ethernet-enpOs3
uuid=67d3a3c1-3d08-474b-ae91-a1005f323459
type=ethernet
interface-name=enpOs3
[ethernet]

[ipv4]
address1=192.168.0.136/32,192.168.0.254
dns=192.168.0.52;8.8.8.8;8.8.4.4;
dns-search=both.org;
method=manual

[ipv6]
addr-gen-mode=stable-privacy
method=disabled
```

```
[proxy]
[root@studentvm1 system-connections]#
```

使用 `nmcli connection add` 命令时可用的辅助工具之一是在 Bash 命令行中按 `<Tab>` 键，自动补全可用的子命令。但每个子命令下都存在众多选项，因此要精确找到所需的正确命令仍然需要很长时间。

笔者最终通过查阅参考手册页中的示例 nmcli-examples(7)，正确执行了这一命令。

笔者通常喜欢用命令行来执行大多数任务。但是由于命令行的格式和参数选项较为复杂，笔者每次使用前都需要仔细查阅手册页，并在发布命令前对其进行深入研究，这一过程较为耗时。另外，系统常常会提示我忽略了一些事项或者出现了错误，即使在没有出现错误提示的情况下，通过 `nmcli` 命令创建的密钥文件效果也不理想，有时甚至根本不起作用。例如，创建完密钥文件后，笔者通过测试虚拟机发起 SSH 连接正常，但通过 SSH 连接却无法进入该虚拟机，具体的问题尚未确定，但笔者发现该密钥文件的 IP 地址 CIDR 前缀显然是有误的。当笔者在工具方面别无选择时，通常会使用 nmcli 工具，但它是笔者最不喜欢用的工具。

14.9.4　使用 GUI NetworkManager 连接编辑器

在本节中，笔者选择使用自己的一台笔记本计算机来演示有线和无线连接的设置过程。虽然笔者平时喜欢使用命令行工具，但在这三个可用的工具选项中，NetworkManager 连接编辑器以其出色的图形界面和直观性成为笔者最爱的工具。该编辑器不仅直观、易于使用，还能快速访问所有可能需要的配置项，并且在编辑过的各种桌面系统中都能方便地在系统托盘直接使用。

实验 14-6：使用 GUI 连接编辑器

只需在系统托盘上找到一个类似于一对计算机的网络图标，右击该图标即可打开 GUI NetworkManager 连接编辑器。根据你所使用的桌面环境，选择 Configure Connections（配置连接）或 Edit Connections（编辑连接）选项，如图 14-4 所示。

当我们单击 Configure Connections 或 Edit Connections 选项后，你将看到网络连接编辑窗口，如图 14-5 所示。在此窗口的网络连接列表中，找到你想要设置的网络连接，通常是 "Wired Connection 1" 或某个 Wi-Fi SSID，双击打开其编辑界面。笔者从不需要编辑配置无线连接，因为笔者的无线网络都是通过 DHCP 自动配置的。虽然理论上，

图 14-4　选择 Edit Connections 选项来设置网络接口

无线连接也可以设置为静态 IP 地址，但截至目前，笔者尚未遇到需要如此操作的情况。

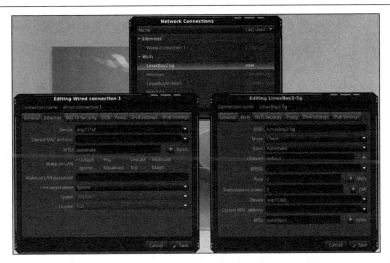

图 14-5　通过 GUI NetworkManager 连接编辑器可以查看和编辑有线和无线连接

　　在 Editing Wired connection 1 对话窗口的 Ethernet 选项卡里，显示了笔者个人的笔记本计算机的设备名称为 enp111s0。在大多数情况下，这个页面上的设置无须做出修改。

　　回到笔者自己的 student 虚拟机中，如图 14-6 所示，笔者已经在 IPv4 Settings 选项卡中将 Method 字段从 Automatic（DHCP）更改为 Manual。随后，笔者为这台虚拟机配置了静态的 IP 地址、子网掩码、本地网关，还指定了 3 个 DNS 域名解析服务器和一个搜索域，这些配置都是建立网络连接所必需的基本参数，这些配置参数与接口配置文件及之前的密钥文件中所定义的参数是一样的。此 NIC 的设备名为 enp0s3。

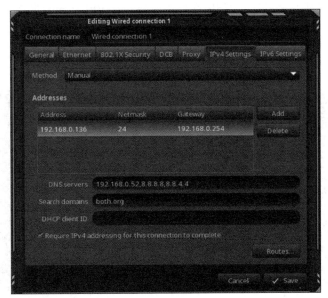

图 14-6　使用 GUI NetworkManager 连接编辑器工具配置有线连接的界面

> 　　在 Method 字段中，还有一个选项是 Disabled，因为笔者选择不采用 IPv6，所以在 IPv6 Settings 选项卡中将其为 Method 字段设置为 Disabled。
>
> 　　在配置完上述参数后，只需单击 Save 按钮，新的密钥文件即刻生成。若需修改现有密钥文件，操作同样简便。然而，为使配置更改生效，需重新启动 NetworkManager。

　　在创建新的 NetworkManager 密钥文件所需的时间和工作量方面，GUI 连接编辑器明显具有优势。它不仅为用户提供了一个易于使用的界面，同时提供了充足的信息来帮助你了解所需的数据。笔者特别喜欢在有条件的情况下使用它，但 GUI 连接编辑器只支持在主机上直接进行操作，无法通过远程方式操作。

14.10　如何使用命令行管理无线网络

　　大多数的笔记本计算机、台式机和塔式计算机均具备 Wi-Fi 功能，以便用户可以进行无线连接。NetworkManager 也同样用于这些计算机设备，为用户提供了 GUI 和 CLI 两种操作方式，方便用户进行管理网络连接。

　　在执行本实验之前，请确保你的实体主机配备了无线（Wi-Fi）适配器。如你使用的通常情况下，无线设备已内置于你的计算机中，尤其是笔记本计算机。若你的实体计算机内部未集成无线适配器，你可以选购一款经济实用的 USB Wi-Fi 适配器，并将其插入到你的计算机上。

实验 14-7：通过命令行来设置无线网络

　　将一个 USB 无线适配器插入到你的实体计算机中。你需要在 StudentVM1 虚拟机中进行配置，以便识别并使用这个 USB 无线适配器。在 VirtualBox 中选择菜单选项来连接 USB 无线适配器，具体操作路径为：Devices → USB → <Wi-Fi device>，如图 14-7 所示。在操作过程中请注意，由于 USB 无线设备的制造商、型号和版本各异，因此你的设备名称可能与图 14-7 中的示例会有所不同。

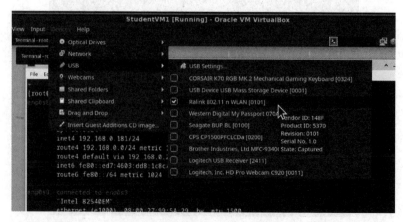

图 14-7　连接 USB 无线设备，使其可以在虚拟机中使用

在你虚拟机的终端会话中，需要进行两步操作来检查 Wi-Fi 设备的当前状态。首先，执行 nmcli 命令来验证虚拟机是否识别该设备。然后，使用 ll 命令来查看 /etc/NetworkManager/system-connections/ 目录下是否存在该 Wi-Fi 设备的密钥文件：

```
[root@studentvm1 system-connections]# nmcli
enp0s9: connected to Wired connection 1
        "Intel 82540EM"
        ethernet (e1000), 08:00:27:CA:1F:16, hw, mtu 1500
        ip4 default
        inet4 192.168.0.181/24
        route4 192.168.0.0/24 metric 101
        route4 default via 192.168.0.254 metric 101
        inet6 fe80::ed7:4603:dd8:1c8c/64
        route6 fe80::/64 metric 1024

enp0s3: connected to enp0s3
        "Intel 82540EM"
        ethernet (e1000), 08:00:27:99:5A:29, hw, mtu 1500
        inet4 10.0.2.35/24
        route4 10.0.2.0/24 metric 102
        route4 default via 10.0.2.1 metric 102
        inet6 fe80::a00:27ff:fe99:5a29/64
        route6 fe80::/64 metric 256

wlp0s12u1: disconnected
        "Ralink RT5370"
        wifi (rt2800usb), 9A:75:2F:B0:D6:75, hw, mtu 1500

lo: unmanaged
        "lo"
        loopback (unknown), 00:00:00:00:00:00, sw, mtu 65536

<SNIP>

[root@studentvm1 ~]# ll /etc/NetworkManager/system-connections/
total 4
-rw------- 1 root root 304 Mar 28 13:10 enp0s3.nmconnection
```

在执行 nmcli 命令时，你会看到网络连接信息，这些信息就包含 Wi-Fi 设备。尽管在你的虚拟机中 Wi-Fi 设备的名称可能会有所不同，但它们通常都以“wl”开头。因此，你能够利用这一特征来识别你的虚拟机中的 Wi-Fi 设备。

接下来，我们通过执行以下命令来显示 Wi-Fi 设备（wlp0s12u1）的更多详细信息：

```
[root@studentvm1 system-connections]# nmcli device show wlp0s12u1
GENERAL.DEVICE:                         wlp0s12u1
GENERAL.TYPE:                           wifi
GENERAL.HWADDR:                         9A:75:2F:B0:D6:75
GENERAL.MTU:                            1500
```

```
GENERAL.STATE:                        30 (disconnected)
GENERAL.CONNECTION:                   --
GENERAL.CON-PATH:                     --
IP4.GATEWAY:                          --
IP6.GATEWAY:                          --
[root@studentvm1 system-connections]#
```

在本实验示例中，虽然 wlp0s12u1Wi-Fi 设备当前未处于连接状态，但通过执行相关命令，我们仍可以检索并列出当前可用的 Wi-Fi 信号列表：

```
[root@studentvm1 system-connections]# nmcli device wifi list
IN-USE  BSSID              SSID                             MODE   CHAN
RATE        SIGNAL BARS    SECURITY
        18:A6:F7:B2:0E:83  LinuxBoy2                        Infra  1
195 Mbit/s  100    ▃▅▆█    WPA1 WPA2
        1E:A6:F7:B2:0E:84  LinuxBoy2-Guest                  Infra  1
195 Mbit/s  100    ▃▅▆█    WPA1 WPA2
        D8:07:B6:D9:65:B8  LinuxBoy3                        Infra  4
405 Mbit/s  92     ▃▅▆█    WPA1 WPA2
        DE:07:B6:D9:65:B9  LinuBoy3_Guest_65B9              Infra  4
405 Mbit/s  89     ▃▅▆█    WPA1 WPA2
        C8:D3:FF:14:22:49  DIRECT-48-HP ENVY 5640 series    Infra  8
65 Mbit/s   89     ▃▅▆█    WPA2
        54:A0:50:D9:B1:10  BigE                             Infra  8
195 Mbit/s  82     ▃▅▆█    WPA2
```

无论是通过 nmcli 命令还是在系统托盘上的 GUI 网络工具来查看可用的 Wi-Fi 信号，NetworkManager 都会根据信号的强度来对这些信号进行合理排序。笔者通过 USB 无线设备测试的结果观察发现，该 USB 设备对较弱信号的接收能力并不如笔者的 System76 Oryx Pro 笔记本中内置的无线设备那样强。举例来说，笔者的老款 Oryx Pro 4 笔记本在距离连接到虚拟机的 USB 设备大约 60cm 的地方，显示出了如下的结果：

```
root@voyager ~]# nmcli device wifi list
IN-USE  BSSID              SSID                             MODE   CHAN
RATE        SIGNAL BARS    SECURITY
        18:A6:F7:B2:0E:83  LinuxBoy2                        Infra  1
195 Mbit/s  100    ▃▅▆█    WPA2
        1E:A6:F7:B2:0E:84  LinuxBoy2-Guest                  Infra  1
195 Mbit/s  100    ▃▅▆█    WPA1 WPA2
*       18:A6:F7:B2:0E:82  LinuxBoy2-5g                     Infra  36
405 Mbit/s  87     ▃▅▆█    WPA2
        1E:A6:F7:B2:0E:83  LinuxBoy2-Guest-5G               Infra  36
405 Mbit/s  87     ▃▅▆█    WPA2
        C8:D3:FF:14:22:49  DIRECT-48-HP ENVY 5640 series    Infra  8
65 Mbit/s   84     ▃▅▆█    WPA2
        54:A0:50:D9:B1:10  BigE                             Infra  8
```

```
   195 Mbit/s  70        ▗▄▖    WPA2
         D8:07:B6:D9:65:B7  LinuxBoy3-5G_2                    Infra  149
   405 Mbit/s  59        ▗▄▖    WPA2
         DE:07:B6:D9:65:B7  LinuxBoy3_Guest_65B9_5G_1         Infra  44
   405 Mbit/s  47        ▗▄▖    WPA2
         44:D4:53:71:98:AE  Lynmedlin                         Infra  6
   195 Mbit/s  39        ▗▄▖    WPA2
         E8:9F:80:12:AE:80  BigE_2G_Ext                       Infra  157
   540 Mbit/s  35        ▗▄▖    WPA2
         C0:3C:04:A5:46:7E  SpectrumSetup-78                  Infra  6
   540 Mbit/s  32        ▗▄▖    WPA2
         88:96:4E:1F:71:C0  ATTEY6Q3Pi                        Infra  1
   195 Mbit/s  29        ▗▄▖    WPA2
         B0:98:2B:48:E4:BC  GoodeTimes2022_2G                 Infra  1
   195 Mbit/s  29        ▗▄▖    WPA2
[root@voyager ~]#
```

在你所在网络范围内，寻找一个 Wi-Fi 信号强度高且你已知道密码的 Wi-Fi 网络，并执行如下命令来连接到该网络中。请注意，如果密码中包含空格，务必将其放在引号内。另外，当你执行下列命令时，请使用你自己的 Wi-Fi SSID 和密码：

```
# nmcli device wifi connect LinuxBoy2 password "My Password"
Device 'wlp0s12u1' successfully activated with '80589678-b07d-4bf2-
a65a-6dd23c4cad4b'.
```

接下来让我们查看 /etc/Network-Manager/system-connections/ 目录下的文件内容，我们应该可以看到该目录下面有一个新创建的无线连接的密钥文件。这个文件包含了与有线网络连接相似的连接的详细信息，还包含了 Wi-Fi 连接所使用的密码：

```
[root@studentvm1 system-connections]# ll
total 8
-rw-------. 1 root root 324 Jul 27 10:43 enp0s3.nmconnection
-rw-------. 1 root root 289 Jul 31 21:31 LinuxBoy2.nmconnection
```

用于无线连接的密钥文件不会被删除。随着时间的推移，在与其他无线路由器连接后，你将创建许多 NetworkManager 密钥文件，每个 Wi-Fi 网络都对应一个密钥文件。你可以查看这些 Wi-Fi 连接的密钥文件，从而了解其中包含的详细信息。

你可以利用 nmcli wifi 命令来将你的计算机设置为 Wi-Fi 热点。有关这一操作步骤的详细信息，你可以在 nmcli 的手册页中找到。

通过仔细观察下述 Wi-Fi 连接列表，你会发现一些非常有意思的现象。这是笔者在房子另一端使用的笔记本计算机显示的 Wi-Fi 列表。在这里，你能发现潜在的问题吗？可能有一个或多个：

```
[root@voyager2 ~]# nmcli device wifi list
IN-USE  BSSID                SSID                              MODE
```

```
CHAN RATE        SIGNAL BARS  SECURITY
         D8:07:B6:D9:65:B8  LinuxBoy3                      Infra  4    405
Mbit/s   87         ▄▆█     WPA2
         DE:07:B6:D9:65:B9  LinuBoy3_Guest_65B9            Infra  4    405
Mbit/s   87         ▄▆█     WPA2
*        D8:07:B6:D9:65:B6  LinuxBoy3-5G_1                 Infra  44   405
Mbit/s   79         ▄▆_     WPA2
         DE:07:B6:D9:65:B7  LinuxBoy3_Guest_65B9_5G_1      Infra  44   405
Mbit/s   79         ▄▆_     WPA2
         D8:07:B6:D9:65:B7  LinuxBoy3-5G_2                 Infra  149  405
Mbit/s   79         ▄▆_     WPA2
         18:A6:F7:B2:0E:83  LinuxBoy2                      Infra  1    195
Mbit/s   65         ▄▆_     WPA2
         1E:A6:F7:B2:0E:84  LinuxBoy2-Guest                Infra  1    195
Mbit/s   65         ▄▆_     WPA1 WPA2
         18:A6:F7:B2:0E:82  LinuxBoy2-5g                   Infra  36   405
Mbit/s   45         ▄__     WPA2
         1E:A6:F7:B2:0E:83  LinuxBoy2-Guest-5G             Infra  36   405
Mbit/s   45         ▄__     WPA2
         C8:9E:43:5D:07:EE  canes                          Infra  9    270
Mbit/s   40         ▄__     WPA2
         4E:BA:D7:B1:34:5A  [LG_Oven]345a                  Infra  11   65
Mbit/s   35         ▄__     WPA2
         54:A0:50:D9:B1:10  BigE                           Infra  8    195
Mbit/s   29         ▄__     WPA2
         D8:0F:99:B3:D1:F4  lucydog001                     Infra  11   195
Mbit/s   27         ▄__     WPA2
         C8:D3:FF:14:22:49  DIRECT-48-HP ENVY 5640 series  Infra  8    65
Mbit/s   25         ▄__     WPA2
         EC:A9:40:20:04:00  Eat More Fiber                 Infra  1    195
Mbit/s   24         ▄__     WPA2
         3C:84:6A:BC:55:56  killthemoonlight               Infra  11   195
Mbit/s   22         ▄__     WPA1 WPA2
         C0:3C:04:A5:46:7E  SpectrumSetup-78               Infra  6    540
Mbit/s   20         ▄__     WPA2
         88:96:4E:1F:71:C0  ATTEY6Q3Pi                     Infra  1    195
Mbit/s   15         ▄__     WPA2
```

是的，这个"LG oven"实际上是一个 Wi-Fi 热点，但其并非笔者的设备。很多家用电器和设备都配备了 Wi-Fi 功能，以便用户可以从工作地点或家中其他房间远程监控和管理它们。这款烤箱支持通过网页远程控制，甚至能够与 Alexa 或任何 Android 或 iOS 设备联动。不仅如此，包括烤箱、冰箱在内的所有这些所谓的"智能"家电，都存在被黑客攻击的潜在风险。事实上，我已经收到过一些来自这类"智能家电"的垃圾邮件。

另外，那台 HP Envy 实际上是笔者邻居家的一台打印机，我不知道具体是哪家的。但黑客可能以多种方式攻击那台设备。

请记住，物联网（Internet of Things，IoT）设备，包括家庭无线路由器、各种家用电器以及计算机相关设备，如果未及时更改默认的管理员 ID 和密码，这些设备将极易遭受黑客攻击。当然，设定的新密码也需要满足复杂度要求，以防被恶意人员轻易破解。

实验 14-8：断开无线连接

断开无线连接操作非常容易，只需要执行如下命令即可断开当前无线连接：

```
root@studentvm1 system-connections]# nmcli connection down LinuxBoy2
Connection 'LinuxBoy2' successfully deactivated (D-Bus active path: /org/
freedesktop/NetworkManager/ActiveConnection/5)
[root@studentvm1 system-connections]#
```

当确认无线连接已成功断开后，我们便可以在虚拟机中将无线设备移除。

总结

Fedora 36 系统对旧式接口配置文件的处理方式进行了调整。在新安装的 Fedora 36 系统中，这些文件只有在 NetworkManager-initscripts-ifcfg-rh 包被明确安装后才能正常工作。这一变化预示着 Fedora 36 在未来将不再为这些过时的 ifcfg 脚本提供任何支持。

值得庆幸的是，从任何现有的 ifcfg 脚本文件迁移至密钥文件不仅流程简便，而且还可以利用三种现有的工具轻松创建新脚本。在这三种现有的工具中，笔者更倾向于使用 GUI NetworkManager 连接编辑器去创建新脚本，因为它的界面不仅直观而且还易于使用。笔者也会选择使用 nmtui 工具，它与 GUI 功能类似，但用户界面稍显笨拙。至于 nmcli 工具，笔者会尽量避免使用，因为创建密钥文件时，其操作较为烦琐。尽管也可以实现实际目标，但需要投入大量时间阅读相关文档并进行试验，才能准确掌握命令的正确语法和所有必要参数，从而成功创建一个完整有效的密钥文件。

然而，nmcli 是一个具备强大功能的工具，它能够用于查看和管理无线和有线网络接口。笔者经常使用它来验证主机的网络接口配置是否准确，并在必要时进行相应的调整。在解决网络问题及进行诊断时，它提供了极大的便利。

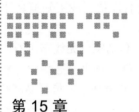

Chapter 13 | 第 15 章

BtrFS

目标

在本章中，你将学习如下内容：

❏ 什么是 BtrFS？

❏ BtrFS 是从 Fedora 33 开始的默认文件系统。

❏ Red Hat 目前不支持 BtrFS。

❏ BtrFS 相对于 EXT4 的一些优势。

❏ 在 Fedora 版本升级时，LVM/EXT4 文件系统会发生什么变化？

❏ 如何创建和使用 BtrFS 卷？

❏ 子卷和快照是什么？如何使用它们？

❏ 如何创建子卷？

❏ 如何使用子卷？

❏ 为什么 BtrFS 只能在某些有限的情况下使用？

提示： 由于笔者在撰写本章时发现了关于 BtrFS 的问题，以及 Red Hat 不再支持它这一事实，因此笔者不建议在后续的系统中继续使用它。但是，你可能会遇到已经安装了 BtrFS 的情况，并且在安装 Fedora 时默认使用的就是这个文件系统。因此，笔者认为熟悉 BtrFS 十分重要。你可以暂时跳过本章内容，直到你在担任系统管理员遇到 BtrFS 时，再回过头来学习本章内容。

15.1 概述

在笔者使用 Linux 系统超过 25 年的时间里，Red Hat Linux（非 RHEL）和 Fedora 的默

认文件系统经历了显著的变迁。当笔者初次涉足 Linux 系统时，EXT2 为第二个默认的扩展文件系统。该文件系统存在诸多不足，其中较为普遍且易被忽视的是，遭遇非正常关机（如电源故障）时，其恢复时间可能长达数小时甚至数天。相较之下，当前的 EXT4 扩展文件系统在多种故障情况下的恢复仅需数秒。其高效的性能与逻辑卷管理的无缝配合，共同构建了一个既灵活又强大的文件系统架构。该架构不仅能在短时间内实现恢复，而且在各种存储环境中均表现出色。

BtrFS 是一种相对较新的文件系统，它采用一种名为 Copy-on-Write（CoW）的策略，即写入时复制⊖机制。在将数据提交到存储设备介质的日志策略方面，Copy-on-Write 与 EXT4 有很大不同。接下来的两段是对 BtrFS 工作原理简化的概念性总结：

❑ 在日志文件系统中，新数据或修订数据存储在固定大小的日志中，当所有数据都提交到日志中时，将其写入存储设备的主数据空间，或者写入新分配的数据块中，或者替换修改的数据块。当写操作完成后，日志被标记为已提交。

❑ 在 BtrFS Cow 文件系统中，原始数据不会被触及。新数据或修改过的数据会被写入存储设备上一个全新的位置。当数据完全写入存储设备后，只需通过原子操作将指向旧数据的指针更改为指向新数据，从而最大限度地减少数据被损坏的可能性。然后释放包含旧数据的存储空间，以供重新使用。

BtrFS 还具有容错功能，在发生错误时可以自我修复。它的目的是易于维护，它具有内置的卷管理功能，这意味着不需要单独的逻辑卷管理工具来提供 EXT4 文件系统背后的功能。

从 Fedora 33 开始，BtrFS 成为 Fedora 的默认文件系统⊜，但在安装过程中可以轻松覆盖。

提示： BtrFS 通常发音为 "butterfs"。

BtrFS 来源于 IBM 研究员 Ohad Rodeh 在 2007 年发表的一篇论文，并由 Oracle 公司进行实际设计，以应用于其 Linux 版本中。除了作为通用文件系统之外，它还解决与 EXT 文件系统不同且更具体的一系列问题。该文件系统的主要设计目标是适应超大容量的存储设备，以应对海量数据的存储需求，特别是在高事务负载环境下的大型数据库。

在上册第 19 章中，笔者带领着大家创建了一个小型的 BtrFS 文件系统，但并未深入探讨它在 Fedora 系统中的重要性。在接下来的内容中，我们将深入探讨 BtrFS 文件系统在 Fedora 及其他系统环境中的重要性，并对其进行详尽的探索。

BtrFS 项目网站提供了一套非常完整的 BtrFS 文档⊜，读者可以自行下载学习。

⊖ 写入时复制（CoW）是一种计算机程序设计领域的优化策略。其核心思想是，如果有多个调用者（caller）同时请求相同资源（如内存或磁盘的数据存储），它们会共同获取相同的指针指向相同的资源，直到某个调用者试图修改资源的内容时，系统才会真正复制一份专用副本（private copy）给该调用者，而其他调用者所见到的最初的资源仍然保持不变。此过程对其他调用者是透明的。此做法主要的优点是，如果调用者没有修改该资源，就不会有副本被创建，因此多个调用者只是在读取操作时可以共享同一份资源。

⊜ Chris Murphy, "Btrfs Coming to Fedora 33", https://fedoramagazine.org/btrfs-coming-to-fedora-33/, 08/24/2020, Fedora Magazine。

⊜ BtrFS 文档, https://BtrFS.readthedocs.io/en/latest/index.html。

注意： Red Hat 不支持 BtrFS 文件系统。

在 RHEL 9 中，Red Hat 已经移除了对 BtrFS 的所有支持，这一举措也潜在暗示了 Red Hat 对 BtrFS 的信任度不足。然而值得注意的是，尽管 BtrFS 已在 Red Hat 中移除，但它仍然取代了 EXT4 扩展文件系统成为 Fedora 的默认文件系统，这也就意味着我们需要对 BtrFS 有更深入的了解。然而在考虑采用 BtrFS 作为默认文件系统时，确实存在一些重要的问题值得我们关注，在本章后续内容中，笔者将逐一对这些问题进行探讨。

提示： 将 Fedora 从一个发行版本升级到另一个版本时，例如从 Fedora 37 升级到 Fedora 38，升级过程不会将现有的 EXT 文件系统转换为 BtrFS。这是一件好事。

15.2　BtrFS 与 EXT4 的对比

我们在上册第 19 章和本书第 1 章中详细介绍了 EXT4 文件系统。在本章中，我们将探讨 EXT4 和 BtrFS 的相似之处以及不同之处。

尽管 BtrFS 有许多引人注目的特性，但笔者认为从系统管理员的角度描述其与 EXT4 的功能差异的最好方法是，BtrFS 将日志文件系统（如 EXT4）的功能与逻辑卷管理器的卷管理功能结合在一起⊖。它的许多其他特性都是为大型商业用例设计的，对于小型企业、个人用户甚至规模较大的一般用户而言，如没有特殊需求的话，相较于 EXT4，BtrFS 的好处并不明显。

BtrFS 使用与 EXT4 不同的空间分配策略，但保留了一些相同的元结构，如索引节点和目录。

15.2.1　BtrFS 的优势

与 EXT4 扩展文件系统相比，BtrFS 文件系统有许多优势：

❑ 在像 BtrFS 这样的池存储系统中，只有在需要时才会将可用的存储空间分配给子卷。这使得存储分配对用户不可见，也无须像 EXT 文件系统那样预先分配卷大小。这是一种极其高效的存储分配方式。

❑ BtrFS 是一种 Cow 文件系统，专为大容量和高性能存储服务器设计。

❑ BtrFS 使用自己的逻辑卷管理器。这意味着它可以轻松地将多个物理设备和分区配置到单个逻辑存储空间中。虽然这也可以在 EXT 文件系统上完成，但它需要单独的逻辑卷管理系统。

❑ BtrFS 支持创建基于软件的 RAID 系统。

❑ BtrFS 有一个完整的系统，可对单个文件或目录甚至整个文件系统进行压缩。

❑ EXT4 可以在联机时扩展文件系统，但不能缩小文件系统。BtrFS 可以在线调整文件系统的大小，以扩展和缩小文件系统。

⊖ BtrFS 融合了文件系统和卷管理器，它为 Linux 操作系统提供了高级文件系统应当拥有的诸多不错的功能特性。——译者注

❑ BtrFS 支持块子分配和尾部打包，这也称为内联扩展。对于大多数文件来说，文件的最后一个块并不占用整个块。最后一个块被称为尾块。对于许多小文件也是如此，因为它们不会占用整个块。这两种情况都会浪费大量的磁盘空间。这些策略将其他文件的尾部或完整的小文件存储在一个文件的尾部块中，从而节省磁盘空间。

15.2.2　BtrFS 和 EXT4 的相似性

BtrFS 和 EXT4 都是 Linux 系统下广泛使用的文件系统，它们共享了一些重要的属性：

❑ EXT4 和 BtrFS 文件系统都是基于扩展的文件系统。在上册第 19 章中，我们探讨了 EXT4 文件系统的结构，包括扩展。扩展是存储设备中分配给文件的连续区域。如果可能的话，基于扩展的文件系统将完整的文件存储在一个连续的存储区域中。改进读 / 写时间可以提高了带有旋转磁盘的硬盘驱动器中的文件系统性能。对于固态硬盘来说，这几乎没有什么区别。

❑ EXT4 和 BtrFS 都支持刷新时分配（allocate-on-flush）。数据不直接写入存储设备，它存储在 RAM 缓冲区中。只有当缓冲区满时，数据才被写入存储设备。该策略减少了 CPU 和 I/O 使用，加快了磁盘写入速度，有助于减少磁盘碎片。

❑ EXT4 和 BtrFS 都支持固态硬盘存储设备的 TRIM。当文件从 SSD 中删除时，分配给该文件的数据块被标记为已删除，但不可用。类似地，当一个数据块被"覆盖"时，一个新的数据块被分配给文件，旧的数据块被标记为不可用。这种策略可以提高数据写入操作的速度，同时保证固态硬盘上数据的完整性。需要使用 TRIM 命令来查找所有这些"不可用"的数据块，删除其中的数据，并将它们标记为可用。

15.2.3　EXT4 的优势

当然，EXT4 文件系统依然保有一些重要的优势：

❑ EXT4 文件系统非常成熟、广为人知和易于理解，而且它非常稳定。它是许多流行的 Linux 发行版（如 Ubuntu 和与 Debian 相关的发行版）中的默认文件系统。它是 Fedora 33 版之前的默认文件系统。

❑ 作为一个日志文件系统，EXT4 文件系统在发生电源故障和其他可能导致系统崩溃的问题时是安全的。

❑ EXT4 是可靠的文件系统。

15.3　使用 BtrFS 的文件系统结构

BtrFS 在存储设备上的元数据结构和数据分配策略与 EXT4 文件系统在逻辑卷管理器上有着显著的不同。因此，在新系统初次安装时，对存储设备进行分区的方式也有所不同。我们以往在 LVM/EXT 环境中常用的一些做法在 BtrFS 中可能不再适用，而且一些操作方式相比之前的经验来说，可能会显得有点奇怪。不同的工具以不同的方式显示了这一点。

在初次使用 BtrFS 部署新的虚拟机时，笔者采用了默认的存储分区配置选项，然而，对于此举可能引发的具体后果，笔者当时并未形成清晰的认识。笔者在 120GB（虚拟）的存储设备上采用"默认安装"的方式安装 Fedora 37 后的存储配置结果如图 15-1 所示。-T 选项显示出该文件系统的具体类型。根分区（/）和 /home 分区都位于 /dev/sda3 上，这是一个 BtrFS 分区，并且这两个分区看起来都有 119GB 的可用空间。

```
# df -Th
Filesystem      Type       Size  Used Avail Use% Mounted on
devtmpfs        devtmpfs   4.0M     0  4.0M   0% /dev
tmpfs           tmpfs      7.9G     0  7.9G   0% /dev/shm
tmpfs           tmpfs      3.2G  1.1M  3.2G   1% /run
/dev/sda3       BtrFS      119G  2.8G  115G   3% /
tmpfs           tmpfs      7.9G  4.0K  7.9G   1% /tmp
/dev/sda3       BtrFS      119G  2.8G  115G   3% /home
/dev/sda2       EXT4       974M  189M  718M  21% /boot
tmpfs           tmpfs      1.6G   72K  1.6G   1% /run/user/984
tmpfs           tmpfs      1.6G   64K  1.6G   1% /run/user/0
```

图 15-1　默认安装 Fedora 37 后的存储配置

通过执行 fdisk 命令，我们可以获取当前使用 BtrFS 默认安装的 Fedora 磁盘分区信息，如图 15-2 所示。这一信息对于了解磁盘的实际使用情况和分区十分重要。

```
Device         Start       End   Sectors  Size Type
/dev/sda1       2048      4095      2048    1M BIOS boot
/dev/sda2       4096   2101247   2097152    1G Linux filesystem
/dev/sda3    2101248 251656191 249554944  119G Linux filesystem
```

图 15-2　使用 BtrFS 默认安装 Fedora 的磁盘分区方案

通过 lsblk 命令的输出，我们可以观察到根分区（/）与 /home 分区均显示为 /dev/sda3 的组成部分，这明确地指出了两个文件系统位于同一分区之上，如图 15-3 所示。其中命令后面的 -f 选项为我们提供了关于这些文件系统的额外详细信息。

```
# lsblk -f
NAME   FSTYPE FSVER LABEL           UUID                  FSAVAIL
FSUSE% MOUNTPOINTS
sda
├─sda1
├─sda2 EXT4   1.0                   3cdf9efd-<snip>dbe03   717.6M   19% /boot
└─sda3 BtrFS        fedora_testvm3 f5daf918-<snip>62aee   114.7G    2% /home
                                                                        /
sr0
zram0
[SWAP]
```

图 15-3　lsblk 命令显示位于 /dev/sda3 分区上的 / 和 /home 文件系统

15.4　BtrFS 如何工作

那么，存储空间大小为 119GB 的 /dev/sda3 分区如何支持两个文件系统呢？每个文件系统的大小都是 119GB 吗？当然不是。

在 BtrFS 中，/ 和 /home 文件系统称为子卷[○]。/dev/sda3 分区用作这些子卷的存储位置，该分区中的存储空间用作在该分区上创建的任何和所有子卷的可用存储池。当需要额外空间来存储其中一个子卷上的新文件或扩展现有文件时，就会将空间分配给该子卷，并从可用存储池中删除该空间。

15.5　创建 BtrFS

尽管你已经在上册第 19 章中成功创建并使用了一个小型的 BtrFS 分区，但是笔者在实验 19-11 中并未演示如何管理 BtrFS，特别是涉及子卷的操作。因此，在接下来的内容中，笔者将会详细阐述这些内容。

首先，你将使用已经为虚拟机预设好的三个存储设备来创建一个新的 BtrFS。随后，你将掌握挂载 BtrFS 的操作方法，此挂载方法可能与其他文件系统的挂载方式略有差异。此外，你还将深入了解如何创建子卷，并亲身体验这一过程与在 EXT4、ZFS 等其他文件系统中创建子卷的不同之处。

> **实验 15-1：从三个存储设备中创建 BtrFS**
>
> 本实验将从三个不同的存储设备中创建 BtrFS。你已经提前创建好了用于创建该文件系统的设备。在上册第 19 章中，你重新指定了 /dev/sdb2 为 BtrFS 格式的分区，所以在执行如下命令的时候，它不会出现在当前未挂载的 BtrFS 列表中，这也说明了我们当前的虚拟机上没有 BtrFS：
>
> ```
> [root@studentvm1 ~]# btrfs filesystem show
> [root@studentvm1 ~]#
> ```
>
> 通过执行以下命令我们可以看到当前有三个（虚拟）存储设备处于未使用（未挂载）状态，因此我们可以在本章的实验中重新使用它们。无论从哪个角度来看，这都是一个创建一个由多个存储设备组成的新的 BtrFS 卷的好起点：
>
> ```
> [root@studentvm1 ~]# lsblk -i
> NAME                        MAJ:MIN RM  SIZE RO TYPE MOUNTPOINTS
> sda                             8:0   0  60G  0 disk
> |-sda1                          8:1   0   1M  0 part
> |-sda2                          8:2   0   1G  0 part /boot
> |-sda3                          8:3   0   1G  0 part /boot/efi
> `-sda4                          8:4   0  58G  0 part
>   |-fedora_studentvm1-root  253:0   0   2G  0 lvm  /
>   |-fedora_studentvm1-usr   253:1   0  15G  0 lvm  /usr
>   |-fedora_studentvm1-tmp   253:4   0   5G  0 lvm  /tmp
>   |-fedora_studentvm1-var   253:5   0  10G  0 lvm  /var
> ```

[○]　注意这个句子中"文件系统"的两个含义。

```
    |-fedora_studentvm1-home    253:6    0     4G  0 lvm  /home
    `-fedora_studentvm1-test    253:7    0   500M  0 lvm  /test
  sdb                           8:16     0    20G  0 disk
  |-sdb1                        8:17     0     2G  0 part
  |-sdb2                        8:18     0     2G  0 part
  `-sdb3                        8:19     0    16G  0 part
    |-NewVG--01-TestVol1        253:2    0     4G  0 lvm
    `-NewVG--01-swap            253:3    0     2G  0 lvm
  sdc                           8:32     0     2G  0 disk
  `-NewVG--01-TestVol1          253:2    0     4G  0 lvm
  sdd                           8:48     0     2G  0 disk
  sr0                           11:0     1  1024M  0 rom
  zram0                         252:0    0     8G  0 disk [SWAP]
```

我们要用来创建新 BtrFS 的设备是 /dev/sdb、/dev/sdc 和 /dev/sdd。首先，检查 /etc/fstab 文件，并对所有涉及前述设备的条目进行注释处理，确保在创建新的文件系统时不会发生冲突。随后，执行以下命令，从 sdb 和 sdc 设备中移除名为 NewVG-01 的卷组。若不予移除，系统可能会因 sdb 设备被占用而报错：

```
[root@studentvm1 ~]# vgremove NewVG-01
```

即使在没有分区的情况下，为了顺利创建 BtrFS，也需要执行如下命令来覆盖现有的分区表，其中 -f 选项用于表示强制创建 BtrFS：

```
[root@studentvm1 ~]# mkfs -t btrfs -f /dev/sdb /dev/sdc /dev/sdd
BtrFS-progs v6.2.1
See http://BtrFS.wiki.kernel.org for more information.

NOTE: several default settings have changed in version 5.15, please make sure
      this does not affect your deployments:
      - DUP for metadata (-m dup)
      - enabled no-holes (-O no-holes)
      - enabled free-space-tree (-R free-space-tree)

Label:              (null)
UUID:               bf283fe5-7f2a-45a6-9ab6-153582672578
Node size:          16384
Sector size:        4096
Filesystem size:    24.00GiB
Block group profiles:
  Data:             single            8.00MiB
  Metadata:         RAID1           256.00MiB
  System:           RAID1             8.00MiB
SSD detected:       no
Zoned device:       no
Incompat features:  extref, skinny-metadata, no-holes
Runtime features:   free-space-tree
Checksum:           crc32c
```

```
    Number of devices:  3
    Devices:
       ID      SIZE  PATH
        1  20.00GiB  /dev/sdb
        2   2.00GiB  /dev/sdc
        3   2.00GiB  /dev/sdd
```

通过执行上述命令强制创建 BtrFS 后，我们可以看到现在的三个设备（/dev/sdb、/dev/sdc、/dev/sdd）已合并成为一个 24GB 的 BtrFS，通过 BtrFS 自带的工具，我们可以获取关于这个 BtrFS 卷的具体信息：

```
[root@studentvm1 ~]# btrfs filesystem show
Label: none  uuid: 498ea267-40aa-4dca-a723-5140aae8b093
        Total devices 3 FS bytes used 144.00KiB
        devid   1 size 20.00GiB used 8.00MiB path /dev/sdb
        devid   2 size 2.00GiB used 264.00MiB path /dev/sdc
        devid   3 size 2.00GiB used 264.00MiB path /dev/sdd
```

我们还可以使用 `lsblk -f` 命令来显示文件系统的信息，包括文件系统类型和 UUID（Universally Unique Identifier，全局唯一标识符）。

BtrFS RAID 结构

你可能已注意到，在先前实验所展示的文件系统数据中有多个存储设备被配置为一个 RAID1 阵列。RAID1 是一种数据在多个设备间镜像（复制）的配置。在创建 BtrFS 时，若未明确指定 RAID 结构的类型，系统将默认选择 RAID0 或 RAID1。RAID 类型的选择是在 BtrFS 创建过程中确定的，其具体取决于 BtrFS 卷内包含的存储设备的大小及配置。

BtrFS 支持一些其他的 RAID 类型，但并不支持所有的 RAID 类型。若想详细了解 BtrFS 如何利用 RAID 以及其支持的 RAID 类型，可以通过 `man 5 BtrFS` 命令获取更详尽的信息。

15.6　挂载 BtrFS

对于 BtrFS 的挂载方式，可以采用与先前章节中详尽阐述的 EXT4 文件系统相同的方式。在上册第 19 章中，你已经学习了通过特殊设备文件 /dev/sdb2 挂载一个小型 BtrFS，如同挂载 EXT4 文件系统一样。除此之外，BtrFS 还支持通过标签和 UUID 进行挂载，这与 EXT4 文件系统的挂载方式一致。

但在使用 BtrFS 且存在多个设备（如本例中的 /dev/sdb、/dev/sdc 和 /dev/sdd）的情况下，其挂载方式与 EXT4 等单设备文件系统有所不同。如果你需要、希望或程序规定通过特殊设备文件名来挂载所有文件系统，你只需从这些特殊设备文件中任意选择一个，然后使用该文件进行挂载即可。

实验 15-2：挂载 BtrFS

本实验探索了 BtrFS 的不同挂载方法，我们首先在 /mnt 上挂载文件系统，并使用特殊设备文件：

```
[root@studentvm1 ~]# mount /dev/sdb /mnt
[root@studentvm1 ~]# df -h
Filesystem                      Size  Used Avail Use% Mounted on
<SNIP>
/dev/sdb                        24G   3.8M  24G   1% /mnt

[root@studentvm1 ~]# lsblk -f
NAME         FSTYPE    FSVER    LABEL    UUID       FSAVAIL FSUSE% MOUNTPOINTS
sda
├─sda1
├─sda2       ext4      1.0      boot     498ea267-<SNIP>
<SNIP>
sdb          BtrFS              498ea267<snip> 23.5G  0% /mnt
sdc          BtrFS              498ea267<snip>
sdd          BtrFS              498ea267<snip>
<SNIP>
```

笔者发现 lsblk 命令有时无法显示最准确的文件系统大小，所以笔者更倾向于使用 df -h 命令来验证文件系统的大小。但是，lsblk -f 命令确实能显示组成 BtrFS 的设备。

首先，卸载已挂载的 BtrFS，然后使用 /dev/sdc 和 /dev/sdd 作为目标挂载设备的特殊文件并将其再次挂载到 /mnt 目录上。完成上述操作步骤后，请按照先前的操作方式查看并分析结果，看看你能发现什么。

通过分析结果你会发现，无论在挂载命令中使用哪个特殊设备文件，都只显示 /dev/sdb 特殊设备文件为已挂载。这是因为三个特殊设备文件（/dev/sdb、/dev/sdc 和 /dev/sdd）具有相同的 UUID，这也意味着它们属于同一个文件系统。

执行如下命令来卸载已挂载的文件系统：

```
[root@studentvm1 ~]# umount /mnt
```

接下来，使用 UUID 挂载 BtrFS。由于以下命令使用的是笔者所使用的虚拟机的 UUID，因此请务必将命令中的 UUID 替换为你所使用的虚拟机的 UUID：

```
[root@studentvm1 ~]# mount UUID=498ea267-40aa-4dca-a723-5140aae8b093 /mnt
```

挂载完毕后，请按照前文的方式使用 df 和 lsblk 命令验证文件系统是否已经挂载在 /mnt 上。随后，请再次卸载文件系统。

BtrFS 可以像 EXT4 文件系统一样使用标签进行挂载。与 EXT4 文件系统操作类似，我们需要为 BtrFS 创建标签。我们可以在创建文件系统时指定一个标签，也可以在后续操作中如本次实验所示进行添加。

在给 BtrFS 添加标签时，如果文件系统已卸载，则可以使用特殊设备文件名（例如 /dev/sdb）来创建标签；如果文件系统已挂载，则可以使用挂载点（例如 /mnt）来创建标签。

鉴于当前文件系统已经被卸载，我们将使用特殊设备文件名来添加标签，具体命令如下：

```
[root@studentvm1 ~]# btrfs filesystem label /mnt BtrFS-test
[root@studentvm1 ~]# btrfs filesystem label /mnt
BtrFS-test
[root@studentvm1 ~]#
```

第一个命令将标签添加到文件系统，覆盖现有标签；第二个命令显示标签，若没有标签，则显示 Null。

我们可以为 BtrFS 创建一个新的挂载点，但由于挂载点 /TestFS 仍然存在，而且目前没有被其他任何设备使用，因此我们可以复用这个挂载点来挂载 BtrFS。现在，我们可以执行如下命令来通过标签手动挂载 BtrFS：

```
[root@studentvm1 ~]# mount LABEL=BtrFS-test /TestFS
```

接下来验证文件系统是否挂载成功。

随后，我们通过 umount /TestFS 命令卸载 /TestFS，并在 /etc/fstab 文件中添加如下一行内容，以便在系统启动时自动挂载此 BtrFS。在 /etc/fstab 文件中可能有其他包含 /TestFS 的内容，请确认这些内容已被注释掉：

```
LABEL=BtrFS-test        /TestFS        btrfs    auto,defaults  1 2
```

在 /etc/fstab 文件中添加完上述内容后，运行以下命令强制系统重新加载 fstab。如果跳过此步骤，将会收到一个提示你执行此操作的错误消息：

```
[root@studentvm1 ~]# systemctl daemon-reload
```

现在，让我们执行如下命令来重新挂载文件系统：

```
[root@studentvm1 ~]# mount /TestFS
```

随后，通过执行如下命令来设置该挂载点的文件属性权限，以便每个人都能访问它。这样，我们就可以用非 root 用户进行更多的实验：

```
[root@studentvm1 ~]# chmod 777 /TestFS/
```

最后，验证文件系统已挂载成功。

在本次实验的最终测试环节，重新启动虚拟机，并验证 BtrFS 是否已成功自动挂载至指定的挂载点。同时，请确保文件系统的权限为 777，以确保所有用户均具有读写执行权限。最后，请检查文件系统中是否包含正确的设备信息。

15.7　探索 BtrFS 卷

在创建了 BtrFS 并成功挂载后，让我们来探索一下这个文件系统，并在其上存储一些数据。在实验 15-3 中，我们将使用一组针对整个文件系统的 btrfs filesystem 命令来探索 BtrFS 卷。若要了解更多关于这一命令组的详细信息，包括其子命令显示的数据字段的描述，可在 Linux 终端中执行 man 8 btrfs-filesystem 命令。笔者建议你阅读这个手册页，因为它包含一些非常有趣的信息。

实验 15-3：探索 BtrFS 卷

我们开始使用一些已经学习过的工具来探索新的 BtrFS，以获取 BtrFS 特有的元数据。第一个命令显示了我们需要了解的文件系统结构组成的基本信息：

```
[root@studentvm1 ~]# btrfs filesystem show
Label: 'BtrFS-test'  uuid: 498ea267-40aa-4dca-a723-5140aae8b093
        Total devices 3 FS bytes used 144.00KiB
        devid    1 size 20.00GiB used 8.00MiB path /dev/sdb
        devid    2 size 2.00GiB used 264.00MiB path /dev/sdc
        devid    3 size 2.00GiB used 264.00MiB path /dev/sdd
```

接下来的命令为我们提供了有关构成文件系统的元数据以及已分配和未分配空间量的信息。这是一个很好的文件系统视图，也是笔者发现的有用工具之一。虽然这个文件系统还没有用户数据，但我们很快会探索这个部分：

```
[root@studentvm1 ~]# btrfs filesystem usage /TestFS
Overall:
    Device size:                  24.00GiB
    Device allocated:             536.00MiB
    Device unallocated:           23.48GiB
    Device missing:               0.00B
    Device slack:                 0.00B
    Used:                         288.00KiB
    Free (estimated):             23.48GiB        (min: 11.75GiB)
    Free (statfs, df):            23.48GiB
    Data ratio:                   1.00
    Metadata ratio:               2.00
    Global reserve:               3.50MiB        (used: 0.00B)
    Multiple profiles:            no

Data,single: Size:8.00MiB, Used:0.00B (0.00%)
   /dev/sdb        8.00MiB

Metadata,RAID1: Size:256.00MiB, Used:128.00KiB (0.05%)
   /dev/sdc        256.00MiB
   /dev/sdd        256.00MiB

System,RAID1: Size:8.00MiB, Used:16.00KiB (0.20%)
   /dev/sdc        8.00MiB
   /dev/sdd        8.00MiB

Unallocated:
   /dev/sdb        19.99GiB
   /dev/sdc        1.74GiB
   /dev/sdd        1.74GiB
[root@studentvm1 ~]#
```

现在我们对 BtrFS 已经有了一定的了解，让我们在其中存储一些数据。我们希望有足够的数据使得接下来的实验变得有趣，但又不想完全填满它。所以，笔者使用文件扩展名 .rand 来明确表示这些文件包含随机数据。以下命令行程序可创建 50,000 个文件，每个文件包含 50KB 的随机数据：

```
[student@studentvm1 ~]$ cd /TestFS/
[student@studentvm1 TestFS]$ for X in `seq -w 1 50000` ; do echo "Working on
$X" ; dd if=/dev/urandom of=TestFile-$X.rand bs=2048 count=25; done
```

上述操作所花费的具体时间取决于你的虚拟机所在的物理主机的整体速度。在笔者的虚拟机上大概花费了 2'28"。

验证 /TestFS 目录是否包含 50,000 个非空文件，并且其中至少有一个随机样本包含 50KB 的数据。

目前，BtrFS 卷已具备与其他文件系统相当的数据存储能力。然而，BtrFS 的真正魅力在于其对子卷的运用，这使得我们可以利用 BtrFS 的更多有趣特性。在接下来的内容中，我们将对这些独特的功能和优势进行深入细致的阐述。

关于 BtrFS 边缘情况的说明

在创建实验 15-3 的过程中，笔者无意中造成了一个边缘情况⊖，导致 BtrFS 发生故障。部分原因显然是 BtrFS 的异常组成，包括两个小型的 2GB 存储设备和一个大型的 20GB 设备。笔者想要创建 150 万个小文件进行测试，但在创建到约 90% 的时候失败了。在笔者主要工作站的虚拟机上花了超过 2.5h，尽管仍然有数据空间可用，但进程仍未完成。这时笔者意识到出现了问题，即因为元数据结构已经填满，没有空间来创建新文件。

由于元数据结构被降级为由两个 2GB 设备组成的 RAID1 阵列，因此没有足够的空间来创建 150 万个文件。在正常情况下，这是不会发生的。

很难确定实际创建了多少文件，因为文件系统以这种方式发生故障：内核（按照预期）将其置于只读模式，以保护文件系统免受进一步损坏。然而，BtrFS 使用情况中显示 /TestFS 大约创建了 135 万个文件。

虽然应该可以使用挂载程序的 `-o remount` 选项来重新挂载文件系统，但也失败了。卸载然后作为单独的操作进行重新挂载也失败了。只有重新启动才能以读 / 写模式成功地重新挂载 BtrFS。

笔者试图删除以 root 身份运行 `rm -f` 命令创建的文件，但只是卡住，并没有明显效果。经过长时间的等待，最终显示由于参数太多造成报错。这意味着对于 `rm` 命令来说，使用文件通配符（*）处理的文件数量过多。

然后笔者尝试了另一种方法，使用命令 for X in `ls`; do echo "Working on $X";

⊖ "边缘情况" 是测试中使用的一个术语，指的是某个条件超过极端最大或最小值。在这种情况下，150 万个文件的数量超出了可用元数据空间的容量。

`rm -f $X; done`，上述命令段在短时间内是有效的，但最终还是会卡住，文件系统再次进入只读模式。

简而言之，经过一些额外的测试后，笔者决定重新创建 BtrFS 卷，并将要创建的文件数量减少至 50,000，同时增加它们的大小以占用更多的空间。正如你在后续的实验中看到的那样，这个方法是可行的。

然而，笔者学到的一点是，奇怪和意外的故障仍可能发生。因此，重要的是要了解设备中使用的技术，这样才能有效地找到导致问题的根本原因，并加以修复和规避。

笔者确实在一个 EXT4/LVM 设置中测试了这种边缘情况，通过将 StudentVM1 虚拟机上的三个设备转换为 LVM+EXT4。这种方法运行速度更快，且创建了 150 万个文件，没有出现任何问题。但是，在创建了 150 万个文件后，笔者探索了 EXT4 文件系统中剩余的索引节点数量，发现 EXT4 文件系统在失败之前只能再容纳大约 38,000 个文件。所有文件系统都有限制。

尽管这种情况作为边缘情况是非常罕见的，但笔者仍计划继续在个人系统中使用 LVM+EXT4。这个决定不是基于这种边缘情况本身，而是因为问题发生后整个文件系统变得无法使用。无论是在家庭、办公室还是在一个庞大的组织中，这种情况都不是笔者想遇到的。

笔者决定继续使用 LVM+EXT4 的另一个因素是 Ars Technica 的 Jim Salter 发表的一篇文章⊖。在这篇文章中，Salter 描述了 BtrFS 的特性，也详细介绍了文件系统存在的问题，最后得出以下结论：

BtrFS 拒绝挂载降级的磁盘，拒绝自动挂载过期的磁盘，而且缺乏自动过期磁盘的修复/恢复功能，这些并不构成一种合理地管理"冗余"存储系统的方式。

笔者考虑的最后一个因素是 Red Hat 公司已从其旗舰操作系统 RHEL 中移除了对 BtrFS 的所有支持。这一点也不令人安心。

15.8 简化 BtrFS 卷

由于我们之前所设置的 BtrFS 配置存在一定的不稳定性，在继续使用前需要对其进行简化。为此，我们尝试使用一个能够允许我们从 BtrFS 卷中删除设备的有趣命令。

实验 15-4：简化 BtrFS 卷

在删除 BtrFS 卷中的设备之前，请先验证要删除的设备。我们将从以下列表中删除两个最小的设备：

```
[root@studentvm1 ~]# btrfs filesystem show /TestFS/
Label: 'BtrFS-test'  uuid: 498ea267-40aa-4dca-a723-5140aae8b093
        Total devices 3 FS bytes used 2.51GiB
        devid    1 size 20.00GiB used 3.00GiB path /dev/sdb
        devid    2 size 2.00GiB used 264.00MiB path /dev/sdc
```

⊖ Jim Salter, "Examining btrfs, Linux's perpetually half-finished filesystem", https://arstechnica.com/gadgets/ 2021/09/examining-btrfs-linuxs-perpetually-half-finishedfilesystem/,Ars Technica, 2021。

```
        devid    3 size 2.00GiB used 264.00MiB path /dev/sdd
```

让我们从删除一个设备开始:

```
[root@studentvm1 ~]# btrfs device delete /dev/sdc /TestFS/
```

这一操作花费时间约为 9s, 并通过快速检测的操作显示数据完好无损。

```
[root@studentvm1 ~]# btrfs device delete /dev/sdd /TestFS/
ERROR: error removing device '/dev/sdd': unable to go below two devices
on raid1
```

上述操作并没有奏效, 但手册页确实指出, RAID1 BtrFS 卷中不能少于两个设备。部分文献显示有种方法可以规避这一限制, 但相当复杂, 笔者在此不做这方面的深入研究。

因此, 笔者决定通过使用 fdisk 命令从剩下的两个设备中强制删除 BtrFS 签名。首先, 卸载 BtrFS 卷, 然后对其进行更改。其中的 -w 选项意味着在使用写命令退出 fdisk 时, 始终擦除现有签名数据。

只需发出命令, 然后使用 w 退出, 这样就可以删除 BtrFS 签名:

```
[root@studentvm1 ~]# fdisk -w always /dev/sdb

Welcome to fdisk (util-linux 2.38.1).
Changes will remain in memory only, until you decide to write them.
Be careful before using the write command.

The device contains 'btrfs' signature and it will be removed by a write
command. See fdisk(8) man page and --wipe option for more details.

Device does not contain a recognized partition table.
Created a new DOS disklabel with disk identifier 0xdddf783c.

Command (m for help): w
The partition table has been altered.
Calling ioctl() to re-read partition table.
Syncing disks.
```

对 /dev/sdc 和 /dev/sdd 执行上述操作。由于已从 BtrFS 卷中移除 /dev/sdc 设备, 因此它将不再具有 BtrFS 签名。

现在, 通过执行如下命令, 在仅具有 20GB 空间的 /dev/sdb 设备上创建一个新的 BtrFS 卷:

```
[root@studentvm1 ~]# mkfs -t btrfs -f /dev/sdb
btrfs-progs v6.2.1
See http://btrfs.wiki.kernel.org for more information.
NOTE: several default settings have changed in version 5.15, please make sure
      this does not affect your deployments:
      - DUP for metadata (-m dup)
      - enabled no-holes (-O no-holes)
      - enabled free-space-tree (-R free-space-tree)

Label:              (null)
UUID:               2c101d21-6053-44bb-b70d-c3347cb0fa86
```

```
     Node size:          16384
     Sector size:        4096
     Filesystem size:    20.00GiB
     Block group profiles:
       Data:             single          8.00MiB
       Metadata:         DUP             256.00MiB
       System:           DUP             8.00MiB
     SSD detected:       no
     Zoned device:       no
     Incompat features:  extref, skinny-metadata, no-holes
     Runtime features:   free-space-tree
     Checksum:           crc32c
     Number of devices:  1
     Devices:
        ID         SIZE   PATH
         1     20.00GiB   /dev/sdb

     [root@studentvm1 ~]#
```

随后，为新卷添加一个标签。我们使用与之前卷相同的标签，就不需要在 /etc/fstab 文件中更改条目。这是使用标签的优点之一：

```
[root@studentvm1 ~]# btrfs filesystem label /dev/sdb BtrFS-test
[root@studentvm1 ~]# btrfs filesystem label /dev/sdb
BtrFS-test
```

在现有挂载点上挂载文件系统：

```
[root@studentvm1 ~]# mount /TestFS/
```

最后，验证文件系统是否已挂载，并且可在其中创建一或两个文件。BtrFS 卷现在已准备好进行子卷的实验，并且不受与多磁盘配置相关问题的影响。

15.9　什么是子卷

此处子卷是指 BtrFS 卷的逻辑子卷，正如你在实验 15-4 中创建的卷那样。子卷是专用的文件 B-Trees 结构，而不是单独的文件系统。它们比目录复杂，但比文件系统简单。每个子卷都有自己的 2^{64} 个索引节点（inode）池，并且索引节点号会重复使用。你完全有权选择将子卷视作普通的常规目录来操作，但是子卷在文件系统管理和快照等方面具有不可忽视的重要作用。子卷也可以被视为可挂载的文件系统。

每个 BtrFS 卷或子卷可以支持多个子卷。所有子卷都共享顶级 BtrFS 卷的资源。正是子卷的使用，BtrFS 系统得以展现出众多高级功能特性和显著优势。

通过子卷，用户可以创建特定时刻的快照，这些快照可以作为备份或回滚映像使用。这也意味着在需要时，用户可以轻松地回滚到之前的状态。在 BtrFS 的官方文档中，还介绍了一种特别有趣的使用案例，充分展示了子卷在实际操作中的灵活性和实用性：

系统根目录和子卷布局有两种组织方式。根目录的有趣用法是允许作为一个原子步骤回滚到以前版本。如果以"/"开头的整个文件系统层次结构都在一个子卷中，则快照将包含所有文件。这对快照部分来说很容易，但对回滚有不良影响。例如，日志文件也会被回滚，或者存储在根文件系统上但也不打算被回滚的任何数据（如数据库文件、虚拟机映像等）均将被回滚。

这一特性正是子卷策略所具备的驱动能力之一，举例来说，假设你希望对某个特定目录，如 /var 中的共享目录进行快照操作，由于该目录是 /var 目录下大型目录结构的一部分，但你不希望对整个 /var 目录进行快照，因此，如果 /var 是一个 BtrFS 卷或子卷，那么你可以将 /var/shared 单独创建为一个新的子卷，并为其设定一个定期创建常规快照的策略。

15.10 使用 BtrFS 子卷

子卷为 BtrFS 提供的许多有趣的功能奠定了基础。在本节中，你将为 /TestFS 卷创建并使用一对子卷。

实验 15-5：BtrFS 子卷

首先在现有的 /TestFS 卷上创建一个子卷。注意，该命令不需要一个要创建的子卷列表，相反，每次调用该命令只能创建一个子卷：

```
[root@studentvm1 ~]# btrfs subvolume create /TestFS/SubVol1
Create subvolume '/TestFS/SubVol1'
```

通过执行如下命令来验证新子卷是否存在：

```
[root@studentvm1 ~]# btrfs subvolume list /TestFS
ID 256 gen 12 top level 5 path SubVol1
```

子卷被创建为主卷的子目录，我们可以通过如下命令来查看：

```
[root@studentvm1 ~]# ll /TestFS | grep ^d
drwxr-xr-x 1 root root 0 Apr 12 09:10 SubVol1
```

这个子卷可以保持原状直接使用，但对其进行挂载将更具有探索性。为便于临时操作，我们将其挂载至 /mnt 临时挂载点。然而，在生产环境中会采用永久挂载点，并在 /etc/fstab 文件中添加相应的条目。

首先，我们需要知道新创建的子卷对应的特殊设备文件，以便使用它来执行挂载操作，我们可以通过执行如下命令来查看子卷及其对应的路径信息：

```
[root@studentvm1 TestFS]# findmnt -vno SOURCE /TestFS
/dev/sdb
```

可以执行如下标准的 mount 命令来将名为 SubVol1 的 BtrFS 子卷挂载到 /mnt 临时挂载点：

```
[root@studentvm1 TestFS]# mount -o subvol=SubVol1 /dev/sdb /mnt
[root@studentvm1 TestFS]# lsblk
```

```
NAME                      MAJ:MIN RM  SIZE RO TYPE MOUNTPOINTS
sda                           8:0   0   60G  0 disk
|-sda1                        8:1   0    1M  0 part
<SNIP>
  `-fedora_studentvm1-test 253:5   0  500M  0 lvm  /test
sdb                          8:16   0   20G  0 disk /mnt
                                                    /TestFS
sdc                          8:32   0    2G  0 disk
sdd                          8:48   0    2G  0 disk
sr0                          11:0   1 1024M  0 rom
zram0                       252:0   0    8G  0 disk [SWAP]
[root@studentvm1 TestFS]# df -h
Filesystem                         Size  Used Avail Use% Mounted on
<SNIP>
/dev/mapper/fedora_studentvm1-root 2.0G  633M  1.2G  35% /
/dev/mapper/fedora_studentvm1-usr   15G  6.8G  7.2G  49% /usr
/dev/mapper/fedora_studentvm1-tmp  4.9G  116K  4.6G   1% /tmp
/dev/mapper/fedora_studentvm1-home 3.9G  1.4G  2.4G  37% /home
/dev/mapper/fedora_studentvm1-var  9.8G  1.2G  8.1G  13% /var
/dev/mapper/fedora_studentvm1-test 459M  1.1M  429M   1% /test
/dev/sda2                          974M  277M  631M  31% /boot
/dev/sda3                         1022M   18M 1005M   2% /boot/efi
<SNIP>
/dev/sdb                            20G  3.9M   20G   1% /TestFS
/dev/sdb                            20G  3.9M   20G   1% /mnt
```

待挂载完毕后，执行如下命令添加一些数据到 /mnt 中：

```
[root@studentvm1 TestFS]# cd /mnt
[root@studentvm1 mnt]# for X in `seq -w 1 5000` ; do dmesg > File-$X.
txt ; done
```

最后，执行如下命令来查看磁盘的使用情况：

```
[root@studentvm1 mnt]# df
Filesystem                1K-blocks      Used Available Use% Mounted on
<SNIP>
/dev/sdb                   20971520    316736  20123840   2% /TestFS
/dev/sdb                   20971520    316736  20123840   2% /mnt
```

由挂载点标识的 BtrFS 卷和子卷显示的使用量和可用空间完全相同。这是因为它们使用的存储空间来自同一个池，即顶级卷（top-level volume），这意味着子卷并没有增加额外的存储容量，而是共享了父卷的存储资源。

读者可以花点时间尝试一下这种子卷配置。

15.11　将 EXT 转换为 BtrFS

将 EXT 文件系统 2、3 和 4 以及 Reiser 文件系统转换为 BtrFS 是可以实现的，并且有一款专用的 BtrFS 工具——btrfs-convert——可完成该转换任务。

然而，考虑到笔者遇到的问题，即 Red Hat 公司从 RHEL 9 中移除了 BtrFS，以及笔者所信任的知识渊博的人的意见，笔者强烈建议不要转换为 BtrFS。

15.12　使用 BtrFS 作为 swap 空间

如果需要的话，BtrFS 文件系统可以用作交换空间，不过你需要使用专门为 BtrFS 设计的 `filesystem mkswap` 命令来替代 EXT4 的 `mkswap` 命令。然而，正如你在第 5 章中已经看到的，对于大多数环境来说，使用默认的 8GB Zram swap 空间是进行交换的最佳选择。

15.13　清理

请通过卸载 /mnt 中的子卷和 /TestFS 中的卷来执行清理操作。

15.14　OpenZFS：替代方案

EXT4 文件系统对于大多数用户来说是一个非常出色的文件系统，它在稳定性和性能方面经过了长期实践检验，并得到了广泛支持。然而，对于那些需要 BtrFS 所设计的特性来实现数据冗余、快照、克隆、在线扩容、自动错误校验和修复等高级功能的用户，OpenZFS 也是一个不错的选择。

笔者从未使用过 OpenZFS，只能说它在开源社区中很受欢迎，而且不存在 BtrFS 中发现的任何问题。OpenZFS 拥有 BtrFS 应有的许多特性，但并非全部。如果你需要大量的超大文件，OpenZFS 将是数据存储文件系统的最佳选择。

总结

笔者将本章加入本书的唯一原因是 BtrFS 已成为 Fedora 等一些 Linux 发行版的默认文件系统，这也意味着，对于使用这些发行版的用户和系统管理员而言，掌握 BtrFS 的基本概念和操作至关重要。

对于不具备深厚技术背景的用户（如仅需完成日常工作的个人或企业）而言，BtrFS 文件系统能够有效简化传统 Linux 文件系统结构的复杂性。正因此特点，BtrFS 成为 Fedora 以及其他一些 Linux 发行版的默认文件系统。这主要归功于其对于非技术用户而言，所提供的直观且易于操作的用户体验。

笔者在运行实验 15-3 时遇到的边缘情况导致的故障表明，除了最基础的环境（即仅将 BtrFS 卷作为单一存储设备的文件系统使用）外，BtrFS 目前尚不适合在其他生产环境中广泛应用，由于缺乏详尽的官方文档指导，我们在理解其命令及语法上花费了大量时间。此外，我们的性能测试实验亦显示，BtrFS 在执行某些任务时效率较低，例如在快速创建大量文件时表现欠佳。

尽管 BtrFS 开发团队对笔者所提交的询问的回应表明，专注于一些边缘案例可能会产生误导，但笔者不能忽视这样一个事实，即在编写本章内容时，笔者很容易随机创建了一个导致失败的测试案例。这也从侧面暗示了 BtrFS 在某些特定条件下可能不够稳定，或者至少在处理某些罕见或极端情况时可能存在漏洞。

笔者强烈建议使用 LVM+EXT4 这种组合形式，并且在可预见的未来持续坚持这一选择。这也是本系列书籍将文件系统基础建立在 LVM+EXT4 组合的文件系统而非 BtrFS 的主要原因，尽管 BtrFS 作为一种新型文件系统具备诸多创新特性，但在当前阶段，其在实际应用中的稳定性和可靠性仍有待进一步验证。因此，对于追求系统稳定性和易于管理的用户而言，LVM+EXT4 无疑是更为理想的选择。同时，为确保系统稳定性，建议尽可能避免使用多磁盘 BtrFS 卷。

第 16 章 *Chapter 16*

初步了解 systemd

目标

在本章中，你将学习如下内容：

❑ systemd 的功能。

❑ 有关 SystemV 与 systemd 的争议。

❑ 为什么 systemd 在启动和初始化服务方面比 SystemV 有所改进？

❑ 理解并排查 Linux systemd 启动过程中的问题。

❑ 列出并定义 systemd 的启动目标。

❑ 如何管理启动过程？

❑ 什么是 systemd 单元？

16.1　概述

在上册第 16 章中，我们对 Linux 启动时涉及的 systemd 进行了简要介绍。读者可能认为关于 systemd 的主要部分已经讲解过了，没必要再单独编写一章来介绍它。但笔者认为，这个想法是不对的。

因为我们仍有许多关于 systemd 的内容需要深入研究，特别是 systemd 与 Linux 启动流程相关的诸多细节。由于涉及 systemd 的信息量非常庞大，因此笔者决定将这部分内容细分为三个章节进行深入探讨。在接下来的章节中，笔者将详细探讨 systemd 的各项功能，包括其在系统启动阶段的作用以及在系统启动完成后所执行的任务。

在 Linux 系统中，systemd[⊖]作为核心进程，扮演着至关重要的角色：它不仅负责引导

　⊖　是的，systemd 应该始终如此拼写，即使在句子开头也不使用大写字母。systemd 的文档对此有明确的规定。

Linux 主机正常启动，还确保 Linux 系统达到适宜高效的工作状态。相较于传统的 SystemV 启动脚本和 init 程序来讲，systemd 的功能和职责更为广泛，它负责管理 Linux 主机在运行中的各个方面，包括但不限于挂载文件系统、管理硬件，以及启动和维护系统服务等。在本章中，笔者将重点探讨 systemd 在系统启动过程中所承担的关键功能及其重要性。

16.2　学会热爱 systemd

systemd 是 init 和 SystemV 初始化脚本的现代替代品，具有更加广泛的功能。

就像大多数系统管理员一样，当提到过时的 init 程序和 SystemV 时，笔者脑海里首先想到的是 Linux 系统的启动和关闭过程，而很少考虑到其他方面，比如服务启动和运行之后的管理服务。systemd 在很多方面与 init 类似，systemd 作为所有进程的核心，其主要职责是启动 Linux 主机，并确保其达到适合执行生产性任务的状态。systemd 的功能范围远比老的 init 程序广泛得多，它涉及 Linux 主机运行过程中的多个方面，包括挂载文件系统、管理硬件、处理定时器，以及启动和管理生产性主机所需的系统服务。

16.2.1　Linux 启动过程

Linux 的启动流程是在内核加载了 systemd 这一步骤之后才开始的，systemd 作为整个系统所有进程的核心，不仅负责启动，还承担着管理系统内所有其他进程的重要职责。使用 systemd 启动 Linux 的过程参见 16.4.2 节。

16.2.2　systemd 之争

在系统管理员及其他负责维护 Linux 系统运行的专业人士中，systemd 这个名字可能会激起不同的反应。由于 systemd 在众多 Linux 系统中承担了大量任务，这导致一些开发者和系统管理员群体对此产生了不同意见和争议。

SystemV 和 systemd 代表了 Linux 启动序列的两种不同实现方式。SystemV 启动脚本和 init 程序使用的是旧方法，而使用目标的 systemd 是新方法，虽然大多数现代 Linux 发行版都采用了新式的 systemd 来处理启动、关机和进程管理，但也有一些系统仍未采用 systemd。部分原因在于，一些发行版的维护者和系统管理员更倾向于使用传统的 SystemV 方法，而非新式的 systemd。笔者认为这两种方案各有各的优势。

16.2.3　SystemV 的优势

喜欢 SystemV 的人认为它更具有灵活性。在 SystemV 中，系统的启动过程是通过 Bash 脚本来实现的。当内核启动了编译好的 init 程序后，init 便会执行 rc.sysinit 脚本，这个脚本负责执行众多的系统初始化任务。在 rc.sysinit 脚本执行完成后，init 程序会启动 /etc/rc.d/rc 脚本，该脚本会依次启动 /etc/rc.d/rcX .d 中由 SystemV 启动脚本定义的各种服务。其中"X"代表启动服务运行级别的编号。

除了 init 程序本身之外，其他所有相关的程序使用的都是公开、易懂的脚本形式。我们可以通过阅读这些脚本来准确地了解整个启动流程，以及其中所涉及的细节。但实际上，笔者认为并不是每位系统管理员都需要这样做。为了确保按特定顺序启动各自负责的服务，每个启动脚本均具有相应的编号。这些服务的启动遵循串行顺序，即一次只能启动一个服务。

由 Red Hat 公司的 Lennart Poettering 和 Kay Sievers 所开发的 systemd，是一个由众多复杂的编译二进制文件构成的系统，我们不访问其源码就无法理解其实际原理。虽然 systemd 是开源的，因此访问其源码并不难，只是其运行中的可读性还有待完善。systemd 在某种程度上似乎挑战了多个 Linux 哲学原则。由于 systemd 是二进制文件，因此 systemd 无法被直接打开供系统管理员查看或更改。同时 systemd 还试图成为全能管理工具，不仅可以管理运行中的服务并提供远超出 SystemV 的详细状态信息，还涵盖了对硬件管理、进程及进程组、文件系统挂载等诸多方面的管理。systemd 几乎融入了现代 Linux 主机的各个层面，成为一体化的系统管理利器。这种全能性与 Linux 那种主张"小而美""一事专精"的软件设计原则背道而驰。

16.2.4 systemd 的优势

喜欢 systemd 的人倾向于选择它作为操作系统的启动机制，主要是因为它具备根据启动流程不同阶段并行启动多个服务的能力。这一特点大幅提升了操作系统整体的启动速度，相较于 SystemV 方式，systemd 可以更快地将主机系统引导至登录界面。

systemd 的工具集是由编译后的二进制文件组成的，该工具集是开源的，systemd 工具集的所有配置文件都是采用 ASCII 文本格式的。用户可以通过多种 GUI 和命令行工具来调整这些启动配置，也可以根据自己特定的计算环境需求，添加或修改相应的配置文件。

16.2.5 真正的问题

你可能认为笔者不会同时喜欢这两种启动系统，其实笔者对它们都有好感，并且可以熟练地操作。

在笔者看来，SystemV 与 systemd 之间的争议，其根源在于系统管理员在选择权上的缺失。通常情况下，使用 SystemV 还是 systemd 是由各个 Linux 发行版的开发者、维护者和打包者决定的。但这种选择是有其合理依据的，因为更换 init 系统涉及深层次的系统改动，可能会引发诸多难以解决的问题，这些问题超出了发行版设计过程的范畴。

尽管已经由他人为我们做出了选择，但我们的 Linux 主机是否依然能够启动并正常工作是我们最关心的事情。无论是作为一个终端普通用户还是系统管理员，笔者最关心的是能否顺利完成自己的工作，比如写书、进行这一系列内容的创作、安装更新，以及编写脚本来实现各种任务的自动化，只要能够完成自己的工作，其实笔者并不太关注发行版本采用了哪种启动序列。

如果在启动或服务管理过程中出现问题，笔者必将予以高度重视。无论主机上运行的是哪一种启动系统，笔者都具备足够的专业知识和技能，能够精准追踪问题根源，定位故障，并采取有效措施予以修复。

虽然大部分 Linux 开发者都认为替换旧的 SystemV 启动系统是一个好主意，但还是有不少开发者和系统管理员对 systemd 持有异议。在此，笔者并不打算再去探讨人们对 systemd 的种种质疑，而是建议你阅读两篇虽稍显过时但质量很高的文章，这两篇文章基本上囊括了所有的主要观点。值得注意的是，Linux 内核的创始人 Linus Torvalds 似乎对这个话题并不太感兴趣。在 2014 年的一篇 ZDNet 文章⊖中，Linus 清晰地阐述了他的观点：

"我对 systemd 本身其实并没有太强烈的意见。我曾对某些核心开发者处理错误和兼容性问题的态度感到不满，觉得他们处理得太过随意。同时，我也觉得 systemd 的某些设计细节有些荒谬，比如我就不太喜欢它的二进制日志功能。不过，这些都是小细节，并不构成很大的问题。"

对于不太熟悉 Torvalds 的人来说，要知道的是如果他不喜欢某件事，他会非常直言不讳、明确并清楚地表达他的不满。但随着时间的推移，他在表达不满时已经变得更能被社会所接受。

在 2013 年，Poettering 发表了一篇很长的博客文章。他在文章中不仅解释并澄清了关于 systemd 的一些误解⊖，还阐述了开发 systemd 的初衷和原因。笔者强烈推荐大家阅读这篇文章，非常精彩。

16.2.6 以前的工作

在过去的版本中，确实有人尝试使用更现代化的工具来替代 SystemV。Fedora 在两个版本中曾采用 Ubuntu 最初使用的 Upstart 来取代老旧的 SystemV，但并未完全取代 init，我也没有观察到它们之间有明显的变化。由于 Upstart 未能对围绕 SystemV 的问题做出重大改进，因此人们很快放弃了这一方向，转而采用了 systemd。

16.3 systemd 统治 Linux 世界了吗

多年来，笔者在互联网上阅读了大量关于 systemd 如何在 Linux 中逐渐取代一切并尝试全面控制 Linux 系统的文章和帖子。我对这种看法表示认同，systemd 确实在很大程度上正在接管 Linux 的各个方面。

但实际上，这并不意味着它控制了"一切事物"。systemd 主要掌控的是那些介于内核本身和 GNU 核心工具集、图形用户界面及用户应用程序等之间的中间服务层。

让我们从最喜欢的操作系统的结构来开始深入了解这个话题。Linux 系统中的基础软件层级如图 16-1 所示。最底层是 Linux 内核，它负责系统的核心运行功能。中间层由各种服务组成，这些服务负责执行启动任务，例如启动 NTP、DHCP、DNS、SSH 等服务，以及

⊖ Linus Torvalds, "Linus Torvalds and others on Linux's systemd", www.zdnet.com/article/linus-torvalds-and-others-on-linuxs-systemd/, ZDNet, 2013。

⊜ Lennart Poettering, "The Biggest Myths [about systemd]", http://0pointer.de/blog/projects/the-biggest-myths.html, blog post, 2013。

设备管理、登录服务、GETTY、NetworkManager、日志和日志管理、逻辑卷管理、打印服务、内核模块管理、本地和远程文件系统管理、音频和视频处理、显示管理、交换空间、系统统计数据收集等。这些服务共同为系统的稳定和高效运作提供支持。

根据图 16-1 以及我们作为系统管理员的丰富实践经验来看，可以明确地推断出 systemd 的设计初衷是为了取代传统的 SystemV init 系统。同时，经过深入分析，我们发现 systemd 在实质上极大地扩展了 init 系统的功能范围。

图 16-1　systemd 及其管理的内核和应用程序（如系统管理员使用的工具）服务

我们必须认识到，虽然 Linus Torvalds 出于个人兴趣重写了 UNIX 内核，但他并没有对系统服务的中间层做出结构性的改变，只是重新编译了 SystemV init 以使其与新内核兼容。SystemV 本身比 Linux 历史更悠久，长久以来迫切需要一次全面的更新以适应现代技术的需求。

在这样的背景下，内核一直保持着最新状态，这要归功于 Torvalds 的领导和全球成千上万程序员的不懈努力。正如图 16-1 所示，在最上层我们看到了众多新颖而强大的应用程序。然而，直到最近，init 系统及其管理的系统服务才开始展现显著的改进和更新。

systemd 的创始人 Lennart Poettering 在系统服务方面所取得的成就，与 Linus Torvalds 在内核方面的成就不相上下。正如 Torvalds 在 Linux 内核领域的地位一样，Lennart Poettering 也成为中间系统服务层的领头人和决策者。而笔者对他所带来的变化感到非常满意。

16.3.1　更多数据供管理员参考

systemd 新增的功能能够为我们提供更丰富的服务状态信息，无论这些服务是处于正在运行状态还是已经停止状态。笔者很喜欢在监控服务时能够查看到更多的信息。以图 16-2 所示的 DHCPD 服务为例，使用 SystemV 的 `service dhcpd status` 命令仅能得知服务运行状态（是运行中，还是已停止），而使用 systemd 的 `systemctl status dhcpd` 命令能够获得更多实用的信息。笔者个人网络服务器的具体数据示例如图 16-2 所示。

```
[root@yorktown ~]# systemctl status dhcpd
● dhcpd.service - DHCPv4 Server Daemon
     Loaded: loaded (/usr/lib/systemd/system/dhcpd.service; enabled; vendor
preset: disabled)
     Active: active (running) since Fri 2021-04-09 21:43:41 EDT; 4 days ago
       Docs: man:dhcpd(8)
             man:dhcpd.conf(5)
   Main PID: 1385 (dhcpd)
     Status: "Dispatching packets..."
      Tasks: 1 (limit: 9382)
     Memory: 3.6M
```

图 16-2　systemd 展示的关于服务的信息比旧版 SystemV 更为丰富

```
         CPU: 240ms
      CGroup: /system.slice/dhcpd.service
              └─1385 /usr/sbin/dhcpd -f -cf /etc/dhcp/dhcpd.conf -user dhcpd
-group dhcpd --no-pid

Apr 14 20:51:01 yorktown.both.org dhcpd[1385]: DHCPREQUEST for 192.168.0.7
from e0:d5:5e:a2:de:a4 via eno1
Apr 14 20:51:01 yorktown.both.org dhcpd[1385]: DHCPACK on 192.168.0.7 to
e0:d5:5e:a2:de:a4 via eno1
Apr 14 20:51:14 yorktown.both.org dhcpd[1385]: DHCPREQUEST for 192.168.0.8
from e8:40:f2:3d:0e:a8 via eno1
Apr 14 20:51:14 yorktown.both.org dhcpd[1385]: DHCPACK on 192.168.0.8 to
e8:40:f2:3d:0e:a8 via eno1
<SNIP>
```

图 16-2　systemd 展示的关于服务的信息比旧版 SystemV 更为丰富（续）

通过一个命令就能获取到关于服务的大量信息，这一功能对笔者而言既便捷又实用，极大地简化了笔者解决问题的流程。该命令能够提供丰富的信息，让笔者在第一时间掌握目前服务的状态，并查看最新的日志条目。这些信息有助于笔者全面了解该特定服务的运行状况，从而更好地进行管理和排除故障。

16.3.2　systemd 标准化配置

多年来，笔者感到一个问题的严重性：尽管大家普遍认为 Linux 就是标准统一的 Linux，但在实际应用中，不同 Linux 发行版在配置文件的存放位置、命名乃至格式上存在明显的差异。在当今世界，Linux 主机的数量庞大，这种非标准化的现象已成为一个不容忽视的实际问题。同时，笔者个人曾见到过一些由缺乏经验的开发者草率编写出配置文件和 SystemV 启动文件，这些开发者往往急于投身于 Linux 开发的热潮中，却对于如何为 Linux 系统开发出稳定且高效的软件，尤其是那些需要嵌入 Linux 启动过程的服务，普遍缺乏深入的理解和专业的开发技能。

systemd 单元文件凭借其规范化的配置和严格的启动流程，为系统安全提供了有力保障，从而有效避免了由不良编写的 SystemV 启动脚本带来的安全风险。这些 systemd 单元文件还为系统管理员提供了一系列工具。这些工具使管理员能够有效地监控和管理系统服务。

systemd 的创始人 Lennart Poettering 曾撰写了一篇关于 systemd 的博客文章，明确规定了 systemd 对于关键配置文件的命名和存放标准⊖。这种标准化方式极大地简化了系统管理员的工作流程，特别是在涉及多个 Linux 发行版的环境中，同时也为自动化管理任务提供了便利。此外，该标准化的方式对开发人员也具有重要意义，为开发人员在开发阶段提供了清晰的开发指导及开发规范。

16.3.3　过渡时的难点

在处理如全面替换和扩展 init 系统这样的大型项目时，过渡阶段确实会面临一系列挑

⊖　Lennart Poettering, http://0pointer.de/blog/projects/the-new-configuration-files。

战。笔者愿意积极学习新的命令并创建各类配置文件，例如目标、计时器等。虽然这个过程需要一定的努力，但笔者深信，最终取得的成果将会充分证明我们的付出是值得的。

在项目初期，新配置文件的引入以及相应子系统的调整可能会带来一些操作上的困难和不适应感。而且，随着新工具（如 systemd-resolvd）的出现，一些长期以来的工作模式可能会发生变化，就像笔者在"Resolve systemd-resolved name-service failures with Ansible"[⊖]一文中所讨论的那样。

幸好，诸如脚本和 Ansible 等工具可以在过渡过程中发挥关键作用，有效缓解这些问题。由于这一全面替换项目的规模庞大，systemd 开发团队已经进行了多年的阶段性工作，不仅替换了 init 系统的各个组成部分，而且还对那些原本不属于 init 系统但至关重要的服务和工具进行了升级。systemd 通过与各类现代 Linux 系统管理工具紧密集成，实现了许多新功能。

尽管在此过程中遇到了一些困难，而且未来可能还会遇到更多挑战，但笔者坚信，从长远角度来看，这些计划和目标是有益的。根据笔者的个人经验，systemd 带来的诸多优势是显而易见的。

这并不是什么控制世界的阴谋诡计，而是一个致力于将服务管理提升至 21 世纪标准的计划。

16.4　systemd 任务

下面让我们来了解一下 systemd 到底由哪些部分构成。根据编译过程中使用的不同选项（我们在本系列图书中不会详细介绍），systemd 可以包含多达 69 个二进制可执行文件，这些二进制文件负责执行包括以下多种任务：

❏ systemd 程序作为 PID 1 运行，能够同时启动尽可能多的系统服务，从而间接加快了主机整体启动速度。同样它也会负责管理系统的关闭序列。

❏ systemctl 程序为用户提供了用户界面，用于进行服务管理。

❏ 支持 SystemV 和 LSB 启动脚本以实现向后兼容。

❏ 提供了比 SystemV 更详细的服务管理和状态报告。

❏ 提供基础的系统配置工具，可用于设置主机名、日期、地区等，管理登录用户列表、运行中的容器和虚拟机、系统账户、运行时目录和设置，并且包含了管理简易网络配置、网络时间同步、日志转发和域名解析的守护进程。

❏ 提供套接字管理。

❏ systemd 定时器提供类似 cron 的高级功能，包括在相对于系统启动、systemd 启动时间、定时器上次启动时间的某个时间点运行脚本。

❏ 提供了一个用于分析计时器表达式中的日期和时间的工具。

❏ 能感知分层的文件系统挂载和卸载功能，可以更安全地级联挂载的文件系统。

❏ 允许主动创建、管理和删除临时文件。

❏ D-Bus 的接口提供了在插入或移除设备时运行脚本的能力。这允许将所有设备（无论是否可插拔）都视为即插即用，从而大大简化了设备处理。

⊖　https://opensource.com/article/21/4/systemd-resolved。

❑ 分析启动序列的工具，可用于查找耗时最长的服务。
❑ 用于存储系统日志消息的日志，以及管理这些日志的工具。

16.4.1　systemd 架构

上述列出的 systemd 任务和功能是由多个守护进程、控制程序和配置文件共同支持的。systemd 架构如图 16-3 所示，通过查看图 16-3，我们可以了解到许多 systemd 的组件。这张图是为了提供一个总体的视角而简化设计的，因此它没有展示所有单独的程序或文件。此外，图中也没有详细展示数据流的情况，因为在本书的范围内深入讨论数据流的复杂性，实际上并没有太大意义。

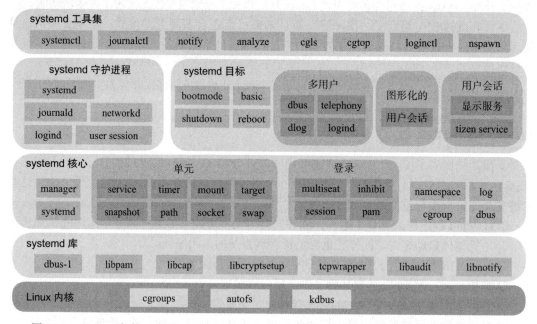

图 16-3　systemd 架构，由 Shmuel Csaba Otto Traian 创作，根据创作共用署名 – 相同方式共享
3.0 未本地化许可协议授权。许可协议链接为 https://creativecommons.org/licenses/by-
sa/3.0/deed.en

若要对 systemd 的各个内容进行全面介绍，可能需要单独编写一本完整的书，因此我们无须深入研究图 16-3 中 systemd 各组件之间的详细协作方式，只需要关注那些用于管理 Linux 服务和处理日志文件及日志的程序和组件即可。然而，我们需要明白的是，systemd 并不是像某些批评者所说的那样是一个庞大而单一的 "怪物"，它实际上是一个由多个组件构成的复杂系统。

16.4.2　使用 systemd 启动 Linux

Linux 主机从关机状态转变为运行状态的整个过程虽然复杂，但这个过程是透明的，我们可以完全了解它启动过程中的每一个环节。在深入探讨细节之前，让我们先简要了解一下从硬件开机到系统为用户登录做好准备的这一过程，这个过程将有助于我们建立一个系统启动的大致框架。通常我们谈论的"引导过程"看似是一个单一的概念，但实际上完整的引导和启动过程包括了以下三个主要部分：

❑ 硬件引导，负责系统硬件的初始化。

❑ Linux 引导，首先加载 Linux 内核，接着启动 systemd。

❑ Linux 启动，systemd 负责让主机做好执行生产性任务的准备工作。

将硬件引导与 Linux 引导及 Linux 启动区分开，并明确定义它们之间的分界点是很重要的。理解这些环节的不同及其各自在使 Linux 系统达到生产状态所起的作用，我们才能有效管理这些过程，并在大多数人通常称之为"启动"的阶段，更准确地识别和定位可能出现的问题。

启动过程是紧随引导过程进行的，启动过程使得 Linux 计算机能够进入一个可以正常使用的操作状态，为进行生产性工作提前做好准备，该启动过程是从内核将主机的控制权交给 systemd 的那一刻才正式开始。

16.4.3　PID 1 进程 systemd

systemd 的主要职责是确保 Linux 主机能够顺利启动并进入可执行生产性任务的状态。作为 1 号进程（PID 1），systemd 的功能范围远超传统的 SystemV init 程序，其功能涵盖了 Linux 主机运行的众多方面。具体来说，systemd 负责管理文件系统的挂载、启动和管理维护实际生产主机所需的各种系统服务。与 systemd 启动序列无关的任务不在本章的讨论范围内，我们将会在后续章节中进行详细探讨。

首先，systemd 会挂载在 /etc/fstab 文件中所定义的文件系统，包括所有的交换文件和分区。这使得它能够访问位于 /etc 的配置文件，包括 systemd 自身的配置文件，它利用 /etc/systemd/system/default.target 这一配置链接来确定应该将主机引导进入哪个状态或目标。

systemd 目标与旧版 SystemV 启动运行级别的对比如表 16-1 所示。为了确保与旧系统的兼容性，systemd 提供了一些目标别名，这些别名使脚本以及系统管理员能够继续沿用 SystemV 命令（比如执行 init 3）来切换运行级别，这些 SystemV 命令将被传递给 systemd 进行处理，并由 systemd 负责解释和执行。

表 16-1　SystemV 运行级别与 systemd 目标和一些目标别名的比较

systemd 目标	SystemV 运行级别	目标别名	描述
default.target			此目标总是通过符号连接的方式成为 multi-user.target 或 graphical. target 的别名。systemd 始终使用 default.target 来启动系统。default. target 绝不应该设为 halt.target、poweroff.target 或 reboot.target 的别名
graphical.target	5	runlevel5.target	带有 GUI 的 multi-user.target
	4	runlevel4.target	未用。在 SystemV 中运行级别 4 与运行级别 3 相同。可以创建并自定义此目标以启动本地服务，而无须更改默认的 multi-user.target
multi-user.target	3	runlevel3.target	所有服务在运行，但仅有命令行界面

（续）

systemd 目标	SystemV 运行级别	目标别名	描述
	2	runlevel2.target	多用户，没有网络文件系统，其他所有非 GUI 服务在运行
rescue.target	1	runlevel1.target	基本系统，包括挂载文件系统，运行最基本的服务和主控制台的恢复 shell
emergency.target	S		单用户模式：没有服务运行；不挂载文件系统。这是最基本的工作级别，只有主控制台上运行的一个紧急 Shell 供用户与系统交互
halt.target			停止系统而不关闭电源
reboot.target	6	runlevel6.target	重启
poweroff.target	0	runlevel0.target	停止系统并关闭电源

表 16-1 列出了不同目标的功能级别，功能最多的目标位于表的顶部，而功能较少的目标则位于底部。从上至下，其功能逐渐递减。

systemd 系统除了使用自己的配置和启动方式外，还会检查 Linux 系统中旧的 SystemV init 目录。在这些目录中，如果存在旧的启动脚本或配置文件，systemd 会使用这些旧文件作为配置来启动相应的服务。

systemd 启动图如图 16-4 所示，它是直接从启动手册页中复制过来的，显示了 systemd 启动过程中的一般事件顺序，以及为确保成功启动所需的基本顺序要求。

在 systemd 的启动过程中，sysinit.target 和 basic.target 目标可以看作启动过程中关键的检查点。尽管 systemd 的设计目标之一是并行启动多个系统服务，但仍有一些特定的服务和功能目标必须在其他服务和目标之前启动。只有当这些关键检查点所需的所有服务和目标都已就绪时，系统才能顺利地进入下一阶段。

当 sysinit.target 所依赖的单元都完成时，系统就会进入 sysinit.target 状态。所有这些单元——挂载文件系统、设置交换文件、启动 Udev、配置随机数生成器种子、启动底层服务，以及在涉及一个或多个加密文件系统时设置安全服务等任务——都必须完成，且在 sysinit.target 阶段，这些任务都是可以并行进行的。

sysinit.target 负责启动系统所需的所有基础级别服务和组件，确保系统具备最基本的运行功能。这些服务和组件是系统进一步进入 basic.target 所需的基础条件。

在完成 sysinit.target 后，systemd 将继续启动所有满足下一个目标所必需的服务单元。basic.target 的作用是启动所有下一目标所需的服务单元，从而为后续目标提供额外的功能。这些功能包括配置可执行文件目录的路径、建立通信套接字和设置定时器等。

最后，用户级别的目标——multi-user.target（多用户模式）或 graphical.target（图形界面模式）将被初始化。在可以启动 graphical.target 依赖条件之前，系统必须先达到 multi-user.target。在图 16-4 中标注下划线的目标是常见的启动目标。一旦达到这些目标中的任何一个，就意味着系统启动过程已经完成。如果默认目标是 multi-user.target，你将在控制台上看到文本模式的登录界面；如果默认目标是 graphical.target，你将看到图形化的登录界面，具体的 GUI 登录界面取决于你所使用的默认显示管理器。

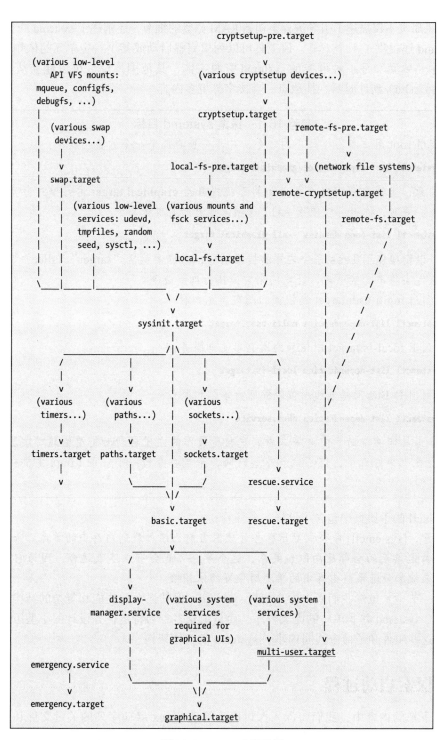

图 16-4　systemd 启动图

引导手册页不仅描述了引导进程至初始 RAM 磁盘的细节，还阐述了 systemd 的关机过程。

systemd 还提供了一个工具，该工具可以列出完整启动或某个特定单元的依赖关系。在 systemd 中"单元"是一种可控的 systemd 资源实体，其范围广泛，可以涵盖从特定服务（如 httpd 或 sshd）到计时器、挂载点、套接字等更多内容。

实验 16-1：探索 systemd 目标

请使用 root 用户身份执行下列命令，并逐一查看每个命令的输出结果：

```
# systemctl list-dependencies graphical.target
```

请注意，上述命令将完全展开为将系统提升至 graphical.target 运行模式所需的目标单元列表。同时，你也可以使用 -all 选项来展开所有其他单元：

```
# systemctl list-dependencies --all graphical.target
```

你可以衔接使用 less 命令内置的搜索功能，来搜索包括"target""slice""socket"在内的特定字符串。接下来，让我们来尝试执行如下命令。

1）列出 multi-user.target 所依赖的所有单元和服务：

```
# systemctl list-dependencies multi-user.target
```

2）列出 local-fs.target 所依赖的所有单元和服务：

```
# systemctl list-dependencies local-fs.target
```

3）列出 D-Bus 消息总线所依赖的所有单元和服务：

```
# systemctl list-dependencies dbus.service
```

这个工具能够帮助我们清晰地看到现在所操作的主机启动时需要依赖哪些服务。笔者猜你现在也很好奇了，何不试着花些时间，亲自去查看一下你的 Linux 主机在启动时都经历了哪些步骤。

---

systemctl 的手册页中包含了这样一条注释：

请注意，[systemctl] 命令仅显示服务管理器当前已经加载到内存中的单元。如果你想要查看某个特定单元的全部反向依赖关系，这个命令可能会有点不太适合，因为它不会回显出那些还未被加载进系统内存中的单元所设置的依赖项。

在这一节中，虽然我们尚未深入剖析 systemd，但其强大的功能和复杂的结构已显而易见。显然，systemd 并非单一的庞大程序，而是由众多专为特定任务设计的小型组件和子命令组成，这些组件和子命令共同构建了 systemd 的整体架构。

16.5　探索启动过程

在接下来的内容中，我们将深入探讨用于管理 Linux 启动序列的关键文件和工具。我们将会重点分析 systemd 的启动流程，包括如何更改默认启动目标以及如何在不重新启动的情况下手动切换到不同的目标。为了更好地理解和操作 systemd，我们将会深入了解两个至关重要的 systemd 工具：一个是 systemctl 命令，它是我们与 systemd 进行命令交互的主要途径；另一个是 journalctl，它是一个非常重要的工具，能够让我们访问和审查 systemd 的日志记录，这些日志包含了大量的系统信息，包括内核、服务的运行状态以及错误信息等。

16.5.1 GRUB

在观察启动序列之前，我们应先进行一些必要的设置，以确保引导和启动序列的可见性。通常，大多数 Linux 发行版会使用启动动画或欢迎界面来隐藏 Linux 启动和关闭过程中的详细信息。对于基于 Red Hat 的发行版来说，这种界面被称为 Plymouth 引导屏幕。这些隐藏的信息对于系统管理员来说非常有价值，有助于他们排查故障或更深入地了解启动过程。为了实现这一目的，我们可以修改 GRUB 的配置。

GRUB 的主配置文件位于 /boot/grub2/grub.cfg 下，但通常我们不会直接更改这个文件，因为一旦内核升级到新版本，该文件可能会被重写覆盖掉。为避免这种情况，我们将采用另一种方法，即修改位于 /etc/default/grub 的本地配置文件。通过调整这个文件中的设置，我们可以间接地更改 grub.cfg 的默认配置。

实验 16-2：查看 /etc/default/grub 文件

首先，让我们先通过以下命令查看未修改的 /etc/default/grub 文件版本的内容：

```
[root@studentvm1 ~]# cd /etc/default ; cat grub
GRUB_TIMEOUT=5
GRUB_DISTRIBUTOR="$(sed 's, release .*$,,g' /etc/system-release)"
GRUB_DEFAULT=saved
GRUB_DISABLE_SUBMENU=true
GRUB_TERMINAL_OUTPUT="console"
GRUB_CMDLINE_LINUX="resume=/dev/mapper/fedora_studentvm1-swap rd.lvm.
lv=fedora_studentvm1/root rd.lvm.lv=fedora_studentvm1/swap rd.lvm.lv=fedora_
studentvm1/usr rhgb quiet"
GRUB_DISABLE_RECOVERY="true"
[root@studentvm1 default]#
```

你的 GRUB 配置文件内容应该也是这样的。虽然修改这个文件相对简单，但目前还不需要进行任何更改。

在 GRUB 文档[⊖]的第 6 章中，你可以找到 /etc/default/grub 文件内所有可配置项的详尽列表。其中有几项参数值得我们特别关注。例如，笔者总是会将 GRUB_TIMEOUT（GRUB 菜单的倒计时秒数）从默认的 5s 更改为 10s，以便在倒计时结束前拥有更多的时间来操作 GRUB 菜单。

GRUB_CMDLINE_LINUX 这一配置行也是可以进行修改的，此配置用于定义在系统启动时传递给 Linux 内核的命令行参数。通常，笔者会移除该行中的最后两个参数，即 rhgb 参数和 quiet 参数。其中，rhgb 参数是 Red Hat Graphical Boot（红帽图形化引导）的缩写，

⊖ Gnu.org, GRUB, www.gnu.org/software/grub/manual/grub。

其主要功能是在内核初始化阶段显示一个简洁的图形动画，而非启动过程中的详细信息；quiet 参数用于屏蔽记录启动过程中产生的各类信息和可能出现的错误提示消息，为用户提供更为简洁的启动体验。

实验 16-3：调整 GRUB 配置参数

为了确保在操作系统启动期间能够显示相关的信息，我们将利用文本编辑器从 GRUB_CMDLINE_LINUX 这一配置行中移除 rhgb 和 quiet 这两个参数。这一操作对系统管理员来说非常重要，因为在启动过程中如果遇到任何问题，屏幕上所显示的信息将成为我们诊断问题原因的关键。

接下来，我们按照上述说明更改这两行代码，更改后的 GRUB 配置文件内容如下所示：

```
[root@studentvm1 default]# cat grub
GRUB_TIMEOUT=10
GRUB_DISTRIBUTOR="$(sed 's, release .*$,,g' /etc/system-release)"
GRUB_DEFAULT=saved
GRUB_DISABLE_SUBMENU=true
GRUB_TERMINAL_OUTPUT="console"
GRUB_CMDLINE_LINUX="resume=/dev/mapper/fedora_studentvm1-swap rd.lvm.
lv=fedora_studentvm1/root rd.lvm.lv=fedora_studentvm1/swap rd.lvm.lv=fedora_
studentvm1/usr"
GRUB_DISABLE_RECOVERY="false"
[root@studentvm1 default]#
```

在之前的代码示例以及你的终端界面中，GRUB_CMDLINE_LINUX= 这一行可能呈现为换行状态，但请注意，在配置文件中，它实际上是一整行的代码。

grub2-mkconfig 程序的主要功能是根据 /etc/default/grub 文件的内容生成 grub.cfg 配置文件，并对 GRUB 的默认设置进行相应的调整。在执行过程中，该程序将输出结果发送至标准输出中。为了将输出结果保存至特定文件，你可以使用 -o 选项并指定相应的文件路径。另外，你也可以使用重定向命令来指定输出数据流的文件路径。让我们来执行如下命令来更新 /boot/grub2/grub.cfg 配置文件：

```
[root@studentvm1 grub2]# grub2-mkconfig > /boot/grub2/grub.cfg
Generating grub configuration file ...
Found linux image: /boot/vmlinuz-4.18.9-200.fc28.x86_64
Found initrd image: /boot/initramfs-4.18.9-200.fc28.x86_64.img
Found linux image: /boot/vmlinuz-4.17.14-202.fc28.x86_64
Found initrd image: /boot/initramfs-4.17.14-202.fc28.x86_64.img
Found linux image: /boot/vmlinuz-4.16.3-301.fc28.x86_64
Found initrd image: /boot/initramfs-4.16.3-301.fc28.x86_64.img
Found linux image: /boot/vmlinuz-0-rescue-7f12524278bd40e9b10a085bc82dc504
Found initrd image: /boot/initramfs-0-rescue-7f12524278bd40e9b10a085bc82
dc504.img
done
[root@studentvm1 grub2]#
```

在完成对 /boot/grub2/grub.cfg 配置文件的更新后，我们需要手动重启虚拟机。这样我们就能看到那些平时被 Plymouth 引导动画隐藏的启动信息了。

试想一下，如果你还未禁用 Plymouth 引导动画，或者即使已经禁用，但启动信息显示得太快而难以阅读，那么该如何应对这种情况？

在这种情况下，日志文件和 systemd 日志就显得尤为重要了。你可以使用 less 命令查看 /var/log/messages 文件，它记录了启动过程中的消息以及操作系统正常运行时产生的信息。或者，你还可以使用 journalctl 命令来查看 systemd 日志，这里面基本包含了相同的信息：

```
[root@studentvm1 grub2]# journalctl
-- Logs begin at Sat 2020-01-11 21:48:08 EST, end at Fri 2020-04-03
08:54:30 EDT. --
Jan 11 21:48:08 f31vm.both.org kernel: Linux version 5.3.7-301.fc31.x86_64
(mockbuild@bkernel03.phx2.fedoraproject.org) (gcc version 9.2.1 20190827
(Red Hat 9.2.1-1) (GCC)) #1 SMP Mon Oct >
Jan 11 21:48:08 f31vm.both.org kernel: Command line: BOOT_IMAGE=(hd0,msdos1)/
vmlinuz-5.3.7-301.fc31.x86_64 root=/dev/mapper/VG01-root ro resume=/dev/
mapper/VG01-swap rd.lvm.lv=VG01/root rd>
Jan 11 21:48:08 f31vm.both.org kernel: x86/fpu: Supporting XSAVE feature
0x001: 'x87 floating point registers'
Jan 11 21:48:08 f31vm.both.org kernel: x86/fpu: Supporting XSAVE feature
0x002: 'SSE registers'
Jan 11 21:48:08 f31vm.both.org kernel: x86/fpu: Supporting XSAVE feature
0x004: 'AVX registers'
Jan 11 21:48:08 f31vm.both.org kernel: x86/fpu: xstate_offset[2]:  576,
xstate_sizes[2]:  256
Jan 11 21:48:08 f31vm.both.org kernel: x86/fpu: Enabled xstate features 0x7,
context size is 832 bytes, using 'standard' format.
Jan 11 21:48:08 f31vm.both.org kernel: BIOS-provided physical RAM map:
Jan 11 21:48:08 f31vm.both.org kernel: BIOS-e820: [mem 0x0000000000000000-0
x000000000009fbff] usable
Jan 11 21:48:08 f31vm.both.org kernel: BIOS-e820: [mem 0x000000000009fc00-0
x000000000009ffff] reserved
Jan 11 21:48:08 f31vm.both.org kernel: BIOS-e820: [mem 0x00000000000f0000-0
x00000000000fffff] reserved
<SNIP>
```

考虑到数据流可能包含数十万甚至上百万行数据，笔者对其进行了截断处理。以撰写本节时的情况为例，笔者的主要工作站的日志文件总共长达 1,188,482 行，而笔者的 StudentVM1 主机的日志则包含了 262,778 行。

在浏览这些输出数据时，你可以通过 <↑>/<↓> 键以及 <Page Up>/<Page Down> 键来浏览这些数据。按下 <（大写的）G> 键能直接跳转到数据流的末尾。

深入分析这些日志数据对我们非常重要，因为这些日志中包含了大量有助于问题诊断的信息。熟悉掌握系统在正常启动和运行期间的日志特性，有助于在遇到问题时迅速发现并精确定位故障。

在第 17 章中，我们将更深入地讨论 systemd 日志和 `journalctl` 命令，以及如何从大量数据中筛选出所需信息。

当 GRUB 将内核加载进内存之后，内核需要先从其压缩状态中解压出来，才能开始进行实际的工作。当内核完成解压并开始运行后，会接着加载 systemd，并将系统控制权交给 systemd。

至此，引导启动的阶段已正式完成，此时尽管 Linux 内核和 systemd 已经启动，但它们还无法执行实际任务，因为系统中还未运行其他程序，如提供命令行界面的 shell、管理网络的后台进程，或是支持计算机执行实际工作的其他组件。

现在，systemd 的任务是加载必要的功能模块，并将系统提升至预设的目标运行状态。

16.5.2　目标

在 systemd 中，目标代表着 Linux 系统的当前状态或期望达到的状态。这些目标定义了系统要处于特定状态下所需的服务。表 16-1 展示了使用 systemd 的 Linux 系统可能达到的各种运行状态目标。正如我们在图 16-4 和 systemd 启动手册页中看到的一样，系统还设有其他一些中间目标，这些中间目标是启用各种必要服务所必需的。这些中间目标包括 swap. target、timers.target、local-fs.target 等。basic.target 目标被用作确保所有必要服务都已启动和运行的检查点，只有当这些关键检查点所需的所有服务和目标都已就绪时，系统才会进入下一个更高级别的目标。

除非我们在系统启动过程中对 GRUB 菜单进行更改，否则 systemd 默认总是启动 default. target。default.target 文件是一个指向真实目标文件的符号链接。对于桌面工作站来讲，通常的默认目标是 graphical.target，这相当于 SystemV 中的运行级别 5；对于服务器来讲，默认值可能是 multi-user.target，相当于 SystemV 中的运行级别 3。emergency.target 则类似于单用户模式。目标和服务是 systemd 的单元。

在每个 systemd 目标的配置文件中，均有一组描述依赖项的详细信息。这些依赖项是为了确保 Linux 主机能够实现特定功能级别所必需的服务。systemd 将负责启动这些必要的依赖项。当目标配置文件中指定的所有依赖服务都已加载并运行时，系统就达到了该目标的运行级别。

16.5.3　当前目标概述

大多数 Linux 发行版在安装时默认会包含一个 GUI 桌面，这样使得安装后的操作系统能够作为工作站使用。笔者个人总是倾向于从 Fedora Live USB 启动盘安装 Xfce 或 LXDE 桌面环境。即使是在安装服务器或其他基础设施类型的主机（如路由器和防火墙）时，笔者也会选择安装带有 GUI 桌面的版本。

虽然在没有桌面环境的情况下部署服务器是数据中心的常规做法，但这并不能满足我们的实际需求。并不是因为我们特别依赖 GUI 桌面，而是因为 LXDE 的安装过程中包含了很多默认服务器安装版本中缺少的其他实用工具。选择这样的安装方式，意味着我们在初始安装后可以减少很多额外的配置工作。

尽管笔者的系统都安装了 GUI 桌面，但笔者并不经常使用它。笔者有一台配备 16 端口的 KVM 切换器，理论上能够直接接入大多数 Linux 系统。但实际上，大多数时候笔者还是主要通过主工作站上的远程 SSH 连接来操作这些系统。这种方法不仅增强了安全性，而且相较于使用 graphical.target，使用 multi-user.target 更加节省系统资源。

实验 16-4：探索目标和运行级别

首先，让我们通过如下命令来查看一下，系统的默认目标是否设置为 graphical.target：

```
[root@studentvm1 ~]# systemctl get-default
graphical.target
[root@studentvm1 ~]#
```

接下来，我们需要核实当前操作系统所运行的目标是否与默认目标一致。在此，我们仍然可以使用老方法（执行 **runlevel** 命令）来显示旧版本的 SystemV 运行级别。值得注意的是，左侧显示的上一运行级别被标记为 N，意指 None，这表明自系统启动以来，运行级别就没有被改变过。而数字 5 则代表当前的运行级别目标，与早期 SystemV 中的术语定义相吻合：

```
[root@studentvm1 ~]# runlevel
N 5
[root@studentvm1 ~]#
```

在 runlevel 命令的手册页中曾明确指出 **runlevel** 命令已经过时，并且提供了一个与 systemd 对应的转换表。因此我们同样可以采用 systemd 方法来进行状态查询。虽然这里没有一个简单的单行命令能提供答案，但我们可以通过使用 systemd 的命令和参数来得到所需的信息：

```
[root@studentvm1 ~]# systemctl list-units --type target
UNIT                    LOAD   ACTIVE SUB    DESCRIPTION
basic.target            loaded active active Basic System
cryptsetup.target       loaded active active Local Encrypted Volumes
getty.target            loaded active active Login Prompts
graphical.target        loaded active active Graphical Interface
local-fs-pre.target     loaded active active Local File Systems (Pre)
local-fs.target         loaded active active Local File Systems
multi-user.target       loaded active active Multi-User System
network-online.target   loaded active active Network is Online
network.target          loaded active active Network
nfs-client.target       loaded active active NFS client services
nss-user-lookup.target  loaded active active User and Group Name Lookups
paths.target            loaded active active Paths
remote-fs-pre.target    loaded active active Remote File Systems (Pre)
remote-fs.target        loaded active active Remote File Systems
rpc_pipefs.target       loaded active active rpc_pipefs.target
slices.target           loaded active active Slices
sockets.target          loaded active active Sockets
sshd-keygen.target      loaded active active sshd-keygen.target
```

```
swap.target              loaded active active Swap
sysinit.target           loaded active active System Initialization
timers.target            loaded active active Timers

LOAD   = Reflects whether the unit definition was properly loaded.
ACTIVE = The high-level unit activation state, i.e. generalization of SUB.
SUB    = The low-level unit activation state, values depend on unit type.

21 loaded units listed. Pass --all to see loaded but inactive units, too.
To show all installed unit files use 'systemctl list-unit-files'.
[root@studentvm1 ~]#
```

根据上述命令所显示的内容，我们可以看到当前系统中所有已加载并处于正在运行状态的目标，这些目标其中就包含了 graphical.target 和 multi-user.target 这两个目标，需要注意的是，如果我们要使 graphical.target 变为可加载状态，必须先确保 multi-user.target 当前已被激活。

1. 切换到不同目标

我们切换到 multi-user.target 也是非常容易的，只需要执行如下命令即可：

```
[root@studentvm1 ~]# systemctl isolate multi-user.target
```

当执行完上述命令以后，你已成功地从 GUI 桌面或登录界面切换至虚拟控制台登录界面。在登录系统后，请执行如下命令列出当前所有处于激活状态的 systemd 单元。通过这种方式，我们可以验证 graphical.target 是否已停止运行：

```
[root@studentvm1 ~]# systemctl list-units --type target
```

接下来，我们需要通过运行 runlevel 命令来验证它是否能够正确地显示之前和当前的运行级别：

```
[root@studentvm1 ~]# runlevel
5 3
```

2. 更改默认目标

现在，让我们将系统默认启动目标更改为 multi-user.target，以便每次系统启动时总能默认进入 multi-user.target，并显示控制台命令行界面，而非图形用户界面。随后，使用你测试主机上的 root 用户身份，执行如下命令切换到存放 systemd 配置文件的目录中，并快速浏览该目录下的文件：

```
[root@studentvm1 ~]# cd /etc/systemd/system/ ; ll
drwxr-xr-x. 2 root root 4096 Apr 25  2018  basic.target.wants
<SNIP>
lrwxrwxrwx. 1 root root   36 Aug 13 16:23  default.target -> /lib/systemd/
system/graphical.target
lrwxrwxrwx. 1 root root   39 Apr 25  2018  display-manager.service -> /usr/
lib/systemd/system/lightdm.service
drwxr-xr-x. 2 root root 4096 Apr 25  2018  getty.target.wants
drwxr-xr-x. 2 root root 4096 Aug 18 10:16  graphical.target.wants
```

```
drwxr-xr-x. 2 root root 4096 Apr 25  2018  local-fs.target.wants
drwxr-xr-x. 2 root root 4096 Oct 30 16:54  multi-user.target.wants
<SNIP>
[root@studentvm1 system]#
```

为了帮助读者更深入地理解 systemd 如何管理控制操作系统的启动过程，笔者对上述命令回显的列表进行了精简，只突出显示一些关键性的内容。在你的虚拟机上，你可以直接查看这些目录和链接的完整列表。其中，default.target 条目是一个指向 /lib/systemd/system/graphical.target 目录的符号链接（软链接）。你可以通过执行如下命令浏览这个目录，看看该目录中还包含了哪些其他配置文件：

```
[root@studentvm1 system]# ll /lib/systemd/system/ | less
```

你应该会在这个列表中看到各种文件、目录和其他链接，但请特别留意 multi-user.target 和 graphical.target 这两个文件。接下来，我们查看 default.target 中的内容。default.target 实际上是一个链接到 /lib/systemd/system/graphical.target 的软链接，命令如下：

```
[root@studentvm1 system]# cat default.target
# SPDX-License-Identifier: LGPL-2.1+
#
# This file is part of systemd.
#
# systemd is free software; you can redistribute it and/or modify it
# under the terms of the GNU Lesser General Public License as published by
# the Free Software Foundation; either version 2.1 of the License, or
# (at your option) any later version.

[Unit]
Description=Graphical Interface
Documentation=man:systemd.special(7)
Requires=multi-user.target
Wants=display-manager.service
Conflicts=rescue.service rescue.target
After=multi-user.target rescue.service rescue.target display-manager.service
AllowIsolate=yes
[root@studentvm1 system]#
```

此链接指向的 graphical.target 文件包含了运行图形用户界面所必需的所有条件和需求。在下一章中，我们会详细探讨其中的一些关键选项。

为了能够让主机正常启动进入多用户模式，我们需要执行如下命令来删除现有的链接，并创建一个指向正确目标的新链接。请确保 /etc/systemd/system 目录是你当前的工作目录，如果不是的话，请手动将目录切换到 /etc/systemd/system。

```
[root@studentvm1 system]# rm -f default.target
[root@studentvm1 system]# ln -s /lib/systemd/system/multi-user.target
default.target
```

执行以下命令来查看 default.target 链接文件，以确保其链接到了正确的文件：

```
[root@studentvm1 system]# ll default.target
lrwxrwxrwx 1 root root 37 Nov 28 16:08 default.target -> /lib/systemd/system/
multi-user.target
[root@studentvm1 system]#
```

如果你查看到的 default.target 链接文件与上述链接显示的不一致，请将其删除并尝试重新创建。接下来我们查看 default.target 链接文件的详细内容：

```
[root@studentvm1 system]# cat default.target
#  SPDX-License-Identifier: LGPL-2.1+
#
#  This file is part of systemd.
#
#  systemd is free software; you can redistribute it and/or modify it
#  under the terms of the GNU Lesser General Public License as published by
#  the Free Software Foundation; either version 2.1 of the License, or
#  (at your option) any later version.

[Unit]
Description=Multi-User System
Documentation=man:systemd.special(7)
Requires=basic.target
Conflicts=rescue.service rescue.target
After=basic.target rescue.service rescue.target
AllowIsolate=yes
[root@studentvm1 system]#
```

我们可以看到，当前的 default.target 实际上已经指向了 multi-user.target。在它的 [Unit] 部分，所需要的条件已经发生了改变，不再需要图形显示管理器了。接下来，让我们执行重启操作。

你的虚拟机当前已经启动到虚拟控制台 1 的控制台登录界面，在屏幕上显示为 tty1。现在你已经掌握了更改默认启动目标的必要步骤，你可以使用专门的命令将其重新设置为 graphical.target。但在此之前，让我们先执行如下命令，来查看一下当前的默认目标设置：

```
[root@studentvm1 ~]# systemctl get-default
multi-user.target
[root@studentvm1 ~]# systemctl set-default graphical.target
Removed /etc/systemd/system/default.target.
Created symlink /etc/systemd/system/default.target → /usr/lib/systemd/
system/graphical.target.
[root@studentvm1 ~]#
```

随后，我们可以执行如下命令，直接切换至 graphical.target 和显示管理器的登录界面，而无须重新启动系统：

```
[root@studentvm1 system]# systemctl isolate default.target
```

手动登录到 GUI 桌面，并验证其是否正常运行。

笔者不太清楚 systemd 的开发者为何选择了"isolate"这个词作为这个子命令的名称。根据笔者目前的研究，这个术语可能意味着运行指定目标的同时，将不需要支持该目标的其他所有目标"隔离"并关闭。不过，其实际效果是在不同的运行目标之间进行切换，比如从多用户模式切换到图形模式。这个命令相当于 SystemV 启动脚本和 init 程序时代中的 init 5 命令。

16.6　使用 systemd 单元

在本节中，我们将深入探讨 systemd 单元细节内容，并学习如何使用 systemctl 命令对这些单元进行详细的管理和探索。通过本节内容，你将掌握如何通过 systemctl 命令对各种单元进行生命周期的管理（包括启动、停止和禁用操作），此外，你还将学习如何创建新的 systemd 挂载单元，用以挂载一个新的文件系统，并确保它在系统启动时能够正确运行。

在执行本节中的所有实验时（除非另有说明），都应以 root 权限去执行所有操作。虽然非 root 用户身份的用户也可以执行一些像列出 systemd 单元的命令，但涉及更改的所有操作必须由 root 用户来执行。

在开始本节的实验操作之前，我们需要先安装 sysstat 软件包。在 sysstat 软件包中包含了多个故障排查的统计工具，包括 SAR（System Activity Reporter，系统活动报告器）。它专门用于收集、记录并报告系统的各种活动和性能数据，通常默认配置为每 10 min 收集一次系统性能数据。sysstat 软件包安装了两个 systemd 定时器，而不是作为后台的守护进程运行。第一个定时器负责定期收集数据，通常每 10 min 运行一次，以记录当前的系统性能指标，如 CPU 使用率、内存使用情况、磁盘活动等；第二个定时器则负责数据的日常汇总，它每天运行一次，处理和整理前一天收集的数据，生成详细的性能报告。我们简要地看一下这些定时器，在第 18 章中关于 systemd 定时器的内容中，我们将会详细介绍这些定时器，并指导你创建自己的定时器。

实验 16-5：安装 sysstat

使用以下命令来安装 sysstat 软件包：

```
[root@studentvm1 ~]# dnf -y install sysstat
```

16.6.1　systemd 套件

systemd 并非一个单一的程序，而是一套规模庞大的协同运作的程序集合，其旨在协同管理 Linux 系统运行过程中的诸多方面。若要全面阐述 systemd 的各项功能，可能需要专门撰写一本书才能将其完整说明。然而，我们无须深入了解 systemd 各个组件的具体运作细节。我们将主要介绍能够帮助我们管理和操作各类 Linux 服务以及处理日志文件与日志系统的相关程序和组件。

16.6.2　单元文件

systemd 的结构不仅仅由其可执行文件组成，还包含了大量的配置文件。虽然这些文件各有不同的名称和后缀，但它们统称为"单元"文件。这些单元文件构成了 systemd 的核心架构。

单元文件大部分都是以 ASCII 格式编写的纯文本文件，系统管理员可以轻松地访问、修改或新建这些单元文件。这些单元文件可分为多种类型，每种类型都配有详细的手册页。常见的单元文件类型、对应的文件扩展名及描述如表 16-2 所示。

表 16-2　systemd 单元文件类型列表

systemd 单元	描述
.automount	.automount 单元用于在启动期间实现按需（即插即用）加载以及文件系统单元的并行安装
.device	.device 单元文件定义了在 /dev/ 目录中向系统管理员公开的硬件和虚拟设备。并非所有设备都有单元文件；通常，块设备（如硬盘驱动器、网络设备和其他一些设备）都有单元文件
.mount	.mount 单元定义了 Linux 文件系统目录结构上的一个挂载点
.scope	.scope 单元定义和管理一组系统进程。该单元不是使用单元文件配置的，而是以编程方式创建的。根据 systemd.scope 手册页描述，scope 单元的主要目的是对系统服务的工作进程进行分组以组织和管理系统资源
.service	.service 单元文件定义了由 systemd 管理的进程。其中包括通用 UNIX 打印系统（CUPS）、IPTables、多逻辑卷管理服务、NetworkManager 等服务
.slice	.slice 单元定义了一个"切片"，它是与一组进程相关的系统资源的概念划分。你可以将所有系统资源视为一个馅饼，并将此资源子集视为该馅饼的"切片"
.socket	.socket 单元定义进程间通信套接字，例如网络套接字
.swap	.swap 单元定义交换设备或文件
.target	.target 单元定义了定义启动同步点、运行级别和服务的单元文件组。target 单元定义了为了成功启动而必须处于活动状态的服务和其他单元
.timer	.timer 单元定义了可以在指定时间启动程序执行的定时器

我们已经从功能性的角度对目标单元进行了探讨研究，接下来将深入研究服务单元和挂载单元等其他类型的单元。此外，第 17 章还将详细探讨定时器单元。

16.6.3　systemctl

在先前的章节中，我们已经对 systemd 的启动功能进行了初步了解。现在，我们将进一步探讨 systemd 在服务管理方面的功能。systemd 通过 systemctl 命令为用户提供了丰富的功能，可使用户自行管理服务当前的状态（启动和停止服务），配置服务是否开机自启动，以及对当前运行服务的状态进行监控。

***

实验 16-6：熟悉 systemctl 的使用

在命令行终端会话中，我们需要将当前用户切换至 root 用户，并确保主目录（～）已成为当前工作目录。我们从以各种方式查看单元开始，列出所有已经加载并处于活跃状态的 systemd 单元。systemctl 命令会自动将其标准输出数据流通过 less 程序进行分页，因此我们无须手动执行分页操作。

```
[root@studentvm1 ~]# systemctl
  UNIT                                    LOAD   ACTIVE SUB      DESCRIPTION ›
  proc-sys-fs-binfmt_misc.automount       loaded active running  Arbitrary Ex›
```

```
  sys-devices-pci0000:00-0000:00:01.1-ata6-host5-target5:0:0-5:0:0:0-block-sr0.device  loaded
  active plugged   VBOX_CD-ROM
  sys-devices-pci0000:00-0000:00:02.0-drm-card0.device    loaded active plugged    /sys/devices>
  sys-devices-pci0000:00-0000:00:03.0-net-enp0s3.device   loaded active plugged    82540EM Giga>
  sys-devices-pci0000:00-0000:00:09.0-net-enp0s9.device
<SNIP>
  sys-devices-platform-serial8250-tty-ttyS0.device        loaded active plugged    /sys/devices>
  sys-devices-platform-serial8250-tty-ttyS1.device        loaded active plugged    /sys/devices>
  sys-devices-platform-serial8250-tty-ttyS10.device       loaded active plugged    /sys/devices>
  sys-devices-platform-serial8250-tty-ttyS11.device       loaded active plugged    /sys/devices>
  sys-devices-platform-serial8250-tty-ttyS12.device       loaded active plugged    /sys/devices>
  sys-devices-platform-serial8250-tty-ttyS13.device       loaded active plugged    /sys/devices>
  sys-devices-platform-serial8250-tty-ttyS14.device       loaded active plugged    /sys/devices>
<SNIP>
  -.mount                                                 loaded active mounted    Root Mo>
  boot-efi.mount                                          loaded active mounted    /boot/e>
  boot.mount                                              loaded active mounted    /boot
  dev-hugepages.mount                                     loaded active mounted    Huge Pa>
  dev-mqueue.mount                                        loaded active mounted    POSIX M>
  home.mount                                              loaded active mounted    /home
  <SNIP>
  test.mount                                              loaded active mounted    /test
  tmp.mount                                               loaded active mounted    /tmp
  usr.mount                                               loaded active mounted    /usr
  var-lib-nfs-rpc_pipefs.mount                            loaded active mounted    RPC Pip>
  var.mount                                               loaded active mounted    /var    >
<SNIP - removed lots of lines of data from here>
  dnf-makecache.timer                                     loaded active waiting    dnf mak>
  fstrim.timer                                            loaded active waiting    Discard>
  logrotate.timer                                         loaded active waiting    Daily r>
  plocate-updatedb.timer                                  loaded active waiting    Update >
  raid-check.timer                                        loaded active waiting    Weekly >
  sysstat-collect.timer                                   loaded active waiting    Run sys>
  sysstat-summary.timer                                   loaded active waiting    Generat>
  systemd-tmpfiles-clean.timer                            loaded active waiting    Daily C>

LOAD   = Reflects whether the unit definition was properly loaded.
ACTIVE = The high-level unit activation state, i.e. generalization of SUB.
SUB    = The low-level unit activation state, values depend on unit type.

206 loaded units listed. Pass --all to see loaded but inactive units, too.
To show all installed unit files use 'systemctl list-unit-files'.
```

　　当你在终端会话中查看已回显的数据时，请注意观察一些特定的信息，首先出现的部分会列出硬盘、声卡、网络接口卡和 TTY 设备等各种设备的信息。我们从中可以看到有些设备已经被系统加载并且处于活跃状态。另一部分则列出了当前文件系统的挂载点。此外，其他部分还列出各种服务以及所有已加载且活跃的目标。

　　在输出结果的最底部我们可以看到有一个 sysstat 定时器，其主要用于收集系统活动数据并为 SAR 生成日常摘要的定时器。笔者在上册第 13 章中对 SAR 进行了详细的介绍。

　　在输出结果的底部，有对 loaded、active 和 sub 这些状态描述的说明。这些信息帮助用户理解每个单元的加载状态、活跃状态以及它们的子状态。按下 <q> 键可以退出 less 分页查看模式。

　　根据上述命令输出结果的最后一行建议，你可以使用如下命令来查看系统中所有已安装的单元（无论这些单位当前是否已经被加载）。笔者在此省略了执行此条命令的详细输出结果，建议你在终端命令行中自行执行该命令并进行查看。值得一提的是，systemctl 程序具备自动补全功能，这大大简化了复杂命令的输入过程，使你无须记住所有的命令参数选项：

```
[root@studentvm1 ~]# systemctl list-unit-files
```

当你在系统终端命令行中查看所有已安装的单元时，你可能会看到列表中有些单元是处于禁用状态的。systemctl 命令手册页中的表 1 列出了这份列表中可能出现的各种条目及其简短的描述。现在，让我们使用 systemctl -t（类型）选项来显示过滤出的定时器单元：

```
[root@studentvm1 ~]# systemctl list-unit-files -t timer
UNIT FILE                     STATE
chrony-dnssrv@.timer          disabled
dnf-makecache.timer           enabled
fstrim.timer                  disabled
logrotate.timer               disabled
logwatch.timer                disabled
mdadm-last-resort@.timer      static
mlocate-updatedb.timer        enabled
sysstat-collect.timer         enabled
sysstat-summary.timer         enabled
systemd-tmpfiles-clean.timer  static
unbound-anchor.timer          enabled
```

或者，我们也可以通过如下命令列出所有已设定的定时器以及它们的详细信息：

```
[root@studentvm1 ~]# systemctl list-timers
```

我们也可以查看所有的挂载点，虽然 systemctl 并不支持使用 systemctl list-mounts 命令的方式来查看挂载点，但我们可以列出与挂载点相关的单元文件：

```
[root@studentvm1 ~]# systemctl list-unit-files -t mount
UNIT FILE                        STATE      PRESET
-.mount                          generated  -
boot-efi.mount                   generated  -
boot.mount                       generated  -
dev-hugepages.mount              static     -
dev-mqueue.mount                 static     -
home.mount                       generated  -
proc-fs-nfsd.mount               static     -
proc-sys-fs-binfmt_misc.mount    disabled   disabled
run-vmblock\x2dfuse.mount        disabled   disabled
sys-fs-fuse-connections.mount    static     -
```

```
    sys-kernel-config.mount         static    -
    sys-kernel-debug.mount          static    -
    sys-kernel-tracing.mount        static    -
    test.mount                      generated -
    TestFS.mount                    generated -
    tmp.mount                       generated -
    usr.mount                       generated -
    var-lib-nfs-rpc_pipefs.mount    static    -
    var.mount                       generated -

19 unit files listed
[root@studentvm1 ~]#
```

通过上述返回的数据流，我们可以观察到数据流中的 STATE 列具有三种状态：generated、static 和 disabled。generated 状态表明挂载单元是在系统启动时，根据 /etc/fstab 中的信息动态生成的。这些挂载单元是由位于 /lib/systemd/system-generators/ 的 systemd-fstab-generator 工具生成的。该工具与其他工具协同工作，负责生成各类单元。static 状态的挂载单元通常用于像 /proc 和 /sys 这样的文件系统，其对应的文件位于 /usr/lib/systemd/system 目录中。

现在让我们通过执行如下命令来查看当前主机上安装的所有服务单位（无论它们当前是否处于活跃状态）：

```
[root@studentvm1 ~]# systemctl --all -t service
```

上述命令的输出结果通常会以列表的形式进行展示，每一行代表一个服务单元。在服务单元列表的底部，我们可以看到当前主机共加载了 179 个服务单元，由于每个主机的系统配置和正在运行的服务会有所不同。所以，你看到的主机加载服务单元的数量可能会与笔者的数量不一致。

单元文件并不是都像以 .unit 为扩展名的文件那样易于辨识。实际上，在 systemd 的配置文件中，大部分 systemd 配置文件都可以被归类为不同类型的单元文件。然而，仍有一小部分文件无法归类，它们主要是以 .conf 为扩展名的配置文件，这些文件通常位于 /etc/systemd 目录下。

单元文件实际存储在 /usr/lib/systemd 目录及其子目录中，而 /etc/systemd/ 目录及其子目录则包含了指向对本机配置至关重要的单元文件的符号链接。

我们可以分别进入 /usr/lib/systemd 和 /etc/systemd/ 目录中，来查看这两个目录里的相关单元文件内容。

接下来，让我们来深入剖析一下 default.target 单元文件，这个文件的核心作用是确定操作系统启动时的运行级别。我们在 16.5.3 节介绍了如何将默认启动目标从图形界面模式（graphical.target）切换到仅命令行界面模式（multi-user.target），在笔者的测试虚拟机上，经过观察发现，default.target 文件实际上是一个指向 /usr/lib/systemd/system/graphical.target 的符号链接。

让我们通过如下命令查看并分析 /etc/systemd/system/default.target 文件中的具体内容：

```
[root@studentvm1 system]# cat default.target
#  SPDX-License-Identifier: LGPL-2.1+
#
#  This file is part of systemd.
#
#  systemd is free software; you can redistribute it and/or modify it
#  under the terms of the GNU Lesser General Public License as published by
#  the Free Software Foundation; either version 2.1 of the License, or
#  (at your option) any later version.

[Unit]
Description=Graphical Interface
Documentation=man:systemd.special(7)
Requires=multi-user.target
Wants=display-manager.service
Conflicts=rescue.service rescue.target
After=multi-user.target rescue.service rescue.target display-manager.service
AllowIsolate=yes
```

通过查看、分析 default.target 配置文件的内容，我们可以看到该配置文件指出了对 multi-user.target 的依赖性。在 multi-user.target 没有启动并正常运行的情况下，graphical.target 是无法启动的。同时我们也发现在 [Unit] 部分下数的第四行中，列出了对 display-manager.service 单元的依赖关系，其中 Wants 参数代表着一种较弱的依赖关系，表示当启动这个单元时，如果可能的话，systemd 会尝试启动 display-manager.service。但如果 display-manager.service 无法启动，它不会阻止 default.target 的其余部分正常启动。

在 /etc/systemd/system 目录下，每个子目录都包含了针对特定目标配置的 wants 清单。为了更好地理解在图形界面模式下系统期望启动哪些服务，建议你查看 /etc/systemd/system/graphical.target.wants 目录下的内容。这些文件及其内容将为你展示有关在图形界面模式下系统期望启动哪些服务的详细信息。通过深入了解这些文件和内容，你将能够更清晰地理解 systemd 是如何在图形界面模式下管理和运行服务的。

在 systemd 的单元手册页中，你可以找到大量关于单元文件的详细信息，包括单元结构、各部分的划分以及完整的可用参数选项列表。此外，systemd 单元手册页还对不同类型的单元进行了详细说明，并为每种类型提供了专门的手册页。若你打算继续深入理解或解读单元文件，查阅这些手册是一个非常好的开始。

16.6.4　服务单元

现在我们已经对单元文件和目标有了初步的了解，接下来让我们来看看一些其他的单元。在许多情况下，Fedora 系统在安装过程中会安装并启用一些对特定主机正常运作来说非必需的服务。相反，某些服务可能需要安装并启动来确保系统的正常运行。但是，那些已经安装却对 Linux 主机的正常功能非必需的服务，可能会带来一定的安全风险。因此，我们至少应该停止和禁用这些不必要的服务，更好的做法是将它们完全卸载。

实验 16-7：管理 systemd 单元

`systemctl` 命令用于管理 systemd 单元，包括服务、目标和挂载点等。你可以执行如下命令来筛选出当前操作系统中所有的服务列表，从而轻松找出你实际上永远不会用到的服务：

```
[root@studentvm1 ~]# systemctl --all -t service
UNIT                      LOAD        ACTIVE SUB     DESCRIPTION
<SNIP>
chronyd.service           loaded      active running NTP client/server
crond.service             loaded      active running Command Scheduler
cups.service              loaded      active running CUPS Scheduler
dbus-daemon.service       loaded      active running D-Bus System
Message Bus
<SNIP>
● ip6tables.service       not-found inactive dead    ip6tables.service
● ipset.service           not-found inactive dead    ipset.service
● iptables.service        not-found inactive dead    iptables.service
<SNIP>
firewalld.service         loaded      active  running firewalld -
dynamic firewall daemon
<SNIP>
● ntpd.service            not-found inactive dead    ntpd.service
● ntpdate.service         not-found inactive dead    ntpdate.service
pcscd.service             loaded      active  running PC/SC Smart
                                                      Card Daemon
```

为使读者能够更好地了解当前系统中的服务列表信息，笔者对相关命令的输出内容进行了精简。在保留的内容输出部分，那些被标记为 loaded、active 和 running 的服务是已被加载到系统并处于活动运行状态的服务；而那些被标记为 not-found 的服务是 systemd 能够识别但并未在 Linux 系统上安装的服务。若你希望运行这些被标记为 not-found 的服务，你需要先安装它们的软件包。

上述输出内容中的 pcscd.service 单元是负责 PC/SC 智能卡的守护程序，其主要功能是与智能卡读卡器进行通信。许多 Linux 主机（包括我们所使用的虚拟机）实际上并不需要这种智能卡读卡器或相关服务，因为这些服务只会额外占用内存和 CPU 资源，而无实际用处。因此，我们可以停止这个服务，并将其设置为禁用，避免它在下次启动时再次运行。

首先，我们通过以下命令来检查它的状态：

```
[root@studentvm1 ~]# systemctl status pcscd.service
● pcscd.service - PC/SC Smart Card Daemon
   Loaded: loaded (/usr/lib/systemd/system/pcscd.service; indirect; vendor
   preset: disabled)
   Active: active (running) since Fri 2019-05-10 11:28:42 EDT; 3 days ago
```

```
         Docs: man:pcscd(8)
    Main PID: 24706 (pcscd)
        Tasks: 6 (limit: 4694)
       Memory: 1.6M
       CGroup: /system.slice/pcscd.service
               └─24706 /usr/sbin/pcscd --foreground --auto-exit

 May 10 11:28:42 studentvm1 systemd[1]: Started PC/SC Smart Card Daemon.
```

　　通过执行上述命令反馈的状态信息，我们可以更加深入地了解到 systemd 提供的额外信息的实用价值。这与 SystemV 反馈的状态信息内容形成了鲜明对比，SystemV 仅能告知我们服务目前运行状态的信息。值得注意的是，在执行这个命令时，我们无须明确指定 .service 单元类型后缀，因为 systemd 能够自动识别 pcscd 的单元类型。接下来，我们将执行如下命令来停止并禁用该服务，随后再次检查其状态：

```
[root@studentvm1 ~]# systemctl stop pcscd ; systemctl disable pcscd
Warning: Stopping pcscd.service, but it can still be activated by:
  pcscd.socket
Removed /etc/systemd/system/sockets.target.wants/pcscd.socket.
[root@studentvm1 ~]# systemctl status pcscd
● pcscd.service - PC/SC Smart Card Daemon
   Loaded: loaded (/usr/lib/systemd/system/pcscd.service; indirect; vendor
   preset: disabled)
   Active: failed (Result: exit-code) since Mon 2019-05-13 15:23:15
   EDT; 48s ago
     Docs: man:pcscd(8)
 Main PID: 24706 (code=exited, status=1/FAILURE)

May 10 11:28:42 studentvm1 systemd[1]: Started PC/SC Smart Card Daemon.
May 13 15:23:15 studentvm1 systemd[1]: Stopping PC/SC Smart Card Daemon...
May 13 15:23:15 studentvm1 systemd[1]: pcscd.service: Main process exited,
code=exited, status=1/FAIL>
May 13 15:23:15 studentvm1 systemd[1]: pcscd.service: Failed with result
'exit-code'.
May 13 15:23:15 studentvm1 systemd[1]: Stopped PC/SC Smart Card Daemon.
```

　　从上述命令的输出结果中可以看出，systemd 的命令行工具 systemctl 能够提供大多数服务的简洁日志条目，这一显示功能使我们无须在各种日志文件中搜索即可快速找到此类信息。检查系统运行级别目标状态。注意，这里需要指定 .target 单元类型：

```
[root@studentvm1 ~]# systemctl status multi-user.target
● multi-user.target - Multi-User System
   Loaded: loaded (/usr/lib/systemd/system/multi-user.target; static; vendor
   preset: disabled)
   Active: active since Thu 2019-05-09 13:27:22 EDT; 4 days ago
     Docs: man:systemd.special(7)

May 09 13:27:22 studentvm1 systemd[1]: Reached target Multi-User System.
```

```
[root@studentvm1 ~]# systemctl status graphical.target
● graphical.target - Graphical Interface
  Loaded: loaded (/usr/lib/systemd/system/graphical.target; indirect; vendor
  preset: disabled)
  Active: active since Thu 2019-05-09 13:27:22 EDT; 4 days ago
    Docs: man:systemd.special(7)

May 09 13:27:22 studentvm1 systemd[1]: Reached target Graphical Interface.
[root@studentvm1 ~]# systemctl status default.target
● graphical.target - Graphical Interface
  Loaded: loaded (/usr/lib/systemd/system/graphical.target; indirect; vendor
  preset: disabled)
  Active: active since Thu 2019-05-09 13:27:22 EDT; 4 days ago
    Docs: man:systemd.special(7)

May 09 13:27:22 studentvm1 systemd[1]: Reached target Graphical Interface.
```

请注意，在 systemd 中默认启动的目标是图形用户界面。我们可以使用 systemd 命令来查看系统中任何一个单元（如服务、目标等）的当前状态。

16.6.5　传统挂载方式

挂载单元定义了将文件系统挂载到指定挂载点所需的所有参数。systemd 可以更灵活地管理挂载单元，同时仍然使用 /etc/fstab 文件进行文件系统配置和挂载。systemd 使用 systemd-fstab-generator 工具，根据 fstab 文件中的数据来创建临时挂载单元。

基于你在第 1 章逻辑卷管理实验部分中所创建的挂载点和逻辑卷，我们将进一步探讨如何使用传统的挂载方式进行挂载，并逐步将其转换为 systemd 的挂载单元。请确保你已完成相关准备工作，以便顺利完成后续实验操作。

实验 16-8：传统的挂载方法

这本次实验中，我们将使用在第 1 章相关实验中所创建的逻辑卷及挂载点（/TestFS）。

首先，我们需要对 /etc/fstab 文件中的所有与 "/TestFS" 挂载点相关联的行进行注释。如果不进行注释，可能会导致在后续实验中出现"有条目没有正确指向目标挂载点"的异常报错。

接下来，我们通过执行如下命令来找出一个可用的存储卷：

```
[root@studentvm1 ~]# lsblk -i
NAME                      MAJ:MIN RM  SIZE RO TYPE MOUNTPOINTS
sda                           8:0   0   60G  0 disk
|-sda1                        8:1   0    1M  0 part
|-sda2                        8:2   0    1G  0 part /boot
|-sda3                        8:3   0    1G  0 part /boot/efi
`-sda4                        8:4   0   58G  0 part
  |-fedora_studentvm1-root 253:0   0    2G  0 lvm  /
```

```
  |-fedora_studentvm1-usr   253:1   0    15G  0 lvm  /usr
  |-fedora_studentvm1-tmp   253:4   0     5G  0 lvm  /tmp
  |-fedora_studentvm1-var   253:5   0    10G  0 lvm  /var
  |-fedora_studentvm1-home  253:6   0     4G  0 lvm  /home
  `-fedora_studentvm1-test  253:7   0   500M  0 lvm  /test
sdb                           8:16  0    20G  0 disk
|-sdb1                        8:17  0     2G  0 part
|-sdb2                        8:18  0     2G  0 part
`-sdb3                        8:19  0    16G  0 part
  |-NewVG--01-TestVol1      253:2   0     4G  0 lvm
  `-NewVG--01-swap          253:3   0     2G  0 lvm
sdc                           8:32  0     2G  0 disk
`-NewVG--01-TestVol1        253:2   0     4G  0 lvm
sdd                           8:48  0     2G  0 disk
sr0                          11:0   1  1024M  0 rom
zram0                       252:0   0     8G  0 disk [SWAP
```

在本次实验中，我们将选定 NewVG--01-TestVol1 作为挂载点来手动挂载文件系统。通过执行如下命令直接覆盖 /etc/fstab 文件中的 /TestFS 条目：

[root@studentvm1 ~]# **mount /dev/mapper/NewVG--01-TestVol1 /TestFS/**

如果你在执行挂载时出现如下报错信息：

mount: (hint) your fstab has been modified, but systemd still uses the old version; use 'systemctl daemon-reload' to reload.

你可以根据上述反馈的建议去执行如下命令：

[root@studentvm1 ~]# **systemctl daemon-reload**

然后执行如下命令来查看挂载的执行结果：

```
[root@studentvm1 ~]# lsblk -i
NAME                       MAJ:MIN RM  SIZE RO TYPE MOUNTPOINTS
sda                           8:0   0    60G  0 disk
|-sda1                        8:1   0     1M  0 part
<SNIP>
sdb                           8:16  0    20G  0 disk
|-sdb1                        8:17  0     2G  0 part
|-sdb2                        8:18  0     2G  0 part
`-sdb3                        8:19  0    16G  0 part
  |-NewVG--01-TestVol1      253:2   0     4G  0 lvm  /TestFS
  `-NewVG--01-swap          253:3   0     2G  0 lvm
sdc                           8:32  0     2G  0 disk
`-NewVG--01-TestVol1        253:2   0     4G  0 lvm  /TestFS
sdd                           8:48  0     2G  0 disk
sr0                          11:0   1  1024M  0 rom
zram0                       252:0   0     8G  0 disk [SWAP]
[root@studentvm1 ~]#
```

根据上述挂载操作的输出结果可以看到，我们已成功将名为 NewVG--01-TestVol1 的逻辑卷挂载至 /TestFS 目录中。现在，让我们通过如下命令列出所有的挂载单元文件：

```
[root@studentvm1 ~]# systemctl list-unit-files -t mount
```

执行结果只显示了一个为 /TestFS 文件系统自动生成的条目，因为并没有为其创建对应的 .mount 文件。使用 systemctl status TestFS.mount 命令也无法看到有关新文件系统的任何信息，但我们可以通过执行如下命令将通配符与 systemctl status 命令一起结合使用：

```
[root@studentvm1 ~]# systemctl status *mount
● home.mount - /home
     Loaded: loaded (/etc/fstab; generated)
     Active: active (mounted) since Fri 2023-04-14 05:46:12 EDT; 3 days ago
      Where: /home
       What: /dev/mapper/fedora_studentvm1-home
       Docs: man:fstab(5)
             man:systemd-fstab-generator(8)
      Tasks: 0 (limit: 19130)
     Memory: 156.0K
        CPU: 6ms
     CGroup: /system.slice/home.mount

Apr 14 05:46:11 studentvm1 systemd[1]: Mounting home.mount - /home...
Apr 14 05:46:12 studentvm1 systemd[1]: Mounted home.mount - /home.

<SNIP>

● TestFS.mount - /TestFS
     Loaded: loaded (/proc/self/mountinfo)
     Active: active (mounted) since Mon 2023-04-17 12:21:28 EDT; 10s ago
      Where: /TestFS
       What: /dev/mapper/NewVG--01-TestVol1
```

通过使用带有通配符的 systemctl status 命令后，我们能够全面地获取由 systemd 管理的所有挂载点的状态及其他关键信息。在这些信息中，我们可以看到，像 /home、/var 和 /usr 这些传统的文件系统都是由 /etc/fstab 文件自动生成的，而我们新创建的文件系统则显示为已经被挂载，并且可以在 /proc/self/mountinfo 文件中找到其 info 文件的具体路径。

现在让我们开始对这个挂载过程进行自动化设置，首先，我们使用传统的方法，在 /etc/fstab 文件中添加一个条目，接下来，我们采用一种新方法，该方法不仅会教我们如何创建服务单元，还会让我们学会如何将这些单元集成到系统开机启动的顺序中。

卸载 /TestFS 文件系统。由于 /etc/fstab 文件中已经包含了 /TestFS 挂载点的配置，我们需要对这部分配置进行重新修改。具体的修改内容如下：

```
/dev/mapper/NewVG--01-TestVol1 /TestFS      ext4    defaults     1 2
```

修改配置完毕后，我们需要重新加载 systemd 的配置，并使用更简单的挂载命令挂载文件系统，然后再次列出所有的挂载单元：

```
[root@studentvm1 ~]# systemctl daemon-reload
[root@studentvm1 ~]# mount /TestFS
[root@studentvm1 ~]# systemctl status TestFS.mount
● TestFS.mount - /TestFS
     Loaded: loaded (/etc/fstab; generated)
     Active: active (mounted) since Mon 2023-04-17 14:35:42 EDT; 17s ago
      Where: /TestFS
       What: /dev/mapper/NewVG--01-TestVol1
       Docs: man:fstab(5)
             man:systemd-fstab-generator(8)
```

为了确保文件系统已成功挂载并正常运行，建议再次使用其他工具验证。

16.6.6 创建挂载单元

挂载单元可以使用传统的 /etc/fstab 文件或 systemd 单元进行配置。Fedora 使用了在安装过程中创建的 fstab 文件。然而，systemd 使用 systemd-fstab-generator 程序将 fstab 文件中的每个条目转换为 systemd 单元。既然我们知道可以使用 system.mount 单元文件来挂载文件系统，那么让我们尝试一下。我们将为这个文件系统创建一个挂载单元。

实验 16-9：创建 systemd 挂载单元

在本实验中，我们将创建一个用于文件系统的 systemd 挂载单元，并对 /TestFS 执行卸载操作。在开始之前，请编辑 /etc/fstab 文件，手动移除或注释掉与 TestFS 相关的行内容，然后，在 /etc/systemd/system 目录下创建一个名为 TestFS.mount 的文件，并按照如下提供的配置信息进行编辑。为了确保挂载成功，单元文件的名称必须与挂载点的名称保持一致。

[Unit] 部分中的 Description 行是为我们人类准备的，它提供了我们在使用 systemctl -t mount 命令列出挂载单元时看到的名称。这个文件的 [Mount] 部分包含的数据与 fstab 文件中的数据本质上是相同的：

```
# This mount unit is for the TestFS filesystem
# By David Both
# Licensed under GPL V2
# This file should be located in the /etc/systemd/system directory

[Unit]
Description=TestFS Mount

[Mount]
What=/dev/mapper/VG01-TestFS
Where=/TestFS
Type=ext4
Options=defaults

[Install]
WantedBy=multi-user.target
```

执行如下命令启用挂载单元：

```
[root@studentvm1 etc]# systemctl enable TestFS.mount
Created symlink /etc/systemd/system/multi-user.target.wants/TestFS.mount →
/etc/systemd/system/TestFS.mount.
```

通过执行 systemctl enable TestFS.mount 命令，系统会在 /etc/systemd/system
目录下创建一个符号链接，来确保这个挂载单元在之后每次系统启动时都会自动挂载。
由于该文件系统目前还未进行挂载，我们需要执行如下启动命令来完成这个挂载过程：

```
[root@studentvm1 ~]# systemctl start TestFS.mount
```

随后验证下文件系统是否已成功挂载：

```
[root@studentvm1 ~]# systemctl status TestFS.mount
● TestFS.mount - TestFS Mount
   Loaded: loaded (/etc/systemd/system/TestFS.mount; enabled; vendor preset:
   disabled)
   Active: active (mounted) since Sat 2020-04-18 09:59:53 EDT; 14s ago
    Where: /TestFS
     What: /dev/mapper/VG01-TestFS
    Tasks: 0 (limit: 19166)
   Memory: 76.0K
      CPU: 3ms
   CGroup: /system.slice/TestFS.mount

Apr 18 09:59:53 studentvm1 systemd[1]: Mounting TestFS Mount...
Apr 18 09:59:53 studentvm1 systemd[1]: Mounted TestFS Mount.
```

尽管本次实验重点讲解了如何为挂载创建一个单元文件，但这种做法同样适用于其
他类型的单元文件。尽管每种情况的具体细节可能有所不同，但其基本原理是一致的。
按照正常的操作步骤，直接在 /etc/fstab 文件中添加一条记录要比创建挂载单元要简单得
多，然而，笔者之所以选择这个例子来展示如何创建单元文件，是因为 systemd 并没有
为每一种类型的单元都提供可用的生成器。

总结

在本章的开头部分，我们对 systemd 的基本概念、功能作用以及它引发一些争议的原因
进行了全面的介绍，通过对 systemd 的深入分析，我们发现与 SystemV 相比，systemd 为系
统管理员提供了更为丰富的信息和更高程度的标准化。同时，我们也对 systemd 的功能架
构进行了初步探讨和分析研究。

随后，我们深入研究了 Linux systemd 的启动流程，对其有了更为深刻的理解。在此
基础上，我们开始学习两个重要的 systemd 工具：systemctl 和 journalctl。之后，我们学习
了如何在不同目标之间进行切换，如何修改默认启动目标。我们详细研究了 systemd 单元，

并通过 `systemctl` 命令来探索 systemd 单元。我们还创建了一个新的 systemd 挂载单元，用于在系统启动时挂载一个全新的文件系统。

关于 systemd 更多的内容，我们可在接下来的两章中继续学习。

练习

为了掌握本章所学知识，请完成以下练习：

1. 是什么原因促使人们放弃使用 SystemV 和 init，而选择其他启动程序？

2. systemd 在 Linux 启动过程中起到了什么关键作用？

3. systemd 为系统管理员带来了哪些优势？

4. 系统启动到底何时结束？ Linux 的启动又是从何时开始的？

5. GRUB 的功能是什么？

6. /etc/systemd/system/default.target 的功能是什么？ 它是如何工作的？

7. 当前在你的 StudentVM1 主机上加载并激活的目标有哪些？

第 17 章 *Chapter 17*

systemd 高级功能

目标

在本章中，你将学习如下内容：

❑ 如何分析 systemd 日历事件和时间跨度？

❑ 如何使用 systemd 日志进行分析和故障排除？

❑ 如何使用图表和工具分析 systemd 的启动和配置？

❑ 如何管理 systemd 的启动？

❑ 如何使用 systemd 定时器以类似使用 cron 的方式启动程序？

17.1 systemd 日历事件和时间跨度

我们之前接触 systemd 时了解到，它可以使用日历时间来指定触发事件的一个或多个时刻，例如执行备份程序或为日志条目添加时间戳等。systemd 也支持使用时间跨度，它定义了两个事件之间的时间长度，但并不直接与特定的日历时间相关联。

在本章中，我们将更详细地研究 systemd 中时间和日期的使用及指定方式。由于存在两种略有不同且不兼容的时间格式，因此了解它们的区别以及如何正确使用非常重要。我们还将使用时间和 systemd 日志来深入分析和管理 Linux 的启动过程。所有这些都高度依赖于时间，以及我们对如何在命令中正确读写时间的理解。所以，我们将从这里开始。

17.1.1 术语定义

为了更好地理解 systemd 中与时间相关的命令，我们需要先掌握一些术语。systemd.time(7) 手册页中包含了可以在定时器等 systemd 工具中使用的时间和日期表达式的完整描述。

1. 绝对时间戳

绝对时间戳是以 YYYY-MM-DD HH:MM:SS 格式定义的一个明确且唯一的时间点。时间戳格式用于指定定时器触发事件的时间点。一个绝对时间戳只能表示一个单独的时间点，例如 2025-04-15 13:21:05。

2. 准确性

该术语描述了事件与真实时间的接近程度——由定时器触发的事件与指定的日历时间有多接近。systemd 定时器的默认准确性定义为从指定的日历时间开始的 1min 时间跨度。一个指定在 OnCalendar 时间 09:52:17 发生的事件实际上可能在该时间点和 09:53:17 之间的任何时刻被触发。

3. 日历事件

日历事件是由 systemd 时间戳格式 YYYY-MM-DD HH:MM:SS 指定的一个或多个特定时间点，可以是一个单独的时间点，也可以是一系列定义明确的时间点，其精确时间是可以计算的。systemd 日志也使用时间戳标记每个事件发生的准确时间。

systemd 中 YYYY-MM-DD HH:MM:SS 格式定义了一个准确的时间点。如果只指定了 YYYY-MM-DD 部分，则时间默认为 00:00:00。如果只指定了 HH:MM:SS 部分，则日期被自动设置为该时间的下一个日历匹配。如果指定的时间早于今天的当前时间，下一个匹配会是明天的时间；如果指定的时间晚于当前时间，下一个匹配则会是今天的指定时间。这是 systemd 计时器中表示 OnCalendar 时间时所使用的格式。

可以使用特殊字符和格式表示具有多个值匹配的字段，从而指定重复的日历事件。例如，2026-08-15..25 12:15:00 表示 2026 年 8 月 15 日下午 12:15 至 8 月 25 日下午 12:15，将触发 11 个匹配。日历事件也可以用绝对时间戳指定。

4. 时间跨度

时间跨度是两个事件之间的时间量，即某事物（或事件）的持续时间，或两个事件之间的时间。时间跨度可用于指定定时器触发事件的期望准确性，以及定义事件之间经过的时间。时间跨度支持以下单位：

- ❏ usec, us, μs
- ❏ msec, ms
- ❏ seconds, second, sec, s
- ❏ minutes, minute, min, m
- ❏ hours, hour, hr, h
- ❏ days, day, d
- ❏ weeks, week, w
- ❏ months, month, M（实际一个月时间为 30.44 天）
- ❏ years, year, y（实际一年的时间为 365.25 天）

17.1.2　日历事件表达式

日历事件表达式是许多任务的重要组成部分，例如：指定日志搜索的时间范围，以及在所需的重复时间点触发定时器。systemd 及其定时器采用了一种与 crontab 格式不同的日期时间表达式方式。这种方式比 crontab 更灵活，允许用户像使用 at 命令那样指定相对模糊的日期和时间。同时，它也保持了易于理解的特性。

OnCalendar= 字段指定的日历事件表达式采用以下格式：DOW YYYY-MM-DD HH:MM:SS。其中，DOW（星期几）是可选字段，其他字段可以使用星号（*）来表示对该位置任意值的匹配。如果没有指定时间，则默认为 00:00:00。如果只指定了时间而没有指定日期，则系统会根据当前时间来判断下一匹配点落在今天还是明天。所有不同的日历时间表达式格式都会被转换为统一的标准化格式以便于使用。systemd-analyze calendar 命令可以显示时间表达式的标准化格式。

systemd 还提供了一个优秀的工具用于验证和检查表达式中使用的日历事件。systemd-analyze calendar 工具可以解析日历时间事件表达式，并提供标准化格式以及其他有用的信息。这些信息包括下一个"匹配"的日期和时间，以及到达触发时间之前的大致剩余时间。

本节中涉及的命令无需 root 权限即可执行，但非 root 用户在使用某些命令时看到的数据可能不如 root 用户完整。因此，建议以 root 用户的身份进行本章中的所有实践操作。

提示：Next elapse 和 UTC 时间将根据你的本地时区而异。

17.1.3　探索 systemd 时间语法

让我们从 systemd-analyze calendar 命令的使用方法开始。

实验 17-1：systemd 时间语法

当日期中的所有字段（年、月、日）都明确指定时，systemd-analyze calendar 命令会将其解析为一个一次性事件：

```
[root@studentvm1 ~]$ systemd-analyze calendar 2030-06-17
  Original form: 2030-06-17
Normalized form: 2030-06-17 00:00:00
    Next elapse: Mon 2030-06-17 00:00:00 EDT
       (in UTC): Mon 2030-06-17 04:00:00 UTC
       From now: 7 years 1 month left
```

好的，接下来让我们加上一个当天的时间。在这个例子中，systemd-analyze calendar 命令会将日期和时间视为两个独立的元素进行分析，它们之间并不存在关联：

```
[root@studentvm1 system]# systemd-analyze calendar 2030-06-17 15:21:16
  Original form: 2030-06-17
Normalized form: 2030-06-17 00:00:00
    Next elapse: Mon 2030-06-17 00:00:00 EDT
       (in UTC): Mon 2030-06-17 04:00:00 UTC
       From now: 7 years 1 month left

  Original form: 15:21:16
```

```
Normalized form: *-*-* 15:21:16
    Next elapse: Tue 2023-04-25 15:21:16 EDT
        (in UTC): Tue 2023-04-25 19:21:16 UTC
    From now: 1h 40min left
[root@studentvm1 ~]$
```

为了将日期和时间作为一个事件进行解析，可以将它们一起用引号括起来：

```
[root@studentvm1 system]# systemd-analyze calendar "2030-06-17 15:21:16"
Normalized form: 2030-06-17 15:21:16
    Next elapse: Mon 2030-06-17 15:21:16 EDT
        (in UTC): Mon 2030-06-17 19:21:16 UTC
    From now: 7 years 1 month left
```

现在让我们指定一个比当前时间早的时间和一个比当前时间晚的时间。在本例中，当前时间是 2019-05-15 的 16:16（你需要根据自己时间合理进行设置）：

```
[root@studentvm1 ~]$ systemd-analyze calendar 15:21:16 22:15
  Original form: 15:21:16
Normalized form: *-*-* 15:21:16
    Next elapse: Fri 2019-05-17 15:21:16 EDT
        (in UTC): Fri 2019-05-17 19:21:16 UTC
    From now: 23h left

  Original form: 22:15
Normalized form: *-*-* 22:15:00
    Next elapse: Thu 2019-05-16 22:15:00 EDT
        (in UTC): Fri 2019-05-17 02:15:00 UTC
    From now: 5h 59min left
```

systemd-analyze calendar 命令的设计目的是解析 OnCalendar 格式的时间表达式，而无法直接处理时间戳。因此，在使用 calendar 子命令时，像"tomorrow"或者"today"这样的词语会导致错误，因为它们属于时间戳的范畴，不符合 OnCalendar 的时间格式规范：

```
[root@studentvm1 ~]$ systemd-analyze calendar "tomorrow"
Failed to parse calendar expression 'tomorrow': Invalid argument
Hint: this expression is a valid timestamp. Use 'systemd-analyze timestamp
"tomorrow"' instead?
```

不过，你可以使用 systemd-analyze timestamp 命令，"tomorrow"就会被解析为明天的日期，且时间部分固定为 00:00:00。为了让 systemd-analyze calendar 命令在日历模式下正常工作，你必须使用标准化的"YYYY-MM-DD HH:MM:SS"格式。尽管有这样的限制，systemd-analyze calendar 命令仍然能帮助你理解 systemd 定时器所使用的日历时间表达式的结构。如果你想更全面地了解 systemd 定时器支持的时间格式细节，建议你参考 systemd.time(7) 手册页。

1. 时间戳

日历时间可以用于匹配单个或多个时间点，时间戳则明确表示单个时间点。例如，在 systemd 日志中，时间戳指的是每个记录事件发生的确切时间：

```
[root@studentvm1 ~]$ journalctl -S today
Hint: You are currently not seeing messages from other users and the system.
      Users in groups 'adm', 'systemd-journal', 'wheel' can see all messages.
      Pass -q to turn off this notice.
Apr 25 13:40:11 studentvm1 systemd[1813]: Queued start job for default target
default.target.
Apr 25 13:40:11 studentvm1 systemd[1813]: Created slice app.slice - User
Application Slice.
Apr 25 13:40:11 studentvm1 systemd[1813]: Started grub-boot-success.timer -
Mark boot as successful after the user session has run 2 minutes.
Apr 25 13:40:11 studentvm1 systemd[1813]: Started systemd-tmpfiles-clean.
timer - Daily Cleanup of User's Temporary Directories.
Apr 25 13:40:11 studentvm1 systemd[1813]: Reached target paths.
target - Paths.
Apr 25 13:40:11 studentvm1 systemd[1813]: Reached target timers.
target - Timers.
Apr 25 13:40:11 studentvm1 systemd[1813]: Starting dbus.socket - D-Bus User
Message Bus Socket...
Apr 25 13:40:11 studentvm1 systemd[1813]: Listening on pipewire-pulse.
socket - PipeWire PulseAudio.
<SNIP>
Apr 25 13:45:26 studentvm1 systemd[1813]: Starting systemd-tmpfiles-clean.
service - Cleanup of User's Temporary Files and Directories...
Apr 25 13:45:26 studentvm1 systemd[1813]: Finished systemd-tmpfiles-clean.
service - Cleanup of User's Temporary Files and Directories.
```

systemd-analyze timestamp 命令使用与我们分析日历表达式相同的方式分析时间戳表达式。让我们看一下一个来自日志数据流的时间戳，以及一个几年前的时间戳：

```
[root@studentvm1 ~]$ systemd-analyze timestamp "Apr 25 13:40:11"
  Original form: Apr 25 13:40:11
Normalized form: Tue 2023-04-25 13:40:11 EDT
      (in UTC): Tue 2023-04-25 17:40:11 UTC
   UNIX seconds: @1682444411
       From now: 3h 13min ago
[root@studentvm1 ~]$ systemd-analyze timestamp "Wed 2020-06-17 10:08:41"
  Original form: Wed 2020-06-17 10:08:41
Normalized form: Wed 2020-06-17 10:08:41 EDT
      (in UTC): Wed 2020-06-17 14:08:41 UTC
   UNIX seconds: @1592402921
       From now: 2 years 10 months ago
[root@studentvm1 ~]$
```

这两个时间戳采用了不同的格式，但是任何明确表示的时间（例如2020-06-17 10:08:41）都可以视为一个时间戳，因为它代表了一个唯一的时间点。systemd 定时器中可以使用未来发生的时间戳，这种情况下定时器将只触发所定义动作一次。

相对模糊的时间表达方式（例如 2025-*-*22:15:00）则专指定时器单元文件 OnCalendar 语句中使用的日历时间。该表达式表示在 2025 年每一天的 22:15:00（晚间 10:15:00）触发一个事件。

journalctl 命令提供了一些选项，可以将时间戳显示为便于 systemd-analyze 工具解析的格式：

```
[root@studentvm1 ~]# journalctl -o short-full
<SNIP>
Tue 2023-01-17 09:46:25 EST studentvm1 systemd[1625]: Queued start job for
default target default.target.
Tue 2023-01-17 09:46:25 EST studentvm1 systemd[1625]: Created slice app.
slice - User Application Slice.
Tue 2023-01-17 09:46:25 EST studentvm1 systemd[1625]: Started grub-boot-
success.timer - Mark boot as successful after the user session has run 2
minutes.
Tue 2023-01-17 09:46:25 EST studentvm1 systemd[1625]: Started systemd-
tmpfiles-clean.timer - Daily Cleanup of User's Temporary Directories.
Tue 2023-01-17 09:46:25 EST studentvm1 systemd[1625]: Reached target paths.
target - Paths.
Tue 2023-01-17 09:46:25 EST studentvm1 systemd[1625]: Reached target timers.
target - Timers.
Tue 2023-01-17 09:46:25 EST studentvm1 systemd[1625]: Starting dbus.socket -
D-Bus User Message Bus Socket...
Tue 2023-01-17 09:46:25 EST studentvm1 systemd[1625]: Listening on pipewire-
pulse.socket - PipeWire PulseAudio.
Tue 2023-01-17 09:46:25 EST studentvm1 systemd[1625]: Listening on pipewire.
socket - PipeWire Multimedia System Socket.
Tue 2023-01-17 09:46:25 EST studentvm1 systemd[1625]: Starting systemd-
tmpfiles-setup.service - Create User's Volatile Files and Directories...
Tue 2023-01-17 09:46:25 EST studentvm1 systemd[1625]: Finished systemd-
tmpfiles-setup.service - Create User's Volatile Files and Directories.
<SNIP>
```

我们也可以用单调递增格式（monotonic）显示日志的时间戳，该格式显示自启动以来的时间（以 s 为单位）：

```
[root@studentvm1 ~]# journalctl -S today -o short-monotonic
[    0.000000] studentvm1 kernel: Linux version 6.1.18-200.fc37.x86_64
    (mockbuild@bkernel01.iad2.fedoraproject.org) (gcc (GCC) 12.2.1 20221121
    (Red Hat 12.2.1-4), GNU ld version 2>
[    0.000000] studentvm1 kernel: Command line: BOOT_IMAGE=(hd0,gpt2)/
    vmlinuz-6.1.18-200.fc37.x86_64 root=/dev/mapper/fedora_studentvm1-root
    ro rd.lvm.lv=fedora_studentvm1/root rd>
[    0.000000] studentvm1 kernel: x86/fpu: Supporting XSAVE feature 0x001:
    'x87 floating point registers'
```

```
[    0.000000] studentvm1 kernel: x86/fpu: Supporting XSAVE feature 0x002:
    'SSE registers'
<SNIP>
[35220.697475] studentvm1 audit[1]: SERVICE_START pid=1 uid=0 auid=4294967295
ses=4294967295 subj=kernel msg='unit=sysstat-collect comm="systemd" exe="/
usr/lib/systemd/systemd" ho>
[35220.697747] studentvm1 audit[1]: SERVICE_STOP pid=1 uid=0 auid=4294967295
ses=4294967295 subj=kernel msg='unit=sysstat-collect comm="systemd" exe="/
usr/lib/systemd/systemd" hos>
[35220.697863] studentvm1 systemd[1]: sysstat-collect.service: Deactivated
successfully.
[35220.698048] studentvm1 systemd[1]: Finished sysstat-collect.service -
system activity accounting tool.
[35235.078746] studentvm1 CROND[2544]: (root) CMD (run-parts /etc/
cron.hourly)
[35235.088435] studentvm1 run-parts[2547]: (/etc/cron.hourly) starting
0anacron
[35235.098777] studentvm1 run-parts[2553]: (/etc/cron.hourly) finished
0anacron
[35235.100165] studentvm1 CROND[2543]: (root) CMDEND (run-parts /etc/
cron.hourly)
<SNIP>
```

务必仔细阅读 journalctl 手册页面，其中包括时间戳格式选项的完整说明。

2. 时间跨度

时间跨度主要用于 systemd 定时器，以定义事件之间特定的时间间隔。通过指定时间跨度，你可以控制事件在系统启动后，或者上一次同类型事件发生后的指定时长后被触发。例如，要在系统启动后 32min 触发事件，可以在定时器单元文件中加入如下配置：

```
OnStartupSec=32m
```

systemd 定时器的默认触发精度为一个时间窗口，该窗口从指定时间点开始，持续 1min。若需要更精细的触发控制（精度可达 μs 级），可以在定时器单元文件的 Timer 部分增加以下语句：

```
AccuracySec=1us
```

实验 17-2：时间跨度

`systemd-analyze timespan` 命令能帮助你验证在单元文件中所使用的时间跨度是否有效。以下示例可以为你提供参考：

```
[root@studentvm1 ~]$ systemd-analyze timespan 15days
Original: 15days
      μs: 1296000000000
   Human: 2w 1d
[root@studentvm1 ~]$ systemd-analyze timespan "15days 6h 32m"
```

```
Original: 15days 6h 32m
      μs: 1319520000000
   Human: 2w 1d 6h 32min
```
尝试这些以及一些你自己的例子：
- ❑ "255days 6h 31m"
- ❑ "255days 6h 31m 24.568ms"

　　时间跨度用于在特定事件（例如系统启动）后，按照指定的时间间隔来调度定时器。而日历时间戳则用来规划定时器在特定日期和时间触发的事件，这些事件既可以是一次性触发，也可以是周期性重复。时间戳同样被用于 systemd 的日志条目中，不过其默认格式并不能直接供 systemd-analyze 这类工具使用。

　　当笔者开始接触 systemd 定时器，尝试创建日历和时间戳表达式来触发事件时，这些概念令笔者感到有些困惑。部分原因在于，用于指定时间戳和日历事件触发时间的格式虽然相似，却存在着细微的差别。

17.2　活用 systemd 日志

　　系统故障的排查与分析既需要严谨的科学方法，有时也难免需要借鉴经验与直觉。我们都曾遇到过这样的情形：用户报告了故障现象，但却无法复现，这对于用户和系统管理员都是相当苦恼的状况。不光是软件系统，有时家用电器甚至汽车也会在维修人员到来时"奇迹般"恢复正常。

　　作为系统管理员，我们拥有一系列能够展现 Linux 计算机运行状况的工具，而这些工具所能提供的细节粒度也各不相同。比如 top、htop、glances、sar、iotop、tcpdump、traceroute、mtr、iptraf-ng、df、du 等，都可以用来显示主机的当前状态，其中一部分还可以生成详略程度不一的日志记录。

　　尽管这些工具能够帮助我们定位当下正在发生的问题，但对于稍纵即逝的故障，或是那些用户无法直接观察到明显症状的问题，它们就显得力不从心了——至少在重大甚至灾难性的后果显现之前，我们很难觉察到异样。

　　系统日志是笔者排查问题时所倚重的重要工具，而如今有了 systemd，即 systemd 日志。systemd 日志是笔者解决问题时的首选利器之一，尤其是当那些难以捉摸的故障总在笔者观察时销声匿迹。在系统管理员生涯的初期，笔者花费了很长时间才意识到日志文件中所蕴含的丰富信息，而一旦领悟到这一点，解决问题时的效率便得到了显著提升。

　　本章前面的内容已经展示了 journalctl 命令的一些用法。现在，让我们进一步探索 systemd 日志的细节、工作原理，以及系统管理员如何运用 journalctl 从日志中定位并诊断问题。

17.2.1　日志系统

　　日志系统存在的意义在于：记录主机上运行的各种服务与程序的正常活动轨迹，并记录可能出现的错误与警告信息。过去，日志信息散落在 /var/log 目录下的众多文件中，包括内核日志以及各个服务独立的日志文件。遗憾的是，海量且分散的日志文件往往会拖慢问题排查的进度，阻碍我们及时发现问题的根源。尤其是在试图还原错误发生时的系统状态时，这种低效尤为突出。

旧有的 /var/log/dmesg 文件专门用于存储内核日志，但几年前已被弃用。如今，我们可以使用 dmesg 命令获取相同的内核信息。此外，这些信息以及其他日志已整合入 /var/log/messages 文件。将其他日志合并到消息文件确实有助于在一个文件中获取更多信息，提升了解决问题的速度。然而，仍有许多服务的日志未被整合进这个更集中的消息文件中。

systemd 日志旨在将所有系统消息汇集到一个统一的结构中，使得我们能够看到特定时间点或事件前后系统运行的完整记录。由于所有事件，无论其来源如何，都按照时间顺序被集中管理，我们得以快速了解在某个特定时刻或时间段内系统中发生的一切。在笔者看来，这正是 systemd 日志最显著的优势之一。

17.2.2　systemd 日志服务

systemd-journald 守护进程负责实现 systemd 的日志服务。

根据手册页的描述，systemd-journald 是一个专职收集和存储日志数据的系统服务。它能从以下来源汇集日志信息，创建并维护结构化、带索引的日志记录：

❑ 内核日志消息
❑ 简明系统日志消息
❑ 结构化系统日志消息
❑ 服务单元的标准输出和标准错误
❑ 源自内核审计子系统的审计记录

systemd-journald 会为每一条日志消息隐式收集大量的元数据字段，其安全性设计可防止伪造篡改。更多关于元数据字段的信息，请参考 systemd.journal-fields(7)。

systemd 日志收集的数据以文本为主，但也可在必要时包含二进制数据。存储在日志中的每条记录包含的各个字段大小上限为 $2^{64}-1\text{B}$。

17.2.3　配置

systemd 日志守护进程的运行参数可以通过修改 /etc/systemd/journald.conf 文件进行配置。对于大多数主机而言，无须修改此文件，因为其默认设置已能满足一般需求。如果你尚未查看过 journald.conf 文件，建议你现在就参考一下。

你可能会遇到的最常见的配置修改包括：指定最大日志文件大小、保留旧日志文件的数量，以及最长文件保留时间。这些修改的主要目的是在存储空间有限时，减少日志所占用的空间。在关键任务环境中，你可能还需要缩短将存储在内存中的日志数据同步到存储设备的间隔。

更多配置的细节请参考 journald.conf 手册页。

17.2.4　关于二进制数据格式的争论

systemd 所采用的以二进制格式存储日志引发了不少争议。一些对 systemd 持反对意见的论点就围绕着这一点展开。反对者认为二进制格式违背了 UNIX/Linux 系统崇尚 "以 ASCII 文本表示数据" 的哲学。他们常引用管道机制发明人 Doug McIlroy 的名言（出自 Eric S. Raymond 的《UNIX 编程艺术》）：

"UNIX 哲学：编写能够做好一件事的程序。编写协同工作的程序。编写能处理文本流的程序，因为这是通用的接口。"

然而，这些论点似乎建立在对 systemd 日志的误解之上。手册页中明确指出，systemd 日志 "以文本为主"，同时支持二进制数据格式。

实验 17-3：日志文件是二进制的吗

systemd 日志文件位于 /var/log/journal 的一个或多个子目录下。请登录到具有 root 权限的测试系统，将当前工作目录设为 /var/log/journal 目录。列出其中的子目录，选择一个子目录并将其设为当前工作目录。你可以使用多种方法查看日志文件，首先可以使用 stat 命令获取文件的基本信息。请注意，你主机上的日志文件名可能与笔者的有所不同：

```
[root@studentvm1 d1fbbe41229942289e5ed31a256200fb]# stat system@34a336922
9c84735810ef3687e3ea888-0000000000000001-0005f69cf1afdc92.journal
  File: system@34a3369229c84735810ef3687e3ea888-0000000000000001-0005f69cf1a
fdc92.journal
  Size: 7143400       Blocks: 13960      IO Block: 4096    regular file
Device: 253,5   Inode: 524435     Links: 1
Access: (0640/-rw-r-----) Uid: (    0/    root)  Gid: (  190/
systemd-journal)
Access: 2023-04-27 06:14:20.645000073 -0400
Modify: 2023-03-12 11:43:29.527817022 -0400
Change: 2023-03-12 11:43:29.527817022 -0400
 Birth: 2023-03-11 05:00:33.278000717 -0500
[root@studentvm1 d1fbbe41229942289e5ed31a256200fb]#
```

日志文件在这里被系统识别为常规文件，这个信息作用不大。使用 file 命令可以识别出它为日志文件。让我们使用 dd 命令来窥探一下该日志文件的内部结构。请注意，以下命令会将输出直接发送到标准输出，你可能需要使用 less 分页工具来分屏查看输出：

```
[root@studentvm1 d1fbbe41229942289e5ed31a256200fb]# dd if=system@34a336922
9c84735810ef3687e3ea888-0000000000000001-0005f69cf1afdc92.journal | less
<SNIP>
AGE=pam_unix(systemd-user:session): session opened for user student(uid=1000)
by (uid=0)^@^@^@^@^A^@^@^@^@^@^@^@k^@^@^@^@^@^@^@eQ<99><FD><A1>'^O<AF
>^@^@^@^@^@^@^@^@<F8><F2>l^@^@^@^@^@x<F7>l^@^@^@^@^@^@^@^@^@^@^@^@^@^@
^A^@^@^@^@^@^@^@_SOURCE_REALTIME_TIMESTAMP=1678635805628867^@^@^@^@^C^@^@^
@^@^@^@^@^@<C0>^A^@^@^@^@^@^@<96>^L^@^@^@^@^@^@<D4><D9><E6>j<F6>^E^@^K<95>w<B8>
^T^@^@^@7<CE><CF>aU$J^^<9A><A3><EE>^N^<B5><B0>^]j<92>^WS<FF><B2><9F>^F^@<8B>
7^@^@^@^@^@<94>_<BD>^B<F4>/W<BF><A0><8B>7^@^@^@^@^@<C5>O ^@^@^@^@^@<B6>8.^__
```

```
<C7><E1><FC>^H]P^@^@^@^@VhZ<94>^Y*^]<E1>8_P^@^@^@^@^@<EA><E3><CB><F9><A3><
FF><CB>^TX<A3>l^@^@^@^@^@<FF>Rl<A1>#<CD>^E<CB>^P<E3>l^@^@^@^@^@/<87>´<85><82
><F5><88>`<E3>l^@^@^@^@^@<9A>r<E<E7>=<E8>^D<BA>`<E0><E3>l^@^@^@^@^@^G}<8B><F
D>J^\^U<FD>l^@^@^@^@^@^@^@^@^@^@^@^@^@^@^A^@^@^@^^@^@^@_SOURCE_REALTIME_TIME
STAMP=1678635805627000^@^@^@^@^@^A^@^@^@^@^@^@^@M^@^@^@^@^@^@^@<E9>+{AU<EA><
DB>s^@^@^@^@^@^@^@X<EF>l^@^@^@^@^@  <FD>l^@^@^@^@^@^@^@^@^@^@^@^A^@^@^^
@^@^@^@^@_AUDIT_ID=671^@^@^@^A^@^@^@^@^@^@g^A^@^@^@^@^@^@v<E5><D2>^\'c^X<
8D>^@^@^@^@^@^@^@h<F6>l^@^@^@^@^@

<SNIP>
```

笔者仅截取了 **dd** 命令输出的一小部分数据流，从中可以看出，日志文件是由 ASCII 文本和二进制数据组合而成。另一个有用的分析工具是 **strings** 命令，它可以提取出文件中包含的所有 ASCII 文本字符串，便于我们忽略其中的二进制数据进行查看：

```
[root@studentvm1 d1fbbe41229942289e5ed31a256200fb]# strings system@34a336922
9c84735810ef3687e3ea888-0000000000000001-0005f69cf1afdc92.journal | less
```

这段数据是可以被解读的，其中特定片段看起来与 **dmesg** 命令的输出非常相似。你可以自行继续深入探索，笔者的结论是：系统日志文件显然是由二进制数据和 ASCII 文本混合组成的。这种混合结构使得我们难以使用传统的 Linux 文本处理工具来有效地提取数据。

不过，别担心，有一种更优化的方式可以让我们灵活地提取和查看日志数据。

17.2.5 日志管理利器：journalctl

journalctl 命令专为从 systemd 日志中提取有用信息而设计，它提供了强大而灵活的过滤条件，帮助我们精准定位所需的数据。接下来，让我们深入了解这个实用的命令工具。

实验 17-4：使用 journalctl

journalctl 命令可以不带任何参数直接使用，它会展示 systemd 记录的所有日志信息（从最早的开始）。对系统来说，这可能包含多达三个月的数据。随着我们逐步探索，笔者会为你介绍多种方式来筛选出我们感兴趣的特定数据：

```
[root@studentvm1 ~]# journalctl
```

由于输出内容可能非常多，笔者不会全部展示。你可以使用 less 工具的移动键来浏览日志数据。

此外，你还可以使用 **journalctl** 命令显示与上册第 7 章中学习的 **dmesg** 命令相似的输出。并排打开两个终端窗口，在一个窗口中执行 **dmesg** 命令，在另一个窗口中执行以下命令：

```
[root@studentvm1 ~]# journalctl --dmesg
```

你可能会发现 **dmesg** 和 **journalctl** 命令输出的唯一区别在于时间格式。**dmesg** 命令使用时间单调递增格式，显示系统启动以来的时间（以 s 为单位），而 **journalctl** 命令的默认输出采用日期和时间格式。如果你想显示自第一次启动以来的单调时间，可以使用以下命令：

```
[root@studentvm1 ~]# journalctl --dmesg -o short-monotonic
```

---

journalctl 命令提供了丰富的选项，其中 -o (output) 选项配合不同的子选项，可以让你灵活地控制输出的时间和日期格式，以适应各种需求。表 17-1 中列出了常用时间格式选项，以及笔者对 journalctl 手册页中相关描述的补充说明。请注意，这些选项之间的主要区别在于日期和时间的显示方式，而其他日志信息保持不变。

表 17-1　journalctl 时间和日期格式

格式名称	描述

short	这是默认格式，生成的输出与传统 syslog 文件的格式非常相似，每个日志条目显示一行。该选项显示日志元数据，包括自启动以来的单调时间、完全限定的主机名和单元名，如内核、DHCP 等：
	`Jul 20 08:43:01 testvm1.both.org kernel: Inode-cache hash`
	`table entries: 1048576 (order: 11, 8388608 bytes, linear)`

short-full	和 short 非常相似，但显示的是 --since= 和 --until= 选项接受的格式的时间戳，与 short 输出模式下显示的时间戳信息不同，该模式在输出中包括工作日、年份和时区信息：
	`Mon 2020-06-08 07:47:20 EDT testvm1.both.org kernel:`
	`x86/fpu: Supporting XSAVE feature 0x004: 'AVX registers'`

short-iso	和 short 非常相似，但显示的是 ISO 8601 钟表时间戳：
	`2020-06-08T07:47:20-0400 testvm1.both.org kernel: kvm-`
	`clock: Using msrs 4b564d01 and 4b564d00`

short-iso-precise	如同 short-iso，但包括完整的微秒级精度：
	`2020-06-08T07:47:20.223738-0400 testvm1.both.org kernel:`
	`Booting paravirtualized kernel on KVM`

short-monotonic	与默认值 short-full 非常相似，但显示单调时间戳而不是钟表时间戳。笔者觉得这个最有用：
	`[ 2.091107] testvm1.both.org kernel: ata1.00: ATA-6:`
	`VBOX HARDDISK, 1.0, max UDMA/133`

short-precise	这种格式也类似于默认格式，但显示的是具有完整微秒精度的经典 syslog 时间戳：
	`Jun 08 07:47:20.223052 testvm1.both.org kernel: BIOS-e820:`
	`[mem 0x000000000009fc00-0x000000000009ffff] reserved`

short-unix	与默认值类似，但显示的是自 1970 年 1 月 1 日 UTC 以来经过的时间（以秒为单位）而不是钟表时间戳（"UNIX 时间"）。以微秒级精度显示时间：
	`1591616840.232165 testvm1.both.org kernel:`
	`tcp_listen_portaddr_hash hash table entries: 8192`

cat	生成一个非常简洁的输出，只显示每个日记条目的实际消息，没有元数据，甚至没有时间戳： `ohci-pci 0000:00:06.0: irq 22, io mem 0xf0804000`

verbose	这种格式显示了所有输入项的完整数据结构和所有字段。这是与所有其他选项最不同的格式选项：
	`Mon 2020-06-08 07:47:20.222969 EDT`
	`[s=d52ddc9f3e8f434b9b9411be2ea50b1e;i=1;b=dcb6dcc0658e4a8d`
	`8c781c21a2c6360d;m=242d7f;t=5a7912c6148f9;x=8f>`
	`    _SOURCE_MONOTONIC_TIMESTAMP=0`
	`    _TRANSPORT=kernel`

(续)

格式名称	描述

verbose	PRIORITY=5
	SYSLOG_FACILITY=0
	SYSLOG_IDENTIFIER=kernel
	        MESSAGE=Linux version 5.6.6-300.fc32.x86_64
	(mockbuild@bkernel03.phx2.fedoraproject.org) (gcc version
	10.0.1 20200328 (Red Hat 10.0.1-0>
	        _BOOT_ID=dcb6dcc0658e4a8d8c781c21a2c6360d
	        _MACHINE_ID=3bccd1140fca488187f8a1439c832f07
	        _HOSTNAME=testvm1.both.org

除了控制时间日期格式，-o 选项还提供了其他的数据导出方式，支持二进制、JSON 等多种格式。此外，笔者发现 -x 选项也非常有用，它可以为某些日志条目显示附加的解释性信息。如果你决定尝试这个选项，请注意它有可能会显著增加输出数据量。举个例子，对于以下类型的日志条目，-x 选项会提供额外的辅助信息：

```
[root@studentvm1 ~]# journalctl -x -S today -o short-monotonic
[121206.308026] studentvm1 systemd[1]: Starting unbound-anchor.service -
update of the root trust anchor for DNSSEC validation in unbound...
    Subject: A start job for unit unbound-anchor.service has begun execution
    Defined-By: systemd
    Support: https://lists.freedesktop.org/mailman/listinfo/systemd-devel

    A start job for unit unbound-anchor.service has begun execution.

    The job identifier is 39813.
[121206.308374] studentvm1 rsyslogd[975]: [origin software="rsyslogd"
swVersion="8.2204.0-3.fc37" x-pid="975" x-info="https://www.rsyslog.com"]
rsyslogd w>
[121206.308919] studentvm1 systemd[1]: Starting logrotate.service - Rotate
log files...
    Subject: A start job for unit logrotate.service has begun execution
    Defined-By: systemd
    Support: https://lists.freedesktop.org/mailman/listinfo/systemd-devel

    A start job for unit logrotate.service has begun execution.

    The job identifier is 39491.
<SNIP>
```

虽然这里提供了一些新的信息，但笔者觉得 -x 选项最大的好处在于它将日志信息置于上下文中解读，让我们能更好地理解原本有些晦涩的简短消息。

1. 缩小搜索范围
通常情况下，我们不需要列出所有日志条目手动查找。很多时候，我们会希望查看与特定服务相关的日志，或者是特定时间段内的日志记录。journalctl命令提供了强大的过滤选项，让我们可以精准地定位感兴趣的数据。

提示：确保使用与你情况符合的引导偏移和UID，因为此处显示的是笔者的日期和时间，可能与你有所不同。

首先，让我们了解一下 --list-boots 选项，它可以列出日志条目存在的时间段内的所有启动记录。需要注意的是，journalctl.conf 配置文件可能会设置日志的保留策略，比如根据日志的存留时间或占用空间进行清理。下面是查看启动记录的命令：

```
[root@studentvm1 ~]# journalctl --list-boots
IDX BOOT ID                           FIRST ENTRY                LAST ENTRY
-79 93b506c4ef654d6c85da03a9e3436894 Tue 2023-01-17 02:53:26 EST Wed
2023-01-18 07:55:16 EST
-78 85bacafb6f11433089b0036374865ad9 Fri 2023-01-20 06:11:11 EST Fri
2023-01-20 11:15:44 EST
-77 39ac25ab4bfa43a8ae3de0c6fe8c1987 Fri 2023-01-20 11:18:40 EST Fri
2023-01-20 11:21:13 EST
-76 61b9a620bfaa4e39ba1151ea87702360 Fri 2023-01-20 11:25:15 EST Fri
2023-01-20 11:30:57 EST
<SNIP>
 -3 2624601ee2464c68abc633fe432876e5 Tue 2023-04-25 09:20:47 EDT Tue
2023-04-25 10:27:57 EDT
 -2 74796c22509344849f4cacb57278151d Tue 2023-04-25 10:28:28 EDT Wed
2023-04-26 07:40:51 EDT
 -1 a60f595794bf4789b04bbe50371147a8 Thu 2023-04-27 02:13:49 EDT Fri
2023-04-28 05:49:54 EDT
  0 920a397a6fc742899bb4e0576cfe7a70 Fri 2023-04-28 10:20:14 EDT Fri
    2023-04-28 20:50:16 EDT
```

在 --list-boots 的输出中，最新的启动 ID 位于列表底部，表现为一长串随机的十六进制数字。现在，我们可以利用这些信息来查看特定启动过程产生的日志。你可以通过左侧的引导偏移号或第二列的 UID 来定位。例如，以下命令显示倒数第二次启动（相对于当前启动，引导偏移号为 −2）所对应的日志：

```
[root@studentvm1 ~]# journalctl -b -2
Apr 25 10:28:28 studentvm1 kernel: Linux version 6.1.18-200.fc37.x86_64
(mockbuild@bkernel01.iad2.fedoraproject.org) (gcc (GCC) 12.2.1 20221121
(Red Hat 1>
Apr 25 10:28:28 studentvm1 kernel: Command line: BOOT_IMAGE=(hd0,gpt2)/
vmlinuz-6.1.18-200.fc37.x86_64 root=/dev/mapper/fedora_studentvm1-root ro
rd.lvm.lv>
Apr 25 10:28:28 studentvm1 kernel: x86/fpu: Supporting XSAVE feature 0x001:
'x87 floating point registers'
Apr 25 10:28:28 studentvm1 kernel: x86/fpu: Supporting XSAVE feature 0x002:
```

```
'SSE registers'
<SNIP>
```

除了使用引导偏移号，你还可以直接用 UID 来精确定位启动日志。偏移号会在每次系统启动后发生变化，而 UID 则保持不变。在这个例子中，笔者使用了第 76 次启动的 UID。请注意，你的虚拟机上的 UID 肯定与笔者的不同，选择一个你希望查看的启动对应的 UID，然后在以下命令中替换掉：

```
[root@studentvm1 ~]# journalctl -b 61b9a620bfaa4e39ba1151ea87702360
```

-u 选项提供了选择特定的单元进行检查的功能。你可以使用单元名称或者匹配模式，并且可以多次使用 -u 来指定多个单元或模式。在这个例子中，笔者将它与 -b 选项结合使用，目的是展示当前启动过程中 chronyd 服务相关的日志条目：

```
[root@studentvm1 ~]# journalctl -u chronyd -b
Apr 28 10:20:41 studentvm1 systemd[1]: Starting chronyd.service - NTP client/
server...
Apr 28 10:20:43 studentvm1 chronyd[1045]: chronyd version 4.3 starting
(+CMDMON +NTP +REFCLOCK +RTC +PRIVDROP +SCFILTER +SIGND +ASYNCDNS +NTS
+SECHASH +IP>
Apr 28 10:20:43 studentvm1 chronyd[1045]: Frequency 15369.953 +/- 0.034 ppm
read from /var/lib/chrony/drift
Apr 28 10:20:43 studentvm1 chronyd[1045]: Using right/UTC timezone to obtain
leap second data
Apr 28 10:20:43 studentvm1 chronyd[1045]: Loaded seccomp filter (level 2)
Apr 28 10:20:43 studentvm1 systemd[1]: Started chronyd.service - NTP
client/server.
Apr 28 14:20:58 studentvm1 chronyd[1045]: Forward time jump detected!
Apr 28 14:21:16 studentvm1 chronyd[1045]: Selected source 192.168.0.52
Apr 28 14:21:16 studentvm1 chronyd[1045]: System clock TAI offset set to
37 seconds
Apr 28 14:24:32 studentvm1 chronyd[1045]: Selected source 138.236.128.36
(2.fedora.pool.ntp.org)
```

除了根据单元筛选，journalctl 还支持按时间范围来查询日志。你可以使用 -S (--since) 来指定开始时间，用 -U (--until) 来指定结束时间。以下命令可以显示从 2023 年 3 月 24 日 15:36:00 开始一直到当前时间的日志条目：

```
[root@studentvm1 ~]# journalctl -S "2023-03-24 15:36:00"
```

下面的命令显示从 2023 年 3 月 24 日 15:36:00 开始到 2023 年 3 月 30 日 16:00:00 的所有日志条目：

```
[root@studentvm1 ~]# journalctl -S "2023-03-24 15:36:00" -U "2023-03-3016:00:00"
```

更进一步，结合 -u 选项查看特定服务单元的指定时间范围内的日志，例如下面的命令会显示 NetworkManager 服务在 2020 年 7 月 24 日 15:36:00 到 7 月 25 日 16:00:00 之间的日志：

```
[root@studentvm1 ~]# journalctl -S "2023-03-24 15:36:00" -U "2023-03-30
16:00:00" -u NetworkManager
```

此外，可以使用 --facility 选项来查看特定 systemd 日志分类（如 cron、auth、mail 等）的记录。使用 --facility=help 可以获取可用分类的列表。这里要说明一下，mail 分类并非专用于邮件服务的 Sendmail，而是指 Linux 系统用于向本地用户（尤其是 root）发送事件通知邮件的机制。完整邮件服务 Sendmail 由服务器和客户端两部分组成，在 Fedora 等发行版中，服务器组件并不是默认安装的。在笔者的 VM 中没有 mail 工具的条目，因此我在列出的工具中选择了 user：

```
[root@studentvm1 ~]# journalctl --facility=help
Available facilities:
kern
user
mail
<SNIP>
[root@studentvm1 ~]# journalctl --facility=user
```

表 17-2 列出了 journalctl 命令中一些常用的选项。灵活地组合这些选项，可以帮助你缩小搜索范围，精准地筛选出需要的日志信息。关于创建和测试时间戳的细节，请务必参考手册页中的"systemd 日历和时间跨度"部分，并注意像"使用引号引用时间戳"这样的重要细节。

表 17-2　用于缩小 journalctl 搜索范围的一些选项

选项	描述
--list-boots	显示引导列表。该信息可用于指定只显示选定引导的日志条目
-b[offset|boot ID]	用于指定要显示哪个引导的信息。这包括从启动到关机或重新启动的所有日志条目
--facility=[facility name]	用于指定 syslog 已知的设施名称。使用 --facility=help 列出有效的设施名称
-k,--dmesg	只显示内核消息。这相当于使用 dmesg 命令
-S,--since[timestamp]	显示自指定时间（之后）以来的所有日记账分录。可与 --until 一起使用来显示任意时间范围。像"昨天"和"2 小时前"等模糊的时间如果加上引号也是允许的
-u[unit name]	u 选项允许选择要检查的特定单元。可以使用单元名称或模式进行匹配。此选项可多次使用，以匹配多个单元或模式
-U,--until[timestamp]	显示指定时间之前的所有日记账分录。可与 --since 一起使用以显示任意范围的时间。像"昨天"和"2 小时前"等模糊的时间如果加上引号也是允许的

journalctl 的手册页列出了所有可用于将搜索缩小到我们需要的特定数据的选项。

2. 其他实用的选项

journalctl 程序还提供了许多其他实用的选项，如表 17-3 所示。这些选项可以让我们进一步控制日志数据的筛选条件、显示格式，甚至是对日志文件进行管理操作。

你可以在 journalctl 的手册页中找到更完整的选项列表。在下一节中，我们会对表 17-3 中列出的一些选项进行更深入的探讨。

表 17-3 一些其他实用的 journalctl 选项

选项	描述
-f,--follow	这个 journalctl 选项类似于使用 `tail-f` 命令：它显示日志中与指定的任何其他选项匹配的最新条目，并在出现新条目时显示新条目。这在监视事件和测试更改时非常有用
-e,--pager-end	-e 选项显示数据流的结尾而不是开头。这不会颠倒数据流的顺序，而是导致分页跳转到末尾
--file[journal filename]	指定 /var/log/journal/<journal subdirectory> 中特定日志文件的名称
-r,--reverse	此选项将倒转分页中日志条目的顺序，以便最新的条目位于顶部而不是底部
-n,--lines=[X]	显示日志中最近的 X 号行
--utc	显示 UTC 时间，而不是本地时间
-g,--grep=[REGEX]	笔者喜欢 -g 选项，因为它能够搜索日志数据流中的特定模式。这就像通过 grep 命令输出文本数据流一样。该选项使用 Perl 兼容的正则表达式
--disk-usage	此选项显示当前和存档的日志所使用的磁盘存储量。它可能没有你想得那么多
--flush	日志数据存储在虚拟文件系统 /run/log/journal /（易失性存储）中，写入 /var/log/journal/（持久化存储）中
--sync	将所有未写的日志条目（仍然在 RAM 中，但显然不在 /run/log/journal 中）写入持久文件系统。在输入命令时，日志记录系统已知的所有日志条目都被移动到持久存储中
--vacum-size= --vacum-time= --vacum-files=	它们可以单独使用或组合使用，以删除最旧的存档日志文件，直到满足指定的条件。这些选项只考虑归档文件和非活动文件，因此结果可能与指定的不完全相同

3. 日志文件

如果之前没有做过，现在请检查一下主机上的 journal 日志目录。请注意，这个目录包含的日志文件名称由一长串随机数字组成。目录中包含了多个处于活动状态以及已归档的日志文件，其中也包括一些用户相关的日志：

```
[root@studentvm1 ~]# cd /var/log/journal/
[root@studentvm1 journal]# ll
total 8
drwxr-sr-x+ 2 root systemd-journal 4096 Apr 25 13:40
d1fbbe41229942289e5ed31a256200fb
[root@studentvm1 journal]# cd d1fbbe41229942289e5ed31a256200fb
[root@studentvm1 d1fbbe41229942289e5ed31a256200fb]# ll
<SNIP>
-rw-r-----+ 1 root systemd-journal  4360720 Mar 14 10:15 user-1000@81e2499fc0
df4505b251bf3c342e2d88-000000000000cfe6-0005f6b5daebaab2.journal
-rw-r-----+ 1 root systemd-journal  4246952 Apr 25 09:17 user-1000@81e2499fc0
df4505b251bf3c342e2d88-000000000000f148-0005f74376644013.journal
-rw-r-----+ 1 root systemd-journal  8388608 Apr 28 05:49 user-1000.journal
-rw-r-----+ 1 root systemd-journal  3692360 Mar 12 11:43 user-1001@1c165b49f1
1f42399380c5d449c7e7e1-0000000000005151-0005f4fc6561390c.journal
[root@studentvm1 d1fbbe41229942289e5ed31a256200fb]#
```

下述命令可以查看当前登录用户（UID 为 1000）的文件列表。--files 选项允许查看指定文件的内容，包括用户文件：

```
[root@studentvm1 ad8f29ed<SNIP>]# journalctl --file user-1000.journal
```

此输出结果中展示了 UID 为 1000 的用户临时文件清理等相关信息。与个别用户相关的数据可能有助于定位用户空间中出现问题的根源。笔者在此发现了一些值得关注的条目。你不妨在自己的虚拟机环境中尝试运行该命令，看看会有什么样的结果。

在进行一段时间的探索后，请将 root 用户的 /home 目录设置为当前工作目录。

4. 添加自己的条目

向系统日志中添加自定义条目会很有帮助。该操作可以通过 systemd-cat 程序来完成，它允许我们将命令或程序的标准输出通过管道重定向到系统日志中。这个命令可以在命令行管道或脚本中灵活使用：

```
[root@studentvm1 ~]# echo "Hello world" | systemd-cat -p info -t myprog
```

-p 选项用于指定日志的优先级，包括 emerg、alert、crit、err、warning、notice、info 或 debug，也可以直接输入 0 ～ 7 之间的数值来代表不同级别。这些优先级与 syslog(3) 中的定义保持一致，默认优先级为 info。-t 选项可以指定一个标识符（任意短字符串，如程序或脚本名），方便后续使用 journalctl 命令进行日志搜索。

下面的命令将列出系统日志中最新的 5 个条目：

```
[root@studentvm1 ~]# journalctl -n 5
Apr 30 15:20:16 studentvm1 audit[1]: SERVICE_STOP pid=1 uid=0 auid=4294967295
ses=4294967295 subj=kernel msg='unit=sysstat-collect comm="systemd" exe="/us>
Apr 30 15:20:16 studentvm1 systemd[1]: sysstat-collect.service: Deactivated
successfully.
Apr 30 15:20:16 studentvm1 systemd[1]: Finished sysstat-collect.service -
system activity accounting tool.
Apr 30 15:21:10 studentvm1 NetworkManager[1117]: <info>  [1682882470.4523]
dhcp4 (enp0s9): state changed new lease, address=192.168.0.181
Apr 30 15:24:49 studentvm1 myprog[6265]: Hello world
lines 1-5/5 (END)
```

由于我们的虚拟机中没有太多活动，最后一行显示的是我们之前创建的日志条目。此外，我们还可以使用字符串"myprog"来搜索该条目：

```
[root@studentvm1 ~]# journalctl -t myprog
Apr 30 15:24:49 studentvm1 myprog[6265]: Hello world
[root@studentvm1 ~]#
```

这个有力工具可以嵌入我们用于系统自动化的 Bash 程序中。通过它，我们可以记录程序的执行时间和具体操作，以便在出现问题时进行排查。

17.2.6 日志存储使用

日志文件会占用存储空间，因此对其进行监控很有必要。通过轮换日志文件并在必要时删除旧日志，我们可以有效释放存储资源。在此语境中，轮换是指停止向当前活动的日志文件添加数据，转而启动一个新文件，并将所有后续数据追加到新文件中。系统会保留旧的不活动文件一段时间，并在超过指定期限后自动删除。

journalctl 命令提供了多种方法来帮助我们查看日志的存储空间占用情况，并配置触发日志轮换的参数。此外，它还支持按需手动启动日志轮换。

实验 17-5：日志存储和轮换

首先判断系统日志所占用的存储空间大小：

```
[root@studentvm1 ~]# journalctl --disk-usage
Archived and active journals take up 551.2M in the file system.
[root@studentvm1 ~]#
```

在笔者的主工作站上，系统日志占用了 3.5GB 的存储空间。系统日志的大小取决于主机的具体用途和每日运行时长。笔者的物理主机均保持全天候（24×7）运行。

可通过修改 /etc/systemd/journald.conf 文件来配置系统日志的文件大小、轮转和保留策略，以满足任何超出默认设置的需求。此外，你还可以配置日志的存储位置，指定存储设备上的目录或选择将所有内容存储在内存（易失性存储）中。请注意，如果日志存储在内存中，系统重启后日志将无法保留。journald.conf 文件中的默认时间单位是秒，但可以使用后缀 year、month、week、day、h 或 m 进行调整。

假设你希望将日志文件占用的总存储空间限制为 1GB，所有日志条目存储均为持久化存储，且最多保留十个文件，并删除所有超过一个月的日志归档文件。你可以在 /etc/systemd/journald.conf 中使用以下条目进行配置：

```
SystemMaxUse=1G
Storage=persistent
SystemMaxFiles=10
MaxRetentionSec=1month
```

默认情况下，SystemMaxUse 占用可用磁盘空间的 10%。对于笔者所使用的各种系统，默认设置完全满足需求，无须进行任何修改。journald.conf 的手册页也指出，通常不需要使用基于时间的设置来确定日志条目存储在单个文件中的时长或保留旧文件的时间。这是因为文件数量和大小的配置机制会在任何基于时间的设置生效之前强制进行日志轮转和旧文件删除。

SystemKeepFree 选项可用于确保为其他数据保留特定大小的可用空间。由于许多数据库和应用程序使用 /var 文件系统来存储数据，因此在硬盘较小且 /var 分区空间有限的系统中，保障充足的可用空间非常重要。如果你确实修改了相关配置，请务必在一段时间内仔细监控系统的运行情况，以确保配置更改后的系统行为符合预期。

系统日志文件通常会根据 /etc/systemd/journald.conf 文件中的配置进行自动轮转。当满足指定的任一条件时，就会触发日志轮转。举例而言，如果分配给日志文件的空间超出了限制，则最旧的文件会被删除，当前活动文件将转换为归档文件，并创建一个新的活动文件。

也可以手动进行日志轮转。建议先使用 --flush 选项，确保所有当前日志数据已同步到持久化存储中，保证轮转的完整性并使新的日志文件以空状态开始记录。该选项在表 17-3 中有说明，也可在 journalctl 的手册页中找到相关信息。

同时，也可以在不进行文件轮转的情况下清除旧的日志文件。vacuum-size=、vacuum-files= 和 vacuum-time= 等命令可以用于根据指定条件（总大小、文件数量或距当前的时间）删除旧的归档文件。需要注意的是，这些选项仅作用于归档文件，不影响当前活动文件，因此除非将所有缓存于易失性存储中的数据同步到持久化存储，否则总的文件大小减少量可能略低于预期。

实验 17-6：日志文件管理

为了保证实验顺利进行，我们需要预先设置一些条件。在笔者设计这个实验的过程中发现，即使手动执行日志轮转，现有的日志数据量也不足以触发轮转机制。笔者的虚拟机上有 39 个日志文件，占用空间约为 497MB。

打开一个终端会话，升级为 root 权限。将 /var/log/journal/<YourJournal-Directory> 设置为当前工作目录，然后查看该目录下的文件。笔者的虚拟机上只有一个日志目录，其中包含了大约三个月前的日志记录：

```
[root@studentvm1 ~]# cd  /var/log/journal/d1fbbe41229942289e5ed31a256200fb
[root@studentvm1 d1fbbe41229942289e5ed31a256200fb]# ls
system@0005f2b035b5ec5c-a8d2b8b6d3f7b880.journal~
system@0005f2b04d5b1e40-350154cf9aedf8d0.journal~
system@0005f2b0d952b50f-9a23264d3adef5f5.journal~
system@0005f2b0fa23a6f4-376b000f611d8ac3.journal~
system@0005f2b13b66495c-2888d80cf01e1793.journal~
system@0005f2b8d01f6b1b-36122a575e54d385.journal~
system@0005f2b8eaf61ac9-3071861fcecbcb11.journal~
system@0005f2b90329031c-bd4bef8a7bdce927.journal~
system@0005f2ff9e4c5cdc-e1f2ef3a72fc7675.journal~
system@0005f301c088fb9c-789178eb0f4ea0fd.journal~
system@0005f32735d4452f-4f5917137c44c9fd.journal~
system@0005f404e4026118-048976ba41c03dc2.journal~
system@0005f41ea1668b3d-cc6c81aed5f935f1.journal~
system@0005f42ea3e53fc5-ce69998ea6a38a3f.journal~
system@0005f431322b92b4-831c6756317a6dd1.journal~
system@0005f453110b09e4-6c80463d876ae956.journal~
system@0005f4d7e9ca1d4a-80c25a84c8aec6d1.journal~
system@0005f56bd926461d-f89a91e4425992ef.journal~
system@0005f5b08a161a8f-309c9fceb66b753c.journal~
system@0005f5b3b6ea5881-a8dc0539c4ab3197.journal~
system@0005f5fe836012c6-d6ce03272713f47b.journal~
```

```
system@0005f637ce5e849a-330fd866eb58a62e.journal~
system@0005f69cf2da4392-3e38a13f8e0bc669.journal~
system@0005f6c9e94576a2-f314d048307ac935.journal~
system@0005f6ca18260e8b-8c793b1d198593b6.journal~
system@0005f6ca2587111d-ea8996c255b04c5f.journal~
system@0005f7401797df22-5ecb9901d0977a51.journal~
system@0005f764896fe3c2-672a972fa95262ce.journal~
system@0005f8071a1af6a7-97ce48062602e8ed.journal~
system@34a3369229c84735810ef3687e3ea888-0000000000000001-0005f69cf1af
dc92.journal
system@a4c3fe82821e4894a5b2155fe84a1bb0-0000000000000001-0005f6ca24
00d3f8.journal
system@cd7e3b29fb8e45bdb65d728e1b69e29e-0000000000000001-0005f8071
9125411.journal
system.journal
user-1000@0005f43566ce0a41-96c83a31073b4c54.journal~
user-1000@81e2499fc0df4505b251bf3c342e2d88-000000000000068a-0005f43566ce
084c.journal
user-1000@81e2499fc0df4505b251bf3c342e2d88-000000000000cfe6-0005f6b5daeb
aab2.journal
user-1000@81e2499fc0df4505b251bf3c342e2d88-000000000000f148-0005f743
76644013.journal
user-1001@1c165b49f11f42399380c5d449c7e7e1-0000000000005151-0005f4fc6561
390c.journal
[root@studentvm1 d1fbbe41229942289e5ed31a256200fb]# journalctl --disk-usage
Archived and active journals take up 496.8M in the file system.
[root@studentvm1 d1fbbe41229942289e5ed31a256200fb]# ll | wc -l
39
[root@studentvm1 d1fbbe41229942289e5ed31a256200fb]#
```

对该目录中的文件进行详细罗列（例如 ls -l），以便和后续实验命令的执行结果进行比对。关闭虚拟机并创建 StudentVM1 的新快照。在 Description 字段中添加以下文本："实验 17-6 可以通过恢复该快照观察日志轮转和清理对同一组初始日志数据的不同影响。"本次实验中，你将多次恢复该快照，随后启动虚拟机。

日志文件管理最简单的方法是采用轮转策略：

```
[root@studentvm1 ~]# journalctl --rotate
```

查看日志目录中的文件，会发现它们没怎么变，甚至可以说是完全没变。笔者不清楚原因，因为 journalctl 手册页表示该命令应该停止向现有文件追加数据并开始创建新文件。由于实际运行结果和手册页描述不符，笔者已经在 Red Hat 的 Bugzilla 网页上提交了问题报告。

幸好下面的命令是有效的。它能清除旧的归档日志文件，只保留一个月内的日志。你可以使用以下时间单位后缀：s（秒）、m（分）、h（小时）、days（天）、months（月）、weeks（周）、years（年）：

```
[root@studentvm1 ~]# journalctl --vacuum-time=1month
Deleted archived journal /var/log/journal/d1fbbe41229942289e5ed31a256200fb/
system@0005f2b035b5ec5c-a8d2b8b6d3f7b880.journal~ (16.0M).
Deleted archived journal /var/log/journal/d1fbbe41229942289e5ed31a256200fb/us
er-1000@0005f43566ce0a41-96c83a31073b4c54.journal~ (8.0M).
Deleted archived journal /var/log/journal/d1fbbe41229942289e5ed31a256200fb/sy
stem@0005f2b04d5b1e40-350154cf9aedf8d0.journal~ (8.0M).
<SNIP>
Vacuuming done, freed 488.8M of archived journals from /var/log/journal/
d1fbbe41229942289e5ed31a256200fb.
Vacuuming done, freed 0B of archived journals from /run/log/journal.
Vacuuming done, freed 0B of archived journals from /var/log/journal.
```

　　检查磁盘使用情况。关闭虚拟机并恢复上一个快照（你之前创建的快照）。恢复后请
验证文件数量和数据内容是否与预期相符。

　　此命令删除了除了最近的四个文件以外的所有存档文件。如果存档文件少于四个，
将不执行任何操作，并保留原始文件数：

```
[root@studentvm1 d1fbbe41229942289e5ed31a256200fb]# journalctl
--vacuum-files=4
Deleted archived journal /var/log/journal/d1fbbe41229942289e5ed31a256200fb/
system@0005f2b035b5ec5c-a8d2b8b6d3f7b880.journal~ (16.0M).
Deleted archived journal /var/log/journal/d1fbbe41229942289e5ed31a256200fb/us
er-1000@0005f43566ce0a41-96c83a31073b4c54.journal~ (8.0M).
Deleted archived journal /var/log/journal/d1fbbe41229942289e5ed31a256200fb/sy
stem@0005f2b04d5b1e40-350154cf9aedf8d0.journal~ (8.0M).
<snip>
Deleted archived journal /var/log/journal/d1fbbe41229942289e5ed31a256200fb/sy
stem@0005f764896fe3c2-672a972fa95262ce.journal~ (16.0M).
Vacuuming done, freed 459.1M of archived journals from /var/log/journal/
d1fbbe41229942289e5ed31a256200fb.
Vacuuming done, freed 0B of archived journals from /run/log/journal.
Vacuuming done, freed 0B of archived journals from /var/log/journal.
```

　　在进行此清理后，检查磁盘使用情况。

　　关闭 VM 电源并再次恢复上一个快照。验证所期望的文件数和数据是否存在。

　　这个最后的清理命令删除存档文件，直到只剩下 200MB 或更少的存档文件：

```
[root@studentvm1 ~]# journalctl --vacuum-size=200M
Vacuuming done, freed 0B of archived journals from /var/log/journal.
Vacuuming done, freed 0B of archived journals from /run/log/journal.
Deleted archived journal /var/log/journal/d1fbbe41229942289e5ed31a256200fb/
system@0005f2b035b5ec5c-a8d2b8b6d3f7b880.journal~ (16.0M).
Deleted archived journal /var/log/journal/d1fbbe41229942289e5ed31a256200fb/us
er-1000@0005f43566ce0a41-96c83a31073b4c54.journal~ (8.0M).
<snip>
```

```
Deleted archived journal /var/log/journal/d1fbbe41229942289e5ed31a256200fb/sy
stem@0005f4d7e9ca1d4a-80c25a84c8aec6d1.journal~ (24.0M).
Deleted archived journal /var/log/journal/d1fbbe41229942289e5ed31a256200fb/
system@0005f56bd926461d-f89a91e4425992ef.journal~ (24.0M).
Deleted archived journal /var/log/journal/d1fbbe41229942289e5ed31a256200fb/us
er-1001@1c165b49f11f42399380c5d449c7e7e1-0000000000005151-0005f4fc6561390c.
journal (3.5M).
Deleted archived journal /var/log/journal/d1fbbe41229942289e5ed31a256200fb/sy
stem@0005f5b08a161a8f-309c9fceb66b753c.journal~ (16.0M).
Vacuuming done, freed 305.5M of archived journals from /var/log/journal/
d1fbbe41229942289e5ed31a256200fb.
```

再次检查磁盘使用情况。

请注意，只有完整的日志文件会被删除。清理命令不会为了满足指定条件而去截断归档文件。该命令仅适用于归档日志文件，不适用于正在使用的活动日志文件。不过，这些清理命令是有效的，能达到预期的效果。

17.3 分析 systemd 的启动和配置

系统管理员的一项重要职责是分析所维护系统的性能，查找并解决导致性能低下或启动时间过长的问题。此外，我们还需要检查 systemd 配置与使用的其他方面。

systemd 提供了 systemd-analyze 工具，它能帮助我们发掘与性能相关的重要信息以及其他 systemd 配置数据。本章前面我们已将 systemd-analyze 用于分析 systemd 定时器所需的时间戳和时间跨度，但它还有其他值得关注的用途。本节将对此进行一些探索。

启动概览

Linux 启动流程是值得我们深入探究的起点，因为 systemd-analyze 工具的很多功能都是围绕启动阶段设计的。不过在正式开始前，理解 boot（系统引导）和 startup（系统启动）的区别很重要，所以在这里笔者再次重申：系统引导阶段从 BIOS 开机自检（POST）开始，到内核加载完成并接管主机系统为止。系统启动阶段则从此处开始，此时 systemd 日志也同时开始记录。

本节中的结果都来自笔者的主工作站，它所产生的信息比虚拟机要丰富得多。这台工作站由以下主要硬件构成：ASUS TUF X299 Mark 2 主板，Intel i9-7960X CPU（16 核 32 线程），以及 64GB RAM。

我们可以使用多种方式来检查启动流程。systemd-analyze 命令最为基础的形式会显示一个简单的概述，列出启动过程各个主要阶段所花费的时间，包括：内核启动阶段，initrd（用于初始化部分硬件和挂载根文件系统的临时系统映像）的加载与运行阶段，以及用户空间启动阶段（加载使主机系统可用所需的所有程序与守护进程）。如果不向该命令传递任何子命令，则默认执行 systemd-analyze time 命令。

实验 17-7：使用 systemd-analyze

正如前面提到的，这个实验结果是在笔者的主工作站上进行的，因此能更真实地反映物理主机的启动情况。但为了适应你的环境，建议你在自己的虚拟机上执行这个实验。

1. 基本分析

下述命令执行一个非常基础的分析，它着眼于系统引导和启动过程中每阶段的总耗时：

```
[root@david ~]# systemd-analyze
Startup finished in 53.951s (firmware) + 6.606s (loader) + 2.061s (kernel) +
5.956s (initrd) + 8.883s (userspace) = 1min 17.458s
graphical.target reached after 8.850s in userspace.
[root@david ~]#
```

此输出中最值得关注的数据是固件（BIOS）阶段耗费了接近 54s。这个启动时间相当漫长，笔者的其他物理主机都不需要这么久才能完成 BIOS 阶段。

例如，我的 System76 Oryx Pro 笔记本只需 7.216s，自制系统也都略低于 10s。通过一些在线搜索，我发现这款华硕主板因其过长的 BIOS 启动时间而闻名。

而这类系统分析工具正是为了提供此类信息而设计的。

注意，并非所有主机都会显示固件启动数据。例如，笔者有一台 13 年的戴尔 OptiPlex 755，使用 systemd-analyze 命令并不会显示它的 BIOS 耗时。基于一些不够严谨的实验，笔者猜想 BIOS 数据可能只针对第 9 代或更新的 Intel 处理器才会显示，但这也许是错误的。

对系统开机启动过程的整体分析固然有趣，也有参考价值（尽管信息有限），但 systemd-analyze 命令能提供的启动相关信息远不止于此。

2. 探查原因

我们可以使用 systemd-analyze blame 命令来找出初始化最耗时的 systemd 单元。该命令能提供更细粒度的信息，帮助我们分析启动过程中哪些部分消耗了最多的时间。

systemd-analyze blame 命令的输出结果会按照各个单元的初始化耗时从高到低进行排序显示：

```
[root@david ~]$ systemd-analyze blame
     2min 30.408s fstrim.service
     33.971s vboxdrv.service
     5.832s dev-disk-by\x2dpartuuid-4212eea1\x2d96d0\x2dc341\x2da698\
x2d18a0752f034f.device
     5.832s dev-disk-by\x2ddiskseq-1\x2dpart1.device
     5.832s dev-sda1.device
<SNIP - removed lots of entries with increasingly small times>
```

由于许多服务是并行启动的，该命令输出的各阶段耗时总和可能会远超 systemd-analyze 命令显示的 BIOS 之后的总耗时。主机中 CPU 的数量决定了能真正并行启动的单元数量。

该命令的输出数据能提示我们关注哪些服务，来有针对性地优化启动时间。不必要的服务可以被禁用。在笔者的工作站上，fstrim 和 vboxdrv 服务在启动过程中耗时较长。你的虚拟机上的结果可能会有所不同。如果你能访问一台运行着支持 systemd 的 Linux

发行版的物理主机，不妨也运行一下这个命令，看看结果有何区别。

3. 关键链

关键链类似于项目管理中的关键路径，展示了启动过程中一系列时间敏感的关键事件。如果系统启动缓慢，你需要重点关注的就是关键链上的 systemd 单元，因为它们很可能是造成延迟的瓶颈。该工具不会显示所有已启动的单元，只会展示位于启动关键链上的那些单元。

提示： 在支持颜色的终端上（本书使用的终端模拟器支持颜色），导致延迟的单元会以红色高亮显示。

笔者已经在两台物理主机和自己的 StudentVM1 虚拟机上使用过这个工具，以便我们能进行对比分析。下面首先展示的是笔者的主工作站的结果：

```
[root@david ~]# systemd-analyze critical-chain
The time when unit became active or started is printed after the "@"
character.
The time the unit took to start is printed after the "+" character.

graphical.target @8.850s
└─multi-user.target @8.849s
  └─vboxweb-service.service @8.798s +38ms
    └─network-online.target @8.776s
      └─NetworkManager-wait-online.service @4.932s +3.843s
        └─NetworkManager.service @4.868s +39ms
          └─network-pre.target @4.850s
            └─dkms.service @3.438s +1.411s
              └─basic.target @3.409s
                └─dbus-broker.service @3.348s +55ms
                  └─dbus.socket @3.309s
                    └─sysinit.target @3.267s
                      └─systemd-binfmt.service @2.814s +452ms
                        └─proc-sys-fs-binfmt_misc.mount @3.232s +21ms
                          └─proc-sys-fs-binfmt_misc.automount @967ms
```

@ 前缀的数字表示该单元被激活时，距离系统启动开始的绝对时间（以 s 为单位）。+ 前缀的数字表示该单元启动所消耗的时间。

其中，vboxweb-service.service 在笔者的工作站上被标注为启动过程中的一个瓶颈。如果它不是必需的，笔者可以选择禁用它来加快整体启动速度。然而，这不代表不会出现另一个启动时间略快的服务来取代它。由于笔者需要 VirtualBox 来运行实验环境和其他测试，所以选择容忍这个服务的启动耗时。

以下是笔者的 System76 Oryx Pro 笔记本上的结果：

```
[root@voyager ~]# systemd-analyze critical-chain
The time when unit became active or started is printed after the "@"
```

```
character.
The time the unit took to start is printed after the "+" character.

graphical.target @36.899s
└─multi-user.target @36.899s
  └─vboxweb-service.service @36.859s +38ms
    └─vboxdrv.service @2.865s +33.971s
      └─basic.target @2.647s
        └─dbus-broker.service @2.584s +60ms
          └─dbus.socket @2.564s
            └─sysinit.target @2.544s
              └─systemd-resolved.service @2.384s +158ms
                └─systemd-tmpfiles-setup.service @2.290s +51ms
                  └─systemd-journal-flush.service @2.071s +193ms
                    └─var.mount @1.960s +52ms
                      └─systemd-fsck@dev-mapper-vg01\x2dvar.service
                        @1.680s +171ms
                        └─dev-mapper-vg01\x2dvar.device @1.645s
```

在此示例中，vboxdrv.service 和 vboxweb-service.service 都耗费了很长的启动时间。

下面这个例子来自笔者的 StudentVM1 主机。把它和你的虚拟机输入命令后的结果对比一下，看看差异有多大：

```
graphical.target @56.173s
└─multi-user.target @56.173s
  └─plymouth-quit-wait.service @51.543s +4.628s
    └─systemd-user-sessions.service @51.364s +93ms
      └─remote-fs.target @51.347s
        └─remote-fs-pre.target @51.347s
          └─nfs-client.target @42.954s
            └─gssproxy.service @41.430s +1.522s
              └─network.target @41.414s
                └─NetworkManager.service @40.803s +609ms
                  └─network-pre.target @40.793s
                    └─firewalld.service @24.867s +15.925s
                      └─polkit.service @19.081s +5.568s
                        └─basic.target @18.909s
                          └─dbus-broker.service @17.886s +1.015s
                            └─dbus.socket @17.871s
                              └─sysinit.target @17.852s
                                └─systemd-resolved.service @16.872s +978ms
                                  └─systemd-tmpfiles-setup.service
                                    @16.265s +272ms
                                    └─systemd-journal-flush.service
                                      @13.764s +2.493s
                                      └─var.mount @13.013s +593ms
                                        └─systemd-fsck@dev-mapper-
```

```
                              fedora_studentvm1\x2dvar.service
                              @11.077s +1.885s
                              └─local-fs-pre.target @11.056s
                                └─lvm2-monitor.service
                                @5.803s +5.252s
                                  └─dm-event.socket @5.749s
                                    └─system.slice
                                      └─.slice
```

　　笔者对这里的关键链长度之长而感到有些意外。这可能是因为没有像 VirtualBox 那样特别耗时的单一服务，因此其他相对较小耗时的服务更容易显现出来，并最终累积形成了一条较长的关键链。

4. 系统状态

　　在运维管理中，你可能偶尔需要排查系统的当前状态。systemd-analyze dump 命令可以提供大量的系统当前状态数据，其中包括了系统启动过程中的关键时间节点、每个 systemd 单元（服务）的列表，以及各单元的详细状态信息：

```
[root@david ~]# systemd-analyze dump
Manager: systemd 253 (253.2-1.fc38)
Features: +PAM +AUDIT +SELINUX -APPARMOR +IMA +SMACK +SECCOMP -GCRYPT +GNUTLS
+OPENSSL +ACL +BLKID +CURL +ELFUTILS +FIDO2 +IDN2 -IDN ->
Timestamp firmware: 1min 557.292ms
Timestamp loader: 6.606226s
Timestamp kernel: Sun 2023-04-30 17:09:49 EDT
Timestamp initrd: Sun 2023-04-30 17:09:51 EDT
Timestamp userspace: Sun 2023-04-30 17:09:57 EDT
Timestamp finish: Sun 2023-04-30 21:10:06 EDT
Timestamp security-start: Sun 2023-04-30 17:09:57 EDT
Timestamp security-finish: Sun 2023-04-30 17:09:57 EDT
Timestamp generators-start: Sun 2023-04-30 21:09:57 EDT
Timestamp generators-finish: Sun 2023-04-30 21:09:57 EDT
Timestamp units-load-start: Sun 2023-04-30 21:09:57 EDT
Timestamp units-load-finish: Sun 2023-04-30 21:09:58 EDT
Timestamp units-load: Tue 2023-05-02 13:30:41 EDT
Timestamp initrd-security-start: Sun 2023-04-30 17:09:51 EDT
Timestamp initrd-security-finish: Sun 2023-04-30 17:09:51 EDT
Timestamp initrd-generators-start: Sun 2023-04-30 17:09:51 EDT
Timestamp initrd-generators-finish: Sun 2023-04-30 17:09:51 EDT
Timestamp initrd-units-load-start: Sun 2023-04-30 17:09:51 EDT
Timestamp initrd-units-load-finish: Sun 2023-04-30 17:09:51 EDT
-> Unit logwatch.service:
        Description: Log analyzer and reporter
        Instance: n/a
        Unit Load State: loaded
        Unit Active State: inactive
```

```
      State Change Timestamp: Wed 2023-05-03 00:00:20 EDT
      Inactive Exit Timestamp: Wed 2023-05-03 00:00:05 EDT
      Active Enter Timestamp: n/a
      Active Exit Timestamp: n/a
<SNIP - Deleted a bazillion lines of output>
```

　　在笔者的主工作站上，该命令生成了一个包含 59,859 行，约为 1.75MB 的数据流。这个命令非常高效，无须等待即可得到结果。它会调用系统默认的分页器，方便你逐页查看数据。笔者很喜欢它所提供的丰富系统信息，尤其是与存储器等连接设备相关的细节。此外，每个 systemd 单元都有一个专门的部分，详细记录了它的各种运行时参数、缓存、日志目录的模式，用于启动单元的命令行，进程 ID（PID），启动时间戳，以及内存和文件资源限制等。

　　注意：systemd-analyze 的手册页中有一个 systemd-analyze --user dump 选项，理论上可以显示用户会话管理器的内部状态。但目前来看，这个选项可能存在问题，在我本地的测试及一些网络反馈中都无法正常使用。systemd 用户实例是 systemd 的衍生实例，用于管理和控制各个用户相关的进程资源。每个用户的进程都属于一个独立的控制组（cgroup）。

---

5. 图表分析

　　相比于枯燥的文本数据，可视化的图表往往更受管理层和非资深技术人员的青睐。有时候，连技术人员都会觉得图表能更直观地呈现信息。systemd-analyze 命令支持将系统启动过程中的事件以 *.svg 矢量图的形式展现。

　　你可以通过以下命令生成启动过程的矢量图，这个过程需要几秒钟：

```
[root@david ~]# systemd-analyze plot > /tmp/bootup.svg
```

　　上述命令会生成一个 svg 格式的文本文件，它定义了一系列矢量图形被许多应用程序用于生成图形。由该命令生成的 svg 文件是一种应用程序广泛支持的格式，你可以用许多图像类软件（如图像查看器、Ristretto、Okular、Eye of MATE、LibreOffice Draw 等）来处理。

　　笔者使用了 LibreOffice Draw 来渲染生成图表。在这种情况下，这个图表非常庞大，你需要放大才能看清其中的细节。图 17-1 展示了这个图表的一小部分。

　　在图表中，时间轴的 0 点将启动过程划分为两部分：左侧为系统引导阶段，右侧为系统启动后的服务初始化阶段。在图表的这一小部分中，你可以看到内核、initrd（初始内存盘）以及 initrd 所加载的早期进程。

　　这张图表能让你快速直观地了解系统启动时各个组件的先后顺序、耗时，以及它们之间的依赖关系。其中，系统启动的关键路径用红色标注。

　　systemd-analyze plot 是另一个可以生成图形化数据的命令，它会以 dot 格式描述服务的依赖关系。dot 格式的数据随后会传递给 dot 工具（属于 Graphviz 软件包），用于生成矢量图形文件（svg 格式）。生成的 svg 文件同样可以用之前提到的图像软件打开。

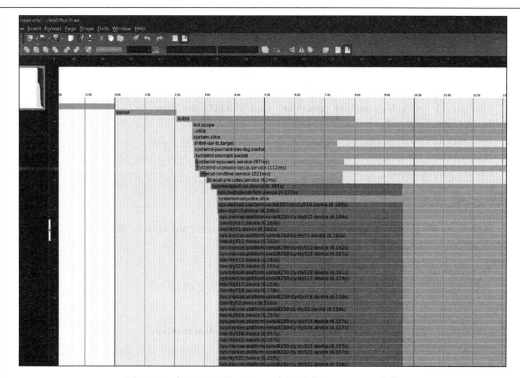

图 17-1　在 LibreOffice Draw 中显示的 bootup.svg 文件

首先，让我们生成这个文件，注意，在笔者的主工作站上，这一过程耗费了将近 9min：

```
[root@david ~]# time systemd-analyze dot | dot -Tsvg > /tmp/test.svg
    Color legend: black     = Requires
                  dark blue = Requisite
                  dark grey = Wants
                  red       = Conflicts
                  green     = After

real    8m37.544s
user    8m35.375s
sys     0m0.070s
[root@david ~]#
```

笔者就不展示完整的图表内容了，因为其依赖关系会非常复杂。不过笔者建议你自己试验一下，亲眼看看生成的结果，理解人们为何说它繁乱如"意大利面"。

6. 条件判断

systemd-analyze 命令提供了一个有趣的条件子命令，在阅读手册页时笔者发现了这个通用功能。（没错，我经常会通读手册，也因此学到了不少东西！）这个子命令可以用来测试 systemd 单元文件中常用的条件和断言语句。

此外，我们还可以在脚本中调用它判断一个或多个条件。如果所有条件都成立，它会返回 0，否则返回 1。同时，它还会输出一些文本信息来解释判断结果。

手册页中的示例稍显复杂，不如来看一个笔者为本实验设计的简单例子。下面的命令会判断内核版本是否大于 5.1 并且系统是否使用交流电源。笔者还添加了 echo $? 来打印返回码：

```
[root@david ~]# systemd-analyze condition 'ConditionACPower=|true'
'ConditionKernelVersion = >=5.1' ; echo $?
test.service: ConditionKernelVersion=>=5.1 succeeded.
test.service: ConditionACPower=|true succeeded.
Conditions succeeded.
0
[root@david ~]#
```

返回码 0 意味着所有条件都满足了。你可以在 systemd.unit(5) 的手册页中找到支持的条件和断言列表，位置大概在 600 行左右。

7. 列出配置文件

systemd-analyze 工具可以将各类配置文件的内容直接输出到标准输出。它的根目录是 /etc/：

```
[root@david ~]# systemd-analyze cat-config systemd/system/display-
manager.service
# /etc/systemd/system/display-manager.service
[Unit]
Description=LXDM (Lightweight X11 Display Manager)
#Documentation=man:lxdm(8)
Conflicts=getty@tty1.service
After=systemd-user-sessions.service getty@tty1.service plymouth-quit.service
livesys-late.service
#Conflicts=plymouth-quit.service

[Service]
ExecStart=/usr/sbin/lxdm
Restart=always
IgnoreSIGPIPE=no
#BusName=org.freedesktop.lxdm

[Install]
Alias=display-manager.service
[root@david ~]#
```

前面的命令确实有点烦琐，本质上和 cat 命令没太大区别。相比之下，下面这个命令可能更有用一些。它至少能在 systemd 的标准配置路径下搜索所有符合指定模式的文件：

```
[root@david ~]# systemctl cat basic*
# /usr/lib/systemd/system/basic.target
#  SPDX-License-Identifier: LGPL-2.1-or-later
#
```

```
# This file is part of systemd.
#
# systemd is free software; you can redistribute it and/or modify it
# under the terms of the GNU Lesser General Public License as published by
# the Free Software Foundation; either version 2.1 of the License, or
# (at your option) any later version.
[Unit]
Description=Basic System
Documentation=man:systemd.special(7)
Requires=sysinit.target
Wants=sockets.target timers.target paths.target slices.target
After=sysinit.target sockets.target paths.target slices.target tmp.mount

# We support /var, /tmp, /var/tmp, being on NFS, but we don't pull in
# remote-fs.target by default, hence pull them in explicitly here.
Note that we
# require /var and /var/tmp, but only add a Wants= type dependency on
/tmp, as
# we support that unit being masked, and this should not be considered
an error.
RequiresMountsFor=/var /var/tmp
Wants=tmp.mount
```

这两个命令都会在输出每个文件的内容前添加一行注释，标注出该文件的完整路径和名称。

8. 单元文件验证

为了验证新创建的单元文件是否有语法错误，我们可以使用 **verify** 子命令。它会检查拼写错误的指令，并调出缺失的服务单元。注意，这个例子中的 backup.service 文件是笔者自定义的，在你的虚拟机上可能不存在。

不用担心，我们会在《网络服务详解》第 6 章详细讨论备份的配置，届时会涉及创建脚本、服务单元和定时器，实现每晚的自动备份。

目前，你只要知道这个命令能用于单元文件的语法检查即可：

```
[root@david ~]# systemd-analyze verify /etc/systemd/system/backup.service
[root@david ~]#
```

秉承 Linux "沉默是金"的原则，如果命令没有输出任何消息，说明所检查的文件在语法上没有发现错误。

9. 安全

systemd-analyze 的 **security** 子命令可以用来评估指定服务单元的安全级别。注意，它只针对服务单元有效，不适用于其他类型的单元文件。让我们来试用一下：

```
[root@david ~]# systemd-analyze security NetworkManager.service
```

NAME	DESCRIPTION
✗ RootDirectory=/RootImage=	Service runs within the host's root directory

```
        SupplementaryGroups=              Service runs as root, option does not matter
        RemoveIPC=                        Service runs as root, option does not apply
    ✗ User=/DynamicUser=                  Service runs as root user
    ✗ CapabilityBoundingSet=~CAP_SYS_TIME Service processes may change the system clock
    ✗ NoNewPrivileges=                    Service processes may acquire new privileges
    <SNIP>
    → Overall exposure level for sshd.service: 9.6 UNSAFE ☺
    lines 40-83/83 (END)
```

没错，输出里会包含表情符号，还挺有趣的。笔者尝试了几项服务，包括自定义的备份服务，虽然每个服务报告的细节有所不同，但总体安全级别都显示为"不安全"。这也很正常，毕竟大多数服务为了完成任务，确实需要对很多资源的访问权限。

systemd-analyze security 命令更适用于在高安全要求环境下的检查和修复用户态服务单元。它能帮开发人员快速定位服务中的潜在安全风险点，在设计之初就考虑加固措施。但说实话，对大多数系统管理员而言，它的实用性不算特别强。

17.4 使用 systemd 管理启动机制

深入理解 systemd 的启动管理机制十分重要，尤其是在本质上是并行系统的情况下，确定各个服务的启动顺序。我们需要特别关注如何确保服务与其他单元的依赖项能在其自身启动前进入就绪状态，启动并正常运行。

在前面的章节中，我们已经学习了如何创建挂载单元文件。在本节里，我们将创建一个服务单元文件，以便在系统启动时运行特定的程序。我们可以对该单元文件中的配置进行修改，并使用 systemd 的日志功能观察程序在启动序列中的输出位置变化。

实验 17-8：创建一个服务单元

在本次实验中，你将创建一个在系统启动时运行的服务单元。该单元会在终端和 systemd 日志中输出一条消息。

1. 准备

请确认你已在 /etc/default/grub 文件的 GRUB_CMDLINE_LINUX= 行中移除了 rhgb 和 quiet 参数。这项操作应当在第 16 章中完成。如果你尚未进行此项修改，请立即操作，因为本章的实验需要你观察 Linux 的启动消息流。

我们的目标是编写一个简单的程序，让我们能在系统启动时从控制台，以及后续从 systemd 日志中观察到指定的消息。

2. 创建程序

创建 shell 程序 /usr/local/bin/hello.sh 并添加以下内容。我们要确保该程序输出的结果在启动期间可见，并且在查看 systemd 日志时能轻松找到。我们将使用一个带有分隔条的 Hello world 程序变体，使其更加醒目。请确保该文件具有可执行权限，以及 root 用户和用户组的所有权，并设置 700 权限以保证安全：

```
#!/usr/bin/bash
# Simple program to use for testing startup configurations
# with systemd.
# By David Both
# Licensed under GPL V2
#
echo "###############################"
echo "######### Hello World! ########"
echo "###############################"
```

Run this program from the command line to verify that it works correctly:

```
[root@studentvm1 ~]# hello.sh
###############################
######### Hello World! ########
###############################
[root@studentvm1 ~]#
```

这个程序与用其他脚本或编译型语言编写的程序是一样的。遵循 Linux 文件系统层次标准，hello.sh 也可以放置在其他位置。笔者将它放在 /usr/local/bin 目录中是为了从命令行调用时更方便，无须额外指定路径。笔者发现许多自制的 shell 程序都需要兼顾命令行调用和 systemd 等工具的集成。

3. 创建服务单元文件

创建服务单元文件 /etc/systemd/system/hello.service，内容如下。该文件无需可执行权限，但为保证安全，请设置 root 用户和用户组的所有权，以及 644 权限：

```
# Simple service unit file to use for testing
# startup configurations with systemd.
# By David Both
# Licensed under GPL V2
#

[Unit]
Description=My hello shell script

[Service]
Type=oneshot
ExecStart=/usr/local/bin/hello.sh

[Install]
WantedBy=multi-user.target
```

现在，我们通过查看服务状态来验证服务单元文件是否正常工作。该步骤会提示任何潜在的语法错误：

```
[root@studentvm1 ~]# systemctl status hello.service
● hello.service - My hello shell script
    Loaded: loaded (/etc/systemd/system/hello.service; disabled; vendor
```

```
         preset: disabled)
         Active: inactive (dead)
[root@studentvm1 ~]#
```

"oneshot"类型的服务可以多次运行，不会产生问题。此类型适用于以下场景：服务单元文件启动的程序是主进程，且该进程须在 systemd 启动其他依赖进程前完成。

systemd 共有七种服务类型，它们的详细说明及服务单元文件其他部分的解释可以在 systemd.service(5) 手册页中找到。你还可以在手册页和参考书目中的其他资源中找到更多相关信息。

出于好奇，笔者想看看错误会是什么样子。笔者从 Type=oneshot 行中删除了"o"，改成了 Type=neshot，然后再次运行了之前的命令：

```
[root@studentvm1 ~]# systemctl status hello.service
● hello.service - My hello shell script
     Loaded: loaded (/etc/systemd/system/hello.service; disabled; vendor
     preset: disabled)
     Active: inactive (dead)

May 06 08:50:09 testvm1.both.org systemd[1]: /etc/systemd/system/hello.
service:12: Failed to parse service type, ignoring: neshot
[root@studentvm1 ~]#
```

上述结果精确地告诉笔者错误出现在哪里，十分便于问题解决。

请注意，即使将 hello.service 文件恢复原状，错误依然会保留。尽管重启可以解决问题，但我们有更优的方案。因此，笔者开始探索如何清除这类持久性错误。先前笔者曾遇到过需要 systemctl daemon-reload 命令来重置的服务错误，但这次并不适用。通常，可通过该命令修复的错误消息都会有相关提示，因此我们知道何时运行它。建议在修改或创建单元文件后立即运行 systemctl daemon-reload，通知 systemd 改动的发生，从而预防管理服务或单元时可能出现的某些问题。现在继续进行并运行此命令。

修正服务单元文件中的拼写错误后，使用 systemctl restart hello.service 命令即可清除错误。你可以尝试在 hello.service 文件中引入其他类型的错误，观察其产生的不同结果。

4.启动服务

虽然你可能在上一步已经进行了系统重启，但我们现在要正式启动这个新的服务，并且可以通过检查其状态来验证结果。由于 oneshot 类型的服务仅运行一次便会退出，因此我们可以根据需要多次启动或重启它。

请按照以下示例启动服务，随后检查其状态。由于每个人的试验环境不同，你看到的结果可能与示例有所差异：

```
[root@studentvm1 ~]# systemctl start hello.service
[root@studentvm1 system]# systemctl status hello.service
○ hello.service - My hello shell script
     Loaded: loaded (/etc/systemd/system/hello.service; disabled; preset:
     disabled)
```

```
    Active: inactive (dead)
May 03 14:53:19 studentvm1 systemd[1]: Starting hello.service - My hello
shell script...
May 03 14:53:19 studentvm1 systemd[1]: hello.service: Deactivated
successfully.
May 03 14:53:19 studentvm1 hello.sh[3904]: ###############################
May 03 14:53:19 studentvm1 hello.sh[3904]: ######### Hello World! #########
May 03 14:53:19 studentvm1 hello.sh[3904]: ###############################
May 03 14:53:19 studentvm1 systemd[1]: Finished hello.service - My hello
shell script.
[root@studentvm1 system]#
```

请务必留意 **status** 命令的输出结果，systemd 的日志信息会显示 hello.sh 脚本已经正确启动，并且相关服务已经完成执行。我们还能看到脚本本身的输出内容。这些输出信息是从服务最近几次运行的日志记录中生成的。你可以尝试多次启动该服务，然后再次运行 **status** 命令来观察日志的变化。

5. 使用 journalctl 探索启动过程

除了之前提到的方法，我们也可以直接查看 systemd 日志，这里有几种方式可以选择。首先，我们可以指定记录类型标识符，在本例中是 shell 脚本的名称。这样做会显示该脚本在历次系统重启（包括当前会话）的日志条目：

```
[root@studentvm1 ~]# journalctl -t hello.sh

May 03 14:52:21 studentvm1 hello.sh[3863]: ###############################
May 03 14:52:21 studentvm1 hello.sh[3863]: ######### Hello World! #########
May 03 14:52:21 studentvm1 hello.sh[3863]: ###############################
May 03 14:53:19 studentvm1 hello.sh[3904]: ###############################
May 03 14:53:19 studentvm1 hello.sh[3904]: ######### Hello World! #########
May 03 14:53:19 studentvm1 hello.sh[3904]: ###############################
<SNIP>
[root@studentvm1 ~]#
```

要查看与 hello.service 单元相关的 systemd 日志记录，我们可以直接搜索 systemd。按 <G+Enter> 可以快速定位到日志的末尾，然后向上滚动来找到我们感兴趣的条目。为了仅显示本次启动相关的日志，请使用 -b 选项：

```
[root@studentvm1 ~]# journalctl -b -t systemd
```

这个命令会输出 systemd 产生的所有日志，在笔者写这段内容时，一共包含了 109,183 行。显然，其中包含了海量的数据。你可以使用分页器（通常是 **less** 命令）自带的搜索功能，或者利用 journalctl 内置的 grep 过滤功能。-g（或 --grep=）选项允许你使用 Perl 兼容的正则表达式：

```
[root@studentvm1 ~]# journalctl -b -t systemd -g "hello"
-- Logs begin at Tue 2020-05-05 18:11:49 EDT, end at Sun 2020-05-10
11:01:01 EDT. --
```

```
May 10 10:37:49 testvm1.both.org systemd[1]: Starting My hello shell
script...
May 10 10:37:49 testvm1.both.org systemd[1]: hello.service: Succeeded.
May 10 10:37:49 testvm1.both.org systemd[1] Finished My hello shell script.
May 10 10:54:45 testvm1.both.org systemd[1]: Starting My hello shell
script...
May 10 10:54:45 testvm1.both.org systemd[1]: hello.service: Succeeded.
May 10 10:54:45 testvm1.both.org systemd[1]: Finished My hello shell script.

[root@studentvm1 ~]#
```

虽然我们可以使用标准的 GNU grep 命令，但那样就不会显示每条日志开头的元数据信息了（如时间戳等）。

如果除了 hello 服务的相关日志，你还想查看其他内容，可以通过指定时间范围来缩小搜索结果。这里我们暂时从前面几条日志的时间戳开始。请注意，--since= 选项必须用引号括起来，它也可以表示为 -S< 时间表达式 >。

我们稍后会在本章内对 systemd 的时间格式和时间表达式做进一步的讲解。

由于每台主机的日期和时间都不相同，请务必使用你自己系统日志中的时间戳信息：

```
[root@studentvm1 ~]# journalctl --since="2023-04-24 15:35"
Apr 24 15:35:09 studentvm1 systemd[1]: Configuration file /etc/systemd/
system/hello.service is marked world-inaccessible. This has no effect as
configuration data is accessible vi>
Apr 24 15:35:09 studentvm1 systemd[1]: Starting hello.service - My hello
shell script...
Apr 24 15:35:09 studentvm1 hello.sh[14639]: ###############################
Apr 24 15:35:09 studentvm1 hello.sh[14639]: ######### Hello World! ########
Apr 24 15:35:09 studentvm1 hello.sh[14639]: ###############################
Apr 24 15:35:09 studentvm1 systemd[1]: hello.service: Deactivated
successfully.
Apr 24 15:35:09 studentvm1 systemd[1]: Finished hello.service - My hello
shell script.
Apr 24 15:35:09 studentvm1 audit[1]: SERVICE_START pid=1 uid=0
auid=4294967295 ses=4294967295 subj=kernel msg='unit=hello comm="systemd"
exe="/usr/lib/systemd/systemd" hostname=? >
Apr 24 15:35:09 studentvm1 audit[1]: SERVICE_STOP pid=1 uid=0 auid=4294967295
ses=4294967295 subj=kernel msg='unit=hello comm="systemd" exe="/usr/lib/
systemd/systemd" hostname=? a>
Apr 24 15:35:31 studentvm1 systemd[1]: Reloading.
Apr 24 15:35:31 studentvm1 systemd-sysv-generator[14665]: SysV service '/
etc/rc.d/init.d/livesys' lacks a native systemd unit file. Automatically
generating a unit file for compat>
Apr 24 15:35:31 studentvm1 systemd-sysv-generator[14665]: SysV service '/etc/
rc.d/init.d/livesys-late' lacks a native systemd unit file. Automatically
generating a unit file for c>
```

```
Apr 24 15:35:32 studentvm1 audit: BPF prog-id=116 op=LOAD
Apr 24 15:35:32 studentvm1 audit: BPF prog-id=59 op=UNLOAD
Apr 24 15:35:32 studentvm1 audit: BPF prog-id=117 op=LOAD
Apr 24 15:35:32 studentvm1 audit: BPF prog-id=118 op=LOAD
<snip>
Apr 24 15:35:42 studentvm1 systemd[1]: Starting hello.service - My hello
shell script...
Apr 24 15:35:42 studentvm1 hello.sh[14677]: #############################
Apr 24 15:35:42 studentvm1 hello.sh[14677]: ######### Hello World! ########
Apr 24 15:35:42 studentvm1 hello.sh[14677]: #############################
Apr 24 15:35:42 studentvm1 systemd[1]: hello.service: Deactivated
successfully.
Apr 24 15:35:42 studentvm1 systemd[1]: Finished hello.service - My hello
shell script.
Apr 24 15:35:42 studentvm1 audit[1]: SERVICE_START pid=1 uid=0
auid=4294967295 ses=4294967295 subj=kernel msg='unit=hello comm="systemd"
exe="/usr/lib/systemd/systemd" hostname=? >
Apr 24 15:35:42 studentvm1 audit[1]: SERVICE_STOP pid=1 uid=0 auid=4294967295
ses=4294967295 subj=kernel msg='unit=hello comm="systemd" exe="/usr/lib/
systemd/systemd" hostname=? a>
Apr 24 15:35:43 studentvm1 systemd[1]: Configuration file /etc/systemd/
system/hello.service is marked world-inaccessible. This has no effect as
configuration data is accessible vi>
Apr 24 15:35:43 studentvm1 systemd[1]: Starting hello.service - My hello
shell script...
Apr 24 15:35:43 studentvm1 hello.sh[14681]: #############################
Apr 24 15:35:43 studentvm1 hello.sh[14681]: ######### Hello World! ########
Apr 24 15:35:43 studentvm1 hello.sh[14681]: #############################
Apr 24 15:35:43 studentvm1 systemd[1]: hello.service: Deactivated
successfully.
Apr 24 15:35:43 studentvm1 systemd[1]: Finished hello.service - My hello
shell script.
<snip>
```

since 表达式会跳过指定时间点之前的所有日志条目，但之后可能仍然包含许多我们不需要的内容。因此，我们可以配合使用 until 选项进一步缩小范围，只保留我们感兴趣的时间段内的日志。在本例中，我们只希望获取事件发生的那个完整分钟内的所有日志，不多也不少：

```
[root@studentvm1 ~]# journalctl --since="2023-04-24 15:35"
--until="2023-04-24 15:36"
```

我们可以巧妙组合使用上述选项来进一步精细化日志的输出结果：

```
[root@studentvm1 system]# journalctl --since="2023-04-24 15:35"
--until="2023-04-24 15:36" -t "hello.sh"
Apr 24 15:35:09 studentvm1 hello.sh[14639]: #############################
```

```
Apr 24 15:35:09 studentvm1 hello.sh[14639]: ######### Hello World! ########
Apr 24 15:35:09 studentvm1 hello.sh[14639]: ##############################
Apr 24 15:35:42 studentvm1 hello.sh[14677]: ##############################
Apr 24 15:35:42 studentvm1 hello.sh[14677]: ######### Hello World! ########
Apr 24 15:35:42 studentvm1 hello.sh[14677]: ##############################
Apr 24 15:35:43 studentvm1 hello.sh[14681]: ##############################
Apr 24 15:35:43 studentvm1 hello.sh[14681]: ######### Hello World! ########
Apr 24 15:35:43 studentvm1 hello.sh[14681]: ##############################
Apr 24 15:35:44 studentvm1 hello.sh[14684]: ##############################
Apr 24 15:35:44 studentvm1 hello.sh[14684]: ######### Hello World! ########
Apr 24 15:35:44 studentvm1 hello.sh[14684]: ##############################
[root@studentvm1 system]#
```

你的输出结果应该与我的大致相似。通过这些简单的实验，我们可以确认该服务在那段时间内是正确执行的。

6. 重启收尾工作

目前，我们尚未重启这台安装了服务的主机。现在就让我们来完成重启操作吧，毕竟我们的目标是在系统启动时自动运行我们自己编写的服务程序。第一步，我们需要配置该服务，让它能在开机启动时自动加载：

```
[root@studentvm1 system]# systemctl enable hello.service
Created symlink /etc/systemd/system/multi-user.target.wants/hello.service →
/etc/systemd/system/hello.service.
[root@studentvm1 system]#
```

请注意，该链接被创建在了 /etc/systemd/system/multi-user.target.wants 目录下。这是因为服务单元文件指定了这个服务应当在 multi-user.target 启动时被加载。

现在就去重启吧。请务必观察系统启动过程中输出的信息，以便能够看到"Hello World！"消息。你是否和笔者一样没看到此消息，因为它确实不显示在那里。

既然没看到，那我们来检查一下系统启动后的日志：

```
[root@studentvm1 ~]# journalctl -b
May 03 16:27:54 studentvm1 systemd[1]: Starting hello.service - My hello
shell script...
May 03 16:27:54 studentvm1 hello.sh[968]: ##############################
May 03 16:27:54 studentvm1 hello.sh[968]: ######### Hello World! ########
May 03 16:27:54 studentvm1 hello.sh[968]: ##############################
```

这段结果展示了系统最近一次启动后的完整事件序列。请向下滚动，你会看到 systemd 启动了我们的 hello.service 单元，并随之执行了 hello.sh 脚本。如果你在系统启动时能够及时留意，还会看到 systemd 发出的启动脚本消息以及服务成功启动的消息。

查看上述数据流中的第一条 systemd 消息，我们可以看到 systemd 在达到基本系统目标后立即启动了我们的服务。

使用 -t 选项可以筛选出与我们新建的服务单元相关的 systemd 条目：

```
[root@studentvm1 ~]# journalctl -b -t "hello.sh"
May 03 16:35:29 studentvm1 hello.sh[969]: #############################
May 03 16:35:29 studentvm1 hello.sh[969]: ######### Hello World! ########
May 03 16:35:29 studentvm1 hello.sh[969]: #############################
[root@studentvm1 ~]#
```

笔者也想查看服务在启动时显示的消息，这可以通过以下设置来实现。请将这一行添加到 hello.service 文件的 [Service] 部分：

```
StandardOutput=journal+console
```

修改后的 hello.service 文件内容如下：

```
# Simple service unit file to use for testing
# startup configurations with systemd.
# By David Both
# Licensed under GPL V2
#

[Unit]
Description=My hello shell script

[Service]
Type=oneshot
ExecStart=/usr/local/bin/hello.sh
StandardOutput=journal+console

[Install]
WantedBy=multi-user.target
```

添加此行后，请重启系统，并在系统启动过程中仔细观察屏幕上滚动的数据流。你应该能够在其显示框中轻松找到此消息。系统启动完成后，你可以查看最近一次启动的系统日志，并找到与我们新建服务相关的条目：

```
[root@studentvm1 ~]# journalctl -b -u hello.service -o short-monotonic
[   29.607375] studentvm1 systemd[1]: Starting hello.service - My hello shell
    script...
[   29.619302] studentvm1 hello.sh[969]: #############################
[   29.619302] studentvm1 hello.sh[969]: ######### Hello World! ########
[   29.619302] studentvm1 hello.sh[969]: #############################
[   31.355272] studentvm1 systemd[1]: hello.service: Deactivated
    successfully.
[   31.357765] studentvm1 systemd[1]: Finished hello.service - My hello
    shell script.
```

7. 更改启动顺序

既然 hello.service 服务已正常运行，我们可以看看它在启动流程中的何处启动，并尝试改变顺序。请务必牢记，systemd 的设计理念是在 basic.target、multi-user.target 和 graphical.target 中并行启动尽可能多的服务和其他类型的单元。你方才查看的是最近一次开机的日志条目，其内容应该与笔者前面提供的输出相似。

　　请注意，systemd 在抵达 basic.target 系统后立即启动了我们的 hello.service，这正是我们在服务单元文件的 WantedBy 行中所指定的，行为完全符合预期。在进行任何更改前，请先列出 /etc/systemd/system/multi-user.target.wants 目录下的内容，你会发现其中指向 hello.service 单元文件的符号链接。服务单元文件的 [Install] 部分定义了由哪个目标负责启动该服务，而执行 systemctl enable hello.service 命令时，会在相应的目标 wants 目录中生成对应的链接：

```
hello.service -> /etc/systemd/system/hello.service
```

有些服务需要在 basic.target 过程中启动，而其他服务则只有在系统进入 graphical.target 时才需要启动。假定我们的服务不需要在 graphical.target 启动前被唤醒。为此，请将 WantedBy 行修改为以下形式：

```
WantedBy=graphical.target
```

请务必先禁用 hello.service 服务，然后再重新启用，以确保系统删除旧的链接并在 graphical.targets.wants 目录中创建新的链接。笔者注意到，如果在修改启动目标前忘记禁用该服务，也可以直接运行 systemctl disable 命令，这会使系统自动从两个 target 的 wants 目录中删除相关链接：

```
[root@studentvm1 ~]# systemctl disable hello.service
Removed "/etc/systemd/system/multi-user.target.wants/hello.service".
[root@studentvm1 ~]# systemctl enable hello.service
Created symlink /etc/systemd/system/graphical.target.wants/hello.service →
/etc/systemd/system/hello.service.
[root@studentvm1 ~]#
```

然后重新启动。

　　提示：如果将服务设置为在 graphical.target 中启动，那么当主机引导至 multi-user.target 时，该服务将不会自动启动。如果服务在多用户模式下并非必需，那么这是符合预期的行为；反之，如需服务始终保持可用，则需要调整其启动配置。

　　让我们使用 -o short-monotonic 选项来查看 graphical.target 和 multi-user.target 的日志条目，该选项可以显示内核启动后的时间（以 s 为单位，精确到 ns）。我们首先关注倒数第二次的启动条目（此时我们的服务作为 multi-user.target 的一部分启动），需使用 -b 选项并指定偏移量为 -1。随后，再分析最近一次的启动条目（服务作为 graphical.target 的一部分启动）：

```
[root@studentvm1 ~]# journalctl -b -1 -t "hello.sh" -o short-monotonic
[   29.619302] studentvm1 hello.sh[969]: ##############################
[   29.619302] studentvm1 hello.sh[969]: ######### Hello World! ########
[   29.619302] studentvm1 hello.sh[969]: ##############################
[root@studentvm1 ~]# journalctl -b -t "hello.sh" -o short-monotonic
```

```
[   30.535586] studentvm1 hello.sh[968]: #############################
[   30.535586] studentvm1 hello.sh[968]: ######### Hello World! ########
[   30.535586] studentvm1 hello.sh[968]: #############################
```

hello.service 服务单元几乎与系统启动同时开始运行。虽然一两秒的延迟对于计算机而言相对较长，但在我们人类的时间尺度上可以忽略不计。经过反复试验，笔者注意到无论 hello.service 由 multi-user.target 还是 graphical.target 启动，它的启动耗时基本稳定在 29 ～ 37s 之间。

那么，这种现象说明了什么呢？

让我们来查看 /etc/systemd/system/default.target 链接指向的文件。其内容揭示了 systemd 的启动顺序，优先启动默认目标 graphical.target，然后 graphical.target 会在启动前引入 multi-user.target：

```
[root@studentvm1 system]# cat /etc/systemd/system/default.target
# SPDX-License-Identifier: LGPL-2.1-or-later
#
# This file is part of systemd.
#
# systemd is free software; you can redistribute it and/or modify it
# under the terms of the GNU Lesser General Public License as published by
# the Free Software Foundation; either version 2.1 of the License, or
# (at your option) any later version.

[Unit]
Description=Graphical Interface
Documentation=man:systemd.special(7)
Requires=multi-user.target
Wants=display-manager.service
Conflicts=rescue.service rescue.target
After=multi-user.target rescue.service rescue.target display-manager.service
AllowIsolate=yes
```

经过分析笔者发现，无论使用 graphical.target 还是 multi-user.target 启动服务，hello.service 单元总是在系统启动后的相近时间点开始运行。基于该观察以及对日志的分析（尤其是使用 monotonic 选项时显示的单调时间），我们有理由相信这两个目标是并行启动的。让我们进一步审视一下最近三次重启的相关日志：

```
[root@studentvm1 ~]# journalctl -S today -g "Reached target" -o short-
monotonic
<SNIP>
[   56.229204] studentvm1 systemd[1]: Reached target multi-user.target -
   Multi-User System.
[   56.229356] studentvm1 systemd[1]: Reached target graphical.target -
   Graphical Interface.
<SNIP>
[   61.739340] studentvm1 systemd[1]: Reached target multi-user.target -
```

```
   Multi-User System.
[   61.739496] studentvm1 systemd[1]: Reached target graphical.target -
   Graphical Interface.
<SNIP>
[   64.001235] studentvm1 systemd[1]: Reached target multi-user.target -
   Multi-User System.
[   64.001427] studentvm1 systemd[1]: Reached target graphical.target -
   Graphical Interface.
```

分析表明，两个目标几乎同时完成启动流程。这在意料之中，因为 graphical.target 依赖于 multi-user.target，只有在 multi-user.target 目标达成后，graphical.target 才能完成。相比之下，我们的服务会在更早的阶段运行结束。

由此可见，这两个目标是以近乎并行的方式启动的。如果你仔细研究日志条目，会发现许多属于这两个主要目标的其他目标和服务也是并行启动的。显然，graphical.target 的启动无须等待 multi-user.target 完成。因此，虽然使用这些主要目标能在一定程度上确保服务在 graphical.target 需要时启动，但对于启动顺序的控制，这种简单的方式有所不足。

请在继续下一部分前，将 hello.service 单元文件中的 WantedBy 行恢复为 WantedBy=multi-user.target。

8. 确保服务在网络运行后启动

在系统启动时一个常见的需求是：确保某个服务单元在网络启动并正常运行后才开始启动。freedesktop.org 网站上的《在网络启动后运行服务》一文指出，对于网络何时能被视为"已启动"并没有统一的标准。不过，文章中提供了三种可选方案，其中 network-online.target 这一目标符合我们对网络可用这一状态的需求。但请注意，network.target 主要用于系统关机过程，而非启动过程，因此在安排启动顺序时它并不适用。

在进行其他修改前，请务必检查系统日志，确保 hello.service 单元在网络启动前已成功启动。你可以通过查找 network-online.target 来确认这一点。

我们的服务本身并不依赖网络服务，在此只是将其作为需要网络的实际服务的代表。

由于设置 WantedBy=graphical.target 并不能保证我们的服务在网络启动并运行后才开始，我们需要采取其他方式来确保这一点。所幸，有一个简单的方法可以实现。请在 hello.service 单元文件的 [Unit] 段中添加以下两行：

```
After=network-online.target
Wants=network-online.target
```

要使更改生效，需要添加这两个条目。请重启主机，然后在系统日志中查找我们服务相关的条目：

```
<SNIP>
[   53.450983] studentvm1 systemd[1]: Reached target network-online.target -
   Network is Online.
<SNIP>
```

```
[   53.455470] studentvm1 systemd[1]: Starting hello.service - My hello shell
    script...
[   53.521378] studentvm1 hello.sh[1298]: #############################
[   53.521378] studentvm1 hello.sh[1298]: ######### Hello World! ########
[   53.521959] studentvm1 hello.sh[1298]: #############################
[   53.841829] studentvm1 systemd[1]: hello.service: Deactivated
    successfully.
[   53.850192] studentvm1 systemd[1]: Finished hello.service - My hello
    shell script.
<SNIP>
[   60.358890] studentvm1 systemd[1]: Reached target multi-user.target -
    Multi-User System.
[   60.359111] studentvm1 systemd[1]: Reached target graphical.target -
    Graphical Interface.
```

上述日志信息表明，hello.service 单元在 network-online.target 目标达成后很快便启动了，这正是我们想要达到的效果。你可能还在启动过程中瞥见了"Hello World!"消息的输出。

总结

本章深入探讨了 systemd 管理 Linux 启动的过程，加深了我们对单元文件和 systemd 日志的理解。我们还学习了当服务配置文件中出现错误时系统会如何响应。作为一名系统管理员，笔者发现这类实验性学习有助于理解程序或服务在出错时的表现。在安全环境中有意地引入一些问题，能让我们收获有效的经验。

实验结果表明，仅将服务单元添加到 multi-user.target 或 graphical.target 中并不能决定其启动顺序。这些目标的作用是确定服务是否在图形化环境下启动。事实上，multi-user.target 和 graphical.target 这两个启动目标以及它们所关联的所有 wants 和 requires，基本都是并行启动的。要确保特定的服务单元按指定顺序启动，最佳方案是先确定其依赖项，再将新的服务单元配置为 "Want" 并在它依赖的单元之后启动。

本章介绍了 journalctl 命令的使用，它能以不同格式从 systemd 日志中提取各类数据。此外，我们还学习了如何管理日志文件，以及如何通过命令和脚本来添加日志条目。相比传统的 syslogd，systemd 日志系统在日志条目中提供了更丰富的元数据和上下文信息。这些额外的数据和上下文包括围绕特定事件发生时间点的前后日志条目，能让系统管理员更迅速地定位和解决问题。

相信你已掌握了充分的知识来高效地使用 systemd 日志。当然，还有更多进阶内容，详情请参考 journalctl 和 systemd-cat 的手册页。

练习

为了掌握本章所学知识，请完成以下练习：

1. 为什么在计时器中使用像 OnCalendar=tomorrow 这样的语句会失败？
2. systemd 服务的启动时间在每次引导时是否会改变，还是它们都保持不变？
3. 关键路径中的哪些服务在你的虚拟机上以红色突出显示？
4. 如果为虚拟机分配更多 CPU（假设你有可用 CPU）并重新启动会发生什么？
5. 使用 systemd-analyze 命令确定上次启动耗费的总时间。
6. avahi 服务有什么作用？
7. avahi 启动花费了多长时间？
8. 终止 avahi 并将其禁用。
9. systemd 日志中是否存在任何紧急级别的条目？

第 18 章 Chapter 18

systemd 终曲

目标

在本章中，你将学习如下内容：

❏ 创建一个定期运行 Bash 脚本的 systemd 定时器。

❏ 设定一个只在特定时间运行一次的 systemd 定时器。

❏ 将 systemd 安全性应用于 /home 目录及其内容。

❏ 如何使用 systemd cgroups 进行资源管理？

18.1　概述

尽管我们之前已经深入探讨了 systemd，但我们的讨论尚未结束。本章是关于 systemd 的最后一章。

我们将快速回顾日历事件表达式以及使用日历事件表达式的定时器，同时我们也将探讨如何通过 systemd 为 /home 目录添加额外的安全层。最后，我们将探讨如何使用 systemd cgroups 进行资源管理。

在本章中，所有实验都必须以 root 用户执行。

18.2　日历事件表达式回顾

日历事件表达式是触发定时器在指定时间运行的关键部分。虽然我们已经学习过日历事件表达式，但现在让我们快速回顾一下，重点是如何在定时器中使用它们。

systemd 及其定时器使用不同于 crontab 格式的时间和日期表达式。它比 crontab 更灵活，允许以 at 命令的方式使用模糊日期和时间。对使用者来说，它应该也是足够熟悉且容易理解的。

使用 OnCalendar= 的 systemd 定时器的基本格式是 DOW YYYY-MM-DD HH:MM:SS。
DOW（星期几）是可选的，其他字段可以使用星号（*）匹配该位置的任何值。所有不同的
日历时间形式都被转换为一种规范化形式以供使用。如果未指定时间，则假定为 00:00:00。
此外，如果未指定日期但指定了时间，系统则会根据当前时间判断下一个触发点是今天还
是明天。月份和星期的日期可以使用名称或数字，可以指定每个单位的逗号分隔列表，也
可以使用 ".." 在开始和结束值之间指定单位范围。

值得注意的是，有这样几个有趣的日期指定选项。波浪线（～）可用于指定月份的最
后一天，或距月份最后一天指定天数的日期。斜杠（/）可用于将星期几指定为修饰符。

OnCalendar 语句使用的一些典型日历事件表达式示例及其含义如表 18-1 所示。

表 18-1　OnCalendar 事件表达式示例

日历事件表达式	描述
DOW YYYY-MM-DD HH:MM:SS	基本格式
--*00:15:30	每年每月每日的凌晨 0:15:30
Weekly	每周一 0 时整
Mon*-*-*00:00:00	每周一 0 时整
Mon	每周一 0 时整
Wed 2020-*-*	2020 年每周三 0 时整
Mon..Fri 2021-*-*	2021 年每个工作日的 0 时整
2028-6,7,8-1,15 01:15:00	2028 年 6 月、7 月、8 月的 1 号和 15 号的凌晨 1:15
Mon*-05 ～ 03	任何一年中 5 月的下一个星期一，且为该月底前的第 3 天
Mon..Fri*-8 ～ 4	8 月底前的第 4 天，且为工作日
*-05 ～ 03/2	5 月底前的第 3 天，两天后再来一次。注意，这个表达使用了波浪线（～）。每年都重复
*-05-03/2	5 月的第 3 天，然后在 5 月剩下的日期内每隔两天。每年都重复

请记住一点，默认情况下 systemd-analyze calendar 工具仅显示每个时间戳的下一次触发
时间。你还可以使用 --iterations=X 作为修饰符，以显示给定表达式的下一个 X 次迭代过程。

18.3　systemd 定时器

目前，笔者正在探究将 cron 作业转换为 systemd 定时器，虽然笔者已经使用定时器几
年了，但笔者通常只花费足够的时间来探索执行当前正在进行的任务。在为本书和一系列
文章研究 systemd 时，笔者发现 systemd 定时器具有一些非常有趣的功能。

与 cron 作业相似，systemd 定时器可以在指定的时间间隔触发事件，如 shell 脚本和
程序，这些任务可以配置为每天一次，每月的特定一天（比如仅在星期一），或在工作时间
（上午 8 点到下午 6 点）每 15min 触发一次。不过，systemd 定时器还可以执行一些 cron 作
业无法完成的操作。例如，定时器可以在事件发生后的特定时间触发脚本或程序，例如引
导、启动、完成先前任务，甚至是由定时器调用的服务单元的前一个完成等。

当在新系统上安装 Fedora 或任何基于 systemd 的发行版时，安装过程会自动创建多个

定时器，这些定时器是在任何一台 Linux 主机后台执行的系统维护过程的一部分。它们会触发用于执行常见维护任务的事件，如更新系统数据库、清理临时目录、旋转日志文件等。

实验 18-1：在 Fedora 主机上使用 systemd 定时器

接下来看看笔者自己主工作站上的一些定时器。如下所示，使用 `systemctl status *timer` 命令列出主机所有的定时器。星号 (*) 在文件模式匹配时的作用与文件全局通配符一样，因此该命令列出了所有 systemd 定时器单元：

```
[root@studentvm1 ~]# systemctl status *timer
● systemd-tmpfiles-clean.timer - Daily Cleanup of Temporary Directories
     Loaded: loaded (/usr/lib/systemd/system/systemd-tmpfiles-clean.
     timer; static)
     Active: active (waiting) since Thu 2023-05-04 08:21:53 EDT; 4h 53min ago
    Trigger: Fri 2023-05-05 08:37:15 EDT; 19h left
   Triggers: ● systemd-tmpfiles-clean.service
       Docs: man:tmpfiles.d(5)
             man:systemd-tmpfiles(8)

May 04 08:21:53 studentvm1 systemd[1]: Started systemd-tmpfiles-clean.timer -
Daily Cleanup of Temporary Directories.

● fstrim.timer - Discard unused blocks once a week
     Loaded: loaded (/usr/lib/systemd/system/fstrim.timer; enabled; preset:
     enabled)
     Active: active (waiting) since Thu 2023-05-04 08:21:53 EDT; 4h 53min ago
    Trigger: Mon 2023-05-08 00:33:58 EDT; 3 days left
   Triggers: ● fstrim.service
       Docs: man:fstrim

May 04 08:21:53 studentvm1 systemd[1]: Started fstrim.timer - Discard unused
blocks once a week.

● sysstat-collect.timer - Run system activity accounting tool every
10 minutes
     Loaded: loaded (/usr/lib/systemd/system/sysstat-collect.timer; enabled;
     preset: enabled)
     Active: active (waiting) since Thu 2023-05-04 08:21:53 EDT; 4h 53min ago
    Trigger: Thu 2023-05-04 13:20:00 EDT; 4min 53s left
   Triggers: ● sysstat-collect.service

May 04 08:21:53 studentvm1 systemd[1]: Started sysstat-collect.timer - Run
system activity accounting tool every 10 minutes.

● raid-check.timer - Weekly RAID setup health check
     Loaded: loaded (/usr/lib/systemd/system/raid-check.timer; enabled;
     preset: enabled)
     Active: active (waiting) since Thu 2023-05-04 08:21:53 EDT; 4h 53min ago
    Trigger: Sun 2023-05-07 01:00:00 EDT; 2 days left
```

```
      Triggers: ● raid-check.service

May 04 08:21:53 studentvm1 systemd[1]: Started raid-check.timer - Weekly RAID
setup health check.

● sysstat-summary.timer - Generate summary of yesterday's process accounting
     Loaded: loaded (/usr/lib/systemd/system/sysstat-summary.timer; enabled;
     preset: enabled)
     Active: active (waiting) since Thu 2023-05-04 08:21:53 EDT; 4h 53min ago
    Trigger: Fri 2023-05-05 00:07:00 EDT; 10h left
   Triggers: ● sysstat-summary.service

May 04 08:21:53 studentvm1 systemd[1]: Started sysstat-summary.timer -
Generate summary of yesterday's process accounting.

● dnf-makecache.timer - dnf makecache --timer
     Loaded: loaded (/usr/lib/systemd/system/dnf-makecache.timer; enabled;
     preset: enabled)
     Active: active (waiting) since Thu 2023-05-04 08:21:53 EDT; 4h 53min ago
    Trigger: Thu 2023-05-04 13:16:04 EDT; 58s left
   Triggers: ● dnf-makecache.service

May 04 08:21:53 studentvm1 systemd[1]: Started dnf-makecache.timer - dnf
makecache --timer.

● unbound-anchor.timer - daily update of the root trust anchor for DNSSEC
     Loaded: loaded (/usr/lib/systemd/system/unbound-anchor.timer; enabled;
     preset: enabled)
     Active: active (waiting) since Thu 2023-05-04 08:21:53 EDT; 4h 53min ago
    Trigger: Fri 2023-05-05 00:00:00 EDT; 10h left
   Triggers: ● unbound-anchor.service
       Docs: man:unbound-anchor(8)

May 04 08:21:53 studentvm1 systemd[1]: Started unbound-anchor.timer - daily
update of the root trust anchor for DNSSEC.

● plocate-updatedb.timer - Update the plocate database daily
     Loaded: loaded (/usr/lib/systemd/system/plocate-updatedb.timer; enabled;
     preset: enabled)
     Active: active (waiting) since Thu 2023-05-04 08:21:53 EDT; 4h 53min ago
    Trigger: Fri 2023-05-05 11:36:13 EDT; 22h left
   Triggers: ● plocate-updatedb.service

May 04 08:21:53 studentvm1 systemd[1]: Started plocate-updatedb.timer -
Update the plocate database daily.

● logrotate.timer - Daily rotation of log files
     Loaded: loaded (/usr/lib/systemd/system/logrotate.timer; enabled;
     preset: enabled)
     Active: active (waiting) since Thu 2023-05-04 08:21:53 EDT; 4h 53min ago
    Trigger: Fri 2023-05-05 00:00:00 EDT; 10h left
```

```
        Triggers: ● logrotate.service
           Docs: man:logrotate(8)
                 man:logrotate.conf(5)

 May 04 08:21:53 studentvm1 systemd[1]: Started logrotate.timer - Daily
 rotation of log files.
```

每个定时器都至少有六行与之关联的信息,其中第一行是文件名和对其目的的简短描述。第二行显示定时器的状态、是否已加载、定时器单元文件的完整路径以及供应商的预设。第三行显示定时器的活动状态,包括其激活的日期和时间。第四行显示定时器下一次触发的日期和时间,以及触发发生之前的大致时间。第五行则列出了由定时器触发的事件(服务)的名称。

一些 systemd 单元文件具有指向相关文档的指针,但并非全部单元文件都具有。从笔者的虚拟机输出的三个定时器中有指向文档的指针,这是一个不错但可选的数据位。

每个定时器输出的最后一行是由定时器触发的服务的最近实例的日志条目。

笔者建议你阅读主机上定时器的详细信息。你可以看到执行 SAR 数据收集和每日聚合的定时器、SSD 存储设备每周使用 fstrim 释放磁盘空间、日志轮转等功能。

18.3.1 创建定时器

既然可以解构一个或多个现有的定时器来学习它们的工作原理,那现在让我们创建自己的服务单元和一个触发它的定时器单元。为了让这个过程容易一些,我们将采用一个较为简单的示例。在这之后,我们将更容易理解其他定时器的工作原理以及它们在执行什么任务。

实验 18-2:创建定时器

首先,我们将创建一个基础服务单元,用来执行一些简单的任务,比如运行 `free` 命令来定期监控系统的可用内存。为此,我们需要在 /etc/systemd/system 目录中创建以下 myMonitor.service 单元文件,此服务单元文件不需要可执行权限:

```
# This service unit is for testing timer units
# By David Both
# Licensed under GPL V2
#

[Unit]
Description=Logs system statistics to the systemd journal
Wants=myMonitor.timer

[Service]
Type=oneshot
ExecStart=/usr/bin/free

[Install]
WantedBy=multi-user.target
```

　　这是我们可以创建的一个非常基础的服务单元。接下来，我们查看状态并测试服务单元，以确保它能按照预期工作，通过以下命令启动服务并检查其状态：

```
[root@studentvm1 system]# systemctl status myMonitor.service
● myMonitor.service - Logs system statistics to the systemd journal
    Loaded: loaded (/etc/systemd/system/myMonitor.service; disabled; vendor
    preset: disabled)
    Active: inactive (dead)
[root@studentvm1 system]# systemctl start myMonitor.service
[root@studentvm1 system]#
```

　　默认情况下，systemd 服务单元运行的程序的标准输出会被发送到 systemd 的日志系统中，它会留下一个记录，供我们现在或将来查看：

```
[root@studentvm1 system]# systemctl status myMonitor.service
○ myMonitor.service - Logs system statistics to the systemd journal
    Loaded: loaded (/etc/systemd/system/myMonitor.service; disabled; preset:
    disabled)
    Active: inactive (dead)

May 04 16:04:09 studentvm1 systemd[1]: Starting myMonitor.service - Logs
system statistics to the systemd journal...
May 04 16:04:09 studentvm1
free[2338]:                total        used        free        shared
buff/cache    available
May 04 16:04:09 studentvm1 free[2338]:
Mem:        16367772      302556      15190668        7124      874548
15786704
May 04 16:04:09 studentvm1 free[2338]: Swap:          8388604
0      8388604
May 04 16:04:09 studentvm1 systemd[1]: myMonitor.service: Deactivated
successfully.

May 04 16:04:09 studentvm1 systemd[1]: Finished myMonitor.service - Logs
system statistics to the systemd journal.
[root@studentvm1 system]#
```

　　查看日志，特别是针对我们的服务单元。-S 选项是 --since 的简写版本，它允许我们指定 journalctl 工具应搜索条目的时间范围。这不仅是因为我们不关心先前的结果，实际上在我们的例子中不会有任何结果，它是为了缩短主机长期运行并在日志中积累了大量条目时所花费的搜索时间。

　　这个命令显示的数据与我们之前使用 systemctl status 命令看到的相同。之前的命令只会显示有限的历史数据，而下面的命令可以显示我们需要的所有数据：

```
[root@studentvm1 system]# journalctl -S today -u myMonitor.service
May 04 16:04:09 studentvm1 systemd[1]: Starting myMonitor.service - Logs
system statistics to the systemd journal...
```

```
May 04 16:04:09 studentvm1
free[2338]:                    total       used       free     shared   buff/
cache    available
May 04 16:04:09 studentvm1 free[2338]:
Mem:       16367772       302556    15190668       7124       874548
15786704
May 04 16:04:09 studentvm1 free[2338]: Swap:           8388604          0
8388604
May 04 16:04:09 studentvm1 systemd[1]: myMonitor.service: Deactivated
successfully.
May 04 16:04:09 studentvm1 systemd[1]: Finished myMonitor.service - Logs
system statistics to the systemd journal.
[root@studentvm1 system]#
```

如我们所见，由服务触发的任务可以是单个程序，也可以是一系列程序，或者是用任何脚本语言编写的脚本。现在我们向服务添加另一个任务，在 myMonitor.service 单元文件的 [Service] 部分的末尾添加以下行：

```
# This service unit is for testing timer units
# By David Both
# Licensed under GPL V2
#

[Unit]
Description=Logs system statistics to the systemd journal
Wants=myMonitor.timer

[Service]
Type=oneshot
ExecStart=/usr/bin/free
ExecStart=/usr/bin/lsblk -i

[Install]
WantedBy=multi-user.target
```

再次启动服务并检查日志结果，你应该在日志中看到两个命令的结果，如下所示：

```
[root@studentvm1 system]# journalctl -S today -u myMonitor.service
May 04 16:21:33 studentvm1 systemd[1]: Starting myMonitor.service - Logs
system statistics to the systemd journal...
May 04 16:21:33 studentvm1 free[2436]:                total       used
free      shared   buff/cache   available
May 04 16:21:33 studentvm1 free[2436]: Mem:        16367772       318188
15168016       7120       881568    15770784
May 04 16:21:33 studentvm1 free[2436]: Swap:          8388604          0
8388604
May 04 16:21:33 studentvm1 lsblk[2437]: NAME                    MAJ:MIN RM
SIZE RO TYPE MOUNTPOINTS
May 04 16:21:33 studentvm1 lsblk[2437]: sda                         8:0
```

```
0    60G  0 disk
May 04 16:21:33 studentvm1 lsblk[2437]: |-sda1                          8:1
0    1M   0 part
May 04 16:21:33 studentvm1 lsblk[2437]: |-sda2                          8:2
0    1G   0 part /boot
May 04 16:21:33 studentvm1 lsblk[2437]: |-sda3                          8:3
0    1G   0 part /boot/efi
May 04 16:21:33 studentvm1 lsblk[2437]: `-sda4                          8:4
0    58G  0 part
May 04 16:21:33 studentvm1 lsblk[2437]:   |-fedora_studentvm1-root 253:0
0    2G   0 lvm  /
May 04 16:21:33 studentvm1 lsblk[2437]:   |-fedora_studentvm1-usr  253:1
0    15G  0 lvm  /usr
May 04 16:21:33 studentvm1 lsblk[2437]:   |-fedora_studentvm1-tmp  253:2
0    5G   0 lvm  /tmp
May 04 16:21:33 studentvm1 lsblk[2437]:   |-fedora_studentvm1-var  253:3
0    10G  0 lvm  /var
May 04 16:21:33 studentvm1 lsblk[2437]:   |-fedora_studentvm1-home 253:4
0    4G   0 lvm  /home
May 04 16:21:33 studentvm1 lsblk[2437]:   `-fedora_studentvm1-test 253:5
0    500M 0 lvm  /test
May 04 16:21:33 studentvm1 lsblk[2437]: sdb                            8:16
0    20G  0 disk
May 04 16:21:33 studentvm1 lsblk[2437]: |-sdb1                         8:17
0    2G   0 part
May 04 16:21:33 studentvm1 lsblk[2437]: |-sdb2                         8:18
0    2G   0 part
May 04 16:21:33 studentvm1 lsblk[2437]: `-sdb3                         8:19
0    16G  0 part
May 04 16:21:33 studentvm1 lsblk[2437]:   |-NewVG--01-TestVol1       253:6
0    4G   0 lvm  /TestFS
May 04 16:21:33 studentvm1 lsblk[2437]:   `-NewVG--01-swap           253:7
0    2G   0 lvm
May 04 16:21:33 studentvm1 lsblk[2437]: sdc                           8:32
0    2G   0 disk
May 04 16:21:33 studentvm1 lsblk[2437]: `-NewVG--01-
TestVol1      253:6    0    4G  0 lvm  /TestFS
May 04 16:21:33 studentvm1 lsblk[2437]: sdd                           8:48
0    2G   0 disk
May 04 16:21:33 studentvm1 lsblk[2437]: sr0                           11:0
1 1024M  0 rom
May 04 16:21:33 studentvm1 lsblk[2437]:
zram0                              252:0    0    8G  0 disk [SWAP]
May 04 16:21:33 studentvm1 systemd[1]: myMonitor.service: Deactivated
successfully.
May 04 16:21:33 studentvm1 systemd[1]: Finished myMonitor.service - Logs
```

system statistics to the systemd journal.

既然我们已验证服务单元按预期运行，接下来我们将在 /etc/systemd/system 目录中创建定时器单元文件 myMonitor.timer，并添加以下内容：

```
# This timer unit is for testing
# By David Both
# Licensed under GPL V2
#

[Unit]
Description=Logs some system statistics to the systemd journal
Requires=myMonitor.service

[Timer]
Unit=myMonitor.service
OnCalendar=*-*-* *:*:00

[Install]
WantedBy=timers.target
```

在 myMonitor.timer 文件中的 OnCalendar 时间表达式应该触发定时器 1min 执行 1 次 myMonitor.service 单元。

当计时器触发时，我们希望观察任何与服务运行有关的日志条目。虽然我们也可以跟踪计时器，但跟踪服务可以让我们几乎实时地看到结果。使用如下 -f 选项运行 journalctl：

```
[root@studentvm1 system]# journalctl -S today -f -u myMonitor.service
```

接下来让我们启动但不启用定时器，看看它运行一段时间后会发生什么：

```
[root@studentvm1 ~]# systemctl start myMonitor.timer
```

在进行定时器的测试后，我们立即得到一个结果，然后每隔 1min 得到下一个结果。观察日志几分钟，看看是否注意到了和笔者看到的相同的事情。

检查定时器和服务的状态。

像笔者一样，你可能在日志中至少注意到了两件事。首先，我们无须采取任何特殊措施来使 myMonitor.service 单元中 ExecStart 触发的 STDOUT 存储在日志中。这都是使用 systemd 运行服务的一部分。但是，这意味着你应该小心从服务单元运行脚本以及它们生成了多少 STDOUT。

笔者注意到的第二件事是，定时器并没有精确地在整点的秒时触发，甚至不会在上一个实例的 1min 之后准确触发。这是有意为之的，但如果有必要或者你作为系统管理员感到不悦，可以进行覆盖重写。

这样设计是为了防止多个服务在完全相同的时间触发。例如，正如你在接下来看到的，你可以使用诸如"Weekly""Daily"等时间表达式。这些快捷方式都被定义为在触发它们那一天的 00:00:00 生效。以这种方式指定多个定时器，它们很有可能会尝试同时启动。

systemd 定时器被有意设计成在指定的时间周围以相对随机的方式触发，以尽量防止同时触发。定时器在一个时间窗口内半随机地触发，该时间窗口最早开始于指定的触发时间，最迟开始于指定的时间加 1min。根据 systemd.timer 手册页，此触发时间相对于所有其他已定义的定时器单元保持在一个稳定的位置。你可以通过前面的日志条目看到，定时器在启动时立即触发，然后在每分钟的 46s 或 47s 再次触发。

大多数情况下，这种概率触发时间是可以接受的。在安排像数据备份这样的任务运行时，只要它们在非工作时间运行，就不会出现问题。系统管理员选择了一个确定性的启动时间，例如典型的 cron 作业表达式中的 01:05:00，以避免与其他任务发生冲突，但有许多时间值可以实现这一目标。在这样的启动时间中加入 1min 的随机性通常是无关紧要的。

然而，对于某些任务来说，确切的触发时间不仅是可取的，而且是绝对必要的。针对它们，我们可以通过在定时器单元文件的 Timer 部分添加类似以下语句来指定更高的触发时间跨度精度，精确到 μs：

AccuracySec=1us

时间跨度可用于指定所需的准确性，以及定义重复或一次性事件。系统识别以下单位：
- usec, us, μs
- msec, ms
- seconds, second, sec, s
- minutes, minute, min, m
- hours, hour, hr, h
- days, day, d
- weeks, week, w
- months, month, M（定义为 30.44 天）
- years, year, y（定义为 365.25 天）

位于 /usr/lib/systemd/system 中的所有默认定时器都指定了更大范围的准确性，因为精确的时间并不重要。让我们来看一下。

实验 18-3：探索定时器单元文件

查看系统创建的一些定时器中的表达式：

```
[root@studentvm1 system]# grep Accur /usr/lib/systemd/system/*timer
/usr/lib/systemd/system/fstrim.timer:AccuracySec=1h
/usr/lib/systemd/system/logrotate.timer:AccuracySec=1h
/usr/lib/systemd/system/plocate-updatedb.timer:AccuracySec=20min
/usr/lib/systemd/system/raid-check.timer:AccuracySec=24h
/usr/lib/systemd/system/unbound-anchor.timer:AccuracySec=24h
[root@studentvm1 system]#
```

这些精度的设置范围从 20min ～ 24h，相当广泛。这个值取决于定时器启动的每个程序所需的及时性程度。有些比其他的更为关键。

查看 /usr/lib/systemd/system 目录中一些定时器单元文件的完整内容，进而了解它们的构造方式。

在我们的实验中，不需要启用定时器以便在启动时激活它，执行此操作的命令如下（但请不要执行）：

[root@studentvm1 system]# systemctl enable myMonitor.timer

我们创建的单元文件不需要具有可执行权限。我们也没有启用服务单元，因为它由定时器触发。尽管如此，如果需要的话我们仍然可以从命令行手动触发服务单元。尝试一下并观察日志。

现在停止定时器：

[root@studentvm1 ~]# **systemctl stop myMonitor.timer**
[root@studentvm1 ~]# **systemctl status myMonitor.timer**
○ myMonitor.timer - Logs some system statistics to the systemd journal
  Loaded: loaded (/etc/systemd/system/myMonitor.timer; disabled; preset:
  disabled)
  Active: inactive (dead)
  Trigger: n/a
  Triggers: ● myMonitor.service

May 04 16:30:10 studentvm1 systemd[1]: Started myMonitor.timer - Logs some
system statistics to the systemd journal.
May 04 16:42:43 studentvm1 systemd[1]: myMonitor.timer: Deactivated
successfully.
May 04 16:42:43 studentvm1 systemd[1]: Stopped myMonitor.timer - Logs some
system statistics to the systemd journal.
See the man pages for systemd.timer and systemd.time for more information
about timer accuracy, event time expressions, and trigger events.

18.3.2　定时器类型

systemd 定时器具有 cron 所没有的额外功能，cron 只会在特定的重复实时日期和时间上触发。systemd 定时器可以配置为基于其他 systemd 单元的状态更改而触发。例如，定时器可以配置为在系统引导后、启动后或定义的服务单元激活后的特定运行时间后触发，这些称为单调定时器。单调是指一个不断增加的计数或序列。这些定时器不是持久的，因为它们在每次启动后都会重置。

表 18-2 列出了单调定时器和每个定时器的简短定义，以及 OnCalendar 定时器——它不是单调的，用于指定未来的特定时间，可能是重复的也可能不是。此信息来自 systemd.timer 手册页，对其稍作了修改。

表 18-2　systemd 定时器定义列表

定时器	单调性	定义
OnActiveSec=	×	定义了一个与定时器被激活的那一刻相关的定时器
OnBootSec=	×	定义了一个与机器启动时间相关的计时器

（续）

定时器	单调性	定义
OnstartupSec=	×	定义了一个与服务管理器首次启动相关的计时器。对于系统定时器来说，这个定时器与 OnBootSec= 类似，因为系统服务管理器在机器启动后很短的时间后就会启动。当以在每个用户服务管理器中运行的单元进行配置时，它尤其有用，因为用户的服务管理器通常在首次登录后启动，而不是机器启动后
OnUnitActiveSec=	×	定义了一个与将要激活的定时器上次激活时间相关的定时器
OnUnitInactiveSec=	×	定义了一个与将要激活的定时器上次停用时间相关的定时器
OnCalendar=		定义了一个有日期事件表达式语法的实时（时钟）定时器。查看 systemd.time(7) 的手册页获取更多与日历事件表达式相关的语法信息。除此以外，它的语义和 OnActiveSec= 类似。这个计时器与 cron 服务中使用的计时器最相似

　　这些单调定时器可以使用与前面讨论过的 AccuracySec 语句相同的缩写名称，但 systemd 将这些名称标准化为秒。例如，你可能希望指定一个在系统启动后五天内触发一次事件的定时器，可能看起来像这样：OnBootSec=5d。如果主机在 2020-06-15 09:45:27 启动，那么定时器将在 2020-06-20 09:45:27 或之后的 1min 内触发。

18.4　使用 systemd-homed 实现主目录安全

　　systemd-homed 是一个相对较新的服务，扩展了 systemd 的功能，使其能够管理用户的主目录，特别是管理 UID 范围在 0 ～ 999 之间的人类用户，而不涉及管理系统用户。

18.4.1　systemd-homed 的定义

　　systemd-homed 服务旨在支持独立于底层计算机系统的用户账户可移植性。一个实际的例子就是，你可以将主目录存储在 USB 闪存驱动器上，并能够将其插入任何系统，该系统将自动识别并挂载它。根据 systemd 的首席开发者 Lennart Poettering 的说法，除非用户已登录，否则不允许任何人访问用户的主目录。systemd-homed 服务被设计为一种特别适用于移动设备（如笔记本计算机）的安全性增强。它似乎也是一个在容器中可能有用的工具。

　　为了实现这一目标，所有用户元数据都必须包含在主目录中。用户账户信息存储在身份文件 ~/.identity 中，该文件仅在输入密码时由 systemd-homed 访问。所有账户元数据都存储在此文件中，包括 Linux 需要了解有关你的一切，以便主目录可以在使用 systemd-homed 的任何 Linux 主机之间进行移植。这样就避免了在你可能需要使用的每个系统上使用存储密码的账户。

　　此外，主目录还可以使用你的密码进行加密，该密码在 systemd-homed 中，存储在你的主目录中，包含所有用户元数据。你的加密密码不存储在任何其他地方，因此任何人都无法访问。尽管用于加密和存储现代 Linux 系统密码的方法被认为是无法破解的，但最好的保障是防止首次访问。对其安全性无懈可击的假设导致许多人走上了毁灭之路。

　　systemd-homed 主要是为便携设备设计的，如笔记本计算机。Poettering 表示："Homed 主要用于客户机，比如笔记本计算机，因此你可能会经常从这些设备上进行 SSH 连接。"它不适用于通过电缆连接或锁定在服务器房间中的服务器或工作站。

在笔者使用的 Fedora 发行版中，systemd-homed 服务在新安装时启用且是默认启动的。这是有意设计的，笔者不希望改变。在具有现有文件系统的系统上，保留现有分区、逻辑卷和用户账户的升级或重新安装都不会以任何方式受到影响或更改。

18.4.2 创建受控用户

使用诸如 useradd 之类的传统工具创建的账户和主目录不受 systemd-homed 管理。因此，如果继续使用传统的用户管理工具，你的主目录将不受 systemd-homed 管理。在新安装期间创建的非 root 用户账户中仍然如此。

18.4.3 homectl 命令

homectl 命令用于创建由 systemd-homed 管理的用户账户。只需使用 homectl 命令创建一个新账户，即可生成使主目录可移植所需的元数据。

homectl 命令手册页很好地解释了 systemd-homed 服务的目标和功能。同时，阅读 homectl 手册页是非常有趣的，特别是示例部分。文章的五个示例中，有三个示例展示了如何创建具有特定限制的用户账户，例如最大并发进程数或最大磁盘空间。

在不使用 homectl 的环境中，可以使用 /etc/security/limits.conf 文件来强制执行这些限制。其唯一优势是它可以通过单个命令添加用户并应用限制。而使用传统方法，limits.conf 文件必须由系统管理员手动配置。

18.4.4 局限性

笔者所知道的唯一重要的限制是，无法使用 OpenSSH 远程访问用户主目录。因为当前的可插拔认证模块（Pluggable Authentication Module，PAM）无法提供对由 homectl 管理的主目录的访问权限。Poettering 对于是否能克服这一限制表示怀疑。这个限制将阻止笔者在自己的主工作站或甚至在笔者的笔记本计算机上使用 systemd-homed 作为笔者的主目录。笔者通常每天会多次通过 SSH 远程登录这两台计算机，因此这对笔者来说是一个致命的问题。笔者所知的另一个限制是，你还需要一台运行有 systemd-homed 的 Linux 计算机来使用带有主目录的 USB 闪存驱动器。

18.4.5 可选性

如果你觉得 systemd-homed 不适合你的需求，那么完全可以不使用它。笔者目前没有在使用它，而且在可见的将来也没有打算使用它，或者说笔者几乎肯定永远不会使用它。笔者打算继续按照以前的方式进行，使用传统的用户管理工具。对于略知一二的一些发行版，包括笔者正在使用的 Fedora，它们的默认设置是启用并运行 systemd-homed 服务。你可以禁用并停止 systemd-homed 服务，这对传统用户账户没有任何影响，笔者已经这样做了。

18.5 使用 systemd 进行资源管理

作为一名系统管理员，意外耗尽计算资源是极其令人沮丧的。不止一次，笔者遇到了分区中所有可用的磁盘空间被完全耗尽，RAM 被耗尽以及 CPU 资源不足以在合理时间内完成任务的情况。资源管理是系统管理员执行的最重要的任务之一。

资源管理的目的是确保所有进程对它们需要的系统资源具有相对平等的访问权限。资源管理还包括确保在必要时添加 RAM、硬盘空间和 CPU 容量，或在不可能时对其加以限制。无论是故意的还是无意的，那些独占系统资源的用户都应该被阻止。

我们有工具可以监视和管理各种系统资源。诸如 top 和许多类似的工具允许我们监视内存、I/O、存储（磁盘、SSD 等）、网络、交换空间、CPU 使用率等。这些工具，特别是以 CPU 为中心的工具，大多基于运行进程是控制单元的范式。它们充其量提供了一种调整 nice 值（通过这种方式调整优先级）或终止正在运行的进程的方法。

在 SystemV 环境中基于传统资源管理的其他工具包括 /etc/security/limits.conf 文件和位于 /etc/security/limits.d 目录中的本地配置文件。资源可以通过用户或用户组以相当简单但实用的方式进行限制。可以管理的资源包括 RAM 的各个方面、每天的总 CPU 时间、总数据量、优先级、nice 值、并发登录数、进程数、最大文件大小等。

18.5.1　使用 cgroups 对进程进行管理

在 systemd 和 SystemV 中处理进程的方式有一个显著区别。SystemV 将每个进程视为一个独立的实体。systemd 将相关进程收集到一个叫作 cgroups 的控制组中，并为整个 cgroups 管理系统资源，这意味着可以按应用程序而不是构成应用程序的单个进程来管理资源。

cgroups 的控制单元是切片（slice）单元。切片是一种概念化，允许 systemd 以树状格式对进程进行排序以便更容易进行管理。笔者在一篇由 Red Hat 的 Steve Ovens 撰写的文章[⊖]中找到了以下描述，该文章提供了一个很好的示例，来说明系统本身是如何使用 cgroups 的：

正如你可能已经了解或不了解的那样，Linux 内核负责确保系统上的所有硬件可靠地进行交互。这意味着除了使操作系统能够理解硬件的代码位（驱动程序）之外，它还限制了特定程序可以从系统中索取多少资源。这在讨论系统必须在所有可能执行的计算机应用程序中分配多少内存时最容易理解。在其最基本的形式中，Linux 系统允许大多数应用程序无限制地运行。如果所有应用程序都能按照规定的方式运行，对于一般计算来说可能是很好的。但是如果程序中存在错误，并且它开始消耗所有可用内存该怎么办？内核有一个称为 Out Of Memory（OOM）Killer 的设施。它的工作是停止应用程序以释放足够的 RAM，进而操作系统可以继续运行而不崩溃。

你可能会问，这很好，但和 cgroups 有什么关系？实际上，OOM 进程在系统崩溃之前充当了最后的防线。它在某种程度上是有用的，但由于内核可以控制哪些进程必须在 OOM 中幸存，它也可以确定哪些应用程序一开始就不能消耗太多 RAM。

因此，cgroups 是内核内置的一种设施，允许管理员在系统上对任何进程设置资源利用限制。通常，cgroups 控制：

⊖　Steve Ovens, "A Linux sysadmin's introduction to cgroups", www.redhat.com/sysadmin/cgroups-part-one, Enable Sysadmin, 2020。

❑ 每个进程的 CPU 份额数量。

❑ 每个进程的内存限制。

❑ 每个进程的块设备 I/O。

❑ 哪些网络数据包被标识为相同类型，以便其他应用程序可以强制执行网络流量规则。

除了这些之外，还有更多的方面，但这些是大多数管理员关心的主要类别。

实验 18-4：查看 cgroups

现在我们从一些允许我们查看有关 cgroups 的各种类型信息的命令开始。`systemctl status <service>` 命令显示有关指定服务的切片信息，包括它自己的切片。以下示例显示了 at 守护程序：

```
[root@studentvm1 ~]# systemctl status atd.service
● atd.service - Deferred execution scheduler
    Loaded: loaded (/usr/lib/systemd/system/atd.service; enabled; preset:
    enabled)
    Active: active (running) since Thu 2023-05-04 08:22:16 EDT; 13h ago
      Docs: man:atd(8)
  Main PID: 1324 (atd)
     Tasks: 1 (limit: 19130)
    Memory: 252.0K
       CPU: 4ms
    CGroup: /system.slice/atd.service
            └─1324 /usr/sbin/atd -f

May 04 08:22:16 studentvm1 systemd[1]: Started atd.service - Deferred
execution scheduler.
```

这是一个很好的例子，解释了为什么笔者认为 systemd 比 SystemV 和旧的 init 程序更便于使用；在这里，systemd 能够提供比 SystemV 更多的信息。cgroups 条目包括分层结构，其中 system.slice 是 systemd（PID 1），而 atd.service 位于 system.slice 的下一级，并且是 system.slice 的一部分。cgroup 条目的第二行还显示了进程 ID（PID）和用于启动守护程序的命令。

`systemctl` 命令允许我们查看多个 cgroup 条目。--all 选项显示所有切片，包括当前未激活的：

```
[root@studentvm1 ~]# systemctl -t slice --all
UNIT                          LOAD   ACTIVE SUB    DESCRIPTION
-.slice                       loaded active active Root Slice
system-getty.slice            loaded active active Slice /
                              system/getty
system-lvm2\x2dpvscan.slice   loaded active active Slice /system/
                              lvm2-pvscan
system-modprobe.slice         loaded active active Slice /system/
                              modprobe
system-sshd\x2dkeygen.slice   loaded active active Slice /system/
```

```
                                    sshd-keygen
system-systemd\x2dfsck.slice        loaded active active Slice /system/
                                    systemd-fsck
system-systemd\x2dzram\x2dsetup.slice loaded active active Slice /system/
                                    systemd-zram-setup
system.slice                        loaded active active System Slice
user-0.slice                        loaded active active User Slice
                                    of UID 0
user-1000.slice                     loaded active active User Slice of
                                    UID 1000
user-984.slice                      loaded active active User Slice
                                    of UID 984
user.slice                          loaded active active User and
                                    Session Slice

LOAD   = Reflects whether the unit definition was properly loaded.
ACTIVE = The high-level unit activation state, i.e. generalization of SUB.
SUB    = The low-level unit activation state, values depend on unit type.
12 loaded units listed.
To show all installed unit files use 'systemctl list-unit-files'.
```

在上述数据中首先需要注意的是，它显示了 UID 0（root）和 1000（笔者的用户登录）的用户切片。这里只列出了每个切片的信息，但没有显示每个切片中包含的服务。因此，从这些数据中很明显可以看出，每个用户在登录时都会创建一个切片。这可以提供一种将该用户的所有任务作为单个 cgroup 实体进行管理的手段。

18.5.2　探索 cgroups 的层次结构

到目前为止一切进展顺利，然而，需要注意的是 cgroups 是分层的，所有服务单元都作为这些 cgroups 的成员运行。查看这个层次结构很容易，使用了一个旧的命令和一个属于 systemd 的新命令。

实验 18-5：cgroups

ps 命令可用于映射进程及其在 cgroups 层次结构中的位置。需要注意的是，使用 ps 命令时，你需要指定要显示的数据列，这有助于减少输出量，但尽量留下足够的内容，以便你可以感受一下在自己的系统上可能发现的情况：

```
[root@studentvm1 ~]# ps xawf -eo pid,user,cgroup,args
  PID USER    CGROUP              COMMAND
    2 root    -                   [kthreadd]
    3 root    -                    \_ [rcu_gp]
    4 root    -                    \_ [rcu_par_gp]
    5 root    -                    \_ [slub_flushwq]
<SNIP>
```

```
1154 root     0::/system.slice/gssproxy.s /usr/sbin/gssproxy -D
1175 root     0::/system.slice/sshd.servi sshd: /usr/sbin/sshd -D
               [listener] 0 of 10-100 startups
1442 root     0::/user.slice/user-0.slice  \_ sshd: root [priv]
1454 root     0::/user.slice/user-0.slice  |   \_ sshd: root@pts/0
1455 root     0::/user.slice/user-0.slice  |       \_ -bash
1489 root     0::/user.slice/user-0.slice  |           \_ screen
1490 root     0::/user.slice/user-0.slice  |               \_ SCREEN
1494 root     0::/user.slice/user-0.slice  |                   \_ /
               bin/bash
4097 root     0::/user.slice/user-0.slice  |                   |   \_ ps
               xawf -eo pid,user,cgroup,args
4098 root     0::/user.slice/user-0.slice  |                   |   \_ less
2359 root     0::/user.slice/user-0.slice  |                   \_ /
               bin/bash
2454 root     0::/user.slice/user-0.slice  \_ sshd: root [priv]
2456 root     0::/user.slice/user-0.slice  |   \_ sshd: root@pts/3
2457 root     0::/user.slice/user-0.slice  |       \_ -bash
3014 root     0::/user.slice/user-1000.sl \_ sshd: student [priv]
3027 student  0::/user.slice/user-1000.sl     \_ sshd: student@pts/4
3028 student  0::/user.slice/user-1000.sl         \_ -bash
1195 colord   0::/system.slice/colord.ser /usr/libexec/colord
<SNIP>
```

我们可以使用 systemd-cgls 命令查看整个层次结构，这相对简单，因为它不需要复杂的选项。

同时，笔者也大幅缩短了这个树状视图。这是在 StudentVM1 上完成的，大约有 230 行；相比之下，笔者的主工作站上的数据量大约有 400 行：

```
[root@studentvm1 ~]# systemd-cgls
Control group /:
-.slice
├─user.slice (#1323)
│ → user.invocation_id: 05085df18c6244679e0a8e31a9d7d6ce
│ → trusted.invocation_id: 05085df18c6244679e0a8e31a9d7d6ce
│ ├─user-0.slice (#6141)
│ │ → user.invocation_id: 6535078b3c70486496ccbca02a735139
│ │ → trusted.invocation_id: 6535078b3c70486496ccbca02a735139
│ │ ├─session-2.scope (#6421)
│ │ │ → user.invocation_id: 4ce76f4810e04e2fa2f166971241030c
│ │ │ → trusted.invocation_id: 4ce76f4810e04e2fa2f166971241030c
│ │ │ ├─1442 sshd: root [priv]
│ │ │ ├─1454 sshd: root@pts/0
│ │ │ ├─1455 -bash
│ │ │ ├─1489 screen
│ │ │ ├─1490 SCREEN
```

```
│ │ │ ├─1494 /bin/bash
│ │ │ ├─2359 /bin/bash
│ │ │ ├─4119 systemd-cgls
│ │ │ └─4120 less
<SNIP>
│ └─user-1000.slice (#10941)
│   → user.invocation_id: 2b5f1a03abfc4afca295e003494b73b2
│   → trusted.invocation_id: 2b5f1a03abfc4afca295e003494b73b2
│   ├─user@1000.service … (#11021)
│   │ → user.delegate: 1
│   │ → trusted.delegate: 1
│   │ → user.invocation_id: cfd09d6c3cd641d898ddc23e22916195
│   │ → trusted.invocation_id: cfd09d6c3cd641d898ddc23e22916195
│   │ └─init.scope (#11061)
│   │   ├─3017 /usr/lib/systemd/systemd --user
│   │   └─3019 (sd-pam)
│   └─session-5.scope (#11221)
│     → user.invocation_id: a8749076931f425d851c59fd956c4652
│     → trusted.invocation_id: a8749076931f425d851c59fd956c4652
│     ├─3014 sshd: student [priv]
│     ├─3027 sshd: student@pts/4
<SNIP>
│     ├─session-7.scope (#14461)
│     │ → user.invocation_id: f3e31059e0904df08d6b44856aac639b
│     │ → trusted.invocation_id: f3e31059e0904df08d6b44856aac639b
│     │ ├─1429 lightdm --session-child 13 20
│     │ ├─4133 /usr/bin/gnome-keyring-daemon --daemonize --login
│     │ ├─4136 xfce4-session
│     │ ├─4300 /usr/bin/VBoxClient --clipboard
│     │ ├─4301 /usr/bin/VBoxClient --clipboard
│     │ ├─4315 /usr/bin/VBoxClient --seamless
│     │ ├─4316 /usr/bin/VBoxClient --seamless
│     │ ├─4321 /usr/bin/VBoxClient --draganddrop
│     │ ├─4326 /usr/bin/VBoxClient --draganddrop
│     │ ├─4328 /usr/bin/VBoxClient --vmsvga-session
│     │ ├─4329 /usr/bin/VBoxClient --vmsvga-session
│     │ ├─4340 /usr/bin/ssh-agent /bin/sh -c exec -l /bin/bash -c
│     │     "startxfce4"
│     │ ├─4395 /usr/bin/gpg-agent --sh --daemon
│     │ ├─4396 xfwm4 --display :0.0 --sm-client-id 2e79712f7-299e-4c6f-
│     │     a503-2f64940ab467
│     │ ├─4409 xfsettingsd --display :0.0 --sm-client-id 288d2bcfd-3264-4caf-
│     │     ac93-2bf552b14688
│     │ ├─4412 xfce4-panel --display :0.0 --sm-client-id 2f57b404c-
│     │     e176-4440-9830-4472e6757db0
```

```
   │   │   ├─4416 Thunar --sm-client-id 21b424243-7aed-4e9e-9fc5-
           c3b1421df3fa –daemon
<SNIP>
```

这个树状视图显示了所有用户和系统切片以及每个 cgroup 中运行的服务和程序。特别值得注意的是，在之前的列表中的 user-1000.slice 内有范围（scope）单元，它们将相关程序组合成一个可管理的单元。user-1000.slice/session-7.scope cgroup 包含 GUI 桌面程序层次结构，从 LXDM 显示管理器会话开始，包括其所有子任务，如 Bash shell 和 thunar GUI 文件管理器。

范围单元不是在配置文件中定义的，而是在启动一个或多个相关程序时，以编程方式动态生成的。范围单元不会创建或启动作为该 cgroup 的一部分运行的进程，范围内的所有进程都是平等的，没有内部层次结构。范围单元的生命周期从创建第一个进程开始，到销毁最后一个进程结束。

为了观察这一行为，你可以在桌面上打开几个窗口，例如终端模拟器、LibreOffice 或者任何你想要的应用程序，然后切换到一个可用的虚拟控制台并启动像 top 或 Midnight Commander 这样的程序。在主机上运行 `systemd-cgls` 命令，注意整体层次结构和范围单元。

　　`systemd-cgls` 命令提供了对 cgroup 层次结构及其组成单位的最完整表示，比笔者发现的其他任何命令都更详细。比起 `ps` 命令，笔者更喜欢 `systemd-cgls` 命令对树状结构更清晰的表示。

18.5.3　使用 systemd 管理 cgroups

　　笔者本来考虑亲自撰写这一部分，但在 Red Hat 的 Enable Sysadmin 网站上找到了 Steve Ovens 的四篇系列文章。笔者已经在之前的内容中发现了这些信息很有帮助，但由于它很好地涵盖了这个主题，而且内容深度超出了本书的范围，因此，笔者决定在这里列出这些文章，方便读者自行阅读：

1）"A Linux sysadmin's introduction to cgroups" [一]
2）"How to manage cgroups with CPUShares" [二]
3）"Managing cgroups the hard way–manually" [三]
4）"Managing cgroups with systemd" [四]

　　尽管一些系统管理员可能需要使用 cgroups 来管理系统资源，但其他许多人可能不需要。如果你需要，最好的入门方式就是阅读上述列出的系列文章。

[一] www.redhat.com/sysadmin/cgroups-part-one, Enable Sysadmin, 2020。

[二] www.redhat.com/sysadmin/cgroups-part-two, Enable Sysadmin, 2020。

[三] www.redhat.com/sysadmin/cgroups-part-three, Enable Sysadmin, 2020。

[四] www.redhat.com/sysadmin/cgroups-part-four, Enable Sysadmin, 2020。

总结

在本书关于 systemd 的最后一章，我们首先通过创建一个每分钟触发并在 systemd 日志中产生输出的定时器。使用 journalctl 工具，我们探讨了从日志中提取该数据以及其他数据的各种方法。

此外，我们讨论了 systemd-homed 服务，该服务可用于安全管理漫游用户的主目录。它在便携设备（如笔记本计算机）上很有用，对于那些仅包含自己主目录的 U 盘，并将其插入任何方便的 Linux 计算机的用户来说，它尤其有用。

然而，使用 systemd-homed 的主要限制是不能通过 SSH 远程登录。尽管 systemd-homed 是默认启用的，它也不会影响使用 useradd 命令创建的主目录。需要注意的是，像许多 systemd 工具一样，systemd-homed 是可选的，因此笔者停止并禁用了该服务。

我们还研究了 cgroups 以及它们如何用于管理系统资源，如 RAM 和 CPU。由于使用 cgroups 进行实际资源管理超出了本书所讲解的范围，所以笔者列出了一些由 Steve Ovens 整理的优秀材料的链接，以便提供足够的信息来帮助读者入门。

练习

为了掌握本章所学知识，请完成以下练习：

1. 要实现定时器，需要哪些单元文件？

2. 创建一个定时器单元，在每个月最后一天的凌晨 04:00 后的 10min 内触发。它应该只是向 systemd 日志添加你选择的文本字符串。

3. 为什么 cgroups 对于资源管理来说很重要？

4. 向系统添加一个受控用户。谁能访问该用户的主目录？ root 用户可不可以访问？

第 19 章 *Chapter 19*

D-Bus 和 udev

目标

在本章中，你将学习如下内容：

❏ Linux 将所有设备视为即插即用的机制解析。

❏ D-Bus 和 udev 的定义及其功能。

❏ D-Bus 和 udev 协同工作以简化设备访问管理的方式。

❏ 如何为 udev 编写规则？

19.1 混乱的 /dev

/dev 目录一直是所有 UNIX 和 Linux 系统存放特殊设备文件的目录。需要注意的是，这些特殊的设备文件（硬件设备文件、虚拟设备文件和伪设备文件）和设备驱动程序是不同的。/dev 目录中的每一个设备文件都代表了一台已经或有可能与当前主机建立连接的物理设备。

过去，设备文件是在操作系统安装时被创建的。这就意味着，所有可能在系统上使用的设备都需要提前创建好对应的设备文件。实际上，操作系统为了确保能够应对各种可能出现的情形，需要创建成千上万的设备文件。然而，由于数量庞大，这使得计算机很难判断哪一个设备文件真正与某一物理设备相关，或设备文件是否存在缺失。

D-Bus 和 udev 这两个关键工具的开发为 Linux 系统提供了一项特殊的能力：使其只在设备需要时（无论是已经安装的设备还是热插拔到正在运行的系统中的设备）才会创建对应的设备文件。

19.1.1 D-Bus 简介

D-Bus 是一个用于进程间通信（Inter-Process Communication）的 Linux 软件接口，它于 2006 年首次发布。在上册第 13 章中，我们学习过一种 IPC 形式，即"命名管道"，其中一个程序将数据送入管道，而另一个程序则从管道中提取数据。

D-Bus 是一个更为复杂且作用于整个系统级别的 IPC 形式。它允许多个内核和系统级进程能够向一个逻辑消息总线发送消息。同时，其他进程会监听这个总线上的消息，并根据需要决定是否对这些消息做出响应。换句话说，D-Bus 是一个消息总线系统，即进程间通信的介质，让应用程序间可以通信并交换消息。

19.1.2　udev 简介

udev 守护进程旨在简化上面提到的 /dev 目录下的设备管理混乱的问题。在启动时，udev 只为那些主机上实际存在或很可能存在的设备在 /dev 目录下创建条目，从而极大地减少了所需的设备文件数量。

udev 不仅能够检测设备状态，还能在这些设备连接插入系统时为它们分配名称，例如 USB 存储设备、打印机以及其他非 USB 类型的设备等。实际上，udev 将所有设备都当作即插即用设备处理，即使在启动时就存在的设备也不例外。这样的处理方式确保了无论是系统启动时还是热插拔过程中，对设备的管理始终保持一致。此外，udev 还把设备命名这一过程从内核空间转移到了用户空间。

udev 项目的联合创始人 Greg Kroah-Hartman 在 *Linux Journal* 上发表了一篇名为《Kernel Korner：udev 用户空间中的持久设备命名》的文章[⊖]。这篇文章深入探讨了 udev 和它的工作机制。它详细描述了 udev 是如何替代旧的 devfs 系统，并在此基础上进行功能改进，可以随时为系统中的设备提供了 /dev 条目，并引入了一些 devfs 本身不具备的功能，例如设备在设备树中移动时的持久命名，灵活的设备命名方案，向外部系统通报设备变化，以及将设备命名策略从内核转移到用户空间等。

请注意，自从该文章发布以来，udev 已经取得了显著的发展。尽管一些具体的细节已经发生了变化（例如 udev 规则的位置和结构），但其整体目标和架构依然保持不变。

udev 在实现持久性即插即用设备命名方面的主要优势在于，它极大程度地降低了普通用户，特别是那些没有技术背景用户的使用难度。从长远角度来看，这无疑是积极的进步。然而，在这一迁移过程中也存在一些挑战和问题。

实验 19-1：正在运行的 udev

本实验需要你在 Linux 图形用户界面的桌面上以 student 用户身份执行。本实验假设 U 盘已经被格式化并且有一个分区。

打开 Thunar 文件管理器，并确保侧面板是可见的。无论它是处于快捷方式模式还是树状模式都没关系，因为在这两种模式下存储设备都是可见的。

首先，将一个可正常使用的 U 盘插入到物理主机。接着，在 StudentVM1 的 VirtualBox 窗口中，通过菜单栏选择 Devices → USB 选项，同时关注 Thunar 文件管理器的窗口。在

⊖ Greg Kroah-Hartman, "Kernel Korner – udev – Persistent Device Naming in User Space", www.linuxjournal.com/article/7316, Linux Journal, 2004.

刚插入的 USB 设备名称旁边打钩，使设备被虚拟机识别，并在 Thunar 的侧面板中展示。
最后，通过执行如下命令来确认新的设备特殊文件是否已在 /dev/ 目录下创建：

```
[root@studentvm1 ~]# ll /dev | grep sd
brw-rw----  1 root    disk      8,   0 May 17 11:35 sda
brw-rw----  1 root    disk      8,   1 May 17 11:35 sda1
brw-rw----  1 root    disk      8,   2 May 17 11:35 sda2
brw-rw----  1 root    disk      8,  16 May 17 11:35 sdb
brw-rw----  1 root    disk      8,  17 May 17 11:35 sdb1
brw-rw----  1 root    disk      8,  18 May 17 11:35 sdb2
brw-rw----  1 root    disk      8,  32 May 17 11:35 sdc
brw-rw----  1 root    disk      8,  48 May 17 11:35 sdd
brw-rw----  1 root    disk      8,  64 May 20 08:29 sde
brw-rw----  1 root    disk      8,  65 May 20 08:29 sde1
```

通过查看上述命令执行的结果，你应该可以注意到最近几分钟内已创建了 /dev/sde 和 /dev/sde1 这两个新的设备文件，其中，/dev/sde 代表整个 USB 设备，而 /dev/sde1 是指该设备上的分区。请注意，这些设备文件的具体名称可能与你在本书前面章节中的实验操作有所不同。

D-Bus 和 udev 服务共同协作，实现了设备文件的创建和管理。这种协作确保了当设备（如上述所操作的 U 盘）被插入系统中时，相应的设备文件能够被及时且正确地生成。D-Bus 在这个过程中负责处理设备事件的通信，而 udev 则负责根据这些事件动态地创建或更新 /dev 目录下的设备文件。这种机制大大简化了设备管理，同时为用户提供了高效且一致的体验。

当你将一个新设备接入主机时，简化流程大致如下，这里要求你的系统已启动且处于 multi-user.target（运行级别 3）或 graphical.target（运行级别 5）状态：

1）用户将一个新设备插入计算机外部的 USB、SATA 或 eSATA 接口中。

2）系统内核检测到该设备的接入，并通过 D-Bus 发送消息来宣告系统有新设备加入。

3）udev 读取在 D-Bus 上发布的消息。

4）udev 根据设备属性及其在硬件总线树中的位置，为新设备创建一个名称（如果还没有名称）。

5）udev 系统会在 /dev 目录下创建特殊设备文件。

6）如果需要新的设备驱动程序，则会加载新驱动程序。

7）设备初始化完毕。

8）udev 可能会向用户的桌面环境发送一个通知，以便桌面能够为新设备显示一个图标，让用户知道有新设备接入。这样，用户便能在图形界面中直观地看到并访问新连接的设备，如 USB 驱动器或外部硬盘。

对于操作系统而言，将新硬件设备热插拔到正在运行中的 Linux 系统并使其正常运行是一个非常复杂的过程，但对用户来说，这个过程非常简单。用户仅需将各类设备（如

USB 和 SATA 存储设备、键盘、鼠标、打印机、显示器等）插入适当的 USB 或 SATA 端口，它便能正常运行。这极大地优化了用户的操作体验。

19.2　udev 的命名规则

udev 将其默认的命名规则存储在 /usr/lib/udev/rules.d 目录下的文件中，并将其本地配置文件存储在 /etc/udev/rules.d 目录中。每个文件都包含一个针对特定设备类型的规则集，通常情况下，笔者不建议去修改这些规则，因为这样做可能会影响系统的稳定性和设备的正确识别。保持这些规则不变有助于确保系统能够按照预设的方式高效、准确地识别和处理各种设备。

早期版本的 udev 创建了许多本地规则集，其中就包括一组用于 NIC 命名的规则。每当 Linux 内核首次识别到一个新的网络接口设备，并由 udev 对该设备进行重命名时，它会根据预设的规则为这块 NIC 分配一个名称，并将所依据的规则记录在特定于网络设备类型的规则集中。在 NIC 名称从传统的"ethX"形式（其中 X 代表数字编号）过渡到更具有可预测性和一致性的命名方案之前，udev 通过这种方式确保了命名的一致性。也就是说，在新的命名规则被广泛采用之前，即使系统的硬件配置发生变化或重启后，udev 也能按照已有的规则重新正确地为每块 NIC 提供相同的、易于管理的名称。

随着 udev 采用一系列标准化的默认规则来确定设备名称，尤其是在 NIC 的命名方面，我们不再需要在本地配置文件中为每个设备单独设置特定的规则，以保持命名的一致性。

实验 19-2：由 udev 对 NIC 重命名

请以 student 用户身份来执行本实验，我们可以通过执行如下命令来检查虚拟机的 dmesg 日志，以观察 udev 是如何修改 NIC 名称的。在这条命令中，我们使用了 grep 语法，过滤出了当前虚拟机 dmesg 日志中所有包含 eth 的日志信息，在执行该命令的过程中，可能还会出现与搜索模式相匹配的其他消息：

```
[student@studentvm1 ~]$ dmesg | grep -i eth
[    7.739484] e1000 0000:00:03.0 eth0: (PCI:33MHz:32-bit) 08:00:27:01:7d:ad
[    7.739524] e1000 0000:00:03.0 eth0: Intel(R) PRO/1000 Network Connection
[    8.142361] e1000 0000:00:09.0 eth1: (PCI:33MHz:32-bit) 08:00:27:ff:c6:4f
[    8.142398] e1000 0000:00:09.0 eth1: Intel(R) PRO/1000 Network Connection
[    8.145736] e1000 0000:00:09.0 enp0s9: renamed from eth1
[    8.149176] e1000 0000:00:03.0 enp0s3: renamed from eth0
```

上述命令输出的结果来自笔者的虚拟机，由于笔者的虚拟机配备了两块 NIC，因此在系统日志（dmesg）中呈现了与这两组相关信息。若在你的操作系统中只配置了一块 NIC，那么在 dmesg 的数据流中，你将仅能看到一组与该 NIC 相关的条目。这表明，由于系统中 NIC 的数量存在差异，你在系统日志中所看到的信息也会有所不同。

我们可以通过上述输出反馈的系统日志中看到两块 NIC 在系统启动后的不同时间被识别。首先，eth0 在启动后大约 7.74s 被识别为 Intel(R) PRO/1000 网络连接。其次，

---

eth1 在 8.14s 左右被识别与 eth0 相同的 Intel 网络连接。紧接着，日志详细记录了 udev 对网络接口的重命名过程，eth1 被重命名为 enp0s9，而 eth0 被重命名为 enp0s3。此项变更反映了 udev 根据硬件设备在系统中的物理或逻辑位置，按照预定规则进行设备命名的机制。Linux 系统通过这种方式可以为网络接口提供一致且可预测的命名，从而简化了网络管理和配置。

19.3 udev 入门指南

udev 是 Linux 系统中向计算机提供有关设备事件信息的子系统。它的主要作用是探测并识别连接至计算机的各类设备，例如网卡适配器、USB 存储设备、鼠标、键盘、操纵杆、游戏手柄以及 DVD-ROM 驱动器等。udev 的设计不仅功能全面，而且还特别注重用户的可操作性，允许用户编写脚本来执行自定义任务，例如当某个硬盘被插入 Linux 系统时，系统会自动执行某个自定义任务。

在本节中，你将学习如何根据 udev 事件编写触发脚本，该脚本会在发生 udev 事件时被触发，比如在插入一个特定 U 盘时就会触发已经设置好的 dev 事件脚本。一旦你掌握了与 udev 交互的方法，你就能利用它来实现多种自动化任务，例如在连接游戏手柄时自动加载对应的驱动程序，或者在连接备份硬盘时自动执行备份。通过掌握这些技术，你的系统将能够更加智能地处理外部设备的连接和断开，从而实现设备管理的高度自动化。

基础脚本

当我们使用 udev 时，分步骤循序渐进是最有效的方法。不要想着一开始就编写一个完整的脚本，而是应该从"验证 udev 是否能够成功触发我们设定的自定义事件"这一基础的脚本开始，从而逐渐理解和掌握 udev 的工作原理。

根据你编写的脚本的最终目标，你可能无法亲眼看到脚本执行的结果，因此让你的脚本日志被成功触发是非常重要的。通常日志文件存放在 root 用户的 /var 目录下，但在测试阶段，建议使用 /tmp 目录，因为它对普通用户开放且会定期清理。这对于测试和记录日志非常方便，有助于有效追踪和管理脚本的测试过程。

实验 19-3：使用 udev 来触发特定脚本

首先，让我们以 root 用户身份打开我们喜欢用的文本编辑器，在文本编辑器中输入如下脚本内容，输入完成后，将这个脚本保存到 /usr/local/bin 目录中，并将其命名为 trigger.sh：

```
#!/usr/bin/bash
/usr/bin/date >> /tmp/udev.log
```

随后，执行 chmod+x 命令使存放在 /usr/local/bin 目录下的 trigger.sh 文件具有可执行的权限：

```
[root@studentvm1 bin]# chmod +x /usr/local/bin/trigger.sh
```

这个 trigger.sh 脚本与 udev 没有直接的关系。当你执行该脚本时，它只会在 /tmp/

udev.log 文件中记录一个当前时间戳。你也可以自己上手测试下这个脚本，看看它实际执行出来的效果：

```
[root@studentvm1 ~]# trigger.sh ; cat /tmp/udev.log
Sun May  7 03:15:03 PM EDT 2023
```

当日志文件中至少存在一行记录后，你可以在另一个终端窗口中执行如下命令来跟踪 /tmp 目录下的 udev.log 文件中新增加的日志条目内容：

```
[root@studentvm1 ~]# tail -f /tmp/udev.log
Sun May  7 03:15:03 PM EDT 2023
Sun May  7 03:15:05 PM EDT 2023
```

首先，让我们返回到原始的终端会话中，再执行几次 trigger.sh 脚本文件。接下来，再返回到执行 **tail -f** 命令的终端中，以确认下新的日志条目能否立即显示出来。这样做的目的是可以验证脚本是否按预期工作正常运行，并确保每次执行时都能在日志文件中正确记录时间戳。

下一步，我们将配置 udev 来触发这个脚本，而不是我们自己来手动触发这个脚本。这涉及编写 udev 规则，使得当发生特定的设备事件（比如 USB 设备插入）时，udev 自动执行你的脚本。这是一个将脚本与系统深度集成的重要步骤，确保脚本能够对系统层面的硬件事件做出响应。

独特的设备标识

为了使 udev 能够在检测到特定的设备事件时触发你的脚本，它需要知道在什么条件下调用这个脚本。在现实生活中，你可以通过 U 盘的颜色、制造商以及你刚将其插入计算机的事实来识别一个 U 盘。然而，你的计算机却需要一系列不同的标准来识别这个设备。

udev 通过设备的序列号、制造商、供应商 ID 和产品 ID 等信息来识别设备。在你的 udev 脚本开发初期，建议设置尽可能宽泛的条件以捕获广泛的设备事件，换句话说，在脚本编写的初始阶段你应该让几乎任何有效的 udev 事件都能触发你的脚本。这样做有利于在初期阶段测试脚本的响应性，并帮助你更好地理解 udev 的工作原理。

以 root 用户身份去执行 udevadm monitor 命令，以此来实时监控那些连接到虚拟机上的各类型设备的输出信息：

```
[root@studentvm1 ~]# udevadm monitor
The monitor function prints received events for:
```

❑ UDEV: the event which udev sends out after rule processing
❑ KERNEL: the kernel uevent

当你执行 udevadm monitor 命令并将 U 盘插入虚拟机时，你可以观察到插入不同设备时屏幕上呈现出的大量信息。在这些信息中，我们需特别关注事件类型为 ADD 的事件，这是辨别我们所需事件类型的有效方法。以下列举了该事件生成数据流的部分内容：

```
KERNEL[24806.003207] add          /devices/pci0000:00/0000:00:0c.0/usb1/1-1 (usb)
KERNEL[24806.007600] add          /devices/pci0000:00/0000:00:0c.0/
```

```
                                        usb1/1-1/1-1:1.0 (usb)
    KERNEL[24806.008133] add            /devices/virtual/workqueue/scsi_tmf_7 (workqueue)
    KERNEL[24806.009826] add            /devices/pci0000:00/0000:00:0c.0/usb1/1-1
                                        /1-1:1.0/host7 (scsi)
    KERNEL[24806.009882] add            /devices/pci0000:00/0000:00:0c.0/usb1/1-1
                                        /1-1:1.0/host7/scsi_host/host7 (scsi_host)
    KERNEL[24806.009953] bind           /devices/pci0000:00/0000:00:0c.0/usb1/1-1
                                        /1-1:1.0 (usb)
    KERNEL[24806.010031] bind           /devices/pci0000:00/0000:00:0c.0/usb1/1-1 (usb)
    UDEV   [24806.019294] add           /devices/virtual/workqueue/scsi_tmf_7
                                        (workqueue)
    UDEV   [24806.024541] add           /devices/pci0000:00/0000:00:0c.0/usb1/1-1 (usb)
    UDEV   [24806.029305] add          /devices/pci0000:00/0000:00:0c.0/usb1/1-1/1-1:1.0 (usb)
    UDEV   [24806.032781] add           /devices/pci0000:00/0000:00:0c.0/usb1/1-1
                                        /1-1:1.0/host7 (scsi)
    UDEV   [24806.036195] add           /devices/pci0000:00/0000:00:0c.0/usb1/1-1
                                        /1-1:1.0/host7/scsi_host/host7 (scsi_host)
    UDEV   [24806.038410] bind          /devices/pci0000:00/0000:00:0c.0/usb1/1-1
                                        /1-1:1.0 (usb)
    UDEV   [24806.051152] bind          /devices/pci0000:00/0000:00:0c.0/usb1/1-1 (usb)
    KERNEL[24807.047146] add            /devices/pci0000:00/0000:00:0c.0/usb1/1-1
                                        /1-1:1.0/host7/target7:0:0 (scsi)
    KERNEL[24807.047255] add            /devices/pci0000:00/0000:00:0c.0/usb1/1-1
                                        /1-1:1.0/host7/target7:0:0/7:0:0:0 (scsi)
    KERNEL[24807.047303] add            /devices/pci0000:00/0000:00:0c.0/usb1/1-1
                                        /1-1:1.0/host7/target7:0:0/7:0:0:0/scsi_
                                        device/7:0:0:0 (scsi_device)
    KERNEL[24807.048012] add            /devices/pci0000:00/0000:00:0c.0/usb1/1-1
                                        /1-1:1.0/host7/target7:0:0/7:0:0:0/scsi_
                                        disk/7:0:0:0 (scsi_disk)
    KERNEL[24807.048128] add            /devices/pci0000:00/0000:00:0c.0/usb1/1-1
                                        /1-1:1.0/host7/target7:0:0/7:0:0:0/scsi_
                                        generic/sg5 (scsi_generic)
    KERNEL[24807.048338] add            /devices/pci0000:00/0000:00:0c.0/usb1/1-1
                                        /1-1:1.0/host7/target7:0:0/7:0:0:0/
                                        bsg/7:0:0:0 (bsg)
    UDEV   [24807.053770] add           /devices/pci0000:00/0000:00:0c.0/usb1/1-1
                                        /1-1:1.0/host7/target7:0:0 (scsi)
    KERNEL[24807.055003] add            /devices/virtual/bdi/8:64 (bdi)
    UDEV   [24807.062903] add           /devices/pci0000:00/0000:00:0c.0/usb1/1-1
                                        /1-1:1.0/host7/target7:0:0/7:0:0:0 (scsi)
    KERNEL[24807.064836] add            /devices/pci0000:00/0000:00:0c.0/usb1/1-1
                                        /1-1:1.0/host7/target7:0:0/7:0:0:0/block/
                                        sde (block)
    KERNEL[24807.064954] add            /devices/pci0000:00/0000:00:0c.0/usb1/1-1
                                        /1-1:1.0/host7/target7:0:0/7:0:0:0/block/sde/
```

```
                                   sde1 (block)
KERNEL[24807.065022] bind          /devices/pci0000:00/0000:00:0c.0/usb1/1-1
                                   /1-1:1.0/host7/target7:0:0/7:0:0:0 (scsi)
<SNIP>
```

通过查看上述事件生成数据流的部分内容，我们可以看到 **udevadm monitor** 命令为我们提供了大量有用的信息。假设你知道你的 U 盘当前在 /dev 目录树中的具体位置，你也可以使用 **udevadm info** 命令来获取关于该设备的详细信息。如果你不确定该 U 盘的位置，你可以尝试先拔出再插入 U 盘，然后立即执行如下命令来获取详细信息：

```
[root@studentvm1 ~]# dmesg | tail | grep -i sd*
[24312.124701] usb 1-1: new high-speed USB device number 3 using xhci_hcd
[24312.412680] usb 1-1: New USB device found, idVendor=abcd, idProduct=1234,
bcdDevice= 1.00
[24312.412695] usb 1-1: New USB device strings: Mfr=1, Product=2,
SerialNumber=3
[24312.412701] usb 1-1: Product: UDisk
[24312.412707] usb 1-1: Manufacturer: General
[24312.412711] usb 1-1: SerialNumber: 14041419271202224970300
[24312.417465] usb-storage 1-1:1.0: USB Mass Storage device detected
[24312.419358] scsi host7: usb-storage 1-1:1.0
[24313.436048] scsi 7:0:0:0: Direct-Access     General   UDisk
5.00 PQ: 0 ANSI: 2
[24313.436968] sd 7:0:0:0: Attached scsi generic sg5 type 0
[24313.440749] sd 7:0:0:0: [sde] 15974400 512-byte logical blocks: (8.18
GB/7.62 GiB)
[24313.442362] sd 7:0:0:0: [sde] Write Protect is off
[24313.442372] sd 7:0:0:0: [sde] Mode Sense: 0b 00 00 08
[24313.443367] sd 7:0:0:0: [sde] No Caching mode page found
[24313.443376] sd 7:0:0:0: [sde] Assuming drive cache: write through
[24313.453063]  sde: sde1
[24313.453672] sd 7:0:0:0: [sde] Attached SCSI removable disk
```

如果上述命令返回了类似于 sde: sde1 的结果，这通常表明你的 U 盘已被系统内核识别并标记为 sde。你可以使用 **lsblk** 命令来查看连接到系统的所有驱动器的详细信息（例如大小、分区等）。另外笔者个人更喜欢使用 **lshw** 命令来列出当前系统中所有已安装硬件设备的详细信息。在本实验中，笔者保留了大量 USB 设备树数据流的完整信息，这些信息将有助于你更加直观地了解它的结构和信息。

你可以在输出结果输入 "/usb" 关键字来快速定位到与 USB 设备列表相关的信息：

```
[root@studentvm1 ~]# lshw | less
studentvm1
    description: Computer
    product: VirtualBox
    vendor: innotek GmbH
    version: 1.2
```

```
     serial: 0
     width: 64 bits
     capabilities: smbios-2.5 dmi-2.5 smp vsyscall32
     configuration: family=Virtual Machine uuid=8DDC4A2F-
     F39F-5344-816C-76A8189CD7BD
  *-core
       description: Motherboard
       product: VirtualBox
       vendor: Oracle Corporation
       physical id: 0
       version: 1.2
       serial: 0
     *-firmware
          description: BIOS
          vendor: innotek GmbH
<SNIP>
          *-usbhost:0
               product: xHCI Host Controller
               vendor: Linux 6.1.18-200.fc37.x86_64 xhci-hcd
               physical id: 0
               bus info: usb@1
               logical name: usb1
               version: 6.01
               capabilities: usb-2.00
               configuration: driver=hub slots=8 speed=480Mbit/s
             *-usb
                  description: Mass storage device
                  product: UDisk
                  vendor: General
                  physical id: 1
                  bus info: usb@1:1
                  logical name: scsi7
                  version: 1.00
                  serial: 1404141927120224970300
                  capabilities: usb-2.00 scsi emulated scsi-host
                  configuration: driver=usb-storage maxpower=100mA
                  speed=480Mbit/s
                *-disk
                     description: SCSI Disk
                     product: UDisk
                     vendor: General
                     physical id: 0.0.0
                     bus info: scsi@7:0.0.0
                     logical name: /dev/sde
                     version: 5.00
                     size: 7800MiB (8178MB)
```

```
                    capabilities: removable
                    configuration: ansiversion=2 logicalsectorsize=512
                    sectorsize=512
                *-medium
                      physical id: 0
                      logical name: /dev/sde
                      size: 7800MiB (8178MB)
                      capabilities: partitioned partitioned:dos
                      configuration: signature=00227f4c
                     *-volume
                    description: Windows FAT volume
                    vendor: MSDOS5.0
                    physical id: 1
                    logical name: /dev/sde1
                    version: FAT32
                    serial: 4c29-7788
                    size: 7799MiB
                    capacity: 7799MiB
                    capabilities: primary bootable fat initialized
                    configuration: FATs=2 filesystem=fat
```

提示： lshw 命令在使用命令参数选项时有一个特别之处，它是极少数使用单短横线（-）来表示多字符参数选项的命令之一。在 Linux 系统中大多数命令会使用双短横线（--）来表示长字符参数选项，使用单短横线（-）来表示单字符参数选项，例如，我们需要显示帮助文档，通常使用 -h 或 --help。

我们可以通过执行如下命令来快速查看当前系统中的硬件设备概览信息，-short 选项可以显著简化输出的硬件信息（包括硬件路径、设备类型、设备标识和简短的描述等）。该参数选项对于快速浏览和获取系统硬件配置的概览信息非常有用，尤其是当你不需要过多详细信息时：

```
[root@studentvm1 ~]# lshw -short
H/W path          Device      Class       Description
==========================================================
                              system      VirtualBox
/0                            bus         VirtualBox
/0/0                          memory      128KiB BIOS
/0/1                          memory      16GiB System memory
/0/2                          processor   Intel(R) Core(TM) i9-7960X CPU
                                          @ 2.80GHz
/0/100                        bridge      440FX - 82441FX PMC [Natoma]
/0/100/1                      bridge      82371SB PIIX3 ISA [Natoma/
                                          Triton II]
/0/100/1.1        scsi5       storage     82371AB/EB/MB PIIX4 IDE
```

```
/0/100/1.1/0.0.0        /dev/cdrom    disk      CD-ROM
/0/100/2                .             display   SVGA II Adapter
/0/100/3                enp0s3        network   82540EM Gigabit Ethernet
                                                Controller
/0/100/4                              generic   VirtualBox Guest Service
/0/100/7                              bridge    82371AB/EB/MB PIIX4 ACPI
/0/100/9                enp0s9        network   82540EM Gigabit Ethernet
                                                Controller
/0/100/c                              bus       7 Series/C210 Series Chipset
                                                Family USB xHCI Host Controller
/0/100/c/0              usb1          bus       xHCI Host Controller
/0/100/c/0/1           scsi7         storage   UDisk
/0/100/c/0/1/0.0.0     /dev/sde      disk      8178MB UDisk
/0/100/c/0/1/0.0.0/0   /dev/sde      disk      8178MB
/0/100/c/0/1/0.0.0/0/1 /dev/sde1     volume    7799MiB Windows FAT volume
/0/100/c/1             usb2          bus       xHCI Host Controller
/0/100/d               scsi0         storage   82801HM/HEM (ICH8M/ICH8M-E)
                                                SATA Controller [AHCI mode]
/0/100/d/0             /dev/sda      disk      64GB VBOX HARDDISK
/0/100/d/0/1           /dev/sda1     volume    1023KiB BIOS Boot partition
/0/100/d/0/2           /dev/sda2     volume    1GiB EXT4 volume
/0/100/d/0/3           /dev/sda3     volume    1023MiB Windows FAT volume
/0/100/d/0/4           /dev/sda4     volume    57GiB LVM Physical Volume
/0/100/d/1             /dev/sdb      disk      21GB VBOX HARDDISK
/0/100/d/1/1           /dev/sdb1     volume    2GiB EXT4 volume
/0/100/d/1/2           /dev/sdb2     volume    2GiB Linux filesystem partition
/0/100/d/1/3           /dev/sdb3     volume    15GiB Linux filesystem partition
/0/100/d/2             /dev/sdc      volume    2GiB VBOX HARDDISK
/0/100/d/3             /dev/sdd      disk      2147MB VBOX HARDDISK
/0/3                                  input     PnP device PNP0303
/0/4                                  input     PnP device PNP0f03
```

通过上述命令返回的结果，我们可以确定我们刚才插入的 U 盘目前在文件系统中的具体位置。你可以执行如下命令查看有关该设备的 udev 信息：

```
[root@studentvm1 ~]# udevadm info -a -n /dev/sde | less
Udevadm info starts with the device specified by the devpath and then
walks up the chain of parent devices. It prints for every device
found, all possible attributes in the udev rules key format.
A rule to match, can be composed by the attributes of the device
and the attributes from one single parent device.

  looking at device '/devices/pci0000:00/0000:00:0c.0/usb1/1-1/1-1:1.0/host7/
  target7:0:0/7:0:0:0/block/sde':
    KERNEL=="sde"
    SUBSYSTEM=="block"
    DRIVER==""
```

```
ATTR{alignment_offset}=="0"
ATTR{capability}=="1"
ATTR{discard_alignment}=="0"
ATTR{diskseq}=="17"
ATTR{events}=="media_change"
ATTR{events_async}==""
ATTR{events_poll_msecs}=="-1"
ATTR{ext_range}=="256"
```
<SNIP>

上述命令返回了大量的数据信息，你现在需要先专注于最开始的那部分信息，你的任务是从 udev 对设备的描述中找出最具独特性的部分，并配置 udev 规则，以便在检测到这些独特属性时触发你的脚本。这个过程是设置 udev 规则的关键一步，确保只有当特定的设备连接时，你的自定义脚本才会被执行。

从技术角度上来讲，udevadm info 进程的作用是分析并报告连接到计算机的设备（由设备路径指定），然后这个命令沿着父设备链查看设备的父设备（设备在计算机内部连接结构中的上一级）。对于每个检测到的设备它都会以 <key-value>（键值对）的格式来显示其所有可能的属性，你可以根据设备的属性和单个父设备的属性来编制匹配规则。需要注意的是，每条 udev 规则必须包含其单一父设备的一个属性，这样做能确保规则的精确性和规则的有效执行。

父属性是用来描述设备最基本层面的特征，例如设备是否插入连接到物理端口，是否具有特定的大小，或者它是不是一个可移除的设备。由于 sde 的 KERNEL 标签可能会根据你之前已插入的其他驱动器数量而发生改变，因此 KERNEL 标签不能作为 udev 规则的最佳父属性。但 KERNEL 标签适用于概念论证，所以你可以使用它。

SUBSYSTEM 属性或许是一个更优的选项，因为它表明该设备属于块类型的系统设备（这也是 lsblk 命令能够识别并列出该设备的原因）。当你在 udev 规则中运用块属性时，这就意味着规则将在任何新的块存储设备（如硬盘驱动器或固态硬盘）插入计算机时触发并生效。这种设置使得 udev 规则具有较高的通用性和实用性，广泛适用于各类存储设备。

在确定了 udev 规则中所运用的属性后，接下来让我们在 /etc/udev/rules.d 目录下新建一个名为 80-local.rules 的文件，并将如下所示的规则内容写入该文件中：

```
SUBSYSTEM=="block", ACTION=="add", RUN+="/usr/local/bin/trigger.sh"
```

在把上述规则的内容写入到名为 80-local.rules 文件中后，我们需要保存文件，并断开测试 U 盘与虚拟机的连接，然后考虑是否要重新启动虚拟机。

理论上，你可以通过执行 udevadm control --reload 命令来重新加载所有 udev 规则，但在这个阶段，最好消除所有变量。由于 udev 子系统的机制较为复杂，有时很难以确定导致规则失效的原因是语法错误还是因为我们没去执行重启操作。不管 POSIX 提示什么信息，为了消除变量，我们都要执行重启操作。

提示： 尽管在此刻对 StudentVM1 主机执行重启操作是一个不错的选择。然而，笔者亦尝试在不重启操作系统的前提下，通过执行 udevadm control--reload 命令来重

新加载所有 udev 规则。经测试发现 trigger.sh 脚本能够如我们预期般被正常触发，并在 /tmp/udev.log 日志中生成了一条新的日志记录。这表明在特定情况下，重新加载 udev 规则，而无须重启整个系统，便可使规则生效并达到预期目标。

当操作系统重启并恢复正常状态之后，你可以按下 <Ctrl+Alt+F3> 来切换至文本控制台，并在此时插入你的 U 盘。如果你目前使用的是较新版本的内核，那么当你插入 U 盘时，会在控制台上看到一系列输出内容。如果在这些输出内容中出现错误提示信息，如执行 /usr/local/bin/trigger.sh 失败，那么很可能是因为你没有为脚本设置执行权限；如果没有错误提示信息，你应能看到设备插入信息以及分配给该设备的内核设备等信息。现在，让我们在终端会话中查看跟踪 udev.log 文件的结果，如下所示：

```
[root@studentvm1 tmp]# cat udev.log
Sun May  7 03:15:03 PM EDT 2023
Sun May  7 03:15:05 PM EDT 2023
Sun May  7 15:39:52 EDT 2023
Sun May  7 15:39:53 EDT 2023
```

这个方法是有效的。通过上述日志我们可以看到，当笔者将 U 盘设备连接到虚拟机时，我们所创建的 udev 规则（80-local.rules 文件）就会针对该整体设备及其分区各触发一次我们设置的 trigger.sh 脚本文件，该脚本会在 /tmp/tmp/udev.log 日志文件中分别写入两个日志条目。其中，一个是针对整个 U 盘设备 /dev/sde 的日志条目，另一个是针对 U 盘分区 sde1 的日志条目。

19.4　精准细化 udev 规则

从上述我们对 udev 规则的初步测试中可以看出，目前我们创建的 udev 规则过于通用，不论插入什么类型的设备，都会无差别地触发我们设置好的脚本。因此，我们需要精准细化 udev 规则，使其仅在指定的 U 盘连接时才会触发其相应的脚本，例如检测到指定 U 盘的供应商 ID 和产品 ID，脚本才会被触发。

实验 19-4：针对指定设备触发

你可以执行 lsusb 命令来获取 USB 设备的供应商 ID 和产品 ID：

```
[root@studentvm1 rules.d]# lsusb
Bus 002 Device 001: ID 1d6b:0003 Linux Foundation 3.0 root hub
Bus 001 Device 002: ID abcd:1234 LogiLink UDisk flash drive
Bus 001 Device 001: ID 1d6b:0002 Linux Foundation 2.0 root hub
```

提示：笔者有很多不同类型和不同品牌的 U 盘（比如 DataOcean 和 iPromo），笔者发现这些 U 盘虽然外观和品牌各异，但它们的序列号 ID 都是 abcd:1234。经核实才发现这种情况在很多低成本的 U 盘中相当普遍，因为这些 U 盘设备出自同一家制造商。

> 其中有一些 U 盘设备拥有序列号，我们可以通过 dmesg 命令查看其序列号，但有些 U
> 盘要么没有序列号，要么序列号过于简单。因此，在我们接下来的实验中，我们将利用
> 这些现有 U 盘设备的序列号来进行操作。
>
> ──
>
> 　　在此示例中，"abcd:1234" 代表的是 U 盘设备的 idVendor（供应商 ID）和 idProduct
> （产品 ID）这两个属性；它们出现在 "LogiLink UDisk flash drive" 的描述之前。为了使
> udev 规则更具有针对性，我们使用文本编辑器将如下属性追加到我们之前已经创建好的
> /etc/udev/rules.d/80-local.rules 文件中。需要注意 ATTRS{idVendor}=="abcd" 字段，其中
> "abcd" 这个字段值应该指的是读者自己 U 盘设备供应商的 ID，而非笔者在本例中所演示
> 的 U 盘设备供应商的 ID：
> ```
> SUBSYSTEM=="block", ATTRS{idVendor}=="abcd", ACTION=="add", RUN+="/usr/local/
> bin/trigger.sh"
> ```
>
> 　　在对 /etc/udev/rules.d/ 目录下的 80-local.rules 规则文件进行重新配置后，为确保其
> 配置文件能够生效，我们仍需手动重启我们的操作系统。当我们重启系统完毕后测试一
> 下，udev 规则的执行情况应与先前保持一致。然而，若我们插入由其他厂商生产的 U 盘
> （具有不同的 idVendor 属性）、鼠标或打印机等设备时，将不会直接触发执行脚本。
>
> 　　继续添加新的属性，以更精确地定位你真正想要触发脚本的唯一设备。使用 udevadm
> info -dev/sde 命令，你可以获取制造商名称、序列号、产品名称等信息。
>
> 　　笔者在此提醒，当我们向 udev 规则中添加新的属性时，建议每次只添加一个新属性，
> 避免因一次性添加多个属性导致 udev 规则无法正常生效。笔者发现大部分的 udev 错误提示
> 皆来源于一次性向 udev 规则中添加了过多的属性，然后不明白为什么 udev 规则不能正常生
> 效。为确保 udev 规则能够准确识别你的设备类型，每次只测试一个属性是最安全的方法。

19.5　udev 规则配置的安全问题

　　通过上述操作，我们可以实现当插入 idVendor 属性为 "abcd" 的 U 盘时，会自动触发
trigger.sh 脚本操作，但从安全的角度上考虑，我们需要务必全面评估 udev 规则自动执行相
关操作而带来的安全问题。在笔者所使用的 Fedora 系统中，已禁用自动挂载功能来提高系
统的安全性。尽管本章所介绍的通过 udev 规则来实现设备插入时自动触发相应的脚本在便
利性上具有明显的优势，但在实际应用中，我们须权衡其潜在的安全风险。

　　关于 udev 规则的安全配置，读者需要特别注意以下两个方面：

　　1）当我们配置的 udev 规则开始生效时，我们应当将重心放在精准控制这些脚本触发
条件上，确保已配置好的脚本仅在必要的情况下去运行，避免因其他人员插入与我们在
udev 规则中配置的品牌（或 idVendor 属性）相同的 U 盘，而造成我们的数据被恶意复制。

　　2）在完成 udev 规则和脚本文件编写之后，我们不应该将其束之高阁，而应明确了解

哪些计算机设备配置了这些 udev 规则，特别是要区分这些 udev 规则是应用于你个人的计算机上，还是应用于工作环境中所使用的笔记本计算机上。在对于工作环境下或多人同时共享使用的这些笔记本计算机中，我们应当谨慎配置 udev 规则，这是因为在这类环境中，应用这些 udev 规则可能会导致你的数据被不小心传输到他人的笔记本计算机上，或者他人的数据和恶意软件传播到你的笔记本计算机上，最终造成计算机数据泄露或被恶意软件感染等相关安全问题。

换句话来说，就像 GNU 系统为你提供的众多功能一样，你需要谨慎并合理地运用这些功能。如果你滥用这些功能或不尊重它，很可能会造成比较严重的后果。

19.6　udev 的实用性

在确认我们所配置的 udev 规则能够正常触发执行脚本后，接下来我们可以适当地提升下脚本的实用性。目前我们配置的 trigger.sh 脚本除了只会在 /tmp/udev.log 文件中写入一个当前时间戳外，实际上并未发挥出其他实际作用。我们可以深入思考如何使当前的脚本执行其他更有意义的操作，例如管理数据传输，执行设备检测或其他自定义的操作等。

你可以通过编辑 trigger.sh 脚本中的代码，使其在插入 USB 设备时自动挂载它们，你也可以通过修改 trigger.sh 脚本内容使其用于执行备份任务，或者删除 U 盘上的所有文件。但请注意，远不止于此，它还能处理其他类型的设备，如游戏手柄（在一些系统中，连接手柄时不会自动加载驱动程序）以及摄像头和麦克风（例如，在连接特定麦克风时自动设置输入）。因此，udev 的多功能性使得它在各类设备管理中都发挥着重要的作用，不只是处理 USB 设备。

udev 是一个极其灵活的系统，它为用户提供了在 Fedora 系统中定义的特定规则和功能，这种能力在许多其他系统中是不常见的。通过深入学习并有效利用 udev，你将会感受到 udev 在设备管理和自动化领域中所展现出无与伦比的灵活性和强大的自定义潜力。

总结

在本章中，我们深入探讨了 D-Bus 和 udev 如何协同工作来为 Linux 系统提供强大且灵活的即插即用功能。我们还研究了 udev 为新插入设备提供的命名机制，以及 udev 是如何在 /dev 目录下创建特殊设备文件的内容。

我们还创建了一系列自定义的 udev 规则，用于触发各种类型的事件。udev 的这种功能使我们在设备接入 Linux 主机时，能够对设备本身实现精确控制，这在大多数其他 PC 操作系统中是难以实现的。借助这些 udev 规则，我们能更精确地管理设备连接事件，从而在设备管理和响应方面实现高度定制化和个性化的控制，这与其他操作系统的通用处理方式有着显著的区别。

本章再次对 D-Bus 和 udev 内容进行了简要介绍，使用 udev 规则可以做更多的事情，你现在应该至少掌握了一些 udev 规则的基础应用场景。

练习

为了掌握本章所学知识，请完成以下练习：

1. 请描述当新硬件设备插入 Linux 主机时，D-Bus 和 udev 之间是如何协同工作的。

2. 请列出 D-Bus 和 udev 在当 U 盘插入主机直到设备图标出现在桌面上的整个流程。

3. 考虑到 U 盘这类设备从主机拔出时，udev 会执行"移除"操作，请你尝试编写一个 udev 规则（该规则主要用于当 U 盘被拔出时，该规则会将时间戳记录到 /tmp/udev.log 文件中），并测试以验证这个规则是否正常运行。

第 20 章 *Chapter 20*

使用传统日志

目标

在本章中，你将学习如下内容：

❏ 使用传统日志文件来监控系统的各项性能指标和事件。

❏ 配置和使用 logrotate 工具来管理日志文件。

❏ 配置和使用 logwatch 工具来提供日志文件的每日摘要，从而快速发现系统问题。

❏ 安装使用 Sendmail 邮件传输代理（Mail Transfer Agent，MTA）和 mailx 邮件客户端，接收和查看 logwatch 生成的日志摘要。

20.1　关于传统日志

在 Fedora 和其他一些 Linux 发行版系统中，尽管 systemd journal（日志）已成为当今主流的日志服务，但传统的日志文件体系仍然不可或缺。为了管理和使用传统日志文件，Fedora 系统通常预装 rsyslog 软件包来支持传统日志的相应功能。

在 /var/log 目录下存放着一系列至关重要的传统日志文件，用户可以直接浏览这些文件，也可以利用命令行工具对这些日志文件进行检索。其中，当日实时获取的日志数据会被记录至名为 syslog 的文件内；而随着时间的推移，每日累积产生的日志将会被有序归档并迁移至具有特定日期标识的新文件中，如 syslog-2019-07-20，这种命名机制旨在实现日志数据按日期化区分、存档存储、快速检索等。

实验 20-1：介绍传统日志

请打开终端，切换至 root 用户，将 PWD 设为 /var/log 目录，执行 `ls` 命令列出该目录下的文件。为了让读者们更直观地学习传统日志文件，笔者在下述回显的命令中删减

了 /var/log 目录下的部分数据，仅保留了一些有讨论价值的日志文件：

```
[root@studentvm1 log]# ls
<SNIP>
drwxr-xr-x  2 root    root             4096 Jul 21  2022 iptraf-ng
drwxr-sr-x+ 3 root    systemd-journal  4096 Jan 17 02:53 journal
-rw-rw-r--. 1 root    utmp           292876 May  8 08:11 lastlog
drwxr-xr-x. 2 lightdm lightdm          4096 May  8 08:11 lightdm
-rw-r----- 1 root     root             2088 Feb  7 16:18 lxdm.log
-rw-r----- 1 root     root             2107 Feb  5 16:46 lxdm.log.old
-rw------- 1 root     root                0 May  7 00:00 maillog
-rw------- 1 root     root                0 Mar 28 11:48 maillog-20230414
-rw------- 1 root     root                0 Apr 14 09:46 maillog-20230416
-rw------- 1 root     root                0 Apr 16 00:00 maillog-20230502
-rw------- 1 root     root                0 May  2 15:07 maillog-20230507
-rw------- 1 root     root           932518 May  8 09:20 messages
-rw------- 1 root     root           592863 Apr 14 09:46 messages-20230414
-rw------- 1 root     root           317229 Apr 15 23:50 messages-20230416
<SNIP>
lrwxrwxrwx. 1 root    root               39 Nov  5  2022 README -> ../../
usr/share/doc/systemd/README.logs
drwxr-xr-x. 2 root    root             4096 May  8 04:11 sa
<SNIP>
```

我们发现除了传统日志文件外，systemd journal 目录也位于 /var/log 目录下。除此之外，在该目录中我们还看到了许多其他日志文件和子目录。笔者使用了 wc 命令对 /var/log 目录进行数量统计，发现在 StudentVM1 虚拟机中的 /var/log 目录共有 74 个条目；接着，笔者使用 du . -sm 命令查到当前 /var/log 目录共占用的存储空间约为 273MB。

在笔者主工作站上的 /var/log 目录中大概有 108 个文件或目录，这是因为笔者在工作站上运行了很多额外的服务，这些所运行的额外服务也会将自己的日志存储在 /var/log 中。

```
[root@studentvm1 log]# du . -sm
273     .
```

在实际生产环境中，笔者主工作站上的传统日志文件和 systemd journal 共占用了 3.75GB 的存储空间，而被笔者用作防火墙/路由器的主机的日志文件则占用了 4.2GB 的存储空间。这两台设备都是 7×24 小时不间断运行的。

接下来，让我们看看 /var/log 目录的 README 文件：

```
[root@david log]# cat README
```

你在 /var/log 目录中找不到传统的文本日志文件？

以下是情况说明：

你正在运行基于 systemd 的操作系统，其中传统的 syslog 已被 journal 所取代。journal 存储与传统 syslog 相同（甚至更多）的信息。要使用 journal 并访问收集的日志数据，只需调用 journalctl 命令，它将以与 /var/log 中 syslog 文件相同的文本格式输出日志。

有关详细信息，请参阅 journalctl(1)。

或者，可以考虑安装适用于你的发行版的传统 syslog 实现之一，它将为你生成传统
日志文件。syslog-ng 或 rsyslog 等 syslog 可以与 journal 一同安装，并将继续像以前一样
正常工作。

```
Further reading:
        man:journalctl(1)
        man:systemd-journald.service(8)
        man:journald.conf(5)
        http://0pointer.de/blog/projects/the-journal.html
[root@david log]#
```

RAEDME 解释了 systemd journal 的整体情况。如果你想更深入了解，可以参考 Further
reading 列表中的最后一项网址，它详细描述了 systemd journal 解决的问题和设计理念。

你还可以从 PWD 的文件列表中看到，日志文件通常会保留一个月，每个日志文件一
般会包含一周的数据。但是如果某个日志文件中的数据量超过预先设置的阈值，则该文
件会在达到该阈值时归档数据，不必等到一周再进行轮换。在 Fedora 系统中，负责管理
日志文件的轮换和删除的工具则是我们接下来需要学习的工具——logrotate。

20.2　logrotate 工具

在研究其他日志文件之前，我们需要先了解一下 logrotate 工具。许多系统服务和程序
都会将日志条目记录到日志文件中，方便我们作为系统管理员来查看这些日志内容，并从
中找出一些系统问题的根源。这对于系统维护来说非常重要。

假设这些日志文件持续增长且不加限制，其将会占用大量的存储空间，甚至可能填满
整个 /var 文件目录，进而引发一系列的严重问题。笔者遇到过这样的情况，当 /var 分区空
间耗尽时，系统虽然仍在生成大量错误日志，但因空间不足而无法存储，这将极大影响系
统的正常运行。除此之外，其他各种各样的问题也可能接踵而至，如程序无法在 /var 创建
PID 文件而导致启动失败，正在运行的程序由于无法创建锁文件而无法完成某些特定任务
等。此类问题一旦出现，将迅速导致系统局面失控，对系统整体运行产生严重的影响。

logrotate 工具正是为了防止这类问题的出现。正如它的名字所描述的那样，它会定期
对日志进行轮换。日志轮换可以根据时间参数（例如每周或每月）以及日志文件大小来触发。

具体而言，logrotate 会将日志文件（例如 messages 文件）重命名。在日志文件"关闭"
时，logrotate 会在日志文件名末尾添加日期（例如 messages-20190501），并启动一个新的
messages 文件。每个服务可以配置保留的旧文件数量，如果创建的新日志文件超过了这个
数量，则最旧的文件就会被删除。

Fedora 系统默认会保留 4 个旧日志文件，这个设置是在 /etc/logrotate.conf 文件中定义
的。每个服务都可以通过修改配置文件的方式来单独设置自己的日志轮换规则。

实验 20-2：探索 logrotate 的配置

请使用 root 用户身份进行本次实验。在本实验中，我们将不会修改关于 logrotate 的任何配置，只是简单地查看一下 logrotate 配置文件内容。

请使用 cat 命令查看 /etc/logrotate.conf 文件的内容。这个文件并不长，应该可以在你的终端窗口中完整显示：

```
[root@studentvm1 log]# cat /etc/logrotate.conf
# see "man logrotate" for details

# global options do not affect preceding include directives

# rotate log files weekly
weekly

# keep 4 weeks worth of backlogs
rotate 4

# create new (empty) log files after rotating old ones
create

# use date as a suffix of the rotated file
dateext

# uncomment this if you want your log files compressed
#compress

# packages drop log rotation information into this directory
include /etc/logrotate.d

# system-specific logs may also be configured here.
[root@studentvm1 log]#
```

这个文件有清晰的注释，很容易理解。其中一个选项是压缩（compress）功能，笔者一般不压缩日志文件，所以这个选项笔者注释掉了。

请切换到 /etc/logrotate.d 目录，并列出该目录下的文件。你会看到一些服务的单独配置文件，而那些没有单独配置文件的服务则会汇总到 /etc/rsyslog 文件中进行配置。rsyslog 服务是系统日志记录器，它会将日志信息记录到日志配置文件开头指定的各个日志文件中。

接下来，让我们执行如下命令来查看下 rsyslog 文件的具体内容：

```
[student@studentvm1 logrotate.d]$ cat rsyslog
/var/log/cron
/var/log/maillog
/var/log/messages
/var/log/secure
/var/log/spooler
{
    missingok
    sharedscripts
```

```
    postrotate
        /usr/bin/systemctl kill -s HUP rsyslog.service >/dev/null 2>&1 || true
    endscript
}
```

在上述命令行回显中，我们可以看到 rsyslog 配置文件已定义的日志文件列表，紧接着是一些包含在大括号（{}）中控制日志轮换的指令。logrotate 的手册页列出了 60 多个指令，以下是一些常用的指令：

❑ missingok：如果某个日志文件不存在，就忽略它，继续处理下一个文件，不报错。

❑ sharedscripts：在 postrotate 和 endscript 指令之间定义的脚本不会为每个轮换日志单独运行，而是只运行一次。如果没有需要轮换的脚本，则不会运行脚本。

❑ postrotate：指定在日志文件轮换后要执行的脚本。

❑ endscript：定义脚本的结尾。

❑ create mode owner group：指定新建日志文件的权限、所有者和所属组。

❑ nocreate：阻止创建新日志文件。/etc/logrotate.d/chrony 文件使用此指令阻止 logrotate 创建新日志文件。chronyc 程序在脚本中使用它自己的 cyclelogs 指令生成自己的新日志文件。

❑ compress：压缩轮换后的日志文件，但不压缩当前正在使用的日志文件。

❑ delaycompress：推迟到下一次轮换时才压缩日志文件，这样可以方便查看最近的两个日志文件（当前和上一个轮换的）。

❑ notifempty：如果日志文件为空，就不进行轮换。

❑ rotate X：定义要保留的旧日志文件的数量，由 X 指定。

❑ size Y：如果在达到指定的轮换时间之前超过指定的大小（Y），则根据指定的大小（Y）轮换日志。因此，如果一个日志文件每周轮换一次，但它在周结束之前达到了大小 Y，则会轮换该日志。

❑ 与时间相关的选项，例如 hourly、daily、weekly、monthly 和 yearly，定义了轮换日志的时间间隔。如果日志需要每小时轮换一次，请务必查看 logratate 手册页来了解注意事项。

请查看位于 logrotate.d 目录下的 dnf 文件，该文件负责管理着多个与 dnf 相关的日志文件。值得注意的是，虽然这些日志文件的配置完全相同，但每个文件都各自拥有独立配置段，这也就意味着针对每一个 dnf 相关日志文件，logrotate 都会按照其特定的配置段来进行日志轮转管理，确保日志的有效维护与清理。

现在我们来看看日志文件本身。请切换到 /var/log 目录，并再次列出该目录下的内容。

你会看到一些带有 .log-YYYYMMDD 或仅需日期扩展名的日志文件，这些就是旧的日志文件，它们已经被轮换了。其中一些条目是目录，在终端中可以很容易通过终端颜色分辨出来。

若你想深入了解关于 logrotate 配置文件的相关内容，建议你可直接查阅 logrotate 的手册页以获取详尽信息。

20.3　日志文件内容

接下来，让我们来看看一些笔者过去经常会用到的日志文件内容。其中部分文件目前暂不存在，原因在于它们关联的服务尚未在此虚拟机上安装。我们将会在《网络服务详解》中介绍这些服务及其相关的日志文件。

20.3.1　messages 文件

/var/log/messages 日志文件包含内核和其他系统级别的各种消息，是笔者经常用来排查问题的文件之一。这个文件中的内容通常与性能无关，主要提供系统信息的记录。

内核、systemd、DHCP 客户端和很多正在运行的服务都会把日志记录到 messages 文件中。每个日志条目都以日期和时间开头，方便我们查看这些事件发送的时间顺序，并在特定时间段内找到相关记录。messages 日志文件包含了如下很多有价值的信息：

❏ 用户的登录和注销时间
❏ DHCP 客户端请求网络配置的过程
❏ NetworkManager 显示的最终 DHCP 配置信息
❏ systemd 在系统启动和关闭期间的各种数据
❏ 内核数据，例如 USB 存储设备插入时的信息
❏ USB 集线器的相关信息
❏ 其他

一般遇到非性能问题时，笔者通常会先查看 messages 文件来对问题进行排查，对于性能问题，它也能提供一些线索，但笔者通常会先用 SAR 工具进行分析。

messages 文件十分重要，我们现在就来快速浏览一下其中的内容。

实验 20-3：查看 messages 日志

请使用 root 用户身份执行本实验，进入 /var/log 目录，使用 less 命令查看 messages 日志文件内容：

```
[root@studentvm1 ~]# less messages
<snip>
May  7 00:00:43 studentvm1 systemd[1]: unbound-anchor.service: Deactivated
successfully.
May  7 00:00:43 studentvm1 systemd[1]: Finished unbound-anchor.service -
update of the root trust anchor for DNSSEC validation in unbound.
May  7 00:00:43 studentvm1 audit[1]: SERVICE_START pid=1 uid=0
auid=4294967295 ses=4294967295 subj=kernel msg='unit=unbound-anchor
comm="systemd" exe="/usr
/lib/systemd/systemd" hostname=? addr=? terminal=? res=success'
May  7 00:00:43 studentvm1 audit[1]: SERVICE_STOP pid=1 uid=0 auid=4294967295
```

```
ses=4294967295 subj=kernel msg='unit=unbound-anchor comm="systemd" exe="/usr/
lib/systemd/systemd" hostname=? addr=? terminal=? res=success'
May  7 00:00:43 studentvm1 systemd[1]: rsyslog.service: Sent signal SIGHUP to
main process 977 (rsyslogd) on client request.
May  7 00:00:43 studentvm1 rsyslogd[977]: [origin software="rsyslogd"
swVersion="8.2204.0-3.fc37" x-pid="977" x-info="https://www.rsyslog.com"]
rsyslogd wa
s HUPed
May  7 00:00:43 studentvm1 systemd[1]: logrotate.service: Deactivated
successfully.
May  7 00:00:43 studentvm1 systemd[1]: Finished logrotate.service - Rotate
log files.
May  7 00:00:43 studentvm1 audit[1]: SERVICE_START pid=1 uid=0
auid=4294967295 ses=4294967295 subj=kernel msg='unit=logrotate comm="systemd"
exe="/usr/lib/
systemd/systemd" hostname=? addr=? terminal=? res=success'
May  7 00:00:43 studentvm1 audit[1]: SERVICE_STOP pid=1 uid=0 auid=4294967295
ses=4294967295 subj=kernel msg='unit=logrotate comm="systemd" exe="/usr/lib/s
ystemd/systemd" hostname=? addr=? terminal=? res=success'
May  7 00:00:43 studentvm1 audit: BPF prog-id=97 op=UNLOAD
May  7 00:07:41 studentvm1 systemd[1]: Starting sysstat-summary.service -
Generate a daily summary of process accounting...
May  7 00:07:42 studentvm1 systemd[1]: sysstat-summary.service: Deactivated
successfully.
May  7 00:07:42 studentvm1 audit[1]: SERVICE_START pid=1 uid=0
auid=4294967295 ses=4294967295 subj=kernel msg='unit=sysstat-summary
comm="systemd" exe="/us
r/lib/systemd/systemd" hostname=? addr=? terminal=? res=success'
<snip>
```

上述所展示的这部分 messages 日志只是为了让你大致了解 messages 文件的内容。请你试着在日志中找到 NetworkManager 和 USB 设备相关的消息，看看它们具体记录了什么信息。你觉得用这种方式查找信息，比使用 `journalctl` 命令难度如何？

在这里，笔者建议你花些时间来熟悉 messages 文件的具体内容，以了解通常会遇到哪些类型的消息。如果想退出当前 `less` 命令，可以按 <Ctrl+C> 退出。

此外，你也可以在 var/log 目录中查看下其他一些非空的日志文件，看看它们都记录了哪些日志信息。

20.3.2　secure 文件

/var/log/secure 日志文件记录了与安全相关的条目，包括用户登录成功或失败的记录。接下来，让我们看看这个文件中可能包含的一些条目。

实验 20-4：secure 日志

请以 root 用户身份来执行本实验，并将当前目录切换至 /var/log，然后使用 less 命令查看 secure 日志文件：

```
[root@studentvm1 log]# less secure
May 19 22:23:30 studentvm1 lightdm[1335]: pam_unix(lightdm-greeter:session):
session closed for user lightdm
May 19 22:23:30 studentvm1 systemd[16438]: pam_unix(systemd-user:session):
session opened for user student by (uid=0)
May 19 22:23:31 studentvm1 lightdm[1477]: pam_unix(lightdm:session): session
opened for user student by (uid=0)
May 19 22:23:34 studentvm1 polkitd[990]: Registered Authentication Agent for
unix-session:4 (system bus name :1.1357 [/usr/libexec/xfce-polkit], object
path /org/freedesktop/PolicyKit1/AuthenticationAgent, locale en_US.utf8)
May 20 11:18:54 studentvm1 sshd[29938]: Accepted password for student from
192.168.0.1 port 52652 ssh2
May 20 11:18:54 studentvm1 sshd[29938]: pam_unix(sshd:session): session
opened for user student by (uid=0)
May 20 17:08:52 studentvm1 sshd[3380]: Accepted publickey for root from
192.168.0.1 port 56306 ssh2: RSA SHA256:4UDdGg3FP5sITB8ydfCb5JDg2QCIrsW4c
foNgFxhC5A
May 20 17:08:52 studentvm1 sshd[3380]: pam_unix(sshd:session): session opened
for user root by (uid=0)
May 21 07:49:05 studentvm1 sshd[3382]: Received disconnect from 192.168.0.1
port 56306:11: disconnected by user
May 21 07:49:05 studentvm1 sshd[3382]: Disconnected from user root
192.168.0.1 port 56306
May 21 07:49:05 studentvm1 sshd[3380]: pam_unix(sshd:session): session closed
for user root
May 21 08:17:15 studentvm1 login[18310]: pam_unix(login:auth): authentication
failure; logname=LOGIN uid=0 euid=0 tty=tty2 ruser= rhost=  user=root
May 21 08:17:15 studentvm1 login[18310]: pam_succeed_if(login:auth):
requirement "uid >= 1000" not met by user "root"
May 21 08:17:17 studentvm1 login[18310]: FAILED LOGIN 1 FROM tty2 FOR root,
Authentication failure
May 21 08:17:23 studentvm1 login[18310]: pam_unix(login:session): session
opened for user root by LOGIN(uid=0)
May 21 08:17:23 studentvm1 login[18310]: ROOT LOGIN ON tty2
May 21 13:31:16 studentvm1 sshd[24111]: Accepted password for student from
192.168.0.1 port 54202 ssh2
May 21 13:31:16 studentvm1 sshd[24111]: pam_unix(sshd:session): session
opened for user student by (uid=0)
```

/var/log/secure 文件主要记录了用户登录、注销以及身份验证方式（密码或公钥）等信息，其中也包含了失败的登录记录。

笔者通常会借助这个文件识别黑客的入侵企图。不过，笔者通常不会手动查看，而是使用自动化工具 logwatch 来进行分析，我们将在本章后面详细介绍 logwatch 工具的使用方法。

20.3.3 dmesg 命令

dmesg 并非一个日志文件，而是一个命令。过去曾存在一个名为 /var/log/dmesg 的日志文件，它包含了内核在引导过程中生成的所有消息以及大多数启动期间产生的日志。启动过程是指引导过程结束后，init 或 systemd 接管主机控制权时开始的阶段。

dmesg 命令可以显示所有由内核生成的日志信息，其中包括启动过程中发现的硬件数据。在遇到启动问题或硬件问题时，笔者通常会首先使用这个命令进行排查。

提示：你可以通过访问 /proc 文件系统来查看更详细的硬件信息，这些信息与 dmesg 命令输出的内容基本一致。

接下来，让我们看看 dmesg 命令的部分输出。

实验 20-5：dmesg 的输出

你可以使用 root 账户或 student 账户来执行本实验：

```
[root@studentvm1 log]# dmesg | less
[    0.000000] Linux version 6.1.18-200.fc37.x86_64 (mockbuild@bkernel01.
iad2.fedoraproject.org) (gcc (GCC) 12.2.1 20221121 (Red Hat 12.2.1-4), GNU ld
version 2.38-25.fc37) #1 SMP PREEMPT_DYNAMIC Sat Mar 11 16:09:14 UTC 2023
[    0.000000] Command line: BOOT_IMAGE=(hd0,gpt2)/vmlinuz-6.1.18-200.
fc37.x86_64 root=/dev/mapper/fedora_studentvm1-root ro rd.lvm.lv=fedora_
studentvm1/root rd.lvm.lv=fedora_studentvm1/usr
[    0.000000] x86/fpu: Supporting XSAVE feature 0x001: 'x87 floating point
registers'
[    0.000000] x86/fpu: Supporting XSAVE feature 0x002: 'SSE registers'
[    0.000000] x86/fpu: Supporting XSAVE feature 0x004: 'AVX registers'
[    0.000000] x86/fpu: xstate_offset[2]:  576, xstate_sizes[2]:  256
[    0.000000] x86/fpu: Enabled xstate features 0x7, context size is 832
bytes, using 'standard' format.
[    0.000000] signal: max sigframe size: 1776
[    0.000000] BIOS-provided physical RAM map:
[    0.000000] BIOS-e820: [mem 0x0000000000000000-0x000000000009fbff] usable
[    0.000000] BIOS-e820: [mem 0x000000000009fc00-0x000000000009ffff]
reserved
<snip>
[   33.366463] 08:11:07.772577 main     VBoxDRMClient: already running,
exiting
[   33.368108] 08:11:07.774116 main     vbglR3GuestCtrlDetectPeekGetCancel
Support: Supported (#1)
[   36.078908] NET: Registered PF_QIPCRTR protocol family
```

```
[   43.217157] 12:11:20.118964 timesync vgsvcTimeSyncWorker: Radical guest
time change: 14 412 339 974 000ns (GuestNow=1 683 547 880 118 883 0
[   49.492308] e1000: enp0s3 NIC Link is Up 1000 Mbps Full Duplex, Flow
Control: RX
[   49.496250] IPv6: ADDRCONF(NETDEV_CHANGE): enp0s3: link becomes ready
[   49.508642] e1000: enp0s9 NIC Link is Up 1000 Mbps Full Duplex, Flow
Control: RX
[   49.510085] IPv6: ADDRCONF(NETDEV_CHANGE): enp0s9: link becomes ready
[   59.502839] 12:11:36.781151 main     VBoxService 7.0.6_Fedora r155176
(verbosity: 0) linux.amd64 (Jan 30 2023 00:00:00) release log
                12:11:3
[   59.503389] 12:11:36.782652 main     OS Product: Linux
[   59.507114] 12:11:36.786248 main     OS Release: 6.1.18-200.fc37.x86_64
[   59.508742] 12:11:36.787614 main     OS Version: #1 SMP PREEMPT_DYNAMIC
Sat Mar 11 16:09:14 UTC 2023
<snip>
```

dmesg 命令的输出中，每行数据都以时间戳开头，精确到 us 级别，表示自内核启动以来的时间。通过分析这些数据，我们可以了解内核是否识别了特定的硬件设备。例如，当你插入新的 USB 设备时，dmesg 数据缓冲区会记录一系列事件，包括内核检测到设备，内核、D-Bus 和 udev 确定设备类型并分配设备名称的过程。你可以在此数据流搜索 "USB device" 来为你的虚拟机定位与 USB 设备相关的记录：

```
[23045.357352] usb 1-1: new high-speed USB device number 2 using xhci_hcd
[23045.676233] usb 1-1: New USB device found, idVendor=0781, idProduct=5575,
bcdDevice= 1.27
[23045.676249] usb 1-1: New USB device strings: Mfr=1, Product=2,
SerialNumber=3
[23045.676256] usb 1-1: Product: Cruzer Glide
[23045.676261] usb 1-1: Manufacturer: SanDisk
[23045.676266] usb 1-1: SerialNumber: 4C530000860108102424
[23046.478699] usb-storage 1-1:1.0: USB Mass Storage device detected
[23046.479135] scsi host7: usb-storage 1-1:1.0
[23046.479273] usbcore: registered new interface driver usb-storage
[23046.492360] usbcore: registered new interface driver uas
[23047.499671] scsi 7:0:0:0: Direct-Access     SanDisk  Cruzer Glide     1.27
PQ: 0 ANSI: 6
[23047.500261] sd 7:0:0:0: Attached scsi generic sg5 type 0
[23047.502164] sd 7:0:0:0: [sde] 15633408 512-byte logical blocks: (8.00
GB/7.45 GiB)
[23047.504135] sd 7:0:0:0: [sde] Write Protect is off
[23047.504145] sd 7:0:0:0: [sde] Mode Sense: 43 00 00 00
[23047.505530] sd 7:0:0:0: [sde] Write cache: disabled, read cache: enabled,
doesn't support DPO or FUA
[23047.515120]  sde: sde1 sde2 sde3
[23047.515407] sd 7:0:0:0: [sde] Attached SCSI removable disk
```

> 上述数据片段中展示的是一个 SanDisk Cruzer Glide 设备，其中包含了厂商 ID、产品 ID 以及序列号等信息。你可以将这些信息用于第 19 章中创建的 dbus 规则集。dmesg 命令显示的数据非常丰富，建议你仔细浏览以熟悉其中的各种类型。

由 dmesg 命令显示的数据存储在内存中，而不是硬盘上。无论主机的内存空间多大，分配给 dmesg 缓冲区的空间都是有限的，当它填满时，新的数据会覆盖旧的数据。

20.4　追踪日志文件

在浩瀚的日志海洋中寻觅蛛丝马迹往往费时费力，即便有 grep 这样的利器相助，也难免耗费心神。故障排查时，如果能实时追踪文本格式的日志文件，观察最新动向，无疑会事半功倍。然而，常用的 cat 和 grep 命令只能展示执行命令那一刻的日志文件内容，无法满足持续监控的需求。

tail 命令可以帮我们查看文件末尾，但要想持续查看一个文件最新的更新，就得频繁重复执行 tail，不仅耗时，也容易打断思路。幸运的是，tail -f 命令的出现解决了这一难题：它赋予了 tail 命令实时"跟踪"的能力，让新的数据在日志中出现的瞬间即刻显示在终端界面中。

实验 20-6：追踪日志文件

请以 root 用户身份来执行本实验。你需要两个具有 root 权限的终端会话。请将它们分别放置在独立的窗口中，以便你能同时关注这两个终端的一举一动。如果你使用的是 Tilix 或 Konsole 等支持多窗格的终端模拟器，不妨在同一窗口中开启两个窗格，更方便地进行实验。

请在第一个终端的窗口中，执行如下命令，来将当前目录切换至 /var/log，并开始追踪查看 messages 日志文件内容：

```
[root@studentvm1 ~]# cd /var/log
[root@studentvm1 log]# tail -f messages
May  8 14:56:16 studentvm1 audit[1]: SERVICE_START pid=1 uid=0
auid=4294967295 ses=4294967295 subj=kernel msg='unit=systemd-hostnamed
comm="systemd" exe="/usr/lib/systemd/systemd" hostname=? addr=? terminal=?
res=success'
May  8 14:56:16 studentvm1 systemd-logind[1029]: New session 6 of user root.
May  8 14:56:16 studentvm1 systemd[1]: Started session-6.scope - Session 6 of
User root.
May  8 14:56:16 studentvm1 systemd[1]: Starting systemd-hostnamed.service -
Hostname Service...
May  8 14:56:16 studentvm1 systemd[1]: Started systemd-hostnamed.service -
Hostname Service.
May  8 14:56:45 studentvm1 systemd[1]: systemd-hostnamed.service: Deactivated
successfully.
May  8 14:56:45 studentvm1 audit[1]: SERVICE_STOP pid=1 uid=0 auid=4294967295
```

```
ses=4294967295 subj=kernel msg='unit=systemd-hostnamed comm="systemd"
exe="/usr/lib/systemd/systemd" hostname=? addr=? terminal=? res=success'
May  8 14:56:45 studentvm1 audit: BPF prog-id=98 op=UNLOAD
May  8 14:56:45 studentvm1 audit: BPF prog-id=97 op=UNLOAD
May  8 14:56:45 studentvm1 audit: BPF prog-id=96 op=UNLOAD
```

　　`tail` 命令可以显示日志文件的最后十行，然后等待追加更多的数据。为了更好向读者演示，我们可以使用 `logger` 命令生成一些新的日志条目。请打开第二个窗口，并以 root 用户身份执行如下命令，将一条新信息记录到 messages 日志文件中：

[root@studentvm1 ~]# **logger "This is test message 1."**

　　现在，请观察第一个终端的窗口，你会发现 messages 日志文件的末尾出现了以下新条目：

```
May  8 14:58:25 studentvm1 root[3314]: This is test message 1.
```

　　除了 `logger` 命令之外，我们还可以使用标准输入输出的方式追加数据：

[root@studentvm1 ~]# **echo "This is test message 2." | logger**

　　可以看到，这条消息也出现在 messages 日志文件中：

```
May  8 14:59:22 studentvm1 root[3320]: This is test message 2.
```

　　现在，让我们切换至 student 用户，并在终端中执行以下命令，再次向 messages 文件中添加一条新记录：

[student@studentvm1 ~]$ **logger "This is test message 3."**

　　现在，请回到第一个终端的窗口，你会看到 messages 日志文件中又新增了一条记录：

```
May  8 15:03:37 studentvm1 student[3384]: This is test message 3.
```

　　需要注意的是，在执行此实验时，你的虚拟机可能会在此日志文件中弹出额外的消息；在实际的运行中，日志消息会非常频繁地添加到文件中。你可以按 <Ctrl+C> 退出日志文件的跟踪。

20.5　logwatch 工具

　　当你需要排查问题时，可以使用 grep 和 tail 等工具来查看日志文件的部分内容。但如果要搜索大量的日志文件，这些工具就显得力不从心了。

　　logwatch 是一个强大的日志分析工具，它可以帮助系统管理员自动分析系统日志文件，并检测出其中可能存在的异常条目。logwatch 会在每天凌晨 3:30 左右生成一份报告，这项任务由 /etc/cron.daily 目录中的脚本触发。它会将成千上万行的日志数据浓缩成一份精简的报告，方便系统管理员快速定位系统可能存在的问题。

　　默认情况下，logwatch 会将报告通过邮件发送给 root 用户。你可以通过多种方式更改邮件接收人，例如，在 /etc/logwatch 目录中的配置文件中设置邮件送达地址。logwatch 的默认配置文件位于 /usr/share/logwatch 目录下。

除了自动生成报告之外，你也可以在命令行中运行 logwatch，它会将分析结果发送至 STDOUT 并通过 Bash shell 在终端会话中显示。

实验 20-7：logwatch 工具

本实验必须以 root 用户身份执行。我们的目标是从命令行运行 logwatch，并查看结果。首先，执行以下命令安装 logwatch 工具：

```
[root@studentvm1 log]# dnf -y install logwatch
```

为了展示更丰富的分析结果，笔者在这里使用了笔者个人工作站上的 logwatch 输出，因为它比你的 StudentVM1 实例上的数据要多一些。注意，logwatch 默认会分析前一天的日志条目，你也可以指定其他日期。

在以下命令中，我们指定了日志文件显示详细级别为 10，这会提供最详尽的分析结果。为了节省篇幅，笔者省略了部分输出内容和空行：

```
[root@myworkstation ~]# logwatch --detail 10 | less

#################### Logwatch 7.8 (01/22/23) ####################
        Processing Initiated: Tue May  9 09:54:06 2023
        Date Range Processed: yesterday
                             ( 2023-May-08 )
                             Period is day.
        Detail Level of Output: 10
        Type of Output/Format: stdout / text
        Logfiles for Host: studentvm1
################################################################
-------------------- Kernel Audit Begin ------------------------

 Number of audit daemon starts: 1

 Number of audit initializations: 1

**Unmatched Entries**
    audit: PROCTITLE proctitle="/sbin/auditd": 2 Time(s)
    audit: CONFIG_CHANGE op=set audit_enabled=1 old=1 auid=4294967295
    ses=4294967295 subj=kernel res=1: 2 T ime(s)
    audit: BPF prog-id=73 op=UNLOAD: 1 Time(s)
    audit[3325]: USER_START pid=3325 uid=0 auid=1000 ses=7 subj=kernel
    msg='op=PAM:session_open grantors=pa
    m_selinux,pam_loginuid,pam_selinux,pam_namespace,pam_keyinit,pam_keyinit,
    pam_limits,pam_systemd,pam_unix,pa
    m_umask,pam_lastlog acct="student" exe="/usr/sbin/sshd"
    hostname=192.168.0.1 addr=192.168.0.1 terminal=ssh
res=success': 1 Time(s)
    audit: BPF prog-id=41 op=UNLOAD: 1 Time(s)
```

```
        audit: type=1334 audit(1683533450.005:95): prog-id=29 op=UNLOAD:
        1 Time(s)
        audit: BPF prog-id=101 op=LOAD: 1 Time(s)
        audit: BPF prog-id=96 op=UNLOAD: 1 Time(s)
<SNIP>
  --------------------- Kernel Audit End -------------------------
  --------------------- Cron Begin -----------------------
  Commands Run:
      User root:
          /sbin/hwclock --systohc --localtime: 1 Time(s)
          run-parts /etc/cron.hourly: 24 Time(s)
          systemctl try-restart atop: 1 Time(s)
          time /usr/local/bin/rsbu -vbd1 ; time /usr/local/bin/rsbu -vbd2:
          1 Time(s)
  --------------------- Cron End -------------------------
  --------------------- SSHD Begin -----------------------

  SSHD Started: 2 Times

  Users logging in through sshd:
      root:
          192.168.0.1 (david.both.org): 2 Times
      student:
          192.168.0.1 (david.both.org): 1 Time

  --------------------- SSHD End -------------------------

  --------------------- Systemd Begin -----------------------

  Condition check resulted in the following being skipped:
          abrt-vmcore.service - Harvest vmcores for ABRT: 1 Time(s)
          auth-rpcgss-module.service - Kernel Module supporting RPCSEC_GSS:
          1 Time(s)
          bluetooth.service - Bluetooth service: 1 Time(s)
          dev-block-8:18.device - VBOX_HARDDISK 2: 1 Time(s)
          dev-block-8:19.device - VBOX_HARDDISK 3: 1 Time(s)
          dev-block-8:32.device - VBOX_HARDDISK: 1 Time(s)
          dev-block-8:4.device - VBOX_HARDDISK 4: 1 Time(s)
<snip>
  --------------------- Systemd End -------------------------

  --------------------- Disk Space Begin -----------------------

  Filesystem                        Size  Used Avail Use% Mounted on
  /dev/mapper/fedora_studentvm1-root  2.0G  633M  1.2G  35% /
  /dev/mapper/fedora_studentvm1-usr   15G  6.8G  7.2G  49% /usr
  /dev/mapper/NewVG--01-TestVol1      3.9G   24K  3.7G   1% /TestFS
  /dev/sda2                          974M  277M  631M  31% /boot
  /dev/mapper/fedora_studentvm1-test  459M  1.1M  429M   1% /test
```

```
/dev/mapper/fedora_studentvm1-tmp    4.9G   152K   4.6G    1%  /tmp
/dev/mapper/fedora_studentvm1-var    9.8G   934M   8.4G   10%  /var
/dev/mapper/fedora_studentvm1-home   3.9G   1.4G   2.4G   37%  /home
/dev/sda3                           1022M    18M  1005M    2%  /boot/efi

--------------------- Disk Space End ------------------------

--------------------- lm_sensors output Begin -----------------------

No sensors found!
Make sure you loaded all the kernel drivers you need.
Try sensors-detect to find out which these are.
--------------------- lm_sensors output End ------------------------

###################### Logwatch End ##########################
```

请仔细阅读 logwatch 生成的报告，重点关注 Kernel（内核）、Cron（计划任务）、DiskSpace（磁盘空间）和 systemd（系统服务管理器）等部分。如果你是在物理机上进行实验，并且安装了 lm_sensors 软件包，还会看到包括每个 CPU 的温度等硬件温度信息。

logwatch 提供的选项可以让我们查看几天前的日志数据以及特定服务的日志。需要注意的是，在指定要扫描的服务时使用 ALL 会比不指定任何服务产生的结果多得多。logwatch 分析日志的有效服务列表位于 logwatch 的默认配置文件目录中，即 /usr/share/logwatch/scripts/services。

你可以在命令行尝试执行如下命令来查看前一天的日志数据：

```
[root@studentvm1 ~]# logwatch --service systemd | less
[root@studentvm1 ~]# logwatch --service systemd --detail high | less
[root@studentvm1 ~]# logwatch --detail high | less
[root@studentvm1 ~]# logwatch --detail 1 | less
[root@studentvm1 ~]# logwatch --service ALL --detail high | less
```

除了查看前一天的日志之外，logwatch 还可以分析所有存储的日志数据。这个操作可能需要一些时间，但你的虚拟机实例可能需要更少的时间，具体取决于你的系统日志量：

```
[root@studentvm1 ~]# logwatch --service ALL --range All | less
```

需要注意的是，上述所执行的命令行中的 ALL 参数不区分大小写，这在通常使用小写的 Linux 世界中比较少见。与此同时，你还可以使用 --range 选项来查看过去特定日期或日期范围内的日志数据，如以下示例所示。这些示例都比较直观，如果你对此存有疑问，可查看 logwatch 的手册页来进一步了解：

❑ --range today
❑ --range yesterday
❑ --range "4 hours ago for that hour"
❑ --range "-3 days"
❑ --range "since 2 hours ago for those hours"
❑ --range "between -10 days and -2 days"

❑ --range "Apr 15, 2005"

❑ --range "first Monday in May"

❑ --range "between 4/23/2005 and 4/30/2005"

❑ --range "2005/05/03 10:24:17 for that second"

```
[root@studentvm1 ~]# logwatch --detail high --range "-3 days" | less
```

有了这些丰富的查询日志参数选项，我们可以根据不同的条件灵活地查找日志条目。你可以尝试各种组合，探索适合自己需求的日志查询方式。

logwatch 报告中的内容会根据你 Linux 系统中安装的软件包而有所不同。如果你查看 logwatch 的基础安装输出，而非主工作站或服务器的输出，那么报告中的内容会少得多。

自 2014 年起，logwatch 支持在 journald 数据库中搜索日志条目。与 systemd 日志记录系统的兼容性确保了日志条目的主要来源不会被忽略。

logwatch 每天运行一次，由 /etc/cron.daily 目录中的 Bash shell 脚本触发。该脚本的默认配置是将 logwatch 的输出以电子邮件的形式发送给 root 用户。/etc/aliases 文件定义了发送到 root 的电子邮件的地址。

实验 20-8：logwatch 的详细信息级别

以 root 用户身份执行本实验。进入 /etc/cron.daily 目录，查看该目录下的 0logwatch 文件，该文件是 logwatch 的启动脚本。文件名开头的 0 是为了确保它在该目录下的所有脚本中第一个运行，脚本按字母数字排序顺序运行：

```
[root@studentvm1 ~]# cd /etc/cron.daily/ ; ll ; cat 0logwatch
total 8
-rwxr-xr-x  1 root root 486 Jan 28 06:22 0logwatch
-rwxr-xr-x. 1 root root 193 Jan  4  2018 logrotate
#!/usr/bin/sh
#Set logwatch executable location
LOGWATCH_SCRIPT="/usr/sbin/logwatch"

# Add options to the OPTIONS variable. Most options should be defined in
# the file /etc/logwatch/conf/logwatch.conf, but some are only for the
# nightly cron run such as "--output mail" and should be set here.
# Other options to consider might be "--format html" or "--encode base64".
# See 'man logwatch' for more details.
OPTIONS="--output mail"

#Call logwatch
$LOGWATCH_SCRIPT $OPTIONS

exit 0
```

logwatch 默认采用详细级别 5 扫描日志文件，详细级别范围介于 0～10 之间。为了获取更详尽的信息，我们可以将其调整为最高级别——10 级。虽然可以使用 low 代表 0

（低级）、mid 代表 5（中级）和 high 代表 10（高级）这些文本形式，但在设置详细级别时，笔者个人倾向于直接使用数值 10。

请打开 0logwatch 文件，找到 $OPTIONS 变量，并将其修改为以下内容，以将 logwatch 的分析详细级别设置为最高：

```
OPTIONS="--output mail --detail 10"
```

保存文件并将 root 用户的 /home 目录设置为当前工作目录。cron.daily 中脚本下一次触发 logwatch 运行时将以最高级别的详细信息运行。

由于 logwatch 要到凌晨 3:30 左右才会被 cron.daily 触发，你可以等到明天再进行实验 20-9。当然，为了不必等到凌晨，我们可以使用命令行手动触发 logwatch。但首先需要安装两个软件包来支持在我们的虚拟机上发送和阅读电子邮件。

邮件传输代理：负责接收来自 logwatch 等工具的电子邮件并将它们发送给本地主机上的正确接收者 root 用户。这里我们使用 Sendmail。这些电子邮件不会发送到主机以外的任何地方，因此我们还不需要为此配置 Sendmail。Sendmail 即使不是第一个，也是最早的邮件传输代理之一。

基于文本的电子邮件客户端：这里我们使用 mailx 客户端，它已经存在了很多年，是众所周知的且很稳定。

在《网络服务详解》中，当我们学习服务器时会更深入地学习这两个工具及电子邮件的广泛应用。现在，让我们先安装这两个工具，并看看 logwatch 发送的邮件是什么样的。

实验 20-9：使用 mailx 查看 logwatch 报告

在本实验中，我们需要安装 Sendmail MTA 和 mailx 电子邮件客户端。请以 root 用户身份执行此实验。在终端会话中，安装 mailx 和 sendmail 软件包：

```
[root@studentvm1 ~]# dnf -y install mailx sendmail
```

请启动并开启 Sendmail 服务，否则无法在你的本地主机内部或外部发送电子邮件：

```
[root@studentvm1 ~]# systemctl start sendmail
[root@studentvm1 ~]# systemctl enable sendmail
Created symlink /etc/systemd/system/multi-user.target.wants/sendmail.service
→ /usr/lib/systemd/system/sendmail.service.
Created symlink /etc/systemd/system/multi-user.target.wants/sm-client.service
→ /usr/lib/systemd/system/sm-client.service.
[root@studentvm1 ~]# systemctl status sendmail
● sendmail.service - Sendmail Mail Transport Agent
    Loaded: loaded (/usr/lib/systemd/system/sendmail.service; enabled;
    preset: disabled)
    Active: active (running) since Tue 2023-05-09 11:43:06 EDT; 10s ago
  Main PID: 9486 (sendmail)
     Tasks: 1 (limit: 19130)
    Memory: 3.8M
```

```
        CPU: 190ms
      CGroup: /system.slice/sendmail.service
              └─9486 "sendmail: accepting connections"

May 09 11:43:06 studentvm1 systemd[1]: Starting sendmail.service - Sendmail
Mail Transport Agent...
May 09 11:43:06 studentvm1 sendmail[9486]: starting daemon (8.17.1):
SMTP+queueing@01:00:00
May 09 11:43:06 studentvm1 systemd[1]: sendmail.service: Can't open PID file
/run/sendmail.pid (yet?) afte>
May 09 11:43:06 studentvm1 systemd[1]: Started sendmail.service - Sendmail
Mail Transport Agent.
```

我们可以直接在命令行或 shell 脚本中发送邮件，所以 mailx 非常适合我们的需求。现在，让我们先发送一封测试邮件。首先，输入 mailx 命令，并使用 -s 参数指定邮件主题；然后，在命令行末尾添加上收信人地址；最后，按下 <Ctrl+D> 即可发送邮件。在本例中，我们要向 root 用户发送测试邮件，因此收件人地址只需要输入 root 即可，无须添加域名：

```
[root@studentvm1 ~]# echo "Hello World" | mailx -s "Test 1" root
```

现在打开 mailx 客户端来查看邮件。如果 root 用户收件箱中没有邮件，会显示"No mail for root"的提示，并返回到命令行：

```
[root@studentvm1 ~]# mailx
Heirloom Mail version 12.5 7/5/10.  Type ? for help.
"/var/spool/mail/root": 1 message 1 new
>N  1 root                Tue May  9 12:24  21/826    "Test 1"
&
```

如果收件箱中有邮件，请按下 <Enter> 键来查看最新的邮件。如果收件箱中有多个邮件，请在 & 提示符下输入邮件的编号进行查看。

请确保输入主题为"Test 1"的邮件的正确编号：

```
& 1
Message  1:
From root@studentvm1.both.org  Tue May  9 12:24:00 2023
Return-Path: <root@studentvm1.both.org>
From: root <root@studentvm1.both.org>
Date: Tue, 09 May 2023 12:23:57 -0400
To: root@studentvm1.both.org
Subject: Test 1
User-Agent: Heirloom mailx 12.5 7/5/10
Content-Type: text/plain; charset=us-ascii
Status: R

Hello World

&
```

现在，我们已经确认邮件功能正常。接下来，让我们看看 logwatch 是如何生成并发送电子邮件的。由于你现在已经在 mailx 界面，请在另一个 root 终端会话中输入以下命令，以运行 logwatch 并将前一天的数据生成报告发送给 root 用户：

```
[root@studentvm1 ~]# logwatch --output mail

& h
>   1 root                    Tue May  9 12:24  22/837   "Test 1"
& h
>   1 root                    Tue May  9 12:24  22/837   "Test 1"
New mail has arrived.
Loaded 1 new message
 N  3 logwatch@studentvm1. Tue May  9 13:45 124/4673  "Logwatch for
studentvm1 (Linux)"
& 3
Message  3:
From root@studentvm1.both.org  Tue May  9 13:45:11 2023
Return-Path: <root@studentvm1.both.org>
Date: Tue, 9 May 2023 13:45:07 -0400
To: root@studentvm1.both.org
From: logwatch@studentvm1.both.org
Subject: Logwatch for studentvm1 (Linux)
Auto-Submitted: auto-generated
Precedence: bulk
Content-Type: text/plain; charset="UTF-8"
Status: R

 ################## Logwatch 7.8 (01/22/23) ####################
        Processing Initiated: Tue May  9 13:45:07 2023
        Date Range Processed: yesterday
                             ( 2023-May-08 )
                             Period is day.
        Detail Level of Output: 0
        Type of Output/Format: mail / text
        Logfiles for Host: studentvm1
 ##############################################################

 --------------------- Kernel Begin ------------------------

WARNING:  Kernel Errors Present
    12:11:36.918413 main    Error: Failed to becom ...:  1 Time(s)
    12:11:36.922180 main    Error: Service 'contro ...:  1 Time(s)
    18:53:34.575206 main    VBoxClient VMSVGA: Error: Service ended w
    ...:  1 Time(s)
    WARNING: Spectre v2 mitigation leaves CPU vulner ...:  1 Time(s)
    [drm:vmw_host_printf [vmwgfx]] *ERROR* Failed to send  ...:  1 Time(s)

 --------------------- Kernel End -------------------------
<SNIP>
```

> 由于笔者之前的测试操作，邮箱中显示了 2 封邮件。如果你没有进行其他发送邮件的操作，来自 logwatch 的邮件应该是列表中的第 2 封。请浏览来自 logwatch 的邮件内容，它与之前我们直接在命令行中运行 logwatch 查看的内容是一致的。按下 <q> 键退出当前邮件，然后按 <d> 键可以删除该邮件，或者选择保留它。最后，再次按下 <q> 键退出 mailx 程序。请注意，下次启动 mailx 时，所有邮件会按照顺序重新编号。

总结

对系统管理员来说，日志系统就像是信息的宝藏库，里面藏着解决各种问题的线索。虽然笔者知道这一点，但有时还是会因为粗心大意而忘记去查阅，结果导致解决问题效率低下。一旦想起去翻查日志，问题答案往往会很快浮出水面。

本章，我们学习了如何访问和搜索传统日志文件。此外，我们还借助 logwatch 工具定位可能与问题相关的日志条目。

值得一提的是，本章介绍的 Sendmail 和 mailx 不仅是测试 logwatch 的工具，更是一个生动的例子，展示了如何利用"专注一项功能并将其做到极致"的工具来测试其他类似的工具。随着你深入学习本书，并逐渐步入真实的 Linux 世界，你会发现这样的应用场景比比皆是。

练习

为了掌握本章所学知识，请完成以下练习：

1. 使用 SAR 查看两天前磁盘活动，显示设备名称（如 sda），而不是块设备 ID（如 dev8-16）。
2. 除了 SAR，还有哪些工具可以用于查看和分析历史性能和事件数据？
3. SAR 收集数据时，默认间隔是多少？
4. 从以下安全日志记录中，分析有哪些安全事件？

```
May 23 12:54:29 studentvm1 login[18310]: pam_
unix(login:session): session closed for user root
May 23 12:54:35 studentvm1 login[20004]: pam_
unix(login:auth): check pass; user unknown
May 23 12:54:35 studentvm1 login[20004]: pam_
unix(login:auth): authentication failure; logname=LOGIN
uid=0 euid=0 tty=tty2 ruser= rhost=
May 23 12:54:37 studentvm1 login[20004]: FAILED LOGIN 1
FROM tty2 FOR (unknown), User not known to the underlying
authentication module
May 23 12:54:49 studentvm1 login[20004]: pam_
```

```
unix(login:auth): check pass; user unknown
May 23 12:54:49 studentvm1 login[20004]: pam_
unix(login:auth): authentication failure; logname=LOGIN
uid=0 euid=0 tty=tty2 ruser= rhost=
May 23 12:54:52 studentvm1 login[20004]: FAILED LOGIN 2
FROM tty2 FOR (unknown), User not known to the underlying
authentication module
May 23 12:56:04 studentvm1 login[20147]: pam_
unix(login:auth): authentication failure; logname=LOGIN
uid=0 euid=0 tty=tty2 ruser= rhost=  user=root
May 23 12:56:04 studentvm1 login[20147]: pam_succeed_
if(login:auth): requirement "uid >= 1000" not met by
user "root"
May 23 12:56:05 studentvm1 login[20147]: FAILED LOGIN 1
FROM tty2 FOR root, Authentication failure
```

5. 通过 `logger` 命令添加的信息是否会在 systemd 日志和 /var/log/messages 文件中同时出现？

6. 从命令行使用 logwatch 工具搜索所有与逻辑卷管理相关的记录。你是否发现了相关记录？

7. 在使用 logwatch 查看 systemd 服务相关信息时，需要将详细级别设置为多少才能获得非空的输出结果？

Chapter 21 第 21 章

用户管理

目标

在本章中，你将学习如下内容：

❑ 如何使用用户账户和用户组来提供访问权限和安全性？

❑ /etc 目录下 passwd、group 和 shadow 文件的功能和结构。

❑ 使用基本的 useradd 和 userdel 命令来添加和删除用户账户。

❑ 为新用户创建可复制的用户级别配置。

❑ 如何锁定一个用户账户？

21.1　概述

你可能好奇笔者为什么迟迟没有讨论用户管理的话题。原因在于，如今的许多 Linux 系统本质上都是单用户系统。我们很少遇到需要多个用户同时访问同一台 Linux 计算机的情况，不过这种场景也是存在的。大多数时候，Linux 系统的管理员会使用某个非 root 账户登录系统，然后通过 su 命令切换到 root 账户来执行管理任务。还有一些场景下，多个普通用户可能会远程登录到一个系统进行日常工作。

即便你是一台 Linux 主机唯一具有访问权限的人，你依然需要处理至少两个用户账户：root 账户和你的个人账户。此外，Linux 系统中还有许多服务和程序所对应的用户账户。

本章主要围绕创建和管理用户账户展开。我们将重点探讨与用户账户、密码、安全相关的配置文件。

21.2　root 账户

即使 Linux 计算机没有被其他用户频繁使用，系统中依然存在着许多账户。这些账户大部分在 Linux 执行特定任务时被使用，这些账户的存在是为了满足各种系统功能和安全需求。

其中一个特殊账户是 root 账户。所有 Linux 机器上都具备 root 账户，它赋予以 root 身份登录者读取、修改、删除系统上任意文件的权限，不管文件的所有者是谁。虽然 root 账户受到文件权限的制约，但它可以修改计算机上任何文件的权限。简而言之，root 账户可以在 Linux 计算机上进行任何操作，包括修改任意用户的密码或锁定用户。为保护系统的完整性，只有系统管理员能掌握 Linux 系统的 root 账户密码。

我们在上册第 11 章中探讨了以 root 身份执行操作的相关内容，包括不建议使用 sudo 命令的原因。在本章中，我们将重点关注如何使用 root 账户来管理其他用户。

21.3 你自己的用户账户

使用你的账户 ID 和密码登录后，系统会授予你自己账户主目录中文件的读写权限，因为你是这些文件的所有者。你可以在主目录下创建新文件和目录，并进行修改。

你的账户没有足够的权限来访问其他用户的主目录，更不用说查看或修改其中的文件。你的账户也不具备修改重要系统文件的权限，但你可能可以查看部分系统文件的内容。

在创建账户名时，一种常见的做法是使用你的名字首字母和姓氏，例如，名为 Jo User 的人可以将账户名设为 juser。请注意，账户名全部使用小写也是很常见的。Linux 中区分大小写，因此账户名 JUser 与 juser 并不相同。

21.4 你的主目录

你的主目录是系统为你提供的个人文件存储空间的地方。在 Linux 中，目录与文件夹是同义词。

当你在主目录或主目录下的任何子目录中创建文件时，会为它们设置适当的所有权和权限，以便读写它们。允许读写之后，就可以创建新的文档和电子表格等，然后根据需要进行修改，并在修改后将其存储回磁盘。

此外，你还可以使用文件浏览器来调整主目录中已有文件的权限。但除非有充分的理由和明确的意图，否则不建议你随意更改目录或文件的权限设置。

21.5 用户账户和用户组

用户账户和用户组是 Linux 计算机上的第一道安全防线。了解用户账户和文件权限有助于你在工作过程中减少不便和困扰。

root 账户的 UID 始终为 0，而 root 用户组的 GID 也始终为 0。

从历史上看，所有系统级用户的 UID 和 GID 都被分配在 1～99 之间。特定的用户 ID 和用户组 ID 曾被约定俗成地用于各种程序和服务。有一段时间，Red Hat 和 Fedora 推荐从

UID 500 和 GID 500 开始分配用户 ID 和用户组 ID。但由于这与其他 Linux 发行版不一致，因此造成了一些问题。

如今，随着服务和系统级账户需求的激增，所有较新的标准 Linux 系统级和应用程序级用户都位于 100 ～ 999 的 UID 范围内，该范围目前已专为此用途保留。所有应用程序级用户（即安装的服务和应用程序所必需的用户）都应该在 101 ～ 999 的 UID 范围内添加。所有普通（人类）用户都应该从 UID 1000 以上开始添加。

RHEL 7《系统管理员指南》进一步建议人类用户 ID 从 5000 开始，为将来系统 ID 的扩展留有余地。然而，当前的 RHEL 和 Fedora 实现仍然从 UID/GID 1000 开始为人类用户分配。该指南解释了如何进行这一更改，以便自动为新用户分配建议范围内的 ID。

用户组 ID 的分配应该遵循与 UID 相同的惯例，以确保一致性并简化故障排除。

这种 ID 分配结构中存在一些值得注意的历史遗留问题。例如，GID 100 保留给了用户组。在某些环境中，通常所有的普通用户都会被添加到这个组中，但我们不建议这样做，因为这存在安全隐患，会让用户之间互相访问对方的文件。

对于普通用户来说，UID 和 GID 应该是相同的，即 UID 为 1001 的用户，其 GID 也应该是 1001。由于每个用户都属于自己的组，因此文件不会在用户之间自动共享，从而提高了安全性。默认情况下，用户不应该都属于单个共同的主组，如用户组（GID 100）。

要实现文件共享，应该使用辅助组成员身份，共享用户都属于相同的辅助组，并使用一个由该辅助组所拥有的专用目录来存储共享文件。辅助组成员身份应限于那些有特定需求来共享相关文件的人员，这样可以对共享文件进行更细粒度的管理。我们在上册第 18 章中进行了相关实验。

为共享目录和文件等添加组 ID 时，建议选择 5000 及以上开始的数字，就像我们在上册第 18 章中所做的那样。这可以为 4000 个具有相同 UID 和 GID 编号的用户留出空间，对于大多数 Linux 系统来说应该绰绰有余。当然，你可以根据自己的实际需求进行调整。

表 21-1 显示了 UID 和 GID 范围的常规分配方案。范围 0 ～ 999 和 ID 65,534 是完全不可供系统管理员使用或分配的。1000 ～ 65,533 之间的范围可供系统管理员灵活分配，可以根据本地需求来使用。

表 21-1　UID 和 GID 范围的常规分配方案

描述	用户 ID 范围	组 ID 范围
root 用户	0	0
历史性的 Linux 系统级账户。这些都是按惯例记录和分配的	1 ～ 99	1 ～ 99
服务和应用程序使用的账户。这一点在过去几年中发生了变化，但现在这个范围与 UNIX 和其他 Linux 发行版是一致的	100 ～ 999	100 ～ 999
普通（人类）用户使用的账户	1000 ～ 4999	1000 ～ 4999
其他：例如，共享目录和文件 GID	5000 ～ 9999	5000 ～ 9999
开放：未分配或以其他方式指定用于任何用途。可根据具体需要使用	10,000 ～ 65,533	10,000 ～ 65,533
Nfsnobody：用于访问远程文件的匿名网络文件系统（Network File System，NFS）用户	65,534	65,534

用户 ID 和用户组 ID 数据存储在 /etc/passwd、/etc/shadow 和 /etc/group 文件中。

21.5.1 /etc/passwd 文件

我们首先从 /etc/passwd 文件入手，了解其中所包含的用户和用户组信息。同时，我们也会看看这个文件里还存储了哪些其他信息。

实验 21-1：探索 /etc/passwd 文件

这项实验的很多操作需要以 root 用户身份进行。当以 root 用户身份执行时，id 命令可以显示以下身份相关的信息：

```
[root@studentvm1 ~]# id
uid=0(root) gid=0(root) groups=0(root)
[root@studentvm1 ~]#
```

上面的输出显示 root 用户的 UID 和 GID 均为 0，并且 root 用户属于 GID 同样为 0 的 root 用户组。

现在，让我们以 root 用户身份查看 student 用户的信息：

```
[root@studentvm1 ~]# id 1000
uid=1000(student) gid=1000(student) groups=1000(student),5000(dev)
```

student 用户的 UID 和 GID 都设置为 1000，并且该用户还是 dev 组的成员。组成员身份使得 student 用户可以和其他组用户进行文件共享。我们再看看 student1 用户，它同样也属于这个共享组：

```
[root@studentvm1 ~]# id 1001
uid=1001(student1) gid=1001(student1) groups=1001(student1),5000(dev)
```

现在，让我们看看定义和存储用户信息的文件。请以 root 用户身份执行以下命令：

```
[root@studentvm1 ~]# cat /etc/passwd
```

输出结果没有经过有意义的排序，因此我们可以通过 UID 字段进行排序以提升可读性。UID 位于每个用户记录的第三个字段。-t 选项用于指定字段分隔符，-k 选项指定从第三个字段开始排序（注意是首个字符）。-g 选项则指示采用通用数值排序方式。经过排序后，生成的数据流将明显更易于阅读：

```
[root@studentvm1 etc]# cat /etc/passwd | sort -t: -k3.1 -g
root:x:0:0:root:/root:/bin/bash
bin:x:1:1:bin:/bin:/sbin/nologin
daemon:x:2:2:daemon:/sbin:/sbin/nologin
adm:x:3:4:adm:/var/adm:/sbin/nologin
lp:x:4:7:lp:/var/spool/lpd:/sbin/nologin
sync:x:5:0:sync:/sbin:/bin/sync
shutdown:x:6:0:shutdown:/sbin:/sbin/shutdown
halt:x:7:0:halt:/sbin:/sbin/halt
mail:x:8:12:mail:/var/spool/mail:/sbin/nologin
operator:x:11:0:operator:/root:/sbin/nologin
games:x:12:100:games:/usr/games:/sbin/nologin
ftp:x:14:50:FTP User:/var/ftp:/sbin/nologin
```

```
rpcuser:x:29:29:RPC Service User:/var/lib/nfs:/sbin/nologin
rpc:x:32:32:Rpcbind Daemon:/var/lib/rpcbind:/sbin/nologin
mailnull:x:47:47::/var/spool/mqueue:/sbin/nologin
smmsp:x:51:51::/var/spool/mqueue:/sbin/nologin
tss:x:59:59:Account used for TPM access:/:/sbin/nologin
avahi:x:70:70:Avahi mDNS/DNS-SD Stack:/var/run/avahi-daemon:/sbin/nologin
tcpdump:x:72:72:tcpdump:/:/sbin/nologin
sshd:x:74:74:Privilege-separated SSH:/usr/share/empty.sshd:/sbin/nologin
dbus:x:81:81:System Message Bus:/:/usr/sbin/nologin
rtkit:x:172:172:RealtimeKit:/proc:/sbin/nologin
abrt:x:173:173::/etc/abrt:/sbin/nologin
systemd-network:x:192:192:systemd Network Management:/:/usr/sbin/nologin
systemd-resolve:x:193:193:systemd Resolver:/:/usr/sbin/nologin
saslauth:x:978:76:Saslauthd user:/run/saslauthd:/sbin/nologin
systemd-timesync:x:979:979:systemd Time Synchronization:/:/usr/sbin/nologin
systemd-coredump:x:980:980:systemd Core Dumper:/:/usr/sbin/nologin
dnsmasq:x:982:981:Dnsmasq DHCP and DNS server:/var/lib/dnsmasq:/usr/
sbin/nologin
vboxadd:x:983:1::/var/run/vboxadd:/sbin/nologin
lightdm:x:984:983::/var/lib/lightdm:/sbin/nologin
sstpc:x:985:984:Secure Socket Tunneling Protocol(SSTP) Client:/var/run/
sstpc:/sbin/nologin
flatpak:x:986:985:Flatpak system helper:/:/usr/sbin/nologin
setroubleshoot:x:987:986:SELinux troubleshoot server:/var/lib/
setroubleshoot:/sbin/nologin
pipewire:x:988:987:PipeWire System Daemon:/var/run/pipewire:/sbin/nologin
unbound:x:989:988:Unbound DNS resolver:/etc/unbound:/sbin/nologin
nm-openconnect:x:990:989:NetworkManager user for OpenConnect:/:/sbin/nologin
nm-openvpn:x:991:990:Default user for running openvpn spawned by
NetworkManager:/:/sbin/nologin
openvpn:x:992:991:OpenVPN:/etc/openvpn:/sbin/nologin
colord:x:993:992:User for colord:/var/lib/colord:/sbin/nologin
chrony:x:994:993:chrony system user:/var/lib/chrony:/sbin/nologin
nm-fortisslvpn:x:995:994:Default user for running openfortivpn spawned by
NetworkManager:/:/sbin/nologin
geoclue:x:996:995:User for geoclue:/var/lib/geoclue:/sbin/nologin
polkitd:x:997:996:User for polkitd:/:/sbin/nologin
systemd-oom:x:998:998:systemd Userspace OOM Killer:/:/usr/sbin/nologin
student:x:1000:1000:Student User:/home/student:/bin/bash
student1:x:1001:1001:Student user 1:/home/student1:/bin/bash
student2:x:1002:1002:Student User 2:/home/student2:/bin/bash
nobody:x:65534:65534:Kernel Overflow User:/:/sbin/nologin
```

让我们解析 UID 为 1000 的 student 账户记录，如表 21-2 所示。该文件采用冒号（:）作为字段分隔符。

表 21-2 解析 student 用户 /etc/passwd 文件的条目

			student:x:1000:1000:Student User:/home/student:/bin/bash
字段号	字段名	值	描述
1	账户名	student	该账户的用户登录名
2	密码	x	不再用于存储密码。保留此字段是为了向后兼容
3	用户 ID（UID）	1000	此账户的用户 ID 号
4	组 ID（GID）	1000	此账户的主要组 ID 号。这是默认设置，并且很多时候是用户所属的唯一组
5	GECOS	student	这是一个文本字段，可以包含多个用于描述账户的单词。GECOS 代表通用电气综合操作系统（General Electric Comprehensive Operating System），简称 GE
6	主目录	/home/student	根据组织需求、规范和历史使用情况，用户的主目录可能会有所不同
7	shell	/bin/bash	此用户的默认 shell。Bash 是大多数 Linux 发行版的默认 shell。用户可以更改它们的默认 shell

账户信息中的密码字段已废弃。直接将密码存储在此文件存在安全隐患，因为该文件必须能够被所有用户账户访问。从该文件中读取密码（即使是加密后的形式）也会带来严重的安全风险。出于这一原因，密码信息早已被转移到 /etc/shadow 文件中，该文件具有访问限制，安全性更高。

21.5.2 nologin shells 机制

/etc/passwd 文件中许多系统用户都将登录 shell 指定为 /sbin/nologin。这是一种特殊的 shell，其作用是禁止任何形式的登录操作。该机制是一项安全特性，可以有效防止入侵者通过将权限提升到（或超出）这些账户来入侵 Linux 主机。

21.5.3 /etc/shadow 文件

如前文所述，用户账户的密码信息已从 /etc/passwd 文件转移到 /etc/shadow 文件。/etc/shadow 文件的访问权限受到严格限制，只有 root 用户以及以 root 权限运行的系统进程才能读取，因此安全性更高。

实验 21-2：/etc/shadow 文件

请以 root 用户身份执行本实验。现在我们将查看 /etc/shadow 文件。请确认你的 root 终端会话的当前工作目录仍为 /etc。

查看 /etc/shadow 文件的内容。为节省篇幅，部分内容已被移除：

```
[root@studentvm1 etc]# cat shadow
root:$y$j9T$FVKiIj5u3CRbWDyO4lsfxt7e$Evlxg6k/
xSYNVNeUoWAGtf9BwAI4U6p6PK3RRnbt60C::0:99999:7:::
bin:*:19196:0:99999:7:::
daemon:*:19196:0:99999:7:::
adm:*:19196:0:99999:7:::
```

```
lp:*:19196:0:99999:7:::
sync:*:19196:0:99999:7:::
shutdown:*:19196:0:99999:7:::
halt:*:19196:0:99999:7:::
mail:*:19196:0:99999:7:::
operator:*:19196:0:99999:7:::
games:*:19196:0:99999:7:::
ftp:*:19196:0:99999:7:::
nobody:*:19196:0:99999:7:::
dbus:!!:19301::::::
tss:!!:19301::::::
systemd-network:!*:19301::::::
systemd-oom:!*:19301::::::
<SNIP>
lightdm:!!:19301::::::
rpcuser:!!:19301::::::
vboxadd:!!:19301::::::
sshd:!!:19301::::::
dnsmasq:!!:19301::::::
tcpdump:!!:19301::::::
systemd-coredump:!*:19301:::::::
systemd-timesync:!*:19301::::::
student:$y$j9T$F1bU1XyjGrsx9vj8DY/W1X1j$nfvhi6yhEKMMRHDAEBuiwnbwGK.wFuLGc2mH/
xaqqV3::0:99999:7:::
student1:$y$j9T$PU8zFAELrJQ4TPrKA8U1f.$WmZXnLiocJkQpaDIOfkLg48fce06eOouRK
YLBzMOu9.:19397:0:99999:7:::
student2:$y$j9T$1Ch.293dasUtkOlUTOJ4r1$ZaJI.XzZMGmuAnOaJuThXgLWpxF5nelG28wN5.
OiAT6:19398:0:99999:7:::
saslauth:!!:19486::::::
mailnull:!!:19486::::::
smmsp:!!:19486::::::
```

注意，只有 root 用户和其他人类用户账户有密码。

我们对 student 用户的 shadow 文件条目进行解析，如表 21-3 所示。shadow 文件的条目以冒号 (:) 分隔。

表 21-3　解析 student 用户 /etc/shadow 文件的条目

字段号	字段名	值	描述
		student:yj9T$F1bU1XyjG\<SNIP>c2mH/xaqqV3:::99999:7::	
1	账户名	Student	账户的用户登录名
2	密码	yj9T$F1bU1XyjG\<SNIP>	加密密码，也称为散列值，为简短起见，在这里截断。如果该字段以感叹号开始 (!)，则账户将被锁定
3	最后修改密码的日期	空	自 1970 年 1 月 1 日 00:00 UTC 以来最后一次更改密码的日期，如果该字段为空，则密码从未更改。如果该字段为 0，则必须在下次登录时更改密码

(续)

	student:yj9T$F1bU1XyjG\<SNIP\>c2mH/xaqqV3:::99999:7::		
字段号	字段名	值	描述
4	密码最低时限要求	0	如果该数字不为零，用户必须等待该天数后，才能再次更改密码。这样可以防止用户进行必要的更改，然后立即将密码更改回他们"喜欢的"密码
5	密码最高时限要求	99,999	密码保留的有效天数。99,999 的值被解释为密码永远不会过期
6	密码警告期限	7	密码过期前的剩余天数，在此期间每天都会向用户发出警告
7	密码失效期限	空	密码过期后接受旧密码并要求用户创建新密码的天数
8	账户到期日期	空	自 1970 年 1 月 1 日 00:00 UTC 起账户将到期的日期。该用户将不被允许登录到一个过期的账户。如果该字段为空，则账户永远不会过期。这与密码过期不同
9	预定字段	空	留着以后使用

第 4 ~ 8 个字段是实现密码安全策略的关键，这些字段可以用来强制用户定期修改密码。请注意，该 student 用户的密码处于未修改状态。

实验 21-3：探索更改密码

以 student 用户身份进行本实验。使用命令行工具修改 student 用户的密码。首先，我们尝试使用一个不符合安全策略的密码，观察系统会如何反应：

```
[student@studentvm1 ~]$ passwd
Changing password for user student.
Current password: <Enter the current password>
New password: mypassword
BAD PASSWORD: The password fails the dictionary check - it is based on a
dictionary word
passwd: Authentication token manipulation error
```

由此可见，输入包含字典单词或字典单词变体的字符串密码将无法通过安全策略检查，导致密码修改失败。请注意以下示例，其中的"0"为数字零：

```
[student@studentvm1 ~]$ passwd
Changing password for user student.
Current password: <Enter the current password>
New password: myp@ssw0rd
BAD PASSWORD: The password fails the dictionary check - it is based on a
dictionary word
passwd: Authentication token manipulation error
```

非 root 用户无法创建不符合最低标准的密码。尽管 root 用户可以为任何用户设置任何密码（不符合标准的密码会伴随相应的安全提示），但请牢记 root 用户拥有至高无上的系统权限（它可以做任何事）。接下来，让我们实际演示如何修改密码：

```
[student@studentvm1 ~]$ passwd
Changing password for user student.
Current password: <Enter the current password>
New password: Yu2iyief
Retype new password: Yu2iyief
passwd: all authentication tokens updated successfully.
```

该密码符合标准，原因是它满足最小长度要求（八个字符），并且包含了大小写字母、数字的随机字符。接下来，让我们看看当 root 用户尝试将 student 用户的密码改为一个字典单词时，系统会有怎样的反应：

```
[root@studentvm1 etc]# passwd student
Changing password for user student.
New password: myp@sswOrd
BAD PASSWORD: The password is shorter than 8 characters
Retype new password: myp@sswOrd
passwd: all authentication tokens updated successfully.
You have new mail in /var/spool/mail/root
```

root 用户拥有修改密码的最高权限，无须输入原密码，且不受密码安全策略的限制。即使系统会显示警告信息，密码也会被强制修改。

提示：在前一个示例中，root 用户收到的邮件是 logwatch 发送的每日日志报告。视你阅读本书的进度而定，你可能已经看到此邮件，也可能稍后才会遇到。

现在，让我们看一下 student 用户的 shadow 文件条目：

```
[root@studentvm1 etc]# grep student shadow
student:$6$.9B/OvGhNwsdf.cc$X/Ed1<snip>dD/:18041:0:99999:7:::
<snip>
```

第三个字段是最后一次修改密码的日期，现在里面有一个数字，在笔者的主机里是 18041。你的数字将是不同的。

最后，你可以将密码更改成你想要的内容。

注意，非 root 用户修改密码时，必须先输入当前密码进行验证，才能成功更改。这是一种基本的安全措施，可防止他人随意修改用户密码。然而，root 用户拥有最高权限，可以重置任何用户的密码，无须知道其当前密码。

21.5.4　/etc/group 文件

/etc/group 文件记录了本地主机中的所有用户组信息。除了标准系统组，还包括系统管理员为特定需求而创建的自定义组。

我们在上册第 18 章中创建了 dev 和 shared 两个组，目的是为用户提供文件共享和协作的机制。由于我们之前已经探讨过组文件的结构，这里就不再重复了。

21.5.5 /etc/login.defs 文件

/etc/login.defs 文件用于设置添加新用户时进行合并的某些默认配置。这些配置项包括：新用户的 UID 和 GID 范围、默认邮件目录、默认密码过期策略等。

实验 21-4：login.defs 文件

请以 root 用户身份进行以下操作。查看 /etc/login.defs 文件的内容，该文件控制着与系统密码相关的默认设置。尽管文件中包含注释，以下两项仍需重点说明：

- ❏ PASS_MIN_LEN：密码最小长度被设为 5 个字符，出于安全、合理的考虑，建议修改为至少 8 个字符。
- ❏ PASS_MAX_DAYS：该项被设置为 99,999，表示密码永不过期。而在实际环境中，密码应定期更换，建议最长有效期不超过 30 天。

注意，虽然 root 用户可忽略密码安全警告，但普通用户必须遵守 /etc/login.defs 中指定的密码策略。

21.5.6 账户配置文件

如你在上册中所见，Linux 系统在创建新用户账户时，会将一些配置文件复制到新账户的主目录中。其中，位于 /etc/skel 目录下的所有 shell 相关配置文件（如 ~/.bash_profile、~/.bashrc 等）都在新账户的主目录中。

如果你有一些本地配置文件需要放置在用户的主目录下，而不是与其他系统级配置文件一同存放在 /etc/profile.d 中，那么你可以将它们放到 /etc/skel 目录。如此一来，这些文件会在新用户创建时被自动复制到新的主目录。这种做法的好处是，用户可以根据自己的实际需求对这些配置文件进行定制化修改。

21.6 密码安全

出于安全预防考虑，建议你每月更改一次密码。此举可有效缩短他人使用你密码的时间窗口，即使旧密码意外泄露也能及时止损。一旦密码更改，旧密码便无法再用于访问系统。密码泄露的途径难以预料，因此，即使你认为密码并未受到威胁，也应定期进行修改。若怀疑密码已经泄露，则更应立即采取更换措施。

密码信息应妥善保管，切勿以书面形式记录。密码一旦被盗，联网的计算机就存在被入侵的风险，数据安全将受到威胁。

Linux 系统对密码长度具有最低要求。默认最小长度为 5 个字符，不过这一设置可以更改。为增加他人破解密码的难度，建议你使用更长的密码。密码应避免使用日期、姓名首字母缩写、普通词汇，或易于记忆的字符序列（如键盘中排左侧的 ASDFG）。理想的密码应由大小写字母、数字和特殊字符（如 #, $, %, ^ 等）组成。

根据笔者的个人计算，若以每秒 500 次的频率对一台主机发起自动破解攻击，破解 5

字符密码所需的时间在 6 小时到 21 天之间，具体时长取决于密码仅由小写字母构成还是包含大、小写字母及数字。而对于包含特殊字符、设计良好的随机密码，破解时间可以提升至 152 天。为保障合理的安全水平，应将密码最小长度设为 8 位。破解一个 8 字符密码所需的时间将大幅提升，从 13 年到超过 32.5 万年不等，具体时长取决于密码是否包含大小写字母、数字和特殊字符。

破解者（意图入侵计算机的不法分子）会利用词典、常用缩略语和按键序列来尝试破解你的系统。他们也会尝试容易猜解的个人信息，如生日、纪念日、配偶、子女、宠物的名字、身份证号码等。因此，更改密码时务必避开字典词汇和能够从个人信息中推断出的内容。基于这些非随机来源的密码极易被迅速破解。

频繁更改密码，或是强制使用过长且难以记忆的密码，会带来明显的负面影响。这类策略很可能导致用户将密码写在便签上，然后贴在显示器或键盘下方。在切实有效的安全策略和弄巧成拙的安全措施之间，往往只有一线之隔。

21.6.1　密码加密

密码不应以明文形式直接存储在硬盘上，否则极易遭受黑客攻击。为了保障用户账户安全，系统会使用 OpenSSL 加密库对密码进行加密处理。我们可以通过 openssl 命令行工具来访问这些加密库，进而了解密码加密的相关原理。

实验 21-5：密码加密

请以 student 用户的身份进行本次实验。openssl passwd 命令行工具能够将明文密码加密，这种加密后的密码可以用于创建新账户。它还能够帮助我们探索 /etc/shadow 文件中密码的结构。

我们先从一个简单的例子开始，如果不指定具体的加密方法，密码将被截断为 8 个字符，并使用相对不够安全的 crypt 算法进行加密。为了方便演示，在本实验的大多数示例中，我们将使用字符串"mypassword"作为待加密的密码：

```
[student@studentvm1 ~]$ openssl passwd mypassword
$1$6HSQkhNO$7Bj5BFzgf1RC9IIirucU41
```

将生成的密码与 /etc/shadow 文件中的 student1 用户密码进行比较，格式如下所示。这个密码的散列值比我们使用默认设置所获得的要长得多：

```
student:$y$j9T$8wWmtQ9YBTBdu0ab1uP1b1$0ovMpOq3iNs6P4um..iiU/
zSC8jlKEkjFczMaYYyqf/:19487:0:99999:7:::
```

笔者特意标出了密码的前三个字符，它们告诉了我们（以及系统密码和登录工具）创建密码使用的加密算法。6 表示这个密码是使用 SHA512 算法创建的。我们可以使用 -6 选项来显式指定 SHA512 算法：

```
[student@studentvm1 ~]$ openssl passwd -6 mypassword
$6$d97oQ/z8flJUPO5p$fhCJDLFEwl89bb9Ucp9DVfQNvuUgParsq/NasrYqw91zOKfj.
W5rHHFw8VUY9M2kyo0aqAmVAT/xYDeFjKOFX1
```

注意密码开头的 6 字符，它表明该密码使用的是 SHA512 算法。现在，我们来尝试使用 SHA256 选项进行同样的操作：

```
[student@studentvm1 ~]$ openssl passwd -5 mypassword
$5$TIXlQaYbLX.buCu5$r7Kb4hN/mEORRYgfibgT54/daIJOXlfKEXJrkTKyeq3
```

请注意，密码开头的三个字符现在变成了 5，同时密码也变短了。

打开 openssl-passwd 的手册页（输入 man openssl-passwd 命令），查看其他可用的加密选项。分别使用 crypt、MD5、apr1、SHA256（-5）和 SHA512（-6）算法创建密码散列值。让我们回到 SHA512 算法，连续运行该命令：

```
[student@studentvm1 ~]$ openssl passwd -6 mypassword
```

请注意，尽管密码字符串相同，但每次生成的密码散列值都会有所不同。这是因为密码加密算法在每次迭代时都会使用不同的随机种子。这个随机种子被称为"盐值"（salt），这个称呼可能源于它能为加密过程增添变化。通常情况下，盐值是从 /dev/urandom 数据流中提取的。这样做能为算法注入一定的随机性，使得每次迭代都产生不同的结果。

除了使用随机盐值，我们还可以通过 -salt 选项来指定一个固定的盐值。多次执行以下命令，它将始终产生相同的结果：

```
[student@studentvm1 ~]$ openssl passwd -salt 123456 -6 mypassword
$6$123456$KKcK3jDXxN5TVYNLbMdEIjnfRjaSlbqj5X9bBgryaa4qLDO4lrM9kswCpAZL27/
WXlbsDQcJ8kBxPjcpips781
```

注意，盐值被包含在算法标识符（6 123456）之后。使用相同的盐值会使得加密算法失去随机性，从而始终产生相同的结果，得到相同的密码。而使用不同的盐值将会生成新的密码散列值。

回顾一下之前没有使用 salt 选项创建的一些密码，试着找出其中的随机字符串部分。

从理论上讲，知名的密码散列算法在设计时，就考虑到了不可逆这个特性，也就是说不存在能够从散列值反推回明文密码的已知算法。然而，如果攻击者能获取到散列值（包含盐值），那么通过暴力破解，仍然有可能最终找出对应的明文密码。如果密码是基于字典单词，那么破解不会耗费很长时间；但如果使用了强密码，破解可能需要数年之久。

21.6.2 生成强密码

创建强密码确实是个不小的挑战，需要一定的思考和斟酌。幸运的是，Linux 中至少有一个工具可以帮我们生成强密码。

pwgen 工具非常灵活，允许我们指定密码的数量和长度，并且可以选择让生成的密码相对容易记忆，或是难以记忆。在默认情况下（即不使用 -s 和 -y 选项），pwgen 生成的密码比较容易记忆。不过根据笔者的个人经验，有些密码确实容易记住，有些则未必。

实验 21-6：生成强密码

本实验可以以 student 用户的身份进行。我们将探索 pwgen 工具，了解它如何帮助我们创建相对安全的密码。

首先，直接运行 pwgen 命令（不带任何选项），当标准输出定向到终端时，它会生成一组包含 160 个随机 8 位密码的列表。这些密码由大小写字母和数字组成。你可以从以下列表中挑选一个作为自己的新密码：

```
[student@studentvm1 ~]$ pwgen
Iiqu4ahY Eeshu1ei raeZoo8o ahj6Sei3 Moo5ohTu ieGh6eit IsoEisae eiVo5Ohv
Gooqu5ji ieX9VoN5 aiy3kiSo Iphaex4e Vait1thu oi5ruaPh eL7Mohch iel2Aih6
Elu5Fiqu eeZ4aeje Ienooj6v iFie2aiN ruu7ohSh foo4Chie Wai5Ap1N ohRae1lu
urahn2Oo eal6Zuey GuX3choO iesh1Oot eepha1Ai oe6Chaij ISaeb3ch OK7Iuchu
aeNgee6O Iequit9U OoNgi2oo cohY4Xei Ziengi3E quohTei4 eefe2ieC eong8Qui
Vo5aip8m Eishi0ei Xith9eil aongu4Ai paiFe1zo gaiPh5Ko Be7ieYu2 Fathah9h
Gu7UcePh lee7aiSh aj4AuChe Zo3caeR1 Yo8jei5x maeChe5a IdObaigh Fu4tei4e
geiLeid7 quaeK4Ro ohVoe5iZ AY2Noodi nem0tahJ ahPiw1oh gah6baeH Aa5pohCh
ahShai1h uQu3Hah1 Eth3coo5 EChoboc9 Iey0ahCh Mee3iewu Iek6oMai aePoo2ei
aeVoM8Sh IeROhohr Duew9ogh toh8AeXu NohghOme ain4Ooph ooyuKoh1 huth1Mei
si4ohCao ahthae0I ohquah5F chohpe9G yoiM2noh iePh9iej aij7uXu7 Phoophi8
Bei5iLah uR3aicer oagh2OVo uThox9Xa Gu4reeOv shohNe2a weReth7A Vae4ga3b
Jee9jieX kohjoR6o Zimaish2 ut9mahJ8 ephu8Ray IepOeiTh ooB3joom Rai1ohzu
em0Eeruv Tu7Phoh1 bohOIFee roh6Phae tauT3ohh LieFiuOa Voo9uvah pahpuiJ1
ohSiaN9a ooBahnu9 Uo2DahSO oor6Huwe ahs6Och3 aeCai1oo ahw2Lawi oCaeboo8
oshahB8e Xu3iyohx NoX4ohCi oa5aiLih uLah7noo Thopie2a ua6iuQuo ooYab5ai
Gae5ahsh Eech1re7 feeDah4v wou7Oek4 iefoo9AJ zei4ahVi uMiel7sh jae3eiVo
zahC3Tue Eiphei6E ke6GiaJ8 oquieBaO chi8Ohba ooZ9OC3e deiV7pae sieCho6W
nu1oba1D aiYoh2oo OoluaZ7u Ahg5pee7 Teepha6E oochOMod ThaiPui5 Ehui9ioF
ekuina3Z Oafaivi1 Pusuef9g aChoh2Eb Cio7aebe eoPOiepu seGh2kie fiax4Cha
```

将 pwgen 生成的数据流通过管道传递给 sort 命令，最终会得到一个单独的密码。事实上，当 pwgen（不带选项）的数据流被通过管道传递时，它只会生成一个密码。这种特性对于自动化脚本来说非常方便：

```
[student@studentvm1 ~]$ pwgen | sort
Eaphui7K
```

这种默认只生成一个密码的行为可以通过 -N 选项来覆盖，该选项允许我们指定所需的密码数量：

```
[student@studentvm1 ~]$ pwgen -N 6 | sort
boot6Ahr
Die2thah
nohSoh1T
reob9eiR
shahXoL6
Wai6aiph
```

此外，pwgen 的语法能识别两个参数（pwgen pw_length 和 number_of_passwds）。它们分别对应密码长度和数量，下面展示了 pwgen 生成 10 个长度为 20 字符密码的例子：

```
[student@studentvm1 ~]$ pwgen 20 10
huo7ooz5shoom2eg9Sha PahJein4oRohleiOphu4 Air2ahxu4AeLae7dee7G
mug2feingooT6thoo7mo eeshipicoosh8Cahfil8 KaeniuM3aic2eiZo9yiO
Uze9aejoh6og1thaTh1e Noitongeiri7goh9XeeN ZohxeejiewaeKaeth1vo
kohngoh7Nienughai5oo
```

接下来，以不同的组合使用 -s 和 -y 选项：

```
[student@studentvm1 ~]$ pwgen -s
[student@studentvm1 ~]$ pwgen -y
[student@studentvm1 ~]$ pwgen -sy
[student@studentvm1 ~]$ pwgen -s 25 90
```

查阅一下 pwgen 的手册页，看看它还提供了哪些其他的选项。其中，有一个特别实用的选项是可以移除容易混淆的字符，比如 I（大写字母 i）和 1（数字 1），或者 0（数字 0）和 O（大写字母 O）。

21.6.3 密码质量

系统通过 /etc/security/pwquality.conf 配置文件来定义新密码的质量要求。该文件使用注释行来标注系统默认值。为了提升安全性，你可以将需要修改的行取消注释，并将对应的默认值改为期望的值。

例如，你可以把默认密码长度从 8 位改到 10 位，方法是：取消 "# minlen = 8" 的注释，然后把数字 8 改为 10。

很多用户在被要求修改密码时，喜欢耍个小聪明：只改动原密码中的一个字符。例如，把 "password3" 改成 "password4"。将 "difference OK" 变量的默认值设为 difok = 1 后这样做是允许的，但显然这不是一个好主意。

实验 21-7：密码质量

本次实验需要交替使用 root 和 student1 两个用户身份来完成。首先，查阅 pwquality.conf 的手册页，熟悉可以修改的配置项。然后，以 root 身份将 student1 的密码设为 password1234，并使用该密码登录 student1 账户。

接下来，以 student1 身份将密码改为 password9876。最后，编辑 /etc/security/pwquality.conf 文件，修改以下配置项：

```
# difok = 1
```

修改为：

```
difok = 5
```

现在，尝试将 student1 的密码修改为 password4567。请注意，修改密码后无须重启，

配置更改会立即生效：

```
[student1@studentvm1 ~]$ passwd
Changing password for user student1.
Current password: password9876
New password: password4567
BAD PASSWORD: The password is too similar to the old one
passwd: Authentication token manipulation error
```

用户有时会尝试使用单一类型的字符来设置密码，比如全部小写字母或者纯数字。通过修改 minclass = 0 配置项，可以要求密码包含最多四种类型的字符：大写字母、小写字母、数字和特殊字符。密码中至少包含三种不同的字符类型是一种很好的做法。

你可以尝试将 minclass 设置为 3，然后把 student1 的密码改成只含有一类或两类字符的密码，再将这个密码修改为包含三类字符。注意，这里的设置并未限定必须包含哪些字符类型。

最后，请记得将修改过的配置恢复为初始值，并为 student1 设置一个符合你安全习惯的密码。

21.7　管理用户账户

用户账户管理是系统管理员在各种环境中都十分常见的一项任务，可能包括添加新账户、删除闲置账户以及修改现有账户。

创建、删除和修改用户账户可以使用多种方式。其中，大多数桌面环境都提供了一些图形用户界面工具。在命令行环境中，则有 useradd 和 adduser 工具（后者是 useradd 的符号链接，出于兼容性考虑而保留）。另外，还存在用于删除和修改用户账户的专用命令。当然，你也可以沿用传统方式，手动编辑相关文件。

在后续的实验中，我们将结合命令行以及手动文件编辑的方式来管理用户账户。笔者初学系统管理时，偏爱手动编辑文件，因为这让笔者深入理解了相关命令的作用原理、涉及的文件以及文件结构。

21.7.1　创建新账户

无论采用何种方式，创建新账户都是一个简单的过程。我们首先从 useradd 命令入手。

useradd 命令

我们先从简便的方式开始。useradd 命令具有灵活性，允许系统管理员设置多个选项的默认值，例如密码过期策略、默认 shell 等。

实验 21-8：使用 useradd 添加新用户

请以 root 用户身份进行本实验。

首先，我们来查看用于定义新用户默认设置的文件：/etc/default/useradd。相关设置可以在这里被永久保存，也可以在使用命令行工具时被覆盖：

```
[root@studentvm1 ~]# cat /etc/default/useradd
# useradd defaults file
GROUP=100
HOME=/home
INACTIVE=-1
EXPIRE=
SHELL=/bin/bash
SKEL=/etc/skel
CREATE_MAIL_SPOOL=yes
```

现在，我们来使用默认设置添加一个用户。-c（comment）选项用于将引号中的文本添加到 /etc/passwd 文件内的 GECOS 注释字段：

```
[root@studentvm1 ~]# useradd -c "Test User 1" tuser1
```

为 tuser1 新用户设置密码：

```
[root@studentvm1 ~]# passwd tuser1
Changing password for user tuser1.
New password: <Enter new password>
BAD PASSWORD: The password is shorter than 8 characters
Retype new password: <Enter new password>
passwd: all authentication tokens updated successfully.
[root@studentvm1 ~]#
```

接下来，请检查该用户在 /etc/passwd、/etc/shadow 和 /etc/group 这几个文件中的相应条目。同时，请查看 tuser1 用户主目录下的内容，注意其中包含的隐藏文件。

现在，让我们创建一个使用 zsh 作为默认 shell、主目录位于 /TestFS/tuser2 的用户账户。由于我们在上册第 7 章中已经添加了多种 shell，ZShell 应该处于已安装状态。使用 -d 选项可以指定用户主目录的完整路径，请注意，如果根目录（本例中为 /TestFS）不存在，那么根目录和用户主目录都不会被自动创建。-s 选项则用来设置用户的默认登录 shell：

```
[root@studentvm1 etc]# useradd -c "Test User 2" -d /TestFS/tuser2 -s /usr/
bin/zsh tuser2
```

为该用户设置密码。检查 passwd、shadow 和 group 文件中被添加的对应条目。直接登录或使用 su- 命令切换到该用户，以确认 zsh 已成为其默认 shell。命令行提示符会有所变化，同时注意命令行编辑方式的不同，以及 tab 键补全功能的缺失。从该用户账户注销。

接下来，让我们添加一个密码过期日期为今天的新用户。使用 -e 选项指定 YYYY-MM-DD 格式的过期日期，系统会自动将其转换为自 1970 年 1 月 1 日 00:00 UTC 以来经过的天数。请留意，你的"今天"与我写下这段文字时的"今天"可能不同，所以务必使用你当前的日期：

```
[root@studentvm1 etc]# useradd -c "Test User 3" -e 2019-05-28 tuser3
```

为用户 tuser3 设置密码。保持当前 student 用户的权限，在终端会话中使用 su 命令切换到 tuser3 用户。此外，你也可以通过虚拟控制台直接登录 tuser3 账户：

```
[student@studentvm1 ~]$ su - tuser3
Password: <Enter password for tuser3>
Your account has expired; please contact your system administrator
su: User account has expired
```

现在，我们使用 usermod 命令将该用户的账号过期时间设置为未来某一天。请将日期设定为你当前日期之后的几天：

```
[root@studentvm1 etc]# usermod -e 2023-06-05 tuser3
```

再次以 student 用户身份使用 su 命令登录 tuser3 用户：

```
[student@studentvm1 ~]$ su - tuser3
Password: <Enter password for tuser3>
[tuser3@studentvm1 ~]$
```

账户的到期日期和密码的到期日期是两个独立的设置。举个例子，你可能聘请了一位外部承包商来参与一个为期六个月的项目。在这种情况下，你可以将账户的到期日期设置为项目结束的日期（六个月后），同时将密码时限设置为 30 天。在这六个月期间，密码会按周期过期，但账户本身的有效期会持续到指定的未来日期。请注意，即使密码还在有效期内，用户也无法登录一个已经过期的账户。

在完成上述实验后，请退出 tuser3 的会话，并注销 tuser3 用户。

虽然 useradd 命令的 -K 选项可以用来设置密码的到期日期，但为了保证系统范围内的一致性，这类设置应当写入 /etc/login.defs 文件中。

在添加新账户时，我们可以设置一个已加密的初始密码。具体方法是：使用 openssl 命令生成密码的散列值，然后在 useradd 命令中指定该散列值。

现在，让我们来创建一个带有加密初始密码的新用户。

实验 21-9：添加带有密码的新用户

请以 root 用户的身份进行此操作。使用密码散列值来添加新用户。具体步骤是：先通过 openssl passwd 命令生成密码散列值，然后在 useradd 命令中指定该值。请将整个命令输入在一行中，并确保 openssl passwd 命令两侧有反引号（`）。如下所示：

```
[root@studentvm1 ~]# useradd -c "Test User 4" -p `openssl passwd -salt 123456 -6 mypassword` tuser4
```

现在，请打开 shadow 文件进行检查。由于我们在生成密码散列值时使用了相同的盐值和密码，最终生成的散列值应该是相同的：

```
tuser4:$6$123456$KKcK3jDXxN5TVYNLbMdEIjnfRjaSlbqj5X9bBgryaa4qLDO4lrM9ksw
CpAZL27/WXlbsDQcJ8kBxPjcpips781:18044:0:99999:7:::
```

现在，请尝试以 tuser4 账户登录，密码为"mypassword"。如果登录成功，说明我们刚才的操作已经生效。登录成功后，请记得注销 tuser4 账户。

21.7.2 通过编辑文件创建新用户

相较于使用 `useradd` 命令，直接编辑文件来添加新用户稍显烦琐，也需要更多的时间，但这是一个很好的学习机会。事实上，这个过程并不复杂，只要你有足够的耐心和相关知识。

虽然我们通常不会采用这种方式来添加新用户，但是笔者曾经遇到过需要修复用户账户的情形。熟知相关文件以及如何安全地编辑它们是非常有用的技能。因此，本次实践的重点在于加深我们对构成用户账户的各个文件的理解，而不是为了强调以这种方式添加新用户。

实验 21-10：使用文本编辑器添加新账户

本实验需要以 root 用户身份进行。

我们将通过编辑相关配置文件并创建其主目录来添加新用户 Test User 5（用户名 tuser5）。

首先，请将以下内容添加到 /etc/passwd 文件中。我使用了 Vim 编辑器，在 tuser4 的条目基础上进行复制和修改。由于 tuser4 的 UID 和 GID 为 1006，我们将 tuser5 的 UID 和 GID 设为 1007：

```
tuser5:x:1007:1007:Test User 5:/home/tuser5:/bin/bash
```

请编辑 /etc/group 文件，并添加以下内容。与之前类似，笔者以 tuser4 的现有条目为基础进行复制和修改：

```
tuser5:x:1007:
```

编辑 /etc/shadow 文件，添加以下内容。同样，笔者以 tuser4 的现有条目为基础，复制后仅修改了用户名。请注意，这样会导致 tuser5 和 tuser4 使用相同的密码：

```
tuser5:$6$123456$KKcK3jDXxN5TVYNLbMdEIjnfRjaSlbqj5X9bBgryaa4qLDO4lrM9ksw
CpAZL27/WXlbsDQcJ8kBxPjcpips781:18044:0:99999:7:::
```

请注意，在保存更改时，Vim 可能会提示错误：只读选项被设置（添加! 来覆盖）。这是因为该文件可能处于只读模式。要强制保存更改，请在保存命令后添加感叹号（!），:wq!。

创建新的用户主目录并将其权限设置为 700：

```
[root@studentvm1 home]# cd /home ; mkdir tuser5 ; ll
total 52
drwxrwws---   2 root     dev      4096 Apr  2 09:19 dev
drwx------.   2 root     root    16384 Dec 22 11:01 lost+found
drwxrwws---   2 root     dev      4096 Apr  2 12:34 shared
drwx------. 27 student  student   4096 May 28 16:09 student
drwx------    4 student1 student1  4096 Apr  2 09:20 student1
drwx------    3 student2 student2  4096 Apr  1 10:41 student2
drwx------    3 tuser1   tuser1    4096 May 27 21:48 tuser1
drwx------    3 tuser3   tuser3    4096 May 28 08:27 tuser3
drwx------    3 tuser4   tuser4    4096 May 28 17:35 tuser4
drwxr-xr-x    2 root     root      4096 May 28 21:50 tuser5
```

```
[root@studentvm1 home]# chmod 700 tuser5 ; ll
total 60
<snip>
drwx------    2 root      root      12288 May 28 21:53 tuser5
```

将 /etc/skel 中的文件复制到新用户的主目录中：

```
[root@studentvm1 home]# cp -r /etc/skel/.[a-z]* /home/tuser5 ; ll -a tuser5
total 40
drwx------    3 root root 12288 May 29 07:45 .
drwxr-xr-x. 12 root root  4096 May 28 21:50 ..
-rw-r--r--    1 root root    18 May 29 07:45 .bash_logout
-rw-r--r--    1 root root   141 May 29 07:45 .bash_profile
-rw-r--r--    1 root root   376 May 29 07:45 .bashrc
-rw-r--r--    1 root root   172 May 29 07:45 .kshrc
drwxr-xr-x    4 root root  4096 May 29 07:45 .mozilla
-rw-r--r--    1 root root   658 May 29 07:45 .zshrc
```

将该目录及其内容的所有权设置为新用户：

```
[root@studentvm1 home]# chown -R tuser5.tuser5 tuser5 ; ll -a tuser5
total 32
drwx------    3 tuser5 tuser5 4096 May 29 07:51 .
drwxr-xr-x. 12 root   root   4096 May 29 07:50 ..
-rw-r--r--    1 tuser5 tuser5   18 May 29 07:51 .bash_logout
-rw-r--r--    1 tuser5 tuser5  141 May 29 07:51 .bash_profile
-rw-r--r--    1 tuser5 tuser5  376 May 29 07:51 .bashrc
-rw-r--r--    1 tuser5 tuser5  172 May 29 07:51 .kshrc
drwxr-xr-x    4 tuser5 tuser5 4096 May 29 07:51 .mozilla
-rw-r--r--    1 tuser5 tuser5  658 May 29 07:51 .zshrc
```

要通过登录来测试这个新用户，你可以使用虚拟控制台或者从 student 用户终端会话使用 su-tuser5 命令。或者二者都进行测试。记住，tuser5 和 tuser4 的密码相同，都是 mypassword：

```
[student@studentvm1 ~]$ su - tuser5
Password: mypassword
Running /etc/profile
Running /etc/profile.d/myBashConfig.sh
Running /etc/bashrc
Running /etc/bashrc
[tuser5@studentvm1 ~]$
```

刚才的方法确实不难，但是在大多数情况下，使用 useradd 命令来创建用户会更加简单。请退出并注销 tuser5 账户。

你现在已经完成了创建新用户所需的所有步骤，并修改了相关的所有文件。这些知识对我们的系统管理员工作很有帮助。笔者有时发现，直接编辑 group 或 passwd 文件比使用

usermod 等命令行工具更为便捷。而且，在手动编辑这些文件后，也更容易发现其中损坏的条目。

21.7.3 锁定用户账户

你的某个用户是否要休长假？或者有用户要离职或调岗？有时，出于安全考虑，你可能需要锁定一个账户，使其只有你（系统管理员，拥有 root 权限）可以访问，同时又不想直接删除该账户。出于调查取证的原因，有时也会产生这样的需求。

锁定账户会禁用该账户的密码，防止用户或任何其他人登录，但不会更改密码的散列值。必要时可以轻松地解锁密码，随后用户便可以使用原密码进行登录。

实验 21-11：锁定用户账户

本次实验将分别以 root 用户和 tuser5 用户的身份进行操作。请确保先退出 tuser5 账户，登录 root 用户。现在我们锁定 tuser5 账户。使用 -l 选项（小写字母）可以实现账户锁定：

```
[root@studentvm1 ~]# passwd -l tuser5
Locking password for user tuser5.
passwd: Success
```

然后，查看 /etc/shadow 文件中 tuser5 的那一行：

```
[root@studentvm1 ~]# grep tuser5 /etc/shadow
tuser5:!!$y$j93jN5TVYNLbMdEIjnfRj<SNIP>QcJ8kBxPjcpips781:18044:0:99999:7:::
```

请注意，密码散列值前面有两个感叹号（!!），这表明该账户已被锁定。现在，尝试从虚拟机控制台或使用 student 账户终端会话的 **su** 命令登录 tuser5 账户：

```
[student@studentvm1 ~]$ su - tuser5
Password:
su: Authentication failure
```

接着，让我们解锁该账户：

```
[root@studentvm1 ~]# passwd -u tuser5
Unlocking password for user tuser5.
passwd: Success
```

再次登录 tuser5 以验证它是否被解锁。

我们也可以用 Vim 来编辑 /etc/shadow 文件，以添加和删除密码字段开头的"!!"来锁定和解锁相关账户。

21.7.4 删除用户账户

用户账户的删除操作十分简单。在删除账户时，你需要根据实际情况决定是否保留该用户的主目录，还是连同账户的其他信息一起删除。

实验 21-12：删除用户账户

请以 root 用户身份进行操作。使用 `userdel` 命令删除 tuser3 用户，同时保留该用户的主目录：

```
[root@studentvm1 ~]# userdel tuser3 ; ll /home
total 52
drwxrws---   2 root     dev       4096 Apr  2 09:19 dev
drwx------.  2 root     root     16384 Dec 22 11:01 lost+found
drwxrws---   2 root     dev       4096 Apr  2 12:34 shared
drwx------. 27 student  student   4096 May 28 16:09 student
drwx------   4 student1 student1  4096 Apr  2 09:20 student1
drwx------   3 student2 student2  4096 Apr  1 10:41 student2
drwx------   3 tuser1   tuser1    4096 May 27 21:48 tuser1
drwx------   3 1005     1005      4096 May 29 07:53 tuser3
drwx------   3 tuser4   tuser4    4096 May 28 17:35 tuser4
drwx------   3 tuser5   tuser5    4096 May 29 07:53 tuser5
```

由于 tuser3 账户已被删除，/home 目录中将不再显示该账户名。原 tuser3 用户的主目录及其内容仍会保留，并显示其 UID 和 GID（1005）。

现在，使用 -r 选项删除 tuser4 账户及其主目录。该选项会一并删除用户的主目录：

```
[root@studentvm1 ~]# userdel -r tuser4 ; ll /home
total 48
drwxrws---   2 root     dev       4096 Apr  2 09:19 dev
drwx------.  2 root     root     16384 Dec 22 11:01 lost+found
drwxrws---   2 root     dev       4096 Apr  2 12:34 shared
drwx------. 27 student  student   4096 May 28 16:09 student
drwx------   4 student1 student1  4096 Apr  2 09:20 student1
drwx------   3 student2 student2  4096 Apr  1 10:41 student2
drwx------   3 tuser1   tuser1    4096 May 27 21:48 tuser1
drwx------   3 1005     1005      4096 May 29 07:53 tuser3
drwx------   3 tuser5   tuser5    4096 May 29 07:53 tuser5
```

删除 tuser3 的主目录：

```
[root@studentvm1 ~]# rm -rf /home/tuser3
[root@studentvm1 ~]# ll /home
total 40
drwxrws---   2 root     dev       4096 Feb 12 09:06 dev
drwx------.  2 root     root     16384 Jan 17 07:29 lost+found
drwx------. 25 student  student   4096 May  8 14:53 student
drwx------   4 student1 student1  4096 Feb 10 13:45 student1
drwx------   4 student2 student2  4096 Feb 11 09:41 student2
drwx------   3 tuser1   tuser1    4096 May 10 09:13 tuser1
drwx------   4 tuser5   tuser5    4096 May 11 08:37 tuser5
```

除了使用命令，我们还可以通过编辑相关配置文件，删除其中对应于目标账户的行，以此来删除对应的用户账户。

21.8 强制注销账户

有时出于系统管理的需要，可能要强制注销某个用户账户。常见原因包括：用户下班离开且需要在无用户登录状态下进行系统更新、用户离职，或者该账户存在失控进程等。

虽然 Linux 没有提供"注销其他用户"的命令，但我们可以通过强制终止该用户所拥有的所有进程来达到类似效果。这种方式往往比简单地强制注销更为彻底有效

实验 21-13：强制注销账户

本次实验涉及 root 账户和 student1 账户。首先，让我们确认 student1 用户是否处于登录状态。以 root 身份执行 pgrep 命令，可以查找属于特定用户账户所拥有的、正在运行的进程的 PID：

```
[root@studentvm1 ~]# pgrep -U student1
[root@studentvm1 ~]#
```

从上述结果得出，student1 用户尚未登录。如果你未发现属于 student1 用户的进程，或者只发现了少量（三四个）进程，请在桌面上打开一个终端会话，并使用 su 命令切换到 student1 用户：

```
[student@studentvm1 ~]$ su - student1
Password: <Enter Password for student1>
[student1@studentvm1 ~]$
```

另行打开一个虚拟机控制台，并以 student1 用户进行登录。保持 root 身份，查找属于 student1 用户的进程。请注意，由于每个系统环境的差异，你所看到的具体 PID 将与笔者的虚拟机上显示的不同：

```
[root@studentvm1 ~]# pgrep -U student1
30774
30775
30780
30781
30785
30831
30840
```

现在，我们可以通过终止 student1 用户的所有进程来强制其下线。打开一个新的终端，并输入以下命令，这不同于常规的注销操作，它会终止用户的所有进程，包括那些注销后可能仍在后台运行的进程：

```
[root@studentvm1 ~]# pkill -KILL -U student1
[root@studentvm1 ~]# pgrep -U student1
[root@studentvm1 ~]#
```

同时，你之前以该用户身份打开的终端窗口中会显示"已终止"。

21.9　设置资源限制

现代 Linux 系统拥有海量的磁盘空间、强大的 CPU、充足的内存，似乎资源取之不尽。但实际情况并非如此。笔者曾见过不少大型系统被测试中甚至已发布的低质量程序拖垮。更常见的情况是，笔者自己编写的 shell 脚本就耗尽了关键系统资源。你在之前的章节也体验过，有意地造成资源枯竭是多么容易，而无意中引发此类问题就更容易了。

设想一下，你是一台拥有大量用户的 Linux 服务器的系统管理员。如果某个用户账户运行的进程大量占用 CPU 时间和内存，导致其他用户的任务运行缓慢，你会怎么做？

直接终止该用户的所有进程（至少是肇事进程）可以解决燃眉之急。但更好的策略是，通过设置用户或用户组对系统资源的使用限额，从根本上防止此类问题的发生。/etc/security/limits.conf 文件可以用来设置资源限制，在不影响或仅少量影响其他用户的前提下约束特定用户或用户组的资源使用。你也可以在 /etc/security/limits.d 目录下添加本地配置文件，避免直接修改主配置文件导致更新或重装系统时配置被覆盖。

可以设置软限制和硬限制。软限制在达到或超出时会发送警告消息，而硬限制会直接阻止触发限制的命令完成。对同一资源设置软硬限制，可以先向用户发出警告，然后阻止其继续操作。/etc/security/limits.conf 中设置的限制由 Linux 的 PAM 系统监控和执行，我们稍后会深入探讨 PAM。

资源限制可以应用于单个用户、dev 或 accounting 等用户组，也可以作用于用户或用户组的列表，乃至所有用户或用户组。

实验 21-14：设置用户的资源限制

本次实验需要以 root 用户和 student1 用户的身份分别进行。

首先，以 root 用户身份打开 /etc/security/limits.conf 文件（可使用 less 命令），并阅读其内容。请重点关注文件中的注释部分，这将有助于你理解该文件的作用：限制系统资源的使用。了解资源限制的语法规则和文件结构后，你可以保持该文件处于打开状态，以便后续参考。

配置文件中对部分资源的说明可能不够直观，因此，表 21-4 补充列出了所有可控的资源，以及它们在 limits.conf 文件中的详细描述。在某些示例中，笔者还添加了一些自己的说明。

表 21-4　可通过 limits.conf 文件控制的系统资源

资源	描述	说明
core	限制核心文件大小（KB）	这是指发生内核或其他系统错误时的核心转储文件
data	最大数据量（KB）	可用于数据的最大 RAM 容量
fsize	最大文件大小（KB）	—
memlock	最大锁定内存地址空间（KB）	这种类型的内存被锁定在 RAM 中，不能被交换出去。这限制了用户进程可以锁定到 RAM 中的最大 RAM 容量
nofile	打开文件脚本的最大数量	每个打开的文件都有一个文件描述符，有效地限制了打开的文件总数

（续）

资源	描述	说明
rss	最大驻留集大小（KB）	可分配的最大虚拟内存（RAM+swap）
stack	最大堆栈大小（KB）	堆栈是一个临时存储空间，供程序在运行过程中存储某些类型的数据。这限制了用户或组可用的堆栈总空间
cpu	最大 CPU 时间（min）	每天可分配给用户或组的最大 CPU 时间（min）。在达到硬限制之后，不能为用户或组分配额外的 CPU 时间，因此它们将在一天内完成
nproc	最大进程数	—
as	地址空间限制（KB）	可分配的地址空间总量，包括程序、数据和堆栈
maxlogins	此用户的最大登录数量	限制单个用户的并发登录总数
maxsyslogins	系统登录的最大次数	限制整个系统上的并发登录总数
priority	运行用户进程的优先级	允许为用户进程设置低（或高）优先级。通常用于降低不运行关键进程的用户的优先级，从而让更关键的用户在需要时拥有更多的 CPU 时间
locks	用户可持有的最大文件锁数量	文件锁允许多个用户访问单个文件，同时阻止除一个用户（即有锁的用户）以外的所有用户修改文件。这限制了用户可以打开修改的文件数量
sigpending	最大待处理信号数	我们在第4章介绍过信号。可以多次按 <Ctrl+C> 退出某个进程（或其他信号），但如果该进程没有响应，信号将排队。这限制了队列的大小
msgqueue	POSIX 消息队列使用的最大内存（B）	—
nice	允许最大 nice 优先级提升到以下值：[−20,19]	—
rtprio	最大实时优先级	

我们将在 /etc/security/limits.d/ 目录下添加一个名为 local.conf 的配置文件，而不是直接修改系统默认文件。在该目录下创建 local.conf 文件并使用 Vim 编辑器打开，添加以下内容，将 student1 用户的最大登录次数限制为 3。请注意，本地配置文件中的设置具有更高的优先级，会覆盖默认的系统设置：

```
student1          -        maxlogins        3
```

无须重启系统，资源限制会立即生效。但是，如果用户已经打开了指定数量或更多的登录会话，那么现有的登录会话不会受到影响，但系统将不允许进行新的登录。

请尝试使用虚拟控制台 2 到虚拟控制台 5 以 student1 用户身份进行登录。如果这些控制台中已存在其他用户的登录，请先注销，再以 student1 身份登录。当你在虚拟控制台 5 上尝试登录时，将会看到以下错误信息，提示登录次数已超过限制：

```
student1@studentvm1's password:
There were too many logins for 'student1'.
Last login: Thu May 11 16:07:09 2023
Connection to studentvm1 closed.
```

查看登录的次数：

```
[root@studentvm1 limits.d]# w -u student1
 16:09:24 up 3 days,  7:58,  7 users,  load average: 0.49, 0.53, 0.26
USER      TTY           LOGIN@   IDLE   JCPU   PCPU WHAT
student1  tty1          16:07    3days  1.39s  1.39s /usr/libexec/Xorg -core
-noreset :0 -seat seat0 -auth /run/lightdm/root/:0 -nolisten tcp vt1 -novt
student1  pts/5         16:06    3:07   0.02s  0.02s -bash
student1  pts/6         16:06    2:42   0.02s  0.02s -bash
```

上面结果显示了 student1 用户允许的最大登录次数。

设定资源限制时必须经过深思熟虑，特别是在面向用户组或大量用户的情况下。这是确保少数人的资源占用不会损害多数人利益的有效手段。

总结

本章全面介绍了用户账户的创建、修改和删除流程。我们深入了解了支持用户账户及其创建的各类配置文件。在账户创建方面，我们既使用了命令行工具，也通过 Vim 直接编辑 passwd、group 和 shadow 文件来添加新用户。

本章还探讨了用户账户安全，特别是密码安全策略的实施。我们学习了可用于强制用户定期修改密码，以及强化密码安全策略的配置工具。

最后，我们还研究了如何应对资源分配问题，以及如何将滥用系统资源的用户强制下线。

练习

为了掌握本章所学知识，请完成以下练习：

1. /etc/passwd 和 /etc/shadow 文件的访问权限是什么？

2. 为什么用户密码要单独存放在 /etc/shadow 中？

3. 系统管理员有时会使用 pwgen 生成随机密码，并直接传递给 useradd 命令，为新用户设置一个谁都不知道的初始密码。这么做的目的是什么？

4. 在实验 21-10 中，我们使用了 `cp -r /etc/skel/.[a-z]* /home/tuser5 ; ll -a tuser5` 命令将 /etc/skel 目录下的文件复制到 tuser5 的主目录。为什么用的是 /etc/skel/.[a-z]* 这种写法，而不是 /etc/skel/.*？

5. 通过编辑用户账户文件删除 tuser5 账户，同时删除该账户的主目录。

6. 在实验 21-12 中，tuser3 账户被删除了，但它对应的主目录没有被删除。请手动删除该主目录。

7. 针对一个非 student 用户（如 student1）设置 5min 的 CPU 使用硬限制。然后启动一个占用大量 CPU 的程序（cpuHog），观察会发生什么。

8. 设计并运行一个实验，验证将用户允许的登录数设置为小于当前已打开的登录数时，不会影响现有登录会话。

9. 将 student1 账户的登录 shell 改为 /sbin/nologin。再尝试以该用户身份登录，会发生什么？

第 22 章 *Chapter 22*

管理防火墙

目标

在本章中，你将学习如下内容：

❑ 防火墙在系统安全中的核心功能及其工作原理。

❑ 端口的概念及其在网络通信中的关键作用与意义。

❑ 运用 firewalld 区域（zones）功能根据不同场景和安全需求管理防火墙。

❑ 配置默认区域，简化日常管理流程。

❑ 将网络接口分配到特定区域，实现更加细粒化的访问控制机制。

❑ 修改现有区域配置。

❑ 创建满足规范的新区域，针对特殊场景提供更强劲的保护措施。

❑ 将 Fail2ban 动态防火墙软件与 firewalld 集成，充分利用其强大功能实现对特定网络攻击的自动化防御。

22.1 防火墙介绍

防火墙是网络安全的重要组成部分。对于系统管理员而言，掌握防火墙的工作原理是一项重要技能。通过深入了解防火墙的工作原理，你可以通过控制网络出入流量来构建安全屏障，有效抵御网络攻击。

当我们听到"防火墙"这个词以后，内心深处不免会有一种激动人心的感觉，脑海里甚至能联想到电影《创战纪》(*Tron*)中那些在网络边界上的扣人心弦的战斗场景，其中恶意数据包像被火球一样被防火墙击退。然而，在现实生活中，防火墙只不过是一个控制网络流量进出的软件而已。

516 Linux权威指南：从小白到系统管理员 下册

端口

别被"防火墙"这个名字骗了，它可不像电影里那样炫酷地抵御网络攻击。其实，它只是一个软件，负责控制进出网络的数据流量。它通过监控"端口"来实现这一点，这里的端口不是你熟悉的 USB、VGA 或 HDMI 这样的物理连接接口。对防火墙而言，端口是一个虚拟的概念，代表着不同类型数据的专用通道。就像其他事物的命名一样，它本可以叫"连接"或"通道"，但创作者最终采用了"端口"这个名称，并一直使用这一术语沿用至今。需要注意的是，任何端口都没什么特别之处，它们只是指定数据传据地址的一种方式。

当前网络中虽有很多众所周知的端口，但其实这些端口的知名度只不过是大家基于习惯形成的一种共识。例如，你可能已经知道 HTTP 协议通常使用 80 端口，HTTPS 协议使用 443 端口，FTP 协议使用了 21 端口，而 SSH 协议则默认使用 22 端口。当你的计算机向另一台计算机发送数据时，发送端会在数据包的前缀中附上目标的端口号，以此来引导数据至要访问的端口。如果接收端开放的协议及端口与发送方的一致，那么数据就能成功交换，如图 22-1 所示。

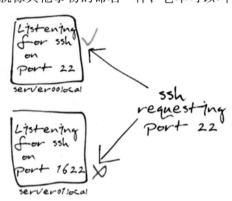

图 22-1　无论是 SSH 还是其他类型的连接，都只能在服务器监听了正确端口的情况下建立

我们可以通过访问任一网站来观察这个过程，例如，当我们在打开网页浏览器导航至 example.com:80 域名后，计算机就会向运行该网站的服务器的 80 端口发出一个 HTTP 请求。你的计算机将接收到一个 Web 页面作为回应。在每次通过 URL 访问时，Web 浏览器通常无须用户明确输入要访问的端口号，这是因为浏览器默认 HTTP 流量经由 80 端口，HTTPS 流量则经由 443 端口。

实验 22-1：端口测试

你可以通过基于终端的 Web 浏览器来测试上述访问网页的过程。例如，使用 `curl` 命令不仅可以向 Web 服务器发送请求，还能接收到与 Web 服务器响应相关的一些统计信息。这些统计数据通常会在 HTTP 响应代码的前 4 行显示，并提供了对服务器响应的概览：

```
[root@studentvm1 ~]# curl --connect-timeout 3 "http://example.com:80" |
head -n4
  % Total    % Received % Xferd  Average Speed   Time    Time
Time  Current
                                 Dload  Upload   Total   Spent    Left  Speed
100  1256  100  1256    0     0  12337      0 --:--:-- --:--:-- --:--:-- 12435
<!doctype html>
<html>
<head>
```

```
        <title>Example Domain</title>
[root@studentvm1 ~]#
```

提示：example.com 是一个有效的测试网站，可用于测试一些基本的网络功能（如简单 ping、traceroute、http 连接等）。使用 example.org 和 example.net 这两个网站也可以进行测试。

当用户以相同的命令使用非 Web 流量默认标准端口来访问网站时，将会出现 Web 应用拒绝连接的情况。例如，当我们在浏览器中访问 example.com:79，会发现 79 端口不是用于 Web 流量的标准端口，这一请求将会被服务器拒绝：

```
[root@studentvm1 ~]# curl --connect-timeout 3 "http://example.com:79"
curl: (28) Failed to connect to example.com port 79 after 1703 ms: Connection
timed out
[root@studentvm1 ~]#
```

端口和协议之间的关联是基于标准化组织和用户共识所形成的惯例，并非不可更改。实际上，用户可以在各自的计算机上对这些设置进行自定义。在计算机技术的早期，很多专家认为改变常用服务的端口号可以防御攻击。然而，随着攻击技术的演化，仅仅通过变更端口来规避自动化端口扫描器的策略已不再有效。

如今，防火墙更着重于管理任何特定端口活动的允许规则，而不是依赖于隐藏端口号来增强安全性。

22.2　防火墙规则

大多数防火墙默认会拦截所有没有明确允许的传入数据包，这在 Fedora 和其他使用 firewalld 或 iptables 的 Red Hat 系发行版上也同样适用。再加上大多数服务器服务不常用，因此通常不会安装或启用，这也使得 Linux 从一开始就具备较高的安全性。防火墙不会拦截发出的数据包，因此我们无须为常用的电子邮件、SSH 和网络浏览器等协议添加规则，就可以从客户端主机轻松访问远程主机。

当数据包进入 Linux 主机后，通常会依次经过一系列规则的检查。如果数据包符合某条规则，则会执行该规则定义的操作，最终的结果可能是允许（accept）、拒绝（reject）或丢弃（drop）。一旦数据包匹配了具有这三种操作之一的规则，该操作就会被执行，数据包不会再继续检查剩余规则。接下来，我们将详细解释这三种操作的含义：

- ❑ **允许**：数据包被接受并传递至相应的 TCP 端口和服务，如指定的 Web 服务器、Telnet 或 SSH。
- ❑ **拒绝**：数据包被拒绝，并向发送方发送一个回应消息，该消息让发送方了解发生了何种行为，并决定是否重新尝试或中断连接。
- ❑ **丢弃**：数据包将被直接丢弃，不会再进行任何处理，也不会向发送方发送任何消息。

但请注意，这种操作并不会立即断开连接，而是会保持连接在发送方设置的超时时间内处于打开状态。这在阻拦已知的垃圾邮件发送者 IP 时很有效，因为当他们尝试连接时，他们的设备需要等待超时时间才能再次尝试，从而大大降低攻击频率。

Linux 防火墙的所有核心组件都是一个名为 netfilter 的内核协议，它就像过滤器一样，负责检查和执行防火墙规则。Netfilter.org 是负责维护和改进 netfilter 功能的组织。我们常用的防火墙管理工具其实只是帮助我们添加、修改和删除 netfilter 规则，这些规则会仔细检查每一个数据包，并根据规则决定如何处理它。

22.3　防火墙工具

在 Linux 系统中，管理 netfilter 防火墙规则通常会用到三种常用工具：iptables、nftables 和 firewalld。这三者都旨在简化系统管理员的防火墙管理工作，但它们采用的方法和适用场景各有不同。Fedora 系统默认安装了这三种工具，而 Red Hat 的官方在线文档《配置和管理网络》也提供了关于如何选择使用它们的建议：

❑ firewalld：适用于简单的防火墙配置。该工具易于上手，可以满足大多数常见需求。

❑ nftables：适用于设置复杂且对性能要求较高的防火墙，例如为整个网络配置防火墙时就非常适合使用 nftables。

❑ iptables：在 Red Hat Enterprise Linux 上，iptables 利用 nf_tables 内核 API 替代了传统后端，同时提供向后兼容使得现有使用 iptables 命令的脚本仍可运行。对于新的防火墙脚本，Red Hat 推荐选用 nftables。

这三种工具各有特色：iptables 易于学习，但功能有限；nftables 强大灵活，但配置复杂；firewalld 提供了一个易用的图形界面，适合大多数常规防火墙管理场景。

本章将重点介绍 firewalld 的使用。根据笔者的研究，iptables 逐渐被淘汰，建议大家转用 nftables 或 firewalld。笔者已经将自己的大部分主机转换为 firewalld，并且很快会完成剩下的转换。firewalld 满足了笔者的需求，包括管理 dmz（demilitarized zone，非军事区）的能力。至于 nftables，因为它专为复杂的规则集而设计，所以超出了本书的范围。

22.4　防火墙配置

在配置防火墙时，一个常用的建议是先将所有端口都封锁起来，然后再逐步打开你确实需要的端口。这听起来很简单，但前提是你必须清楚自己真正需要什么。有时候，仅仅厘清这一点就可能花费你一个下午的时间。

例如，如果你的组织运行自己的 DNS 或 DNS 缓存服务，那么你就必须记得将负责 DNS 通信的端口（通常是 53）从封锁名单中移除。如果你习惯于通过 SSH 远程配置服务器，那么千万不要封锁 SSH 端口（通常 22）。你需要仔细梳理基础架构上运行的每个服务，并明确它们是仅供内部使用，还是需要与外部世界进行交互。

对于专有软件而言，情况就更加复杂了，因为你可能根本不知道它们会向外部世界发出哪些调用请求。如果你最近实施了严格的防火墙策略，导致某些应用程序出现问题，那么你就需要通过逆向工程（或者联系应用程序的技术支持）来找出它们试图创建的流量类型以及背后的原因。在开源领域，这种情况相对少见，但也不是完全不可能，尤其是在涉及复杂软件堆栈时（例如，如今媒体播放器也会向互联网发出调用请求，即使只是为了获取专辑封面或曲目列表）。

22.5　网络安全现状

在笔者的职业生涯中，经常听到系统管理员们把安全性不高的网络形容为"外强中干"，就像一种外面坚硬，里面却柔软的糖果一样。网络安全的确如此。如果网络边缘的防火墙被攻破，无论其防御强度如何，整个网络的内部都会暴露在风险之中。

正因为如此，所有主流的 Linux 发行版在安装时都会默认启用防火墙，并严格限制非必要的服务访问。正如你将在本章看到的，笔者甚至会进一步减少开放端口的数量，因为笔者致力于确保网络中所有 Linux 主机都能达到最高的安全级别。而其中，启用防火墙是最基本的措施。

22.6　firewalld

firewalld 是当前 Fedora 等主流 Linux 发行版默认使用的防火墙管理工具。它比传统工具 iptables 更加强大易用，虽然尚未完全替代后者。firewalld 提供了运行时规则和永久规则等特色功能，可以灵活满足不同场景的安全需求。运行时规则适用于临时情况，会在重启后失效，也可手动移除，甚至可以设置过期时间。永久规则顾名思义，即使重启也会保持生效。

firewalld-cmd 工具提供了预定义的"区域"选项，帮助你快速设置合理的防火墙规则，避免从零开始配置的烦琐。每个区域可以应用于特定的网络接口，例如一台服务器有两个以太网接口，你可以设置一个区域管理其中一个，另一个区域管理另一个以太网接口，实现更细粒度的控制。

与 firewalld 的交互主要通过其专属工具集进行，标准的 `systemctl` 命令则用于启动、停止、启用和禁用服务。值得一提的是，对 firewalld 的更改会立即生效，无须像传统工具那样重启服务。不过，在某些特定情况下可能需要重新加载配置，具体细节笔者会稍后介绍。

如果你想继续深入了解 firewalld，你可以访问 firewalld.org 网站查阅详细的文档资料。

22.6.1　firewalld 区域

firewalld 服务能够为防火墙提供一套复杂精细的规则。它通过"区域"的概念将相关规则分组，从而建立不同的信任级别。每个区域代表一个独立的信任等级，可以进行单独修改，而不会影响其他区域。

firewalld 预定义了多个区域，每个网络接口都属于特定的区域，所有进入该接口的网络流量都将按照该区域的规则进行过滤。如果需要，还可以轻松地将网络接口从一个区域切换到另一个区域，使预先配置的更改更加方便。这些区域是为满足特定防火墙需求而构建的虚拟概念。例如，连接到内部网络的网络接口通常会放在 trusted（信任）区域，而连接到互联网的网络接口则会根据网络的逻辑和物理结构放在 external（外部）或 dmz 区域。

firewalld 提供了九个预定义的区域，可以直接使用，也可以根据具体需求进行修改。表 22-1 列出了这些预定义区域及其简短描述。

表 22-1　默认的 firewalld 区域

区域	描述
drop	任何传入的网络数据包都会被丢弃，没有返回响应。仅允许传出的网络连接
block	任何传入的网络连接都会被拒绝，并返回一个 icmp-host-prohibited(IPv4) 或 icmp6-adm-prohibited(IPv6) 消息。只有本系统内主动发起的网络连接才有可能
public	适用于公共区域（如咖啡店），不信任网络上其他计算机，以免对计算机造成损害。只有接受的传入才可连接
external	适用于启用了 IPv4 伪装特性的外部网络，特别适用于路由器。不信任网络上其他计算机，以免对计算机造成损害。只有接受的传入才可连接
dmz	适用于非军事区，此时区域内可被公开访问，但区域内对内部网络可进行有限制访问。只有接受的传入才可连接
work	适用于非军事区，此时区域内可被公开访问，但区域内对内部网络可进行有限制访问。只有接受的传入才可连接
home	适用于家庭环境。相信其他联网设备不会对计算机造成损害。只接受选定的传入连接
internal	适用于内部局域网。相信其他联网设备不会对计算机造成损害。只接受选定的传入连接
trusted	接受所有网络连接

1. 深入了解防火墙

在你的工作环境中，防火墙可能单独运行在一台服务器上，也可能嵌入在路由器或调制解调器（作为你连接互联网的主要网关）中。此外，你的个人工作站或笔记本计算机也可能运行着防火墙。所有这些防火墙都有各自的配置界面。

firewall-cmd 是管理 firewalld 守护进程的前端工具，它与 Linux 内核的 netfilter 框架进行交互。对于小型和中型企业常见的嵌入式调制解调器，这个工具可能并不适用，但对于任何使用 systemd 的 Linux 发行版，它都可用。

接下来，让我们在实验 22-2 中进行一些初步探索，并进行一些简单的更改。

实验 22-2：初步探索防火墙

在没有激活的防火墙的情况下，firewall-cmd 无法操控任何设置。因此，确保 firewalld 处于运行并启用状态是首要步骤：

```
[root@studentvm1 ~]# systemctl enable --now firewalld
```

上述命令启动了防火墙守护进程，并设置其在重启时自动运行 firewalld。

接下来查看防火墙的状态。

使用 systemctl 命令查看 firewalld.service 的状态。请注意，这只会显示服务是否正在运行，并不会显示哪些端口已打开或哪些区域正在使用等防火墙配置信息：

```
[root@studentvm1 ~]# systemctl status firewalld.service
● firewalld.service - firewalld - dynamic firewall daemon
     Loaded: loaded (/usr/lib/systemd/system/firewalld.service; enabled;
     preset: enabled)
     Active: active (running) since Sun 2023-05-14 14:26:35 EDT; 15h ago
       Docs: man:firewalld(1)
   Main PID: 1109 (firewalld)
      Tasks: 2 (limit: 19130)
     Memory: 50.6M
        CPU: 807ms
     CGroup: /system.slice/firewalld.service
             └─1109 /usr/bin/python3 -sP /usr/sbin/firewalld --nofork --nopid
May 14 14:26:30 studentvm1 systemd[1]: Starting firewalld.service -
firewalld - dynamic firewall daemon...
May 14 14:26:35 studentvm1 systemd[1]: Started firewalld.service -
firewalld - dynamic firewall daemon.
```

虽然 firewalld 的命令行工具可以显示其运行状态，但功能仅限于此，因此单独使用时并不特别实用。它的价值在于可以被集成到脚本中，实现查看防火墙和网络操作状态的自动化：

```
[root@studentvm1 ~]# firewall-cmd --state
running
```

以下命令按照大写字母优先的顺序显示所有支持的区域：

```
[root@studentvm1 ~]# firewall-cmd --get-zones
FedoraServer FedoraWorkstation block dmz drop external home internal nm-
shared public trusted work
```

了解 Linux 系统的默认防火墙区域至关重要：

```
[root@studentvm1 ~]# firewall-cmd --get-default-zone
public
```

上面命令显示默认配置被设置为限制性最强的 public 区域。不过，命令并未展示分配到这一区域的网络接口。为了查看各个网络接口当前所分配到的区域，可执行以下操作：

```
[root@studentvm1 ~]# firewall-cmd --get-active-zones
public
  interfaces: enp0s3 enp0s9
```

可以看到虚拟机上存在两个接口，均被分配到了 public 区域，假如你的虚拟机仅有一个接口则显示 enp0s3。

接下来，我们要查看 public 区域的具体配置。以下命令可以查看当前活动区域的配置信息，可以看到只有公共区域处于活动状态。命令同时还会列出分配给该区域的网络接口：

```
[root@studentvm1 ~]# firewall-cmd --zone=public --list-all
public (active)
```

```
    target: default
  icmp-block-inversion: no
  interfaces: enp0s3 enp0s9
  sources:
  services: dhcpv6-client mdns ssh
  protocols:
  forward: yes
  masquerade: no
  forward-ports:
  source-ports:
  icmp-blocks:
  rich rules:
```

可以在 services 字段中看到 public 区域列出的服务。现在让我们来看一下 public 区域的永久设置：

```
[root@studentvm1 ~]# firewall-cmd --zone=public --list-all --permanent
public
  target: default
  icmp-block-inversion: no
  interfaces:
  sources:
  services: dhcpv6-client mdns ssh
  protocols:
  forward: yes
  masquerade: no
  forward-ports:
  source-ports:
  icmp-blocks:
  rich rules:
```

注意到区别了吗？这里没有分配任何网络接口。这是因为你看到的只是一个配置，真正的接口分配将会在启动或重启 firewalld 时根据实际情况进行配置。

2. 新增一个 firewalld 区域

虽然现有的区域暂时能满足需求，但随着时间的推移，肯定会出现它们无法满足的新需求。我们可以修改其中一个原始区域，但更推荐的做法是创建新的区域，这样可以保持原始区域的完整性。

实验 22-3：新增一个 firewalld 区域

你可以使用 --new-zone 选项创建一个新的防火墙区域。该选项会生成一个区域配置文件，由于没有允许任何特定端口（比如 SSH）开放的规则，所以会拒绝所有流量。需要注意的是，所有 firewall-cmd 操作仅在防火墙或运行它的计算机重新启动前有效。如果想要永久保存配置，则需要使用 --permanent 标志。

首先，将 /etc/firewalld/zones 设置为你的当前工作目录。然后，创建一个名为 corp 的永久新区域，并重新加载防火墙规则以激活该区域：

```
[root@studentvm1 zones]# firewall-cmd --new-zone corp --permanent
success
[root@studentvm1 zones]# ll
total 12
-rw-r--r--  1 root root  54 May 17 13:34 corp.xml
-rw-rw-r--. 1 root root 353 May 17 09:05 public.xml
-rw-rw-r--. 1 root root 388 May 12 11:03 public.xml.old
[root@studentvm1 zones]#
[root@studentvm1 zones]# firewall-cmd --reload
```

为确保远程访问可用，在将任何网络接口分配给新区域前，需要添加 SSH 服务。使用 --permanent 选项确保该配置在系统重启后仍然生效：

```
[root@studentvm1 zones]# firewall-cmd --zone corp --add-service ssh
--permanent
[root@studentvm1 zones]# cat corp.xml
<?xml version="1.0" encoding="utf-8"?>
<zone>
  <service name="ssh"/>
</zone>
```

新增的 corp 区域只允许 SSH 流量通过，不过尚未指定给任何网络接口。在后续实验中，我们将进一步深入探讨区域文件。

若要将 corp 设置为要保护的网络接口（例如本例中的 enp0s3）的活动区域和默认区域，请使用 --change-interface 选项：

```
[root@studentvm1 zones]# firewall-cmd --change-interface enp0s3 --zone corp
--permanent
The interface is under control of NetworkManager, setting zone to 'corp'.
success
```

将 corp 设置为默认区域后，所有后续命令都将应用于 corp，除非使用 --zone 选项指定其他区域。是否将 corp 设置为默认区域取决于你是否将其计划为新的主要区域。如果是，以下命令可以完成此操作：

```
[root@studentvm1 zones]# firewall-cmd --set-default corp
```

使用 --get-active-zones 选项可以查看当前分配给每个网络接口的区域：

```
[root@studentvm1 zones]# firewall-cmd --get-active-zones
corp
  interfaces: enp0s3
public
  interfaces: enp0s9
```

可以看到，笔者虚拟机上的两个网络接口确实分别属于不同的区域。

3. 复杂环境中 firewalld 区域的配置

乍看之下，添加新区域似乎很简单。对于只有一个网络接口且没有明确分配区域的主机，确实很容易操作，只需创建新区域并将其设置为默认区域即可，无须单独为网络接口分配区域。因为没有明确分配，所有网络接口都受到默认区域的保护，无论该区域是什么。

然而，对于至少有一个网络接口已经明确分配了区域的主机，情况就变得稍微复杂一些。笔者对此进行了大量的实验，发现无论何时你想要将网络接口分配更改为不同的区域，操作都非常简单。令人费解的是，笔者所读到的所有内容似乎都把这个过程复杂化了。

实验 22-4：将网络接口重新分配到不同的区域

首先，我们重启并验证网络接口的当前状态，毕竟在修改之前验证初始状态是个好习惯：

```
[root@studentvm1 ~]# firewall-cmd --get-zone-of-interface=enp0s3
corp
[root@studentvm1 ~]# firewall-cmd --get-active-zones
corp
  interfaces: enp0s3
public
  interfaces: enp0s9
[root@studentvm1 ~]#
```

接下来，我们可以将 enp0s3 接口从 corp 区域移除，将其重新分配到 dmz 区域。这个操作会使接口恢复到默认区域：

```
[root@studentvm1 ~]# firewall-cmd --remove-interface=enp0s3 --zone=corp
--permanent
The interface is under control of NetworkManager, setting zone to default.
success
[root@studentvm1 ~]# firewall-cmd --get-active-zones
public
  interfaces: enp0s9 enp0s3
[root@studentvm1 ~]#
[root@studentvm1 ~]# firewall-cmd --remove-interface=enp0s3 --zone=corp
--permanent
```

现在将网络接口明确分配给 dmz 区域并验证我们的更改操作：

```
[root@studentvm1 ~]# firewall-cmd --change-interface=enp0s3 --zone=dmz
--permanent
The interface is under control of NetworkManager, setting zone to 'dmz'.
success
[root@studentvm1 ~]# firewall-cmd --get-active-zones
dmz
  interfaces: enp0s3
public
  interfaces: enp0s9
[root@studentvm1 ~]#
```

再次重启 firewalld 服务，并确认 enp0s3 接口分配给了 dmz 区域。那么，dmz 区域允许哪些服务呢？

```
[root@studentvm1 ~]# firewall-cmd --list-services --zone=dmz
ssh
[root@studentvm1 ~]# firewall-cmd --info-zone=dmz
dmz (active)
  target: default
  icmp-block-inversion: no
  interfaces: enp0s3
  sources:
  services: ssh
  ports:
  protocols:
  forward: yes
  masquerade: no
  forward-ports:
  source-ports:
  icmp-blocks:
  rich rules:
[root@studentvm1 ~]#
```

在所有允许入站连接的区域中，dmz 区域的信任度最低。它只允许 SSH 作为入站连接。完全没有信任外部连接的两个区域是 drop 和 block，你可以参考表 22-1 查看它们的差异。

需要注意的是，更改运行时区域和重新加载或使用 runtime-to-permanent 子命令都不是必要的。我们之前执行的重新启动也不是必需的，只是为了验证更改的可验证性和持久性。

从实验 22-4 中我们可以看出，理解如何向区域添加服务和端口非常重要。以下指南基于笔者的实践经验，总结了它的预期工作方式：

1）public 区域是默认区域，但默认区域是可以更改的。你可以指定不同的区域作为默认区域，或者更改默认区域的配置以允许不同的服务和端口集。

2）所有未分配给任何特定区域的接口都使用指定的默认区域。无论是像我们的虚拟机那样只有一个接口，还是像复杂路由器环境那样有多个接口，所有接口都使用默认区域，无论它是什么（通常在 Fedora 中是 public 区域）。如果将默认区域从 public 区域更改为 work 区域，所有这些接口都会立即开始使用 work 区域的规则。

3）所有接口都明确分配给一个区域。这种方式最不容易引起意外问题和困惑。更改默认区域不会影响任何接口。接口可以重新分配到不同的区域，区域配置也可以更改。

4）某些接口明确分配给一个区域，而另一些则没有。在这种情况下，更改默认区域只会影响那些没有明确分配给区域的接口。所有未分配的区域都将开始使用新的默认区域。

5）删除接口的区域分配后，该接口将恢复为使用默认区域。

6）更改默认区域的配置后，所有使用默认区域的接口（无论是通过明确分配还是没有分配）都会立即反映配置更改。

4. 添加与删除服务

作为一名经验丰富的系统管理员，笔者习惯于使用端口来管理防火墙和网络服务。有时你可能需要查找与特定服务相关的端口号，这并不难，因为它们都定义在 /etc/services 文件中。虽然这个文件早在 firewalld 出现之前就存在了，但仍然是管理网络服务的重要工具。

实验 22-5：监听服务

查看 /etc/services 文件中的服务列表：

```
[root@studentvm1 ~]# less /etc/services
# /etc/services:
# $Id: services,v 1.49 2017/08/18 12:43:23 ovasik Exp $
#
# Network services, Internet style
# IANA services version: last updated 2021-01-19
#
# Note that it is presently the policy of IANA to assign a single well-known
# port number for both TCP and UDP; hence, most entries here have two entries
# even if the protocol doesn't support UDP operations.
# Updated from RFC 1700, ``Assigned Numbers'' (October 1994).  Not all ports
# are included, only the more common ones.
#
# The latest IANA port assignments can be gotten from
#       http://www.iana.org/assignments/port-numbers
# The Well Known Ports are those from 0 through 1023.
# The Registered Ports are those from 1024 through 49151
# The Dynamic and/or Private Ports are those from 49152 through 65535
#
# Each line describes one service, and is of the form:
#
# service-name  port/protocol  [aliases ...]   [# comment]

tcpmux          1/tcp                           # TCP port service multiplexer
tcpmux          1/udp                           # TCP port service multiplexer
rje             5/tcp                           # Remote Job Entry
rje             5/udp                           # Remote Job Entry
echo            7/tcp
echo            7/udp
discard         9/tcp           sink null
discard         9/udp           sink null
systat          11/tcp          users
systat          11/udp          users
daytime         13/tcp
daytime         13/udp
qotd            17/tcp          quote
qotd            17/udp          quote
chargen         19/tcp          ttytst source
```

```
chargen          19/udp          ttytst source
ftp-data         20/tcp
ftp-data         20/udp
# 21 is registered to ftp, but also used by fsp
ftp              21/tcp
ftp              21/udp          fsp fspd
ssh              22/tcp                          # The Secure Shell (SSH) Protocol
ssh              22/udp                          # The Secure Shell (SSH) Protocol
telnet           23/tcp
telnet           23/udp
<SNIP>
```

从上面的结果中，你可以看到 Telnet 服务使用的是端口 23。运行下述命令可以统计去除注释行的有效行数：

```
[root@studentvm1 ~]# grep -v ^# /etc/services | wc -l
11472
[root@studentvm1 ~]#
```

由上述命令显示结果所示，服务文件包含 11,472 个条目。其中有许多端口同时支持 TCP 和 UDP 协议。要了解 firewalld 直接识别的服务，我们可以运行以下命令：

```
[root@studentvm1 ~]# firewall-cmd --get-services
```

该命令会输出一个包含 209 个服务的列表，这些服务可以直接通过名称添加到防火墙区域。其他未在此列表中的服务则需要通过端口号来添加。

firewalld 防火墙可以很好地与已定义的服务配合，但对于那些未定义的服务，它也允许使用端口号进行管理。在实验 22-6 中，我们将首先把一个端口添加到防火墙区域，然后将其删除。这种基于端口的操作需要同时指定端口号和协议类型（TCP 或 UDP）。

实验 22-6：添加或删除一个端口

为了演示如何在 dmz 区域添加和删除服务，笔者选择使用列表中的 Telnet 服务。首先，我们需要安装并启用 Telnet 服务器和客户端以便进行测试：

```
[root@studentvm1 ~]# dnf -y install telnet telnet-server
```

接下来运行下述命令启动 Telnet 服务。需要注意的是，这个命令并不会直接启动服务器，而是会创建一个监听端口 23 的套接字。只有当有人通过端口 23 发起 Telnet 连接请求时，服务器才会真正启动：

```
[root@studentvm1 ~]# systemctl enable --now telnet.socket
Created symlink /etc/systemd/system/sockets.target.wants/telnet.socket → /
usr/lib/systemd/system/telnet.socket.
[root@studentvm1 ~]#
```

现在将 Telnet 服务添加到防火墙 DMZ 区域中：

```
[root@studentvm1 zones]# firewall-cmd --add-service=telnet --zone=dmz
success
[root@studentvm1 zones]# firewall-cmd --info-zone=dmz
dmz (active)
  target: default
  icmp-block-inversion: no
  interfaces: enp0s3
  sources:
  services: ssh telnet
  ports:
  protocols:
  forward: yes
  masquerade: no
  forward-ports:
  source-ports:
  icmp-blocks:
  rich rules:
[root@studentvm1 zones]#
```

然后，我们进行一些测试，验证 Telnet 服务是否正常运行：

```
[root@studentvm1 ~]# telnet studentvm1
Trying fe80::a00:27ff:fe01:7dad%enp0s3...
Connected to studentvm1.
Escape character is '^]'.

Kernel 6.1.18-200.fc37.x86_64 on an x86_64 (5)
studentvm1 login: student
Password: <Enter student password>
Last login: Sun May 21 15:41:47 on :0
```

退出 Telnet 连接：

```
[student@studentvm1 ~]$  exit
logout
Connection closed by foreign host.
[root@studentvm1 ~]#
```

接下来，让我们将 Telnet 服务从 dmz 区域中删除：

```
[root@studentvm1 zones]# firewall-cmd --remove-service=telnet --zone=dmz
success
[root@studentvm1 zones]# firewall-cmd --info-zone=dmz
dmz (active)
  target: default
  icmp-block-inversion: no
  interfaces: enp0s3
  sources:
```

```
    services: ssh
    ports:
    protocols:
    forward: yes
    masquerade: no
    forward-ports:
    source-ports:
    icmp-blocks:
    rich rules:
[root@studentvm1 zones]#
```

当然，如果我们想要永久保存这些更改，就需要使用 --permanent 选项。此外，也可以使用端口号而不是服务名称来管理防火墙规则：

```
[root@studentvm1 zones]# firewall-cmd --add-port=23/tcp --zone=dmz
success
[root@studentvm1 zones]# firewall-cmd --info-zone=dmz
dmz (active)
  target: default
  icmp-block-inversion: no
  interfaces: enp0s3
  sources:
  services: ssh
  ports: 23/tcp
  protocols:
  forward: yes
  masquerade: no
  forward-ports:
  source-ports:
  icmp-blocks:
  rich rules:
[root@studentvm1 zones]#
```

删除端口 23：

```
[root@studentvm1 zones]# firewall-cmd --remove-port=23/tcp --zone=dmz
success
```

最后，验证 Telenet 是否在 dmz 区域中已经被删除。

使用 firewalld 管理防火墙服务时，建议采用一致的方法，尽量用服务名称而非端口号添加新规则。对于一些未预定义的服务，虽然可以用端口号进行管理，但更推荐的方式是在 /etc/services 目录中添加新的服务文件，文件命名格式为 <servicename>.service。这些文件均为 XML（eXtensible Markup Language，可扩展标记语言）格式，易于理解。大多数用户无须修改或查阅这些文件。通常，只有那些使用 Linux 设备作为路由器以及那些热衷于玩 20 世纪 90 年代游戏——这些游戏可能对网络的工作方式有独特和复杂的要求的用户，才有可能需要直接干预这些配置文件。

5. 防火墙限时开放服务

有时我们需要在防火墙中限时开放某个端口，例如进行特定操作或软件更新。我们可以使用 firewalld 命令的 --timeout 选项轻松实现这一功能。

实验 22-7：限时开放服务

我们继续使用 Telnet 来演示限时开放端口的功能。这次，我们将把 Telnet 服务添加到 dmz 区域，并设置 10min 的超时时间。完成后，让我们验证 Telnet 是否已成功添加：

```
[root@studentvm1 zones]# firewall-cmd --add-service=telnet -zone=dmz
--timeout=10m
success
[root@studentvm1 zones]# firewall-cmd --info-zone=dmz
dmz (active)
  target: default
  icmp-block-inversion: no
  interfaces: enp0s3
  sources:
  services: ssh telnet
  ports:
  protocols:
  forward: yes
  masquerade: no
  forward-ports:
  source-ports:
  icmp-blocks:
  rich rules:
[root@studentvm1 zones]#
```

按照之前的方法测试 Telnet 是否可以正常连接。10 min 后，再次查看 dmz 区域的信息，确认 Telnet 服务是否已经自动删除：

```
[root@studentvm1 ~]# firewall-cmd --info-zone=dmz
dmz (active)
  target: default
  icmp-block-inversion: no
  interfaces: enp0s3
  sources:
  services: ssh
  ports:
  protocols:
  forward: yes
  masquerade: no
  forward-ports:
  source-ports:
```

```
    icmp-blocks:
    rich rules:
[root@studentvm1 ~]#
```

--timeout 选项可用于设置限时生效的防火墙规则。该选项的参数是一个数字，代表规则生效的时长，默认以 s 为单位，此外这个选项还会识别最后的字母作为单位：s 表示秒，m 表示分，h 表示小时。

例如，--timeout=3m 代表规则将在 3 min 后失效，--timeout=4h 代表规则将在 4 h 后失效。

请注意，--timeout 选项与 --permanent 选项是互斥的，因为设置永久生效的规则就没有必要再指定超时时间了。

6. 无线网络

笔者在笔记本计算机上进行了一些测试，发现与有线网络类似，默认的防火墙区域也会应用于无线网络，除非你将其分配到特定的区域。由于我们在公共场所使用的许多无线网络完全没有安全保障，笔者强烈建议将这些网络分配到 drop 区域。该区域会忽略所有传入的连接请求，但不会阻止你的设备发起连接，例如访问网页、发送电子邮件、使用 VPN 等。

即使一些公共网络提供了加密保护，但它们仍然很容易被破解。许多黑客甚至会利用自己的设备伪造公共网络，诱导用户连接到他们的设备上。一旦连接成功，你的计算机就会完全暴露，除非你使用强大的防火墙保护你的无线网络连接。

实验 22-8 介绍了笔者将计算机防火墙从 iptables 迁移到 firewalld，并将无线网络接口分配到 drop 区域的整个过程。该区域会忽略所有传入的连接请求，从而有效保护你的设备免受网络攻击。

提示： 即使你没有 Linux 系统的笔记本计算机，仍可进行此实验。市场上提供了多种售价低于 20 美元的 USB 无线适配器。要在虚拟机中实施此实验，可将 USB 无线适配器插入物理主机，并使其与虚拟机相连。此操作过程与在实体笔记本计算机上进行实验完全一致。

实验 22-8：将无线接口分配到 drop 区域

首先，我们需要检查无线网络接口的名称。在笔者的笔记本计算机上是 wlp113s0。请注意，所有无线网络接口名称都以字母"w"开头。

```
[root@voyager zones]# nmcli
enp111s0: connected to Wired connection 1
        "Realtek RTL8111/8168/8411"
<SNIP>

wlp113s0: connected to LinuxBoy2
```

```
        "Intel 8265 / 8275"
        wifi (iwlwifi), 34:E1:2D:DD:BE:27, hw, mtu 1500
        inet4 192.168.25.199/24
        route4 192.168.25.0/24 metric 600
        route4 default via 192.168.25.1 metric 600
        inet6 fe80::44e5:e270:634d:eb20/64
        route6 fe80::/64 metric 1024
<SNIP>
```

让我们看一下 drop 区域的配置。所有发送到此区域的数据包都会被直接丢弃，不会被处理也不会向发送方返回任何响应：

```
[root@voyager zones]# firewall-cmd --info-zone=drop
drop
  target: DROP
  icmp-block-inversion: no
  interfaces:
  sources:
  services:
  ports:
  protocols:
  forward: yes
  masquerade: no
  forward-ports:
  source-ports:
  icmp-blocks:
  rich rules:
[root@studentvm1 ~]#
```

drop 区域比 block 区域更加安全。虽然 block 区域也会阻挡数据包，但它会向发送方发送一条拒绝消息，这会暴露你的设备信息，让黑客知道该 IP 地址存在响应的计算机，从而增加被攻击的风险。

为了完成从 iptables 到 firewalld 的转换，需要禁用 iptables 并启用 firewalld。如果你使用的是预装了 firewalld 的 Linux 系统，则无须执行此操作：

```
[root@voyager ~]# systemctl disable --now iptables
Removed "/etc/systemd/system/multi-user.target.wants/iptables.service".
[root@voyager ~]# systemctl enable --now firewalld.service
Created symlink /etc/systemd/system/dbus-org.fedoraproject.FirewallD1.service
→ /usr/lib/systemd/system/firewalld.service.
Created symlink /etc/systemd/system/multi-user.target.wants/firewalld.service
→ /usr/lib/systemd/system/firewalld.service.
```

现在 firewalld 已经启动，无论它是一开始就运行，还是像本实验中一样需要切换到它，都让我们验证一下默认区域。正如预期的那样，有线和无线网络接口均配置为 public 区域：

```
[root@voyager zones]# firewall-cmd --get-active-zones
public
  interfaces: enp111s0 wlp113s0
```

接下来，我们把无线网络接口从默认的 public 区域切换到更安全的 drop 区域，让它忽略所有传入的连接请求：

```
[root@voyager zones]# firewall-cmd --change-interface=wlp113s0 --zone=drop
--permanent
The interface is under control of NetworkManager, setting zone to 'drop'.
success
[root@voyager zones]# firewall-cmd --get-zone-of-interface=wlp113s0
drop
[root@voyager zones]# firewall-cmd --get-active-zones
public
  interfaces: enp111s0
drop
  interfaces: wlp113s0
```

即使你的无线网络没有连接，也可以为无线网络接口设置为防火墙的 drop 区域。这将确保即使你不小心连接到不安全的网络，你的设备仍会受到保护，因为 drop 区域会忽略所有传入的连接请求。

22.6.2 --reload 命令

在撰写本章的过程中，笔者通过在虚拟机和自己的物理机系统上进行实验，学到了关于使用 firewalld 管理的一些知识。关于使用 --reload 选项时，笔者看到一些误导信息说关于这个选项的使用适用场景问题，这远比笔者实际认为正确需要使用频率要高。

笔者发现有必要使用 `firewall-cmd --reload` 命令的情况有两种。第一种情况，在创建新区域后立即执行它，无论你使用实验 22-3 中的简单命令行还是使用编辑器创建新区域文件或从另一台主机复制区域文件。第二种情况，从 iptables 或其他防火墙工具转换后首次启动 firewalld.service 时。启动 firewalld.service，然后运行 `firewall-cmd --reload` 命令。

可能还存在其他情况需要用到 --reload 选项，但笔者还没有确定。

22.6.3 防火墙区域文件

接下来，让我们仔细看看区域配置文件。默认的区域配置文件为 public.xml，位于 /etc/firewalld/zones 目录中。你可能还会在此目录中看到其他区域配置文件。

所有预定义的默认区域配置文件都位于 /usr/lib/firewalld/zones 目录中。这些文件永远不会被修改。如果需要将 firewalld 重置为默认设置，/usr/lib/firewalld/zones 目录中的文件可用来恢复防火墙的默认配置。你可能还会在 /etc/firewalld/zones/ 目录中看到一个名为 public.xml.old 的文件，它是区域配置发生更改时自动创建的备份。

这些配置文件都是使用 XML 格式的文本文件，虽然它们看起来有点复杂，但你不需要成为 XML 专家就可以理解它们的大概内容。XML 是可扩展标记语言的缩写，它是一种用于文档的标记语言，可以让人和机器都轻松阅读。

现在，让我们来看看几个区域配置文件，来了解它们的结构。

实验 22-9：区域配置文件

由于默认的 public 区域文件是最常用的，因此我们将首先对其进行分析。这个文件包含了足够的信息，能让我们了解区域配置文件的基本结构和内容。

首先，将你的当前工作目录切换到 /etc/firewalld/zones，然后使用以下命令查看 public.xml 文件：

```
[root@studentvm1 zones]# cat public.xml
<?xml version="1.0" encoding="utf-8"?>
<zone>
  <short>Public</short>
  <description>For use in public areas. You do not trust the other computers
  on networks to not harm your computer. Only selected incoming connections
  are accepted.</description>
  <service name="ssh"/>
  <service name="mdns"/>
  <service name="dhcpv6-client"/>
  <forward/>
</zone>
[root@studentvm1 zones]#
```

区域配置文件的第一行指定了该文件使用的 XML 版本和语言编码。第二行 <zone> 标识区域文件的开始，而文件末尾的 </zone> 则表示结束。所有其他配置信息都包含在这两个标签之间。

<short> 中的字段是在通过命令查看区域列表时显示的名称：

```
[root@studentvm1 zones]# firewall-cmd --get-zones
FedoraServer FedoraWorkstation block corp dmz drop external home internal nm-
shared public trusted work
```

<description> 字段用于存储区域的详细说明，但笔者目前还没有找到可以显示该描述的命令。它似乎只能在编辑或查看配置文件时看到。

接下来的三行列出了允许连接到此主机的服务，在本例中是 ssh、mdns 和 dhcpv6-client。这几个服务通常出现在 home、internal、public 和 work 等区域的配置文件中。除此之外，home 区域和 internal 区域还有额外的服务：

```
[root@studentvm1 zones]# cat internal.xml
<?xml version="1.0" encoding="utf-8"?>
<zone>
  <short>Internal</short>
  <description>For use on internal networks. You mostly trust the other
```

```
computers on the networks to not harm your computer. Only selected incoming
connections are accepted.</description>
<service name="ssh"/>
<service name="mdns"/>
<service name="samba-client"/>
<service name="dhcpv6-client"/>
<forward/>
</zone>
```

samba 客户端是 Linux 版本的 Microsoft SMB（Server Message Block）协议，允许 Linux 主机加入 Windows 网络。

这些区域中的 forward 语句允许进入主机指定接口的 TCP/IP 数据包转发到同一主机上的其他接口。

接下来，我们来看看 external 区域的一个有趣声明：

```
[root@studentvm1 zones]# cat external.xml
<?xml version="1.0" encoding="utf-8"?>
<zone>
    <short>External</short>
    <description>For use on external networks. You do not trust the other
    computers on networks to not harm your computer. Only selected incoming
    connections are accepted.</description>
    <service name="ssh"/>
    <masquerade/>
    <forward/>
</zone>
```

masquerade 条目是防火墙特有的一项设置，用于处理发往外部网络（通常是互联网）的数据包。它的作用是将出站数据包的源 IP 地址从内部网络原始设备的 IP 地址替换成防火墙设备的 IP 地址。防火墙会记录每个连接的 ID 来追踪数据包，并根据这个 ID 将返回的数据包准确地送回发起请求的设备。

例如，当你在内部网络访问 www.example.com 时，你的请求会包含一个连接 ID。网站返回的数据包中也包含相同的 ID，防火墙会根据这个 ID 将返回数据包准确地送回你的设备。

masquerade 是防火墙的一项常用功能，它可以让内部网络的设备安全地与外部世界通信。由于发送方 IP 地址被替换成防火墙设备的 IP 地址，因此它不包含在数据包中，外部网络无法识别你网络中具体发起请求的设备。

请注意，firewalld 提供的区域配置文件只是基本的规则集合，你可以根据自己的需要进行修改。建议你保持原始配置文件的完整性，并根据最接近你需求的配置文件创建新的配置文件进行修改。

最小可用防火墙配置

在编写本章内容时，笔者在自己的系统上测试了 firewalld 的各个方面以解决计算机网络安全问题。其中一个问题是："工作站上最少需要哪些防火墙规则？"换句话说，"如何最小化配置防火墙确保计算机网络安全的同时，也让它们能够相互通信？"

笔者的网络架构很简单。所有工作站都通过 DHCP 从一台服务器获取网络配置，这台服务器还提供 DNS 服务、邮件服务、NTP 服务和多个网站服务。另外笔者还有一个单独的设备作为防火墙和路由器。笔者的主工作站也是管理网络的 Ansible 控制中心。笔者对网络中各种主机的所有管理交互操作都通过 SSH 进行，Ansible 也只使用 SSH 协议。因此，笔者只需要在所有工作站和服务器上使用 SSH 就能管理整个网络及其主机。

服务器需要来自内部网络的 SMTP、IMAP、NTP、HTTP 和 DNS 访问，以及来自外部网络的 SMTP、IMAP 和 HTTP 访问。防火墙通过端口转发直接将来自外部网络的邮件和 Web 请求转发到服务器。整个网络架构并不复杂，服务器和防火墙上除了邮件和网站，唯一需要的服务就是 SSH。

不过，笔者在所有内部网络主机上都额外开放了一个入站端口，笔者不会透露这个端口的具体用途，但笔者在主工作站上使用这个端口远程管理运行在所有主机上的一个应用程序。

22.6.4　紧急模式

我们现在拥有了一个位于安全网络内部的、本身也进行了安全配置的主机。但是，黑客仍可能通过漏洞发动大规模攻击。

这时候该怎么办呢？

firewalld 提供了一种可配置的"紧急模式"（panic mode）。它会阻止所有进出该主机的数据包，相当于隔离了与外界的所有联系。但是，请注意，你必须能够直接访问这台主机才能关闭紧急模式。紧急模式是临时的，不会在重启后保留，所以如果其他网络防护方法都失效了，紧急模式无疑是一个可考虑的选项。

实验 22-10：紧急模式

请注意，紧急模式是一种强大的安全措施，会立即切断所有网络连接，激活紧急模式很容易，激活后，你将无法再通过网络访问该主机，包括远程桌面和 SSH 连接。因此，在进行以下操作之前，请确保你拥有直接访问主机的物理方式或虚拟方式，以防万一需要停用紧急模式。

在 StudentVM1 的桌面上打开一个终端窗口，并执行以下命令开启紧急模式：

```
[root@studentvm1 ~]# firewall-cmd --panic-on
success
```

在继续之前，请先尝试 ping 一个远程主机（例如 example.com）和虚拟路由器来验证你是否无法访问外部网络。执行以下命令：

```
[root@studentvm1 ~]# ping -c3 example.com
^C
PING 10.0.2.1 (10.0.2.1) 56(84) bytes of data.
```

```
^C
--- 10.0.2.1 ping statistics ---
3 packets transmitted, 0 received, 100% packet loss, time 2120ms
[root@studentvm1 ~]# firewall-cmd --panic-off
success
[root@studentvm1 ~]# ping -c3 example.com
PING example.com (93.184.216.34) 56(84) bytes of data.
64 bytes from 93.184.216.34 (93.184.216.34): icmp_seq=1 ttl=50 time=13.7 ms
64 bytes from 93.184.216.34 (93.184.216.34): icmp_seq=2 ttl=50 time=13.6 ms
64 bytes from 93.184.216.34 (93.184.216.34): icmp_seq=3 ttl=50 time=13.7 ms

--- example.com ping statistics ---
3 packets transmitted, 3 received, 0% packet loss, time 2012ms
rtt min/avg/max/mdev = 13.642/13.711/13.748/0.049 ms
[root@studentvm1 ~]#
```

如果一切正常，你应该会看到 ping 远程主机失败（100% 数据包丢失），而 ping 虚拟路由器成功。这表明你的计算机处于紧急模式，所有外部网络连接都被阻止。

虽然紧急模式可以设置期限，就像其他 firewalld 设置一样，但笔者强烈建议你不要使用紧急模式的定时功能。原因在于，我们无法预知究竟需要多长时间才能解决导致启用紧急模式的问题。如果在问题未解决的情况下自动恢复网络连接，可能会使你的系统加深安全隐患。因此，在使用紧急模式时，请务必手动将其关闭，并在确认安全后才恢复网络连接。

22.6.5 使用 GUI 配置防火墙

除了命令行工具之外，firewalld 还提供了一个设计精良、易于使用的图形用户界面。与许多 GUI 工具一样，它可能并不适用于你需要管理的主机，例如那些不能加载图形界面的服务器和用作防火墙的主机。但是，当它可用时，它可以让 firewalld 的管理变得稍微容易一些。我们仍然需要理解幕后真正发生的事情，这就是为什么我们在命令行工具上花费大量时间，因为它们即使在没有 GUI 工具的情况下也能使用。

22.7 nftables

nftables 规则、nftables 服务以及 nft 命令行工具，本身就能够提供一套完整的防火墙解决方案。但是，当你使用 firewalld 时，nftables 服务会自动禁用。

我们用来定义网络接口防火墙特性的区域文件，以及 /etc/firewalld 中的其他配置文件，都采用 nftables 文件格式创建规则集。firewalld 创建 nftables 规则，适当的内核模块使用这些规则来检查每个网络数据包并决定其最终处理方式。

你可以查看系统中当前实施的所有 nftables 规则，尽管规则的表述具有可读性，但是它们的含义可能并不直观易懂。

实验 22-11：查看 nftables 规则

下述命令显示当前活动区域的所有 nftables 规则：

```
[root@studentvm1 ~]# nft list ruleset | less
table inet firewalld {
        chain mangle_PREROUTING {
                type filter hook prerouting priority mangle + 10;
                policy accept;
                jump mangle_PREROUTING_ZONES
        }

        chain mangle_PREROUTING_POLICIES_pre {
                jump mangle_PRE_policy_allow-host-ipv6
        }

        chain mangle_PREROUTING_ZONES {
                iifname "enp0s9" goto mangle_PRE_public
                iifname "enp0s3" goto mangle_PRE_dmz
                goto mangle_PRE_public
        }
<SNIP>
```

为了找到与 dmz 区域相关的规则，你可以使用"dmz"字符串进行搜索。如果你需要查找特定网络接口（例如 enp0s3）的规则，也可以直接使用该接口名称进行搜索。

需要注意的是，这些规则并不能被直接访问或修改。你必须借助于命令行工具来对防火墙规则集进行管理。这类工具包括 firewalld 的 `firewall-cmd` 命令和 nftables 的 `nft` 命令。就个人经验而言，`firewall-cmd` 命令更为易用，且 firewalld 生成的防火墙规则策略和逻辑结构相较 nftables 更为直观易懂。

22.8　阻止出站流量

在本章开头，笔者强调了为保证用户可以顺畅访问外部网站、发送电子邮件、使用 SSH 与远程主机进行通信等活动，确保出站网络流量不被阻塞的重要性。然而，在特定情况下则需要阻止出站流量。

比如，当主机被特定类型的恶意软件感染时，阻止出站流量可以有效防止恶意软件传播从而感染其他主机。恶意软件会从事一些恶意活动，例如发送垃圾邮件、自我复制或参与分布式拒绝服务（DoS）攻击。这些问题虽然在 Windows 系统中更为常见，但不可忽视对其他系统的影响。防火墙可以配置为仅允许通过已知和受信任的内部电子邮件服务器发送邮件到互联网，从而阻止直接的垃圾邮件发送行为。

最安全的网络不仅能够防止内部问题扩散到外部，还能保护网络内部的安全。

22.9 Fail2ban

一款优秀的防火墙应当能够随着威胁的不断变化而进行动态调整。几年前，笔者曾遭遇大量的 SSH 攻击，亟须一种超越手动干预的解决方案。经过深入研究，笔者发现了 Fail2ban 这款开源软件，它能够自动检测威胁并将重复违规的 IP 地址加入防火墙的黑名单中。值得一提的是，它可以与 firewalld 无缝集成，简化了防火墙的实施和管理。

Fail2ban 配备了多种复杂且可配置的匹配规则及独立操作，可在检测到入侵尝试时采取相应措施。它为多种攻击设定了防护规则，其中包括 Web 服务、电子邮件以及其他可能存在安全漏洞的服务。Fail2ban 的工作原理是持续监控系统日志，并根据配置的匹配规则检测是否存在攻击行为。一旦检测到攻击，Fail2ban 会根据配置的操作进行处理。例如，它可以将攻击者的 IP 地址加入防火墙黑名单，或者发送电子邮件通知管理员。攻击者被阻止后，Fail2ban 会在指定的超时时间后自动解除阻止操作。

接下来，我们来安装 Fail2ban 并探究其工作原理。

实验 22-12：Fail2ban

请以 root 用户身份来执行本实验，首先，执行如下命令安装 Fail2ban 工具，整个安装过程仅需大约 1min，并且安装完 Fail2ban 工具后无须重启服务器。在该安装过程中，系统将会自动完成 Fail2ban 与 firewalld 防火墙的联动接口配置（该联动接口允许 Fail2ban 与 firewalld 进行通信，并在 Fail2ban 检测到可疑活动时自动将攻击者的 IP 地址添加到 firewalld 的阻止列表中）：

```
[root@studentvm1 ~]# dnf -y install fail2ban
```

Fail2ban 安装完成后并不会自动启动，因此需要我们对其进行一定的配置，通过手动的方式来启动该服务。首先，我们先通过 cd 命令进入 /etc/fail2ban 目录，并通过 ls 命令列出该目录下的所有文件，其中，jail.conf 文件是 Fail2ban 的主要配置文件，但是大多数配置不会使用它，因为在 Fail2ban 软件进行更新时，该文件可能会被覆盖。为此，我们在同一个目录下新建一个名为 jail.local 的文件，通过它来定制我们的配置。任何在 jail.local 文件中明确设定的参数配置都将优先于 jail.conf 中的相应设置。

接着，将 jail.conf 文件的内容复制至 jail.local 中。尽管 jail.local 文件开头有一条提示，不建议直接修改该文件，但我们要对文件进行个性化设置。因此，请忽略此提示，编辑 jail.local 文件。

删除通常位于第 87 行的 "#ignoreself=true" 的注释符 #，并将该指令更改为 "ignoreself=false"，以便于 Fail2ban 监控来自本地主机的登录失败尝试记录。在完成本章实验后，你可以将其变更回 ignoreself = true。

找到通常位于第 101 行 "bantime = 10m" ⊖，并将其修改为 "bantime = 1m"，即将防火墙的封禁时间从 10min 缩短为 1min。因为缺乏其他主机进行测试，所以我们使用本地

⊖ 通过查看实际配置文件，发现其实际上为第 63 行，而非原作者所说的第 101 行。——译者注

主机进行实验，这样做的好处是本地主机不会因测试被防火墙封禁太久，能更快地恢复状态和进行实验。在实际环境中，建议将封禁时间设置为数小时（h），以防止攻击者频繁入侵。

将"maxretry = 5"参数的值由 5 改为 2。该参数控制任意类型连接失败后的最大重试次数。出于实验目的，将重试次数设置为 2 是合理的。在生产环境中，笔者通常将此值设置为 3，因为任何通过 SSH 多次重试仍无法成功连接到系统的行为都应当被视为可疑行为。

我们也可以在 [sshd] 过滤器部分修改这两个配置选项，以确保修改仅对 sshd 服务生效。而刚才的全局设置将应用于所有过滤器。

请阅读配置文件中其他相关选项的注释，然后向下滚动到 JAILS 中的 [sshd] 部分。

确保添加了启用 sshd 屏蔽规则 jails 行，"enabled = true"。在某些文档中可能没有清晰地说明需要添加此行，而在之前的版本中此行可能被设为"enabled = false"，因此需将其改为"true"，即可启用 sshd 屏蔽规则：

```
[sshd]

# To use more aggressive sshd modes set filter parameter "mode" in
jail.local:
# normal (default), ddos, extra or aggressive (combines all).
# See "tests/files/logs/sshd" or "filter.d/sshd.conf" for usage example and
details.
enabled = true
#mode    = normal
port     = ssh
logpath  = %(sshd_log)s
backend  = %(sshd_backend)s
```

不要启用 Fail2ban，但启动它：

```
[root@studentvm1 ~]# systemctl start fail2ban.service
```

现在尝试通过 SSH 连接到本地主机，使用错误的用户名或密码登录一个已存在的用户账户。请注意，需要三次完整的登录尝试（而非仅仅三次密码输入错误）才会触发防护机制。在第三次登录尝试失败后，你将看到如下错误信息：

```
[student@studentvm1 ~]$ ssh localhost
<snip>
ssh: connect to host localhost port 22: Connection refused
```

以上结果表明 sshd jail 已经生效。接下来请检查 iptables 防火墙规则。需要注意的是，Fail2ban 动态生成的规则保存在内存中，不是永久的。这些 iptables 拒绝内容会在 1min 后自动清除。如果没能立即看到相关的内容，请再次重复之前的失败登录操作来触发：

```
[root@studentvm1 ~]# iptables-save
# Generated by iptables-save v1.8.8 (nf_tables) on Tue May 23 10:53:07 2023
*filter
:INPUT ACCEPT [0:0]
:FORWARD ACCEPT [0:0]
```

```
:OUTPUT ACCEPT [0:0]
:f2b-sshd - [0:0]
-A INPUT -p tcp -m multiport --dports 22 -j f2b-sshd
-A f2b-sshd -s 127.0.0.1/32 -j REJECT --reject-with icmp-port-unreachable
-A f2b-sshd -j RETURN
COMMIT
# Completed on Tue May 23 10:53:07 2023
[root@studentvm1 ~]#
```

等一下，情况为什么会是这样？为什么显示的是iptables规则？

事实上，`iptables-save`命令能够展示Fail2ban生成的防火墙规则。然而，下面的输出结果表明，这些规则最终是由nftables进行解释的。请使用`nftables`命令列出规则并翻到最后一页，你会发现以下条目：

```
[root@studentvm1 ~]# nft list ruleset | less
table ip6 filter {
        chain INPUT {
                type filter hook input priority filter; policy accept;
                meta l4proto tcp tcp dport 22 counter packets 68 bytes 11059
                jump f2b-sshd
        }

        chain f2b-sshd {
                ip6 saddr ::1 counter packets 4 bytes 320 reject
                counter packets 54 bytes 9939 return
        }
}
table ip filter {
        chain INPUT {
                type filter hook input priority filter; policy accept;
                meta l4proto tcp tcp dport 22 counter packets 62 bytes 9339
                jump f2b-sshd
        }

        chain f2b-sshd {
                ip saddr 127.0.0.1 counter packets 2 bytes 120 reject
                counter packets 54 bytes 8859 return
        }
}
```

接下来我们检查几个日志文件。在/var/log目录下，首先查看/var/log/secure。你会看到其中记录了大量密码验证失败的日志条目。Fail2ban正是通过分析这些日志来判定登录失败事件。

然后再查看/var/log/fail2ban.log文件，这里记录了在secure日志中发现触发条目的次数，以及为保护系统而执行的封禁和解禁操作。

需要注意的是，f2b-sshd链的条目只有在第一次触发封禁时才会出现在iptables规则

集中。一旦该链出现，它的第一行和最后一行通常会保留在 iptables 规则集中，除非手动
移除或 Fail2ban 服务停止，而针对特定 IP 地址的拒绝规则会在达到时限后自动移除。笔
者花了一些功夫才弄明白这个工作机制。

　　Fail2ban 的安装过程还会包含 logwatch 生成关于 Fail2ban 活动报告所需的配置文件。
你也可以为 Fail2ban 创建自定义的过滤器和操作，不过这一部分超出了本书的讨论范围。

　　建议你仔细检查 fail2ban.local 文件中的各种屏蔽规则（jail 配置）。Fail2ban 通过这些
屏蔽规则定义了多种不同的事件，这些事件可能触发 Fail2ban 禁止一个源 IP 地址访问系统
中特定的端口或服务。每个屏蔽规则针对特定的场景和服务设置了一组规则和参数，例如
触发封禁的失败尝试次数、封禁持续时间以及所涉及的服务。了解这些屏蔽规则及其配置
对于保护系统安全至关重要。

总结

　　对于系统管理员而言，安全是重中之重的任务，而防火墙则是守护网络安全的核心利
器之一。尽管 Linux 系统在初始安装后具备一定的安全性，但任何连接到有线或无线网络
的设备都潜藏着被攻击者入侵的风险。在网络与互联网的连接处部署高效的防火墙，是确
保网络安全的首要步骤。然而，如果网络中每台主机都没有配置合适的防火墙，一旦攻击
者突破了边缘防火墙，便能立即访问所有主机。

　　设置防火墙的最佳策略是先封锁所有通信服务，再根据需要逐个放行特定的服务。默
认防火墙 firewalld 使用 public 区域配置，默认情况下已封锁了绝大多数通信。建议你进行
实验来确定是否可以通过更严格的区域配置，在满足网络和主机访问需求的同时，进一步
提升安全性。

　　建议你不要修改预设的区域配置文件。你可以参考笔者的做法，复制一个最符合你需
求的现有区域文件，并根据需要进行修改。firewalld 默认提供了一些基础但非常安全的区
域配置文件作为参考，其中或许就有完全符合你在某些或所有主机需求的配置。

　　本章详细探讨了防火墙区域配置的概念、工作原理以及如何调整它们以更好地满足你
的需求，涵盖了工作站、服务器以及特定网络防火墙配置等多种应用场景。

　　此外，本章还介绍了如何将 Fail2ban 与 firewalld 结合使用，自动屏蔽那些短时间内多
次尝试失败访问的恶意攻击者。

　　在《网络服务详解》中，我们将深入探讨如何精细调整防火墙配置，以支持电子邮件
和网页服务器的运行，并允许这些服务器从互联网和内部网络接收数据包。同时，我们还
将介绍更多积极的安全措施，包括 SELinux、根套件侦测和入侵检测技术。

练习

请为防火墙创建一个新区域，按照下面的列表描述的指示和要求完成任务：

1. 复制现有区域文件创建一个新区域，命名为"telnet"。请勿使用 `firewall-cmd --new-zone` 命令。

2. 该区域必须阻止除 SSH 和 Telnet 之外的所有外部访问。

3. 不需要启用转发（forwarding）和伪装（masquerading）功能。

4. 不要将此新区域设置为默认区域，应该将默认区域设置为 public 区域。如果没有，请将默认区域设置为 public。

5. 将网络接口 enp0s3 分配给新的区域。

6. 测试 SSH 和 Telnet 服务是否能够在这个区域正常监听和接受连接。

7. 关闭所有 Telnet 和 SSH 连接，并禁用 Telnet 服务。

8. 将网络接口 enp0s3 从 telnet 区域移除，确保其恢复到默认的 public 区域。

推 荐 阅 读

网络安全与攻防策略：现代威胁应对之道（原书第2版）

作者：[美] 尤里·迪奥赫内斯 [阿联酋] 埃达尔·奥兹卡 ISBN：978-7-111-67925-7 定价：139.00元

Azure安全中心高级项目经理 & 2019年网络安全影响力人物荣誉获得者联袂撰写，美亚畅销书全新升级

为保持应对外部威胁的安全态势并设计强大的网络安全计划，组织需要了解网络安全的基本知识。本书将带你进入威胁行为者的思维模式，帮助你更好地理解攻击者执行实际攻击的动机和步骤，即网络安全杀伤链。你将获得在侦察和追踪用户身份方面使用新技术实施网络安全策略的实践经验，这能帮助你发现系统是如何受到危害的，并识别、利用你自己系统中的漏洞。

ATT&CK与威胁猎杀实战

作者：[西] 瓦伦蒂娜·科斯塔–加斯孔 ISBN：978-7-111-70306-8 定价：99.00元

资深威胁情报分析师匠心之作，360天枢智库团队领衔翻译，重量级实战专家倾情推荐；基于ATT&CK框架与开源工具，威胁情报和安全数据驱动，让高级持续性威胁无处藏身。

本书立足情报分析和猎杀实践，深入阐述ATT&CK框架及相关开源工具机理与实战应用。第1部分为基础知识，帮助读者了解如何收集数据以及如何通过开发数据模型来理解数据，以及一些基本的网络和操作系统概念，并介绍一些主要的TH数据源。第2部分介绍如何使用开源工具构建实验室环境，以及如何通过实际例子计划猎杀。结尾讨论如何评估数据质量，记录、定义和选择跟踪指标等方面的内容。

推荐阅读